U0159061

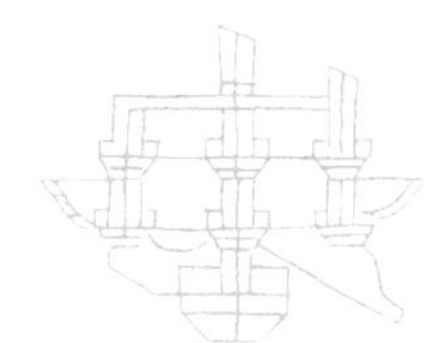

《营造法式》注释

〔宋〕李诫 著
梁思成 注释

生活·讀書·新知 三联书店

图书在版编目（CIP）数据

《营造法式》注释 : 新版 / (宋) 李诫著 ; 梁思成注释. —北京 : 生活 · 读书 · 新知三联书店 , 2024.7
（梁思成作品）
ISBN 978-7-108-07727-1

Ⅰ. ①营…　Ⅱ. ①李… ②梁…　Ⅲ. ①《营造法式》–注释　Ⅳ. ① TU-092.44

中国国家版本馆 CIP 数据核字 (2023) 第 195029 号

责任编辑　刘蓉林
装帧设计　薛　宇
责任校对　陈　格
责任印制　卢　岳
出版发行　生活 · 讀書 · 新知 三联书店
（北京市东城区美术馆东街 22 号　100010）
网　　址　www.sdxjpc.com
经　　销　新华书店
印　　刷　天津裕同印刷有限公司
版　　次　2024 年 7 月北京第 1 版
2024 年 7 月北京第 1 次印刷
开　　本　720 毫米 × 1020 毫米　1/16　印张 45.75
字　　数　360 千字　图 410 幅
印　　数　0,001 – 5,000 册
定　　价　198.00 元
（印装查询：01064002715；邮购查询：01084010542）

20世纪60年代，梁思成撰写《〈营造法式〉注释》

目录

伍 **壕寨及石作制度**

陆 **大木作制度**

柒 **小木作及诸作制度**

导　言　一部穿透大半个世纪的学术史

贯穿20世纪中国建筑叙事史与学术史的重要线索之一，是一部以宋代屋木营造为主旨的中国古代典籍——北宋徽宗朝将作监李诫编纂的《营造法式》。这部完成于哲宗元符三年（公元1100年），并于徽宗崇宁二年（公元1103年）由朝廷下旨颁印并海行天下的崇宁本《营造法式》，还未来得及在当时造成什么大的影响，北宋王朝这座原本繁华如锦的大厦就在靖康之乱中轰然坍塌。南宋绍兴十五年（公元1145年），当时的平江知府王唤偶获一部北宋刊印的《营造法式》旧本，当即加以校勘重印，是为绍兴本《营造法式》。此后，这部命运多舛的古代建筑大书，就流落民间，成为私人藏书家辗转誊抄的珍稀文本。明代修《永乐大典》，清代修《四库全书》，先后从民间藏书中将之收入其中。然永乐本在晚清外患中不幸毁于战火。清代藏有《四库全书》的七座庋书之阁，也有几座在内外战乱中遭遇兵燹，阁中所藏的《营造法式》文本自然也在劫难逃。

20世纪最初的那十余年，广袤中国大地上的房屋营造，仍然深深盘桓于传延数百年的清代屋木匠作传统之中，正处于三千年未有之大变局历史旋涡中的中国建筑学领域，无论是在建筑设计方面，还是在历史建筑考察方面，几乎任何具有近现代意义的建筑创作与学术研究进展，其主要的操盘手，不是欧美建筑师，就是欧洲或日本的考古学者。

一、《营造法式》的发现与中国营造学社的创立

中国近现代建筑学领域这样一种以西方及日本建筑师与学者主导的欧风东渐的叙事与学术流向，在1919年，因为一个看似偶然的事件而出现了重要转机。先是在此前的一年，中国建筑史学的先驱大家朱启钤先生，作为南北和谈的代表，在其南下之际的间隙，受当时江苏省省长齐耀琳先生之邀，来到位于南京的江南图书馆，无意间发现馆中收藏的一部宋《营造法式》抄本。大喜过望的朱桂老，以他敏锐的学术直觉，深刻意识到这部古代典籍对于中国建筑的重要性。

正如先生在谈到这一发现时所言："民国七年，过南京，入图书馆，浏览所及，得睹宋本《营造法式》一书，于是始知吾国营造名家，尚有李诫其人者，留书以诒世。顾其书若存若佚，将及千年，讫无人表彰，遂使欲研究吾国建筑美术者，莫知其津。"〔1〕朱先生对这部书的价值，给予了充分的肯定，他说："向者已云营造学之精要，几有不能求之书册，而必须求之口耳相传之技术者。然以历来文学与技术相离之辽远，此两界殆始终不能相接触。于是得其术者，不得其原，知其文字者，不知其形象。自李氏书出，吾人然后知尚有居乎两端之中，为之媒介者在。"〔2〕后来，先生还特别强调说："我国历算绵邈，事物繁赜，数典恐贻忘祖之羞，问礼更滋求野之惧，正宜及时理董，刻意搜罗，庶俾文质之源流，秩然不紊，而营造之沿革，乃能阐扬发挥前民而利用，明仲此书，特其羔雁而已，来轸方遒，此启钤所以有无穷之望也。"〔3〕

〔1〕朱启钤：《中国营造学社开会演词》，《中国营造学社汇刊》第一卷第一册，1930年。

〔2〕同上。

〔3〕朱启钤：《重刊营造法式后序》，［宋］李诫《营造法式》（陈明达点注本）第一册，浙江摄影出版社，2020年。

朱先生当即决定将这部古代营造奇书以石印缩版付梓。这部面世于1919年，且由时人付梓刊印的中国古籍大书，就是20世纪最早问世的石印本《营造法式》。因朱先生发现的这一版本是曾被钱塘丁氏嘉惠堂收藏的民间抄本，故又称“丁本”。当时的上海商务印书馆，随即将这部丁本《法式》按原大小影印出版，一时间引起时人的关注。

如我们后来所知道的，丁本《法式》系传抄自常熟张芙川影宋抄本，但因几经誊摹传抄，其中的缺失与讹误较多。在丁本问世之后，注意到这一问题的朱启钤先生，又委托当时的知名学者陶湘先生对这一文本进行勘核校订。如陶先生在他的核校本之末所附《识语》中所言：

> 知丁本系重抄张氏者，亥豕鲁鱼，触目皆是。吴兴蒋氏密韵楼藏有钞本，字雅图工，首尾完整，可补丁氏脱误数十条，惟仍非张氏原书。常熟瞿氏铁琴铜剑楼所藏旧钞，亦绍兴本。《四库全书》内《法式》，系据浙江范氏天一阁进呈影宋钞本录入，缺第三十一卷。馆臣以《永乐大典》本补全。明《文渊阁书目》，《法式》有五部，未详卷数、撰名。《内阁书目》有《法式》二册，又五册，均不全。[4]

可知，陶湘先生在丁本基础上，遍寻当时能够找到的诸种版本，核对全文逐一加以勘校更订之后的新版《营造法式》与宋人李诫的原著似乎更为接近。

1925年，朱启钤先生将陶湘先生校订过的《营造法式》再次付梓刊印，是为后来得到朱启钤、梁思成、刘敦桢等学界大家一致认可，并赖以作为进一步勘核校订与研究阅读之基础性文本的陶本《营造法式》。关于这一点，梁先生在后来也曾提到，在丁本《法式》刊印不久，“在由内阁大库散出的废纸堆中，发现了宋本残叶（第八卷首叶之前半）。于是，由陶湘以四库文溯阁本、蒋氏密韵楼本和‘丁本’互相勘校；按照宋本残叶版画形式，重为绘图、镂版，于公元1925年刊行（下文简称

〔4〕陶湘:《识语》,［宋］李诫:《营造法式》（陈明达点注本）第四册，浙江摄影出版社，2020年。

‘陶本’)。这一版之刊行，当时曾引起国内外学术界极大注意”〔5〕。

二、梁思成与《营造法式》的初次接触

也正是在陶本《营造法式》问世的这一年，这部旷世奇书引起了著名学者梁启超先生的注意，他迫不及待地将之遥寄与远在大洋彼岸的公子梁思成。当时正在美国宾夕法尼亚大学攻读建筑学的梁思成，甫一见到这部装帧精美的中国古代建筑大书，显然也是充满了好奇与喜悦的心情。从后来梁先生一生的学术足迹可以推测，很可能就是从看到这部近千年前古人撰写的建筑大书那一刻开始，读懂这部宋代屋木营造古籍，并以这部书为基础，彻底厘清中国建筑的历史经纬与本质特征，便成为梁思成先生此后毕生追求之学术道路的一条主线。这一学术理念似乎也对同在宾大留学的林徽因先生产生了影响。换言之，正是在这一年，这部宋代房屋营造古籍，就和梁思成与林徽因结下了不解之缘，并在相当的程度上改变了梁、林二位先生之后多半生的学术生涯。

然而，当时的中国学界，在面对《营造法式》这部千年古籍时，几乎无一不是面面相觑，茫然不知所措。如学术大家朱桂老在《法式》文本阅读上，几乎是下足了功夫，却也曾遇到不少困惑，他曾感叹地谈道:“启钤受而读之，心钦其述作传世之功，然亦未尝不于书中生僻之名词，讹夺之句读，兴望洋之叹也。于是一面集赀刊布，一面悉心校读。几经寒暑，至今所未能疏证者，犹有十之一二。”〔6〕当然，如我们所知道的，朱先生在文本最初的校读断句与版本勘核上，取得了相当大的成果，为后来的研究奠定了扎实的基础。

又如，受朱先生之嘱从事文本勘校的陶湘先生，应是遍览诗书的饱读之士，但

〔5〕梁思成:《〈营造法式〉注释序》。
〔6〕朱启钤:《中国营造学社开会演词》,《中国营造学社汇刊》第一卷第一册，1930年。

是当他完成全书核校之后，面对《法式》卷尾的附图，却殊难将其所校文本与图中所绘制之殿阁厅堂的构造名件一一对应，只得“爰倩京都承办官工之老匠师贺新赓等，就现今之图样，按《法式》第三十、三十一两卷大木作制度名目，详绘增附，并注今名于上，俾与原图对勘，觇其同异，观其会通，既可作依仿之模型。”〔7〕

仅此一端或可推知，晚清民初的文人学者们，面对这部通篇皆为不知所云之名词术语的千年古籍，即使是学富五车的硕儒，或可能在文字句读与版本勘校上取得较大进展，但在《法式》文意与宋代匠作系统理解上，亦很难做出太多可信的诠释与置评。唯一能够做到的，是延请经验丰富的晚清官工匠师，并借用清代建筑的名词术语，对其书中所附古图加以比附描摹，以尝试做出一种似懂非懂的依仿式诠解。显然，陶湘先生的这一做法，也是一种无可奈何之举。

毫不令人感到意外的是，这样一部千年古籍，同样令正在踏入建筑学之门的梁思成感到阅读上的困难。梁先生在谈到他初获其书时的兴奋与茫然时，也流露出了同样的深深感慨：“虽然书出版后不久，我就得到一部，但当时在一阵惊喜之后，随着就是莫大的失望和苦恼——因为这部漂亮精美的巨著，竟如天书一样，无法看得懂。”〔8〕

1927 年，梁思成完成了他在宾夕法尼亚大学的学业，获得硕士学位之后，又转入哈佛研究生院，准备开始他有关“中国宫室史”的博士研究课题。但因当时的美国有关中国建筑的资料相对匮乏，在做了三个多月的资料搜集之后，他决定先回国从事实地考察，以掌握中国建筑的第一手资料。之后，已成伉俪的梁思成与林徽因两位先生，又携手游历欧洲，到他们在美国学习时所了解到的重要欧洲历史建筑实例中考察，从而积累了丰富的世界建筑史知识。这一欧陆考察经历，在很大程度上，也为他们后来能够全身心地投入到中国古代建筑考察研究与中国古代建筑史史学建构，奠定了一个深厚的基础。

1928 年 9 月，梁、林两位先生回国之后，先是到辽宁沈阳新建立的东北大学，

〔7〕陶湘：《识语》，［宋］李诫：《营造法式》（陈明达点注本）第四册，浙江摄影出版社，2020 年。

〔8〕梁思成：《〈营造法式〉注释序》。

创立了建筑系。在东北大学的这一时期，梁先生不仅为建筑系学生制定了全新的教学计划，亲自撰写中国雕塑史讲稿，希望从艺术史的角度，开启中国建筑教育的先声。同时，他还与林先生一起，组织学生对沈阳附近的清代陵寝建筑开展测绘，既希望引导建筑系的学生从一入门就能够关注中国建筑，也希望借此开始他们自己对中国古代建筑的求索之路。同时，他在东北大学任教的不长时间内，还曾与林徽因、陈植、张润田、童寯、蔡方荫一起为吉林大学（现东北电力大学）做总体规划设计，并亲自设计建造了一栋兼具现代建筑特征与中国古代建筑意味的石造建筑，从而开启了他所希望的将中国传统建筑元素融入现代建筑创作的探索之路。

三、中国营造学社的学术愿景

在陶本《营造法式》问世四年之后的1929年，对中国传统营造情有独钟的朱启钤先生，开始筹建中国营造学社，希望借学社这一平台，推进对包括宋《营造法式》在内的中国传统营造术的研究，并以此为基础，编纂一部能够应用于当下建设的“工科实用之书”。如他在这一年撰写的《中国营造学社缘起》一文中所言：

> 启钤自刊行宋李明仲《营造法式》，而海内同志，始有致力之涂辙。年来东西学者，项背相望，发皇国粹，靡然从风。方今世界大同，物质演进，兹事体大，非依科学之眼光，作有系统之研究，不能与世界学术名家，公开讨论。……李明仲以淹雅之材，身任将作，乃与造作工匠，详悉讲究，勒为法式，一洗道器分涂、重士轻工之锢习。今宜将李书读法用法，先事研穷，务使学者，融会贯通，再博采图籍，编成工科实用之书。〔9〕

〔9〕朱启钤：《中国营造学社缘起》，《中国营造学社汇刊》第一卷第一册，1930年。

显然，组建中国营造学社的重要目标之一，就是以一种科学的眼光，开展对《营造法式》的系统研究，并由此生发出于当下建设有实用价值、适合中国人的房屋营造之学。

为了达成这一目标，朱先生提出了“沟通儒匠”“资料征集”“编辑进行”三部曲，并提出要纂辑营造词汇、辑录古今中外营造图谱、编译古今东西营造论著、访问大木匠师与各作名工及工部老吏样房算房专家。并在此一基础上，进一步整理实物及图样，开展包括释名、论著、各作法式、诸种做法案例等的搜集整理。同时，朱先生还围绕着这一目标，特别制定了以破解《营造法式》之谜、探索中国建筑实用工程体系为核心目标的中国营造学社最初的五年研究计划。

1930 年之后，随着中国营造学社的正式成立，慧眼识珠的朱启钤先生，于 1931 年与 1932 年，先后延请到有着深厚中国历史与建筑学功底的梁思成与刘敦桢两位先生，分别担任学社的法式部与文献部主任。这 20 世纪 30 年代的最初几年，正是充满了学术活力的中国营造学社成立之初。初步崭露头角的营造学社，既有朱启钤高瞻远瞩的运筹帷幄，又有梁、刘两位学术巨擘，以及随之先后加入学社的单士元、邵力工、莫宗江、陈明达、刘致平等杰出学者的鼎力合作，加之当时一些社会精英、学界名流，以及诸多知名建筑师，也包括一些传统营造厂商等，都或在名义上，或在实际上，直接或间接地加盟或支持了刚刚成立的中国营造学社，为学社的后来发展，奠定了一个良好的基础。

在学社成立的最初几年，朱启钤、梁思成、刘敦桢先生仍将一部分精力放在已经出版的陶本《营造法式》的文本校订与文字纠错上。他们以深厚的文献功力，结合“丁本”“四库本”“张本”，以及 1932 年发现的“故宫本”等不同版本，分别再一次对陶本《法式》做了仔细的梳理与校订。梁先生特别提到了这一阶段的工作：

“故宫本”发现之后，由中国营造学社刘敦桢、梁思成等，以“陶本”为基础，并与其他各本与“故宫本”互相勘校，又有所校正。其中最主要的一项，就是各本（包括“陶本”）在第四卷“大木作制度”中，“造栱之制有五”，但文中仅有其四，完全遗漏了“五曰慢栱”一条四十六个字。唯有“故宫本”，这一条却独存。“陶本”和其他各本的一个最大的缺憾得以补偿了。〔10〕

这一阶段的深入校订，为梁思成先生后来开展的《营造法式》研究与注释工作，奠定了一个更为扎实的文本基础。

四、弄懂《营造法式》与建构《中国建筑史》

然而，事实证明，若要真正弄懂《营造法式》这部读起来有些佶屈聱牙又不知所云的千年古籍，着实不是一件容易的事情。仅仅靠在历代古籍中寻章摘句，或是借用国外的营造论著与词汇，很难厘清其中的内容。同时，如果仅仅将精力集中在《营造法式》的文本研究上，不仅理解与解释这本千年古籍仍然存在较大困难，而且对中国古代建筑的整体面貌，特别是对中国建筑的演进历史，仍然难有较为深入的认知。

相信当时的梁思成先生正是从他对《法式》文本的反复阅读与勘校中，深深体味到了这一点。加盟中国营造学社之后的最初几年，梁思成除了积极参与《营造法式》文本的勘核校正工作之外，也同时开展了另外两个方面的工作：

其一，利用当时北平地区明清官式建筑遗存案例极其丰富的天然优势，结合学社积蕴的丰富资源，特别是朱桂老积年搜集、无私提供的清代工匠在各种匠作技艺方面的一些口诀、秘籍与算例，集中力量对清代官式建筑诸种匠作的制度与做法加以研究整理，从而在较短的时间内，以经典建筑学的学术逻辑理路、文字叙述方式

〔10〕梁思成：《〈营造法式〉注释序》。

与科学图形语言，编撰出版了《清式营造则例》，并在其书之末附以经过整理的“营造算例”。同时也将明清官式建筑的制度、做法、算例，以及种种精密琐细的名词术语与构造做法，从世代相传的官工匠人的职业圈内释放出来，令一般有一定文化基础的普通人能够读懂看懂那些近在咫尺的明清建筑。换言之，通过这部书，梁先生让我们初步理解并掌握了中国古代建筑中十分重要的一个部分，即明清建筑，特别是明清官式建筑中的大式与小式建筑的构架、斗栱、瓦石、装修与彩画等的制度、做法与名词术语。

其二，将目光转向对可能尚存的早期建筑，特别是唐、辽、宋、金时期木构建筑的系统考察、发现与研究。加盟学社的最初几年，梁先生对唾手可得、规模宏大且比较容易出学术成果的考察与研究课题，如他所生活工作的北平，以及已有专班往返长途汽车，在当时交通尚属便利的热河地区大量的明清古建筑群，并没有投入太多的热情与精力，却将其学术的关注点聚焦在地理位置偏僻、交通极不便利，且可能受到当时各种战乱影响，在安全上没有充分保障的华北地区早期建筑实例的发现、考察与测绘上。从《中国营造学社汇刊》前几期的研究论文中可以看出，1932年，梁先生先是对蓟县独乐寺观音阁与山门进行了科学测绘与研究，接着对宝坻广济寺三大士殿进行了同样方式的测绘考察，以科学的研究方法，充分证明了这几座建筑都是重要的辽代遗构。

之后的1933年，梁先生又不顾华北地区的兵荒马乱，赴河北正定做系统的考察调研，特别对正定隆兴寺摩尼殿、转轮藏殿与慈氏阁等北宋木构遗存做了测绘研究。也对包括广惠寺华塔、天宁寺木塔、临济寺青塔、开元寺塔等宋金塔幢，以及正定县文庙、府文庙、开元寺钟楼、阳和楼等时代跨越度较大的多座木构建筑遗存做了扼要的考察与研究。接着，梁先生又与刘敦桢、林徽因先生一起，远赴山西大同，对辽代华严寺、善化寺，以及北魏云冈石窟等做了系统考察与测绘。

至迟在1933年，他们考察与调研的足迹也曾到达山西应县，并为尚存最高的古代木构建筑应县木塔拍摄了一批较为早期的照片。从相关史料中可知，梁先生与莫宗江等人，于 1933 年 9 月就对应县木塔做了实测，接着于次年 6 月绘制了详细的测绘图与精美的木塔立面渲染图。在紧锣密鼓的连续跋涉与长途奔波中，梁先生与莫宗江等又专程考察测绘了赵县大石桥等几座重要古代石构桥梁建筑。在这一期间，梁、林两位先生还做了一个包括太原晋祠、赵城县（今洪洞县）广胜寺等在内的覆盖范围更为广阔的晋汾古建筑调查研究。同是在这一时期，刘敦桢先生也对河北省西部古建筑、苏州古建筑、河南省北部古建筑，进行了范围广阔的考察调研。

直至全面抗战爆发前夕的 1937 年 6 月，梁思成与林徽因、莫宗江还在继续着对地处偏远的五台山佛光寺唐代东大殿与金代文殊殿等处的发现与研究，以及对包括宋代遗构山西榆次永寿寺雨花宫等在内的晋中地区古建筑的考察研究工作。或许是苍天有眼，正是在这几乎是时局最为危险的大规模战事爆发前夕，梁先生终于发现了他多年以来心心念念锲而不舍不懈寻觅的唐代木构建筑遗存，即唐代遗构五台山佛光寺东大殿。从而为中国建筑史的史学建构，找到了明显早于宋《营造法式》，亦明显早于之前已经发现的辽、宋初期木构遗存的极其宝贵的唐代木构建筑实例。

由中国营造学社支持的这些有条不紊、范围广阔的对早期建筑遗构的调研、考察与测绘，在梁思成的心目中，其实是有着一个明确的学术目标的。那就是要突破国外学者——主要是日本学者——所认为的，中国已难发现比公元 1038 年建造的大同薄伽教藏殿辽代殿堂时代更早的木构建筑实例的仓促结论。同时，要基于充分的实例考证与坚实的文献史料支撑，建构一部由中国人自己撰写的能够跻身世界建筑史之林的中国建筑史。这一点从梁思成于 1932 年发表的《伯希和先生关于敦煌建筑的一封信》中可以看出一点端倪。在这封信中，伯希和先生针对梁思成关于他所拍摄发表的敦煌窟檐照片中“原照片虽不甚清楚，但各部结构大概已很了然。《图录》中与此类似之照片还有几张，都显然表示唐建的形制”〔11〕这一问题，通过其中一处檐廊建筑的形制与文字题刻证明：“这个檐廊的年代所以是公元 980 年”〔12〕，以及采用同样方法说

〔11〕梁思成：《伯希和先生关于敦煌建筑的一封信》，《中国营造学社汇刊》第三卷第四期，1932 年。
〔12〕同上。

明，另外“一处檐廊的年代所以是976”[13]年，紧接着，伯希和特别提到了日本学者的早期判断：“照他们的说法，中国木建筑可考之最古年代当为1038（年），但我们在敦煌有一处檐廊，较此更古数十年。”[14]因此，伯希和先生说：“我们的同志常盘和关野认为中国木建筑没有确实比1038（年）更古的，在1931年《通报》第221及413页上我已将此点讨论。上列文字若以为可用，你也可以发表。”[15]两人信件往来中所表达的共同观点就是，日本学者常盘大定与关野贞两位先生的这一草率结论，仍有尚待商榷之处。

其实，稍微留意一点就会发现，梁思成在《中国营造学社汇刊》中发表的第一篇论文就是：《我们所知道的唐代佛寺与宫殿》。在《汇刊》的同一辑上，也刊载了林徽因的论文《论中国建筑之几个特征》。紧接其后梁先生连续发表的几座辽、宋建筑实例考察与研究，亦是循着这一学术理念逐渐展开的。由此可知，在加盟中国营造学社之初，他们心心念念的学术目标就是：透过对早期建筑的发现与研究，建构一部具有科学实证意义的中国建筑史，并从艺术史与技术史的建筑学学理层面上，对中国古代建筑，包括晚近的明、清建筑，与早期的唐、宋、辽、金、元建筑的形制做法与本质特征，加以系统的揭示与阐释。

事实上，中国建筑史的史学建构，是梁思成与刘敦桢两位学术大家在他们筚路蓝缕的学术之路上共同的夙愿之一。在抗战期间的至暗时刻，在四川李庄那极其艰苦的条件下，梁先生在林徽因、莫宗江、卢绳等人的帮助下，带病坚持完成的《中国建筑史》与以英文撰写且图文并茂的《图像中国建筑史》（*A Pictorial History of Chinese Architecture*）两部大著，以及20世纪50—60年代，梁、刘两位先生共同领导界内同仁开展广泛调查研究与合作撰写，并由刘敦桢先生主持完成，直至20世纪80年代才最终由中国建筑工业出版社付梓问世的《中国古代建筑史》就是典型的例证。

不过，为中国建筑史学体系建构所做的这一切，只是中国营造学社早期学术目标的一个方面。如我们在本文开篇所提到的，真正贯穿20世纪建筑叙事史与学术史

〔13〕梁思成：《伯希和先生关于敦煌建筑的一封信》，《中国营造学社汇刊》第三卷第四期，1932年。
〔14〕同上。
〔15〕同上。

的一条主线，是朱启钤先生在学社成立之初就确立了的对宋《营造法式》的全面理解与诠释，并将之应用于当下的实用建设之中。《中国营造学社汇刊》自第一卷第一册，就是以宋《营造法式》作者"宋李明仲先生像"与朱启钤先生撰写的《中国营造学社缘起》一文为开篇。该册的主要内容也是以《李明仲八百二十周忌之纪念》等文章为核心展开的，后来的几卷诸册，亦陆续刊载了包括王观堂、梁启超等先生有关《营造法式》的遗札与墨迹，以及关于"营造词汇纂辑方式"或诸多与"营造算例""工段营造录"，以及"《营造法式》版本源流考"等方面的系列文字，借此亦可略窥一斑。之后的《汇刊》第六卷第二期，梁思成集古代建筑诸部分之做法图例，编纂出了《建筑设计参考图集》，所有这些都反映了学社初期的学术宗旨之一，确有集一众学者之力，解开宋《营造法式》这部古籍中所内含之古代营造秘法，并将其与现代建造工程加以结合利用的宏大学术愿景。

然而，这并非一个轻而易举就能实现的目标。从更深层次来说，这是一个耗费了梁思成及其助手们几乎大半生心血，直至学社成立数十年之后才基本完成的目标。其部分研究成果，是在梁思成先生辞世十多年之后才得以问世，而其完整研究成果的最终付梓刊印，已经是21世纪初的事情了。这时，距离朱启钤先生发现《营造法式》这部奇书，并将其付梓印刷，同时开启他矢志于中国古代营造的研究与弘扬的学术事业，已经过去了八十余年。

五、《营造法式》奥秘初探与早期木构建筑的考察发现

梁先生在其文《〈营造法式〉注释序》中特别提到了他在《营造法式》研究过程中的心路历程：

我比较系统地并且企图比较深入地研究《营造法式》，还是从公元1931年秋季参加到中国营造学社的工作以后才开始的。我认为在这种技术科学性的研究上，要了解古代，应从现代和近代开始；要研究宋《法式》，应从清工部《工程做法》开始；要读懂这些巨著，应从求教于本行业的活人——老匠师——开始。因此，我首先拜老木匠杨文起老师傅和彩画匠祖鹤州老师傅为师，以故宫和北京的许多其他建筑为教材"标本"，总算把工部《工程做法》多少搞懂了。对于清工部《工程做法》的理解，对进一步追溯上去研究宋《营造法式》打下了初步基础，创造了条件。公元1932年，我把学习的肤浅心得，写成了《清式营造则例》一书。〔16〕

由此可知，初入学社的梁思成，即开始了对《营造法式》的研究。但是，他并没有囿于一般古籍研究中就文本研究文本的传统做法，而是从建筑实例出发，比照实例研读文本。当时最现成的建筑实例是北方地区大量存在的清代建筑。于是，梁思成一边阅读清工部《工程做法》文本，一边向经验丰富的老匠师请教，并以当时北平地区举目皆是的清代建筑为样本，以期弄明白清代木构建筑基本的制度与做法，并绘以图例，撰以文字，附以算例，以期弄明白明清建筑大木、瓦石、装修、彩画等的基本做法与术语，又为进一步弄懂千年古籍宋《营造法式》，打下了一个初步的基础。这其中展示了一个在逻辑上十分清晰明了的学术研究方法与路径。

如梁先生所言，在深入开展《营造法式》研究之前，亦即加盟营造学社之初，他即以最快的速度，完成了对清代建筑制度与做法的研究，并以《清式营造则例》一书，对这一阶段的工作做了一个初步的总结。之后，他的主要精力实际上已经转入对宋《营造法式》的研读与探究。这一研读与探究，也正与他所设定的另外一个学术目标——中国建筑史的史学建构——相契合。也就是说，他开始全身心地投入到对早期中国建筑实例的发现与研究中，并在这一研究中，逐步拓展自己对《营造

〔16〕梁思成：《〈营造法式〉注释序》。

法式》文本内容与意义的认知广度与深度。

在《〈营造法式〉注释序》中，梁先生进一步吐露了他在这一时期的学术理念："但是，要研究《营造法式》，条件就困难得多了。老师傅是没有的，只能从宋代实例中去学习。而实物在哪里？虽然有些外国旅行家的著作中提到一些，但有待亲自去核证。我们需要更多的实例，这就必须去寻找。"〔17〕

接着，他特别谈到了自己于1932年春最早开展的两座早期建筑实例，即独乐寺观音阁与山门的考察、测绘与研究过程，并说道：

> 但是它们是辽代建筑而不是宋代建筑，在年代上（公元984年）比《法式》早一百一十余年，在"制度"和风格上和宋《法式》有显著的距离（后来才知道它们在风格上接近唐代的风格）。尽管如此，在这两座辽代建筑中，我却为《法式》的若干疑问找到了答案。例如，斗栱的一种组合方法——"偷心"，斗栱上的一种构材——"替木"，一种左右相连的栱——"鸳鸯交手栱"，柱的一种处理手法——"角柱生起"，等等，都是明清建筑中所没有而《法式》中言之凿凿的，在这里却第一次看到，顿然"开了窍"了。〔18〕

我们在阅读梁先生先后发表在《中国营造学社汇刊》中的诸篇考察研究性论文时，稍微细心一些就会发现，梁先生是一边做早期木构建筑实例的发现、考察与研究，一边参考阅读宋《营造法式》文本，并将两者加以悉心比照，以期在实例考察的同时，逐步加深对《法式》行文的理解。这一点从其文章中在描述早期建筑时所使用的术语，由最初采用宋式建筑术语与清式建筑构件名词相互参照比较使用，到逐渐使用较多《营造法式》各作营造术语，直至最后完全运用宋代《法式》行文中的名词术语对唐宋建筑加以描述，这一文字表述习惯的渐次变化中，就可以看得十分清楚。

如在《蓟县独乐寺观音阁山门考》一文中，其每提到一个构件，几乎都注以

〔17〕梁思成：《〈营造法式〉注释序》。
〔18〕同上。

清代相应的构件名称，以作解释。如：“柱头铺作，清式称柱头斗。其栌斗（今称坐斗）。……自栌斗外出者计华栱（今称翘）两层……上层跳头施以令栱（今称厢栱），……置于交互斗（今称十八斗）内。……令栱之上，置散斗（今称三才升）三个……”[19]同时，还不时地将其做法与《营造法式》中的描述，或相同位置的清式做法加以比较，如：“有栱之形，而无栱之用，实柱头枋（清式称正心枋）上而雕作栱形者也。就愚所知，敦煌壁画、嵩山少林寺初祖庵、《营造法式》及明清遗构，此式尚未之见，而与独乐寺约略同时之大同上下华严寺、应县佛宫寺木塔皆同此结构，殆辽之特征欤？”[20]这样一种将《法式》词汇与清式术语比照使用的做法，几乎贯穿了全文，与《法式》内容相关的疑问，也不时出现于行文之中。这些都十分明显地透露出，梁思成在开展早期建筑实例考察之前，不仅做足了功夫，将手边能够找到的各种图片资料做了仔细的核对，还对《营造法式》文本做了细致的研读，才会采用这样一种表述方式，亦会提出这样一些颇具深度的疑问。

在《宝坻县广济寺三大士殿》一文中，这种将清式建筑术语与宋代《法式》词汇并置使用的情况，显然少了一些，但仍然可见。如：“柱头铺作。按《营造法式》说法，是‘双杪重栱出计心’，清式叫作‘五踩重翘’。自栌斗口中，伸出华栱（翘）两跳，第一跳跳头横安瓜子栱（外拽瓜栱），瓜子栱上安慢栱（外拽万栱），慢栱上安罗汉方（外拽枋）。”[21]

在稍后的《正定古建筑调查纪略》一文中，梁先生已经十分自如且自信地直接采用宋代《法式》术语，对宋代木构遗存，做直截了当的叙述，而不再缀以对应的清代术语了。这不仅是行文风格上的演变，也是梁先生对《法式》的构造术语，已经了然于胸，并且能够将之与实例建筑熟练地清晰对应了。只是，我们从此文的行文中，仍然多少可以见到些许清代建筑术语的痕迹。如其文中谈到正定隆兴寺摩尼殿的立面时，称其为“重檐歇山的殿身，四面加歇山抱厦”，而未采用宋《法式》中以“重檐九脊”的术语描述其殿身屋顶，亦未以“副阶之四面出龟头殿”的术语，描述其殿身下四周副阶所附加的山面朝外的“龟头屋”式门廊的做法。这些表述方

〔19〕梁思成：《蓟县独乐寺观音阁山门考》，《中国营造学社汇刊》第三卷第二期，1932年。
〔20〕同上。
〔21〕梁思成：《宝坻县广济寺三大士殿》，《中国营造学社汇刊》第三卷第四期，1932年。

式透露出，这一时期的梁先生，在对宋《法式》的文本叙述与对辽宋建筑的种种做法之间，仍沿用一种相互交叉的折中式表述方式，以使读者能够读懂为主要目标，而不刻意追求其对宋代建筑各部分论证与叙述时与《营造法式》文本术语的充分契合性。这或也是因为梁先生对《营造法式》文本的注释工作，还未及充分展开，因而，也尚未来得及将宋代建筑各部分在术语表述上的内在统一性，作为其论文阐述的重要标准之一。

这种情况，在后来的诸篇论文中，几乎已经完全改观。如在稍后梁先生与刘敦桢先生合作发表的《大同古建筑调查报告》中，他们两人对大同地区辽代木构建筑各部分的描述，几乎无一例外地直接采用了宋《营造法式》的术语表述方式。同时，在形式的描述上，如描述大同下华严寺薄伽教藏殿屋顶时，称其"殿顶系九脊式，即清之歇山"。描述大同上华严寺大殿，则直接称其为："殿面阔九间，单檐四注"，甚至在谈到薄伽教藏殿内的壁藏与天宫楼阁时，还直接引述了《法式》小木作制度中的描述："《营造法式》壁藏制度……下层为坐……中层为帐身，横直排列经匣……上层于平坐上，设天宫楼阁，有殿身茶楼、角楼、龟头殿、挟屋、行廊等，缭以单钩阑，见同书卷三十二天宫壁藏一图。"[22]并以之对薄伽教藏殿内的小木作，做详细比对。这些都反映出这一时期的梁思成与刘敦桢先生对《营造法式》的文本内容已经十分熟悉，且对各种匠作制度的做法、构造与术语有了愈来愈深入且全面的理解与把握。

再来看抗战期间，梁先生在四川宜宾李庄为他在1937年发现的当时所知最古老的唐代木构建筑五台山佛光寺东大殿撰写的《记五台山佛光寺的建筑》一文。这篇在中国建筑史研究历程中至为重要的学术论文，最初连续发表在油印版的《中国营造学社汇刊》第七卷第一、二期上。因这两期在极其困难时期发表的《汇刊》是蜡纸刻版油印，纸质薄脆，不易保存且印数极少，后来已较难找到。在1953年的《文物参考资料》第五、六期中，重又刊发了此文的改写版。梁先生的这篇研究文章，

〔22〕梁思成、刘敦桢：《大同古建筑调查报告》，《中国营造学社汇刊》第四卷第三、四期，1933年。

行文简明扼要，语言严谨流畅，逻辑线索清晰，将这座至为重要的中国古代木构殿堂实例，条分缕析地进行了充分的解析与阐释。

重要的是，梁先生这篇重要论文的行文，通篇采用的都是与宋《营造法式》各种名词术语全然契合的学术语言。其文对佛光寺东大殿的造型、平面、大木构架、斗栱铺作及小木作装饰等，做了酣畅淋漓的学术性勾勒与描绘，却只字未再采用清式建筑术语加以比照、解释。通篇读来，就是一位对唐宋时期建筑体系与做法已成竹在胸，对宋《营造法式》中的大木作、小木作等诸种匠作之构造与名件的名词术语了然在胸的学者，对自己的研究对象，做了一次全面的解剖与分析。

这篇文章中还附有丰富的大木作梁架与斗栱等插图，图中各部分名件亦标有详细的术语名词。其所有附图中的图示不仅皆为第一手测绘所得的唐代建筑构造做法，且其所注诸构件名词术语，亦皆和与之相对应之《营造法式》所描述的该处名件术语，一一契合。

显然，这时的梁思成先生不仅自己对宋《营造法式》中所述及的各种匠作制度与做法已熟谙在心，也期望通过以《法式》中所内蕴的唐宋时期建筑的构造关系、名词术语及其叙述方式，来描述这座创建于宋代之前的木构建筑实例，从而开启研究中国古代建筑的一代学术新风，即对不同时代建筑的学术研究与陈述应该与该时代通行的屋木结构、各部构造与名件术语在文字表述上保持一致。这也在一定程度上表明，梁先生在这时已经对宋《营造法式》的文本内容有了充分与全面的理解。

六、解开中国建筑之谜的两把钥匙

也同是这一时期，梁先生在《中国营造学社汇刊》第七卷第二期上，发表了他的《中国建筑之两部“文法课本”》一文。这两部课本，指的就是梁先生所说的“清宋两术书”：一部是清代工部所颁布的建筑术书《清工部工程做法则例》，另外一部就是自宋代遗留至今的《营造法式》。在这篇文章中，梁先生谈道：“这两部书，要使普通人读得懂都是一件极难的事。当时编书者，并不是编教科书，‘则例’‘法式’虽至为详尽，专门名词却无定义亦无解释。其中（有）极通常的名词，如‘柱’‘梁’‘门’‘窗’之类；但也有不可思议的，如‘铺作’‘卷杀’‘襻间’‘雀替’‘采步金’……之类，在字典辞书中都无法查到的。且中国书素无标点，这种书中的语句有时也非常之特殊，读时很难知道在哪里断句。”〔23〕接着，梁先生将这两部书的内容，做了一个通俗的介绍，又对两部书分别做了扼要的比较性分析与解释。其中尤其对宋《营造法式》中的材分°制度，做了较为详细的分析。

在此文的结语处，梁先生以十分简要的语言，做了一个概要性总结：“‘大木作’是由每一组斗栱的组织，到整个房架结构之规定，这是这部书所最注重的，也就是上边所称为我国木构建筑的‘文法’的。其他如‘小木作’‘彩画’等，其中各种名称与做法，也就好像是文法中字汇语词之应用及其性质之说明。所以我们实可以称这两部罕贵的术书作中国建筑之两部‘文法课本’。”

可以说，梁先生在写这篇文章的时候，已经基本上完成了他对宋《营造法式》的研读与探究，并在结合各不同版本对《法式》文本做详细考订的基础上，完成了对《法式》中最为基础的壕寨制度、石作制度及其最为核心的大木作制度的研究及制图工作；亦有可能同时尝试着做了一些对《法式》之小木作、瓦作、砖作、窑作、竹作、彩画作等各种匠作制度的初步研究与分析，因而才有了足够的底气，对宋《营造法式》这部术书是学习中国建筑最重要之两部“文法课本”中的一部，做特别的强调与解说。

从术语表述方式来说，宋代的《法式》与清代的《则例》是两个几乎截然不同的营造术语体系。以其各自术语所叙述的建筑与结构方式，也有着千差万别。然而，

〔23〕梁思成：《中国建筑之两部“文法课本”》，《中国营造学社汇刊》第七卷第二期，1945年。

即使历史上存有一定数量的宋元古籍，但涉及房屋营造的书籍，却几如凤毛麟角，希望从古人的描述中读懂《营造法式》几乎是不可能的事情。唯一的方式，就是采用经典建筑史学的科学学术理路，结合基于现场实例考察所得充分数据与形象的唐、宋、辽、金时代的建筑实例，对照《法式》中的文本描述，逐字逐句地爬梳、对比、推敲、猜测《法式》文本每一字词及其上下文的意义，并通过实际案例的测绘考察与科学绘图来加以逐一验证。

七、20世纪40年代与60年代——《营造法式》研究的两次冲刺

可以毫不夸张地说，梁先生所秉持的第一项建构中国建筑史的工作，其难度已经是在蛮荒之中的披荆斩棘了；而梁先生所面对的第二项研究工作，即对唐宋建筑制度与营造体系的诠释性工作，几乎是在暗夜中摸索前行的。

如前所述，这项工作在一开始，几乎就是一个盲人摸象的过程。没有相应的参考书籍，没有一个与《法式》的描述全然一致的建筑实例，先生和他的助手们所面对的，除了晦涩难懂的《法式》文本之外，就是数量不足却又千差万别的唐、宋、辽、金建筑实例的考察资料。而在李庄时的营造学社，又几乎是处在连学社社员的基本生存都难以为继的艰难困苦状态。这一时期的梁思成与林徽因先生，同时经历着严重的病痛困扰。在这样极端困难的处境下，还在进行着几乎是拓荒性的学术研究，其困难之大，其对研究者之坚忍不拔的意志力与超乎寻常的实行力方面的严苛要求，是可以想见的！

如梁思成先生在《〈营造法式〉注释序》中所描述的，这一时期他对《营造法

式》研究工作的大致过程是：

公元1940年前后，我觉得我们已具备了初步条件，可以着手对《营造法式》做一些系统的整理工作了。在这以前的整理工作，主要是对版本、文字的校勘。这方面的工作，已经做到力所能及的程度。下一阶段必须进入诸作制度的具体理解；而这种理解，不能停留在文字上，必须体现在从个别构件到建筑整体的结构方法和形象上，必须用现代科学的投影几何的画法，用准确的比例尺，并附加等角投影或透视的画法表现出来。这样做，可以有助于对《法式》文字的进一步理解，并且可以暴露其中可能存在的问题。我当时计划在完成了制图工作之后，再转回来对文字部分做注释。〔24〕

在为他所写的文章《中国建筑之两部"文法课本"》所作的注中，梁先生也特别提到了他从事《法式》研究的这一过程："营造学社同人历年来又用《四库全书》文津、文溯、文渊阁各本《营造法式》及后来在故宫博物院图书馆所发现之清初标本相互校，又陆续发现了许多错误。现在我们正在做再一次的整理，校勘注释。图样一律改用现代画法，几何的投影法画出。希望不但可以减少前数版的错误，并且使此书成为一部易读的书，可以予建筑师们以设计参考上的便利。"〔25〕可知，在20世纪40年代那至为艰难的岁月中，循着朱启钤先生最早为中国营造学社制定的，从研究《营造法式》出发，以"将李书读法用法，先事研穷，务使学者，融会贯通，再博采图籍，编成工科实用之书"〔26〕的学术路线，梁先生始终锲而不舍全身心地埋头于这一极其困难的研究工作中。

在《〈营造法式〉注释序》中，梁先生还概括说：

总而言之，我打算做的是一项"翻译"工作——把难懂的古文翻译成语体文，把难懂的词句、术语、名词加以注解，把古代不准确、不易看清楚的图样

〔24〕梁思成：《〈营造法式〉注释序》。

〔25〕梁思成：《中国建筑之两部"文法课本"》注二，《中国营造学社汇刊》第七卷第二期，1945年。

〔26〕朱启钤：《中国营造学社缘起》，《中国营造学社汇刊》第一卷第一册，1930年。

“翻译”成现代通用的“工程画”；此外，有些《法式》文字虽写得足够清楚、具体而没有图，因而对初读的人带来困难的东西或制度，也酌量予以补充；有些难以用图完全表达的，例如某些雕饰纹样的宋代风格，则尽可能用适当的实物照片予以说明。[27]

同时，梁先生还给出了一个当时开展《法式》研究工作的大致时间表和进展情况的简单描述：“从公元1939年开始，到1945年抗日战争胜利止，在四川李庄我的研究工作仍在断断续续地进行着，并有莫宗江、罗哲文两同志参加绘图工作。我们完成了‘壕寨制度’、‘石作制度’和‘大木作制度’部分图样。”[28]

之后的一个时期，由于各种原因，尤其是因为梁先生的工作过于繁忙，用先生自己的话说：“《营造法式》的整理工作就不得不暂时搁置，未曾恢复。”[29]

在搁置了十余年之后，梁先生主导的《营造法式》研究，于1961年重新开始。这一次的参加人，包括了楼庆西、徐伯安、郭黛姮三位清华大学建筑历史教研室的教师。当时已是教研室负责人的莫宗江先生也参加了这一阶段的部分指导性与讨论性工作。用梁先生的话说：“经过一年多的努力，我们已经将‘壕寨制度’、‘石作制度’和‘大木作制度’的图样完成，至于‘小木作制度’、‘彩画作制度’和其他诸作制度的图样，由于实物极少，我们的工作将要困难得多。我们准备按力所能及，在今后两三年中，把它做到一个段落，——知道多少，能够做多少，就做多少。”[30]

换言之，除了在古建筑实例发现、考察与研究的日常工作中，以日积月累的方式，结合文本与实例，对《法式》中的行文内容，做逐一的循序渐进的研读与探究之外，在梁先生一生的学术生涯中，他曾经有两个阶段，几乎是用尽全力，对《营造法式》做全面系统的研究。

第一次，就是在至暗时刻的1939—1945年，他与学社其他成员在四川李庄的时候。这一期间，带病坚持工作的梁先生，在独力承担《中国建筑史》与英文本《图像

[27] 梁思成：《〈营造法式〉注释序》。
[28] 同上。
[29] 同上。
[30] 同上。

中国建筑史》两部书艰难写作的同时，还带领莫宗江、罗哲文先生等人，有计划地开展了对《营造法式》的系统研究与制图。这一时期，他们不仅对《法式》壕寨制度、石作制度、大木作制度等的文本做了进一步考订，对其文字加以分析理解与阐释，并以现代绘图方式绘制了详细的壕寨、石作与大木作等的制度图样。从后来发现的资料来看，在那一段至为艰难的时期，梁先生是否也曾对小木作部分做了一些比较深入的探究，或也可能曾绘制了几乎一整套小木作制度铅笔草图，这些至今还是令人存疑的问题。但是，无论如何，梁先生带领他的助手们在这一艰难时段做的所有工作，都为后来《〈营造法式〉注释》一书的最终完成，打下了一个坚实的基础。

第二次，则是在经历了十几年的忙碌、探索与挫折之后，在国家进入困难时期的 20 世纪 60 年代初，梁先生再一次把精力集中在了《营造法式》研究的最后冲刺上。这就是他提到的，从 1961 年开始，"这项搁置了将近二十年的工作又重新'上马'了"。[31]

这一次重拾《营造法式》研究工作的时间，大约持续到 1965 年下半年，据林洙老师在她所编《梁》一书中所附梁先生于 1965 年 9 月 21 日的一封信中描述的，那一时期，他的"全部时间都用在《营造法式》上，总计字数约九万字，大图版 57 张，插图 94 张，这一部分算是完成了。当然，文字部分又有不少增、删、改，需要重抄一遍。图也有些要稍微修改一下的。总的来说，可以说质量是不低的。徒弟们付出极大量的劳动，没有他们（特别是我眼花、手抖了），这工作是不可能完成了。现在他们也已经把小木作的图版草图（正式草图，只欠上墨画成正式图）全部完成。我的注释部分也已经开始，计划在年内完成，即将小木作以前部分交中华书局排印"。[32]

这第二次对《营造法式》研究的全面展开，如梁先生所言：

> 对于《营造法式》的文字部分，我们这一次的工作主要有两部分。首先是将全书加标点符号，至少让读者能毫不费力地读断句。其次，更重要的是，尽

〔31〕梁思成：《〈营造法式〉注释序》。

〔32〕梁思成著，林洙编：《梁》，第 399 页，中国青年出版社，2014 年。

可能地加以注释；把一些难读的部分，译成语体文；在文字注释中，我们还尽可能地加入小插图或者实物照片，给予读者以形象的解释。[33]

梁先生进一步解释说：

在体裁上，我们不准备遵循传统的校注、考证，逐字点出，加以说明的形式，而是按历次校勘积累所得的最后成果呈献出来。我们这样做，是因为这是一部科学、技术著作，重要在于搞清楚它的科学技术内容，不准备让版本文字的校勘细节分散读者的注意。[34]

梁先生的这些话，正是我们理解这部学术大著《〈营造法式〉注释》的一把钥匙。其要点，一是要通过标点符号的标注，与文本内容的充分注释，使人能够看得懂；二是以经过包括梁先生自己在内的多位学术大家反复校勘过的《营造法式》文本为基础，将研究与注释的重点，聚焦在《法式》中的科学与技术层面上，从而使这样一部营造古籍，更多地展现其科学与技术的内涵。这显然是一种要点突出、思路清晰的科学的研究路线。

八、《〈营造法式〉注释》中的创造性发现

按照梁先生最初的计划，是将《〈营造法式〉注释》一书，分为上、下两卷，上卷主要包括当时已经基本完成的“壕寨制度”、“石作制度”与“大木作制度”的文字注解、插图配置与诸作图样。下卷则将更为烦琐细致的“小木作制度”、“彩画作

〔33〕梁思成：《〈营造法式〉注释序》。
〔34〕同上。

制度”及其他各作制度，以及功限、料例等，集为一卷。为了完成这一目标，梁先生和他的助手们在那一时期，采用刻版油印的方式，将《〈营造法式〉注释》上、下两卷的初稿，逐字逐句，工工整整地刻字印刷，作为正式出版前的初稿，以供核对、纠错之用。刻版油印这一过程，所花费的功夫，不亚于将《法式》全文及梁先生的注释文字，仔仔细细地校核誊写了一遍。

遗憾的是，梁先生最终也未能亲眼目睹他花费了大半生辛劳与心血所完成的学术大作的付梓出版。在最后的艰难岁月中，梁先生在政治运动与体弱病痛的双重折磨下，连自己的科研助手绘制的“小木作图样”也没能有机会加以更为深入的指导。关于这一点，徐伯安先生在其为《〈营造法式〉注释》所写的“编后记”中做了特别说明。

从梁先生在《〈营造法式〉注释》下卷所书写文字的字里行间，我们似乎也能够感受到，迫于当时的政治氛围与意识形态压力，对于涉及古人的宗教建筑设施，如佛道帐、壁藏等宋代小木作制度，以及涉及为帝王宫廷的殿阁厅堂或佛寺、道观等建筑提供装饰的彩画作制度，梁先生在遣词造句上是如何地小心翼翼、如履薄冰。可以说，在这样一种特殊的时代氛围下，梁先生和他的助手们对《注释》下卷的研究，很难达到他们在上卷研究时的着力深度。换言之，《〈营造法式〉注释》下卷部分的未充分展开或未及深入说明的部分，其原因不在梁先生和他的研究团队投入精力不够，而在其时其势的大环境所限。

梁先生的《〈营造法式〉注释》中对《法式》行文的许多科学解释，其实都是具有原创性的重要科学研究成果。如其对屋顶举折部分有关斗尖亭榭之簇角梁法的研究，对房屋翼角结构中隐角梁的解释，对彩画作中关于绘制彩画用色的主要原则的阐释，及对建筑彩画装饰和绘画创作的区别等所做的注解，都具有独创性与理论性内涵。这部书最为重要的科学发现之一，就是对宋式建筑中“铺作”出跳概念的诠释，即对何谓“出一跳谓之四铺作，出二跳谓之五铺作”等的科学解释。梁先生还特别谦虚地将这一重要科学发现，归功于他学术助手们的名下。

重要的是，在这一研究中，梁先生已经注意到，《法式》行文中的一些数据表述中的秘密。如在“石作制度”的“重台钩阑”节中，梁先生注意到《法式》文本中所给出的各种名件的小尺寸，实际上并非这一名件的真实尺寸，只是相对于其名件某一基本构件尺寸的比例性尺寸。这一点，在梁先生书后所附的“石作重台钩阑权衡尺寸表”与“石作单钩阑权衡尺寸表”中，表达得十分清晰。同时，在“门砧限”一节的注释中，梁先生还进一步十分明确地提出了“绝对尺寸”与“比例尺寸”这两个概念，从而为理解《法式》文本中所给出的诸名件细部尺寸，提供了科学的理论支撑。

虽然梁先生没有来得及对这一概念做更多的解释，但从全书的视角来看，这显然是梁先生在《营造法式》研究过程中的一个极其重要的发现。这一发现为读者提供了一个重要的思维基础，能够帮助其理解《法式》后文有关小木作诸名件所给出的极其繁细的小尺寸，即对小木作各部分所列出的各种琐细名件的小尺寸，作为以其某一基本构件的高度或长度为基础，按彼此的相关比例给出的“积而为法”的比例尺寸，对应其文本加以推算理解，从而得出每一相应构件的最终真实尺寸。

如果说关于《法式》中“壕寨制度”、“石作制度”与“大木作制度”部分，梁先生和他的助手们已经做出了十分深入透彻的研究，进入“小木作制度”及之后的其他各作，以及其后的“功限”与“料例”部分，情况确实有一些不同。因为，梁先生在展开这一部分的研究工作时，正处于一个十分困难的时期。那一时期，对《法式》文本的任何深究，既缺乏相应的资料，也受到当时社会意识形态的种种禁锢，正如梁先生当时在“小木作制度”四、五、六几节前迫于当时环境不得不说的话：“这三卷中，都是关于佛道帐和经藏的制度。佛道帐是供放佛像和天尊像的神龛；经藏是存放经卷的书橱。在文化遗产中，它们应该列为糟粕。对中国的社会主义新建筑的创造，它们更没有什么可资参考或借鉴的。……因此，关于这三卷，我们除予以标点符号并校正少数错字外，不拟作任何注释，也不试为制图。”

了解了这一点，也就了解了梁先生和他的助手们当时的学术环境，或也可能理解何以《〈营造法式〉注释》对小木作中的佛道帐、壁藏、转轮经藏等部分几乎未做更加深入的叙述，对彩画作的分析与研究，似乎也有一点欲言又止的感觉。在那样一个历史语境下，梁先生和他的助手们已经尽到了他们所能够尽到的最大努力。理解这一问题的核心要点是，他们既需要做严谨科学的学术研究，又不能轻易陷入那一特殊时期的不必要的政治纠葛与莫名陷阱之中。即使是这样，我们在上文中提到的几个学术发现与解释，都堪称《〈营造法式〉注释》最具里程碑意义的学术成果。仅从这一点就可以证明，梁先生与他所领导下包括莫宗江、楼庆西、徐伯安、郭黛姮等在内的学术团队，在 20 世纪 80 年代中叶，因为他们以《〈营造法式〉注释》等为标志的这些具有许多创新发现的重要研究，而获得国家在自然科学研究领域的顶级奖项——国家自然科学奖一等奖——的殊荣，是实至名归的。

结　语

在梁思成先生离开我们十一年之后，直到 1983 年，他辛苦大半生，早在 1945 年就初步完成，并于 20 世纪 60 年代初进一步加以完善的《〈营造法式〉注释·卷上》的文字与图版，终于由中国建筑工业出版社印刷出版，从而填补了中国学术史上的一大空白。这部书的出版，使得中国建筑史学界，终于能够初步看懂梁先生在数十年前所说的中国建筑的两部“文法课本”的第二部，特别是其中有关宋代壕寨制度、石作制度与大木作制度部分的科学、详尽且通俗的诠释，对中国建筑史学界与文物保护界的中国早期木构建筑实例研究，特别是对唐、宋、辽、金、元建筑的进一步普查发现与分析研究，起到了明显推动作用。

但是，同样是已经完稿且有《〈营造法式〉注释》油印稿本的包括了小木作等诸作制度及功限、料例等内容注释的“卷下”，却迟迟难见有正式付梓刊印的希望。时间又过了将近二十年，2000 年，中国建筑工业出版社启动了《梁思成全集》与《刘敦桢全集》的出版工作，事情的发展才有了新的转机。直至新世纪之初的 2001 年，也就是梁思成先生获得陶本《营造法式》之后的第七十六个年头，以及梁先生加盟中国营造学社整整七十年之后，同时也是朱启钤先生发现宋《营造法式》八十余年之后，朱先生在学社成立之初所设立的重要学术目标之一，同时也是梁先生曾为之艰难探索、辛劳大半生的对宋《营造法式》的系统研究成果——《〈营造法式〉注释》全本，终于以《梁思成全集》第七卷的形式，展现在世人的面前。这不仅是中国古代建筑研究史上的一件大事，或也可以称之为穿透 20 世纪大半个世纪的中国建筑学术史的一部大著。

今天，在梁先生辞世五十多年，以及《〈营造法式〉注释》全本问世二十多年之后，生活·读书·新知三联书店再一次将包括梁思成《中国建筑史》等在内的，梁先生生前完成的一些重要著作刊印出版，其中也包括了凝聚有梁先生大半生心血的《〈营造法式〉注释》，在一定程度上，也反映了这部书无论在梁先生的学术成果中，还是在近现代中国建筑史学史上，都具有极其重要的学术地位与价值。透过这部书，每一位读者需要了解与回溯的，不仅是自《营造法式》问世以来的古代中国千年营造史，更是既迂回曲折又波澜壮阔的 20 世纪中国建筑学术史。

王贵祥　附识

癸卯年孟夏月于清华园荷清苑

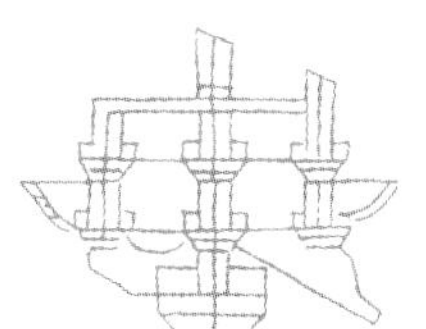

前　言[1]

梁思成教授遗稿——《〈营造法式〉注释》一书，是一部为古籍注疏性质的学术著作。

从30年代起，梁先生就开始对《营造法式》进行研究，但由于种种原因，时停时续，延至60年代初才正式着手著述。1966年，正当“注释本”卷上接近完成的时候，又由于历史的曲折而延误出版；1972年梁先生不幸病逝，几位助手又调做其他工作，《营造法式》的研究再次被迫停辍。直到1978年，中断了十三年的这项研究，才得以继续进行。经过两年的努力，“注释本”卷上终于脱稿付印了。

在遗稿整理、校补工作中，我们遵循梁先生生前叮嘱，将遗稿请教于业内学者、专家，征求意见。不少学者、专家以丰富的知识和自己多年的研究心得，帮助我们查漏、补阙，对我们的工作给予了很大的支持，对提高“注释本”质量起了不小的作用。

此次整理遗稿，我们尽量保持梁先生亲自撰写或审定过的“文字注释”部分的本来面貌和风格，对文稿只做了适当的补充、订正。对于“图释”部分的制度图样，则做了较多的订正，重新绘制了大部分图样。文中的插图、实物照片都是梁先生去

〔1〕这是《〈营造法式〉注释》（卷上）的前言。——徐伯安注

世后新加入的。

整理、校补中，对李明仲原著中的一些疏漏和版本传抄中讹文脱简之处，也都尽力做了必要的校勘。

遗憾的是梁先生未能亲自对“注释本”卷上的脱稿做最后的修饰和审定，未能亲眼看到“注释本”的问世。因此，经我们整理、校补的“注释本”，难免有许多不妥的地方，恳请读者和专家们给予指正。

参加“注释本”卷上遗稿整理、校补工作的有楼庆西、徐伯安和郭黛姮三位教师。莫宗江教授担任了此项工作的学术顾问。〔2〕

对梁先生遗稿和我们整理、校补工作提供过宝贵意见的学者、专家有：国家文物局文物保护科学技术研究所祁英涛、杜仙洲，中国建筑科学研究院刘致平、陈明达和傅熹年，故宫博物院单士元、王璞子和于倬云，中国科学院自然科学史研究所张驭寰，北京大学历史系邓广铭，同济大学建筑系陈从周，南京工学院建筑研究所郭湖生。谨趁“注释本”卷上出版的机会，向各位专家致以衷心的谢意。

清华大学建筑系《营造法式》研究小组

1980 年 8 月

〔2〕参加《〈营造法式〉注释》（卷下）遗稿整理、校补工作的有徐伯安、王贵祥、钟晓青和徐怡涛。这次将卷上和卷下合卷出版的编校工作亦由徐伯安、王贵祥、钟晓青和徐怡涛完成。——徐伯安注

《营造法式》注释序

《营造法式》

《营造法式》是北宋官订的建筑设计、施工的专书。它的性质略似于今天的设计手册加上建筑规范。它是中国古籍中最完善的一部建筑技术专书，是研究宋代建筑、研究中国古代建筑的一部必不可少的参考书。

《营造法式》是宋哲宗、徽宗朝（公元1086—1101—1125年）将作监李诫所编修，凡三十四卷。

第一卷、第二卷为“总释”，引经据典地诠释各种建筑物和构件（“名物”）的名称，并说明一些几何形的计算方法，以及当时一些定额的计算方法（“总例”）。

第三卷为“壕寨制度”和“石作制度”。所谓“壕寨”大致相当于今天的土石方工程，如地基、筑墙等；“石作制度”则叙述殿阶基（清代称台基）、踏道（台阶）、柱础、石钩阑（石栏杆）等等的做法和雕饰。

第四卷、第五卷是“大木作制度”。凡屋宇之木结构部分，如梁、柱、斗栱、槫

（清称檩）、椽等属之。

第六卷至第十一卷（共六卷）为"小木作制度"。其中前三卷为门窗、栏杆等属于建筑物的装修部分；后三卷为佛道帐和经藏，所叙述的都是庙宇内安置佛、道像的神龛和存放经卷的书架的做法。

第十二卷包括"雕作""旋作""锯作""竹作"四种制度。前三作说明对木料的三大类不同的加工方法；"竹作"则说明用竹（主要是编造）的方法和竹材的等第与选择等。

第十三卷是"瓦作制度"和"泥作制度"，说明各种瓦件的等第、尺码、用法和用泥抹、刷、垒砌的制度。

第十四卷是"彩画作制度"。先解说彩画构图，配色的几项基本法则和方法（"总制度"），然后按不同部位、构件和等第，叙述各种不同的题材、图案的画法。

第十五卷为"砖作制度"和"窑作制度"。砖作包括砖的各种规格和用法；窑作主要叙述砖、瓦、琉璃等陶制建筑材料的规格、制造、生产以及砖瓦窑的建造方法。

第十六卷至第二十五卷是诸作"功限"，详尽地规定第三卷至第十五卷中所述各工种中各种构件、各种工作的劳动定额。

第二十六卷至第二十八卷是诸作"料例"，规定了各作按构件的等第、大小所需要的材料限量。

第二十九卷至第三十四卷是诸作图样。有"总例"中的测量仪器，石作中的柱础、钩阑等；大木作的各种构件，斗栱，各种殿堂的地盘（平面图）、侧样（横断面图）；小木作的若干种门、窗，钩阑，佛道帐，经藏；雕木作的一些雕饰和各种彩画图案。至于旋作、锯作、竹作、瓦作、泥作、砖作、窑作，就都没有图样。

在三十四卷之外，前面还有目录和看详，各相当于一卷。"看详"的内容主要是各作制度中若干规定的理论或历史传统根据的阐释。

总的看来，《营造法式》的体裁是首先释名，次为诸作制度，次为诸作功限，再次为诸作料例，最后为诸作图样。全书纲举目张，条理井然，它所达到的科学水平是古籍中罕见的。

但是，如同我国无数古籍一样，特别是作为一部技术书，它的文字有不够明确之处；名词或已在后代改变，或因原物已失传而随之失传；版本辗转传抄、重刻，不免有脱简和错字；至于图样，更难免走离原样，改变了风格，更不用说因为缺乏科学的绘图技术，原有的图样精确性就是很差的。我们既然要研究我国的建筑遗产和传统，那么，就有必要对《营造法式》认真地做一番整理，使它的文字和图样尽可能地成为今天的工程技术人员和建筑学专业的学生所能读懂、看懂，以资借鉴的东西。

《营造法式》的编修

《营造法式》是将作监"奉敇"编修的。中国自有历史以来，历代都设置工官，管理百工之事。自汉始，就有将作大匠之职，专司土木营建之事。历代都有这一职掌，隋以后称作将作监。宋因之。按《宋史·职官志》："将作监……置监、少监各一人，丞、主簿各二人。监掌宫室、城廓、桥梁、舟车营缮之事，少监为之贰，丞参领之。凡土木工匠版筑造作之政令总焉。"一切属于土木建筑工程的计划、规划、设计、预算、施工组织、监工、检查、验收、决算等等工作，都由将作监"岁受而会之，上于工部"。由它的职掌看来，将作监是隶属于工部的设计、施工机构。

北宋建国以后，百余年间，统治阶级建造各种房屋，特别是宫殿、衙署、军营、庙宇等等的事情越来越多了，亟须制定各种设计标准、规范和有关材料、施工的定额、指标：一则以明确等级制度，以维护封建统治的等级体系；一则以统一建筑形式、风格，以保证一定的艺术效果和艺术水平；更重要的是制定严格的料例、功限，以杜防贪污盗窃。因此，哲宗元祐六年（公元1091年），将作监第一次修成了《营造法式》，并由皇帝下诏颁行。至绍圣四年（公元1097年），又诏李诫重新编修，于徽宗崇宁二年（公元1103年）刊行。流传到我们手中的这部《营造法式》就是李诫所主编。

《营造法式》之所以重新编修，是由于“元祐《法式》只是料状，别无变造用材制度，其间工料太宽，关防无术”。由此可见，《法式》的首要目的在于关防主管工程人员的贪污盗窃。但是，徽宗这个人在政治上昏聩无能，在艺术造诣上却由后世历史鉴定为第一流的艺术家，可以推想，他对于建筑的艺术性和风格等方面会有更苛刻的要求，他不满足于只是关防工料的元祐《法式》，因而要求对于建筑的艺术效果方面也得到相应的保证。但是，全书三十四卷中，还是以十三卷的篇幅用于功限料例，可见《法式》虽经李诫重修，增加了各作“制度”，但关于建筑的经济方面，还是当时极为着重的方面。

李　诫

李诫（？—公元1110年），字明仲，郑州管城县人。根据他在将作的属吏傅冲益所作的《墓志铭》[1]，李诫从“元祐七年（公元1092年），以承奉郎为将作监主簿”始，到他逝世以前约三年去职，在将作任职实计十三年，由主簿而丞，而少监，而将作监；其级别由承奉郎升至中散大夫，凡十六级。在这十余年间，差不多全部时间李诫都在将作；仅于崇宁二年（公元1103年）冬，曾调京西转运判官，但几个月之后，又调回将作，不久即升为将作监。大约在大观二年（公元1108年），因奔父丧，按照封建礼制，居丧必须辞职，他才离开了将作。

〔1〕这篇墓志铭为傅冲益请人代笔之作。该文被收入程俱的《北窗小集》。——徐伯安注

李诫的出生年月不详。根据《墓志铭》，元丰八年（公元 1085 年），趁着哲宗登位大典的“恩遇”，他的父亲李南公（当时任河北转运副使，后为龙图阁直学士、大中大夫）给他捐了一个小官，补了一个郊社斋郎；后来调曹州济阴县尉。到公元 1092 年调任将作监主簿以前，他曾做了七年的小官。大致可以推测，他的父亲替他捐官的时候，他的年龄很可能是二十岁左右。由此推算，他的出生可能在公元 1060 年到公元 1065 年之间。大约在大观二年（公元 1108 年）或元年（？），因丁父忧告归。这一次，他最后离开了将作；“服除，知虢州，……未几疾作，遂不起”，于大观四年二月壬申（公元 1110 年 2 月 23 日即旧二月初三）卒，享寿估计不过四十五至五十岁。

从公元 1085 年初补郊社斋郎至 1110 年卒于虢州，任内的二十五年间，除前七年不在将作，丁母忧、父忧各二年（？），知虢州一年（？）并曾调京西转运判官“不数月”外，其余全部时间，李诫都在将作任职。

在这十余年间，李诫曾负责主持过大量新建或重修的工程，其中见于他的墓志，并因工程完成而给他以晋级奖励的重要工程，计有五王邸、辟雍、尚书省、龙德宫、棣华宅、朱雀门、景龙门、九成殿、开封府廨、太庙、钦慈太后佛寺等十一项；在《法式》各卷首李诫自己署名的职衔中，还提到负责建造过皇弟外第（疑即五王邸）和班值诸军营房等。当然，此外必然还有许多次要的工程。由此可见，李诫的实际经验是丰富的。建筑是他一生中最主要的工作[2]。

李诫于绍圣四年（公元 1097 年）末，奉旨重别编修《营造法式》，至元符三年（公元 1100 年）成书。这时候，他在将作工作已经八年，“其考工庀事，必究利害。坚窳之制，堂构之方，与绳墨之运，皆已了然于心”了（《墓志铭》）。他编写的工作方法是“考究经史群书，并勒人匠逐一讲说”（劄子），“考阅旧章，稽参众智”（进书序）。用今天的语言，我们可以说：李诫编写《营造法式》，是在他自己实践经验的基础上，参阅古代文献和旧有的规章制度，依靠并集中了工匠的智慧和经验而写成的。

李诫除了是一位卓越的建筑师外，根据《墓志铭》，他还是一位书画兼长的艺

〔2〕李诫还同姚舜仁一起，奉旨参考宫内所藏明堂旧本图样，经过详细的考究和修改，于崇宁四年（公元 1105 年）八月十六日进新绘《明室图》样。——徐伯安注

术家和渊博的学者。他研究地理，著有《续山海经》十卷。他研究历史人物，著有《续同姓名录》二卷。他懂得马，著有《马经》三卷，并且善于画马〔3〕。他研究文字学，著有《古篆说文》十卷〔4〕。此外，从他的《琵琶录》三卷的书名看，他还可能是一位音乐家。他的《六博经》三卷，可能是关于赌博游戏的著作。从他这些（虽然都已失传了的）书名来看，他的确是一位方面极广、知识渊博、“博学多艺能”的建筑师。这一切无疑地都对于一位建筑师的设计创造有着深刻的影响。

从这些书名还可以看出，他又是一位科学家。在《法式》的文字中，也可以看出他有踏踏实实的作风。首先从他的《进新修〈营造法式〉序》中，我们就看到，在简练的三百一十八个字里，他把工官的历史与职责，规划、设计之必要，制度、规章的作用，他自己编修这书的方法，和书中所要解决的主要问题和书的内容，说得十分清楚。又如卷十四《彩画作制度》，对于彩画装饰构图方法的“总制度”和绘制、着色的方法、程序，都能以准确的文字叙述出来。这些都反映了他的科学的头脑与才能。

李诫的其他著作已经失传，但值得庆幸的是，他的最重要的，在中国文化遗产中无疑地占着重要位置的著作《营造法式》，却一直留存到今天，成为我们研究中国古代建筑的一部最重要的古代术书。

八百余年来《营造法式》的版本

《营造法式》于元符三年（公元1100年）成书，于崇宁二年（公元1103年）奉旨“用小字镂版”刊行。南宋绍兴十五年（公元1145年），由秦桧妻弟、知平江军府（今苏州）事提举劝农使王晚重刊。宋代仅有这两个版本〔5〕。崇宁本的镂版显然在北

〔3〕曾画《五马图》以进。——徐伯安注

〔4〕李诫曾撰《重修朱雀门记》，以小篆书册以进。“有旨敕石朱雀门下”。——徐伯安注

〔5〕现存明清内阁大库旧藏残本为南宋后期平江府覆刻绍兴十五年刊本，说见赵万里《中国版刻图录》解说。故此书宋代实有北宋刻本一，南宋刻本二，共三个刻本。——傅熹年注

宋末年（公元 1126 年）已在汴京被金人一炬，所以尔后二十年就有重刊的需要了。

据考证，明代除永乐大典本外，还有钞本三种，镂本一种（梁溪故家镂本）[6]。清代亦有若干传钞本。至于翻刻本，见于记载者有道光间杨墨林刻本和山西杨氏连筠簃丛书刻本（似拟刊而未刊），但都未见流传[7]。后世的这些钞本、刻本，都是由绍兴本影钞传下来的。由此看来，王映这个奸臣的妻弟重刊《法式》，对于《法式》之得以流传后世，却有不可磨灭之功。

民国八年（公元 1919 年），朱启钤先生在南京江南图书馆发现了丁氏钞本《营造法式》[8]，不久即由商务印书馆影印（下文简称“丁本”）。现代的印刷术使得《法式》比较广泛地流传了。

其后不久，在由内阁大库散出的废纸堆中，发现了宋本残叶（第八卷首叶之前半）。于是，由陶湘以四库文溯阁本、蒋氏密韵楼本和“丁本”互相勘校；按照宋本残叶版画形式，重为绘图、镂版，于公元 1925 年刊行（下文简称“陶本”）。这一版之刊行，当时曾引起国内外学术界极大注意。

公元 1932 年，在当时北平故宫殿本书库发现了钞本《营造法式》（下文简称“故宫本”），版面格式与宋本残叶相同，卷后且有平江府重刊的字样，与绍兴本的许多钞本相同。这是一次重要的发现。

“故宫本”发现之后，由中国营造学社刘敦桢、梁思成等，以“陶本”为基础，并与其他各本与“故宫本”互相勘校，又有所校正。其中最主要的一项，就是各本（包括“陶本”）在第四卷“大木作制度”中，“造栱之制有五”，但文中仅有其四，完全遗漏了“五曰慢栱”一条四十六个字。唯有“故宫本”，这一条却独存。“陶本”和其他各本的一个最大的缺憾得以补偿了。

对于《营造法式》的校勘，首先在朱启钤先生的指导下，陶湘等先生已做了很多工作；在“故宫本”发现之后，当时中国营造学社的研究人员进行了再一次的细致校勘。今天我们进行研究工作，就是以那一次校勘的成果为依据的。

〔6〕见钱谦益《牧斋有学集》卷四十六《跋〈营造法式〉》。即钱谦益绛云楼所藏南宋刊本。——傅熹年注

〔7〕杨墨林刻本即连筠簃丛书本，此书流传极罕。叶定侯曾目见，云有文无图。——傅熹年注

〔8〕丁氏钞本自清道光元年张蓉镜钞本出，张氏本文自影写钱曾述古堂藏钞本出。张蓉镜钞本原藏翁同龢家，2000 年 4 月入藏于上海图书馆。——傅熹年注

我们这一次的整理，主要在把《法式》用今天一般工程技术人员读得懂的语文和看得清楚的、准确的、科学的图样加以注释，而不重在版本的考证、校勘之学。

我们这一次的整理、注释工作

公元 1925 年“陶本”刊行的时候，我还在美国的一所大学的建筑系做学生。虽然书出版后不久，我就得到一部，但当时在一阵惊喜之后，随着就是莫大的失望和苦恼——因为这部漂亮精美的巨著，竟如天书一样，无法看得懂。

我比较系统地并且企图比较深入地研究《营造法式》，还是从公元 1931 年秋季参加到中国营造学社的工作以后才开始的。我认为在这种技术科学性的研究上，要了解古代，应从现代和近代开始；要研究宋《法式》，应从清工部《工程做法》开始；要读懂这些巨著，应从求教于本行业的活人——老匠师——开始。因此，我首先拜老木匠杨文起老师傅和彩画匠祖鹤州老师傅为师，以故宫和北京的许多其他建筑为教材“标本”，总算把工部《工程做法》多少搞懂了。对于清工部《工程做法》的理解，对进一步追溯上去研究宋《营造法式》打下了初步基础，创造了条件。公元 1932 年，我把学习的肤浅心得，写成了《清式营造则例》一书。

但是，要研究《营造法式》，条件就困难得多了。老师傅是没有的，只能从宋代实例中去学习。而实物在哪里？虽然有些外国旅行家的著作中提到一些，但有待亲自去核证。我们需要更多的实例，这就必须去寻找。公元 1932 年春，我第一次出去寻找，在河北省蓟县看到（或找到）独乐寺的观音阁和山门。但是它们是辽代建筑而不是宋代建筑，在年代上（公元 984 年）比《法式》早一百一十余年，在“制度”和风格上和宋《法式》有显著的距离（后来才知道它们在风格上接近唐代的风格）。

尽管如此，在这两座辽代建筑中，我却为《法式》的若干疑问找到了答案。例如，斗栱的一种组合方法——“偷心”，斗栱上的一种构材——“替木”，一种左右相连的栱——“鸳鸯交手栱”，柱的一种处理手法——“角柱生起”，等等，都是明清建筑中所没有而《法式》中言之凿凿的，在这里却第一次看到，顿然“开了窍”了。

从这以后，中国营造学社每年都派出去两三个工作组，到各地进行调查研究。在尔后十余年间，在全国十五个省的两百二十余县中，测绘、摄影约二千余单位（大的如北京故宫整个组群，小的如河北赵县的一座宋代经幢，都作一单位计算），其中唐、宋、辽、金的木构殿、堂、楼、塔等将近四十座，砖塔数十座，还有一些残存的殿基、柱基、斗栱、石柱等。元代遗物则更多。通过这些调查研究，我们对我国建筑的知识逐渐积累起来，对于《营造法式》（特别是对第四、第五两卷“大木作制度”）的理解也逐渐深入了。

公元1940年前后，我觉得我们已具备了初步条件，可以着手对《营造法式》做一些系统的整理工作了。在这以前的整理工作，主要是对于版本、文字的校勘。这方面的工作，已经做到力所能及的程度。下一阶段必须进入诸作制度的具体理解；而这种理解，不能停留在文字上，必须体现在从个别构件到建筑整体的结构方法和形象上，必须用现代科学的投影几何的画法，用准确的比例尺，并附加等角投影或透视的画法表现出来。这样做，可以有助于对《法式》文字的进一步理解，并且可以暴露其中可能存在的问题。我当时计划在完成了制图工作之后，再转回来对文字部分做注释。

总而言之，我打算做的是一项“翻译”工作——把难懂的古文翻译成语体文，把难懂的词句、术语、名词加以注解，把古代不准确、不易看清楚的图样“翻译”成现代通用的“工程画”；此外，有些《法式》文字虽写得足够清楚、具体而没有图，因而对初读的人带来困难的东西或制度，也酌量予以补充；有些难以用图完全表达的，例如某些雕饰纹样的宋代风格，则尽可能用适当的实物照片予以说明。

从公元1939年开始，到1945年抗日战争胜利止，在四川李庄我的研究工作仍在断断续续地进行着，并有莫宗江、罗哲文两同志参加绘图工作。我们完成了“壕寨制度”、“石作制度”和“大木作制度”部分图样。由于复员、迁徙，工作停顿了下来。

公元1946年回到北平以后，由于清华大学建筑系的新设置，由于我出国讲学；解放后，由于人民的新清华和新中国的人民首都的建设工作繁忙，《营造法式》的整理工作就不得不暂时搁置，未曾恢复。

公元1961年始，党采取了一系列的措施以保证科学家进行科学研究的条件。加之建国以来，全国各省、市、县普遍设立了文物保管机构，进行了全国性的普查，实例比解放前更多了。在这样优越的条件下，在校党委的鼓舞下，在建筑系的教师、职工的支持下，这项搁置了将近二十年的工作又重新“上马”了。校领导为我配备了得力的助手，他们是楼庆西、徐伯安和郭黛姮三位青年教师。

作为一个科学研究集体，我们的工作进展得十分顺利，真正收到了各尽所能、教学相长的效益，解决了一些过去未能解决的问题。更令人高兴的是，他们还独立地解决了一些几十年来始终未能解决的问题。例如：为什么出一跳谓之四铺作，……出五跳谓之八铺作？这样一个问题，就是由于他们的深入钻研苦思，反复校核数算而得到解决的。

建筑历史教研组主任莫宗江教授，三十年来和我一道研究《营造法式》。这一次，他又重新参加到工作中来，挤出时间和我们讨论，并对助手们的工作做了一些具体指导。

经过一年多的努力，我们已经将“壕寨制度”、“石作制度”和“大木作制度”的图样完成，至于“小木作制度”、“彩画作制度”和其他诸作制度的图样，由于实物极少，我们的工作将要困难得多。我们准备按力所能及，在今后两三年中，把它做到一个段落，——知道多少，能够做多少，就做多少。

我们认为没有必要等到全书注释工作全部完成才出版。因此拟将全书分成上、下两卷，先将《营造法式》“大木作制度”以前的文字注解和“壕寨制度”、“石作制度”和“大木作制度”的图样，以及有关功限、料例部分，作为上卷，先行付梓。

我们在注释中遇到的一些问题

在我们的整理、注释工作中，如前所说，《法式》的文字和原图样都有问题；概括起来，有下列几种：

甲　文字方面的问题〔9〕

从“丁本”的发现、影印开始，到“陶本”的刊行，到“故宫本”之发现，朱启钤、陶湘、刘敦桢诸先生曾经以所能得到的各种版本，互相校勘，校正了错字，补上了脱简。但是，这不等于说，经过各版本相互校勘之后，文字上就没有错误。这次我们仍继续发现了这类错误。例如“看详”“折屋之法”，有“……下屋橑檐枋背……”在下文屡次所见，皆作“下至橑檐枋背”。显然，这个“屋”字是“至”字误抄或误刻所致，而在过去几次校勘中都未得到校正。类似的错误，只要有所发现，我们都予以改正。

文字中另一种错误是，虽各版本互校一致，但从技术上可以断定或计算出它的错误。例如第三卷“石作制度·重台钩阑”蜀柱的小注中，“两肩各留十分中四厘”显然是“两肩各留十分中四分”之误；“门砧限”中卧柣的尺寸，“长二尺，广一尺，厚六分”，“厚六分”显然是“厚六寸”之误；因为这种比例不但不合理，有时甚至和材料性能相悖，在施工过程中和使用上，都成了几乎不可能的。又如第四卷“大木作制度”中“造栱之制”，关于角栱的“斜长”的小注：“假如跳头长五寸，则加二

〔9〕本书《营造法式》原文以“陶本”为底本。在此基础上进行标点、注释。“注释本”对“陶本”多有订正。这次编校凡两种版本不一致的地方，我们都尽力用小注形式标注出来，并指明“陶本”的正误与否，以利读者查阅。——徐伯安注

分五厘……”按直角等腰三角形，其勾股若为 5 寸，则其弦应为 7.071 寸强。因此，“加二分五厘”，显然是“加二寸五厘”之误。至于更准确地说“五厘”应改作“七厘”，我们就毋须和李诫计较了。

凡属上述类型的错误，只要我们有所发现，并认为确实有把握予以改正的，我们一律予以改正。至于似有问题，但我们未敢擅下结论的，则存疑。

对于《营造法式》的文字部分，我们这一次的工作主要有两部分。首先是将全书加标点符号，至少让读者能毫不费力地读断句。其次，更重要的是，尽可能地加以注释；把一些难读的部分，译成语体文；在文字注释中，我们还尽可能地加入小插图或者实物照片，给予读者以形象的解释。

在体裁上，我们不准备遵循传统的校注[10]、考证，逐字点出，加以说明的形式，而是按历次校勘积累所得的最后成果呈献出来。我们这样做，是因为这是一部科学、技术著作，重要在于搞清楚它的科学技术内容，不准备让版本文字的校勘细节分散读者的注意。

乙　图样方面的问题[11]

各作制度的图样是《营造法式》最可贵的部分。李诫在“总诸作看详”内指出：“或有须于画图可见规矩者，皆别立图样，以明制度。”假使没有这些图样，那么，今天读这部书，不知还要增加多少困难。因此，诸作制度图样的整理，实为我们这次整理工作中最主要的部分。

但是，上文已经指出，由于当时绘图的科学和技术水准的局限，原图的准确性和精密性本来就是不够的；加之以刻版以及许多抄本之辗转传抄、影摹，必然每次都要多少走离原样，以讹传讹，由渐而远，差错层层积累，必然越离越远。此外还可以推想，各抄本图样之摹绘，无论是出自博学多能、工书善画的文人之手，或出自一般“抄胥”或画匠之手（如“陶本”），由于他们大多对建筑缺乏专业知识，只

〔10〕全集本作“校证”，本版编辑依据 1963 年梁思成先生《〈营造法式〉注释》序言（未定稿）改为“校注”。——编者注

〔11〕图释底本选用“丁本”附图。——徐伯安注

能“依样画葫芦”，而结果则其所“画葫芦”未必真正“依样”。至于各种雕饰花纹图样，问题就更大了：假使由职业画匠摹绘，更难免受其职业训练中的时代风格的影响，再加上他个人的风格，其结果就必然把“崇宁本”“绍兴本”的风格，把宋代的风格，完全改变成明、清的风格。这种风格问题，在石作、小木作、雕作和彩画作的雕饰纹样中都十分严重。

同样是抄写临摹的差错，但就其性质来说，在文字和图样中，它们是很不相同的。文字中的差错，可以从校勘中得到改正；一经肯定是正确的，就是绝对正确的。但是图样的错误，特别是风格上的变换，是难以校勘的。虽然我们自信，在古今中外绘画雕饰的民族特点和时代风格的鉴别、认识上，可能比我们的祖先高出很多（这要感谢近代、现代的考古学家、美术史家、建筑史家和完善精美的摄影术和印刷术），但是我们承认“眼高手低”，难以摹绘；何况在明、清以来辗转传摹，已经大大走了样的基础上进行“校勘”，事实上变成了模拟创作一些略带宋风格的图样，确实有点近乎狂妄。但对于某些图样，特别是彩画作制度图样，我们将不得不这样做。错误之处，更是难免的。在这方面，凡是有宋代（或约略同时的）实例可供参考的，我们尽可能地用照片辅助说明。

至于“壕寨制度”“石作制度”“大木作制度”图样中属于工程、结构性质的图，问题就比较简单些；但是，这并不是说没有问题，而是还存在着不少问题：一方面是原图本身的问题；因此也常常导致另一方面的问题，即我们怎样去理解并绘制的问题：

关于原图，它们有如下的一些特点（或缺点，或问题）：

（一）绘图的形式、方法不一致：有类似用投影几何的画法的；有类似透视或轴测的画法的；有基本上是投影而又微带透视的。

（二）没有明确的缩尺概念：在上述各种不同画法的图样中，有些是按“制度”的比例绘制的；但又有长、宽、高都不合乎“制度”的比例的。

（三）图样上一律不标注尺寸。

（四）除“彩画作制度”图样外，一律没有文字注解；而在彩画作图样中所注的标志颜色的字，用“箭头”（借用今天制图用的术语，但实际上不是“箭头”而仅仅是一条线）所指示的“的”不明确，而且临摹中更有长短的差错。

（五）绘图线条不分粗细、轻重、虚实，一律用同样粗细的实线，以致往往难于辨别哪条线代表构件或者建筑物本身，哪条线是中线或锯、凿、砍、割用的“墨线”。

（六）在一些图样中（可能是原图就是那样，也可能由于临摹疏忽），有些线画得太长，有些又太短；有些有遗漏，有些无中生有地多出一条线来。

（七）有些“制度”有说明而没有图样；有些图样却不见于“制度”文字中。

（八）有些图，由于后世整理、重绘（如“陶本”的着色彩画）而造成相当严重的错误。

总而言之，由于过去历史条件的局限，《法式》各版本的原图无例外地都有科学性和准确性方面的缺点。

我们整理工作的总原则

我们这次整理《营造法式》的工作，主要是放在绘图工作上。虽然我们完全意识到《法式》的文字部分，特别是功限和料例部分，是研究北宋末年社会经济情况的可贵的资料，但是我们并不准备研究北宋经济史。我们的重点在说明宋代建筑的工程、结构和艺术造型的诸作制度上。我们的意图是通过比较科学的和比较准确的图样，尽可能地用具体形象给诸作制度做“注释”。我们的“注释”不限于传统的对古籍只在文字上做注释的工作，因为像建筑这样具有工程结构和艺术造型的形体，必须用形象来说明。这次我们这样做，也算是在过去整理清工部《工程做法》，写出《清式营造则例》以后的又一次尝试。

针对上面提到的《法式》原图的缺点，在我们的图中，我们尽可能予以弥补。

（一）凡是原来有图的构件，如斗、栱、梁、柱之类，我们都尽可能三面（平面、正面、侧面）乃至五面（另加背面、断面）投影把它们画出来。

（二）凡是原来有类似透视图的，我们就用透视图或轴测图画出来。

（三）文字中说得明确清楚，可以画出图来，而《法式》图样中没有的，我们就补画，俾能更形象地表达出来。

（四）凡原图比例不正确的，则按各作“制度”的规定予以改正。

（五）凡是用绝对尺寸定比例的，我们在图上附加以尺、寸为单位的缩尺；凡是以“材栔”定比例的，则附以“材、栔”为单位的缩尺。但是还有一些图，如大木作殿堂侧样（断面图），则须替它选定“材”的等第，并假设面阔、进深、柱高等的绝对尺寸（这一切原图既未注明，“制度”中也没有绝对规定），同时附以尺寸缩尺和“材栔”缩尺。

（六）在所有的图上，我们都加上必要的尺寸和文字说明，主要是摘录诸作“制度”中文字的说明。

（七）在一些图中，凡是按《法式》制度画出来就发生问题或无法交代的（例如有些殿堂侧样中的梁栿的大小，或如角梁和槫枋的交接点等等），我们就把这部分“虚”掉，并加“?”号，且注明问题的症结所在。我们不敢强不知以为知，“创造性”地替它解决、硬拼上去。

（八）我们制图的总原则是，根据《法式》的总精神，只绘制各种构件或部件（《法式》中称为“名物”）的比例、形式和结构，或一些“法式”“做法”，而不企图超出《法式》原书范围之外，去为它“创造”一些完整的建筑物的全貌图（例如完整的立面图等），因为我们只是注释《营造法式》，而不是全面介绍宋代建筑。

我们的工作虽然告一段落了〔12〕，但是限于我们的水平，还留下不少问题未能解决，希望读者不吝赐予批评指正。

一九六三年八月梁思成序于清华大学建筑系

〔12〕指大木作制度以前部分（即卷上）。——徐伯安注

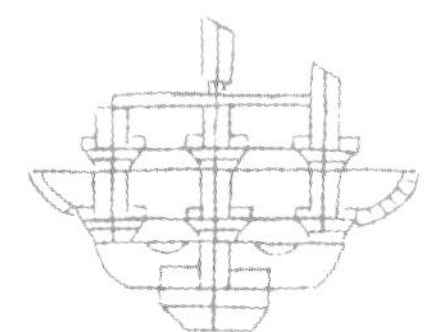

壹

《营造法式》序 劄子

进新修《营造法式》序

臣闻“上栋下宇”，《易》为“大壮”之时[1]；“正位辨方”，《礼》实太平之典[2]。“共工”命于舜日[3]；“大匠”始于汉朝[4]。各有司存，按为功绪。

〔1〕《周易·辞下传》第二章：“上古穴居而野处，后世圣人易之以宫室，上栋下宇，以蔽风雨；盖取诸‘大壮’。”“大壮”是《周易》中“乾下震上，阳盛阴消，君子道胜之象”的卦名。朱熹注曰：“壮，固之意。”

〔2〕《周礼·天官》：“惟王建国，辨方正位。”“建国”是营造王者的都城，所以李诫称之为“太平之典”。

〔3〕“共工”是帝舜设置的“共理百工之事”的官。

〔4〕“大匠”是“将作大匠”的简称，是汉朝开始设置的专管营建的官。

况神畿[5]之千里，加禁阙[6]之九重；内财[7]宫寝之宜，外定庙朝之次；蝉联庶府，棊列百司。

〔5〕“神畿”，一般称“京畿”或“畿辅”，就是皇帝直辖的首都行政区。

〔6〕“禁阙”，就是宫城，例如北京现存的明清故宫的紫禁城。

〔7〕“财”即“裁”，就是“裁度”。

欂栌枅柱[8]之相枝，规矩绳之先治；五材并用[9]，百堵皆兴[10]。惟时鸠僝[11]之工，遂考翚飞[12]之室。

〔8〕“櫼”音尖，就是飞昂；“栌”就是斗；“枅”音坚，就是栱。

〔9〕“五材”是“金、木、皮、玉、土”，即要使用各种材料。

〔10〕“百堵”出自《诗经·斯干》：“筑室百堵。”即大量建造之义。

〔11〕“鸠僝”（乍眼切）就是“聚集”，出自《书经·尧典》：“共工方鸠僝功。”

〔12〕“翚飞”出自《诗经·斯干》，描写新的宫殿：“如鸟斯革，如翚斯飞。”朱熹注：“其檐阿华采而轩翔，如翚之飞而矫其翼也。”

而斫轮之手，巧或失真；董役之官，才非兼技。不知以“材”而定“分”〔13〕，乃或倍斗而取长。弊积因循，法疏检察。非有治“三宫”之精识，岂能新一代之成规〔14〕？

〔13〕关于“材”“分”，见“大木作制度”。

〔14〕一说古代诸侯有“三宫”，又说明堂、辟雍、灵台为“三宫”。“三宫”在这里也就是建筑的代名词。

温诏下颁，成书入奏。空靡岁月，无补涓尘。恭惟皇帝陛下仁俭生知，睿明天纵。渊静而百姓定，纲举而众目张。官得其人，事为之制。丹楹刻桷〔15〕，淫巧既除；菲食卑宫〔16〕，淳风斯复。

〔15〕“丹楹刻桷”，《左传》：庄公二十三年“秋，丹桓宫之楹”。又庄公“二十四年春，刻其桷，皆非礼也”。

〔16〕“菲食卑宫”，《论语》：子曰：“禹，吾无间然矣。菲饮食，而致孝乎鬼神；恶衣服，而致美乎黻冕；卑宫室，而尽力乎沟洫。禹，吾无间然矣。”

乃诏百工之事，更资千虑之愚〔17〕。臣考阅旧章，稽参众智。功分三等，第为精粗之差；役辨四时，用度长短之晷。以至木议刚柔，而理无不顺；土评远迩，而力易以供。类例相从，条章具在。研精覃思，顾述者之非工；按牒披图，或将来之有补。通直郎、管修盖皇弟外第、专一提举修盖班直诸军营房等、编修臣李诫谨昧死上。

〔17〕“千虑之愚”，《史记·淮阴侯列传》：“智者千虑，必有一失；愚者千虑，必有一得。”

译文

我听说,《周易》“上栋下宇，以蔽风雨”之句，说的是“大壮”的时期;《周礼》“惟王建国，辨方正位”，就是天下太平时候的典礼。“共工”这一官职，在帝舜的时候就有了;“将作大匠”是从汉朝开始设置的。这些官署各有它的职责，分别做自己的工作。至于千里的首都，以及九重的宫阙，就必须考虑内部宫寝的布署和外面宗庙朝廷的次序、位置；官署要互相联系，按序排列。斗、栱、昂、柱等相互支撑而构成一座建筑，必须先准备圆规、曲尺、水平仪、墨线等工具。各种材料都使用，大量的房屋都建造起来。按时聚集工役，做出屋檐似翼的宫室。然而工匠的手，虽然很巧也难免有时做走了样。主管工程的官，也不能兼通各工种。他们不知道用“材”来作为度量建筑物比例、大小的尺度，以至有人用斗的倍数来确定构件长短的尺寸。面对这种弊病，积累因循和缺乏检察的情况，如果没有对于建筑的精湛的知识，又怎能制定新的规章制度呢？皇上下诏，指定我编写一部有关营建宫室制度的书，送呈审阅。现在虽然写成了，但我总觉得辜负了皇帝的提拔，白白浪费了很长时间，没有一点一滴的贡献。皇帝陛下生来仁爱节俭，天赋聪明智慧。在皇上的治理下，举国像深渊那样平静，百姓十分安定；纲举目张，一切工作做得有条有理，选派了得力的官员，制定了办事的制度。鲁庄公那样“丹其楹而刻其桷”的不合制度的淫巧之风已经消除；大禹那样节衣食、卑宫室的勤俭风尚又得到恢复。皇帝下诏关心百工之事，还咨询到我这样才疏学浅的人，我一方面考阅旧的规章，一方面调查参考了众人的智慧。按精粗之差，把劳动日分为三等；按木材的软硬，使条理顺当；按远近距离来定搬运的土方量，使劳动力易于供应。这样按类分别排出，有条例规章作为依据。我尽管精心研究，深入思考，但文字叙述还可能不够完备，所以按照条文画成图样，将来对工作也许有所补助。

通直郎、管修盖皇弟外第、专一提举修盖班直诸军营房等、编修臣李诫谨昧死上。

劄　子[1]

编修《营造法式》所

准[2]崇宁二年正月十九日敕[3]："通直郎试将作少监、提举修置外学等李诫劄子奏[4]：'契勘[5]熙宁中敕，令将作监编修《营造法式》，至元祐六年方成书。准绍圣四年十一月二日敕：以元祐《营造法式》只是料状，别无变造用材制度；其闲工料太宽，关防无术。三省[6]同奉圣旨，着臣重别编修。臣考究经史群书，并勒人匠逐一讲说，编修海行[7]《营造法式》，元符三年内成书。送所属看详[8]，别无未尽未便，遂具进呈，奉圣旨：依[9]。续准都省指挥：只录送在京官司。窃缘上件《法式》，系营造制度、工限等，关防功料，最为要切，内外皆合通行。臣今欲乞用小字镂版，依海行敕令颁降，取进止。'正月十八日，三省同奉圣旨：依奏。"

〔1〕"劄子"是古代的一种非正式公文。

〔2〕"准"：根据或接收到的意思。

〔3〕"敕"：皇帝的命令。

〔4〕"奏"：臣下打给皇帝的报告。

〔5〕"契勘"：公文发语词，相当于"查""照得"的意思。

〔6〕"三省"：中书省、尚书省、门下省。中书省掌管庶政，传达命令，兴创改革，任免官吏。尚书省下设吏（人事）、户（财政）、礼（教育）、兵（国防）、刑（司法）、工（工程）六部，是国家的行政机构。门下省在宋朝是皇帝的办事机构。

〔7〕"海行"：普遍通用。

〔8〕"看详"：对他人或下级著作的读后或审核意见。《法式》看详可能是对北宋以前有关建筑著述发表的意见，提出自己的看法。

〔9〕“依”：同意或照办。

译文

编修《营造法式》所

根据崇宁二年（徽宗赵佶年号，公元1103年）正月十九日皇帝敕令：“通直郎试将作少监、提举修置外学等李诫报告：‘查熙宁年间（神宗赵顼年号，公元1068—1077年）皇帝命令将作监编修的《营造法式》，到元祐六年（哲宗赵煦年号，公元1091年）业已成书。根据绍圣四年（哲宗年号，公元1097年）十一月二日皇帝的敕令，因为元祐年间编订的《营造法式》仅仅是控制用料的办法，并没有在变化的情况下制作和使用材料的制度；其中关于工料的定额，指标又定得太宽，以致没有方法杜绝和防止舞弊。三省同奉皇上圣旨，让我重新编修一部新的《营造法式》。我考证研究了经史各种古书，并且找来工匠逐一讲解工程实际情况，编修成了可以普遍通用的《营造法式》，于元符三年（哲宗年号，公元1100年）内成书，送到有关部门审核后，认为没有什么遗漏或者不适用的缺点，于是我就把它进呈，得到圣旨：同意。随后根据尚书省命令，只抄送在京的有关部门。我个人的意见是这部《法式》是营造的制度和劳动定额等等的规定，对于掌握、控制工料是很重要的，首都和外地都可以适用。我现在想请求准许用小字刻版刊印，遵照通用的敕令公布，敬候指示。’正月十八日，三省同奉圣旨：同意。”

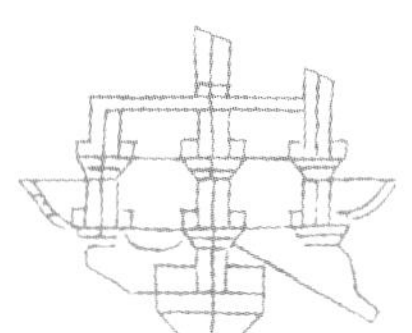

贰

《营造法式》看详

《营造法式》

看详

通直郎、管修皇弟外第、专一提举修盖班直诸军营房等臣李诫奉圣旨编修

方圜平直

《周官·考工记》：圜者中规，方者中矩，立者中悬[1]，衡者中水。郑司农[2]注云：治材居材，如此乃善也。

《墨子》：子墨子言曰：天下从事者，不可以无法仪。虽至百工从事者，亦皆有法。百工为方以矩，为圜以规，直以绳，衡以水[3]，正以悬。无巧工不巧工，皆以此五者为法。巧者能中之，不巧者虽不能中，依放以从事，犹愈于已。

《周髀算经》：昔者周公问于商高曰："数安从出？"商高曰："数之法出于圜方。圜出于方，方出于矩，矩出于九九八十一。万物周事而圜方用焉；大匠造制而规矩设焉。或毁方而为圜，或破圜而为方。方中为圜者谓之圜方；圜中为方者谓之方圜也。"

《韩非子》[4]：韩子曰：无规矩之法、绳墨之端，虽王尔[5]不能成方圜。

〔1〕"立者中悬"：这是《考工记》原文。《法式》因避宋始祖玄朗的名讳，"悬"和"玄"音同，故改"悬"为"垂"，现在仍依《考工记》原文更正。以下皆同，不另注。

〔2〕郑司农：郑众，字仲师，东汉经学家，章帝时曾任大司农的官职，后世尊称他为"郑司农"。

〔3〕《墨子·法仪篇》原文无“衡以水”三个字。

〔4〕《法式》原文以“韩子曰”开始这一条。为了避免读者误以为这一条也引自《周髀算经》，所以另加“《韩非子》”书名于前。

〔5〕《法式》原文“王尔”作“班亦”，按《韩非子》卷四“奸劫弑臣”第十四改正。据《韩子新释》注云：王尔，古巧匠名。

看详：——诸作制度，皆以方圜平直为准；至如八棱之类，及攲[6]、斜、羡[7]《礼图》云，“羡”为不圜之貌。壁羡以为量物之度也。郑司农云，“羡”犹延也，以善切；其袤一尺而广狭焉、陊[8]《史记索引》云，“陊”，谓狭长而方去其角也。陊，丁果切；俗作“隋”，非，亦用规矩取法。今谨按《周官·考工记》等修立下条。

诸取圜者以规，方者以矩，直者抨绳取则，立者垂绳取正，横者定水取平。

〔6〕 攲：和一个主要面成倾斜角的次要面。英文，bevel。

〔7〕 羡：从原注理解，应该是椭圆之义。

〔8〕 陊：圆角或抹角的方形或长方形。

取径围

《九章算经》：李淳风注云，旧术求圜，皆以周三径一为率。若用之求圜周之数，则周少而径多。径一周三，理非精密。盖术从简要，略举大纲而言之。今依密率，以七乘周二十二而一即径[1]；以二十二乘径七而一即周[2]。

看详：——今来诸工作已造之物及制度，以周径为则者，如点量大小，须于周内求径，或于径内求周，若用旧例，以“围三径一，方五斜七”为据，则疏略颇多。今谨按《九章算经》及约斜长等密率，修立下条。

诸径、围、斜长依下项：

圜径七，其围二十有二；

方一百，其斜一百四十有一；

八棱径六十，每面二十有五，其斜六十有五；

六棱径八十有七，每面五十，其斜一百。

圜径内取方，一百中得七十有一；

方内取圜径，一得一。八棱、六棱取圜准此。

〔1〕 $\frac{7 \times 周}{22}=径$。

〔2〕 $\frac{22 \times 径}{7}=周$。$\frac{22}{7}=3.14285^{+}$。

定功

《唐六典》：凡役有轻重，功有短长。注云：以四月、五月、六月、七月为长功；以二月、三月、八月、九月为中功；以十月、十一月、十二月、正月为短功。

看详：——夏至日长，有至六十刻[1]者。冬至日短，有止于四十刻者。若一等定功，则枉弃日刻甚多。今谨按《唐六典》修立下条。

诸称"功"者，谓中功，以十分为率；长功加一分，短功减一分。

诸称"长功"者，谓四月、五月、六月、七月；"中功"谓二月、三月、八月、九月；"短功"谓十月、十一月、十二月、正月。

以上[2]三项并入"总例"。

〔1〕 古代分一日为一百刻；一刻合今 14.4 分钟。

〔2〕 "以上"原文为"右"，因由原竖排本改为横排本，所以把"右"改为"以上"；以下各段同此。

取正

《诗》：定之方中；又：揆之以日。注云：定，营室[1]也；方中，昏正四方也。揆，度也，——度日出日入以知东西；南视定[1]，北准极[2]，以正南北。《周礼·天官》：惟王建国，辨方正位。

《考工记》：置槷[3]以悬，视以景[4]，为规[5]识[6]日出之景与日入之景；夜考之极星，以正朝夕。郑司农注云：自日出而画其景端，以至日入既，则为规。测景两端之内规之，规之交，乃审也。度两交之间，中屈之以指槷，则南北正。日中之景，最短者也。极星，谓北辰。

《管子》：夫绳，扶拨以为正。

《字林》：揰 时钏切，垂臬[3]望也。

《匡谬正俗·音字》：今山东匠人犹言垂绳视正为“揰”。

〔1〕“定”，是星宿之名，就是“营室”星。

〔2〕“极”，就是北极星，亦称“北辰”或“辰”。

〔3〕“槷”，一种标杆，亦称“臬”，亦称“表”。长八尺，垂直竖立。

〔4〕“景”，就是“影”的古写法。

〔5〕“规”，就是圆规。

〔6〕“识”，读如“志”，就是“标志”的“志”。

看详：——今来凡有兴造，既以水平定地平面，然后立表测景、望星，以正四方，正与经传相合。今谨按《诗》及《周官·考工记》等修立下条。

取正之制：先于基址中央，日内[7]置圜版，径一尺三寸六分；当心立表，高四寸，径一分。画表景之端，记日中最短之景。次施望筒于其上，望日景以正四方。

望筒长一尺八寸，方三寸 用版合造；两罨[8]头开圜眼，径五分。筒身当中两壁用轴，安于两立颊之内。其立颊自轴至地高三尺，广三寸，厚二寸。昼望以筒指南，令日景透北，夜望以筒指北，于筒南望，令前后两窍内正见北辰极星；然后各垂绳坠下，记望筒两窍心于地以为南，则四方正。若地势偏衺[9]，既以景表、望筒取正四方，或有可疑处，则更以水池景表较之。其立表高八尺，广八寸，厚四寸，上齐 后斜向下三寸；安于池版之上。其池版长一丈三尺，中广一尺，于一尺之内，随表之广，刻线两道；一尺之外，开水道环四周，广深各八分。用水定平，令日景两边不出刻线；以池版所指及立表心为南，则四方正。安置令立表在南，池版在北。其景夏至顺线长三尺，冬至长一丈二尺，其立表内向池版处，用曲尺较，令方正。

〔7〕“日内”：在太阳光下。

〔8〕“罨”：同“掩”。

〔9〕“衺”：音“斜”；与“邪”同，就是“不正”的意思。

定平

《周官·考工记》：匠人建国，水地以悬。郑司农注云：于四角立植而悬，以水望其高下；高下既定，乃为位而平地。

《庄子》：水静则平中准，大匠取法焉。

《管子》：夫准，坏险以为平。

《尚书·大传》：非水无以准万里之平。

《释名》：水，准也；平，准物也。

何晏《景福殿赋》：唯工匠之多端，固万变之不穷。讎天地以开基，并列宿而作制。制无细而不协于规景，作无微而不违于水臬。“五臣[1]”注云：水臬，水平也。

看详：——今来凡有兴建，须先以水平望基四角所立之柱，定地平面，然后可以安置柱石，正与经传相合。今谨按《周官·考工记》修立下条。

定平之制：既正四方，据其位置，于四角各立一表[2]；当心安水平。其水平长二尺四寸，广二寸五分，高二寸；下施立桩，长四尺安鐏在内，上面横坐水平。两头各开池，方一寸七分，深一寸三分。或中心更开池者，方深同。身内开槽子，广深各五分，令水通过。于两头池子内，各用水浮子一枚。用三池者，水浮子或亦用三枚。方一寸五分，高一寸二分；刻上头令侧薄，其厚一分；浮于池内。望两头水浮子之首，遥对立表处于表身内画记，即知地之高下。若槽内如有不可用水处，即于桩子当心施墨线一道，上垂绳坠下，令绳对墨线心，则上槽自平，与用水同。其槽底与墨线两边，用曲尺较令方正。凡定柱础取平，须更用真尺较之。其真尺长一丈八尺，广四寸，厚二寸五分；当心上立表，高四尺。广厚同上。于立表当心，自上至下施墨线一道，垂绳坠下，令绳对墨线心，则其下地面自平。其真尺身上平处，与立表上墨线两边，亦用曲尺较令方正。

〔1〕“五臣”：唐开元间，吕延济等五人共注《文选》，后世叫它作“五臣本《文选》”。

〔2〕“表”：就是我们所谓标杆。

墙

《周官·考工记》：匠人为沟洫，墙厚三尺，崇三之。郑司农注云：高厚以是为率，足以相胜。

《尚书》：既勤垣墉。

《诗》：崇墉圪圪。

《春秋左氏传》：有墙以蔽恶。

《尔雅》：墙谓之墉。

《淮南子》：舜作室，筑墙茨屋，令人皆知去岩穴，各有室家，此其始也。

《说文》：堵，垣也。五版为一堵。壕，周垣也。埒，卑垣也。壁，垣也。垣蔽曰墙。栽，筑墙长版也。今谓之膊版。榦，筑墙端木也。今谓之墙师。《尚书·大传》：天子贲墉，诸侯疏杼。注云：贲，大也；言大墙正道直也。疏，犹衰也；杼，亦墙也；言衰杀其上，不得正直。

《释名》：墙，障也，所以自障蔽也。垣，援也，人所依止，以为援卫也。墉，容也，所以隐蔽形容也。壁，辟也，辟御风寒也。

《博雅》：壕 力雕切、隊 音篆、墉、院 音垣、廦 音壁，又即壁切，墙垣也。

《义训》：厇 音毛，楼墙也。穿垣谓之腔音空，为垣谓之厽音累，周谓之壕 音了，壕谓之窦 音垣。

看详：——今来筑墙制度，皆以高九尺，厚三尺为祖。虽城壁与屋墙、露墙，各有增损，其大概皆以厚三尺，崇三之为法，正与经传相合。今谨按《周官·考工记》等群书修立下条。

筑墙之制：每墙厚三尺，则高九尺；其上斜收，比厚减半。若高增三尺，则厚加一尺；减亦如之。

凡露墙，每墙高一丈，则厚减高之半。其上收面之广，比高五分之一。若高增一尺，其厚加三寸；减亦如之。其用萋橛，并准筑城制度。凡抽纴墙，高厚同上。其上收面之广，比高四分之一。若高增一尺，其厚加二寸五分。如在屋下，只加二寸。划削并准筑城制度。

以上三项并入“壕寨制度”。

举折

《周官·考工记》：匠人为沟洫，葺屋三分，瓦屋四分。郑司农注云：各分其修[1]，以其一为峻[2]。

《通俗文》：屋上平曰陠 必孤切。

《匡谬正俗·音字》：陠，今犹言陠峻也。

皇朝[3]景文公宋祁《笔录》：今造屋有曲折者，谓之庯峻，齐魏间以人有仪矩可喜者，谓之庯峭。盖庯峻也。今谓之举折。

看详：——今来举屋制度，以前后橑檐枋心相去远近，分为四分；自橑檐枋背上至脊槫背上，四分中举起一分。虽殿阁与厅堂及廊屋之类，略有增加，大抵皆以四分举一为祖，正与经传相合。今谨按《周官·考工记》修立下条。

举折之制：先以尺为丈，以寸为尺，以分为寸，以厘为分，以毫为厘，侧画所建之屋于平正壁上，定其举之峻慢，折之圜和，然后可见屋内梁柱之高下，卯眼之远近。今俗谓之“定侧样”，亦曰“点草架”。

举屋之法：如殿阁楼台，先量前后橑檐枋心相去远近，分为三分 若余屋柱头作或不出跳者，则用前后檐柱心，从橑檐枋背至脊槫背举起一分。如屋深三丈即举起一丈之类。如甋瓦厅堂，即四分中举起一分，又通以四分所得丈尺，每一尺加八分。若甋瓦廊屋及瓪瓦厅堂，每一尺加五分；或瓪瓦廊屋之类，每一尺加三分。若两椽屋，不加；其副阶或缠腰，并二分中举一分。

折屋之法：以举高尺丈，每尺折一寸，每架自上递减半为法。如举高二丈，即先从脊槫背上取平，下至橑檐枋背，其上第一缝折二尺；又从上第一缝槫背取平，下至橑檐枋背，于第二缝折一尺；若椽数多，即逐缝取平，皆下至橑檐枋背，每缝并减上缝之半。如第一缝二尺，第二缝一尺，第三缝五寸，第四缝二寸五分之类。如取平，皆从槫心抨绳令紧为则。如架道不匀，即约度远近，随宜加减。以脊槫及橑檐枋为准。若八角或四角斗尖亭榭，自橑檐枋背举至角梁底，五分中举一分，至上簇角梁，即二分中举一分。若亭榭只用瓪瓦者，即十分中举四分。

簇角梁之法：用三折，先从大角梁背自橑檐枋心，量向上至枨杆卯心，取大角梁背一半，并上折簇梁，斜向枨杆举分尽处 其簇角梁上下并出卯，中下折簇梁同；次从上折簇梁尽处，量至橑檐枋心，取大角梁背一半，立中折簇梁，斜向上折簇梁当心之下；又次从橑檐枋心立下折簇梁，斜向中折簇梁当心近下 令中折簇角梁上一半与上折簇梁一半之长同，其折分并同折屋之制。唯量折以曲尺于弦上取方量之。用瓪瓦者同。

以上入“大木作制度”。

〔1〕〔2〕“修”，即长度或宽度；“峻”，即高度。

〔3〕“皇朝”：指宋朝。

诸作异名

今按群书修立“总释”，已具《法式》净条第一、第二卷内，凡四十九篇，总二百八十三条。今更不重录。

看详：——屋室等名件，其数实繁。书传所载，各有异同；或一物多名，或方俗语滞。其间亦有讹谬相传，音同字近者，遂转而不改，习以成俗。今谨按群书及以其曹所语，参详去取，修立“总释”二卷。今于逐作制度篇目之下，以古今异名载于注内，修立下条。

墙 其名有五：一曰墙，二曰墉，三曰垣，四曰墂，五曰壁。

以上入“壕寨制度”。

柱础 其名有六：一曰础，二曰碛，三曰磶，四曰磌，五曰礠，六曰磉；今谓之石碇。

以上入“石作制度”。

材 其名有三：一曰章，二曰材，三曰方桁。

栱 其名有六：一曰閞，二曰槉，三曰欂，四曰曲枅，五曰栾，六曰栱。

飞昂 其名有五：一曰櫼，二曰飞昂，三曰英昂，四曰斜角，五曰下昂。

爵头 其名有四：一曰爵头，二曰耍头，三曰胡孙头，四曰蜉𧍱头。

斗[1] 其名有五：一曰楶，二曰栭，三曰栌，四曰楷，五曰斗。

平坐 其名有五：一曰阁道，二曰墱道，三曰飞陛，四曰平坐，五曰鼓坐。

梁 其名有三：一曰梁，二曰宋廇，三曰欐。

柱 其名有二：一曰楹，二曰柱。

[1]《营造法式》原文作“枓”，而梁思成先生在《中国建筑史》等著作及本书序言的手稿中均写作“斗”“斗栱”，本书因之以“斗”统一，特此说明。——编者注

阳马　其名有五：一曰觚棱，二曰阳马，三曰阙角，四曰角梁，五曰梁林。

侏儒柱　其名有六：一曰棁，二曰侏儒柱，三曰浮柱，四曰棳，五曰上楹，六曰蜀柱。

斜柱　其名有五：一曰斜柱，二曰梧，三曰迕，四曰枝樘，五曰叉手。

栋　其名有九：一曰栋，二曰桴，三曰穩，四曰棼，五曰甍，六曰极，七曰槫，八曰檩，九曰櫋。

搏风　其名有二：一曰荣，二曰搏风。

柎　其名有三：一曰柎，二曰复栋，三曰替木。

椽　其名有四：一曰桷，二曰椽，三曰榱，四曰橑。短椽，其名有二：一曰楝，二曰禁褊。

檐　其名有十四：一曰宇，二曰檐，三曰槁，四曰楣，五曰屋垂，六曰梠，七曰棂，八曰联櫋，九曰橝，十曰房，十一曰庑，十二曰槾，十三曰檐槐，十四曰庮。

举折　其名有四：一曰陠，二曰峻，三曰陠峭，四曰举折。

以上入“大木作制度”。

乌头门　其名有三：一曰乌头大门，二曰表楬，三曰阀阅；今呼为棂星门。

平棊　其名有三：一曰平机，二曰平橑，三曰平棊；俗谓之平起。其以枋椽施素版者，谓之平闇。

斗八藻井　其名有三：一曰藻井，二曰圜泉，三曰方井；今谓之斗八藻井。

钩阑[1]　其名有八：一曰棂槛，二曰轩槛，三曰櫳，四曰梐牢，五曰阑楯，六曰柃，七曰阶槛，八曰钩阑。

拒马叉子　其名有四：一曰梐枑，二曰梐拒，三曰行马，四曰拒马叉子。

屏风　其名有四：一曰皇邸，二曰后版，三曰扆，四曰屏风。

露篱　其名有五：一曰樆，二曰栅，三曰据，四曰藩，五曰落；今谓之露篱。

以上入“小木作制度”。

涂　其名有四：一曰垷，二曰墐，三曰涂，四曰泥。

以上入“泥作制度”。

阶　其名有四：一曰阶，二曰陛，三曰陔，四曰墒。

以上入“砖作制度”。

瓦　其名有二：一曰瓦，二曰㼧。

砖　其名有四：一曰甓，二曰瓴甋，三曰毂，四曰甗砖。

[1] 现代汉语作“勾栏”，梁思成先生在《中国建筑史》等著作中也使用“勾栏”，但为了保持《法式》中“压阑石”“阑槛钩窗”等概念的字义统一，本书保留“钩阑”的写法。——编者注

以上入“窑作制度”。

总诸作看详

看详：——先准朝旨，以《营造法式》旧文只是一定之法。及有营造，位置尽皆不同，临时不可考据，徒为空文，难以行用，先次更不施行，委臣重别编修。今编修到海行《营造法式》“总释”并“总例”共二卷，“制度”一十三卷，“功限”一十卷，“料例”并“工作等第”共三卷，“图样”六卷，“目录”一卷，总三十六卷〔1〕；计三百五十七篇〔2〕，共三千五百五十五条。内四十九篇，二百八十三条，系于经史等群书中检寻考究。至或制度与经传相合，或一物而数名各异，已于前项逐门看详立文外，其三百八篇，三千二百七十二条，系自来工作相传，并是经久可以行用之法，与诸作谙会经历造作工匠详悉讲究规矩，比较诸作利害，随物之大小，有增减之法 谓如版门制度，以高一尺为法，积至二丈四尺；如斗栱等功限，以第六等材为法，若材增减一等，其功限各有加减法之类，各于逐项“制度”“功限”“料例”内创行修立，并不曾参用旧文，即别无开具看详，因依其逐作造作名件内，或有须于画图可见规矩者，皆别立图样，以明制度。

〔1〕“制度”原书为“十五卷”，实际应为十三卷。卷数还要加上“看详”才是三十六卷。

〔2〕目录列出共三百五十九篇。

叁

《营造法式》目录

《营造法式》

目　录[1]

卷第一

卷第二

[1] 这个目录是原书的目录。"注释本"已非原书版式，其目录见本书正文前。

卷第三

卷第四

卷第五

卷第六

卷第七

卷第八

小木作制度三

平棊

斗八藻井

小斗八藻井

拒马叉子

叉子

钩阑　重台钩阑、单钩阑

棵笼子

井亭子

牌

卷第九

小木作制度四

佛道帐

卷第十

小木作制度五

牙脚帐

九脊小帐

壁帐

卷第十一

小木作制度六

转轮经藏

壁藏

卷第十二

雕作制度

混作

雕插写生华

起突卷叶华

剔地洼叶华

旋作制度

殿堂等杂用名件

照壁版宝床上名件

佛道帐上名件

锯作制度

用材植

抨墨

就余材

竹作制度

造笆

隔截编道

竹栅

护殿檐雀眼网

地面棊文簟

障日篛等簟

竹笍索

卷第十三

瓦作制度

结瓷

用瓦

垒屋脊

用鸱尾

用兽头等

泥作制度

垒墙

用泥

画壁

立灶　转烟、直拔

釜镬灶

茶炉

垒射垛

卷第十四

彩画作制度

总制度

五彩遍装

碾玉装

青绿叠晕棱间装　三晕带红棱间装附

解绿装饰屋舍　解绿结华装附

丹粉刷饰屋舍　黄土刷饰附

杂间装

炼桐油

卷第十五

砖作制度

用砖

垒阶基

铺地面

墙下隔减

踏道

慢道

须弥坐

砖墙

露道

城壁水道

卷輂河渠口

接甑口

马台

马槽

井

窑作制度

瓦

砖

琉璃瓦等　炒造黄丹附

青棍瓦　滑石棍、茶土棍

烧变次序

垒造窑

卷第十六

壕寨功限

总杂功

筑基

筑城

筑墙

穿井

般运功

供诸作功

石作功限

总造作功

柱础

角石　角柱

殿阶基

地面石　压阑石

殿阶螭首

殿内斗八

踏道

单钩阑　重台钩阑、望柱

螭子石

门砧限　卧立柣、将军石、止扉石

地栿石

流盃渠

坛

卷輂水窗

水槽

马台

井口石

山棚鋜脚石

幡竿颊

赑屃碑

笏头碣

卷第十七

大木作功限一

栱、斗等造作功

殿阁外檐补间铺作用栱、斗等数

殿阁身槽内补间铺作用栱、斗等数

楼阁平坐补间铺作用栱、斗等数

斗口跳每缝用栱、斗等数

把头绞项作每缝用栱、斗等数

铺作每间用方桁等数

卷第十八

大木作功限二

殿阁外檐转角铺作用栱、斗等数

殿阁身内转角铺作用栱、斗等数

楼阁平坐转角铺作用栱、斗等数

卷第十九

大木作功限三

殿堂梁、柱等事件功限

城门道功限　楼台铺作准殿阁法

仓廒、库屋功限　其名件以七寸五分材为祖计之，更不加减。常行散屋同

常行散屋功限　官府廊屋之类同

跳舍行墙功限

望火楼功限

营屋功限　其名件以五寸材为祖计之

拆修、挑、拔舍屋功限　飞檐同

荐拔、抽换柱、栿等功限

卷第二十

小木作功限一

版门　独扇版门、双扇版门

乌头门

软门　牙头护缝软门、合版用楅软门

破子棂窗

睒电窗

版棂窗

截间版帐

照壁屏风骨　截间屏风骨、四扇屏风骨

隔截横钤、立旌

露篱

版引檐

水槽

井屋子

地棚

卷第二十一

小木作功限二

格子门　四斜毬文格子、四斜毬文上出条桱重格眼、四直方格眼、版壁、两明格子

阑槛钩窗

殿内截间格子

堂阁内截间格子

殿阁照壁版

障日版

廊屋照壁版

胡梯

垂鱼、惹草

栱眼壁版

裹栿版

擗帘竿

护殿阁檐竹网木贴

平棊

斗八藻井

小斗八藻井

拒马叉子

叉子

钩阑　重台钩阑、单钩阑

棵笼子

井亭子

牌

卷第二十九

总例图样

圜方方圜图

壕寨制度图样

景表版等第一

水平、真尺第二

石作制度图样

柱础、角石等第一

踏道、螭首第二

殿内斗八第三

钩阑、门砧第四

流盃渠第五

卷第三十

大木作制度图样上

栱、斗等卷杀第一

梁、柱等卷杀第二

下昂、上昂出跳分°数第三

举折屋舍分°数第四

绞割铺作栱、昂、斗等所用卯口第五

梁额等卯口第六

合柱鼓卯第七

槫缝襻间第八

铺作转角正样第九

卷第三十一

大木作制度图样下

殿阁地盘分槽第十

殿堂等八铺作 副阶六铺作 双槽 斗底槽准此，下双槽同 草架侧样第十一

殿堂等七铺作 副阶五铺作 双槽草架侧样第十二

殿堂等五铺作 副阶四铺作 单槽草架侧样第十三

殿堂等六铺作 分心槽草架侧样第十四

厅堂等 自十架椽至四架椽 间缝内用梁柱第十五

卷第三十二

小木作制度图样

门、窗、格子门等第一 垂鱼附

平棊、钩阑等第二

殿、阁、门、亭等牌第三

佛道帐、经藏第四

雕木作制度图样

混作第一

栱眼内雕插第二

格子门等腰华版第三

平棊华盘第四

卷第三十三

卷第三十四

肆

总释总例

《营造法式》

卷第一

总释上

宫

《易 · 系辞下》：上古穴居而野处，后世圣人易之以宫室，上栋下宇，以待风雨。

《诗》：作于楚宫，揆之以日，作于楚室。

《礼记 · 儒有》：一亩之宫，环堵之室。

《尔雅》：宫谓之室，室谓之宫。皆所以通古今之异语，明同实而两名。室有东西厢曰庙 夹室前堂；无东西厢有室曰寝 但有大室；西南隅谓之奥 室中隐奥处，西北隅谓之屋漏《诗》曰，尚不媿于屋漏，其义未详，东北隅谓之宧 宧见《礼》，亦未详，东南隅谓之窔。《礼》曰：归室聚窔，窔亦隐闇。

《墨子》：子墨子曰：古之民，未知为宫室时，就陵阜而居，穴而处，下润湿伤民，故圣王作为宫室之法曰：宫高足以辟润湿，边足以圉风寒，上足以待霜雪雨露；宫墙之高，足以别男女之礼。

《白虎通义》：黄帝作宫。

《世本》：禹作宫。

《说文》：宅，所托也。

《释名》：宫，穹也。屋见于垣上，穹崇然也。室，实也；言人物实满其中也。寝，寝也，所寝息也。舍，于中舍息也。屋，奥也；其中温奥也。宅，择也；择吉处而营之也。

《风俗通义》：自古宫室一也。汉来尊者以为号，下乃避之也。

《义训》：小屋谓之廑 音近，深屋谓之㢊 音同，偏舍谓之㢜 音亶，㢜谓之㡿 音次，宫室相连谓之謻 直移切，因岩成室谓之广 音俨，坏室谓之庘 音压，夹室谓之厢，塔下室谓之龛，龛谓之椌 音空，空室谓之㝩㝗 上音康，下音郎，深谓之戡 音耽，颓谓之䶕䶕 上音批，下音甫，不平谓之庯庩 上音逋，下音途。

阙

《周官》：太宰以正月示治法于象魏。

《春秋公羊传》：天子诸侯台门；天子外阙两观，诸侯内阙一观。

《尔雅》：观谓之阙。宫门双阙也。

《白虎通义》：门必有阙者何？阙者，所以释门，别尊卑也。

《风俗通义》：鲁昭公设两观于门，是谓之阙。

《说文》：阙，门观也。

《释名》：阙，阙也，在门两旁，中央阙然为道也。观，观也，于上观望也。

《博雅》：象魏，阙也。

崔豹《古今注》：阙，观也。古者每门树两观于前，所以标表宫门也。其上可居，登之可远观。人臣将朝，至此则思其所阙，故谓之阙。其上皆垩土，其下皆画云气、仙灵、奇禽、怪兽，以示四方，苍龙、白虎、元武、朱雀，并画其形。

《义训》：观谓之阙，阙谓之皇。

殿　堂附

《苍颉篇》：殿，大堂也。徐坚注云：商周以前其名不载，《秦本纪》始曰“作前殿”。

《周官·考工记》：夏后氏世室，堂修二七，广四修一；殷人重屋，堂修七寻，堂崇三尺；周人明堂，东西九筵，南北七筵，堂崇一筵。郑司农注云：修，南北之深也。夏度以“步”，今堂修十四步，其广益以四分修之一，则堂广十七步半。商度以“寻”，周度以“筵”，六尺曰步，八尺曰寻，九尺曰筵。

《礼记》：天子之堂九尺，诸侯七尺，大夫五尺，士三尺。

《墨子》：尧舜堂高三尺。

《说文》：堂，殿也。

《释名》：堂，犹堂堂，高显貌也；殿，殿鄂也。

《尚书·大传》：天子之堂高九雉，公侯七雉，子男五雉。雉长三尺。

《博雅》：堂堭，殿也。

《义训》：汉曰殿，周曰寝。

楼

《尔雅》：狭而修曲曰楼。

《淮南子》：延楼栈道，鸡栖井干。

《史记》：方士言于武帝曰：黄帝为五城十二楼以候神人。帝乃立神明台井干楼，高五十丈。

《说文》：楼，重屋也。

《释名》：楼谓牖户之间有射孔，慺慺然也。

亭

《说文》：亭，民所安定也。亭有楼，从高省，从丁声也。

《释名》：亭，停也，人所停集也。

《风俗通义》：谨按春秋国语畺有寓望，谓今亭也。汉家因秦，大率十里一亭。亭，留也；今语有“亭留”“亭待”，盖行旅宿食之所馆也。亭，亦平也；民有讼诤，吏留辨处，勿失其正也。

台榭

《老子》：九层之台，起于累土。

《礼记·月令》：五月可以居高明，可以处台榭。

《尔雅》：无室曰榭。榭，即今堂埠。

又：观四方而高曰台，有木曰榭。积土四方者。

《汉书》：坐皇堂上。室而无四壁曰皇。

《释名》：台，持也。筑土坚高，能自胜持也。

城

《周官·考工记》：匠人营国，方九里，旁三门。国中九经九纬，经涂九轨。王宫门阿之制五雉，宫隅之制七雉，城隅之制九雉。国中，城内也。经纬，涂也。经纬之涂，皆容方九轨。轨谓辙广，凡八尺。九轨积七十二尺。雉长三丈，高一丈。度高以"高"，度广以"广"。

《春秋左氏传》：计丈尺，揣高卑，度厚薄，仞沟洫，物土方，议远迩，量事期，计徒庸，虑材用，书糇粮，以令役，此筑城之义也。

《公羊传》：城雉者何？五版而堵，五堵而雉，百雉而城。天子之城千雉，高七雉；公侯百雉，高五雉；子男五十雉，高三雉。

《礼记·月令》：每岁孟秋之月，补城郭；仲秋之月，筑城郭。

《管子》：内之为城，外之为郭。

《吴越春秋》：鲧越筑城以卫君，造郭以守民。

《说文》：城，以盛民也。墉，城垣也。堞，城上女垣也。

《五经异义》：天子之城高九仞，公侯七仞，伯五仞，子男三仞。

《释名》：城，盛也，盛受国都也。郭，廓也，廓落在城外也。城上垣谓之睥睨，言于孔中睥睨非常也；亦曰陴，言陴助城之高也；亦曰女墙，言其卑小，比之于城，若女子之于丈夫也。

《博物志》：禹作城，强者攻，弱者守，敌者战。城郭自禹始也。

墙

《周官·考工记》：匠人为沟洫，墙厚三尺，崇三之。高厚以是为率，足以相胜。

《尚书》：既勤垣墉。

《诗》：崇墉屹屹。

《春秋左氏传》：有墙以蔽恶。

《尔雅》：墙谓之墉。

《淮南子》：舜作室，筑墙茨屋，令人皆知去岩穴，各有室家，此其始也。

《说文》：堵，垣也；五版为一堵。壕，周垣也。埒，卑垣也。壁，垣也。垣蔽曰墙。栽，筑墙长版也 今谓之膊版；榦，筑墙端木也 今谓之墙师。

《尚书·大传》：天子贲墉，诸侯疏杼。贲，大也，言大墙正道直也。疏，犹衰也。杼亦墙也；言衰杀其上，不得正直。

《释名》：墙，障也，所以自障蔽也。垣，援也，人所依止以为援卫也。墉，容也，所以隐蔽形容也。壁，辟也，所以辟御风寒也。

《博雅》：壕 力雕切、㙛 音篆、墉、院 音垣、廦 音壁，又即壁反，墙垣也。

《义训》：厇 音毛，楼墙也。穿垣谓之腔 音空，为垣谓之厽 音累，周谓之壕 音了，壕谓之寏 音垣。

柱础

《淮南子》：山云蒸，柱础润。

《说文》：榰 之日切，柎也；柎，阑足也。榰 章移切，柱砥也。古用木，今以石。

《博雅》：础、碣 音昔、磌 音真，又徒年切，硕也。䃮 音逸，谓之铍 音披。镌 醉全切，又予兖切，谓之錾 惭敢切。

《义训》：础谓之碱 仄六切，碱谓之硕，硕谓之碣，碣谓之磉 音颡，今谓之石锭，音顶。

定平

《周官·考工记》：匠人建国，水地以悬。于四角立植而垂，以水望其高下，高下既定，乃为位而平地。

《庄子》：水静则平中准，大匠取法焉。

《管子》：夫准，坏险以为平。

取正

《诗》：定之方中。又：揆之以日。定，营室也；方中，昏正四方也；揆，度也。度日出日入以知东西；南视定，北准极，以正南北。

《周官·天官》：惟王建国，辨方正位。

《考工记》：置槷以悬，视以景。为规识日出之景与日入之景；夜考之极星，以正朝夕。自日出而画其景端，以至日入既，则为规。测景两端之内规之，规之交，乃审也。度两交之间，中屈之以指，则南北正。日中之景，最短者也。极星，谓北辰。

《管子》：夫绳，扶拨以为正。

《字林》：抻 时钏切，垂臬望也。

《匡谬正俗·音字》：今山东匠人犹言垂绳视正为抻也。

材

《周官》：任工以饬材事。

《吕氏春秋》：夫大匠之为宫室也，景小大而知材木矣。

《史记》：山居千章之楸。章，材也。

班固《汉书》：将作大匠属官有主章长丞。旧将作大匠主材吏名章曹掾。

又《西都赋》：因瑰材而究奇。

弁兰《许昌宫赋》：材靡隐而不华。

《说文》：栔，刻也。栔音至。

《傅子》：构大厦者，先择匠而后简材。今或谓之方桁，桁音衡；按构屋之法，其规矩制度，皆以章栔为祖。今语，以人举止失措者，谓之"失章失栔"盖此也。

栱

《尔雅》：閞谓之槉。柱上欂也，亦名枅，又曰楮。閞，音弁。槉，音疾。

《苍颉篇》：枅，柱上方木。

《释名》：栾，挛也；其体上曲，挛拳然也。

王延寿《鲁灵光殿赋》：曲枅要绍而环句。曲枅，栱也。

《博雅》：欂谓之枅，曲枅谓之挛。枅音古妍切，又音鸡。

薛综《西京赋》注：栾，柱上曲木，两头受栌者。

左思《吴都赋》：雕栾镂楶。栾，栱也。

飞昂

《说文》：櫼，楔也。

何晏《景福殿赋》：飞昂鸟踊。

又：櫼栌各落以相承。李善曰：飞昂之形，类鸟之飞。今人名屋四阿栱曰櫼昂，櫼即昂也。

刘梁《七举》：双覆井菱，荷垂英昂。

《义训》：斜角谓之飞棉。今谓之下昂者，以昂尖下指故也。下昂尖面䫜下半。又有上昂如昂桯挑斡者，施之于屋内或平坐之下。昂字又作枊，或作棉者，皆吾郎切。䫜，于交切，俗作凹者，非是。

爵头

《释名》：上入曰爵头，形似爵头也。今俗谓之耍头，又谓之胡孙头；朔方人谓之蜉蜒头。蜉，音勃，蜒，音纵。

斗

《论语》：山节藻棁。节，栭也。

《尔雅》：栭谓之楶。即栌也。

《说文》：栌，柱上柎也。栭，枅上标也。

《释名》：栌在柱端。都卢，负屋之重也。斗在栾两头，如斗，负上檼也。

《博雅》：楶谓之栌。节、楶，古文通用。

《鲁灵光殿赋》：层栌磥佹以岌峩。栌，斗也。

《义训》：柱斗谓之楷 音沓。

铺作

汉《柏梁诗》：大匠曰：柱枅欂栌相支持。

《景福殿赋》：桁梧复叠，势合形离。桁梧，斗栱也，皆重叠而施，其势或合或离。

又：櫼栌各落以相承，栾栱夭蟜而交结。

徐陵《太极殿铭》：千栌赫奕，万栱崚层。

李白《明堂赋》：走栱夤缘。

李华《含元殿赋》：云薄万栱。

又：悬栌骈凑。今以斗栱层数相叠出跳多寡次序，谓之铺作。

平坐

张衡《西京赋》：阁道穹隆。阁道，飞陛也。

又：隥道逦倚以正东。隥道，阁道也。

《鲁灵光殿赋》：飞陛揭孽，缘云上征；中坐垂景，俯视流星。

《义训》：阁道谓之飞陛，飞陛谓之墱。今俗谓之平坐，亦曰鼓坐。

梁

《尔雅》：宎廇谓之梁。屋大梁也。宎，武方切；廇，力又切。

司马相如《长门赋》：委参差以糠梁。糠，虚也。

《西京赋》：抗应龙之虹梁。梁曲如虹也。

《释名》：梁，强梁也。

何晏《景福殿赋》：双枚既修。两重作梁也。

又：重桴乃饰。重桴，在外作两重牵也。

《博雅》：曲梁谓之罶 音柳。

《义训》：梁谓之㰚 音礼。

柱

《诗》：有觉其楹。

《春秋·庄公》：丹桓宫楹。

又《礼》[1]：楹，天子丹，诸侯黝，大夫苍，士黈。黈：黄色也。

又：三家视桓楹。柱曰植，曰桓。

《西京赋》：雕玉瑱以居楹。瑱，音镇。

《说文》：楹，柱也。

《释名》：柱，住也。楹，亭也；亭亭然孤立，旁无所依也。齐鲁读曰轻：轻，胜也。孤立独处，能胜任上重也。

何晏《景福殿赋》：金楹齐列，玉舄承跋。玉为矴以承柱下，跋，柱根也。

[1] 《春秋穀梁传》卷三庄公二十三年："秋，丹桓宫楹。礼，天子丹，诸侯黝垩，大夫苍，士黈，丹桓宫楹非礼也。"由这段文字看，《法式》原文"礼"前疑

脱“又”字，今妄加之。

阳马

《周官·考工记》：殷人四阿重屋。四阿若今四注屋也。

《尔雅》：直不受檐谓之交。谓五架屋际，际椽不直上檐，交于穩上。

《说文》：柧棱，殿堂上最高处也。

何晏《景福殿赋》：承以阳马。阳马，屋四角引出以承短椽者。

左思《魏都赋》：齐龙首而涌霤。屋上四角，雨水入龙口中，泻之于地也。

张景阳《七命》：阴虬负檐，阳马翼阿。

《义训》：阙角谓之柧棱。今俗谓之角梁。又谓之梁抹者，盖语讹也。

侏儒柱

《论语》：山节藻棁。

《尔雅》：梁上楹谓之棁。侏儒柱也。

扬雄《甘泉赋》：抗浮柱之飞榱。浮柱即梁上柱也。

《释名》：棳，棳儒也；梁上短柱也。棳儒犹侏儒，短，故因以名之也。

《鲁灵光殿赋》：胡人遥集于上楹。今俗谓之蜀柱。

斜柱

《长门赋》：离楼梧而相樘 丑庚切。

《说文》：樘，衺柱也。

《释名》：牾，在梁上，两头相触牾也。

《鲁灵光殿赋》：枝樘杈枒而斜据。枝樘，梁上交木也。杈枒相柱，而斜据其间也。

《义训》：斜柱谓之梧。今俗谓之叉手。

《营造法式》

卷第二

总释下

栋

《易》：栋隆吉。

《尔雅》：栋谓之桴。屋櫋也。

《仪礼》：序则物当栋，堂则物当楣。是制五架之屋也。正中曰栋，次曰楣，前曰庋，九伪切，又九委切。

《西京赋》：列棼橑以布翼，荷栋桴而高骧。棼、桴，皆栋也。

扬雄《方言》：甍谓之霤。即屋檼也。

《说文》：极，栋也。栋，屋极也。檼，棼也。甍，屋栋也。徐锴曰：所以承瓦，故从瓦。

《释名》：檼，隐也；所以隐桷也。或谓之望，言高可望也。或谓之栋；栋，中也，居室之中也。屋脊曰甍；甍，蒙也。在上蒙覆屋也。

《博雅》：檼，栋也。

《义训》：屋栋谓之甍。今谓之槫，亦谓之檩，又谓之櫋。

两际

《尔雅》：桷直而遂谓之阅。谓五架屋际椽正相当。

《甘泉赋》：日月才经于柍桭。柍，于两切；桭，音真。

《义训》：屋端谓之柍桭。今谓之废。

搏风

《仪礼》：直于东荣。荣，屋翼也。

《甘泉赋》：列宿乃施于上荣。

《说文》：屋梠之两头起者为荣。

《义训》：搏风谓之荣。今谓之搏风版。

柎

《说文》：棼，复屋栋也。

《鲁灵光殿赋》：狡兔跧伏于柎侧。柎，斗上横木，刻兔形，致木于背也。

《义训》：复栋谓之棼。今俗谓之替木。

椽

《易》：鸿渐于木，或得其桷。

《春秋左氏传》：桓公伐郑，以大宫之椽为卢门之椽。

《国语》：天子之室，斫其椽而砻之，加密石焉。诸侯砻之，大夫斫之，士首之。密，细密文理。石，谓砥也。先粗砻之，加以密砥。首之，斫其首也。

《尔雅》：桷谓之榱。屋椽也。

《甘泉赋》：琁题玉英。题，头也。榱椽之头，皆以玉饰。

《说文》：秦名为屋椽，周谓之榱，齐鲁谓之桷。

又：椽方曰桷，短椽谓之楝 耻绿切。

《释名》：桷，确也；其形细而踈确也。或谓之椽；椽，传也，传次而布列之也。或谓之榱，在檼旁下列，衰衰然垂也。

《博雅》：榱、橑 鲁好切、桷、楝，椽也。

《景福殿赋》：爰有禁楄，勒分翼张。禁楄，短椽也。楄，蒲沔切。

陆德明《春秋左氏传音义》：圜曰椽。

檐 **余廉切，或作櫚，俗作櫓者非是。**

《易·系辞》：上栋下宇，以待风雨。

《诗》：如跂斯翼，如矢斯棘，如鸟斯革，如翚斯飞。疏云：言檐阿之势，似鸟飞也。翼言其体，飞言其势也。

《尔雅》：檐谓之樀。屋梠也。

《礼记·明堂位》：复廇重檐，天子之庙饰也。

《仪礼》：宾升，主人阼阶上，当楣。楣，前梁也。

《淮南子》：橑檐榱题。檐，屋垂也。

《方言》：屋梠谓之棂。即屋檐也。

《说文》：秦谓屋联櫋曰楣，齐谓之檐，楚谓之梠。橝 徒含切，屋梠前也。房 音雅，庑也。宇，屋边也。

《释名》：楣，眉也，近前若面之有眉也。又曰梠，梠旅也，连旅旅也。或谓之槾；槾，绵也，绵连榱头使齐平也。宇，羽也，如鸟羽自蔽覆者也。

《西京赋》：飞檐鹹鹹。

又：镂槛文榥。榥，连檐也。

《景福殿赋》：榥梠椽櫋。连檐木，以承瓦也。

《博雅》：楣，檐棂梠也。

《义训》：屋垂谓之宇，宇下谓之庑，步檐谓之廊，嵏廊谓之岩，檐榥谓之庮 音由。

举折

《周官·考工记》：匠人为沟洫，葺屋三分，瓦屋四分。各分其修，以其一为峻。

《通俗文》：屋上平曰陠 必孤切。

《匡谬正俗·音字》：陠，今犹言陠峻也。

唐柳宗元《梓人传》：画宫于堵，盈尺而曲尽其制；计其毫厘而构大厦，无进退焉。

皇朝景文公宋祁《笔录》：今造屋有曲折者，谓之庯峻。齐魏间，以人有仪矩可喜者，谓之庯峭，盖庯峻也。今谓之举折。

门

《易》：重门击柝，以待暴客。

《诗》：衡门之下，可以栖迟。

又：乃立皋门，皋门有闶；乃立应门，应门锵锵。

《诗义》：横一木作门，而上无屋，谓之衡门。

《春秋左氏传》：高其闬闳。

《公羊传》：齿著于门阖。何休云：阖，扇也。

《尔雅》：闬谓之门，正门谓之应门。柣谓之阈。阈，门限也。疏云：俗谓之地柣，千结切。枨谓之楔。门两旁木。李巡曰：捆上两旁木。楣谓之梁。门户上横木。枢谓之椳。门户扉枢。枢达北方，谓之落时。门持枢者，或达北檼，以为固也。落时谓之戺。道二名也。橛谓之阑 门阃，阖谓之扉。所以止扉谓之闳。门辟旁长橛也。长杙即门橛也。植谓之傳；傳谓之突。户持鏁植也，见《埤苍》。

《说文》：阁，门旁户也。闺，特立之门，上圜下方，有似圭。

《风俗通义》：门户铺首，昔公输班之水，见蠡曰：见汝形。蠡适出头，般以足画图之，蠡引闭其户，终不可得开，遂施之于门户云，人闭藏如是，固周密矣。

《博雅》：闼谓之门。閉 呼计切、扇，扉也。限谓之丞、柣、橛 巨月切、机、阑，柴 苦木切也。

《释名》：门，扪也；在外为人所扪摸也。户，护也，所以谨护闭塞也。

《声类》曰：庑，堂下周屋也。

《义训》：门饰金谓之铺，铺谓之鏂 音欧，今俗谓之浮沤钉也，门持关谓之摙 音连。户版谓之篇籭 上音牵，下音先。门上木谓之枅。扉谓之户；户谓之閉。臬谓之柣。限谓之阃；阃谓之阅。闳谓之扊扅 上音琰，下音移；扊扅谓之閪 音坦，《广韵》曰，所以止扉。门上梁谓之楣 音帽；楣谓之阘 音沓。键谓之扊 音及，开谓之闖 音伟。阖谓之闺 音蛭。外关谓之扃。外启谓之閮 音挺。门次谓之闑。高门谓之閸 音唐。閸谓之阆。荆门谓之荜。石门谓之庯 音孚。

乌头门

《唐六典》：六品以上，仍通用乌头大门。

唐上官仪《投壶经》：第一箭入谓之初箭，再入谓之乌头，取门双表之义。

《义训》：表楬，阀阅也。楬音竭，今呼为棂星门。

华表

《说文》：桓，亭邮表也。

《前汉书注》：旧亭传于四角，面百步，筑土四方；上有屋，屋上有柱，出高丈余，有大版，贯柱四出，名曰桓表。县所治，夹两边各一桓。陈宋之俗，言“桓”声如“和”，今犹谓之和表。颜师古云，即华表也。

崔豹《古今注》：程雅问曰：尧设诽谤之木，何也？答曰：今之华表，以横木交柱头，状如华，形似桔槔；大路交衢悉施焉。或谓之表木，以表王者纳谏，亦以表识衢路。秦乃除之，汉始复焉。今西京谓之交午柱。

窗

《周官・考工记》：四旁两夹窗。窗，助户为明，每室四户八窗也。

《尔雅》：牖户之间谓之扆。窗东户西也。

《说文》：窗穿壁，以木为交。窗向北出，牖也。在墙曰牖，在屋曰窗。棂，楯间子也。栊，房室之处也。

《释名》：窗，聪也，于内窥见外为聪明也。

《博雅》：窗、牖，闢 虚谅切也。

《义训》：交窗谓之牖，棂窗谓之疏，牖牍谓之篰 音部，绮窗谓之廲 音黎廔 音娄，房疏谓之栊。

平棊

《史记》：汉武帝建章后阁，平机中有驺牙出焉。今本作平栎者误。

《山海经图》：作平橑，云今之平綦也。古谓之承尘。今宫殿中，其上悉用草架梁栿承屋盖之重，如攀、额、樘、柱、敦、㭼、枋、槫之类，及纵横固济之物，皆不施斤斧。于明栿背上，架算桯枋，以枋椽施版，谓之平闇；以平版贴华，谓之平綦；俗亦呼为平起者，语讹也。

斗八藻井

《西京赋》：蒂倒茄于藻井，披红葩之狎猎。藻井当栋中，交木如井，画以藻文，饰以莲茎，缀其根于井中，其华下垂，故云倒也。

《鲁灵光殿赋》：圜渊方井，反植荷蕖。为方井，图以圜渊及芙蓉，华叶向下，故云反植。

《风俗通义》：殿堂象东井形，刻作荷菱。菱，水物也，所以厌火。

沈约《宋书》：殿屋之为圜泉方井兼荷华者，以厌火祥。今以四方造者谓之斗四。

钩阑

《西京赋》：舍棂槛而却倚，若颠坠而复稽。

《鲁灵光殿赋》：长涂升降，轩槛蔓延。轩槛，钩阑也。

《博雅》：阑槛、栊梐，牢也。

《景福殿赋》：棂槛邳张，钩错矩成；楯类腾蛇，槢以琼英；如螭之蟠，如虬之停。棂槛，钩阑也，言钩阑中错为方斜之文。楯，钩阑上横木也。

《汉书》：朱云忠谏攀槛，槛折。及治槛，上曰："勿易，因而辑之，以旌直臣。"今殿钩阑，当中两栱不施寻杖；谓之折槛，亦谓之龙池。

《义训》：栏楯谓之柃，阶槛谓之栏。

拒马叉子

《周官·天官》：掌舍设梐枑再重。故书枑为拒。郑司农云：梐，榱梐也；拒，受居溜水涑橐者也。行马再重者，以周卫有内外列。杜子春读为梐枑，谓行马者也。

《义训》：梐枑，行马也。今谓之拒马叉子。

屏风

《周官》：掌次设皇邸。邸，后版也，谓后版屏风与染羽，象凤凰羽色以为之。

《礼记》：天子当扆而立。又：天子负扆南乡而立。扆，屏风也。斧扆为斧文屏风于户牖之间。

《尔雅》：牖户之间谓之扆，其内谓之家。今人称家，义出于此。

《释名》：屏风，言可以屏障风也。扆，倚也，在后所依倚也。

槏柱

《义训》：牖边柱谓之槏。槏，苦减切，今梁或额及槫之下，施柱以安门窗者，谓之痃柱，盖语讹也。痃，俗音蘸，字书不载。

露篱

《释名》：樆，离也，以柴竹作之。踈离，离也。青徐曰裾。裾，居也，居其中也。栅，迹也，以木作之，上平迹然也。又谓之撤；撤，紧也，诜诜然紧也。

《博雅》：据 巨于切、梴 在见切、藩、筚 音必、椤、落 音落、杝，离也。栅谓之槊 音朔。

《义训》：篱谓之藩。今谓之露篱。

鸱尾

《汉纪》：柏梁殿灾后，越巫言海中有鱼虬，尾似鸱，激浪即降雨。遂作其象于屋，以厌火祥。时人或谓之鸱吻，非也。

《谭宾录》：东海有鱼虬，尾似鸱，鼓浪即降雨，遂设象于屋脊。

瓦

《诗》：乃生女子，载弄之瓦。

《说文》：瓦，土器已烧之总名也。瓬，周家砖埴之工也。瓬，分两切。

《古史考》：昆吾氏作瓦。

《释名》：瓦，踝也。踝，确坚貌也，亦言腂也，在外腂见之也。

《博物志》：桀作瓦。

《义训》：瓦谓之㽀 音毂。半瓦谓之瓪 音浃，瓪谓之㼽 音爽。牝瓦谓之瓪 音版，瓪谓

之戊 音还。牡瓦谓之甑 音皆，甑谓之甋 音雷。小瓦谓之甗 音横。

涂

《尚书·梓材篇》：若作室家，既勤垣墉，唯其涂塈茨。

《周官·守祧》：其祧，则守祧黝垩之。

《诗》：塞向墐户。墐，涂也。

《论语》：粪土之墙，不可杇也。

《尔雅》：镘谓之杇，地谓之黝，墙谓之垩。泥镘也，一名杇，涂工之作具也。以黑饰地谓之黝，以白饰墙谓之垩。

《说文》：垷 胡典切、墐 渠吝切，涂也。杇，所以涂也。秦谓之杇；关东谓之槾。

《释名》：泥，迩近也，以水沃土，使相黏近也。塈犹煟；煟，细泽貌也。

《博雅》：黝、垩 乌故切、垷 岘又胡典切、墐、墀、塈、㱿 奴回切、塗 力奉切、㮇 古湛切、塓 莫典切、培 音裴、封，涂也。

《义训》：涂谓之塓 音觅，塓谓之塗 音垄，仰谓之塈 音洎。

彩画

《周官》：以猷鬼神祇。猷，谓图画也。

《世本》：史皇作图。宋衷曰：史皇，黄帝臣。图，谓图画形象也。

《尔雅》：猷，图也，画形也。

《西京赋》：绣栭云楣，镂槛文梍。五臣曰：画为绣云之饰。梍，连檐也。皆饰为文彩。故其馆室次舍，彩饰纤缛，裛以藻绣，文以朱绿。馆室之上，缠饰藻绣朱绿之文。

《吴都赋》：青琐丹楹，图以云气，画以仙灵。青琐，画为琐文，染以青色，及画云气神仙灵奇之物。

谢赫《画品》：夫图者，画之权舆；缋者，画之末迹。总而名之为画。仓颉造文字，其体有六：一曰鸟书，书端象鸟头，此即图书之类，尚标书称，未受画名。逮史皇作图，犹略体物，有虞作缋，始备象形。今画之法，盖兴于重华之世也。穷神测幽，于用甚博。今以施之于缣素之类者谓之画；布彩于梁栋斗栱或素象什物之类者，俗谓之装銮；以粉、朱、丹三色为屋宇门窗之饰者，谓之刷染。

阶

《说文》：除，殿阶也。阶，陛也。阼，主阶也。陛，升高阶也。陔，阶次也。

《释名》：阶，陛也。陛，卑也，有高卑也。天子殿谓之纳陛，以纳人之言也。阶，梯也，如梯有等差也。

《博雅》：戺 仕己切、橉 力忍切，砌也。

《义训》：殿基谓之隚 音堂，殿阶次序谓之陔。除谓之阶；阶谓之墒 音的；阶下齿谓之墄 七仄切。东阶谓之阼。溜外砌谓之戺。

砖

《诗》：中唐有甓。

《尔雅》：瓴甋谓之甓。甗甎也。今江东呼为瓴甓。

《博雅》：瓻 音潘、瓳 音胡、瓨 音亭、治、甄 音真、瓾 力佳切、瓯 夷耳切、瓴 音零、甋 音的、甓、甗，甎也。

《义训》：井甓谓之甋 音洞，涂甓谓之毂 音哭，大砖谓之瓻瓳。

井

《周书》：黄帝穿井。

《世本》：化益作井。宋衷曰：化益，伯益也，尧臣。

《易·传》：井，通也，物所通用也。

《说文》：甃，井壁也。

《释名》：井，清也，泉之清洁者也。

《风俗通义》：井者，法也，节也；言法制居人，令节其饮食，无穷竭也。久不渫涤为井泥。《易》云：井泥不食。渫，息列切。不停污曰井渫。涤井曰浚。井水清曰洌。《易》曰：井渫不食。又曰：井洌寒泉。

总例

诸取圜者以规，方者以矩。直者抨绳取则，立者垂绳取正，横者定水取平。

诸径围斜长依下项：

圜径七，其围二十有二。

方一百，其斜一百四十有一。

八棱径六十，每面二十有五，其斜六十有五。

六棱径八十有七，每面五十，其斜一百。

圜径内取方，一百中得七十一。

方内取圜，径一得一。八棱、六棱取圜准此。

诸称广厚者，谓熟材，称长者皆别计出卯。

诸称长功者，谓四月、五月、六月、七月；中功谓二月、三月、八月、九月；短功谓十月、十一月、十二月、正月。

诸称功者谓中功，以十分为率。长功加一分，短功减一分。

诸式内功限并以军工计定，若和雇人造作者，即减军工三分之一。谓如军工应计三功即和雇人计二功之类。

诸称本功者，以本等所得功十分为率。

诸称增高广之类而加功者，减亦如之。

诸功称尺者，皆以方计。若土功或材木，则厚亦如之。

诸造作功，并以生材。即名件之类，或有收旧，及已造堪就用，而不须更改者，并计数；于元料帐内除豁。

诸造作并依功限。即长广各有增减法者，各随所用细计。如不载增减者，各以本等合得功限内计分数增减。

诸营缮计料，并于式内指定一等，随法算计。若非泛抛降，或制度有异，应与式不同，及该载不尽名色等第者，并比类增减。其完葺增修之类准此。

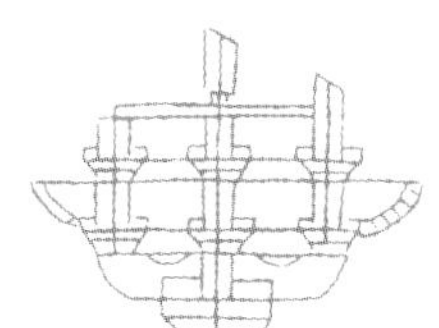

伍

壕寨及石作制度

《营造法式》

卷第三

壕寨制度

取正

取正之制[1]：先于基址中央，日内置圜版，径一尺三寸六分。当心立表，高四寸，径一分。画表景[2]之端，记日中最短之景。次施[3]望筒于其上，望日星以正四方。望筒长一尺八寸，方三寸 用版合造。两罨[4]头开圜眼，径五分。筒身当中，两壁用轴安于两立颊之内。其立颊自轴至地高三尺，广三寸，厚二寸。昼望以筒指南，令日景透北；夜望以筒指北，于筒南望，令前后两窍内正见北辰极星。然后各垂绳坠下，记望筒两窍心于地，以为南，则四方正。

若地势偏衺[5]，既以景表、望筒取正四方，或有可疑处，则更以水池景表较之。其立表高八尺，广八寸，厚四寸，上齐 后斜向下三寸，安于池版之上。其池版长一丈三尺，中广一尺。于一尺之内，随表之广，刻线两道；一尺之外，开水道环四周，广深各八分。用水定平，令日景两边不出刻线，以池版所指及立表心[6]为南，则四方正。安置令立表在南，池版在北。其景夏至顺线长三尺，冬至长一丈二尺。其立表内向池版处，用曲尺较令方正。

〔1〕 取正、定平所用各种仪器，均参阅壕寨制度图样一。

〔2〕“景”，即“影”字，如“日景”即“日影”。

〔3〕“施”，即“用”或“安”之义。这是《法式》中最常用的字之一。

〔4〕“罨”，即“掩”字。

〔5〕“衺”：读如“邪”，“不正”之义。

〔6〕“心”：中心或中线都叫作“心”。

定平

定平之制[1]：既正四方，据其位置，于四角各立一表，当心安水平。其水平长二尺四寸，广二寸五分，高二寸；下施立桩，长四尺 安鐏在内；上面横坐水平，两头各开池，方一寸七分，深一寸三分。或中心更开池者，方深同。身内开槽子，广深各五分，令水通过。于两头池子内，各用水浮子一枚 用三池者，水浮子或亦用三枚，方一寸五分，高一寸二分；刻上头令侧薄，其厚一分，浮于池内。望两头水浮子之首，遥对立表处，于表身内画记，即知地之高下。若槽内如有不可用水处，即于桩子当心施墨线一道，上垂绳坠下，令绳对墨线心，则上槽自平，与用水同。其槽底与墨线两边，用曲尺较令方正。

凡定柱础取平，须更用真尺较之。其真尺长一丈八尺[7]，广四寸，厚二寸五分；当心上立表，高四尺 广厚同上。于立表当心，自上至下施墨线一道，垂绳坠下，令绳对墨线心，则其下地面自平。其真尺身上平处，与立表上墨线两边，亦用曲尺较令方正。

〔7〕 从这长度看来，“柱础取平”不是求得每块柱础本身的水平，而是取得这一柱础与另一柱础在同一水平高度，因为一丈八尺可以适用于最大的间广。

立基[8]

立基之制（参阅壕寨制度图样二）：其高与材五倍[9]。材分°，在大木作制度内。如东西广者，又加五分°至十分°。若殿堂中庭修广者，量其位置，随宜加高。所加虽高，不过与材六倍[9]。

〔8〕 以下“立基”和“筑基”两篇，所说还有许多不清楚的地方。“立基”是讲“基”（似是殿堂阶基）的设计；“筑基”是讲“基”的施工。

〔9〕 “与材五倍”即“等于材的五倍”。“不过与材六倍”，即不超过材的六倍。

筑基

筑基之制（参阅壕寨制度图样二）：每方一尺，用土二担；隔层用碎砖瓦及石札[10]等，亦二担。每次布土[11]厚五寸，先打六杵 二人相对，每窝子内各打三杵，次打四杵 二人相对，每窝子内各打二杵，次打两杵 二人相对，每窝子内各打一杵。以上并各打平土头，然后碎用杵辗蹑令平；再攒杵扇扑，重细辗蹑[12]。每布土厚五寸，筑实厚三寸。每布碎砖瓦及石札等厚三寸，筑实厚一寸五分。

凡开基址，须相视地虚实[13]。其深不过一丈，浅止于五尺或四尺，并用碎砖瓦石札等，每土三分内添碎砖瓦等一分。

〔10〕“石札”，即石碴或碎石。

〔11〕“布土”：就是今天我们所说“下土”。

〔12〕“碎用杵辗蹑令平；再攒杵扇扑，重细辗蹑”：“碎用”就是不集中在一点上或一个窝子里，而是普遍零碎地使用；“蹑”就是踩踏；“攒”就是聚集；“扇扑”的准确含义不明。总之就是说：用杵在“窝子”里夯打之，“窝子”和“窝子”之间会出现尖出的“土头”，要把它打平，再普遍地用杵把夯过的土层打得完全光滑平整。

〔13〕“相视地虚实”：就是检验土质的松紧虚实。

城

筑城之制（参阅壕寨制度图样二）：每高四十尺，则厚加高二十尺；其上斜收减高之半〔14〕。若高增一尺，则其下厚亦加一尺；其上斜收亦减高之半；或高减者〔15〕亦如之。

〔14〕“斜收”是指城墙内外两面向上斜收；“减高之半”指两面斜收共为高之半。斜收之后，墙顶的厚度 =（墙厚）减（墙高之半）。

〔15〕“高减者” = 高度减低者。

城基开地深五尺，其厚随城之厚。每城身长七尺五寸，栽永定柱 长视城高，径一尺至一尺二寸，夜叉木 径同上，其长比上减四尺 各二条〔16〕。每筑高五尺，横用纴木〔17〕一条 长一丈至一丈二尺，径五寸至七寸，护门瓮城及马面之类准此，每膊椽〔17〕长三尺，用草葽〔17〕一条 长五尺，径一寸，重四两，木橛子〔17〕一枚 头径一寸，长一尺。

〔16〕永定柱和夜叉木各二条，在城身内七尺五寸的长度中如何安排待考。

〔17〕纴木、膊椽、草葽和木橛子是什么，怎样使用，均待考。

墙 其名有五：一曰墙，二曰墉，三曰垣，四曰埌，五曰壁。

筑墙〔18〕之制（参阅壕寨制度图样二）：每墙厚三尺，则高九尺；其上斜收，比厚减半。若高增三尺，则厚加一尺；减亦如之。

凡露墙：每墙高一丈，则厚减高之半；其上收面之广，比高五分之一〔19〕。若高增一尺，其厚加三寸；减亦如之。其用葽、橛，并准筑城制度。

凡抽纴墙：高厚同上；其上收面之广，比高四分之一。若高增一尺，其厚加二寸五分。如在屋下，只加二寸。划削并准筑城制度。

〔18〕 墙、露墙、抽纴墙三者的具体用途不详。露墙用草葽、木橛子，似属围墙之类；抽纴墙似属于屋墙之类。这里所谓墙是指夯土墙。

〔19〕 “其上收面之广，比高五分之一”，含义不太明确，可作二种解释：（1）上收面之广指两面斜收之广共为高的五分之一。（2）上收面指墙身“斜收”之后，墙顶所余的净厚度；例如露墙“上收面之广，比高五分之一”，即“上收面之广”为二尺。

筑临水基

凡开临流岸口修筑屋基之制〔20〕：开深一丈八尺，广随屋间数之广。其外分作两摆手〔21〕，斜随马头〔22〕，布柴梢，令厚一丈五尺。每岸长五尺，钉桩一条〔23〕长一丈七尺，径五寸至六寸皆可用。梢上用胶土打筑令实。若造桥两岸马头准此。

〔20〕 没有作图，可参阅石作制度图样五“卷輂水窗”图。

〔21〕 “摆手”似为由屋基斜至两侧岸边的，清式称“雁翅”。

〔22〕 “马头”即今码头。

〔23〕 按岸的长度，每五尺钉桩一条。开深一丈八尺，柴梢厚一丈五尺，而桩长一丈七尺，看来桩是从柴梢上钉下去，入土二尺。是否如此待考。

石作制度

造作次序

造石作次序之制〔1〕有六：一曰打剥用錾揭剥高处；二曰麤搏〔2〕稀布錾凿，令深浅齐匀；三曰细漉〔3〕密布錾凿，渐令就平；四曰褊棱用褊錾镌棱角，令四边周正；五曰斫砟〔4〕用斧刃斫砟，令面平正；六曰磨礲用沙石水磨去其斫文。

其雕镌制度有四等（参阅石作制度图样一[1]）：一曰剔地起突；二曰压地隐起华；三曰减地平钑；四曰素平[5]。如素平及减地本钑，并斫砟三遍，然后磨礲；压地隐起两遍；剔地起突一遍；并随所用描华文。如减地平钑，磨礲毕，先用墨蜡，后描华文钑造。若压地隐起及剔地起突，造毕并用翎羽刷细砂刷之，令华文之内石色青润。

其所造华文制度有十一品[6]：一曰海石榴华；二曰宝相华；三曰牡丹华；四曰蕙草；五曰云文；六曰水浪；七曰宝山；八曰宝阶；以上并通用。九曰铺地莲华；十曰仰覆莲华；十一曰宝装莲华。以上并施之于柱础。或于华文之内，间以龙凤狮兽及化生之类者，随其所宜，分布用之。

〔1〕《造作次序》原文不分段，为了清晰眉目，这里分作三段。

〔2〕“麤”，音粗，义同。

〔3〕“漉”，音鹿。

〔4〕“斫”，音琢，义同。“砟”，音炸。

〔5〕“剔地起突”即今所谓浮雕（石作图1、2）；“压地隐起”也是浮雕，但浮雕题材不由石面突出，而在磨琢平整的石面上，将图案的地凿去，留出与石面平的部分，加工雕刻（石作图3）；“减地平钑”（钑音涩）是在石面上刻画线条图案花纹，并将花纹以外的石面浅浅铲去一层（石作图4、5）；“素平”是在石面上不作任何雕饰的处理。

〔6〕华文制度中的“海石榴华”“宝相华”“牡丹华”，在旧本图样中所见，区别都不明显，但在实物中尚可分辨清楚（石作图6、7、8、9、10）；“蕙草”大概就是卷草；“宝阶”是什么还不太清楚；装饰图案中的小儿称“化生”；“化生之类”指人物图案（石作图11、12、13、14、15、16、17、18、19、20、21、22、23、24、25、26）。

[1] 文中插图、照片均为梁先生逝世后，我们对“注释本”整理校补时加注的（以下同）。——徐伯安注

石作图 1

剔地起突　北京护国寺千佛殿月台角石（元）

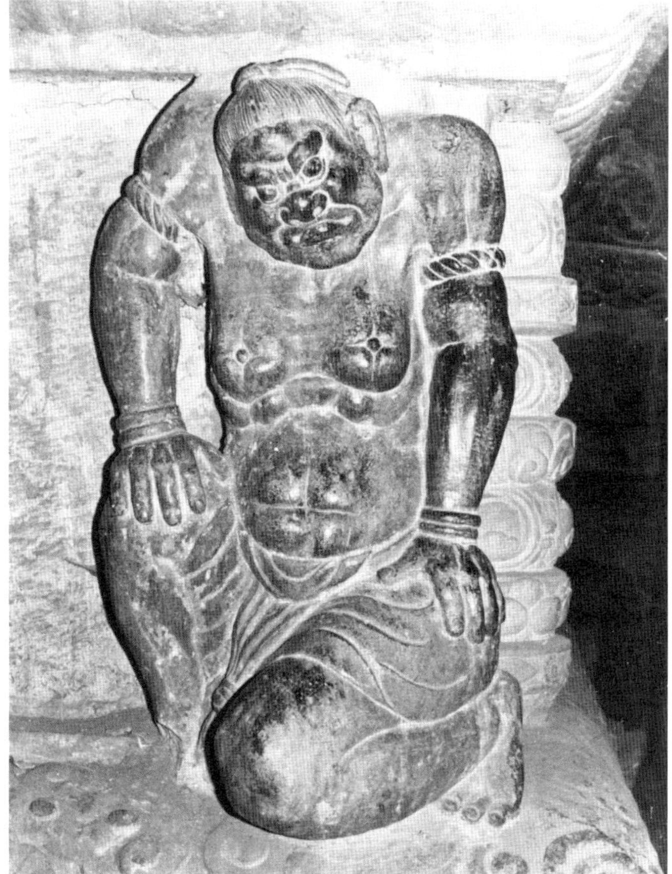

石作图 2

剔地起突　河北正定隆兴寺大悲阁佛座（宋）

石作图 3

压地隐起　南京栖霞寺舍利塔塔座雕刻（五代）

石作图 4

减地平钑　河北正定隆兴寺唐碑碑边（唐）

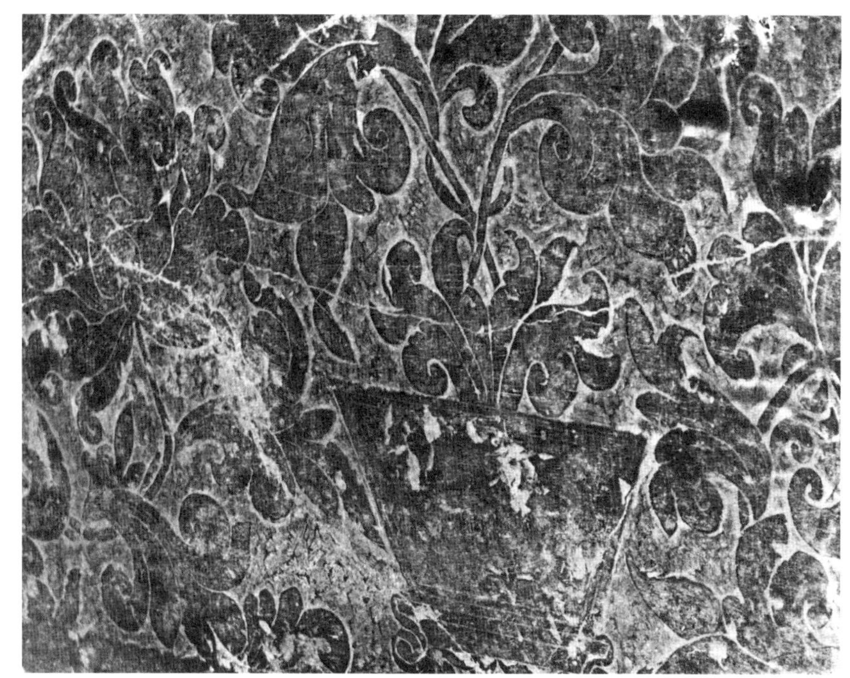

石作图 5
减地平钑　河南修武二郎庙香案石刻（元）

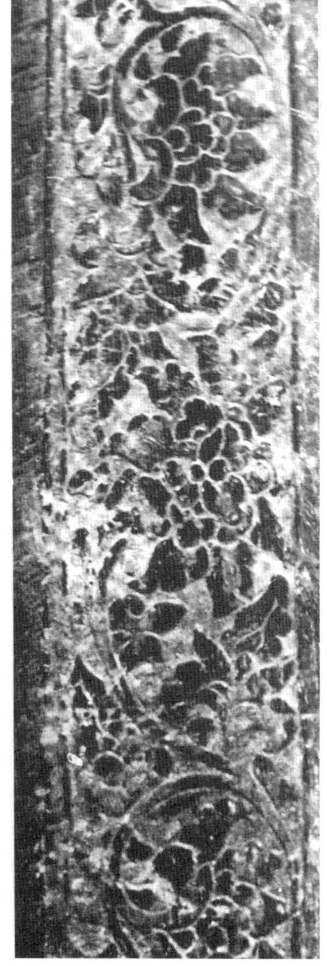

石作图 6
海石榴华　河南登封中岳庙碑边（宋）（左）

石作图 7
宝相华　河南登封少林寺碑边（唐）（右）

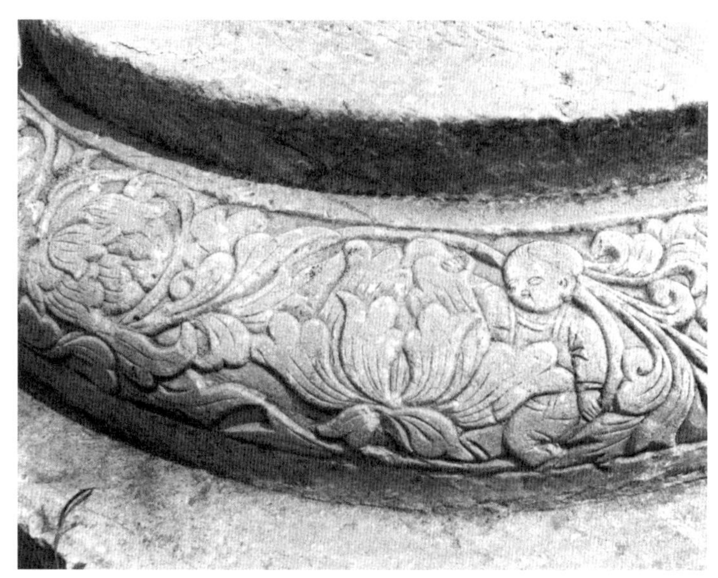

石作图 8

牡丹华　江苏苏州甪直保圣寺大殿柱础之一（宋）

石作图 9

牡丹华　江苏苏州甪直保圣寺大殿柱础之二（宋）

石作图 10

牡丹华　江苏苏州罗汉院大殿柱础（宋）

石作图 11a

蕙草　江苏苏州罗汉院大殿柱础（宋）

石作图 11b

蕙草　河南登封少林寺碑边（唐）（左）

石作图 11c

蕙草　河北邯郸响堂山石窟石刻（北齐）（右）

石作图 12

云文　河南巩县宋神宗陵上马台雕刻（宋）

石作图 13

水浪　浙江湖州飞英塔内石塔雕刻（宋）

石作图 14

水浪　山东长清灵岩寺大殿柱础（宋）

石作图 15

宝山　河南巩县宋太祖陵瑞禽（宋）

石作图 16
铺地莲华　江苏苏州甪直保圣寺大殿柱础（宋）

石作图 17
仰覆莲华　河北蓟县独乐寺出土柱础（辽）

石作图 18

宝装莲华　江苏苏州甪直保圣寺大殿柱础（宋）

石作图 19

宝装莲华　河南巩县宋哲宗陵望柱柱础（宋）

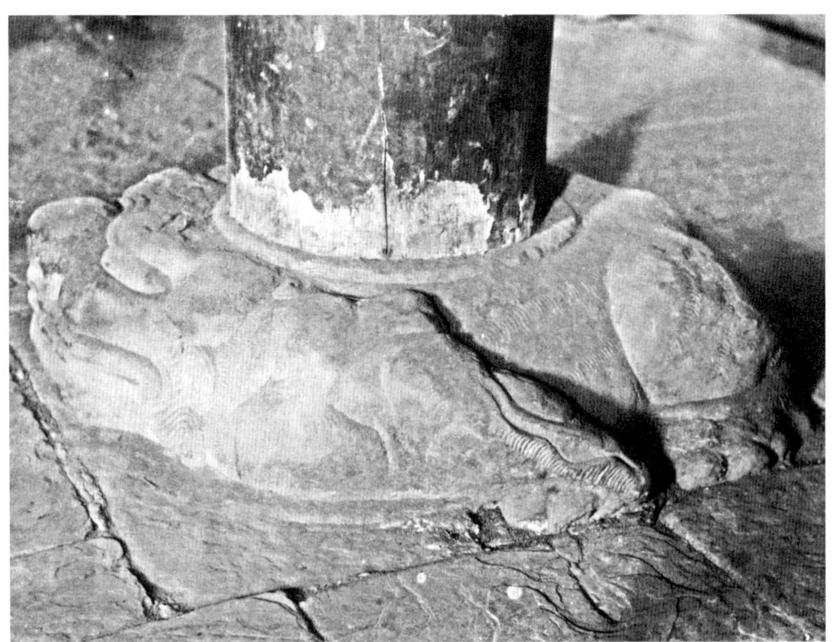

石作图 20

龙水文　山东长清灵岩寺大殿柱础（宋）

石作图 21

兽形柱础　山西太原晋祠圣母殿柱础（宋）

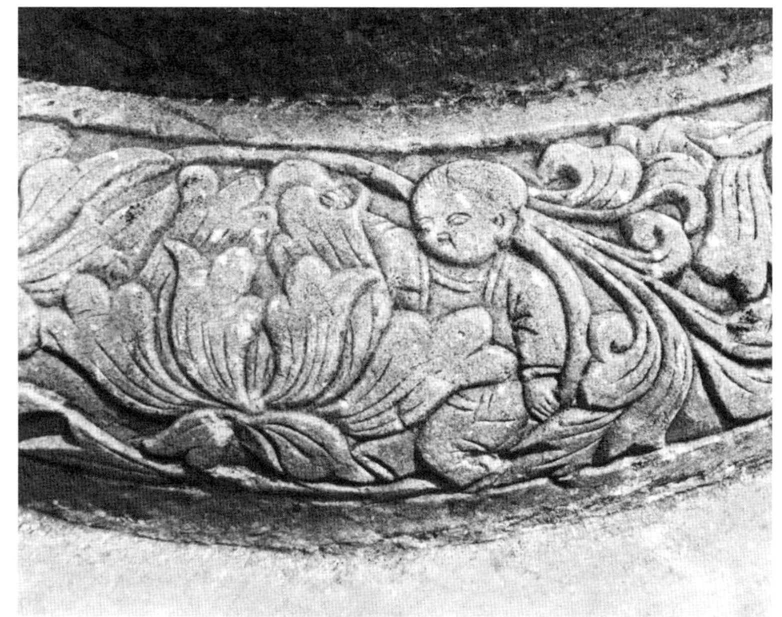

石作图 22
化生　江苏苏州甪直保圣寺大殿柱础（宋）

石作图 23
写生华　江苏苏州甪直保圣寺天王殿柱础（宋）

石作图 24

写生华　江苏苏州罗汉院大殿石柱雕刻（宋）

石作图 25

莲荷华　江苏苏州罗汉院大殿石柱雕刻之一（宋）

石作图 26

莲荷华　江苏苏州罗汉院大殿石柱雕刻之二（宋）

柱础 其名有六：一曰础，二曰碩，三曰碣，四曰磌，五曰磩，六曰磉，今谓之石碇。

造柱础之制（参阅石作制度图样一）：其方倍柱之径 谓柱径二尺，即础方四尺之类。方一尺四寸以下者，每方一尺，厚八寸；方三尺以上者，厚减方之半；方四尺以上者，以厚三尺为率。若造覆盆 铺地莲华同，每方一尺，覆盆高一寸；每覆盆高一寸，盆唇厚一分[7]。如仰覆莲华，其高加覆盆一倍。如素平及覆盆用减地平钑、压地隐起华、剔地起突；亦有施减地平钑及压地隐起于莲华瓣上者，谓之宝装莲华[8][9]（石作图18、19）。

〔7〕 这"一分"是在"一寸"之内，抑在"一寸"之外另加"一分"？不明确。

〔8〕 末一句很含糊，"剔地起突"之后，似有遗漏的字，语气似未了。

〔9〕 见宋元柱础实物举例（石作图27、28、29、30、31、32、33、34）。

角石

造角石之制[10]（参阅石作制度图样二）：方二尺。每方一尺，则厚四寸。角石之下，别用角柱 厅堂之类或不用。

〔10〕 "角石"用在殿堂阶基的四角上，与"压阑石"宽度同，但比压阑石厚。从《法式》卷二十九原角石附图和宋、辽、金、元时代的实例中知道：角石除"素平"处理外，尚有侧边浅浮花纹的，有上边刻半圆或高浮雕云龙、盘凤或狮子的种种。例如，河北蓟县独乐寺出土的辽代角石上刻着一对戏要的狮子（石作图35、36）；山西应县佛宫寺残存的辽代角石上刻着一头态势生动的异兽；而北京护国寺留存的千佛殿站台元代角石上则刻着三只卧狮（石作图37）。

角柱

造角柱之制（参阅石作制度图样二和石作图45）：其长视阶高；每长一尺，则方四寸[11]。柱虽加长，至方一尺六寸止。其柱首接角石处，合缝令与角石通平。若殿宇阶基用砖作叠涩[12]坐者，其角柱以长五尺为率[13]；每长一尺，则方三寸五分。其上下叠涩，并随砖坐逐层出入制度造。内版柱上造剔地起突云。皆随两面转角。

〔11〕“长视阶高”，须去角石之厚。角柱之方小于角石之方，垒砌时令向外的两面与角石通平。

〔12〕砌砖（石）时使逐层向外伸出或收入的做法叫作“叠涩”。

〔13〕按文义理解，叠涩坐阶基的角柱之长似包括各层叠涩及角石厚度在内。

殿阶基

造殿阶基之制（参阅石作制度图样二和石作图38）：长随间广，其广随间深。阶头随柱心外阶之广〔14〕。以石段长三尺，广二尺，厚六寸，四周并叠涩坐数，令高五尺；下施土衬石。其叠涩每层露棱〔15〕五寸；束腰露身一尺，用隔身版柱；柱内平面作起突壶门〔16〕造。

〔14〕“阶头”指阶基的外缘线；“柱心外阶之广”即柱中线以外部分的阶基的宽度。这样的规定并不能解决我们今天如何去理解当时怎样决定阶基大小的问题。我们在大木作侧样中所画的阶基断面线是根据一些辽、宋、金实例的比例假设画出来的，参阅大木作制度图样各图。

〔15〕叠涩各层伸出或退入而露出向上或向下的一面叫作“露棱”。

〔16〕“壶门”的壶字音捆，注意不是茶壶的壶。参阅“石作制度图样二”叠涩坐殿阶基图。

石作图27
素覆盆柱础　江苏苏州罗汉院大殿柱础（宋）

石作图 28
素覆盆带八角櫍柱础　江苏苏州罗汉院大殿柱础（宋）

石作图 29
素覆盆带八瓣櫍柱础　江苏苏州罗汉院大殿柱础（宋）

石作图 30
櫍形柱础　浙江武义延福寺大殿柱础（元）

石作图 31
覆盆用压地隐起华　江苏苏州罗汉院大殿柱础（宋）

石作图 32

剔地起突兽形柱础　河南汜水等慈寺大殿柱础（宋）

石作图 33

莲瓣柱础　山东长清灵岩寺大殿柱础之一（宋）

石作图 34

莲瓣柱础　山东长清灵岩寺大殿柱础之二（宋）

石作图 35

角兽石　河北蓟县独乐寺角石之一（辽）

石作图 36

角兽石　河北蓟县独乐寺角石之二（辽）

石作图 37

角兽石　北京护国寺千佛殿月台角石（元）

石作图 38

阶基　福建泉州开元寺石塔阶基（宋）

压阑石　地面石

造压阑石[17]之制（参阅石作制度图样二）：长三尺，广二尺，厚六寸。地面石同。

〔17〕“压阑石”是阶基四周外缘上的条石，即清式所谓“阶条石”。“地面石”大概是指阶基上面，在压阑石周圈以内或殿堂内部或其他地方墁地的条石或石板。

殿阶螭首

造殿阶螭首[18]之制：施之于殿阶，对柱；及四角，随阶斜出。其长七尺；每长一尺，则广二寸六分，厚一寸七分。其长以十分为率，头长四分，身长六分。其螭首令举向上二分。

〔18〕现在已知的实例还没有见到一个“施之于殿阶”的螭首。明清故宫的螭首只用于殿前石阶或天坛圜丘之类的坛上（石作图39、40）。螭音吃。宋代螭首的形象、风格，因无实物可证，尚待进一步研究。这里仅就其他时代的实物，按年代排比于后，也许可以看出变化的趋向（石作图41、42、43、44）。

殿内斗八

造殿堂内地面心石斗八之制：方一丈二尺，匀分作二十九窠[19]。当心施云卷，卷内用单盘或双盘龙凤，或作水地飞鱼、牙鱼，或作莲荷等华。诸窠内并以诸华间杂。其制作或用压地隐起华或剔地起突华。

〔19〕殿堂内地面心石斗八无实例可证。“窠”，音科。原图分作三十七窠，文字分作二十九窠，有出入。具体怎样匀分作二十九窠，以及它的做法究竟怎样，都无法知道。

踏道

造踏道之制[20]（参阅石作制度图样二）：长随间之广。每阶高一尺作二踏；每踏厚五寸，广一尺。两边副子[21]，各广一尺八寸　厚与第一层象眼同。两头象眼[22]，如阶高四尺五寸至五尺者，三层　第一层与副子平，厚五寸，第二层厚四寸半，第三层厚四寸，高六尺至八尺者，五层　第一层厚六寸，每一层各递减一寸，或六层　第一层、第二层厚同上，第三层以下，每一层各递减半寸，皆以外周为第一层，其内深二寸又为一层 逐层准此。至平地施土衬石，其广同踏。两头安望柱石坐。

〔20〕 原文只说明了单个踏道的尺寸、做法，没有说明踏道的布局。这里举出两个宋代的实例和一幅宋画，也许可以帮助说明一些问题（石作图45、46、47）。

〔21〕 "副子"是踏道两侧的斜坡条石，清式称"垂带"。

〔22〕 踏道两侧副子之下的三角形部分，用层层叠套的池子做线脚谓之"象眼"。清式则指这整个三角形部分为象眼。

重台钩阑 单钩阑、望柱

造钩阑[23]之制（参阅石作制度图样三、石作图48、49、50）：重台钩阑每段高四尺，长七尺。寻杖下用云栱瘿项，次用盆唇，中用束腰，下施地栿。其盆唇之下，束腰之上，内作剔地起突华版。束腰之下，地栿之上，亦如之。单钩阑每段高三尺五寸，长六尺。上用寻杖，中用盆唇，下用地栿。其盆唇、地栿之内作万字 或透空，或不透空，或作压地隐起诸华。如寻杖远，皆于每间当中施单托神或相背双托神[24]。若施之于慢道[25]，皆随其拽脚[26]，令斜高与正钩阑身齐。其名件广厚，皆以钩阑每尺之高积而为法。

望柱（石作图53）：长视高[27]，每高一尺，则加三寸。径[28]一尺，作八瓣。柱头上狮子高一尺五寸。柱下石作覆盆莲华。其方倍柱之径。

蜀柱（石作图51）：长同上[29]，广二寸，厚一寸。其盆唇之上，方一寸六分，刻为瘿项以承云栱。其项，下细比上减半，下留尖高十分之二[30]；两肩各留十分中四分[31]。如单钩阑，即撮项造。

云栱（石作图52）：长二寸七分，广一寸三分五厘，厚八分。单钩阑，长三寸二分，广一寸六分，厚一寸。

寻杖：长随片广，方八分。单钩阑，方一寸。

盆唇：长同上，广一寸八分，厚六分。单钩阑，广二寸。

束腰：长同上，广一寸，厚九分。及华盆大小华版皆同，单钩阑不用。

华盆地霞：长六寸五分，广一寸五分，厚三分。

大华版：长随蜀柱内，其广一寸九分，厚同上。

小华版：长随华盆内，长一寸三分五厘，广一寸五分，厚同上。

万字版：长随蜀柱内，其广三寸四分，厚同上。重台钩阑不用。

地栿：长同寻杖，其广一寸八分，厚一寸六分。单钩阑，厚一寸。凡石钩阑，每段两边云栱、蜀柱，各作一半，令逐段相接[32]。

〔23〕“钩阑”即栏杆。

〔24〕“托神”，在原文中无说明，推测可能是人形的云栱瘿项。

〔25〕“慢道”，就是坡度较缓的斜坡道。

〔26〕“拽脚”，大概是斜线的意思，也就是由踏道构成的正直角三角形的弦。

〔27〕“望柱长视高”的“高”是钩阑之高。

〔28〕“望柱”是八角柱。这里所谓“径”，是指两个相对面而不是两个相对角之间的长度，也就是指八角柱断面的内切圆径而不是外接圆径。

〔29〕“长同上”的“上”，是指同样的“长视高”。按这长度看来，蜀柱和瘿项是同一件石料的上下两段，而云栱则像是安上去的。下面“螭子石”条下又提到“蜀柱卯”，好像蜀柱在上端穿套云栱、盆唇，下半还穿透束腰、地霞、地栿之后，下端更出卯。这完全是木作的做法。这样的构造，在石作中是不合理的，从南京五代末宋初的栖霞寺舍利塔和绍兴南宋八字桥的钩阑看，整段的钩阑是由一块整石版雕成的（石作图48、49、51、52、53）。推想实际上也只能这样做，而不是像本条中所暗示的那样做。

〔30〕“尖”是瘿项的脚；“高十分之二”是指瘿项高的十分之二。

〔31〕“十分中四分”原文作“十分中四厘”，“厘”显然是“分”之误。

〔32〕明清以后的栏杆都是一栏板（即一段钩阑）一望柱相间，而不是这样“两边云栱、蜀柱，各作一半，令逐段相接”。

螭子石

造螭子石[33]之制（参阅石作制度图样三）：施之于阶棱钩阑蜀柱卯之下，其长一尺，广四寸，厚七寸。上开方口，其广随钩阑卯。

〔33〕无实例可证。本条说明位置及尺寸，但具体构造不详。螭子石上面是与压阑石平抑或在压阑石之上，将地栿抬起离地面？待考。“石作制度图样三”是依照后者的理解绘制的。

门砧限

造门砧之制[34]（参阅石作制度图样四）：长三尺五寸；每长一尺，则广四寸四分，厚三寸八分。

门限[35]（参阅石作制度图样四）长随间广 用三段相接，其方二寸 如砧长三尺五寸，即方七寸之类。

若阶断砌[36]，即卧柣长二尺，广一尺，厚六寸。凿卯口与立柣合角造。其立柣长三尺，广厚同上。侧面分心凿金口一道，如相连一段造者，谓之曲柣。

城门心将军石：方直混棱造[37]，其长三尺，方一尺。上露一尺，下栽二尺入地。

止扉石[38]：其长二尺，方八寸。上露一尺，下栽一尺入地。

〔34〕 本条规定的是绝对尺寸，但卷六小木作制度“版门之制”则用比例尺寸，并有铁桶子、鹅台、石砧等。

〔35〕 “门限”即门坎。

〔36〕 这种做法多用在通行车马或临街的外门中（石作图 54、55、56）。

〔37〕 两扇城门合缝处下端埋置的石桩称将军石，用以固定门扇的位置（石作图 57）。“混棱”就是抹圆了的棱角。

〔38〕 “止扉石”条，许多版本都遗漏了，今按“故宫本”补阙。

地栿

造城门石地栿之制（参阅石作制度图样四）：先于地面上安土衬石 以长三尺，广二尺，厚六寸为率，上面露棱广五寸，下高四寸。其上施地栿，每段长五尺，广一尺五寸，厚一尺一寸；上外棱混二寸；混内一寸凿眼立排叉柱[39]。

〔39〕 “城门石地栿”是在城门洞内两边，沿着洞壁脚敷设的。宋代以前，城门不似明清城门用砖石券门洞，故施地栿，上立排叉柱以承上部梯形梁架（石作图 58、59）。

石作图 39

螭首　北京故宫太和殿台基（清）

石作图 40

螭首　北京天坛圜丘（清）

石作图 41

螭首图 上：河南古邺城铜雀台前门楼内出土（东魏？） 下：山西平顺明惠大师塔螭首（唐）

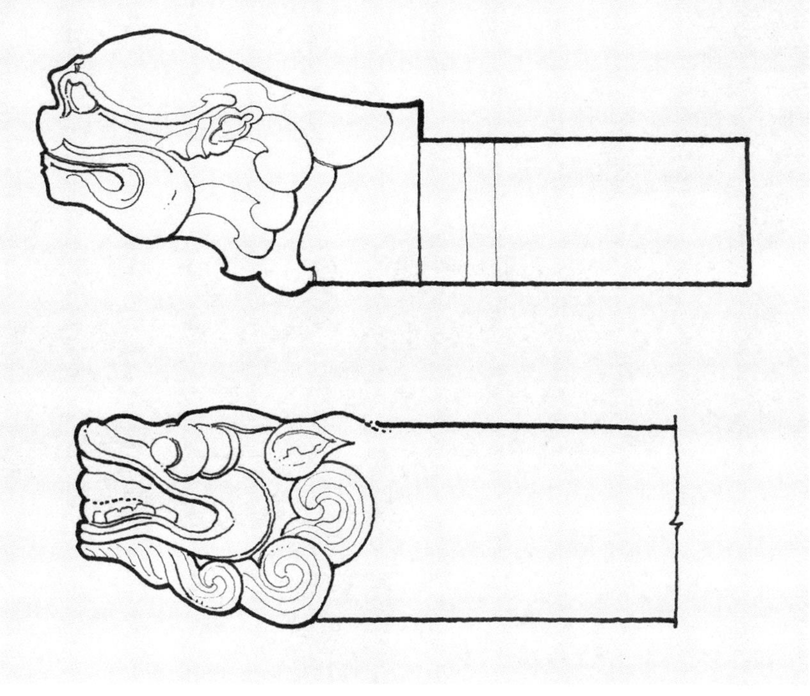

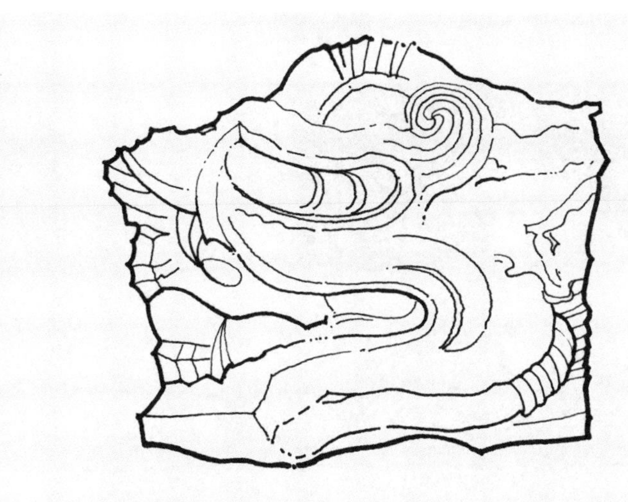

石作图 42

螭首图 上：西安唐大明宫龙首渠西侧出土（唐） 下：山西平顺大云寺出土（五代？）

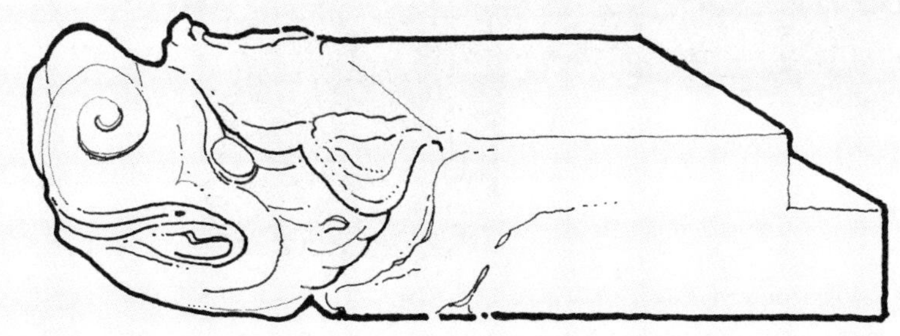

石作图 43

螭首　山西平顺大云寺出土之一（五代？）

石作图 44

螭首　山西平顺大云寺出土之二（五代？）

石作图 45a

踏道　河南济源济渎庙渊德殿遗址（宋）

石作图 45b

踏道　济渎庙渊德殿遗址平面测绘图

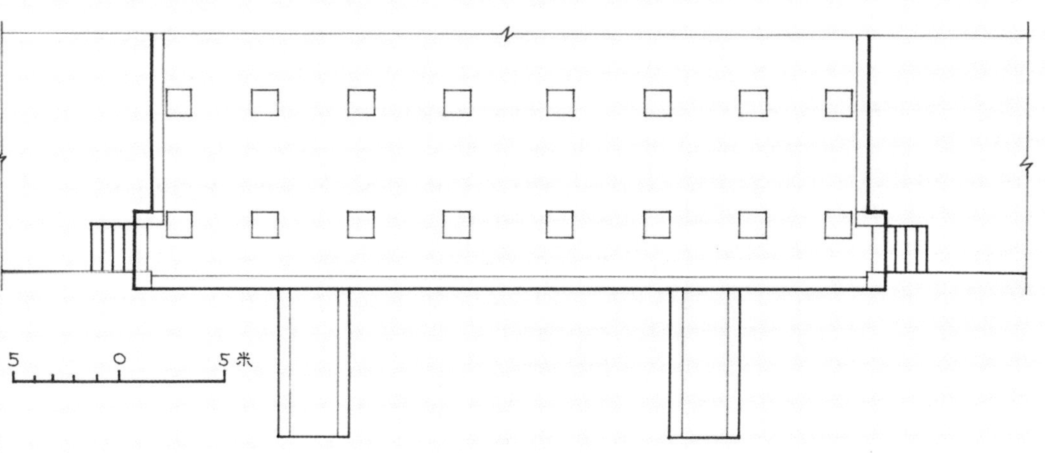

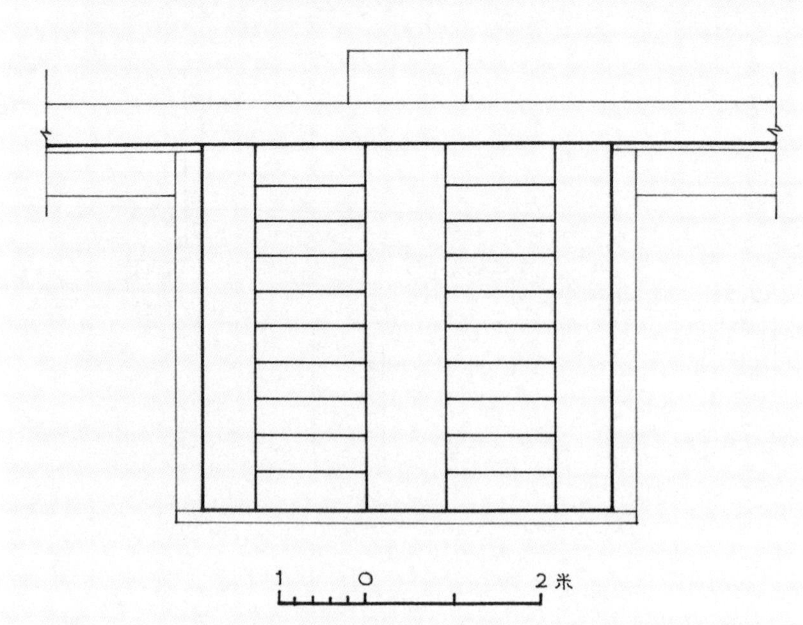

石作图 46a

踏道　河南登封少林寺初祖庵大殿（宋）

石作图 46b

踏道　初祖庵大殿踏道平面测绘图

石作图 47

踏道《汉苑图》（元）（右页）

石作图 48

钩阑　南京栖霞寺舍利塔钩阑（五代）

石作图 49

钩阑　浙江绍兴八字桥钩阑（宋）

石作图 50

钩阑　河南济源济渎庙临水亭（龙亭）钩阑（元）

石作图 51

蜀柱　浙江绍兴八字桥钩阑（宋）

石作图 52
云栱　浙江绍兴八字桥钩阑（宋）

石作图 53
望柱　浙江绍兴八字桥钩阑（宋）

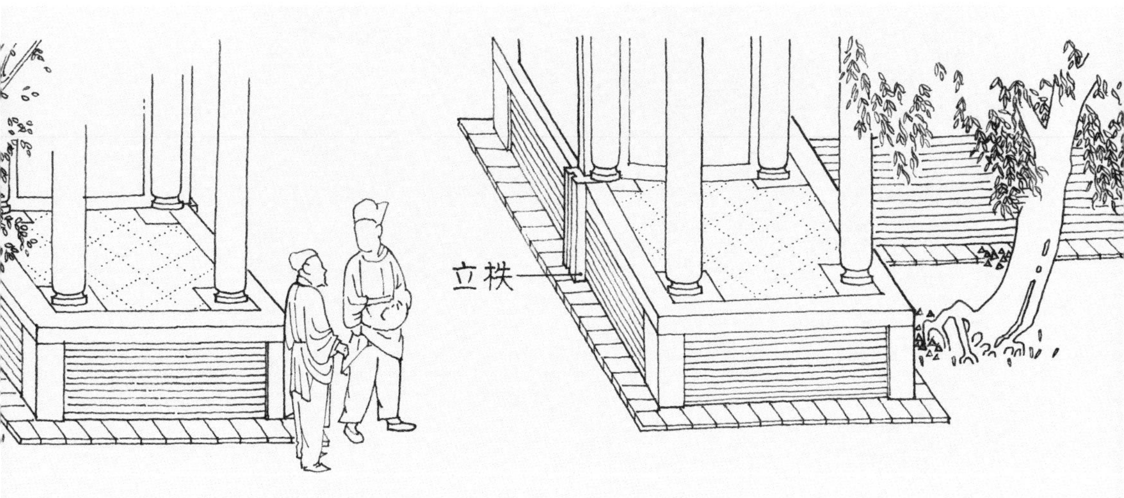

石作图 54

上马台、立株　宋代张择端《清明上河图》局部

上图中有“○”形符号的为上马台，有“⇧”形符号的为立株

石作图 55

立株　萧照《中兴祯应图》（宋）局部摹绘

石作图 56

立柣　福建莆田民居大门（清）

石作图 57

将军石图　北京广安门（清）

石作图 58

城门石地栿、排叉柱　萧照《中兴祯应图》（宋）局部摹绘

石作图 59

城门排叉柱　山东泰安岱庙山门（元）

流盃渠 剜凿流盃、垒造流盃

造流盃石渠[40]之制（参阅石作制度图样四）：方一丈五尺 用方三尺石二十五段造，其石厚一尺二寸。剜凿渠道广一尺，深九寸。其渠道盘屈，或作“风”字，或作“国”字。若用底版垒造，则心内施看盘一段，长四尺，广三尺五寸；外盘渠道石并长三尺，广二尺，厚一尺。底版长广同上，厚六寸。余并同剜凿之制。出入水项子石二段，各长三尺，广二尺，厚一尺二寸。剜凿与身内同。若垒造，则厚一尺，其下又用底版石，厚六寸。出入水斗子二枚，各方二尺五寸，厚一尺二寸；其内凿池，方一尺八寸，深一尺。垒造同。

〔40〕 宋代留存下来的实例到目前为止知道的仅河南登封宋崇福宫泛觞亭的流盃渠一处（石作图 60）。

坛

造坛[41]之制：共三层，高广以石段层数，自土衬上至平面为高。每头子[42]各露明五寸。束腰露一尺，格身版柱造，作平面或起突作壶门造。石段里用砖填后，心内用土填筑。

〔41〕 坛：大概是如明清社稷坛一类的构筑物（石作图 61）。

〔42〕 “头子”是叠涩各层挑出或收入的部分。

卷輂水窗

造卷輂[43]水窗之制（参阅石作制度图样五）：用长三尺，广二尺，厚六寸石造。随渠河之广。如单眼[44]卷輂，自下两壁开掘至硬地，各用地钉 木橛也打筑入地 留出鑲卯，上铺衬石方三路，用碎砖瓦打筑空处，令与衬石方平；方上并二[45]横砌石涩一重；涩上随岸顺砌并二厢壁版，铺垒令与岸平。如骑河者，每段用熟铁鼓卯二枚，仍以锡灌。如并三以上厢壁版者，每二层铺铁叶一重。于水窗当心，平铺石地面一重；于上下出入水处，侧砌线道[46]三重，其前密钉擗石桩二路。于两边厢壁上相对卷輂。随渠河之广，取半圜为卷輂卷内圜势。用斧刃石[47]斗卷合；又于斧刃石上用缴背[48]一重；其背上又平铺石段二重；两边用石随卷势补填令平。若双卷眼造，则于渠河心依两岸用地钉打筑二渠之间，补填同上。若当河道卷輂，其当心平铺地面石一重，用连二[49]厚六寸石。其缝上用熟铁鼓卯与厢壁同。及于卷輂之外，上下水随河岸斜分四摆手，亦砌地面，令与厢壁平。摆手内亦砌地面一重，亦用熟铁鼓卯。地面之外，侧砌线道石三重，其前密钉擗石桩三路。

〔43〕“蕐”，居玉切。所谓“卷蕐水窗”也就是通常所说的“水门”（石作图62）。

〔44〕“单眼”即单孔。

〔45〕“并二”即两个并列。

〔46〕“线道”即今所谓牙子。

〔47〕“斧刃石”即发券用的楔形石块 vousoir。

〔48〕“缴背”即清式所谓伏。

〔49〕“连二”即两个相连续。

水槽子

造水槽子〔50〕之制（参阅石作制度图样六）：长七尺，方二尺。每广一尺，唇厚二寸；每高一尺，底厚二寸五分。唇内底上并为槽内广深。

〔50〕供饮马或存水等用（石作图63）。

马台

造马台〔51〕之制（参阅石作制度图样六）：高二尺二寸，长三尺八寸，广二尺二寸。其面方，外余一尺八寸，下面分作两踏。身内或通素，或叠涩造；随宜雕镌华文。

〔51〕上马时踏脚之用。清代北京一般称马蹬石（石作图64）。

井口石 井盖子

造井口石〔52〕之制（参阅石作制度图样六）：每方二尺五寸，则厚一尺。心内开凿井口，径一尺；或素平面，或作素覆盆，或作起突莲华瓣造。盖子径一尺二寸 下作子口，径同井口，上凿二窍，每窍径五分。两窍之间开渠子，深五分，安讹角铁手把。

〔52〕无宋代实例可证，但本条所叙述的形制与清代民间井口石的做法十分类似（石作图65）。

山棚鋜脚石

造山棚鋜脚石[53]之制（参阅石作制度图样六）：方二尺，厚七寸；中心凿窍，方一尺二寸。

〔53〕 事实上是七寸厚的方形石框。推测其为搭山棚时系绳以稳定山棚之用的石构件。

幡竿颊

造幡竿颊[54]之制（参阅石作制度图样六）：两颊各长一丈五尺，广二尺，厚一尺二寸 笋在内；下埋四尺五寸。其石颊下出笋，以穿鋜脚。其鋜脚长四尺，广二尺，厚六寸。

〔54〕 夹住旗杆的两片石，清式称夹杆石（石作图 66、67）。

赑屃鳌坐碑

造赑屃鳌坐碑[55]之制（参阅石作制度图样七）：其首为赑屃盘龙，下施鳌坐。于土衬之外，自坐至首，共高一丈八尺。其名件广厚，皆以碑身每尺之长积而为法。

碑身：每长一尺，则广四寸，厚一寸五分。上下有卯。随身棱并破瓣。

鳌坐：长倍碑身之广，其高四寸五分；驼峰广三寸。余作龟文造。

碑首：方四寸四分，厚一寸八分；下为云盘 每碑广一尺，则高一寸半，上作盘龙六条相交；其心内刻出篆额天宫。其长广计字数随宜造。

土衬：二段，各长六寸，广三寸，厚一寸；心内刻出鳌坐版 长五尺，广四尺，外周四侧作起突宝山，面上作出没水地。

〔55〕 “赑屃”音备邪。这类碑自唐以后历代都有遗存，形象虽大体相像，但风格却迥然不同。其中宋碑实例大都属于比较清秀的一类（石作图 68、69）。

笏头碣

造笏头碣[56]之制（参阅石作制度图样七）：上为笏首，下为方坐，共高九尺六寸。碑身广厚并准石碑制度。笏首在内。其坐，每碑身高一尺，则长五寸，高二寸。坐身之内，或作方直，或作叠涩，随宜雕镌华文。

〔56〕 没有赑屃盘龙碑首而仅有碑身的碑。

石作图 60
流盃渠 上：河南登封崇福宫泛觞亭遗址（宋）
下：崇福宫泛觞亭流盃渠平面复原图

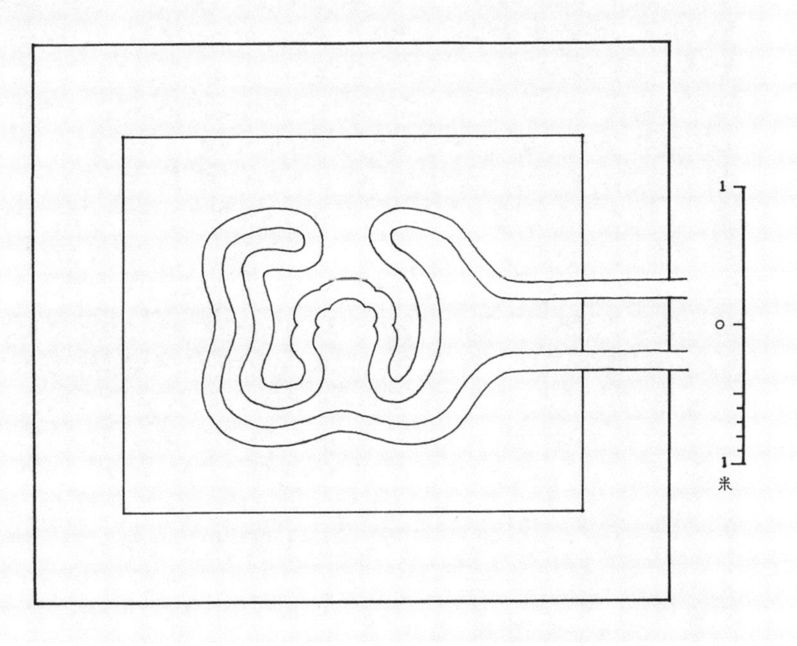

石作图 61
坛　北京中山公园社稷坛（明）

石作图 62
卷辇水窗　江苏苏州盘门水门（清）

石作图 63

水槽子　福建厦门养马槽（明）

石作图 64

马台　河南巩县宋神宗陵上马台（宋）

石作图 65
井口石　北京故宫内（清）

石作图 66
幡竿颊　江苏苏州甪直保圣寺（宋）

石作图 67

幡竿颊　北京平安

里附近夹杆石

石作图 68
宋碑　山东泰安岱庙宋碑

石作图 69

宋碑　河南登封中岳庙宋碑

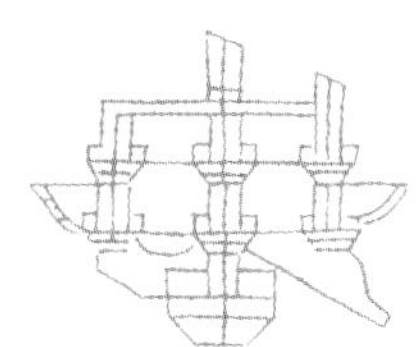

陆

大木作制度

《营造法式》

卷第四

材 其名有三：一曰章，二曰材，三曰方桁。

凡构屋之制，皆以材为祖[1]；材有八等（参阅大木作制度图样一），度屋之大小，因而用之。

〔1〕“凡构屋之制，皆以材为祖”，首先就指出材在宋代大木作之中的重要地位。其所以重要，是因为大木结构的一切大小、比例，“皆以所用材之分°，以为制度焉”。“所用材之分°”（参阅大木作制度注〔4〕）除了用“分°”为衡量单位外，又常用“材”本身之广（即高十五分°）和栔广（即高六分°）作为衡量单位。“大木作制度”中，差不多一切构件的大小、比例都是用“×材×栔”或“××分°”来衡量的。例如足材栱广二十一分°，但更多地被称为“一材一栔”。

材是一座殿堂的斗栱中用来做栱的标准断面的木材，按建筑物的大小和等第决定用材的等第。除做栱外，昂、枋、襻间等也用同样的材。

“栔广六分°”，这六分°事实上是上下两层栱或枋之间斗的平和欹（见下文“造斗之制”）的高度。以材计算就是以每一层斗和栱的高度来衡量。虽然在《营造法式》中我们第一次见到这样的明确规定，但从更早的唐、宋初和辽的遗物中，已经可以清楚地看出“皆以材为祖”，“以所用材之分°，以为制度”的事实了。

由此可见，材，因此也可见，斗栱，在中国古代建筑中的重要地位。因此，在《营造法式》中，竟以卷四整卷的篇幅来说明斗栱的做法是有其原因和必要的。

“材有八等”，但其递减率不是逐等等量递减或用相同的比例递减的。按材厚来看，第一等与第二等、第二等与第三等之间，各等减五分°。但第三等与第四等之间仅差二分°。第四等、第五等、第六等之间，每等减四分°。而第六等、第七等、第八等之间，每等又回到各减五分°。由此可以看出，八等材明显地分为三组：第一、第二、第三等为一组，第四、第五、第六三等为一组，第七、第八两等为一组。

我们可以大致归纳为：按建筑的等级定用哪一组，然后按建筑物的大小选择用哪等材。但现存实例数目不太多，还不足以证明这一推论。

第一等：广九寸，厚六寸。以六分为一分°。

右（上）殿身九间至十一间则用之。若副阶[2]并殿挟屋[3]（大木作图1），材分°减殿身一等；廊屋减挟屋一等。余准此。

第二等：广八寸二分五厘，厚五寸五分。以五分五厘为一分°。

右（上）殿身五间至七间则用之。

第三等：广七寸五分，厚五寸。以五分为一分°。

右（上）殿身三间至殿五间或堂七间则用之。

第四等：广七寸二分，厚四寸八分。以四分八厘为一分°。

右（上）殿三间，厅堂五间则用之。

第五等：广六寸六分，厚四寸四分。以四分四厘为一分°。

右（上）殿小三间，厅堂大三间则用之。

第六等：广六寸，厚四寸。以四分为一分°。

右（上）亭榭或小厅堂皆用之。

大木作图1（1，2）

挟屋 《千里江山图》（宋）局部

（1）

第七等：广五寸二分五厘，厚三寸五分。以三分五厘为一分°。

右（上）小殿及亭榭等用之。

第八等：广四寸五分，厚三寸。以三分为一分°。

右（上）殿内藻井或小亭榭施铺作多则用之。

栔广六分°，厚四分°。材上加栔者谓之足材。施之栱眼内两斗之间者，谓之闇栔。各以其材之广，分为十五分°，以十分°为其厚。凡屋宇之高深，名物之短长，曲直举折之势，规矩绳墨之宜，皆以所用材之分°，以为制度焉〔1〕。凡分寸之“分”皆如字，材分之“分”音符问切。余准此〔4〕。

〔2〕 殿身四周如有回廊，构成重檐，则下层檐称副阶。

〔3〕 宋以前主要殿堂左右两侧，往往有与之并列的较小的殿堂，谓之挟屋（大木作图1），略似清式的耳房，但清式耳房一般多用于住宅，大型殿堂不用；而宋式挟屋则相反，多用于殿堂，而住宅及小型建筑不用。（所选图皆为住宅。）

〔4〕 “材分之‘分’音符问切”，因此应读如“份”。为了避免混淆，本书中将材分之“分”一律加符号写成“分°”。

栱 其名有六：一曰閞〔5〕，二曰槉〔6〕，三曰欂〔7〕，四曰曲枅〔8〕，五曰栾，六曰栱。

造栱之制有五〔9〕（参阅大木作制度图样一、二）

（2）

一曰华栱 或谓之杪栱[1]，又谓之卷头，亦谓之跳头，足材[10]栱也。若补间铺作[11]，则用单材[12]。两卷头者，其长七十二分°。若铺作多者[13]，里跳[14]减长二分°。七铺作以上，即第二里外跳各减四分°。六铺作以下不减。若八铺作下两跳偷心[15]，则减第三跳，令上下两跳交互斗畔[16]相对。若平坐[17]出跳，杪栱并不减。其第一跳于栌斗口外，添令与上跳相应。每头以四瓣卷杀[18]，每瓣长四分°。如里跳减多，不及四瓣者，只用三瓣，每瓣长四分°。与泥道栱相交，安于栌斗口内，若累铺作数多，或内外俱匀，或里跳减一铺至两铺。其骑槽[19]檐栱（大木作图2），皆随所出之跳加之。每跳之长，心[20]不过三十分°；传跳虽多，不过一百五十分°。若造厅堂，里跳承梁出楷头[21]者，长更加一跳。其楷头或谓之压跳[22]（大木作图3、4、5）。交角内外，皆随铺作之数，斜出跳一缝[23]。栱谓之角栱，昂谓之角昂。其华栱则以斜长加之。假如跳头长五寸，则加二寸五厘[24]之类。后称斜长者准此。若丁头栱[25]（大木作图6、7），其长三十三分°[26]，出卯长五分°。若只里跳转角者，谓之虾须栱（大木作图8、9），用股卯到心，以斜长加之。若入柱者，用双卯，长六分°至七分°。

二曰泥道栱，其长六十二分°。若斗口跳[27]（大木作图10）及铺作全用单栱造[28]者，只用令栱。每头以四瓣卷杀，每瓣长三分°半。与华栱相交，安于栌斗口内。

三曰瓜子栱，施之于跳头。若五铺作以上重栱造[28]，即于令栱内，泥道栱外[29]用之。四铺作以下不用。其长六十二分°；每头以四瓣卷杀，每瓣长四分°。

四曰令栱 或谓之单栱，施之于里外跳头之上 外在橑檐枋之下，内在算桯枋之下，与要头相交 亦有不用要头者（大木作图11），及屋内槫缝之下。其长七十二分°。每头以五瓣卷杀，每瓣长四分。若里跳骑栿[30]，则用足材。

五曰慢栱 或谓之肾栱，施之于泥道、瓜子栱之上。其长九十二分°；每头以四瓣卷杀，每瓣长三分°。骑栿及至角，则用足材。

凡栱之广厚并如材。栱头上留六分°，下杀九分°；其九分°匀分为四大分；又从栱头顺身量为四瓣。瓣又谓之胥，亦谓之棖，或谓之生。各以逐分之首 自下而至上，与逐瓣之末 自内而至外，以真尺对斜画定，然后斫造[31]。用五瓣及分数不同者准此。栱两头及中心，

---

〔1〕许多版本把“杪栱”误写成“抄栱”是不对的。“杪”作末梢讲，更符合华栱的性质和形态。经查，有的版本用“杪”，有的版本用“抄”，差不多各占一半，有的版本“杪”和“抄”并存。在手抄本时代，将“杪”字误写成“抄”字，可能性极大。这一研究成果是王璞子提供的。——徐伯安注

各留坐斗处，余并为栱眼，深三分°。如用足材栱，则更加一栔，隐出[32]心斗[33]及栱眼（大木作图17）。

凡栱至角相交出跳，则谓之列栱[34]（大木作图12）。其过角栱或角昂处，栱眼外长内小，自心向外量出一材分°，又栱头量一斗底，余并为小眼。

泥道栱与华栱出跳相列。

瓜子栱与小栱头出跳相列。小栱头从心出，其长二十三分°；以三瓣卷杀，每瓣长三分°上施散斗[35]。若平坐铺作，即不用小栱头，却与华栱头相列。其华栱之上，皆累跳至令栱，于每跳当心上施要头。

慢栱与切几头[36]相列。切几头微刻材下作两[37]卷瓣。如角内足材下昂造，即与华头子出跳相列。华头子承昂者，在昂制度内。

令栱与瓜子栱出跳相列。承替木头或橑檐枋头。

凡开栱口之法：华栱于底面开口，深五分° 角华栱深十分°，广二十分°。包栌斗耳在内。口上当心两面，各开子荫[38]通栱身，各广十分° 若角华栱连隐斗通开，深一分°。余栱 谓泥道栱、瓜子栱、令栱、慢栱也上开口，深十分°，广八分°。其骑栿，绞昂栿[39]者（大木作图13、14），各随所用。若角内足材列栱，则上下各开口，上开口深十分° 连栔，下开口深五分°。

凡栱至角相连长两跳者，则当心施斗，斗底两面相交，隐出栱头 如令栱只用四瓣，谓之鸳鸯交手栱。里跳上栱同。

〔5〕 閜音卞。

〔6〕 楖音疾。

〔7〕 欂音博。

〔8〕 枅音坚。

〔9〕 五种栱的组合关系可参阅大木作图15。

〔10〕 足材，广一材一栔，即广二十一分°之材。参阅大木作制度图样一、二。

〔11〕 铺作有两个含义：（1）成组的斗栱称为铺作，并按其位置之不同，在柱头上者称柱头铺作，在两柱头之间的阑额上者称补间铺作，在角柱上者称转角铺作；（2）在一组斗栱之内，每一层或一跳的栱或昂和其上的斗称一铺作（大木作图16）。

〔12〕 单材，即广为十五分°的材。

〔13〕 这里是指出跳多。

〔14〕 从栌斗出层层华栱或昂。向里出的称里跳；向外出的称外跳。

〔15〕 每跳华栱或昂头上都用横栱者为“计心”；不用横栱者为偷心（大木作图17、18、19、20）。

〔16〕 “畔”就是边沿或外皮。

〔17〕 参阅本卷“平坐”篇的注释。

〔18〕 卷杀之制，参阅大木作图样二。

〔19〕 与斗栱出跳成正交的一列斗栱的纵中线谓之槽（大木作图2），华栱横跨槽上，一半在槽外，一半在槽内，所以叫骑槽。

〔20〕 “心”就是中线或中心。

〔21〕 楷头，枋木出头的一种形式。楷音塔或答。

〔22〕 见大木作图3、4、5。

〔23〕 “缝”就是中线（大木作图2）。

〔24〕 原文作“二分五厘”，显然是“二寸五厘”之误。但五寸的斜长，较准确的应该是加二寸零七厘。

〔25〕〔26〕 丁头栱就是半截栱，只有一卷头。“出卯长五分°”，亦即出卯到相交的栱的中线——心。按此推算，则应长三十一分°，才能与其他华栱取齐。但原文作“三十三分°”，指出存疑。大木作制度图样二仍按原文绘制（大木作图6、7）。

〔27〕 由栌斗口只出华栱一跳，上施一斗，直接承托橑檐枋的做法谓之斗口跳。参阅大木作图样五（大木作图10）。

〔28〕 跳头上只用一层瓜子栱，其上再用一层慢栱，或槽上用泥道栱，其上再用慢栱者谓之重栱。只用一层令栱者谓之单栱。参阅大木作图样五（大木作图17、18）。

〔29〕 “令栱内，泥道栱外”指令栱与泥道栱之间的各跳。

〔30〕 横跨在梁上谓之骑栿。

〔31〕 “斫”见石作制度注〔4〕，参阅大木作图样二。

〔32〕 隐出就是刻出，也就是浮雕。

〔33〕 栱中心上的斗，正名齐心斗，简称心斗。

〔34〕 在转角铺作上，正面出跳的栱，在侧面就是横栱。同样在侧面出跳的栱，正面就是横栱，像这种一头是出跳、一头是横栱的构件叫作列栱（大木作图 12）。

〔35〕“施之于栱两头”的斗。见下文“造斗之制”。

〔36〕短短的出头，长度不足以承受一个斗，也不按栱头形式卷杀，谓之切几头。

〔37〕原本作“面卷瓣”，“面”字显然是“两”字之误。

〔38〕是指在构件上凿出以固定与另一构件的相互位置的浅而宽的凹槽，只能防止偏侧，但不能起卯的作用将榫固定“咬”住。参阅大木作制度图样二、十四。

〔39〕与昂或与梁栿相交，但不“骑”在梁栿上，谓之绞昂或绞栿（大木作图 13、14）。

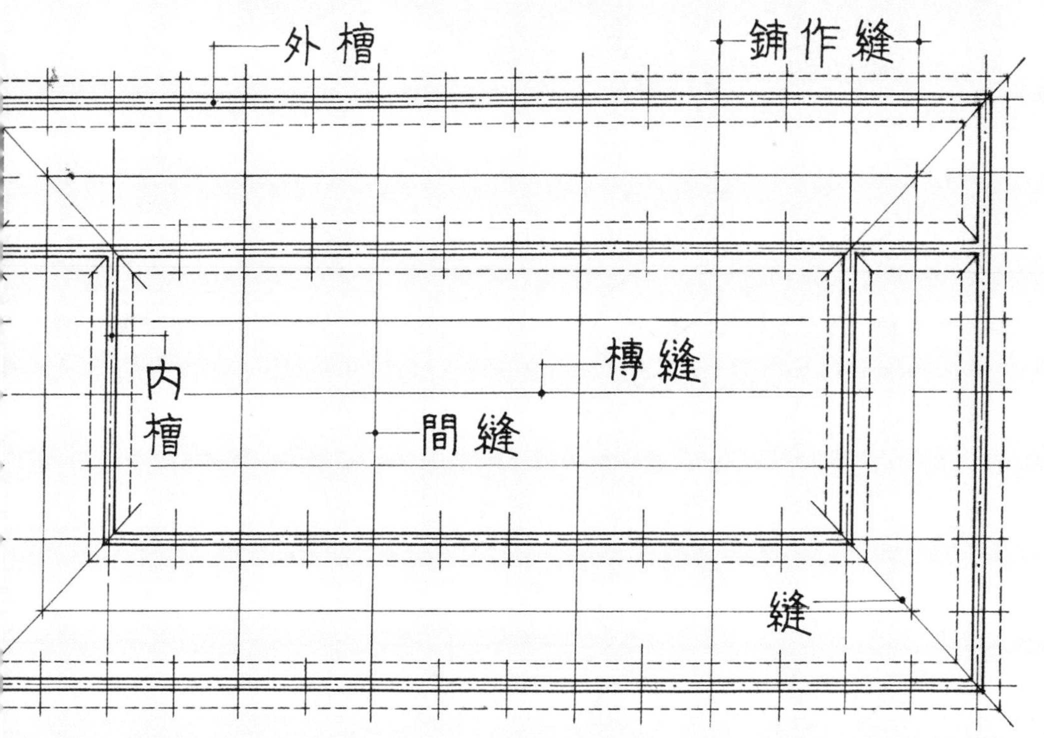

大木作图 2

槽缝示意图

大木作图 3
楷头及压跳　河北正定隆兴寺天王殿（宋）[1]

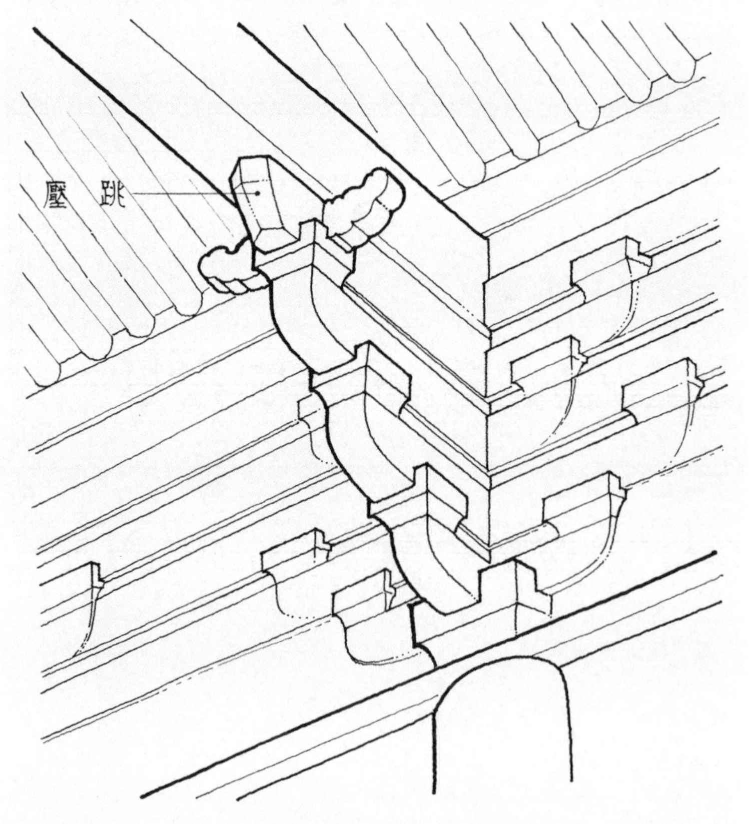

大木作图 4
楷头及压跳　山西太原晋祠圣母殿（宋）图

[1] 河北正定隆兴寺天王殿从整体看应为清代重建遗构，但细部做法仍保留有宋、金形制。——徐伯安注

大木作图5（1，2）
榰头及压跳　山西长治古驿村重教寺大殿

（1）

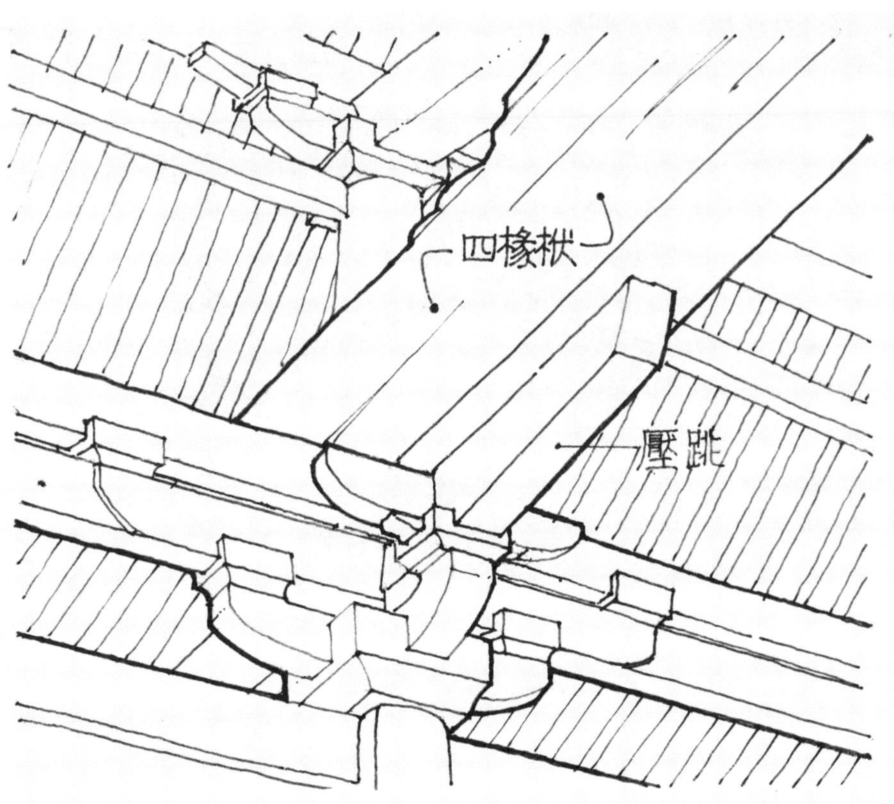

（2）

大木作图 6

重栱丁头栱　福建福州华林寺大殿（五代）

大木作图 7

单栱丁头栱　江苏苏州玄妙观三清殿（宋）

大木作图 8

虾须栱　浙江宁波保国寺大殿（宋）

大木作图 9

虾须栱后尾　浙江宁波保国寺大殿（宋）

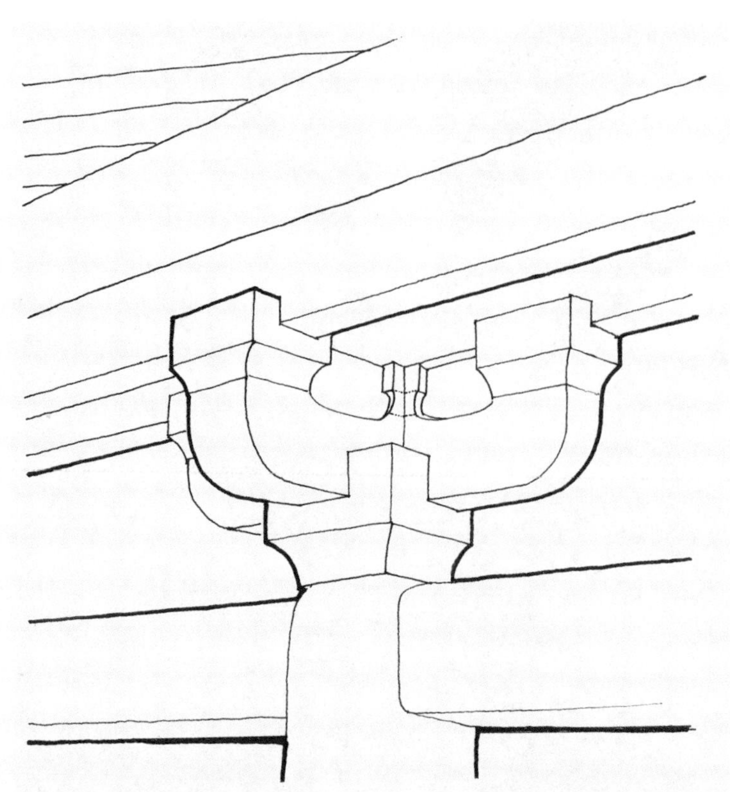

大木作图 10
斗口跳　山西平顺天台庵大殿（唐？）斗栱图

大木作图 11
铺作不用耍头，令栱不与耍头相交　浙江金华天宁寺大殿（元）

大木作图 12（1，2）

列栱　河南登封少林寺初祖庵大殿（宋）

1. 平盘斗　2. 由昂　3. 角昂　4. 小栱头与瓜子栱出跳相列　5. 令栱与瓜子栱出跳相列　6. 慢栱与切几头出跳相列　7. 泥道栱与华栱出跳相列　8. 瓜子栱　9. 角华栱　10. 讹角栌斗　11. 圆栌斗　12. 要头

（1）

（2）

大木作图 13

绞栿栱　福建福州华林寺大殿（五代）

大木作图 14

绞栿栱　河北正定阳和楼（元）

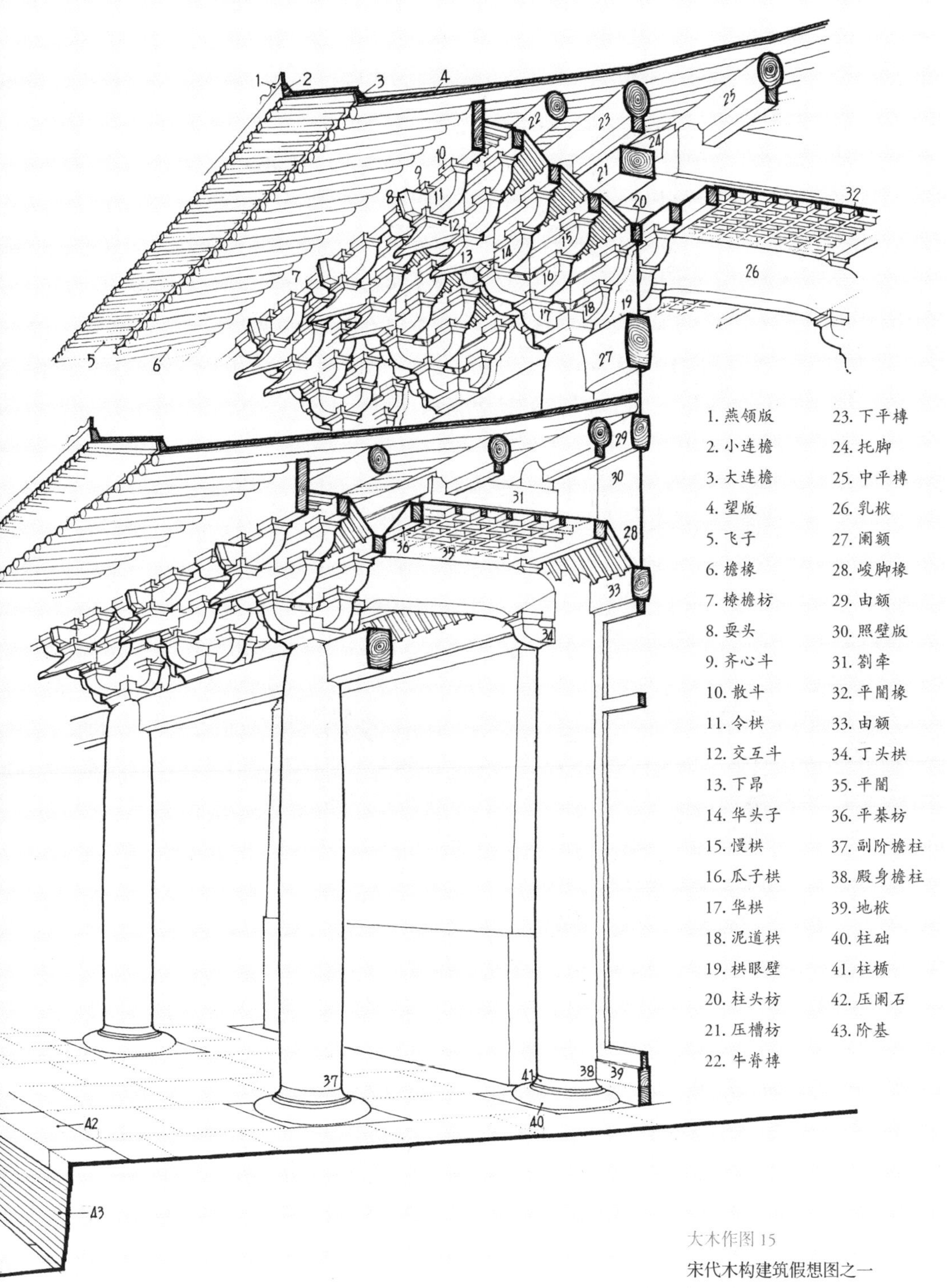

大木作图 15

宋代木构建筑假想图之一

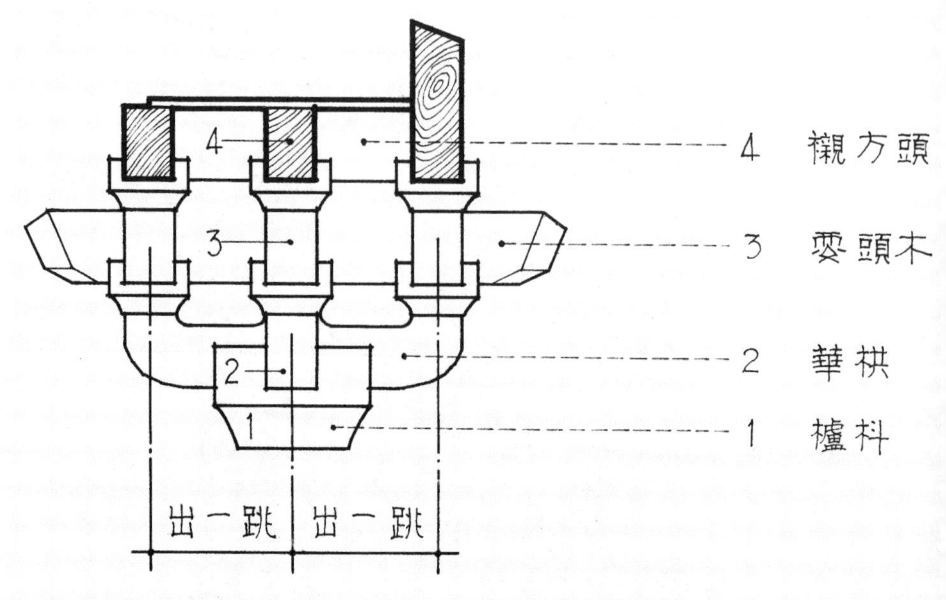

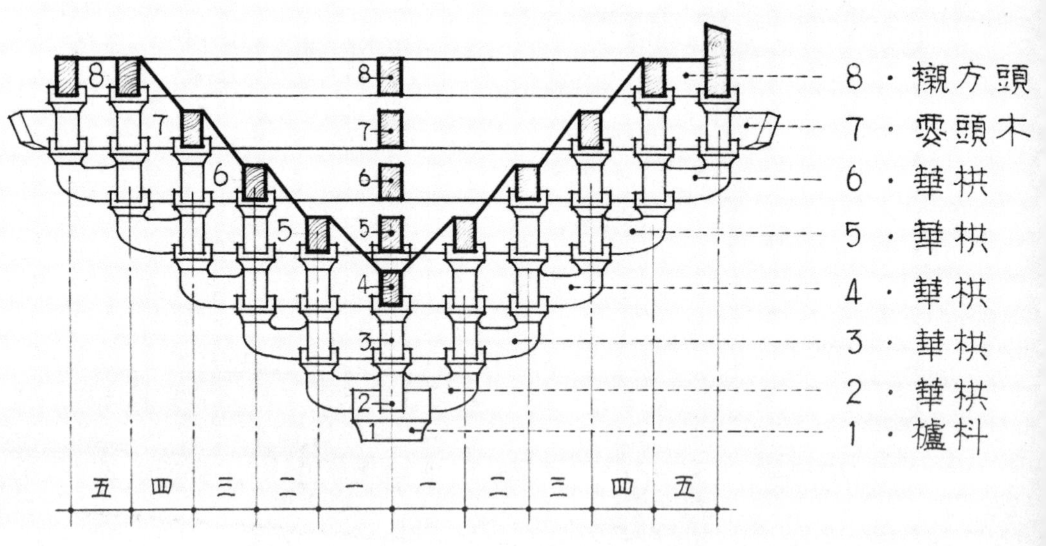

大木作图 16

铺作数与出跳示意图

大木作图 17

重栱计心造、隐出心斗及栱眼　山东长清灵岩寺大殿（宋）

大木作图 18

重栱计心造　河北曲阳北岳庙大殿（元）

大木作图 19

偷心造　河北易县开元寺药师殿（辽）

大木作图 20

偷心造、平棊　河北易县开元寺毗卢殿（辽）

飞昂 其名有五：一曰櫼，二曰飞昂，三曰英昂，四曰斜角，五曰下昂。

造昂之制有二（参阅大木作制度图样四、六、七、八、九、十）：

一曰下昂[40]，自上一材，垂尖向下，从斗底心下取直，其长二十三分°。其昂身上彻屋内，自斗外斜杀向下，留厚二分°；昂面中𩒐[41]二分°，令𩒐势圜和。亦有于昂面上随𩒐加一分°，讹杀[42]至两棱者，谓之琴面昂[43]（大木作图21、23）；亦有自斗外，斜杀至尖者，其昂面平直，谓之批竹昂[44]（大木作图22、24、25）。

凡昂安斗处，高下及远近皆准一跳。若从下第一昂，自上一材下出，斜垂向下；斗口内以华头子承之。华头子自斗口外长九分°；将昂势尽处匀分，刻作两卷瓣，每瓣长四分°。如至第二昂以上，只于斗口内出昂，其承昂斗口及昂身下，皆斜开镫口，令上大下小，与昂身相衔。

凡昂上坐斗，四铺作、五铺作并归平；六铺作以上，自五铺作外，昂上斗并再向下二分°至五分°（参阅大木作制度图样六、七）。如逐跳计心造，即于昂身开方斜口，深二分°；两面各开子荫，深一分°。

若角昂（参阅大木作制度图样十五、十六、十七、十八），以斜长加之。角昂之上，别施由昂[45]。长同角昂，广或加一分°至二分°。所坐斗[46]上安角神，若宝藏神或宝瓶。

若昂身于屋内上出，即皆至下平槫。若四铺作用插昂（大木作图26），即其长斜随跳头[47]（参阅大木作制度图样五）。插昂又谓之挣昂；亦谓之矮昂。

凡昂栓（参阅大木作制度图样十四），广四分°至五分°，厚二分°。若四铺作，即于第一跳上用之；五铺作至八铺作，并于第二跳上用之。并上彻昂背自一昂至三昂，只用一栓，彻上面昂之背，下入栱身之半或三分之一。

若屋内彻上明造（大木作图27、28）[48]，即用挑斡，或挑一斗，或挑一材两栔[49]（参阅大木作制度图样六）。谓一栱上下皆有斗也（大木作图29、30）。若不出昂而用挑斡者（大木作图31、32）即骑束阑枋下昂桯[50]。如用平綦[51]（大木作图33、34），自槫安蜀柱以叉昂尾[52]（参阅大木作制度图样七、大木作图35、36）；如当柱头，即以草栿或丁栿压之[53]（参阅大木作制度图样七，大木作图37）。

〔40〕 在一组斗栱中，外跳层层出跳的构件有两种：一种是水平放置的华栱；一种是头（前）低尾（后）高、斜置的下昂（参阅大木作制度图样四、五、六、七、八）。出檐越远，出跳就越多。有时需要比较深远的出檐，如果全用华栱挑出，层数多了，檐口就可能太高。由于昂头向下斜出，所以在取得出跳

的长度的同时，却将出跳的高度降低了少许。在需要较大的檐深但不愿将檐抬得过高时，就可以用下昂来取得所需的效果。

下昂是很长的构件。昂头从跳头起，还加上昂尖（清式称昂嘴），斜垂向下；昂身半向上斜伸，亦称挑斡。昂尖和挑斡，经过少许艺术加工，都具有高度装饰效果。

从一组斗栱受力的角度来分析，下昂成为一条杠杆，巧妙地使挑檐的重量与屋面及榑、梁的重量相平衡。从构造上看，昂还解决了里跳华栱出跳与斜屋面的矛盾，少了里跳华栱出跳的层数。

〔41〕 𩑶：音坳，头凹也。即杀成凹入的曲线或曲面（参阅大木作制度图样四）。

〔42〕 讹杀：杀成凸出的曲线或曲面。

〔43〕〔44〕在宋代“中𩑶”而“讹杀至两棱”的“琴面昂”显然是最常用的样式，而“斜杀至尖”且“昂面平直”的“批竹昂”是比较少用的。历代实例所见，唐、辽都用批竹昂，宋初也有用的，如山西榆次雨华宫（大木作图22）；宋、金以后多用标准式的琴面昂，但与《法式》同时的山西太原晋祠圣母殿和殿前金代的献殿则用一种面中不𩑶而讹杀至两棱的昂。我们也许可以给它杜撰一个名字叫“琴面批竹昂”（大木作图25）吧。

〔45〕 在下昂造的转角铺作中，角昂背上的耍头做成昂的形式，称为由昂，有的由昂在构造作用上可以说是柱头铺作、补间铺作中的耍头的变体（大木作图12）。也有的由昂上彻角梁底，与下昂的作用相同。

〔46〕 由昂上安角神的斗一般都是平盘斗。

〔47〕 昂身不过柱心的一种短昂头，多用在四铺作上，亦有用在五铺作或六铺作上的（大木作图26）。

〔48〕 屋内不用平棊（天花板），梁架斗栱结构全部显露可见者谓之彻上明造（大木作图27、28）。

〔49〕 实例中这种做法很多，可以说是宋、辽、金、元时代的通用手法（大木作图29、30）。

〔50〕 “不出昂而用挑斡”的实例见大木作图31、32；什么是束阑枋和它下面的昂桯，均待考。

〔51〕 “如用平棊”或平闇，就不是“彻上明造”了（大木作图33、34）。

〔52〕 如何叉法，这里说得不够明确具体。实例中很少这种做法，仅浙江宁波保国寺大殿（宋）有类似做法，是十分罕贵的例证（大木作图35、36）。大木作制度图样七就是依据这种启示绘制的。

〔53〕 实例中这种做法很多，是宋、辽、金、元时代的通用手法（大木作图37）。

二曰上昂[54]（参阅大木作制度图样八、九，大木作图38、39、40），头向外留六分°。其昂头外出，昂身斜收向里，并通过柱心。

如五铺作单杪上用者，自栌斗心出，第一跳华栱心长二十五分°；第二跳上昂心长二十二分°。其第一跳上，斗口内用鞾楔。其平棊枋[55]至栌斗口内，共高五材四栔。其第一跳重栱计心造。

如六铺作重杪上用者，自栌斗心出，第一跳华栱心长二十七分°；第二跳华栱心及上昂心共长二十八分°。华栱上用连珠斗，其斗口内用鞾楔（参阅大木作制度图样八）。七铺作、八铺作同。其平棊枋至栌斗口内，共高六材五栔。于两跳之内，当中施骑斗栱（参阅大木作制度图样八）。

如七铺作于重杪上用上昂两重者，自栌斗心出，第一跳华栱心长二十三分°，第二跳华栱心长一十五分° 华栱上用连珠斗（大木作图41）；第三跳上昂心 两重上昂共此一跳，长三十五分°。其平棊枋至栌斗口内，共高七材六栔（参阅大木作制度图样九）。其骑斗栱与六铺作同。

如八铺作于三杪上用上昂两重者，自栌斗心出，第一跳华栱心长二十六分°；第二跳、第三跳华栱心各长一十六分° 于第三跳华栱上用连珠斗；第四跳上昂心 两重上昂共此一跳，长二十六分°。其平棊枋至栌斗口内，共高八材七栔。其骑斗栱与七铺作同。

〔54〕 上昂的作用与下昂相反。在铺作层数多而高，但挑出须尽量小的要求下，头低尾高的上昂可以在较短的出跳距离内取得挑得更高的效果。上昂只用于里跳。实例极少，角直保圣寺大殿、苏州玄妙观三清殿都是罕贵的遗例（大木作图38、39、40）。

〔55〕 平棊枋是室内组成平棊骨架的枋子。

凡昂之广厚并如材。其下昂施之于外跳，或单栱或重栱，或偷心或计心造。上昂施之里跳之上及平坐铺作之内；昂背斜尖，皆至下斗底外；昂底于跳头斗口内出，其斗口外用鞾楔。刻作三卷瓣。

凡骑斗栱，宜单用[56]；其下跳并偷心造。凡铺作计心、偷心，并在总铺作次序制度之内。

〔56〕 原图所画全是重栱。大木作制度图样九所画骑斗栱，仍按原图绘。

大木作图 21

琴面昂　河南登封少林寺初祖庵大殿（宋）

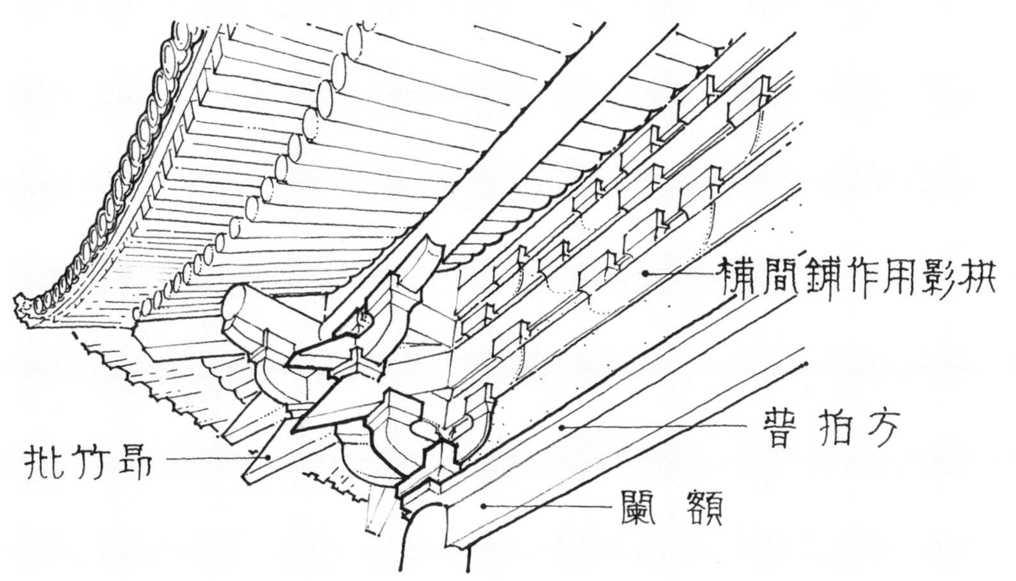

大木作图 22

批竹昂　山西榆次永寿寺雨华宫（宋）线图

大木作图 23

琴面昂　河北正定阳和楼（元）

（1

大木作图 24（1，2）
批竹昂　山西应县
佛宫寺木塔（辽）

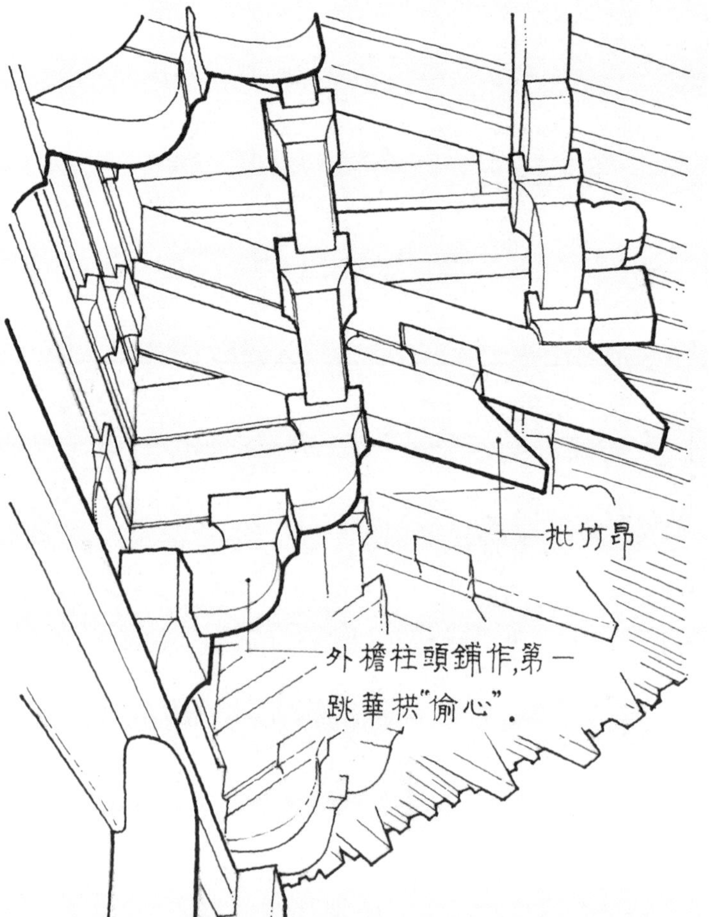

（2）

大木作图 25

琴面批竹昂　山西太原晋祠圣母殿（宋）

營造法式與宋、金、元實例之挿昂比較圖

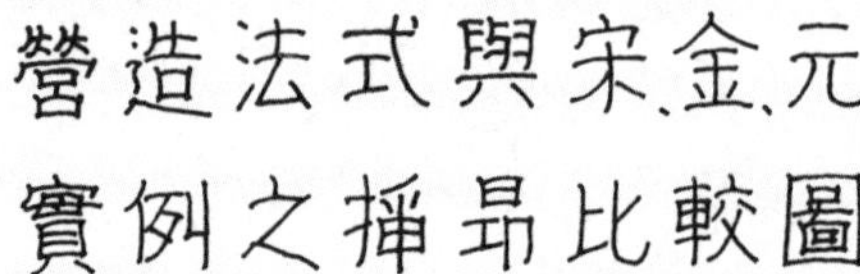

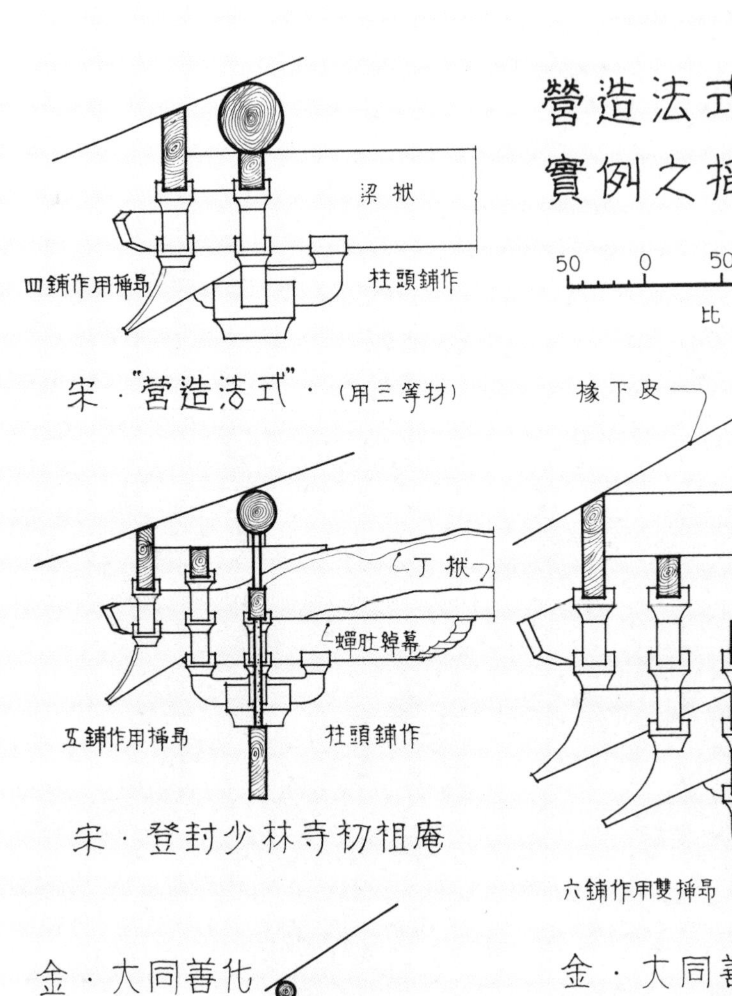

宋·"營造法式"·（用三等材）

宋·登封少林寺初祖庵

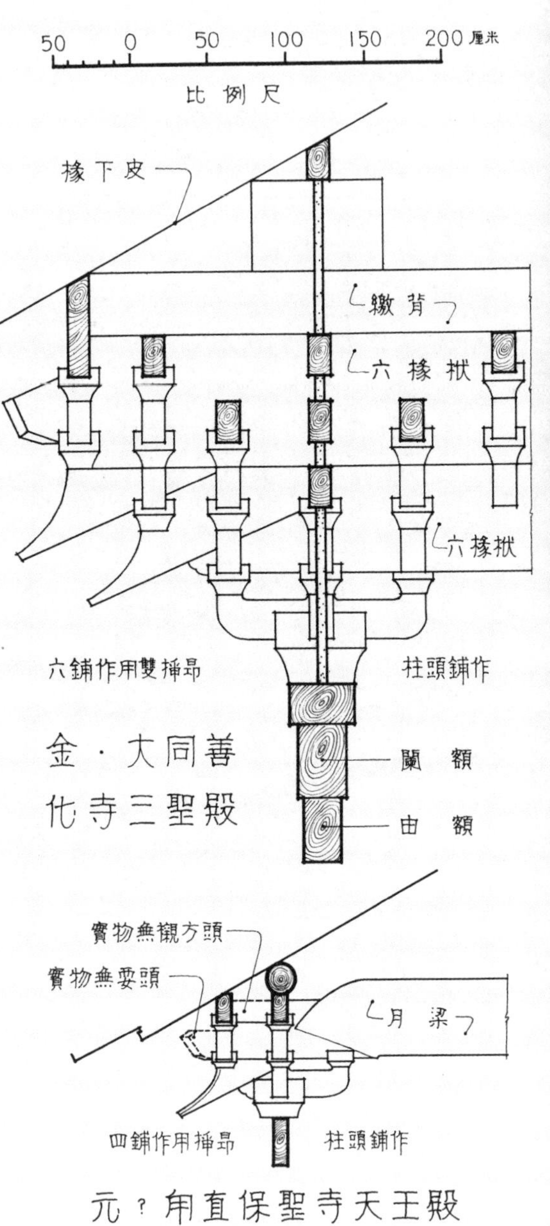

金·大同善化寺三聖殿

金·大同善化寺山門

壓槫方
五鋪作用挿昂
補間鋪作
普拍方
闌額

元？角直保聖寺天王殿

大木作图 27

御上明造　山西太原晋祠献殿（金）

大木作图 28

御上明造　福建莆田玄妙观三清殿（宋）

大木作图 26

《营造法式》与宋、金、元实例之插昂比较图（左页）

大木作图 29

彻上明造之昂尾　河北正定隆兴寺转轮藏殿（宋）

大木作图 30

彻上明造之昂尾　河南登封少林寺初祖庵大殿（宋）

大木作图 31
“不出昂而用挑斡”之铺作　外跳　江苏苏州虎丘云岩寺二山门（宋）

大木作图 32
“不出昂而用挑斡”之铺作　里跳　江苏苏州虎丘云岩寺二山门（宋）

大木作图 33

用平棊之非彻上明造　河北曲阳北岳庙大殿（元）

大木作图 34

用平闇之非彻上明造　山西五台山佛光寺大殿（唐）

大木作图 35

“自榑安蜀柱以叉昂尾”处理手法之一　浙江宁波保国寺大殿（宋）

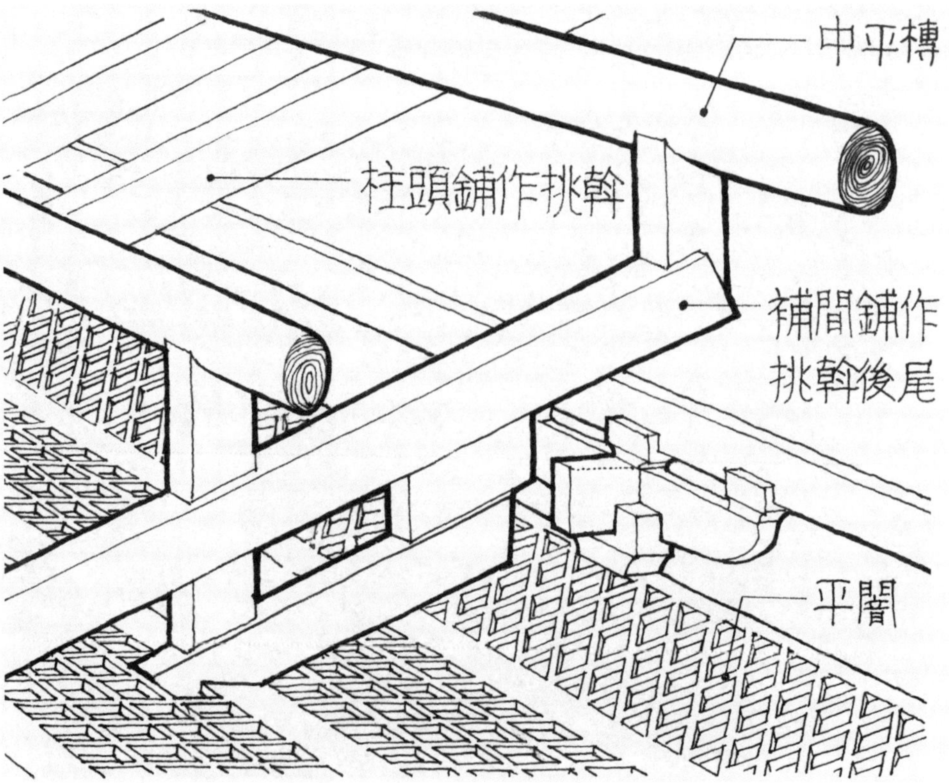

大木作图 36
“自槫安蜀柱以叉昂尾”处理手法之二　浙江宁波保国寺大殿（宋）

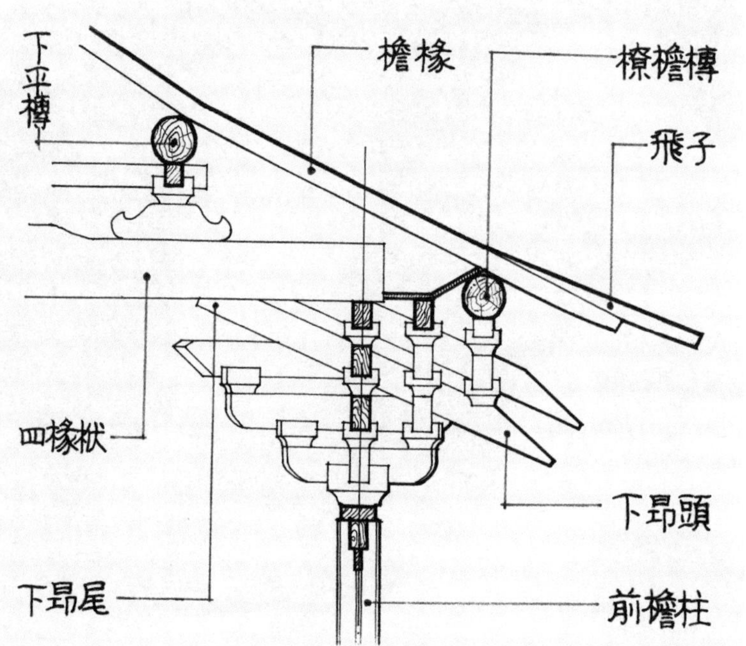

大木作图 37
柱头铺作之昂尾　山西平顺龙门寺大殿（宋）

（1）

大木作图 38（1，2）

上昂　江苏苏州玄妙观三清殿（宋）

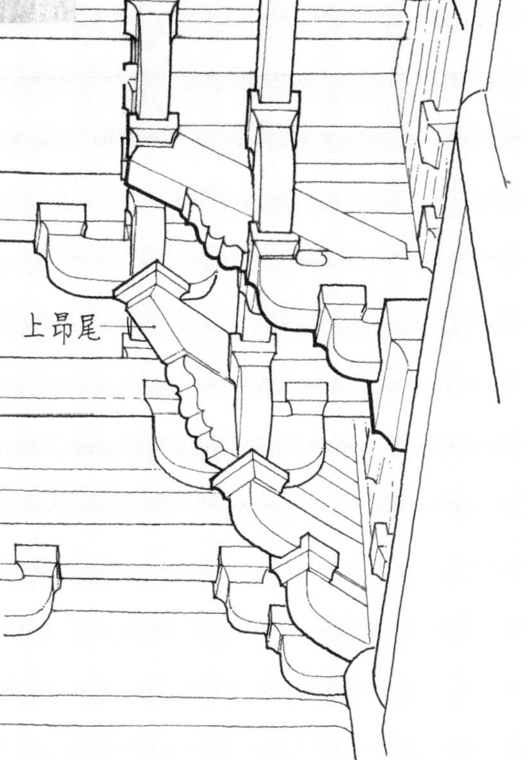

（2）

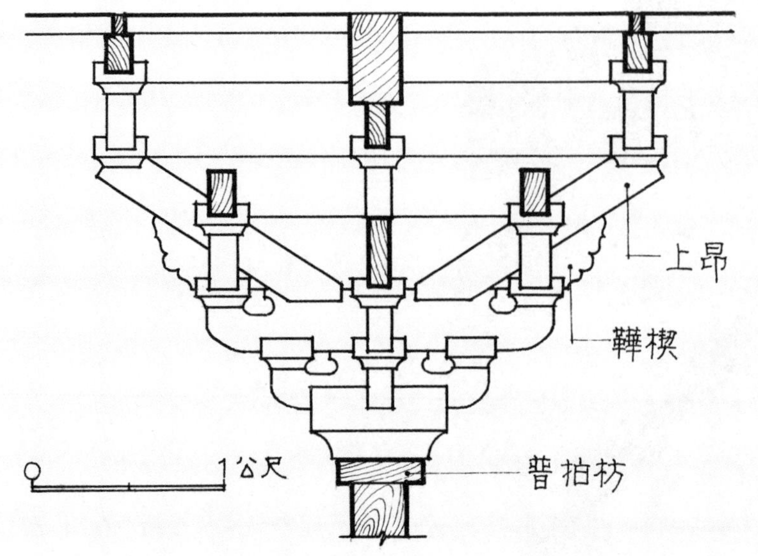

大木作图39
上昂、鞾楔、普拍枋　江苏苏州玄妙观三清殿（宋）线图

爵头　其名有四：一曰爵头，二曰耍头，三曰胡孙头，四曰蜉蜙头〔57〕[1]。

造耍头〔58〕之制（参阅大木作制度图样四、十四）：用足材自斗心出，长二十五分°，自上棱斜杀向下六分°，自头上量五分°，斜杀向下二分°。谓之鹊台。两面留心，各斜抹五分°，下随尖各斜杀向上二分°，长五分°。下大棱上，两面开龙牙口，广半分°，斜梢向尖。又谓之锥眼。开口与华栱同，与令栱相交，安于齐心斗下。

〔57〕　蜉蜙，读如浮冲。

〔58〕　清式称蚂蚱头。

若累铺作数多，皆随所出之跳加长　若角内用，则以斜长加之，于里外令栱两出安之〔59〕。如上下有碍昂势处，即随昂势斜杀，放过昂身〔60〕。或有不出耍头者，皆于里外令栱之内，安到心〔61〕股卯。只用单材。

[1]“看详”“总释上”中皆作“蜉蜙头”。——编者注

（1）

大木作图 40（1，2）

上昂　浙江金华天宁寺大殿（元）

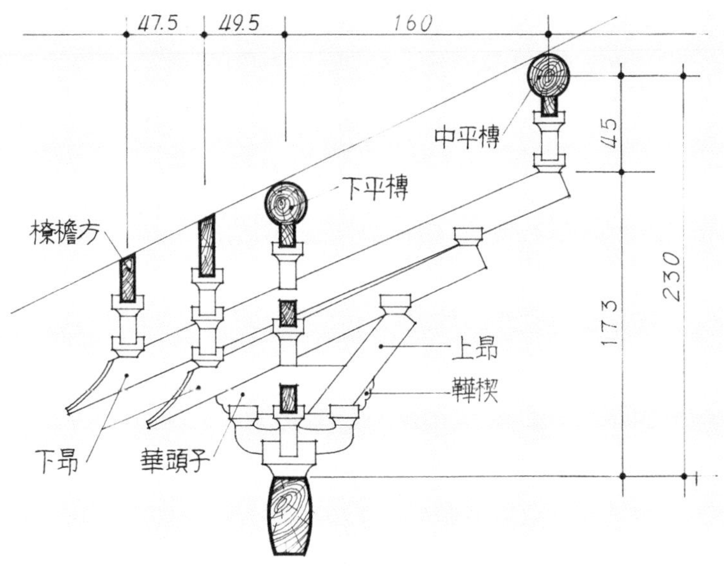

（2）

大木作图 41
连珠斗　江苏苏州虎丘云岩寺塔（宋）

〔59〕 与令栱相交出头。

〔60〕 因此，前后两耍头各成一构件，且往往不在同跳的高度上。参阅大木作制度图样六、七、八、九。

〔61〕 这“心”是指跳心，即到令栱厚之半。

斗 其名有五：一曰楶[62]，二曰栭[63]，三曰栌，四曰楮，五曰斗。

造斗之制有四[64]（参阅大木作制度图样一、三）。

一曰栌斗。施之于柱头，其长与广，皆三十二分°。若施于角柱之上者，方三十六分°。如造圜斗，则面径三十六分°，底径二十八分°。高二十分°，上八分°为耳，中四分°为平，下八分°为欹 今俗谓之“溪”者非；开口广十分°，深八分°。出跳则十字开口，四耳；如不出跳，则顺身开口，两耳。底四面各杀四分°，欹顱一分°。如柱头用圜斗，即补间铺作用讹角斗[65]（大木作图42）。

〔62〕 楶，音节。

〔63〕 栭，音而。

〔64〕 四种斗的使用位置和组合关系参阅大木作图15。

〔65〕 讹角即圆角（大木作图42）。

二曰交互斗。亦谓之长开斗。施之于华栱出跳之上。十字开口，四耳；如施之于替木下者，顺身开口，两耳。其长十八分°，广十六分°。若屋内梁栿下用者，其长二十四分°，广十八分°，厚十二分°半，谓之交栿斗；于梁栿头横用之。如梁栿项归一材之厚者，只用交互斗。如柱大小不等，其斗量柱材[66]随宜加减。

〔66〕 按交互斗不与柱发生直接关系（只有栌斗与柱发生直接关系），因此这里发生了为何"其斗量柱材"的问题。"柱"是否"梁"或"栿"之误？如果说"如梁大小不等，其斗量梁材"，似较合理。假使说是由柱身出丁头栱，栱头上用交互斗承梁，似乎柱之大小也不应该直接影响到斗之大小，谨此指出存疑。

三曰齐心斗。亦谓之华心斗。施之于栱心之上。顺身开口，两耳；若施之于平坐出头木之下，则十字开口，四耳。其长与广皆十六分°。如施由昂及内外转角出跳之上，则不用耳，谓之平盘斗；其高六分°（大木作图12）。

四曰散斗。亦谓之小斗，或谓之顺桁斗，又谓之骑互斗。施之于栱两头。横开口，两耳；以广为面。如铺作偷心，则施之于华栱出跳之上。其长十六分°，广十四分°。

凡交互斗、齐心斗、散斗，皆高十分°；上四分°为耳，中二分°为平，下四分°为欹。开口皆广十分°，深四分°，底四面各杀二分°，欹顱半分°。

凡四耳斗，于顺跳口内前后里壁，各留隔口包耳，高二分°，厚一分°半；栌斗则倍之。角内栌斗，于出角栱口内留隔口包耳，其高随耳。抹角内荫入半分°。

大木作图 42
讹角栌斗 浙江宁波保国寺大殿（宋）
左：讹角方栌斗及讹角圜栌斗；
右：讹角圜栌斗

总铺作次序

总铺作次序之制（参阅大木作制度图样十）：凡铺作自柱头上栌斗口内出一栱或一昂，皆谓之一跳；传至五跳止。

出一跳谓之四铺作[67]（大木作图 43）或用华头子，上出一昂；

出二跳谓之五铺作 下出一卷头，上施一昂；

出三跳谓之六铺作 下出一卷头，上施两昂；

出四跳谓之七铺作（大木作图 44）下出两卷头，上施两昂；

出五跳谓之八铺作（大木作图 45）下出两卷头，上施三昂。

自四铺作至八铺作，皆于上跳之上，横施令栱与耍头相交，以承橑檐枋；至角，各于角昂之上，别施一昂，谓之由昂，以坐角神。

〔67〕 “铺作”这一名词，在《营造法式》“大木作制度”中是一个用得最多而含义又是多方面的名词。在“总释上”中曾解释为“今以斗栱层数相叠，出跳多寡次序谓之铺作”。在“制度”中提出每“出一栱或一昂”，皆谓之“一跳”。从四铺作至八铺作，每增一跳，就增一铺作。如此推论，就应该是一跳等于一铺作。但为什么又“出一跳谓之四铺作”而不是“出一跳谓之一铺作”呢？

我们将铺作侧样用各种方法计数核算，只找到一种能令出跳数和铺作数都符合本条所举数字的数法如下：

从栌斗数起，至橑枋头止，栌斗为第一铺作，耍头及橑枋头为最末两铺作；其间每一跳为一铺作。只有这一数法，无论铺作多寡，用下昂或用上昂，外跳或里跳，都能使出跳数和铺作数与本条中所举数字相符。例如：大木作图 43 所示。

“出一跳谓之四铺作”，在这组斗栱中，前后各出一跳；栌斗（1）为第一铺作，华（2）为第二铺作，耍头（3）为第三铺作，橑枋头（4）为第四铺作。刚好符合“出一跳谓之四铺作”。

再举“七铺作，重栱，出双杪双下昂；里跳六铺作，重栱，出三杪”为例（大木作图 44），在这组斗栱中，里外跳数不同。外跳是“出四跳谓之七铺作”；栌斗（1）为第一铺作，双杪（栱 2 及 3）为第二、第三铺作，双下昂（下昂 4 及 5）为第四、第五铺作，耍头（6）为第六铺作，橑枋头（7）为第七铺作。刚好符合“出四跳谓之七铺作”。至于里跳，同样数上去：但因无橑枋头，所以用外跳第一昂（4）之尾代替橑枋头，作为第六铺作（6），也符合“出三跳谓之六铺作”。

这种数法同样适用于用上昂的斗栱。这里以最杂的“八铺作，重栱，出上昂，偷心，跳内当中施骑斗栱”为例（大木作图 45）。外跳三杪六铺作，无须赘述。单说用双上昂的里跳。栌斗（1）及第一、第二跳华栱（2 及 3）为第一、第二、第三铺作；跳头用连珠斗的第三跳华栱（4）为第四铺作；两层上昂（5 及 6）为第五及第六铺作；再上耍头（7）和橑枋头（8）为第七、第八铺作。同样符合于“出五跳谓之八铺作”。但须指出，这里外跳和里跳各有一道橑枋头，用在高低不同的位置上。

凡于阑额上坐栌斗安铺作者，谓之补间铺作 今俗谓之步间者非。当心间须用补间铺作两朵，次间及梢间各用一朵。其铺作分布，令远近皆匀。若逐间皆用双补间，则每间之广，丈尺皆同。如只心间用双补间者，假如心间用一丈五尺，次间用一丈之类。或间广不匀，即每补间铺作一朵，不得过一尺〔68〕。

〔68〕 “每补间铺作一朵，不得过一尺”，文义含糊。可能是说各朵与邻朵的中线至

中线的长度，相差不得超过一尺；或者说两者之间的净距离（即两朵相对的慢栱头之间的距离）不得超过一尺。谨指出存疑。关于建筑物开间的比例、组合变化的规律，原文没有提及，为了帮助读者进一步探讨，仅把历代的主要建筑实例按着年代顺序排比，如大木作图46—51，供参考。

凡铺作逐跳上 下昂之上亦同 安栱，谓之计心（参阅大木作制度图样六、七、八、九，大木作图17、18）；若逐跳上不安栱，而再出跳或出昂者，谓之偷心（参阅大木作制度图样九，大木作图19、20）。凡出一跳，南中谓之出一枝；计心谓之转叶，偷心谓之不转叶，其实一也。

凡铺作逐跳计心，每跳令栱上，只用素枋一重，谓之单栱〔69〕素枋在泥道栱上者，谓之柱头枋；在跳上者，谓之罗汉枋；枋上斜安遮椽版；即每跳上安两材一栔。令栱、素枋为两材，令栱上斗为一栔。

若每跳瓜子栱上 至橑檐枋下，用令栱 施慢栱，慢栱上用素枋，谓之重栱〔70〕（大木作图17）枋上斜施遮椽版，即每跳上安三材两栔。瓜子栱、慢栱、素枋为三材；瓜子栱上斗、慢栱上斗为两栔。

〔69〕 见大木作制度注〔28〕，参阅大木作制度图样五。

〔70〕 同上。

凡铺作，并外跳出昂；里跳及平坐，只用卷头。若铺作数多，里跳恐太远，即里跳减一铺或两铺；或平棊低，即于平棊枋下更加慢栱〔71〕（参阅大木作制度图样七）。

凡转角铺作，须与补间铺作勿令相犯；或梢间近者，须连栱交隐〔72〕（参阅大木作制度图样二，大木作图52）补间铺作不可移远，恐间内不匀；或于次角补间近角处，从上减一跳。

〔71〕 即在跳头原来施令栱处，改用瓜子栱及慢栱，这样就可以把平棊枋和平棊升高一材一栔。

〔72〕 即鸳鸯交手栱（大木作图52）。

凡铺作当柱头壁栱，谓之影栱（大木作图53、54、55）。又谓之扶壁栱〔73〕。

如铺作重栱全计心造，则于泥道重栱上施素枋。枋上斜安遮椽版。

五铺作一杪一昂，若下一杪偷心，则泥道重栱上施素枋，枋上又施令栱，栱上施承椽枋。

单栱七铺作两杪两昂及六铺作一杪两昂或两杪一昂，若下一杪偷心，则于栌斗之上施两令栱两素枋。枋上平铺遮椽版。或只于泥道重栱上施素枋。

单栱八铺作两杪三昂，若下两杪偷心，则泥道栱上施素枋，枋上又施重栱、素枋。枋上平铺遮椽版。

〔73〕 即在阑额上的栱；清式称正心栱。见大木作图 53、54、55。

凡楼阁上屋铺作，或减下屋一铺〔74〕。其副阶缠腰铺作，不得过殿身〔75〕，或减殿身一铺。

〔74〕 上下两层铺作跳数可以相同，也可以上层比下层少一跳。

〔75〕 指副阶缠腰铺作成组斗栱的铺作跳数不得多于殿身铺作的铺作跳数。

大木作图 43（1,2）

出一跳谓之四铺作

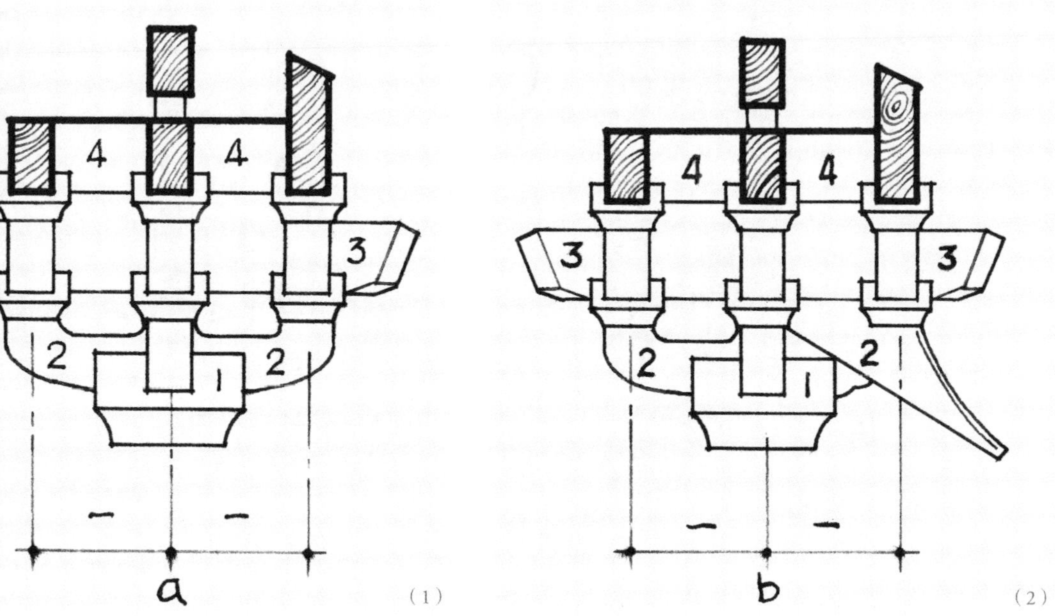

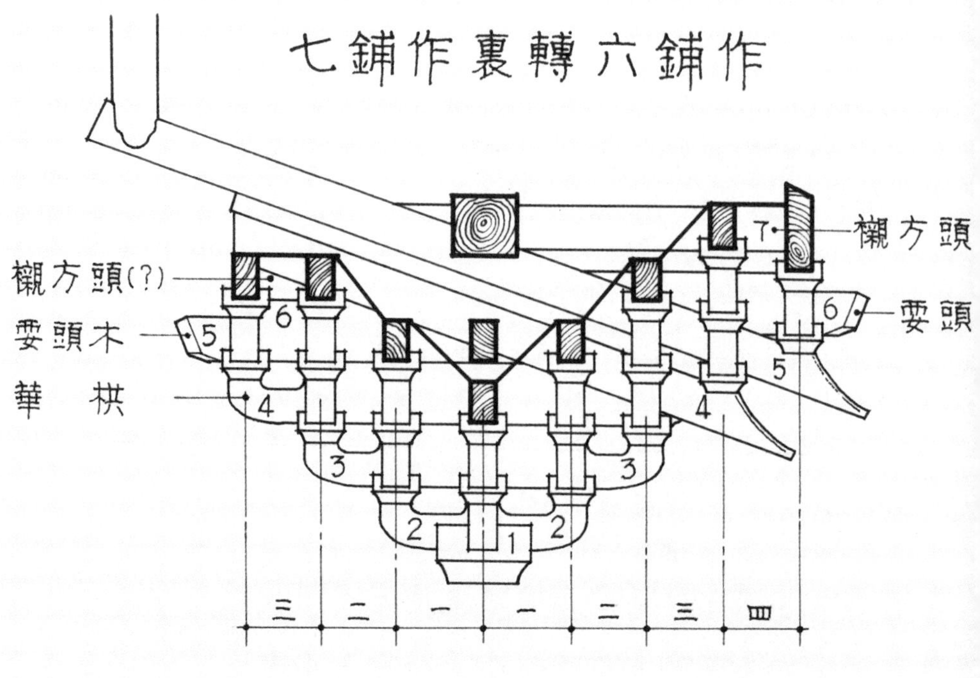

大木作图 44

出四跳谓之七铺作

大木作图 45

出五跳谓之八铺作

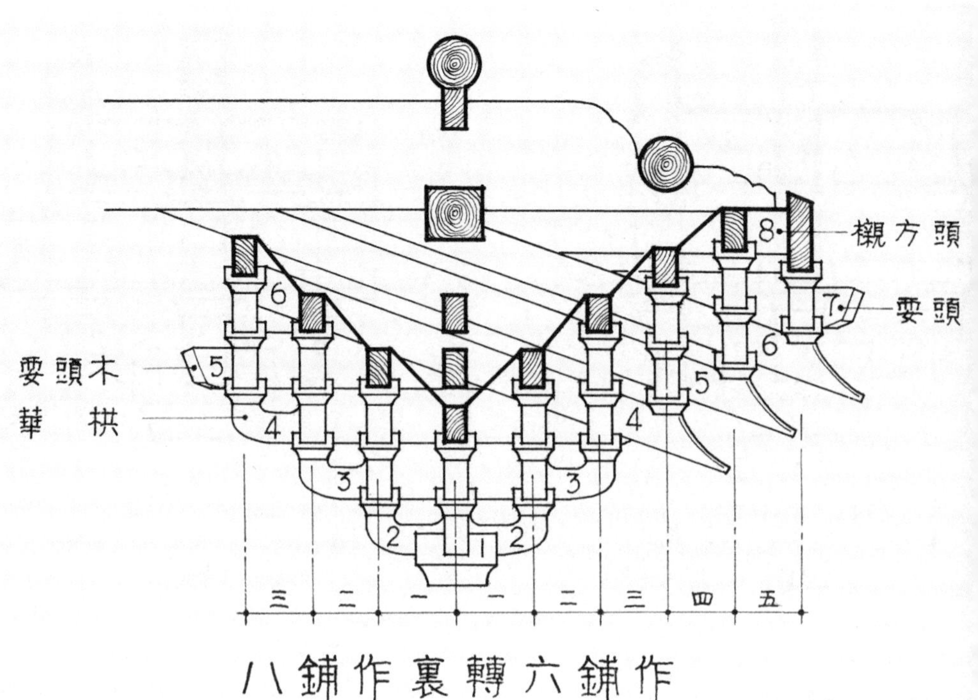

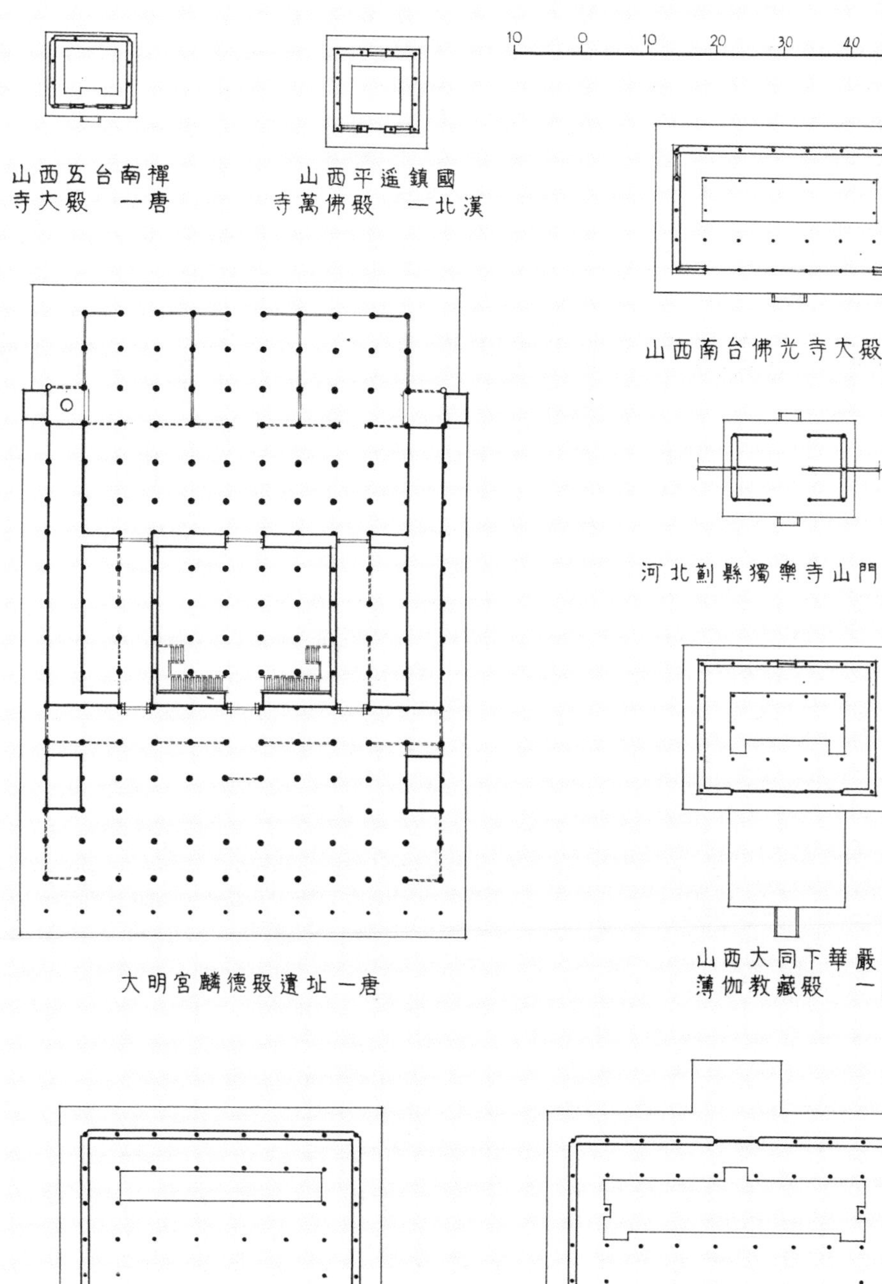

大木作图 46

历代建筑实例平面比较图之一（唐、五代、辽）

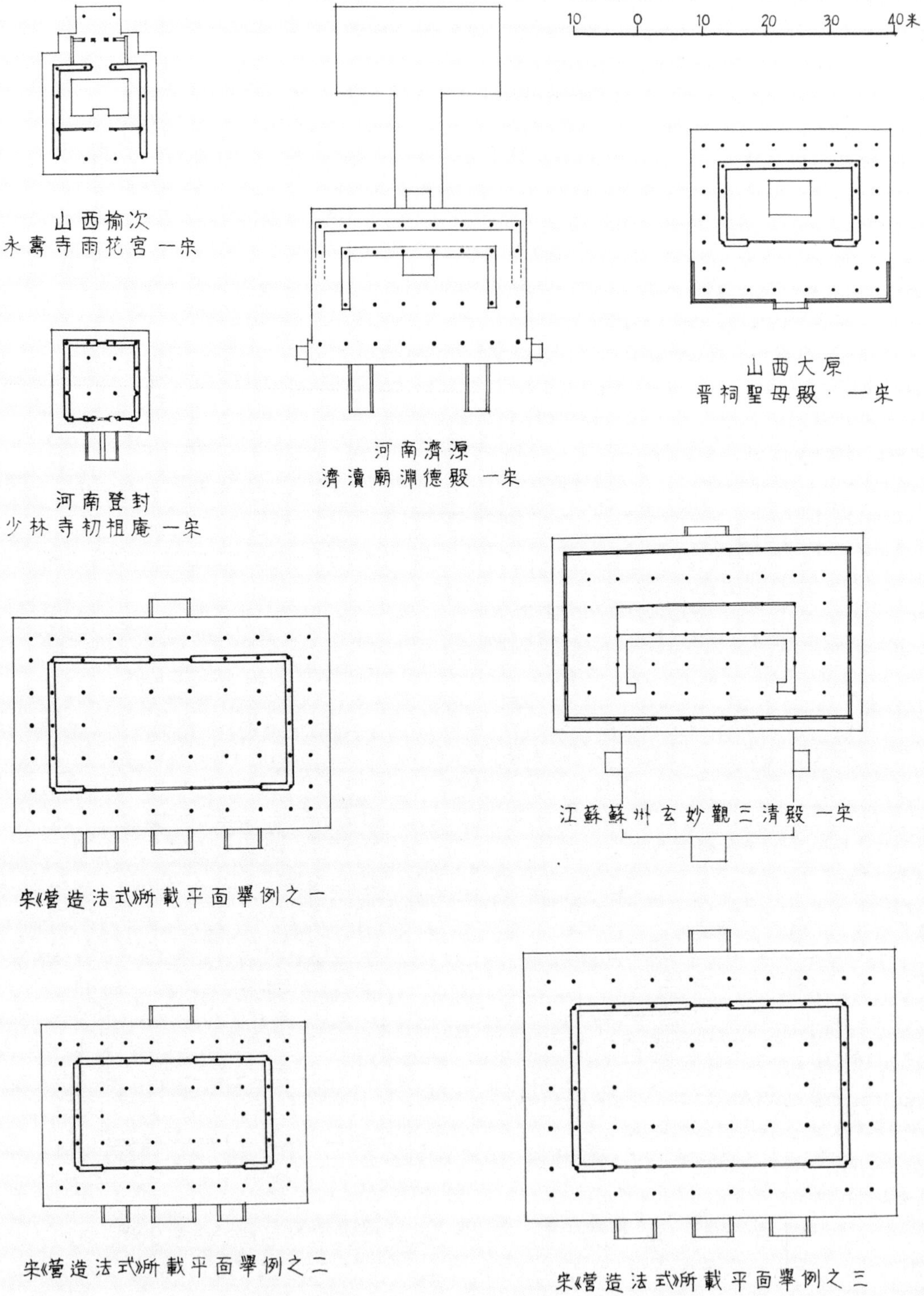

10 0 10 20 30 40米

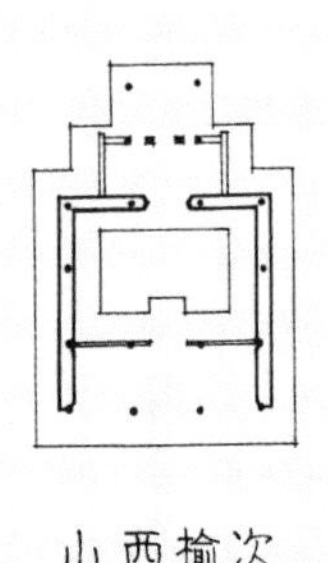

山西榆次
永壽寺雨花宫 —宋

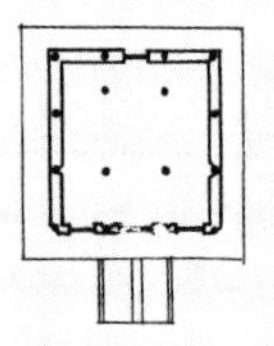

河南登封
少林寺初祖庵 —宋

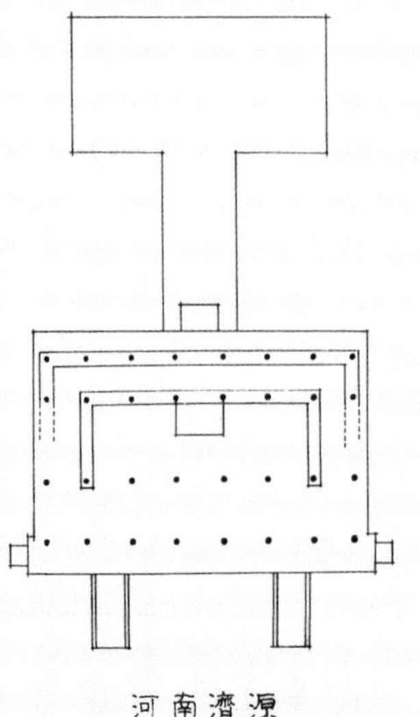

河南濟源
濟瀆廟淵德殿 —宋

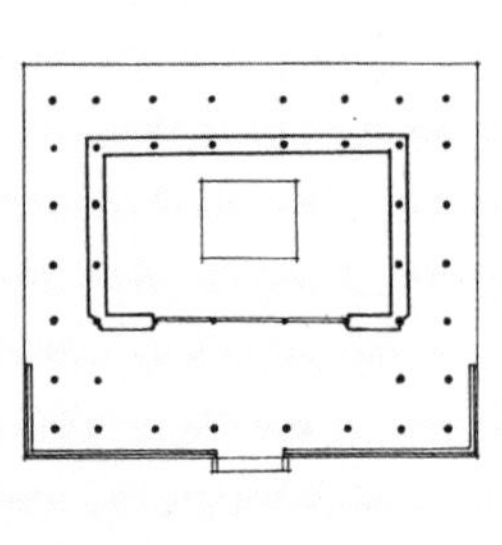

山西大原
晋祠聖母殿 —宋

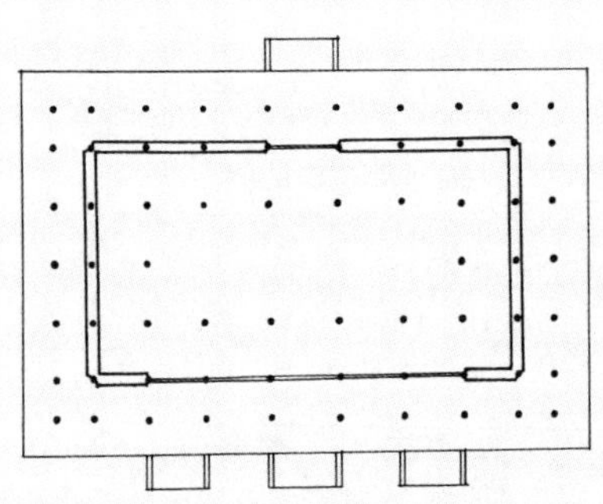

宋《營造法式》所載平面舉例之一

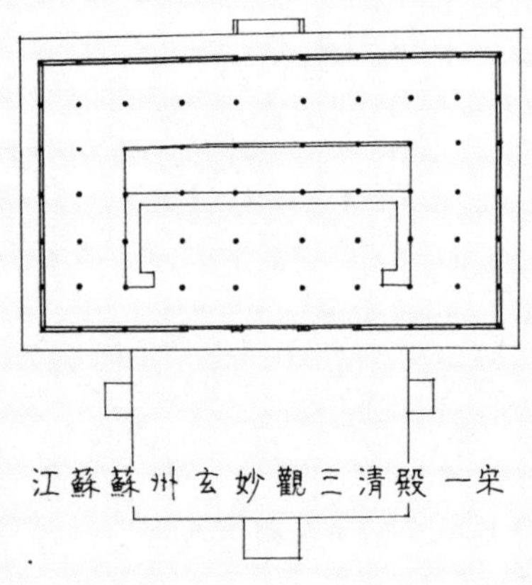

江蘇蘇州玄妙觀三清殿 —宋

宋《營造法式》所載平面舉例之二

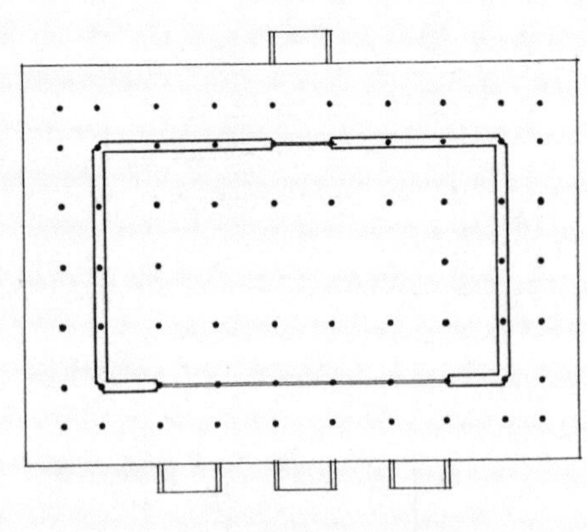

宋《營造法式》所載平面舉例之三

大木作图 47

历代建筑实例平面比较图之二（宋）

10 0 10 20 30 40 50米

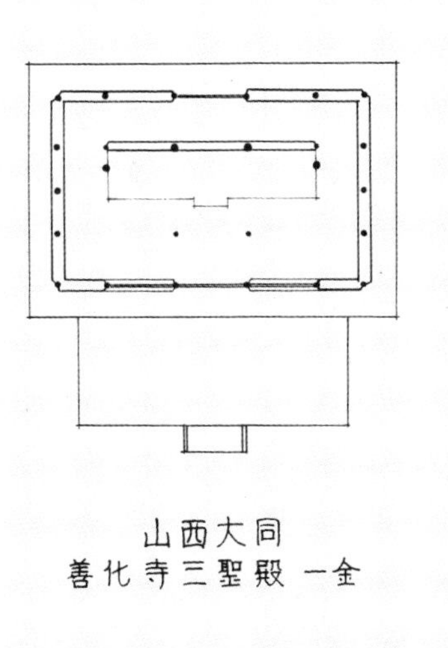

山西大同
善化寺三聖殿 一金

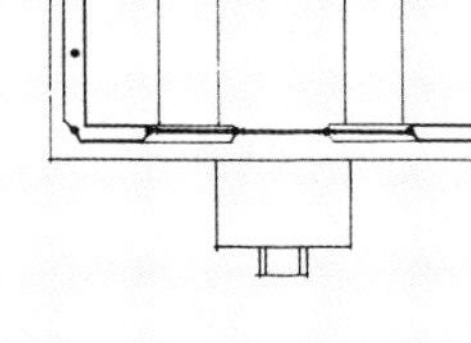

山西大同善化寺山門 一金

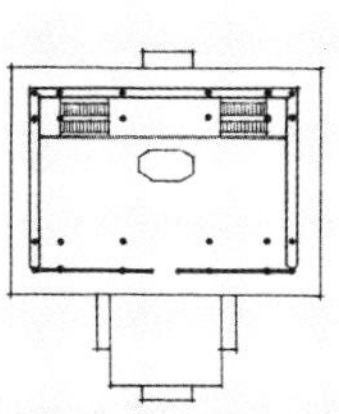

北京智化寺
如來殿 一明

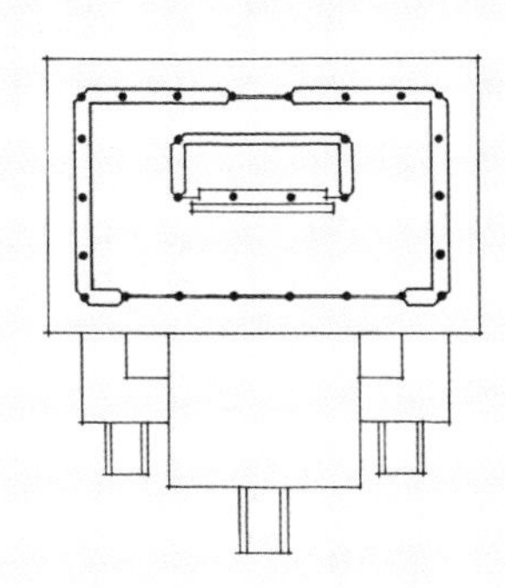

山西芮城永樂宫三清殿 一元

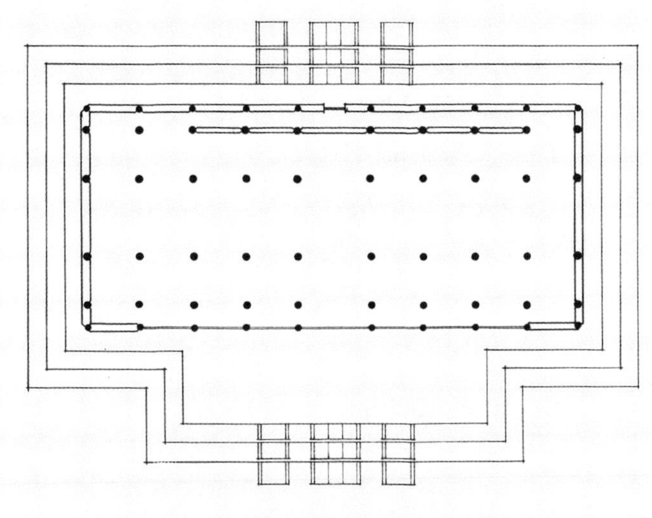

河北昌平長陵祾恩殿 一明

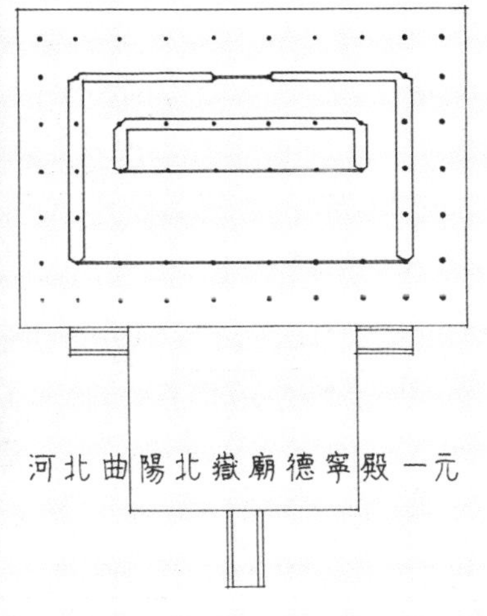

河北曲陽北嶽廟德寧殿 一元

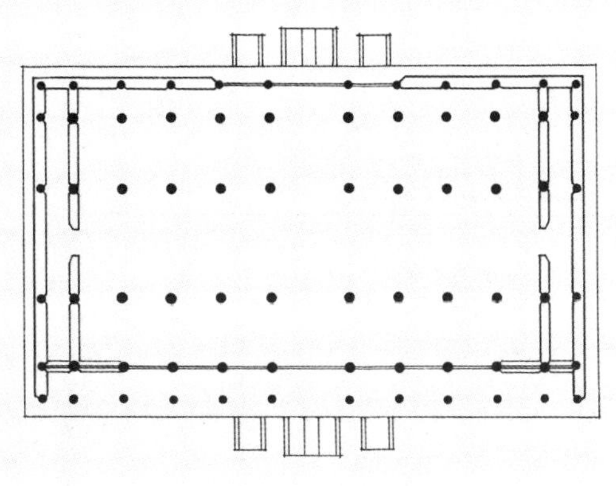

北京故宫太和殿 一清

大木作图 48

历代建筑实例平面比较图之三（金、元、明、清）

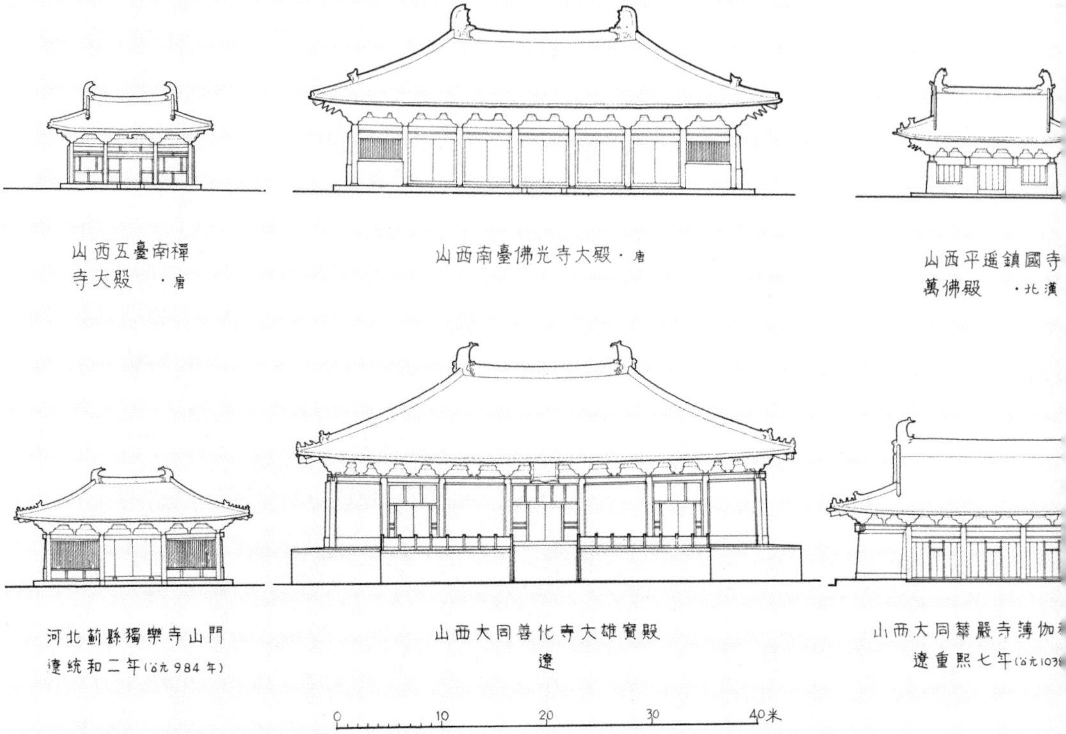

山西五臺南禪寺大殿 ·唐

山西南臺佛光寺大殿·唐

山西平遥鎮國寺萬佛殿 ·北漢

河北薊縣獨樂寺山門
遼統和二年(公元984年)

山西大同善化寺大雄寶殿
遼

山西大同華嚴寺薄伽
遼重熙七年(公元103

0 10 20 30 40米

大木作图 49

历代建筑实例立面比较图之一（唐、辽）

大木作图 50

历代建筑实例立面比较图之二（宋、金、

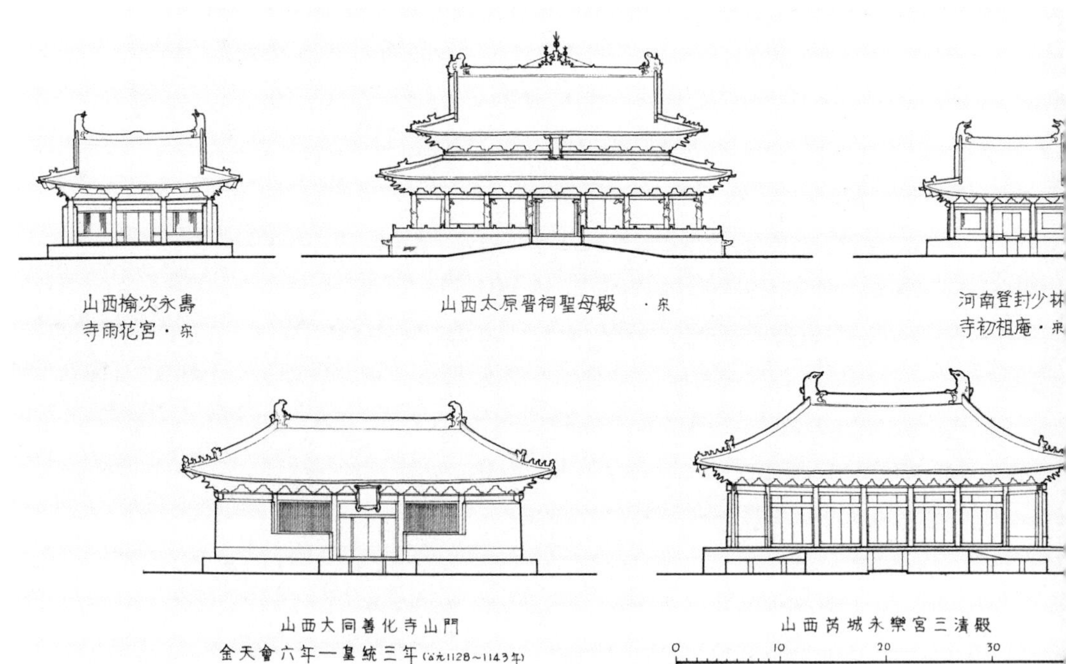

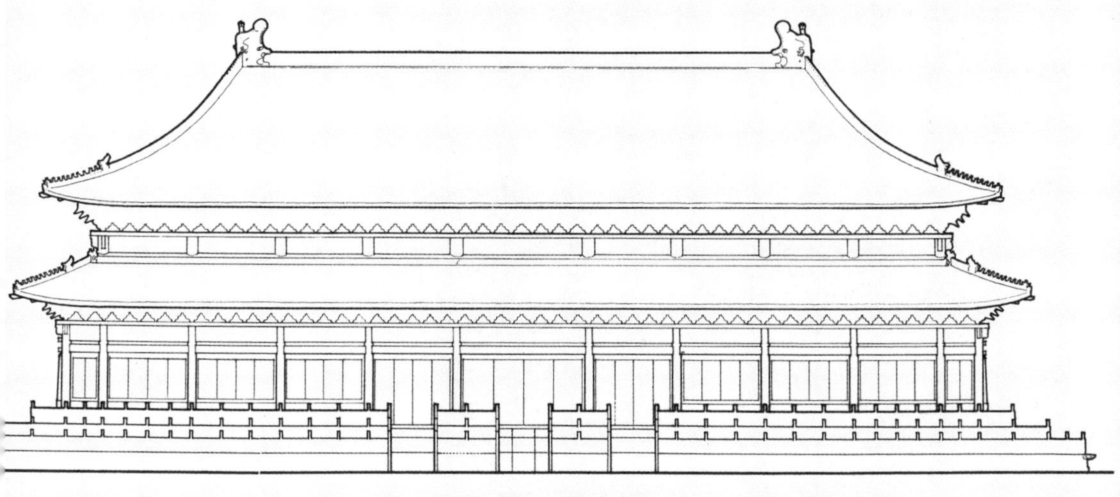

北京太廟正殿
明嘉靖年間？

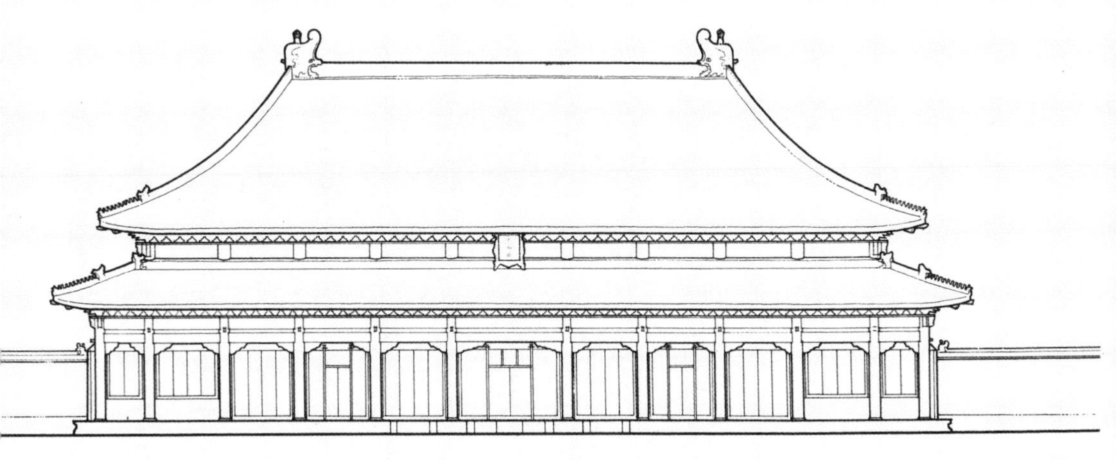

北京故宫太和殿·清康熙三十四年
（公元1697年）

0　10　20　30　40米

大木作图 51

历代建筑实例立面比较图之三（明、清）

(1)

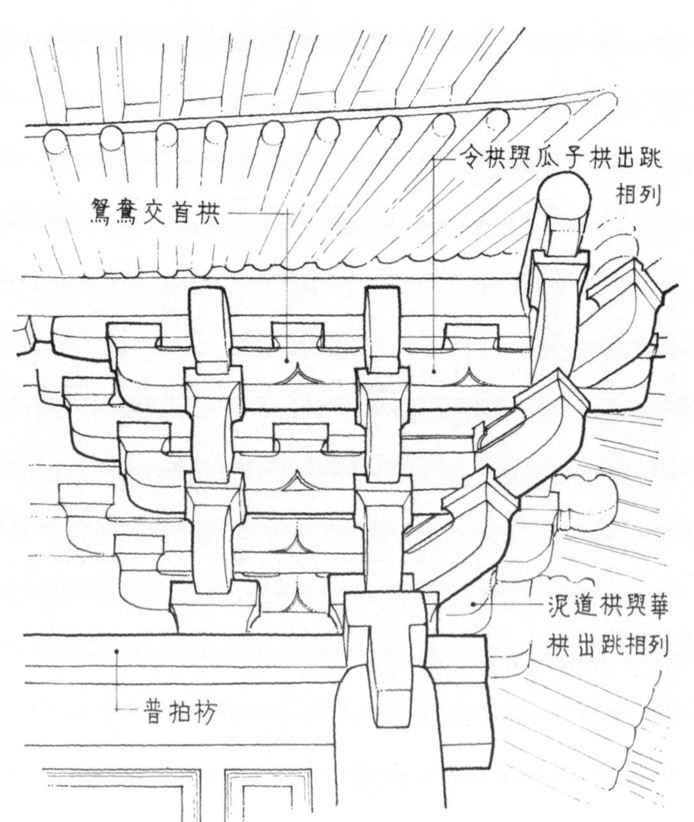

(2)

大木作图52（1、2）

连栱交隐　河北易县开元寺毗卢殿（辽）

大木作图 53

影栱配置之一　泥道重栱上施素枋、枋上斜安遮椽版
江苏苏州玄妙观三清殿上檐铺作（宋）

大木作图 54

影栱配置之二　于栌斗上施三令栱两素枋　浙江金华天宁寺大殿（元）

大木作图 55

影栱配置之三　山西太原晋祠圣母殿（宋）

平坐 其名有五：一曰阁道，二曰墱道，三曰飞陛，四曰平坐，五曰鼓坐。

造平坐〔76〕之制（参阅大木作制度图样十一、十二、十三）：其铺作减上屋一跳或两跳。其铺作宜用重栱及逐跳计心造作。

凡平坐铺作，若叉柱造，即每角用栌斗一枚，其柱根叉于栌斗之上（大木作图56、57、58）。若缠柱造〔77〕，即每角于柱外普拍枋上安栌斗三枚。每面互见两斗，于附角斗上，各别加铺作一缝。

凡平坐铺作下用普拍枋〔78〕，厚随材广，或更加一栔；其广尽所用枋木。若缠柱造，即于普拍枋里用柱脚枋〔79〕，广三材，厚二材，上坐柱脚卯。凡平坐先自地立柱〔80〕，谓之永定柱；柱上安搭头木〔81〕，木上安普拍枋；枋上坐斗栱。

凡平坐四角生起，比角柱减半。生角柱法在柱制度内。平坐之内，逐间下草栿，前后安地面枋〔82〕，以拘前后铺作。铺作之上安铺版枋，用一材。四周安鴈翅版，广加材一倍，厚四分°至五分°。

〔76〕 宋代和以前的楼、阁、塔等多层建筑都以梁、柱、斗、栱完整的构架层层相叠而成。除最下一层在阶基上立柱外，以上各层都在下层梁（或斗栱）上先立较短的柱和梁、额、斗栱，作为各层的基座，谓之平坐，以承托各层的屋身。平坐斗栱之上铺设楼板，并置钩阑，做成环绕一周的挑台。河北蓟县独乐寺观音阁（大木作图59）和山西应县佛宫寺木塔（大木作图60），虽然在辽的地区，且年代略早于《营造法式》成书年代约百年，也可借以说明这种结构方法。平坐也可以直接"坐"在城之上，如《清明上河图》（大木作图61）所见；还可"坐"在平地上，如《水殿招凉图》（大木作图64）所见；还可作为平台，如《焚香祝圣图》（大木作图62）所见；还可立在水中作为水上平台和水上建筑的基座，如《金明池龙舟图》（大木作图63）所见。

〔77〕 用缠柱造，则上层檐柱不立在平坐柱及斗栱之上，而立在柱脚枋上。按文义，柱脚枋似与阑额相平，是端部入柱的枋子。

〔78〕 普拍枋，在《法式》"大木作制度"中，只在这里提到，但无具体尺寸规定，在实例中，在殿堂、佛塔等建筑上却到处可以见到。普拍枋一般用于阑额和柱头之上，是一条平放着的板，与阑额形成"丁"字形的断面，如太原晋祠圣母庙正殿（宋，与《法式》同时，大木作图25）和应县佛宫寺木塔（辽），都用普拍枋（大木作图60），但《法式》所附侧样图均无普拍枋。从元、明、清实例看，普拍枋的使用已极普遍，而且它的宽度逐渐缩小，厚度逐渐加大。到了清工部《工程做法》中，宽度就比阑额小，与阑额构成的断面已变成"凸"字形了。在清式建筑中，它的名称也改成了"平板枋"。

〔79〕 柱脚枋与普拍枋的构造关系和它的准确位置不明确。“上坐柱脚卯”，显然是用以承托上一层的柱脚的。

〔80〕 这里文义也欠清晰，可能是“如平坐先自地立柱”或者是“凡平坐如先自地立柱”，或者是“凡平坐先自地立柱者”的意思，如在《水殿招凉图》中所见，或临水楼阁亭榭的平台的画中所见。

〔81〕 相当于殿阁厅堂的阑额。

〔82〕 地面枋怎样“拘前后铺作”？它和铺作的构造关系和它的准确位置都不明确。

大木作图56

插柱造　河北正定隆兴寺转轮藏殿平坐外檐（宋）

大木作图 57

插柱造　河北正定隆兴寺转轮藏殿平坐内檐（宋）

大木作图 58

插柱造　河北正定隆兴寺转轮藏殿平坐（宋）断面图

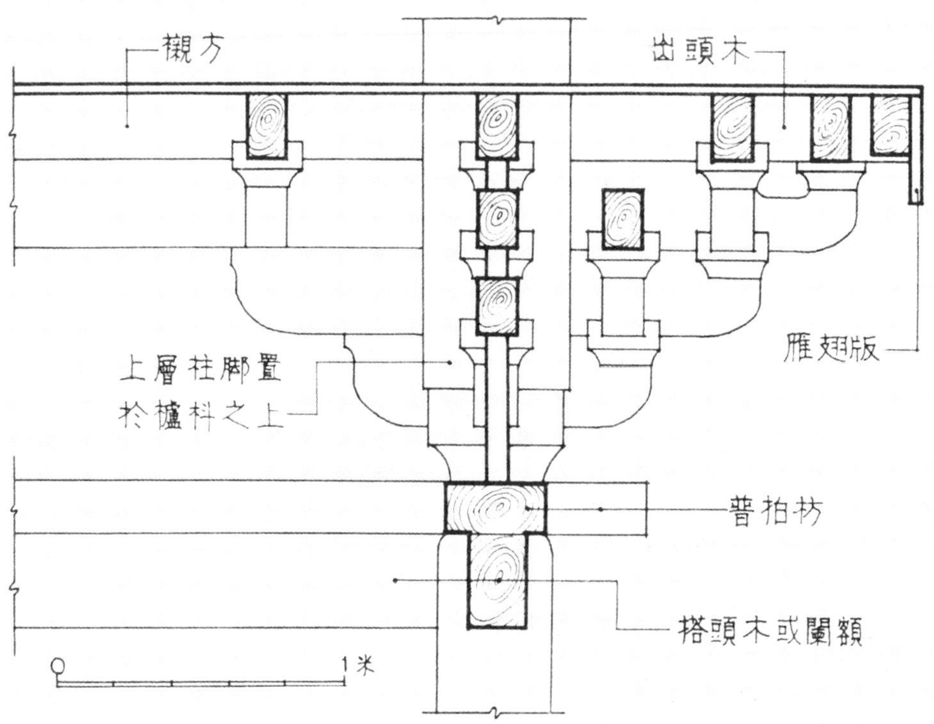

大木作图 59

平坐　河北蓟县独乐寺观音阁（辽）

大木作图 60

平坐　山西应县佛宫寺木塔（辽）

大木作图 61

平坐 《清明上河图》局部（宋）

大木作图 62

平坐 《焚香祝圣图》局部（宋）

大木作图 63

平坐 《金明池龙舟图》局部（元）

大木作图 64

平坐 《水殿招凉图》(宋)

《营造法式》

卷第五

梁　其名有三：一曰梁，二曰杗廇[1]，三曰欐[1]。

造梁之制有五[2]（参阅大木作制度图样十九、大木作图 65）：

一曰檐栿（参阅大木作制度图样三十二以后各图）。如四椽及五椽栿[3]；若四铺作以上至八铺作，并广两材两栔；草栿[4]（大木作图 66）广三材。如六椽至八椽以上栿，若四铺作至八铺作，广四材；草栿同。

二曰乳栿[5]（参阅大木作制度图样三十二以后各图、大木作图 67）。若对大梁用者，与大梁广同。三椽栿，若四铺作、五铺作，广两材一栔；草栿广两材。六铺作以上广两材两栔；草栿同。

三曰劄牵[6]（参阅大木作制度图样三十二以后各图、大木作图 65）。若四铺作至八铺作出跳，广两材；如不出跳，并不过一材一栔。草牵梁准此。

四曰平梁[7]（参阅大木作制度图样三十二以后各图）。若四铺作、五铺作，广加材一倍。六铺作以上，广两材一栔。

五曰厅堂梁栿[2]。五椽、四椽，广不过两材一栔；三椽广两材。余屋量椽数，准此法加减。

〔1〕 杗廇，音范溜。欐，音丽。

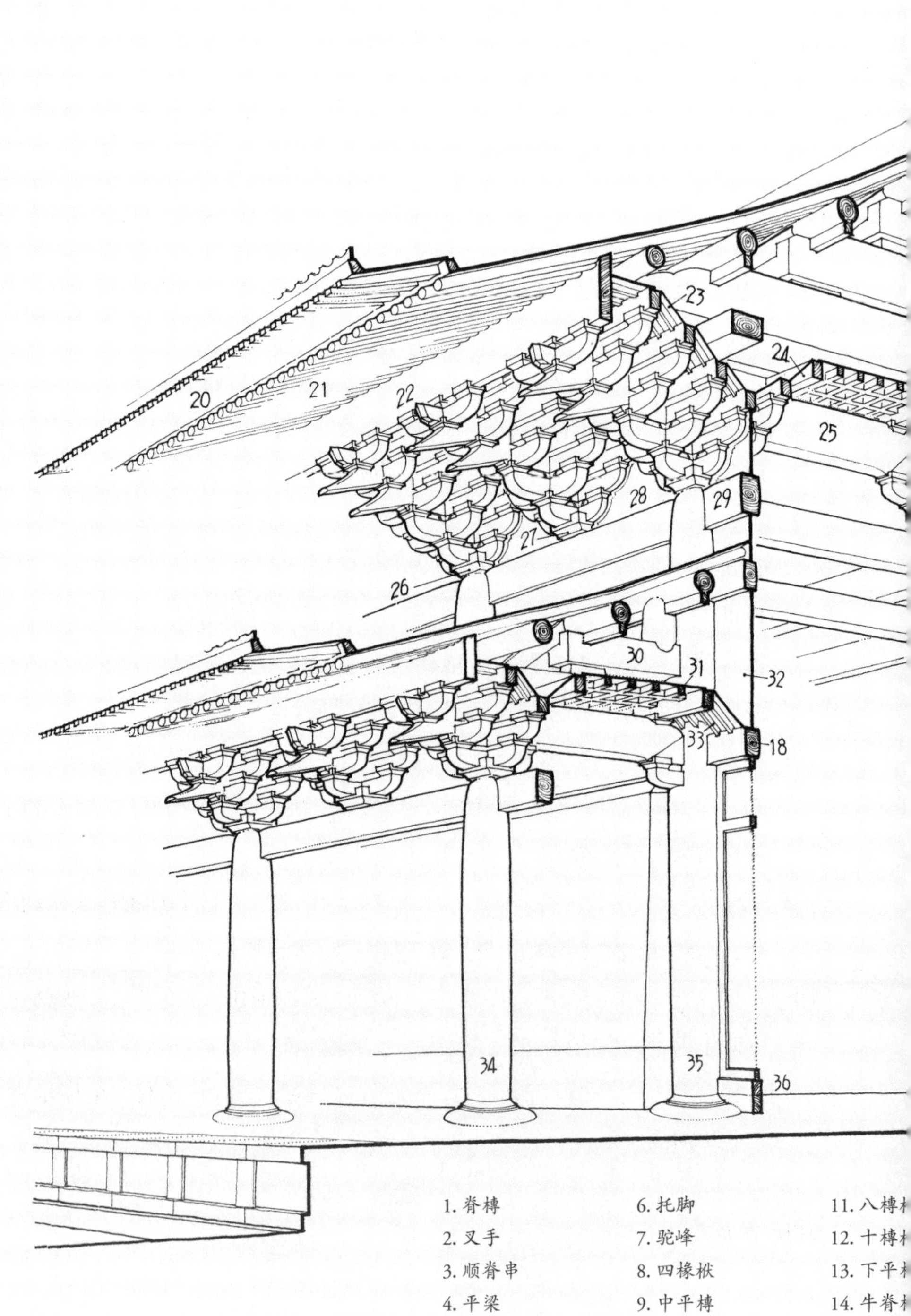

1. 脊槫　　6. 托脚　　11. 八椽
2. 叉手　　7. 驼峰　　12. 十椽
3. 顺脊串　　8. 四椽栿　　13. 下平
4. 平梁　　9. 中平槫　　14. 牛脊
5. 上平槫　　10. 六椽栿　　15. 月梁

大木作图 65

宋代木构建筑假想图之二

21. 檐椽
22. 橑檐枋
23. 遮椽版
24. 平棊枋
25. 乳栿（月梁）
26. 柱头铺作
27. 补间铺作
28. 栱眼壁
29. 阑额
30. 劄牵
31. 平闇
32. 照壁版
33. 峻脚椽
34. 副阶檐柱
35. 殿身檐柱
36. 地栿
37. 殿身内柱

〔2〕 这里说造梁之制“有五”，也许说“有四”更符合于下文内容。五种之中，前四种——檐栿、乳栿、劄牵、平梁——都是按梁在建筑物中的不同位置、不同的功能和不同的形体而区别的，但第五种——厅堂梁栿——却以所用的房屋类型来标志。这种分类法，可以说在系统性方面有不一致的缺点。下文对厅堂梁栿未做任何解释，而对前四种都做了详尽的规定，可能是由于这个原因。

〔3〕 我国传统以椽的架数来标志梁栿的长短大小。宋《法式》称“× 椽”；清工部《工程做法》称“× 架梁”或“× 步梁”。清式以“架”称者相当于宋式的椽栿；以“步”称者如双步梁相当于宋式的乳栿，三步梁相当于三椽栿，单步梁相当于劄牵。

〔4〕 草栿是在平棊以上，未经艺术加工的、实际负荷屋盖重量的梁（大木作图66）。下文所说的月梁，如在殿阁平棊之下，一般不负屋盖之重，只承平棊，主要起着联系前后柱上的铺作和装饰的作用。

〔5〕 乳栿即两椽栿，梁首放在铺作上，梁尾一般插入内柱柱身，但也有两头都放在铺作上的（参阅大木作制度图样三十五）。

〔6〕 劄牵的梁首放在乳栿上的一组斗栱上，梁尾也插入内柱柱身（大木作图67）。劄牵长仅一椽，不负重，只起劄牵的作用。梁首的斗栱将它上面所承槫的荷载传递到乳栿上。相当于清式的单步梁。

〔7〕 平梁事实上是一道两椽栿，是梁架最上一层的梁。清式称太平梁。

凡梁之大小，各随其广分为三分，以二分为厚。凡枋木小，须缴贴令大（大木作图68、69）；如枋木大，不得裁减，即于广厚加之[8]。如碍槫及替木，即于梁上角开抱槫口。若直梁狭，即两面安槫栿版[9]。如月梁狭，即上加缴背，下贴两颊；不得刻剜梁面。

〔8〕 总的意思大概是即使枋木大于规定尺寸，也不允许裁减。按照来料尺寸用上去，并按构件规定尺寸把所缺部分补足。

〔9〕 在梁栿两侧加贴木版，并开出抱口以承槫或替木。

造月梁[10]之制（参阅大木作制度图样十九）：明栿[11]，其广四十二分°。如彻上明造，其乳栿、三椽栿各广四十二分°；四椽栿广五十分°；五椽栿广五十五分°；六椽栿以上，其广并至六十分°止。梁首 谓出跳者 不以大小从，下高二十一分°。其上余材，自斗里平之上，随其高匀分作六分；其上以六瓣卷杀，每瓣长十分°。其梁下当中顱六分°。自斗心下量

大木作图 66

草栿、丁栿及叉手　山西五台山佛光寺大殿（唐）

大木作图 67

乳栿、劄牵　山西大同善化寺三圣殿（金）图

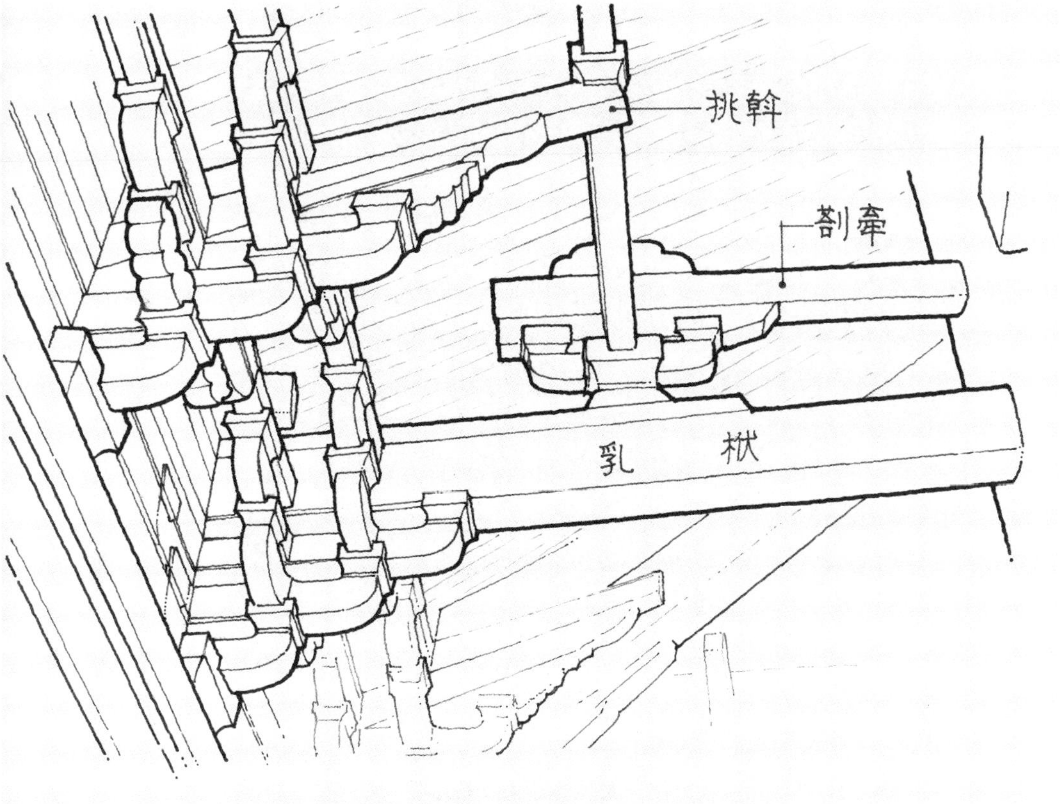

挑斡

劄牵

乳栿

大木作图 68

“凡枋木小，须缴贴令大” 河北新城开善寺大殿（辽）

大木作图 69

楷头、驼峰卷尖、劄牵贴缴令大 河北正定隆兴寺转轮藏殿（宋）

大木作图 70

有平闇之月梁 山西五台山佛光寺大殿（唐）（右页）

三十八分°为斜项[12]。如下两跳者长六十八分°。斜项外，其下起顱，以六瓣卷杀，每瓣长十分°；第六瓣尽处下顱五分°。去三分°，留二分°作琴面。自第六瓣尽处渐起至心，又加高一分°，令顱势圜和。梁尾 谓入柱者 上背下顱，皆以五瓣卷杀。余并同梁首之制。

梁底面厚二十五分°[13]。其项 入斗口处 厚十分°。斗口外两肩各以四瓣卷杀，每瓣长十分°。

〔10〕月梁是经过艺术加工的梁。凡有平棊的殿堂，月梁都露明用在平棊之下，除负荷平棊的荷载外，别无负荷。平棊以上，另施草栿负荷屋盖的重量（大木作图 70、71、大木作制度图样三十五）。如彻上明造，则月梁亦负屋盖之重（大木作图 72、大木作制度图样四十五、四十六、四十七）。

〔11〕明栿是露在外面，由下面可以看见的梁，是与草栿（隐藏在平闇、平棊之上未经细加工的梁栿）相对的名称。

〔12〕 斜项的长度，若“自斗心下量三十八分°”，则斜项与梁身相交的斜线会和铺作承梁的交栿斗的上角相犯。实例所见，交栿斗大都躲过这条线（大木作图73）。个别的也有相犯的，如山西五台山佛光寺大殿（唐）的月梁头；也有相犯而另作处理的，如山西大同善化寺山门（金）月梁头下的交栿斗做成平盘斗；也有不做出明显的斜项，也就无所谓相犯不相犯了，如福建福州华林寺大殿（五代）、江苏苏州角直保圣寺大殿（宋）、浙江武义延福寺大殿（元）的月梁头（大木作图72、74、75、76）。

〔13〕 这里只规定了梁底面厚，至于梁背厚多少，“造梁之制”没有提到。

大木作图71

有平闇之月梁 山西五台山佛光寺大殿（唐）图

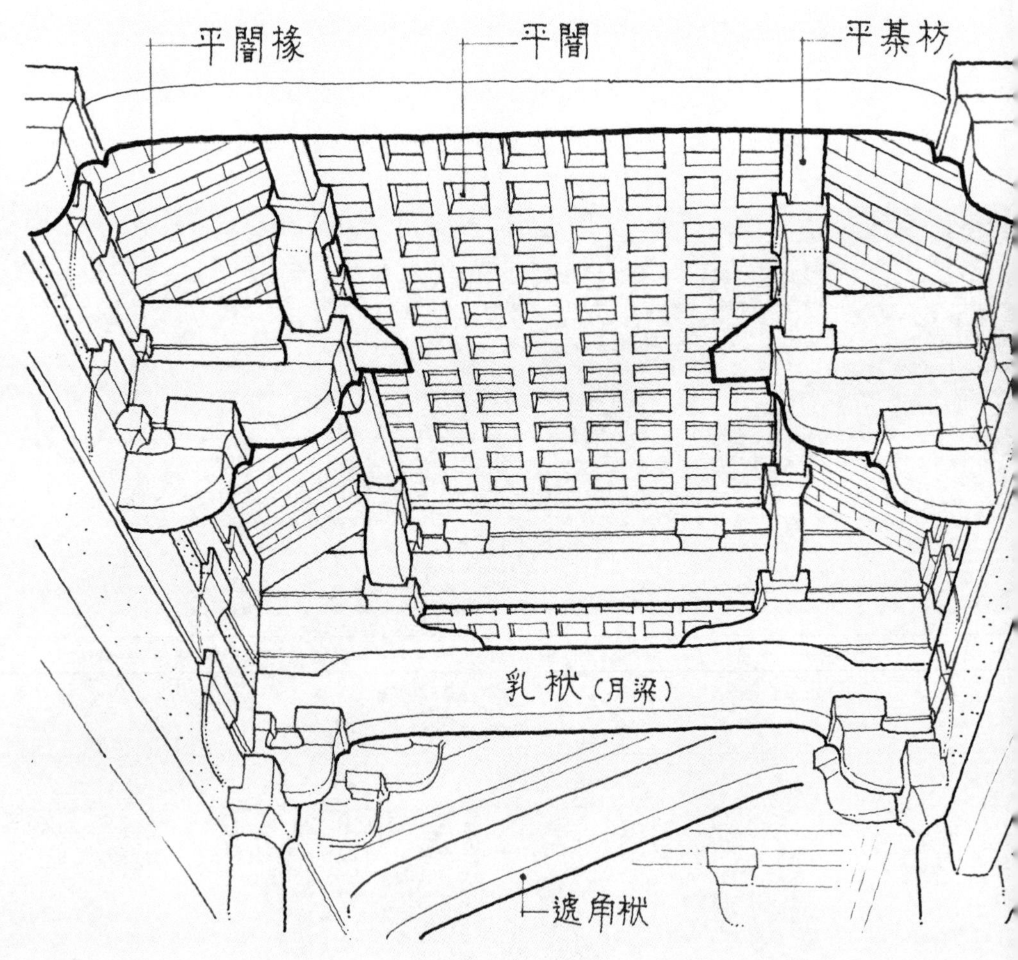

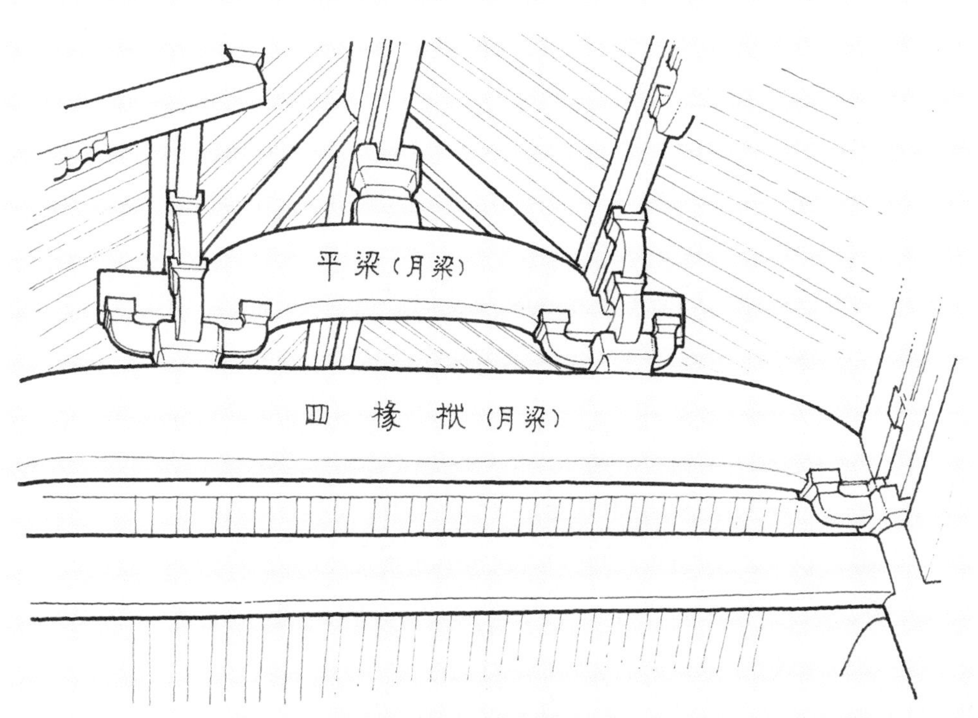

大木作图 72

御上明造之月梁 江苏苏州甪直保圣寺大殿（宋）图

大木作图 73

乳栿及劄牵 江苏苏州虎丘云岩寺二山门（宋）

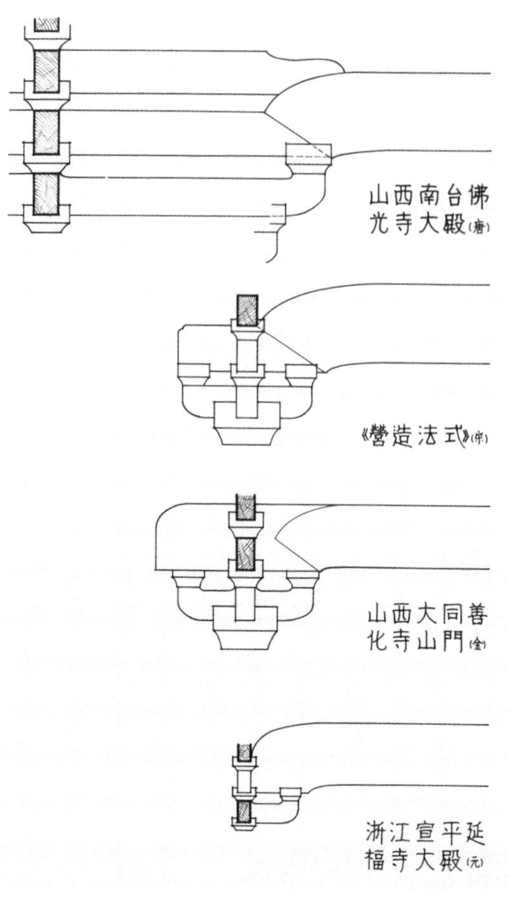

大木作图 74
月梁梁首交待实例图

大木作图 75
乳栿　福建福州华林寺大殿（五代）

大木作图76（1，2）
三椽栿及劄牵　浙江武义延福寺大殿（元）

（1）

（2）

若平梁，四椽六椽上用者，其广三十五分°；如八椽至十椽上用者，其广四十二分°[14]。不以大小从，下高二十五分°。背上、下䫜皆以四瓣卷杀 两头并同，其下第四瓣尽处䫜四分° 去两分°，留一分°作琴面。自第四瓣尽处渐起至心，又加高一分°。余并同月梁之制[15]。

〔14〕 这里规定的大小与前面“四曰平梁”一条中的规定有出入。因为这里讲的是月梁形的平梁。

〔15〕 按文义无论有无平棊，是否露明，平梁一律做成月梁形式。参阅大木作制度图样三十二、三十五。但大木作制度图样三十八、四十一两图因原图的平梁不是月梁形式，而是直梁形式，所以上述两图的平梁仍按原图绘，与文字有出入。

若劄牵[16]，其广三十五分°[17]。不以大小，从下高一十五分° 上至斗底。牵首上以六瓣卷杀，每瓣长八分° 下同。牵尾上以五瓣。其下䫜，前后各以三瓣。斜项同月梁法。䫜内去留同平梁法。

〔16〕 劄牵一般用于乳栿之上，长仅一架，不承重，仅起固定槫之位置的作用。牵首（梁首）与乳栿上驼峰上的斗栱相交，牵尾出榫入柱，并用丁头栱承托。但元代实例中有首尾都不入柱且高度不同的劄牵，如浙江武义延福寺大殿（大木作图 76）。

〔17〕 这里的“三十五分°”与前面“三曰劄牵”条下的“广两材”（三十分°）有出入。因为这里讲的是月梁形式的劄牵。

凡屋内彻上明造[18]者，梁头相叠处须随举势高下用驼峰（大木作图 77）。其驼峰长加高一倍，厚一材。斗下两肩或作入瓣，或作出瓣，或圜讹两肩，两头卷尖[19]（大木作图 78、79、80、81）。梁头安替木处并作隐斗；两头造耍头或切几头 切几头刻梁上角作一入瓣，与令栱或襻间相交。

〔18〕 室内不用平棊，由下面可以仰见梁栿、槫、椽的做法，谓之“彻上明造”，亦称“露明造”。

〔19〕 驼峰放在下一层梁背之上，上一层梁头之下。清式称“柁墩”，因往往饰作荷叶形，故亦称“荷叶墩”。至于驼峰的形制，《法式》卷三十原图简略，而且图中所画的辅助又不够明确，因此列举一些实例作为参考（大木作图 77、78、79、80、81）。

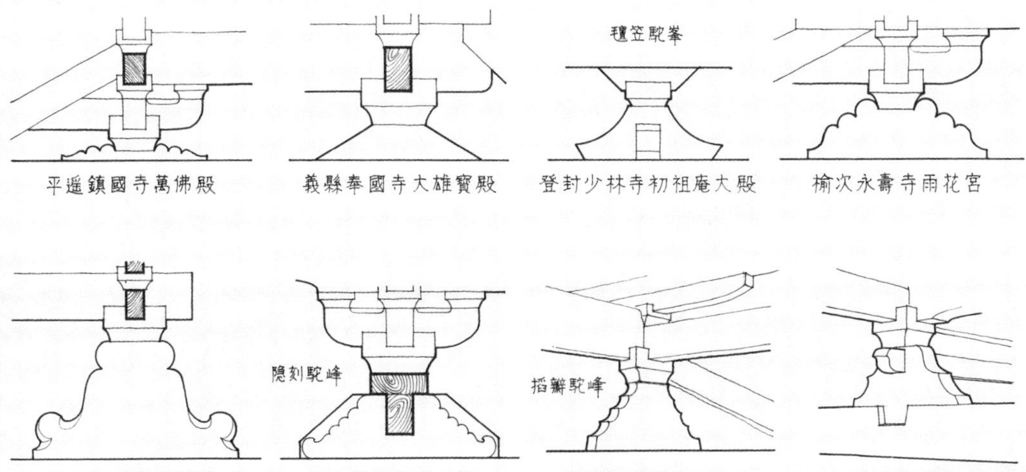

大木作图 77

驼峰实例图

大木作图 78

掐瓣驼峰　山西平顺龙门寺西配殿（后唐）

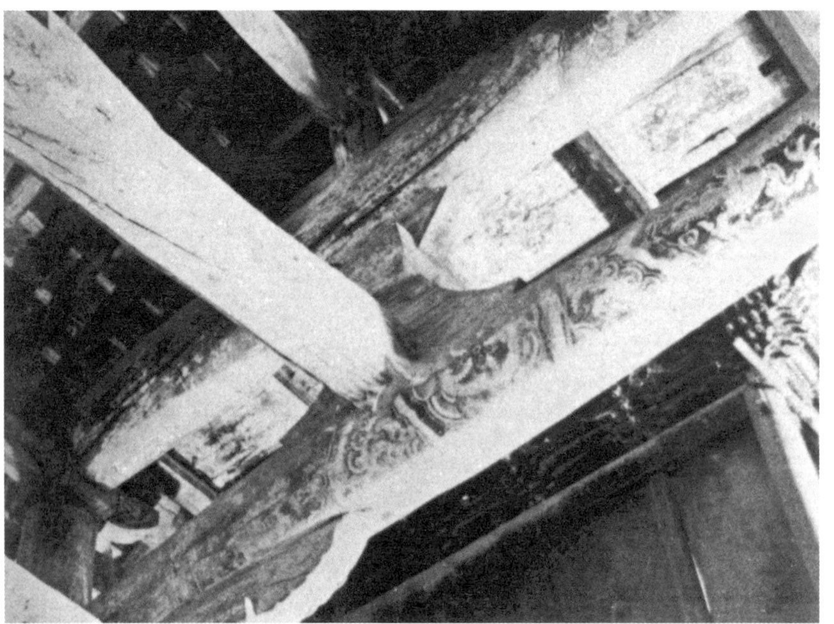

大木作图 79

驼峰　河北正定隆兴寺转轮藏殿（宋）（左上）

大木作图 80

驼峰　河北正定隆兴寺转轮藏殿（宋）（右上）

大木作图 81

毡笠驼峰　河南登封少林寺初祖庵大殿（宋）

凡屋内若施平棊[20]（大木作图 20） 平闇（大木作图 82）亦同，在大梁之上。平棊之上，又施草栿；乳栿之上亦施草栿，并在压槽枋[21]之上 压槽枋在柱头枋之上。其草栿长同下梁，直至橑檐枋止。若在两面，则安丁栿[22]。丁栿之上，别安抹角栿，与草栿相交。

〔20〕 平棊，后世一般称天花。按《法式》卷八"小木作制度三"，"造殿内平棊之制"和宋、辽、金实例所见，平棊分格不一定全是正方形，也有长方格的。"其以枋椽施素版者，谓之平闇。"平闇都用很小的方格（大木作图 20、82）。

〔21〕 压槽枋仅用于大型殿堂铺作之上以承草栿（大木作图 15）。

〔22〕 丁栿梁首由外檐铺作承托，梁尾搭在檐栿上，与檐栿（在平面上）构成"丁"字形（大木作图 66）。

凡角梁之下，又施隐衬角栿[23]，在明梁之上，外至橑檐枋，内至角后栿项[24]；长以两椽材斜长加之。

〔23〕 隐衬角栿实际上就是一道"草角栿"。

〔24〕 "内至角后栿项"这几个字含义极不明确。疑有误或脱简。

凡衬枋头，施之于梁背耍头之上，其广厚同材。前至橑檐枋，后至昂背或平棊枋。如无铺作，即至托脚木止。若骑槽，即前后各随跳，与枋、栱相交。开子荫[25]以压斗上。

〔25〕 见卷四注〔38〕。

凡平棊之上，须随槫栿用枋木及矮柱敦㮧[26]，随宜枝樘[27]固济（大木作图 83），并在草栿之上[28]。凡明梁只阁平棊，草栿在上承屋盖之重。

〔26〕 㮧：此字不见于字典。

〔27〕 樘，音橖，丑庚切，也写作橖，含义与撑同。

〔28〕 这些枋木短柱都是用在草栿之间，用来支撑并且固定这些草栿的（大木作图 83）。

凡平綦枋在梁背上，其广厚并如材，长随间广。每架下平綦枋一道[29]。平闇[30]同。又随架安椽以遮版缝。其椽，若殿宇，广二寸五分，厚一寸五分；余屋广二寸二分，厚一寸二分。如材小，即随宜加减。绞井口[31]并随补间。令纵横分布方正。若用峻脚，即于四阑内安版贴华。如平闇，即安峻脚椽，广厚并与平闇椽同（大木作图 84）。

〔29〕 平綦枋一般与槫平行，与梁成正角，安在梁背之上，以承平綦。

〔30〕 平闇和平綦都属于小木作范畴，详小木作制度及图样，并参阅注〔20〕。

〔31〕 “井口”是用桯与平綦枋构成的方格；“绞”是动词，即将桯与平綦枋相交之意。

大木作图 82
平闇　河北蓟县独乐寺观音阁（辽）

大木作图83（1、2）
“随宜枝樘固济”
山西五台山佛光寺
大殿（唐）

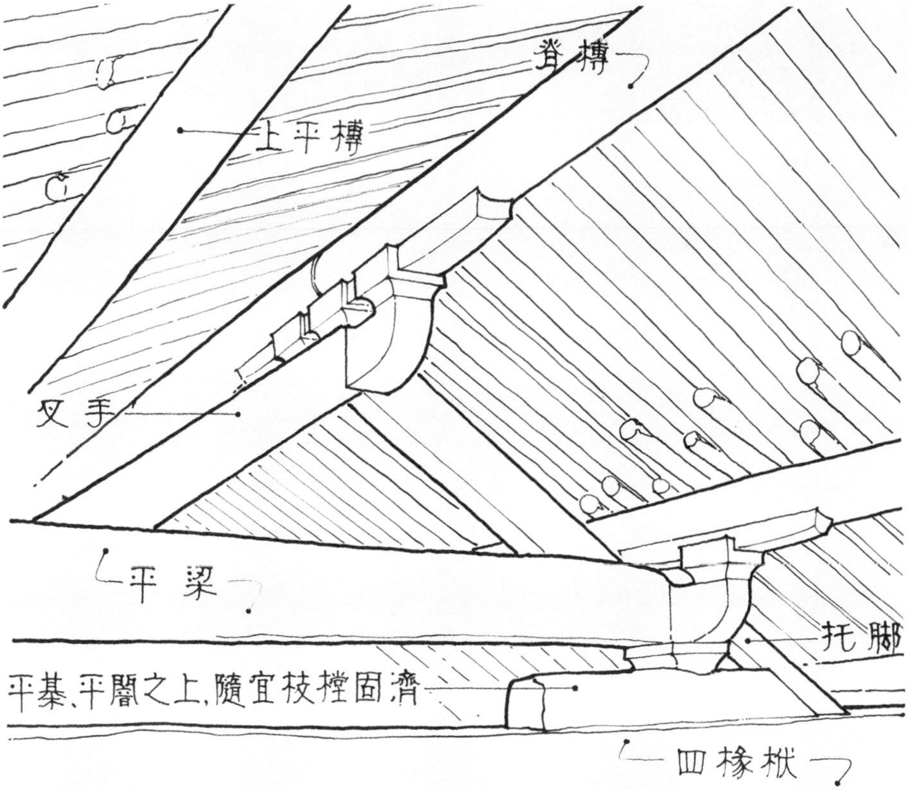

（1）

脊槫
上平槫
叉手
平梁
托脚
平棊、平闇之上，随宜枝樘固濟
四椽栿

（2）

大木作图 84

平闇及峻脚椽　山西五台山佛光寺大殿（唐）

阑额

造阑额之制[32]（参阅大木作制度图样二十）：广加材一倍，厚减广三分之一，长随间广，两头至柱心[33]。入柱卯减厚之半。两肩[34]各以四瓣卷杀，每瓣长八分°。如不用补间铺作，即厚取广之半[35]（大木作图 85）。凡檐额[36]，两头并出柱口；其广两材一栔至三材；如殿阁即广三材一栔或加至三材三栔。檐额下绰幕枋[37]，广减檐额三分之一；出柱长至补间；相对作楷头或三瓣头 如角梁（大木作图 86、87）。

凡由额[38]，施之于阑额之下。广减阑额二分°至三分°。出卯，卷杀并同阑额法。如有副阶，即于峻脚椽下安之。如无副阶，即随宜加减，令高下得中。若副阶额下，即不须用。

凡屋内额，广一材三分°至一材一栔；厚取广三分之一[39]；长随间广，两头至柱心或驼峰心。

凡地栿[40]，广加材二分°至三分°；厚取广三分之二；至角出柱一材。上角或卷杀作梁切几头。

〔32〕 阑额是檐柱与檐柱之间左右相联的构件，两头出榫入柱，额背与柱头平。清式称额枋。

〔33〕 指两头出榫到柱的中心线。

〔34〕 阑额背是平的。它的两“肩”在阑额的两侧，用四瓣卷杀过渡到“入柱卯”的厚度。

〔35〕 补间铺作一般都放在阑额上。“如不用补间铺作”，减轻了荷载，阑额只起着联系左右两柱头的作用，就可以“厚取广之半”，而毋需“厚减广三分之一”。

〔36〕 檐额和阑额在功能上有何区别，“制度”中未指出，只能看出檐额的长度没有像阑额那样规定“长随间广”，而且“两头并出柱口”；檐额下还有绰幕枋，那是阑额之下所没有的。在河南省济源县济渎庙的一座宋建的临水亭上，所用的是一道特大的“阑额”，长贯三间，“两头并出柱口”，下面也有“广减檐额三分之一，出柱长至补间，相对作楷头”的绰幕枋。因此推测，临水亭所见，大概就是檐额（大木作图 86）。

〔37〕 绰幕枋，就其位置和相对大小说，略似清式中的小额枋。“出柱”做成“相对”的“楷头”，可能就是清式“雀替”的先型（大木作图 87）。

〔38〕 由额（大木作制度图样三十二、三十五、三十八）。

〔39〕 从材、分°大小看，显然不承重，只作柱头间或驼峰间相互联系之用。

〔40〕 地栿的作用与阑额、屋内额相似，是柱脚间相互联系的构件。宋实例极少。现在南方建筑还普遍使用。原文作“广如材二分°至三分°”。“如”字显然是“加”字之误，所以这里改作“加”。

大木作图 85
阑额　福建福州华林寺大殿（五代）

（1）

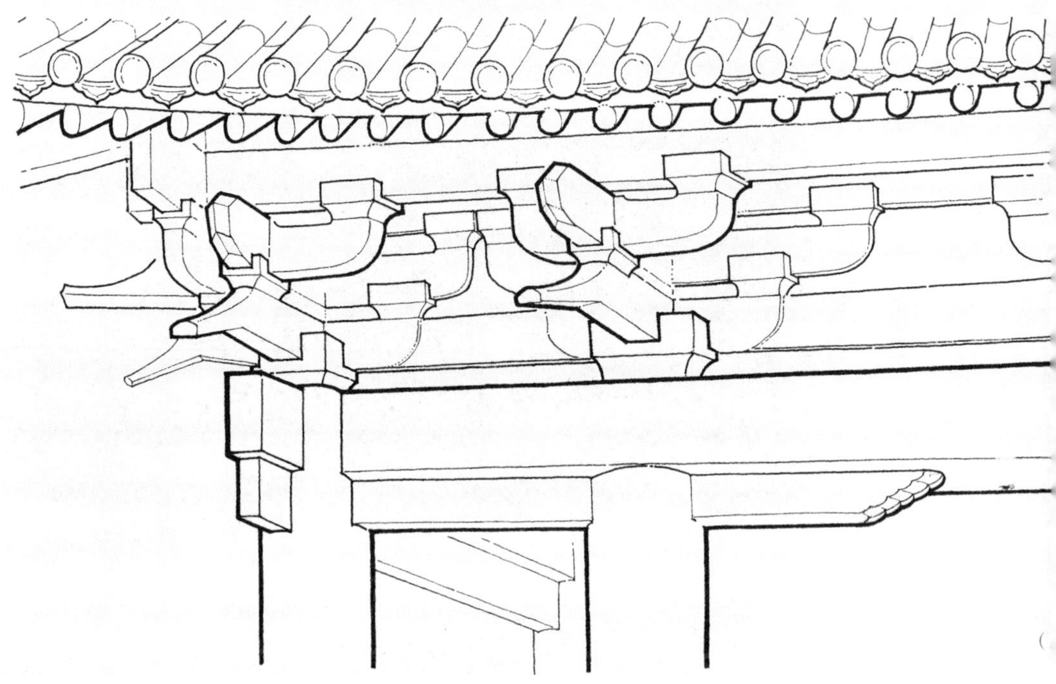

大木作图 86（1、2）

檐额及绰幕枋　河南济源济渎庙临水亭（宋）

大木作图 87

檐额及绰幕枋　山西长治上党门（元？）（右页上）

柱 其名有二：一曰楹，二曰柱。

凡用柱之制[41]（参阅大木作制度图样二十、二十一）：若殿阁，即径两材两栔至三材；若厅堂柱，即径两材一栔；余屋即径一材一栔至两材。若厅堂等屋内柱，皆随举势[42]定其短长，以下檐柱为则。若副阶廊舍，下檐柱虽长不越间之广。至角则随间数生起角柱[43]。若十三间殿堂，则角柱比平柱生高一尺二寸。平柱谓当心间两柱也。自平柱叠进向角渐次生起，令势圜和；如逐间大小不同，即随宜加减，他皆仿此。十一间生高一尺；九间生高八寸；七间生高六寸；五间生高四寸；三间生高二寸（参阅大木作制度图样二十一）。

凡杀梭柱之法[44]（参阅大木作制度图样二十、大木作图 88）：随柱之长，分为三分，上一分又分为三分，如栱卷杀，渐收至上径比栌斗底四周各出四分°；又量柱头四分°，紧杀如覆盆样，令柱头与栌斗底相副。其柱身下一分，杀令径围与中一分同[45]。

凡造柱下櫍[46]（参阅大木作制度图样二十），径周各出柱三分°；厚十分°，下三分°为平，其上并为欹；上径四周各杀三分°，令与柱身通上匀平。

凡立柱，并令柱首微收向内，柱脚微出向外，谓之侧脚[47]（参阅大木作制度图样二十）。每屋正面 谓柱首东西相向者，随柱之长，每一尺即侧脚一分；若侧面 谓柱首南北相向者，每一尺即侧脚八厘。至角柱，其柱首相向各依本法。如长短不定，随此加减。

凡下侧脚墨，于柱十字墨心里再下直墨[48]，然后截柱脚柱首，各令平正。

若楼阁柱侧脚，只以柱以上为则[49]，侧脚上更加侧脚，逐层仿此。塔同。

〔41〕“用柱之制”中只规定各种不同的殿阁厅堂所用柱径，而未规定柱高。只有小注中“若副阶廊舍，下檐柱虽长不越间之广”一句，也难从中确定柱高。

〔42〕“举势”是指由于屋盖“举折”所定的不同高低。关于“举折”，见下文“举折之制”及大木作图样二十六。

〔43〕唐宋实例角柱都生起，明代官式建筑中就不用了。

〔44〕将柱两头卷杀，使柱两头较细，中段略粗，略似梭形。明清官式一律不用梭柱，但南方民间建筑中一直沿用，实例很多。

〔45〕这里存在一个问题。所谓“与中一分同”的“中一分”，可释为“随柱之长分为三分”中的“中一分”，这样事实上“下一分”便与“中一分”径围相同，成了“下两分”径围完全一样粗细，只是将“上一分”卷杀，不成其为“梭柱”。我们认为也可释为全柱长之“上一分”中的“中一分”，这样就较近梭形。《法式》原图上是后一种，但如何杀法未说清楚（大木作图 89、90）。

〔46〕櫍是一块圆木板，垫在柱脚之下、柱础之上。櫍的木纹一般与柱身的木纹方向成正角，有利于防阻水分上升。当櫍开始腐朽时，可以抽换，可使柱身不受影响，不致“感染”而腐朽。现在南方建筑中还有这种做法。

〔47〕“侧脚”就是以柱首中心定开间进深，将柱脚向外“踢”出去，使“微出向外”。但原文作“令柱首微收向内，柱脚微出向外”，似乎是柱首也向内偏，柱首的中心不在建筑物纵横柱网的交点上，这样必将会给施工带来麻烦。这种理解是不合理的。

〔48〕由于侧脚，柱首的上面和柱脚的下面（若与柱中心垂直）将与地面的水平面成 1/100 或 8/1000 的斜角，站立不稳，因此须下“直墨”，“截柱脚柱首，各令平正”，与水平的柱础取得完全平正的接触面。

〔49〕这句话的含义不太明确。如按注〔47〕的理解，“柱以上”应改为“柱上”，是指以逐层的柱首为准来确定梁架等构件尺寸。

大木作图 88
柱身卷杀　浙江武义延福寺大殿（元）

阳马　其名有五：一曰觚棱，二曰阳马，三曰阙角，四曰角梁，五曰梁抹。

造角梁之制〔50〕（参阅大木作制度图样二十二）：大角梁，其广二十八分°至加材一倍；厚十八分°至二十分°。头下斜杀长三分之二〔51〕。或于斜面上留二分°，外余直，卷为三瓣。子角梁，广十八分°至二十分°，厚减大角梁三分°，头杀四分°，上折深七分°。

隐角梁〔52〕，上下广十四分°至十六分°，厚同大角梁，或减二分°。上两面隐〔53〕广各三分°，深各一椽分。余随逐架接续，隐法皆仿此。

凡角梁之长〔54〕，大角梁自下平槫至下架檐头；子角梁随飞檐头外至小连檐下，斜至

大木作图 89
柱身下部卷杀　浙江武义延福寺大殿（元）

大木作图 90
柱身下部卷杀　福建莆田玄妙观三清殿（宋）

柱心[55]。安于大角梁内[56]。隐角梁随架之广，自下平槫至子角梁尾安于大角梁中[57]，皆以斜长加之。

凡造四阿[58]殿阁，若四椽、六椽五间及八椽七间，或十椽九间以上，其角梁相续，直至脊槫，各以逐架斜长加之。如八椽五间至十椽七间，并两头增出脊槫各三尺[59]。随所加脊槫尽处，别施角梁一重。俗谓之吴殿，亦曰五脊殿（大木作图91、92）。

凡厅堂若厦两头造[60]，则两梢间用角梁转过两椽。亭榭之类转一椽。今亦用此制为殿阁者，俗谓之曹殿，又曰汉殿，亦曰九脊殿。按唐《六典》及《营缮令》云：王公以下居第并厅厦两头者，此制也（大木作图93、94）。

〔50〕 在“大木作制度”中造角梁之制说得最不清楚，为制图带来许多困难，我们只好按照我们的理解能力所及，做了一些解释，并依据这些解释来画图和提出一些问题。为了弥补这样做法的不足，我们列举了若干唐宋时期的实例作为佐证和补充（大木作图95、96、97、98、99、100）。

〔51〕 “斜杀长三分之二”很含糊。是否按角梁全长，其中三分之二的长度是斜杀的，还是从头下斜杀的，都未明确规定。

〔52〕 隐角梁相当于清式小角梁的半段。在宋《法式》中，由于子角梁的长度只到角柱中心，因此隐角梁从这位置上就开始，而且再上去就叫作续角梁。这和清式做法有不少区别。清式小角梁（子角梁）梁尾和老角梁（大角梁）梁尾同样长，它已经包括了隐角梁在内。《法式》说“余随逐架接续”，亦称“续角梁”的，在清式中称“由戗”（大木作图99、100）。

〔53〕 凿去隐角梁两侧上部，使其断面成“凸”字形，以承椽。

〔54〕 角梁之长，除这里所规定外，还要参照“造檐之制”所规定的“生出向外”的制度来定。

〔55〕 这“柱心”是指角柱的中心。

〔56〕 按构造说，子角梁只能安于大角梁之上。这里说“安于大角梁内”。这“内”字难解。

〔57〕 “安于大角梁中”的“中”字也同样难解。

〔58〕 四阿殿即清式所称“庑殿”，“庑殿”的“庑”字大概是本条小注中“吴殿”的同音别写。

〔59〕 这与清式“推山”的做法相类似。

〔60〕 相当于清式的“歇山顶”。

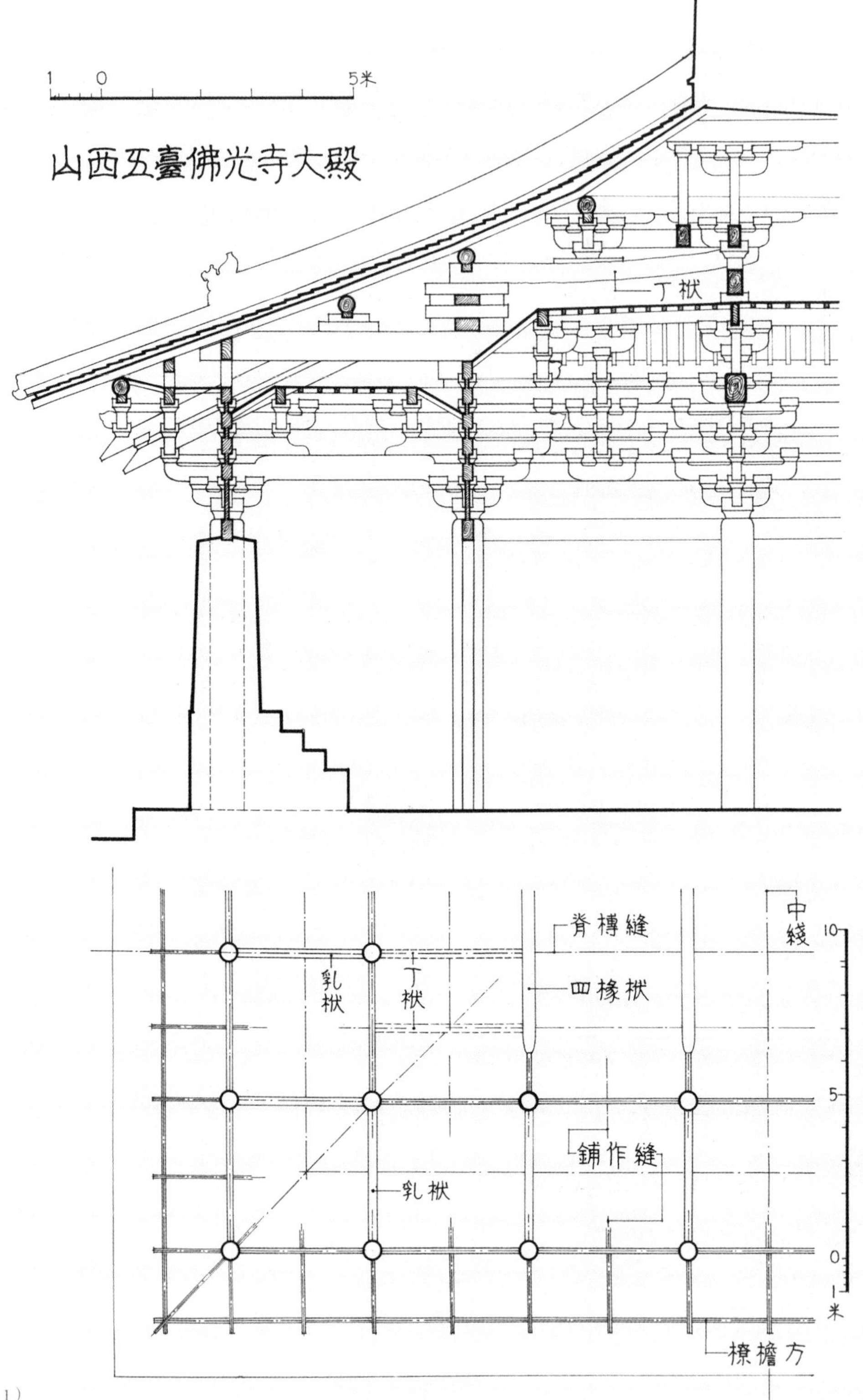

（1）

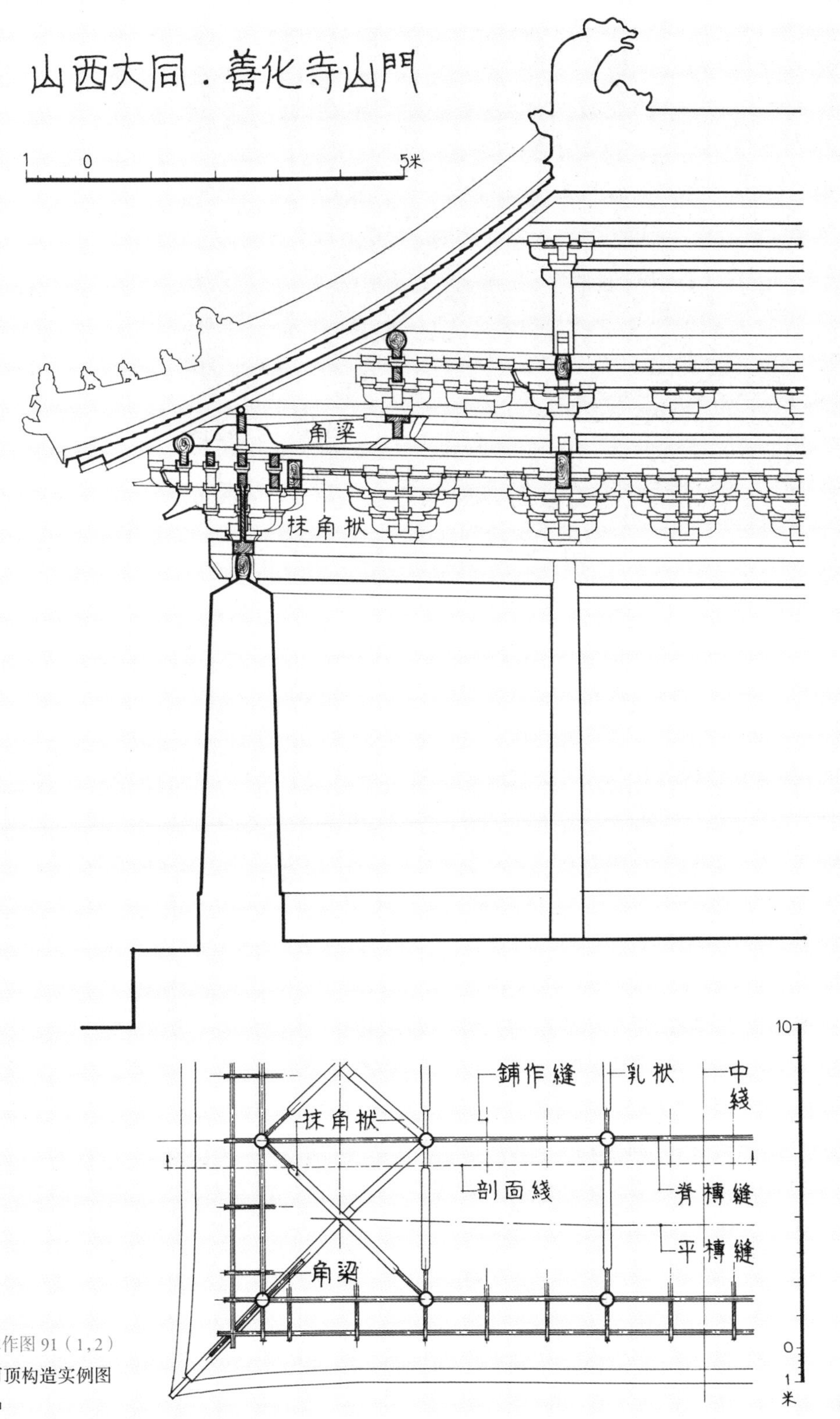

大木作图 91（1,2）
四阿顶构造实例图
二种

（2）

大木作图 92（1，2）
四阿顶构造　河北新城开善寺大雄宝殿（辽）

（1）

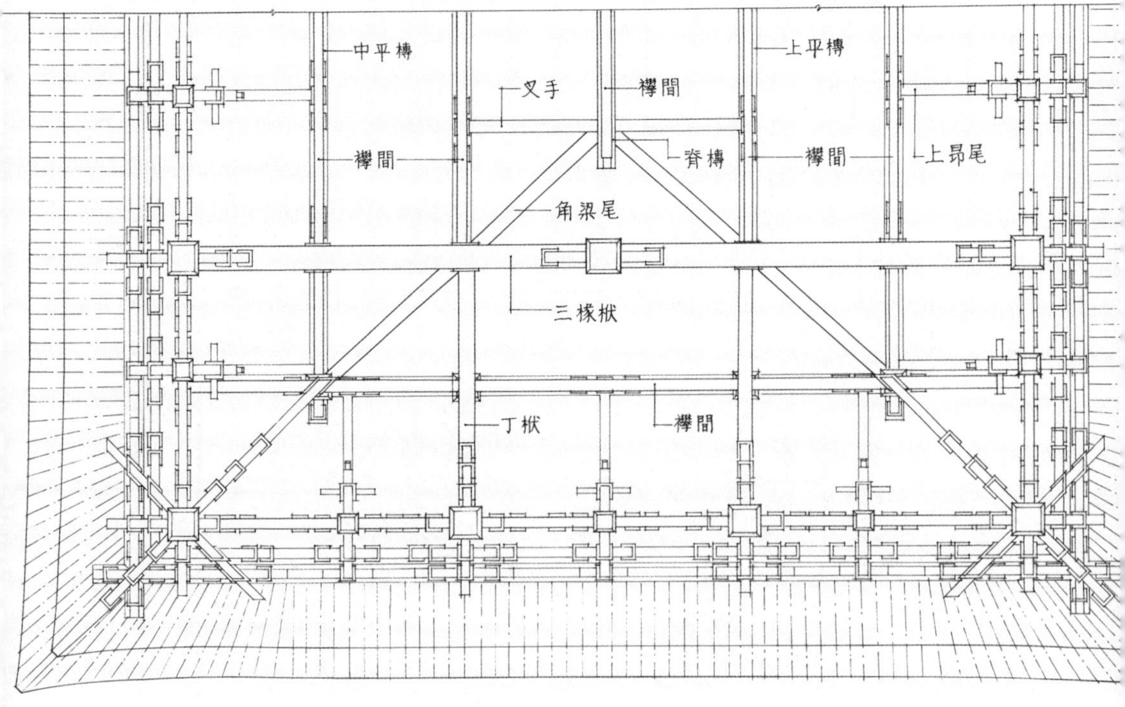

（2）

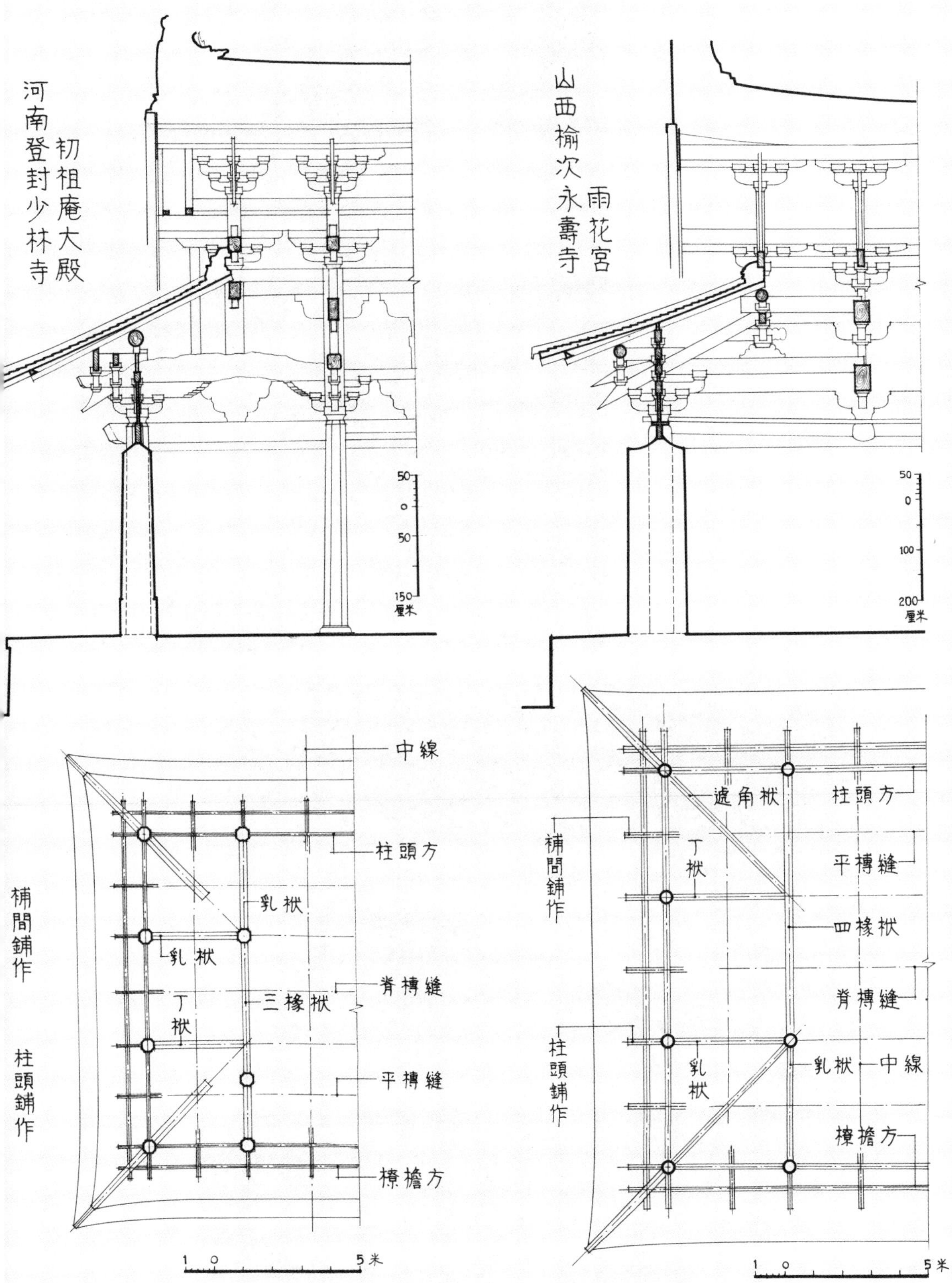

大木作图 93

厦两头造构造实例图

大木作图 94

厦两头造构造　山西赵城广胜寺上寺前殿（元）

大木作图 95

四阿顶角梁构造　山西大同上华严寺大雄宝殿（辽）

大木作图 96
四阿顶角梁构造　山西大同善化寺大雄宝殿（辽）

（1

大木作图 97（1、2、3）

厦两头造角梁后尾　山西太原晋祠圣母殿（宋）

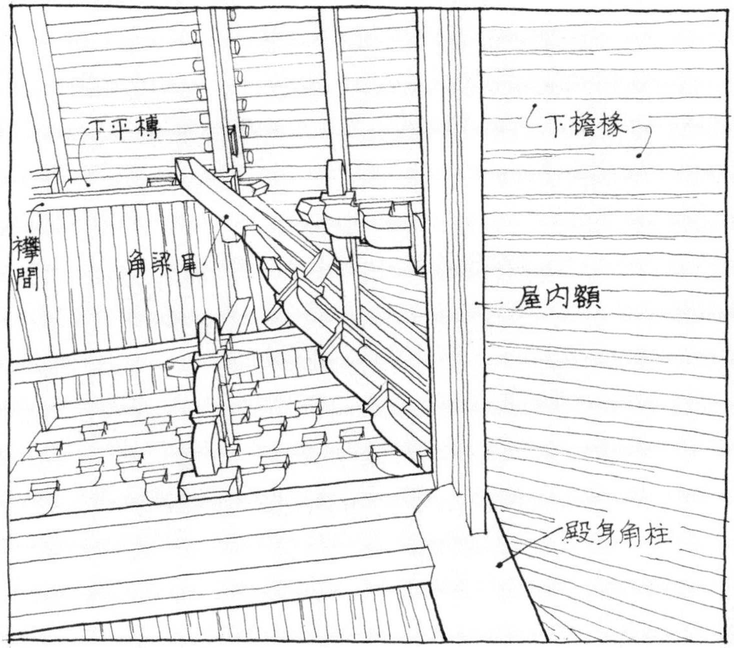

（2）

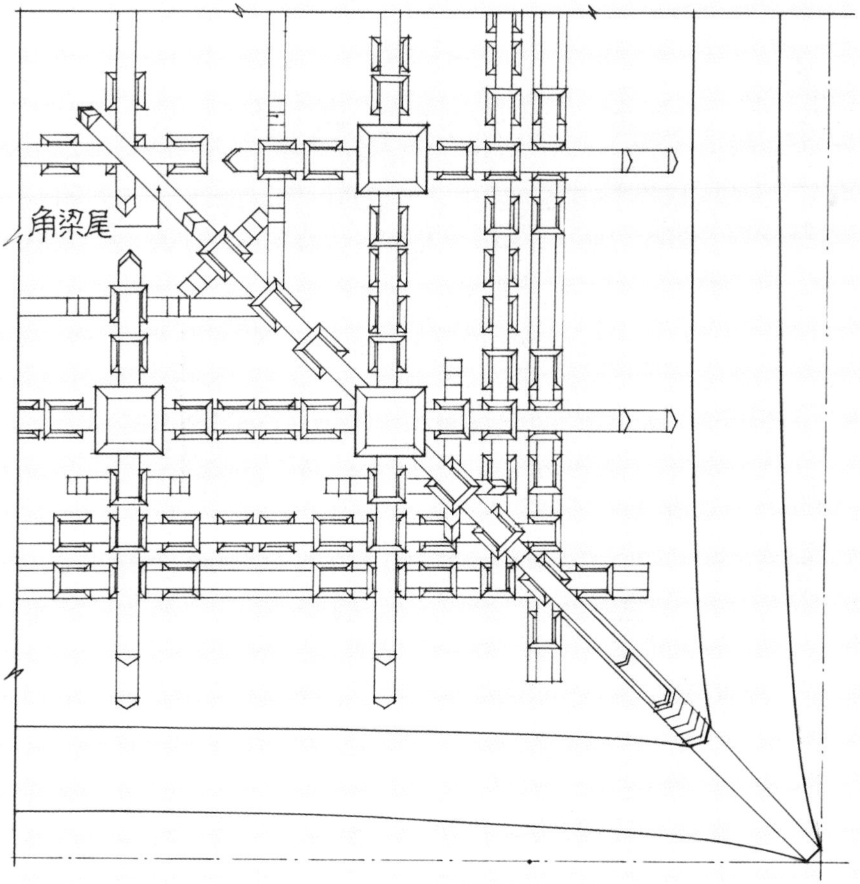

（3）

大木作图 98

厦两头造角梁后尾　河北正定隆兴寺转轮藏殿（宋）

大木作图 99

角梁构造做法图　河北正定隆兴寺摩尼殿（宋）

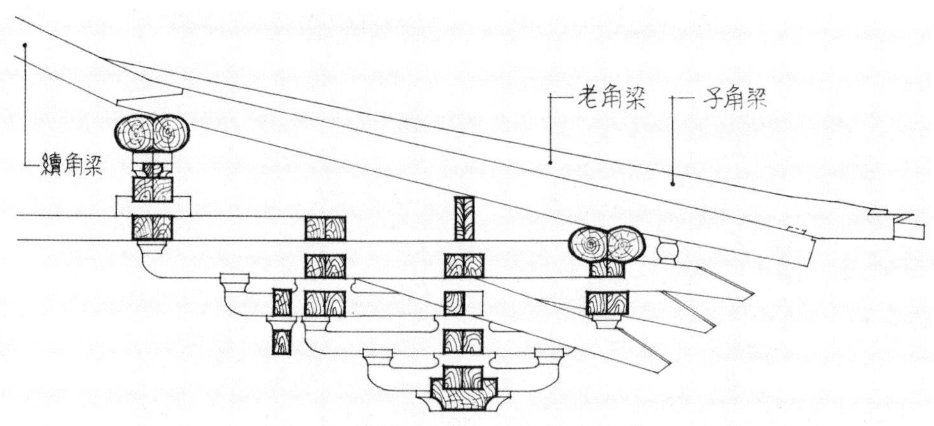

上檐轉角鋪作 45°方向 剖面

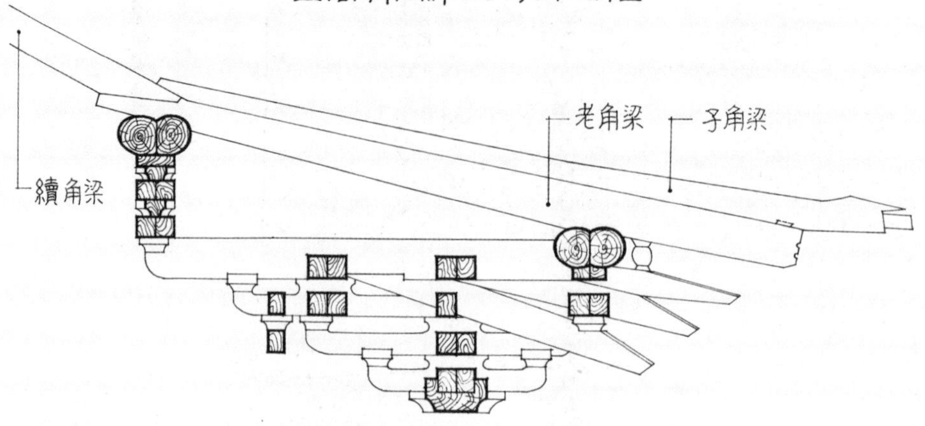

下檐轉角鋪作45°方向 剖面

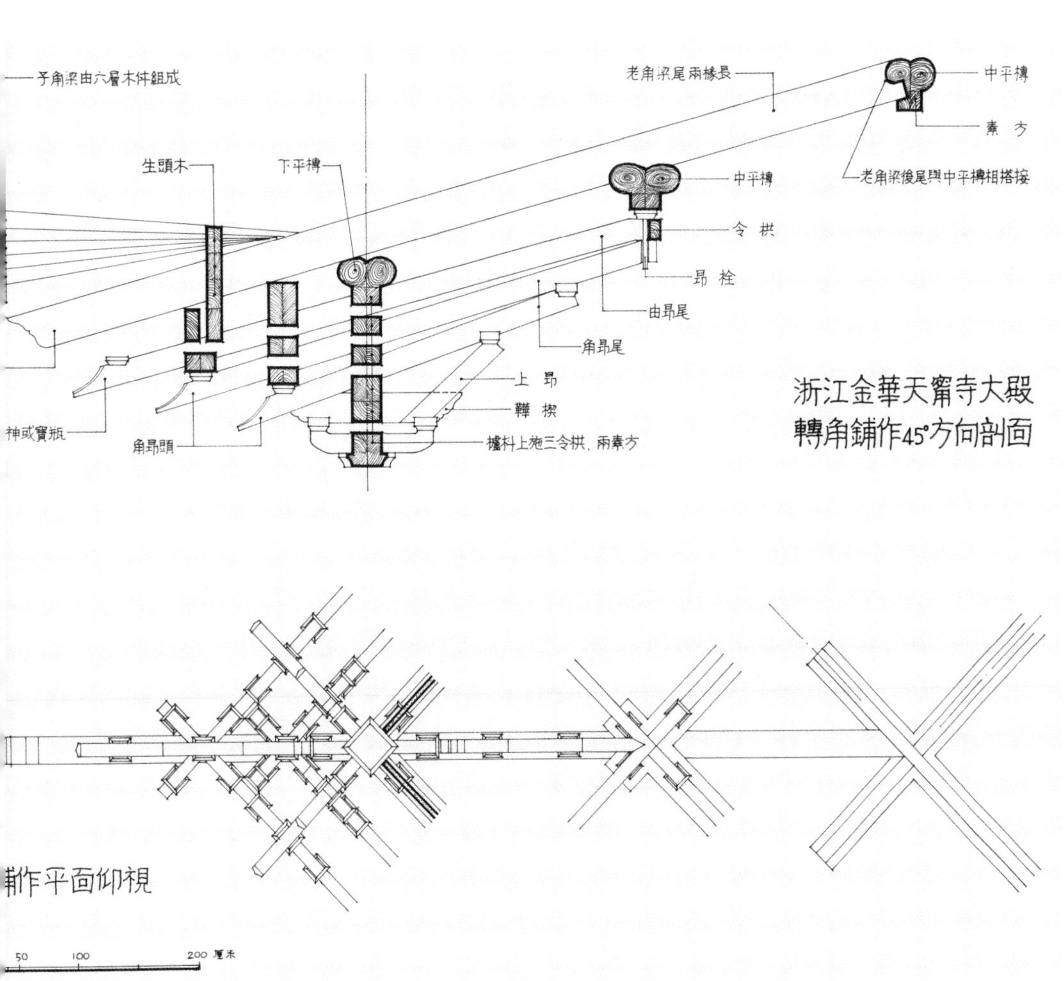

大木作图 100

角梁构造做法图 浙江金华天宁寺大殿（元）

侏儒柱 其名有六：一曰棁[61]，二曰侏儒柱，三曰浮柱，四曰棳[62]，五曰楹，六曰蜀柱。斜柱附，其名有五：一曰斜柱，二曰梧，三曰迕[63]，四曰枝樘，五曰叉手。

造蜀柱之制[64]（参阅大木作制度图样二十三、二十四、大木作图104）：于平梁上，长随举势高下。殿阁径一材半，余屋量栿厚加减。两面各顺平栿[65]，随举势斜安叉手。

造叉手[66]之制（参阅大木作制度图样二十三、二十四）：若殿阁，广一材一栔；余屋，广随材或加二分°至三分°；厚取广三分之一。蜀柱下安合楷者，长不过梁之半。

凡中下平槫缝，并于梁首向里斜安托脚，其广随材，厚三分之一，从上梁角过抱槫，出卯以托向上槫缝。

凡屋如彻上明造，即于蜀柱之上安斗。若叉手上角内安栱，两面出耍头者，谓之丁华抹颏栱（大木作图101）。斗上安随间襻间[67]（参阅大木作制度图样二十三、大木作图102、103、104），或一材，或两材；襻间广厚并如材，长随间广，出半栱在外，半栱连身对隐。若两材造，即每间各用一材，隔间上下相闪，令慢栱在上，瓜子栱在下。若一材造，只用令栱，隔间一材，如屋内遍用襻间一材或两材，并与梁头相交。或于两际随槫作楷头以乘替木。

凡襻间如在平棊上者，谓之草襻间，并用全条枋[68]。

凡蜀柱量所用长短，于中心安顺脊串[69]；广厚如材，或加三分°至四分°；长随间；隔间用之。若梁上用矮柱者，径随相对之柱（大木作图105）；其长随举势高下。

凡顺栿串，并出柱作丁头栱，其广一足材；或不及，即作楷头；厚如材。在牵梁或乳栿下[70]。

〔61〕 棁，音拙。

〔62〕 棳，音棁。

〔63〕 迕，音午。

〔64〕 蜀柱是所有矮柱的通称。例如钩阑也有支承寻杖的蜀柱。在这里则专指平梁之上承托脊槫的矮柱（大木作图104）。清式称“脊瓜柱”。

〔65〕 平栿即平梁。

〔66〕 叉手在平梁上，顺着梁身的方向斜置的两条枋木（大木作图66、104）。从南北朝到唐宋的绘画、雕刻和实物中可以看到曾普遍使用过。

〔67〕 襻间是与各架槫平行，以联系各缝梁架的长木枋（大木作图102、103、104）。

〔68〕 全条枋的定义不明，可能是未经细加工的粗糙的襻间。

〔69〕 顺脊串和襻间相似，是固定左右两缝蜀柱的相互联系构件（大木作图104）。

〔70〕 见图。

（1）

大木作图101（1，2）
丁华抹颏栱 河北定县慈云阁

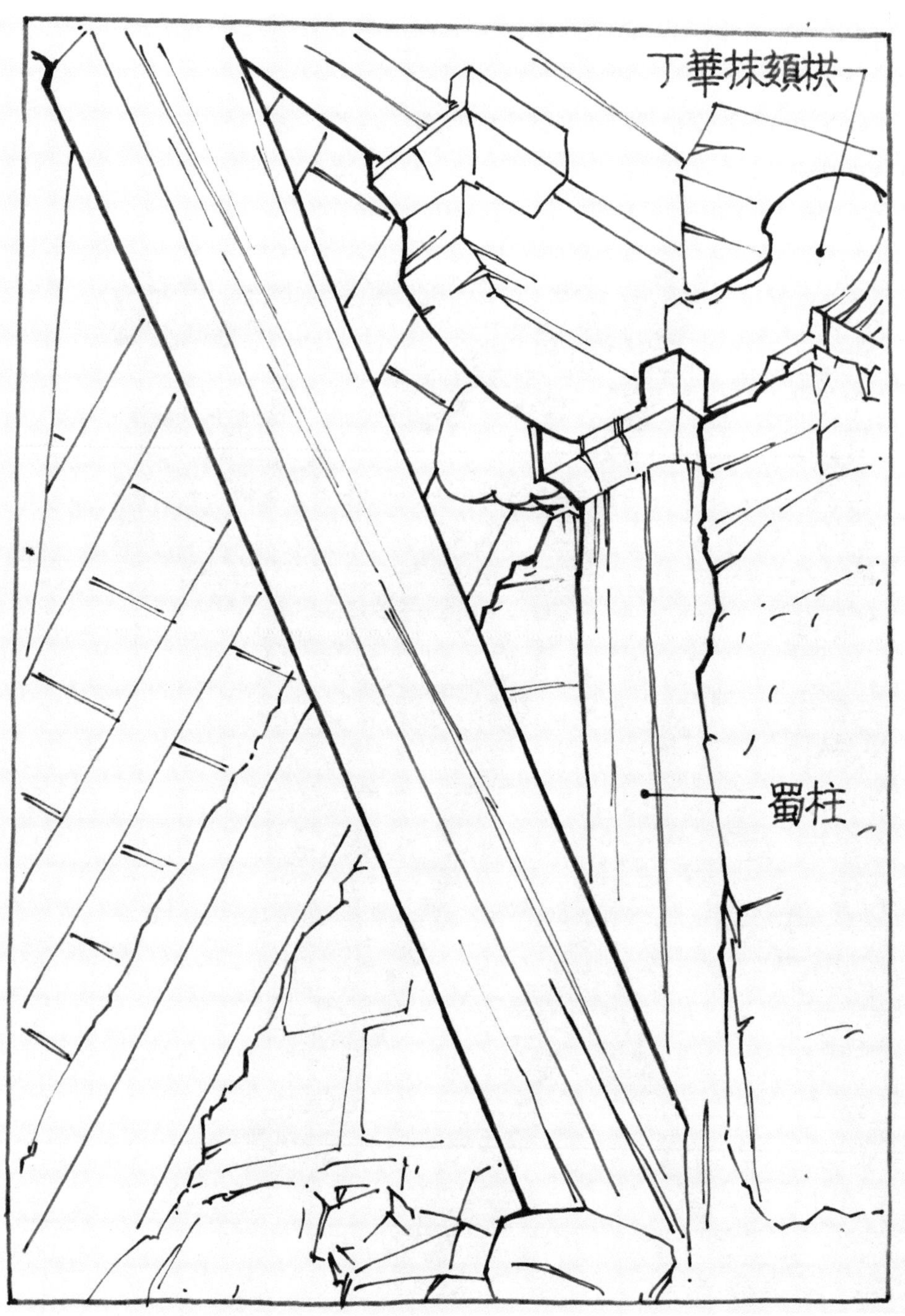

（2）

大木作图 102
襻间之一　河北新城开善寺大雄宝殿（辽）

大木作图 103
襻间之二　河北新城开善寺大雄宝殿（辽）

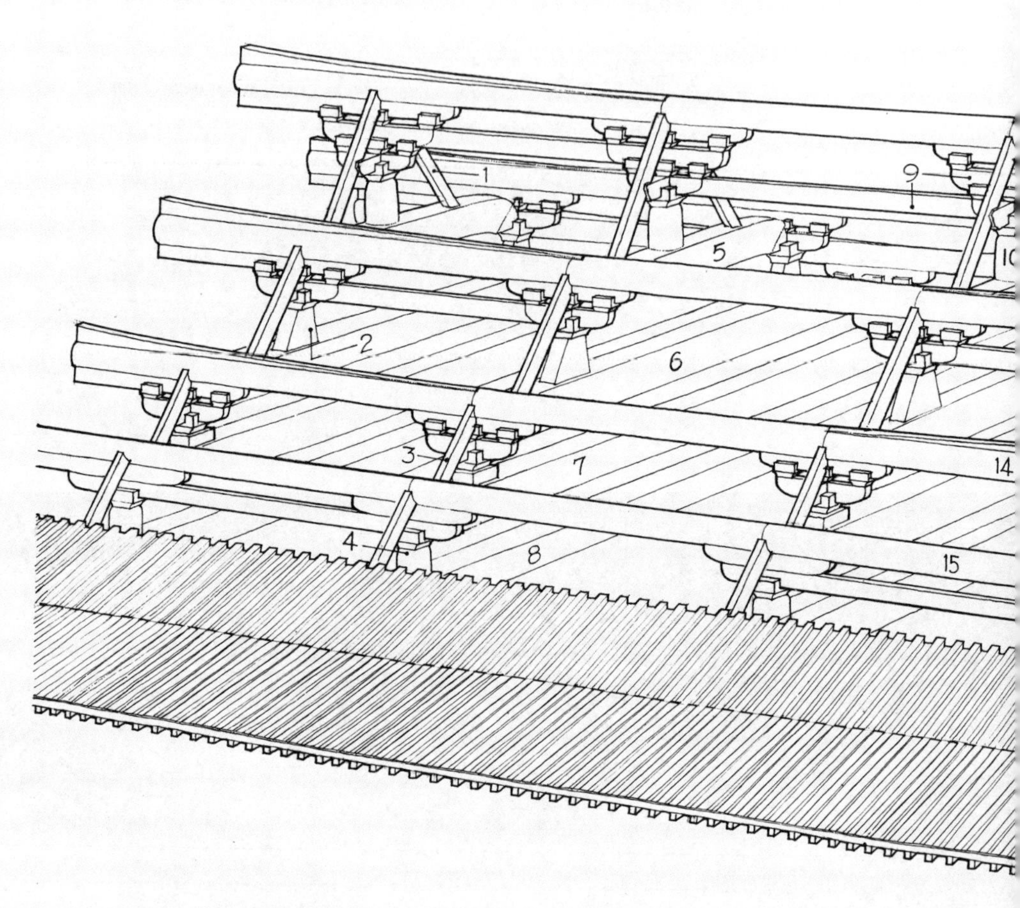

大木作图 104

宋代木构建筑假想图之三

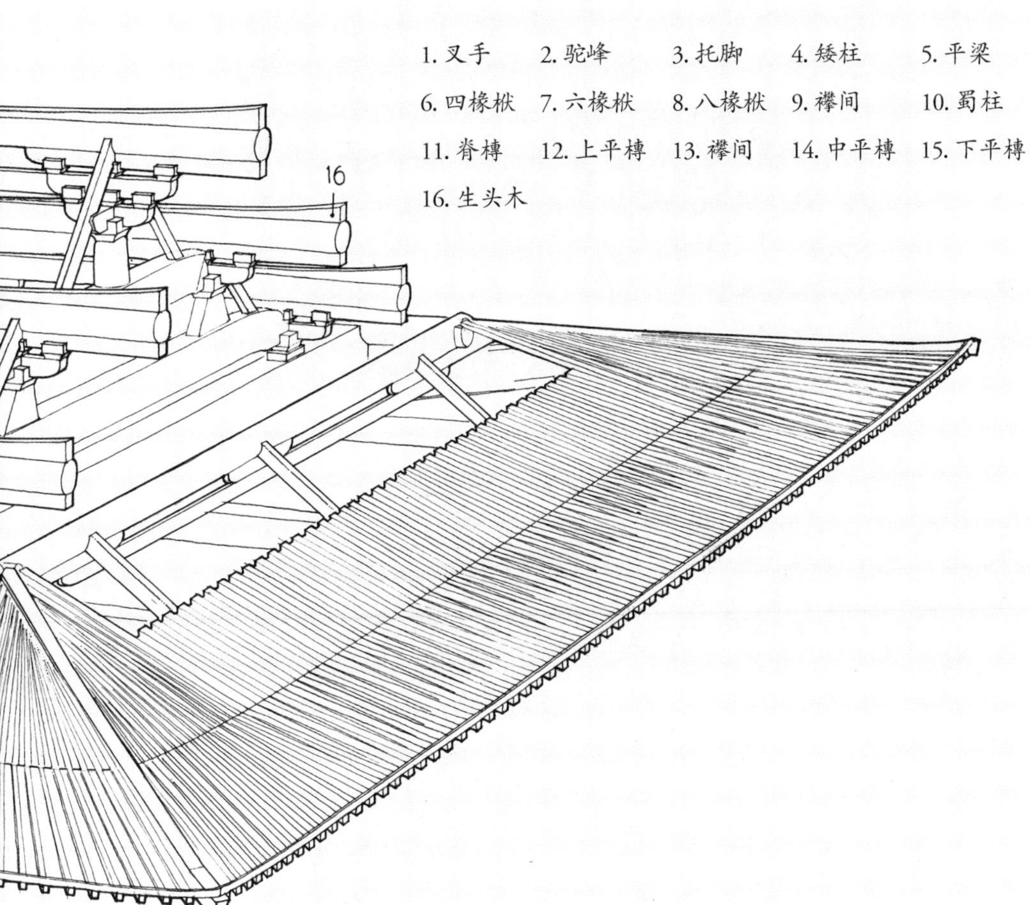

1. 叉手 2. 驼峰 3. 托脚 4. 矮柱 5. 平梁
6. 四椽栿 7. 六椽栿 8. 八椽栿 9. 襻间 10. 蜀柱
11. 脊槫 12. 上平槫 13. 襻间 14. 中平槫 15. 下平槫
16. 生头木

（1）

（2）

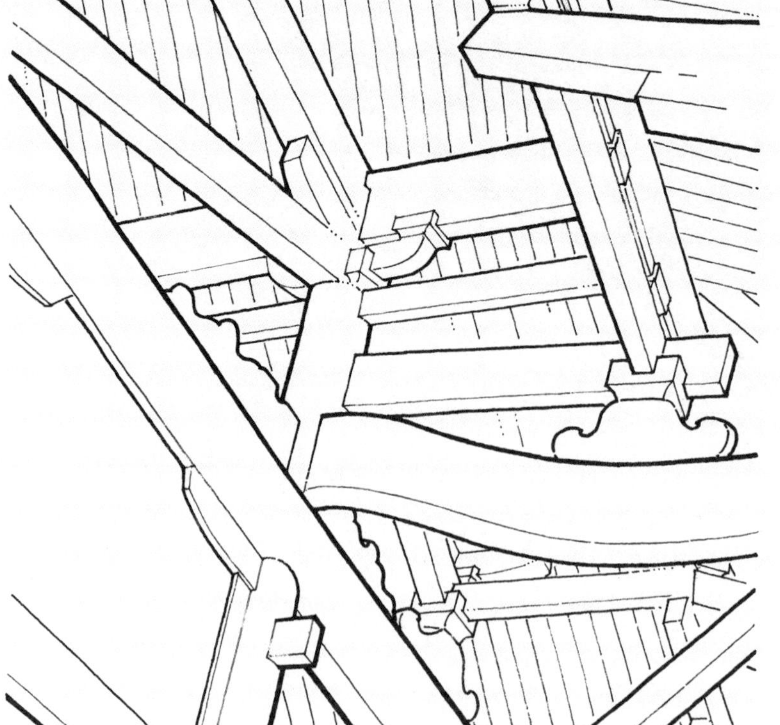

大木作图105(1,2)
"梁上用矮柱者，径随相对之柱" 河北正定隆兴寺转轮藏殿（宋）

栋 其名有九：一曰栋，二曰桴[71]，三曰櫋[72]，四曰棼，五曰甍[73]，六曰极，七曰槫[74]，八曰檩，九曰櫋[75]，两际附。

用槫之制：若殿阁，槫径一材一栔或加材一倍；厅堂，槫径加材三分°至一栔；余屋，槫径加材一分°至二分°。长随间广。

凡正屋用槫，若心间及西间者，头东而尾西；如东间者，头西而尾东。其廊屋面东西者皆头南而尾北。

凡出际之制[76]（参阅大木作制度图样二十三）：槫至两梢间，两际[77]各出柱头 又谓之屋废。如两椽屋，出二尺至二尺五寸；四椽屋，出三尺至三尺五寸；六椽屋，出三尺五寸至四尺；八椽至十椽屋，出四尺五寸至五尺。若殿阁转角造[78]，即出际长随架。于丁栿上随架立夹际柱子（大木作图106），以柱槫梢；或更于丁栿背上[79]添阘头栿[80]。

凡橑檐枋（大木作图107），更不用橑风槫及替木（大木作图108）[81]，当心间之广加材一倍，厚十分°；至角随宜取圜，贴生头木，令里外齐平。

凡两头梢间，槫背上并安生头木[82]（大木作图104，大木作制度图样二十三），广厚并如材，长随梢间。斜杀向里，令生势圜和，与前后橑檐枋相应。其转角者，高与角梁背平，或随宜加高，令椽头背低角梁头背一椽分。

凡下昂作，第一跳心之上用槫承椽 以代承椽枋，谓之牛脊槫[83]；安于草栿之上，至角即抱角梁；下用矮柱敦桥。如七铺作以上，其牛脊槫于前跳内更加一缝。

〔71〕 桴：音浮。

〔72〕 櫋：音印。

〔73〕 甍：音萌。

〔74〕 槫：音团。清式称檩，亦称桁。

〔75〕 櫋：音眠。

〔76〕 出际即清式“悬山”两头的“挑山”。

〔77〕 两际即清式所谓“两山”。即厅堂廊舍的侧面，上面尖起如山。

〔78〕 “转角造”是指前两坡最下两架（或一架）椽所构成的屋盖和檐，转过90°角，绕过出际部分，延至出际之下，构成“九脊殿”（即清式所谓“歇山顶”）的形式。

〔79〕 原文作“方”字，是“上”字之误。

〔80〕 闇头栿，相当于清式的“采步金梁”。“闇”音契。

〔81〕 橑檐枋是方木；橑风槫是圆木，清式称“挑檐桁”。《法式》制度中似以橑檐枋的做法为主要做法，而将“用橑风槫及替木”的做法仅在小注中附带说一句。但从宋、辽、金实例看，绝大多数都“用橑风槫及替木”，用橑檐枋的仅河南登封少林寺初祖庵大殿（宋）等少数几处（大木作图12、107、108）。

〔82〕 梢间槫背上安生头木，使屋脊和屋盖两头微微翘起，赋予宋代建筑以明清建筑所没有的柔和的风格。这做法再加以角柱生起，使屋面的曲线、曲面更加显著。这种特征和风格，在山西太原晋祠圣母殿上特别明显（大木作图109）。

〔83〕《法式》卷三十一“殿堂草架侧样”各图都将牛脊槫画在柱头枋心之上，而不在“第一跳心之上”，与文字有矛盾。

搏风版 其名有二：一曰荣，二曰搏风。

造搏风版之制（参阅大木作制度图样二十四、大木作图110、111）：于屋两际出槫头之外安搏风版，广两材至三材；厚三分°至四分°；长随架道。中、上架两面各斜出搭掌，长二尺五寸至三尺。下架随椽与瓦头齐。转角者至曲脊[84]内。

〔84〕“转角”此处是指九脊殿的角脊，“曲脊”见大木作图110。

柎 其名有三：一曰柎，二曰复栋，三曰替木。

造替木之制[85]（参阅大木作制度图样二十四）：其厚十分°，高一十二分°。

单斗上用者，其长九十六分°；

令栱上用者，其长一百四分°；

重栱上用者，其长一百二十六分°。

凡替木两头，各下杀四分°，上留八分°，以三瓣卷杀，每瓣长四分°。若至出际，长与槫齐。随槫齐处更不卷杀。其栱上替木，如补间铺作相近者，即相连用之。

〔85〕 替木用于外檐铺作最外一跳之上，橑风槫之下，以加强各间橑风槫相衔接处（大木作图108）。

椽 其名有四：一曰桷，二曰椽，三曰榱[86]，四曰橑。短椽[87]，其名有二：一曰楝[88]，二曰禁楄[89]。

用椽之制（参阅大木作制度图样二十五）：椽每架平不过六尺。若殿阁，或加五寸至一尺五寸，径九分°至十分°[90]；若厅堂，椽径七分°至八分°，余屋，径六分°至七分°。长随架斜；至下架，即加长出檐。每槫上为缝，斜批相搭钉之。凡用椽，皆令椽头向下而尾在上。

凡布椽，令一间当心[91]；若有补间铺作者，令一间当要头心。若四裴回[92]转角者，并随角梁分布，令椽头疏密得所，过角归间至次角补间铺作心，并随上中架取直（大木作图112、113、114、115）。其稀密以两椽心相去之广为法：殿阁，广九寸五分至九寸；副阶，广九寸至八寸五分；厅堂，广八寸五分至八寸；廊库屋，广八寸至七寸五分。若屋内有平棊者，即随椽长短，令一头取齐，一头放过上架，当椽钉之，不用裁截。谓之雁脚钉。

〔86〕 榱，音衰。

〔87〕 短椽见大木作图115。

〔88〕 楝，音触，又音速。

〔89〕 楄，音边。

〔90〕 在宋《法式》中，椽的长度对于梁栿长度和房屋进深起着重要作用。不论房屋大小，每架椽的水平长度都在这规定尺寸之中。梁栿长度则以椽的架数定，所以主要的承重梁栿亦称椽栿。至于椽径则以材分°定。匠师设计时必须考虑椽长以定进深，因此它也间接地影响到正面间广和铺作疏密的安排。

〔91〕 就是让左右两椽间空当的中线对正每间的中线，不使一根椽落在间的中线上。

〔92〕 “四裴回转角”，“裴回”是“徘徊”的另一写法，指围廊。四裴回转角即四面都出檐的周围廊的转角。

檐 其名有十四：一曰宇，二曰檐，三曰槁[93]，四曰楣，五曰屋垂，六曰梠，七曰棂，八曰联櫋，九曰橝[94]，十曰房[95]，十一曰庑，十二曰槾[96]，十三曰櫋[97]，十四曰庮[98]。

造檐之制[99]（参阅大木作制度图样二十五）：皆从橑檐枋心出[100]，如椽径三寸，即檐出三尺五寸；椽径五寸，即檐出四尺至四尺五寸。檐外别加飞檐。每檐一尺，出飞子六寸。其檐自次角补间铺作心，椽头皆生出向外，渐至角梁：若一间生四寸；三间生五寸；五间生七寸。五间以上，约度随宜加减。其角柱之内，檐身亦令微杀向里[101]。不尔恐檐圜而不直。

凡飞子，如椽径十分，则广八分，厚七分。大小不同，约此法量宜加减。各以其广厚分为五分，两边各斜杀一分，底面上留三分，下杀二分；皆以三瓣卷杀，上一瓣长五分，次二瓣各长四分。此瓣分谓广厚所得之分。尾长斜随檐。凡飞子须两条通造；先除出两头于飞魁内出者，后量身内，令随檐长，结角解开[102]（大木作图 116）。若近角飞子，随势上曲，令背与小连檐平。

凡飞魁 又谓之大连檐，广厚并不越材。小连檐广加梨二分°至三分°，厚不得越梨之厚。并交斜解造（大木作图 116）。

〔93〕 樀，音的。

〔94〕 橝，音潭。

〔95〕 庌，音雅。

〔96〕 槾，音慢。

〔97〕 楷，音琵。

〔98〕 廜，音西。

〔99〕 “大木作制度”中，造檐之制，檐出深度取于所用椽之径；而椽径又取于所用材分°。这里面有极大的灵活性，但也使我们难于掌握。

〔100〕 意思就是：出檐的宽度，一律从橑檐枋的中线量出来。

〔101〕 这种微妙的手法，因现存实例多经世重修，已难察觉出来。

〔102〕 “结角解开”“交斜解造”都是节约工料的措施。将长条方木纵向劈开成两条完全相同的、断面作三角形或不等边四角形的长条谓之“交斜解造”。将长条方木，横向斜劈成两段完全相同的一头方整、一头斜杀的木条，谓之“结角解开”（大木作图 116）。

大木作图 106

夹际柱子　河南登封少林寺初祖庵大殿（宋）

大木作图 107

橑檐枋及生头木　河北正定隆兴寺摩尼殿（宋）

大木作图 108

橑风槫及替木　河北新城开善寺大殿（辽）

大木作图 109

山西太原晋祠圣母殿（宋）

大木作图 110

搏风版及曲脊　河南登封少林寺初祖庵大殿（宋）

大木作图 111

悬鱼、惹草　山西长治慈林山法兴寺大殿（？）

大木作图 112

转角布椽　河北易县开元寺药师殿（辽）

大木作图 113

转角布椽　江苏苏州虎丘云岩寺二山门（宋）

大木作图 114
转角布椽　江苏苏州玄妙观三清殿（宋）

大木作图 115
短椽　福建福州涌泉寺陶塔（宋）

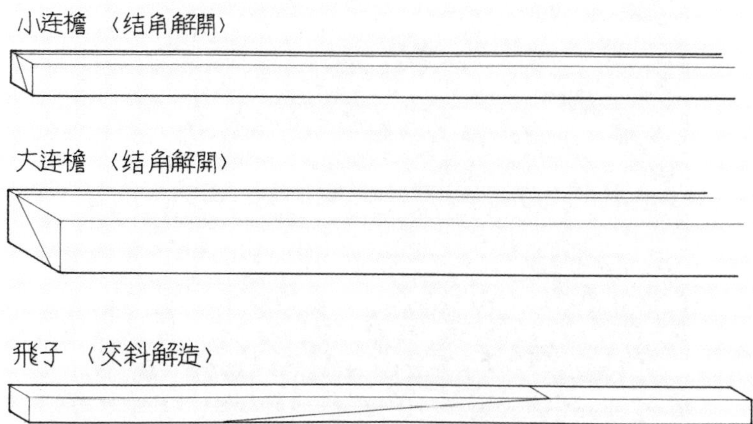

大木作图 116
交斜解造、结角解开图

举折 其名有四：一曰陠，二曰峻，三曰陠峭[103]，四曰举折。

举折[104]之制（参阅大木作制度图样二十六、二十七，大木作图 117、118、119）：先以尺为丈，以寸为尺，以分为寸，以厘为分，以毫为厘，侧画所建之屋于平正壁上，定其举之峻慢，折之圜和，然后可见屋内梁柱之高下，卯眼之远近。今俗谓之定侧样，亦曰点草架。

举屋之法：如殿阁楼台，先量前后橑檐枋心相去远近，分为三分 若余屋柱梁作，或不出跳者，则用前后檐柱心，从橑檐枋背至脊槫背，举起一分[105] 如屋深三丈，即举起一丈之类，如甋瓦厅堂，即四分中举起一分。又通以四分所得丈尺[106]，每一尺加八分；若甋瓦廊屋及瓪瓦厅堂，每一尺加五分；或瓪瓦廊屋之类，每一尺加三分。若两椽屋不加。其副阶或缠腰，并二分中举一分。

折屋之法：以举高尺丈，每尺折一寸，每架自上递减半为法。如举高二丈，即先从脊槫背上取平[107]，下至橑檐枋背，于第二缝折一尺，若椽数多，即逐缝取平，皆下至橑檐枋背，每缝并减上缝之半。如第一缝二尺，第二缝一尺，第三缝五寸，第四缝二寸五分之类。如取平，皆从槫心抨绳令紧为则。如架道不匀，即约度远近，随宜加减。以脊槫及橑檐枋为准。

若八角或四角斗尖亭榭，自橑檐枋背举至角梁底，五分中举一分；至上簇角梁，即两分中举一分。若亭榭只用瓪瓦者，即十分中举四分。

簇角梁之法[108]：用三折。先从大角梁背，自橑檐枋心量，向上至枨杆卯心，取大角梁背一半，立上折簇梁，斜向枨杆举分尽处。其簇角梁上下并出卯。中、下折簇梁同。次从上折簇梁尽处量至橑檐枋心，取大角梁背一半立中折簇梁，斜向上折簇梁当心之下。又次从橑檐枋心立下折簇梁，斜向中折簇梁当心近下 令中折簇梁上一半与上折簇梁一半之长同，其折分并同折屋之制。唯量折以曲尺于弦上取方量之，用瓪瓦者同。

〔103〕 陠，音铺。

〔104〕 举折是取得屋盖斜坡曲的方法，宋称“举折”，清称“举架”。这两种方法虽然都使屋盖成为曲面，但“举折”和“举架”的出发点和步骤却完全不同。宋人的“举折”先按房屋进深，定屋面坡度，将脊槫先“举”到预定的高度，然后从上而下，逐架“折”下来，求得各架槫的高度，形成曲线和曲面（见大木作制度图样二十六）。清人的“举架”却从最下一架起，先用比较缓和的坡度，向上逐架增加斜坡的陡峻度——例如“檐步”即最下的一架用“五举”（5∶10 的角度），次上一架用“六举”，而“六五举”“七举”……乃至“九举”。因此，最后“举”到多高，仿佛是“偶然”的结果（实际上当然不是）。这两种不同的方法得出不同的曲线，形成不同的艺术效果和风格（大木作图 118、119）。

从宋《法式》举折制度的规定中可以看出：建筑物愈大，正脊举起愈高；也就是说在一组建筑中，主要建筑物的屋顶坡度大，而次要的建筑物屋顶坡度小，至于廊屋的坡度就更小，保证了主要建筑物的突出地位（大木作图 117、118）。

从现存的建筑实例中，可以看出宋、辽、金建筑物的屋顶坡度基本上接近《法式》的规定，特别是比《法式》刊行晚二十五年创建的河南登封少林寺初祖庵大殿（公元 1125 年），可以说完全一样（大木作图 120）。

〔105〕 等腰三角形，底边长 3，高 1，每面弦的角度为 1∶1.5。

〔106〕 这里所谓“四分所得丈尺”即前后橑檐枋间距离的 1/4。

〔107〕 “取平”就是拉成一条直线。

〔108〕 用于平面是等边多角形的亭子上。宋代木构实例已没有存在的。

大木作图 117

屋顶举折　河北正定隆兴寺摩尼殿（宋）

大木作图 118

宋《营造法式》举折图

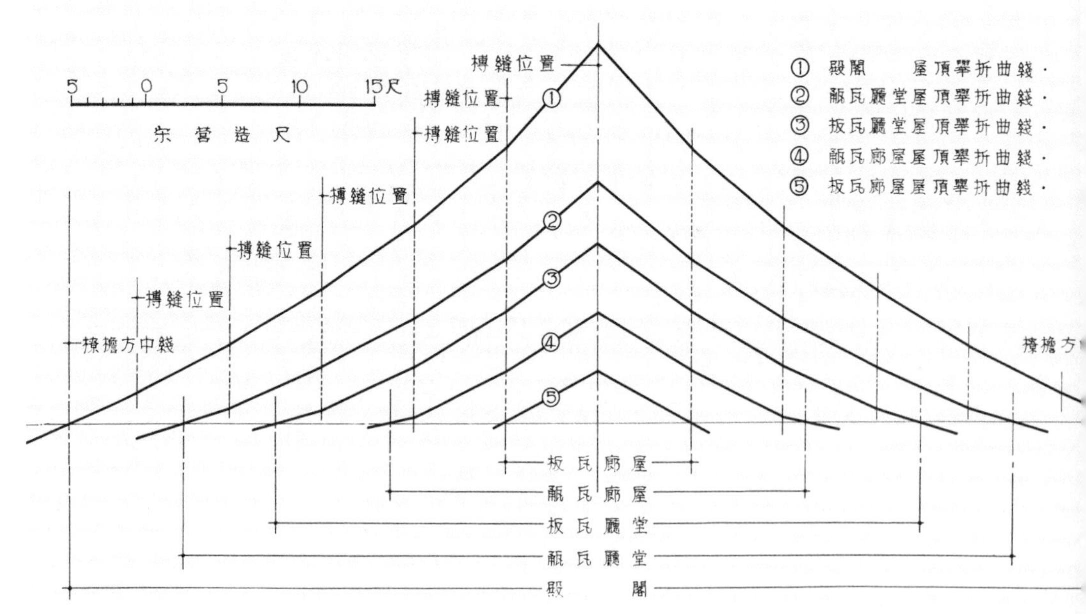

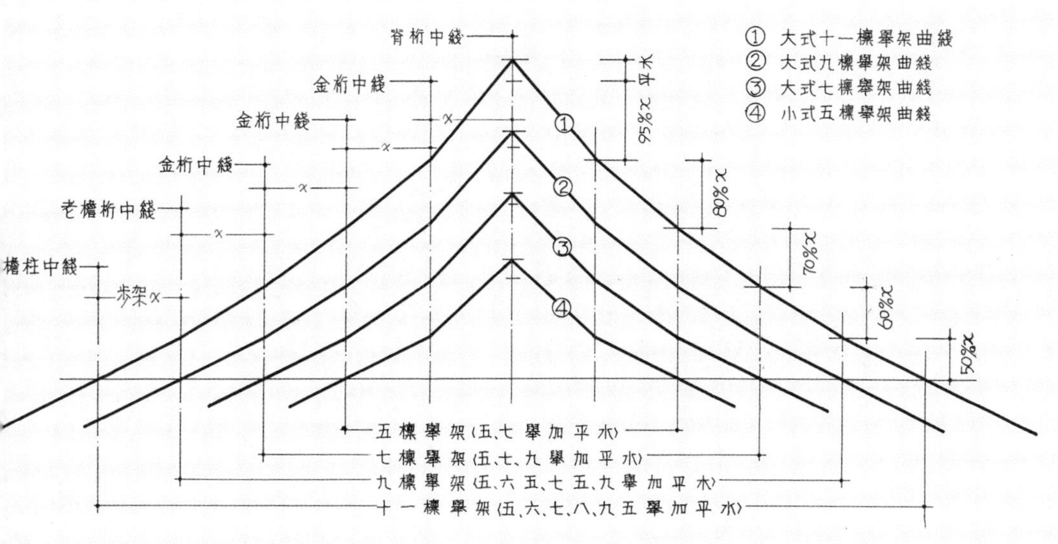

大木作图 119

清工部《工程做法》举架图

大木作图 120

唐、宋、辽、金建筑实例屋顶举折示意图

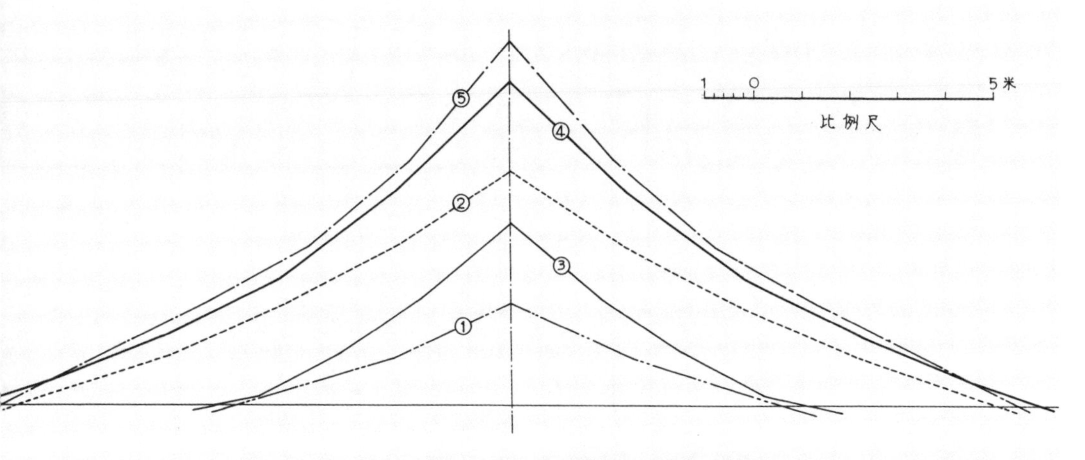

1—山西五台山南禅寺大殿（唐） 举高：前后橑檐枋心间距＝1：5.5

2—山西大同华严寺海会殿（辽） 举高：前后橑檐枋心间距＝1：3.3

3—河南登封少林寺初祖庵大殿（宋） 举高：前后橑檐枋心间距＝1：3.4

4—《营造法式》（宋） 举高：前后橑檐枋心间距＝1：3.5

5—山西大同善化寺三圣殿（金） 举高：前后橑檐枋心间距＝1：3.0

1
2
3
4
5
6
7
8
9

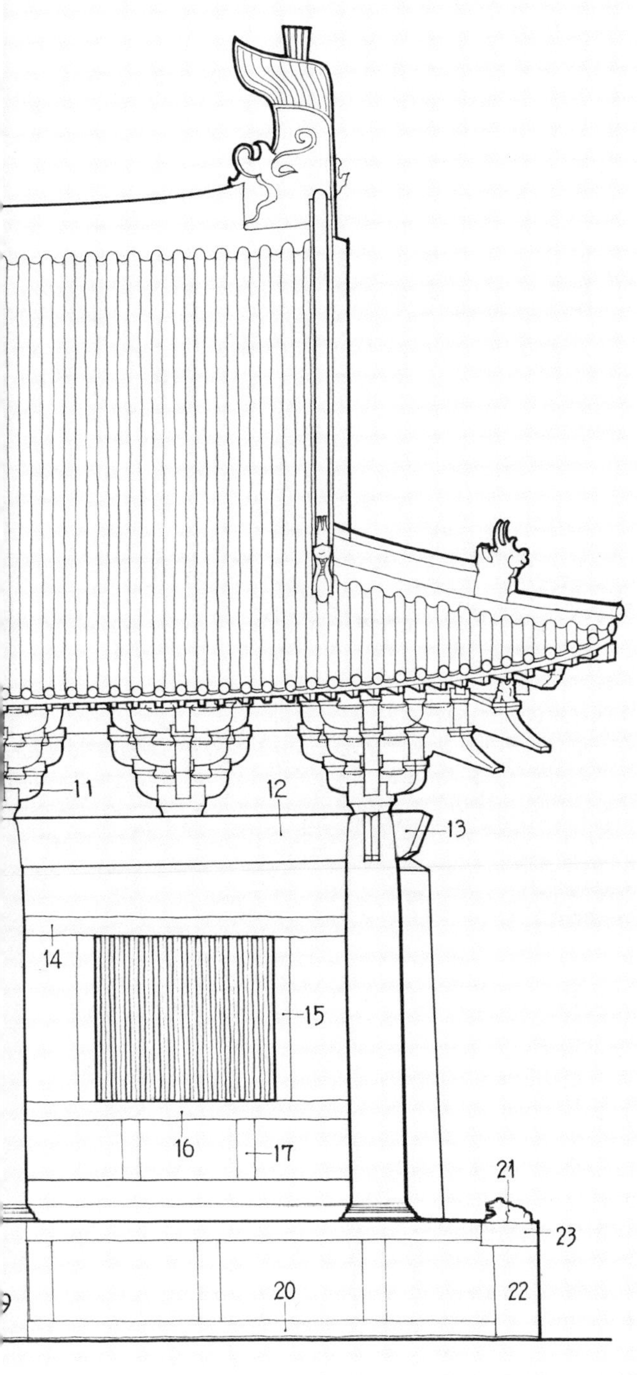

1. 大角梁
2. 子角梁
3. 栱眼壁
4. 补间铺作
5. 直棂窗
6. 地栿
7. 格身板柱
8. 压阑石
9. 柱础
10. 版门
11. 柱头铺作
12. 阑额
13. 耍头
14. 额
15. 立颊
16. 腰串
17. 心柱
18. 踏道
19. 副子
20. 石地栿
21. 角兽
22. 角柱
23. 角石

大木作图 121-1

宋代木构建筑假想图之四——正立面

1
3
8
9
10
7
13
14
15
16

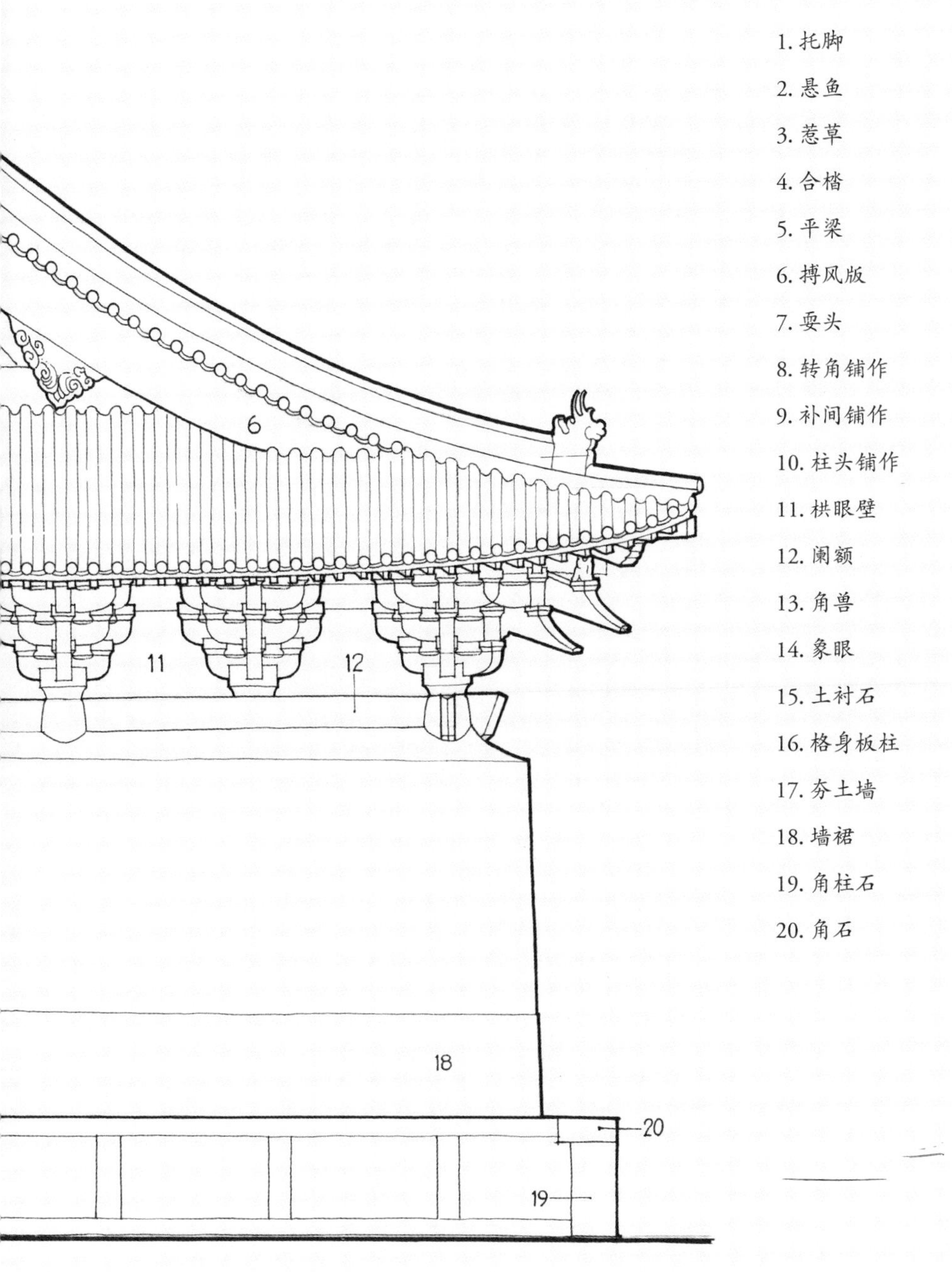

大木作图 121-2

宋代木构建筑假想图之四——侧立面

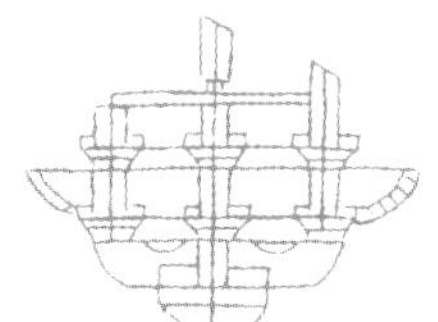

柒

小木作及诸作制度

《营造法式》

卷第六

版门〔1〕　**双扇版门、独扇版门**

造版门（小木作图1）之制：高七尺至二丈四尺，广与高方。〔2〕谓门高一丈，则每扇之广不得过〔2〕五尺之类。如减广者，不得过五分之一。谓门扇合〔3〕广五尺，如减不得过〔2〕四尺之类。其名件广厚，皆取门每尺之高，积而为法。〔4〕独扇用者，高不过七尺，余准此法。

肘版〔5〕：长视〔6〕门高。别留出上下两鑱〔7〕；如用铁桶子或鞾臼〔8〕，即下不用鑱。每门高一尺，则广一寸，厚三分。谓门高一丈，则肘版广一尺，厚三寸。丈尺不等。依此加减。下同。

副肘版〔9〕：长广同上，厚二分五厘。高一丈二尺以上用，其肘版与副肘版皆加至一尺五寸止。〔10〕

身口版〔11〕：长同上，广随材〔12〕，通〔13〕肘版与副肘版合缝计数，令足一扇之广　如牙缝〔14〕造者，每一版广加五分为定法，厚二分。

楅〔15〕：每门广一尺，则长九寸二分〔16〕，广八分，厚五分。衬关楅〔17〕同。用楅之数：若门高七尺以下，用五楅；高八尺至一丈三尺，用七楅；高一丈四尺至一丈九尺，用九楅；高二丈至二丈二尺，用十一楅；高二丈三尺至二丈四尺，用十三楅。

额[18]：长随间之广，其广八分，厚三分。双卯入柱。

鸡栖木[19]：长厚同额，广六分。

门簪[20]：长一寸八分，方四分，头长四分半。余分为三分，上下各去一分，留中心为卯。[21]颊、内额上，两壁各留半分，外匀作三分[22]，安簪四枚。

立颊[23]：长同肘版，广七分，厚同额。三分中取一分[24]为心卯，下同。如颊外有余空[25]，即里外[26]用难子[27]安泥道版[28]。

地栿[29]：长厚同额，广同颊。若断砌门[30]，则不用地栿，于两颊之下安卧柣、立柣。

门砧[31]：长二寸一分，广九分，厚六分。地栿内外各留二分，余并挑肩破瓣。

凡版门如高一丈，所用门关[32]径四寸。关上用柱门拐。[33]搕鏁柱[34]长五尺，广六寸四分，厚二寸六分。如高一丈以下者，只用伏兔、手栓。[35]伏兔广厚同楅，长令上下至楅。手栓长二尺至一尺五寸，广二寸五分至二寸，厚二寸至一寸五分。缝内透栓[36]及劄[37]，并间楅用。透栓广二寸，厚七分。每门增高一尺，则关[38]径加一分五厘；搕鏁柱长加一寸，广加四分，厚加一分，透栓广加一分，厚加三厘。透栓若减，亦同加法。一丈以上用四栓，一丈以下用二栓。其劄，若门高二丈以上，长四寸，广三寸二分，厚九分；一丈五尺以上，长同上，广二寸七分，厚八分；一丈以上，长三寸五分，广二寸二分，厚七分；高七尺以上，长三寸，广一寸八分，厚六分。若门高七尺以上，则上用鸡栖木，下用门砧。若七尺以下，则上下并用伏兔。高一丈二尺以上者，或用铁桶子鹅台石砧。高二丈以上者，门上鑲安铁锏[39]，鸡栖木安铁钏[40]，下鑲安铁鞾臼[41]，用石地栿、门砧及铁鹅台[42]。如断砌，即卧柣、立柣并用石造。地栿版[43]长随立柣间[44]之广，其广同阶之高，厚量长广取宜；每长一尺五寸用楅一枚。

〔1〕 版门是用若干块版拼成一大块版的门，多少有些“防御”的性质，一般用于外层院墙的大门以及城门上，但也有用作殿堂门的。

〔2〕 “广与高方”的“广”是指两扇合计之“广”，一扇就成“高二广一”的比例。这两个“不得过”，前一个是“不得超过”或“不得多过”，后一个是“不得少于”或“不得少过”。

〔3〕 “合”作“应该是”讲。

〔4〕 “取门每尺之高，积而为法”就是以门的高度为一百，用这个百分比来定各部分的比例尺寸。

〔5〕 肘版是构成版门的最靠门边的一块版，整扇门的重量都悬在肘版上，所以特

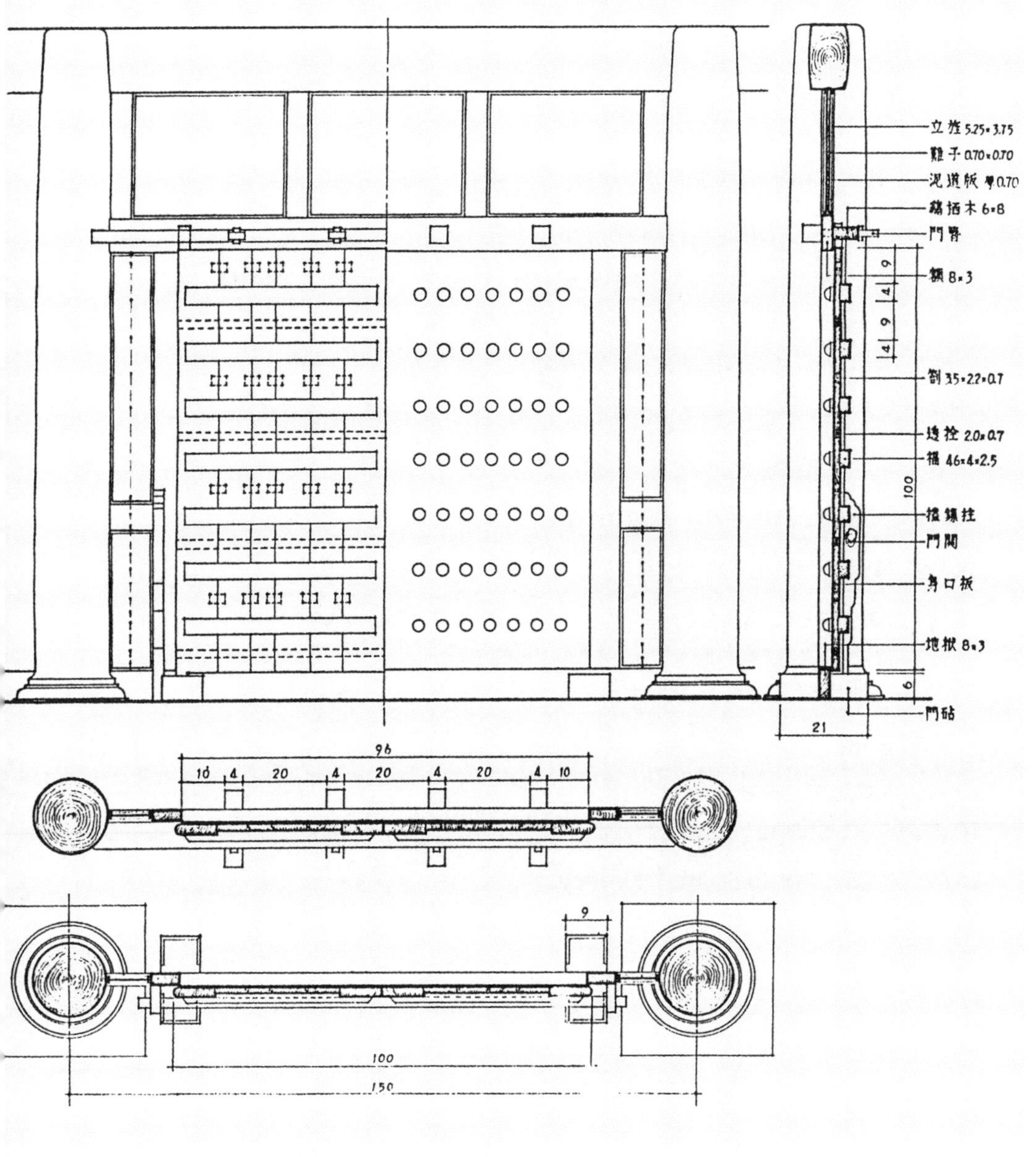

小木作图 1

版门[1]图

[1] 小木作各图释均为徐伯安绘制（共三十二幅，其中一至二幅可能是由其他人绘制的铅笔草稿）。——徐伯安注

别厚。清代称“大边”。

〔6〕“视”作“按照”或“根据”讲。

〔7〕“鑹”字不见于字典，读音不详，可能读“纂”。这里是指肘版上下两头延伸出去的转轴。清代就称转轴。

〔8〕门砧上容纳并承托鑹的碗形凹坑。

〔9〕副肘版是门扇最靠外，亦即离肘版最远的一块版。

〔10〕这是肘版和副肘版广（宽度）的最大绝对尺寸，不是“积而为法”的比例尺寸。

〔11〕身口版是肘版和副肘版之间的版，清代称“门心版”。

〔12〕这个“材”不是“大木作制度”中“材分°”之“材”，指的只是木料或木材。

〔13〕“通”就是“连同”。

〔14〕“牙缝”就是我们所谓的“企口”或压缝。

〔15〕楅是钉在门板背面使肘版、身口版和副肘版连成一个整体的横木。

〔16〕“每门广一尺，则长九寸二分”十一个字，《营造法式》各版本都印作小注，按文义及其他各条体制，改为正文。但下面的“广八分，厚五分”则仍是按“门每尺之高”计算。

〔17〕衬关楅[1]。

〔18〕额就是门上的横额，清代称“上槛”。

〔19〕鸡栖木是安在额的背面，两端各凿出一个圆孔，以接纳肘版的上鑹。清代称“连楹”。鸡栖木是用门簪“簪”在额上的。

〔20〕门簪是把鸡栖木系在额上的构件，清代也称门簪。

〔21〕“余分为三分，上下各去一分，留中心为卯”，是将“长一寸八分”中，除去“头长四分半”所余下的一寸三分五厘的一段，将“方四分”的“断面”，匀分作三等分，每分为一分三厘三毫，将两侧的各一分去掉，留下中间一片长一寸三分五厘、宽四分、厚一分三厘三毫的板状部分就是门簪的卯。

〔22〕这里所说，是将两颊间额的长度，匀分作四分，两端各留半分，中间匀分作三分，以定安门簪的位置，各版本“外匀作三分”都是“外均作三分”，按文义将“均”字改作“匀”字。

[1] 此注原缺。

〔23〕 立颊是立在门两边的构材，清代称“抱框”或“门框”。[1]

〔24〕 按立颊的厚度匀分作三分，留中心一分为卯。

〔25〕 “颊外有余空”是指门和立颊加在一起的宽度（广）小于间广两柱间的净距离，颊与柱之间有“余空”。

〔26〕 这个“外”是指门里门外的“外”，不是“颊外有余空”的“外”。

〔27〕 难子是在一个框子里镶装木板时，用来遮盖框和板之间的接缝的细木条。清代称“仔边”。现在我们叫它作压缝条。

〔28〕 泥道版清代称“余塞版”。按“大木作制度”，铺作中安在柱和阑额中线上的最下一层栱称“泥道栱”，因此“泥道”一词可能是指在这一中线位置而言。

〔29〕 地栿清代称“门坎”或“下槛”。

〔30〕 断砌门就是将阶基切断，可通车马的做法，见“石作制度”及图样。

〔31〕 门砧是承托门下鑻的构件，一般多用石造。清代称“门枕”。见“石作制度”及图样。

〔32〕 门关是大门背后，在距地面约五尺的高度，两头插在搕鏁柱内，用来挡住门扇使不能开的木杠。

〔33〕 柱门楞是一块楔形长条木块，塞在门关和门扇之间的空当里，使门紧闭不动。楞即“拐”字的异体写法。

〔34〕 搕鏁柱是安在门内两边的立颊上，凿留圆孔以承纳门关的构件。后世所见，有许多不用搕鏁柱而代以活动半圆形铁环的做法。搕音“合”，鏁是“锁”的异体字，读如“合锁柱”。

〔35〕 伏兔是小型的搕鏁柱，安在版门背面门板上。手栓是安在伏兔内可以横向左右移动，但不能取下来的门栓；清代称“插关”。

〔36〕 透栓是在门板之内，横向穿通全部肘版、身口版和副肘版以固定各条板材之间的连接的木条。

〔37〕 劄是仅仅安在两块板缝之间，但不像透栓那样全部穿通，使板缝不致凸凹不平的联系构件。

〔38〕 关，指门关。

〔39〕 锏，音“谏”，原意是“车轴铁”，是紧箍在上鑻上的铁箍。

---

[1] 立颊并非清代“抱框”，只是门扇的门框。《营造法式》中相当于“抱框”的似乎应是“榑柱”。——徐伯安注

〔40〕 钏，音“串”，原意是“臂环”“手镯”，是安在鸡栖木圆孔内，以利上鑛转动的铁环。

〔41〕 铁鞾臼是安在下鑛下端的“铁鞋”。鞾是“靴”的异体字，音“华”；鞾臼读如“华旧”。

〔42〕 铁鹅台是安在石门砧上，上面有碗形圆凹坑以承受下鑛鞾铁臼的铁块。

〔43〕 地栿版就是可以随时安上或者取掉的活动门坎，安在立柣的槽内。

〔44〕 各版本原文是“长随立柣之广”，按文义加一“间”字，改成“长随立柣间之广”。

乌头门〔45〕 其名有三：一曰乌头大门，二曰表楬〔46〕，三曰阀阅；今呼为棂星门。

造乌头门之制〔47〕：俗谓之棂星门。高八尺至二丈二尺，广与高方。若高一丈五尺以上，如减广不过五分之一。用双腰串。七尺以下或用单腰串；如高一丈五尺以上，用夹腰华版，版心内用桩子。〔48〕每扇各随其长，于上腰中心分作两分，腰上安子桯〔49〕、棂子。棂子之数须双用。腰华以下，并安障水版。或下安鋜脚，则于下桯上施串一条。其版内外并施牙头护缝〔50〕 下牙头或用如意头造。门后用罗文楅〔51〕。左右结角斜安，当心绞口。其名件广厚，皆取门每尺之高，积而为法。

肘：长视高。每门高一尺，广五分，厚三分三厘。

桯：长同上，方三分三厘。

腰串：长随扇之广，其广四分，厚同肘。

腰华版：长随两桯之内，广六分，厚六厘。

鋜脚版：长厚同上，其广四分。

子桯：广二分二厘，厚三分。

承棂串〔52〕：穿棂当中，广厚同子桯。于子桯之内横用一条或二条。

棂子：厚一分。长入子桯之内三分之一。若门高一丈，则广一寸八分。如高增一尺，则加一分；减亦如之。

障水版：广随两桯之内，厚七厘。

障水版及鋜脚、腰华内难子：长随桯内四周，方七厘。

牙头版：长同腰华版，广六分，厚同障水版。

腰华版及鋜脚内牙头版：长视广，其广亦如之〔53〕，厚同上。

护缝：厚同上。广同棂子。

罗文楅：长对角〔54〕，广二分五厘，厚二分。

额：广八分，厚三分。其长每门高一尺，则加六寸。

立颊：长视门高 上下各别出卯，广七分，厚同额。颊下安卧柣、立柣〔55〕。

挟门柱：方八分。其长每门高一尺，则加八寸。柱下栽入地内〔56〕，上施乌头。

日月版〔57〕：长四寸，广一寸二分，厚一分五厘。

抢柱〔58〕：方四分。其长每门高一尺，则加二寸。

凡乌头门（小木作图 2）所用鸡栖木、门簪、门砧、门关、搕鏁柱、石砧、铁鞾臼、鹅台之类，并准版门之制。

〔45〕 乌头门是一种略似牌楼样式的门。牌楼上有檐瓦，下无门扇，乌头门恰好相反，上无檐瓦而下有门扇。乌头门是这种门在宋代的“官名”；“俗谓之棂星门”。到清代，它就只有“棂星门”这一名称；“乌头门”已经被遗忘了。北京天坛圜丘和社稷坛四周矮墙每面都设棂星门，但都是石造的。

〔46〕 楬，音竭，是表识（标志）的意思。

〔47〕 “造乌头门之制”这一段说得不太清楚，有必要先说明它的全貌。乌头门有两个主要部分：一，门扇；二，安装门扇的框架。门扇本身是先做成一个类似“目”字形的框子：左右垂直的是肘（相当于版门的肘版）和桯（相当于副肘版，肘和桯清代都称“边挺”）；上下两头横的也叫桯，上头的是上桯，下头的是下桯，中间两道横的是串，因在半中腰，所以叫腰串；因用两道，上下相去较近，所以叫双腰串（上桯、下桯、腰串清代都称“抹头”）。腰串以上安垂直的木条，叫作棂子；通过棂子之间的空当，内外可以看通。双腰串之间和腰串以下镶木版；两道腰串之间的叫腰华版（清代称“绦环版”）；腰串和下桯之间的叫障水版（清代称“裙版”）。如果门很高，就在下桯之上、障水版之下，再加一串，这道串和下桯之间也有一定距离（略似双腰串间的距离）也安一块版，叫作鋜脚版。以上是门扇的构造情况。

安门的“框架”部分，以两根挟门柱和上边的一道额组成。额和柱相交处，在额上安日月版。柱头上用乌头扣在上面，以防雨水渗入腐蚀柱身。乌头一般是琉璃陶制，清代叫“云罐”。为了防止挟门柱倾斜，前各用抢柱支撑。抢柱在清代叫作“戗柱”。

〔48〕 夹腰华版和腰华版有什么区别还不清楚，也不明了桩子是什么，怎样用法。

〔49〕 子桯是安在腰串的上面和上桯的下面，以安装棂子的横木条。

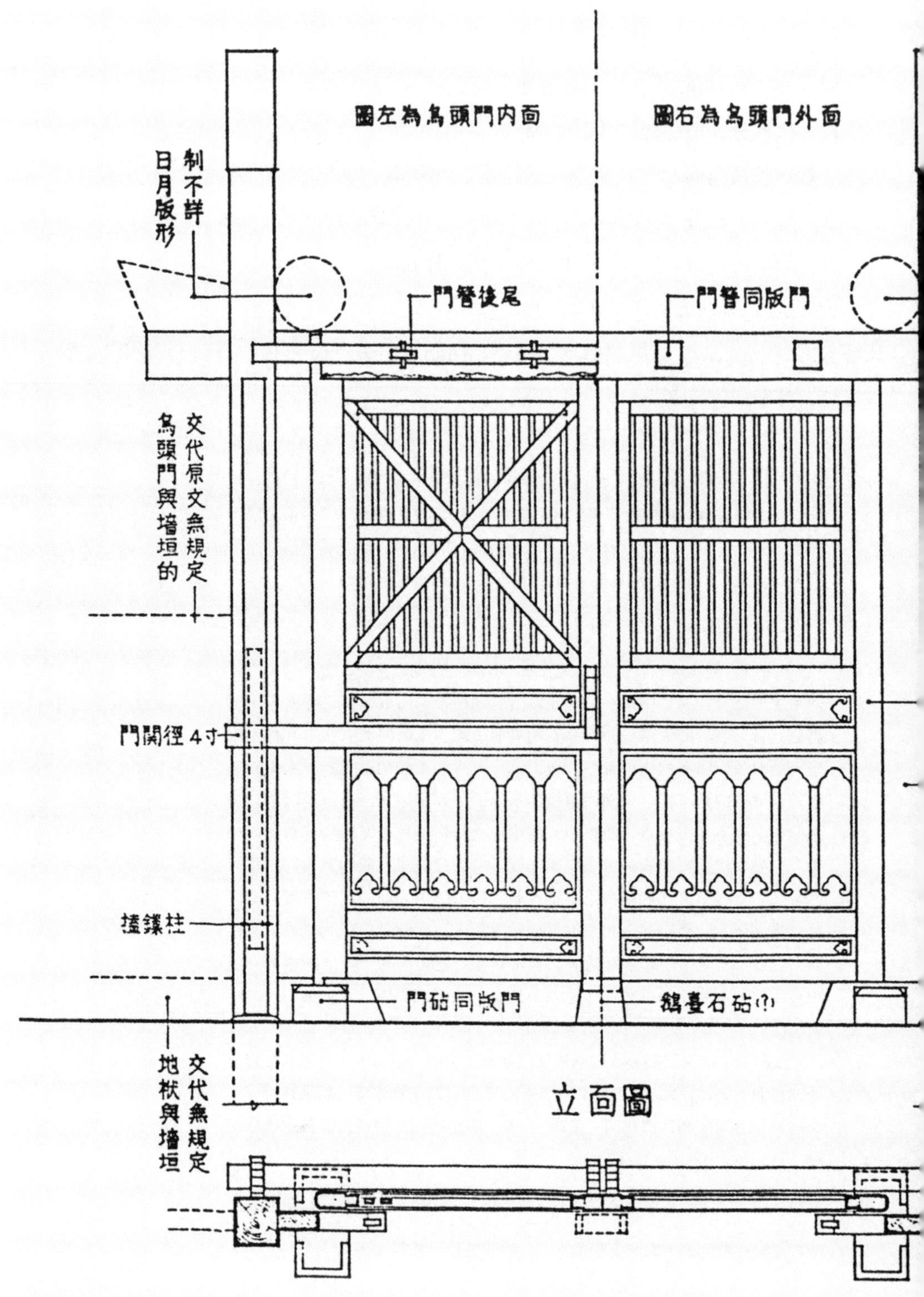
圖左為烏頭門内面
圖右為烏頭門外面
日月版形
制不詳
門簪後尾
門簪同版門
烏頭門與墻垣的
交代原文無規定
門關徑4寸
搕鏁柱
門砧同版門
鵝臺石砧(?)
地栿與墻垣
交代無規定
立面圖

小木作图 2

乌头门图

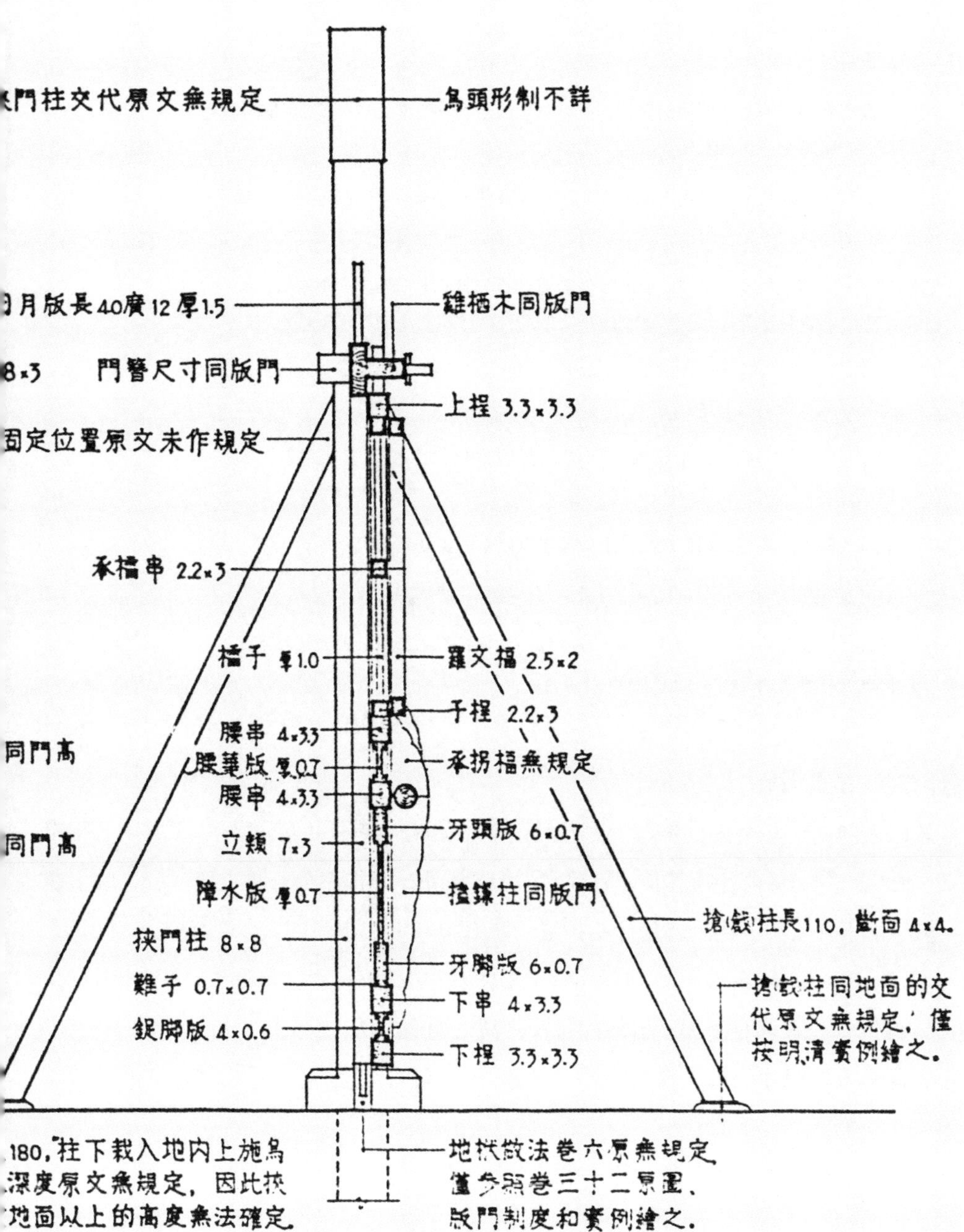

平面圖　　Δ 斷面圖（搕鏁柱、承拐福形制不詳）

〔50〕 护缝是掩盖板缝的木条。有时这种木条的上部做成形的牙头，下部做成如意头。

〔51〕 罗文楅是门扇障水版背面的斜撑，可以防止门扇下垂变形，也可以加固障水版，是斜角十字交叉安装的。

〔52〕 因为棂子细而长，容易折断或变形，用一道或两道较细的串来固定并加固棂子，叫作承棂串。

〔53〕 这个“长视广”的“广”，是指门扇的肘和桯之间的广，“其广亦如之”的“之”，是说也像那样“视”两道腰串之间的广或障水版下面所加的那道串和下桯之间的空当的距离。

〔54〕 这是指障水版的斜对角。

〔55〕 乌头门下一般都要让车马通行，所以要用卧柣、立柣，安地栿版（活门坎）。

〔56〕 栽入的深度无规定，因为挟门柱上端伸出额以上的长度无规定。

〔57〕 日月版的长度四寸，是指日版、月版再加上挟门柱的宽度而言。

〔58〕 抢柱的长度并不很长，用什么角度撑在挟门柱的什么高度上，以及抢柱下端如何交代都不清楚。

软门〔59〕 牙头护缝软门、合版软门

造软门之制：广与高方；若高一丈五尺以上，如减广者不过五分之一。〔60〕用双腰串造。或用单腰串。每扇各随其长，除桯〔61〕及腰串外，分作三分，腰上留二分，腰下留一分，上下并安版，内外皆施牙头护缝。其身内版及牙头护缝所用版，如门高七尺至一丈二尺，并厚六分；高一丈三尺至一丈六尺，并厚八分；高七尺以下，并厚五分〔62〕，皆为定法。腰华版厚同。下牙头或用如意头。其名件广厚。皆取门每尺之高，积而为法。

拢桯内外用牙头护缝软门（小木作图3）〔63〕：高六尺至一丈六尺。额、栿〔64〕内上下施伏兔〔65〕用立㮰〔66〕。

肘：长视门高，每门高一尺，则广五分，厚二分八厘。

桯：长同上 上下各出二分，方二分八厘。

腰串：长随每扇之广，其广四分，厚二分八厘。随其厚三分，以一分为卯。

腰华版：长同上，广五分。

合版软门〔67〕（小木作图4）：高八尺至一丈三尺，并用七楅，八尺以下用五楅。上

下牙头，通身护缝，皆厚六分[68]。如门高一丈，即牙头广五寸，护缝广二寸，每增高一尺，则牙头加五分，护缝加一分，减亦如之[68]。

肘版：长视高，广一寸，厚二分五厘。

身口版：长同上，广随材。通肘版合缝计数，令足一扇之广。厚一分五厘。

楅：每门广一尺，则长九寸二分。广七分，厚四分。

凡软门内或用手栓、伏兔，或用承柺楅，其额、立颊、地栿、鸡栖木、门簪、门砧、石砧、铁桶子、鹅台之类，并准版门之制。

〔59〕“软门”是在构造上和用材上都比较轻巧的门。牙头护缝软门在构造上与乌头门的门扇类似——用桯和串先做成框子，再镶上木板。合版软门在构造上与版门相同，只是版较薄，外面加牙头护缝。

〔60〕“造软门之制”这一段中，只有这一句适用于两种软门。从“用双腰串”这句起，到小注“下牙头或用如意头”止，说的只是牙头护缝软门。

〔61〕这个“桯”是指横在门扇头上的上桯和脚下的下桯。

〔62〕这段小注内的“六分”“八分”“五分”都是门版厚度的绝对尺寸，而不是“积而为法”的比例尺寸。

〔63〕“拢桯”大概是“四面用桯拢或框框”的意思。这种门就是“用桯和串拢成框架、身内版的内外两面都用牙头护缝的软门”。

〔64〕这个“栿”就是地栿或门坎。

〔65〕这个伏兔安在额和地栿的里面，正在两扇门对缝处。

〔66〕立㮁是一根垂直的门关，安在上述上下两伏兔之间，从里面将门拦闭。“㮁”字不见于字典，读音不详，姑且读如“添”。

〔67〕合版软门在构造上与版门类似，只是门板较薄，只用楅而不用透栓和劄。外面则用牙头护缝。

〔68〕这个小注中的尺寸都是绝对尺寸。

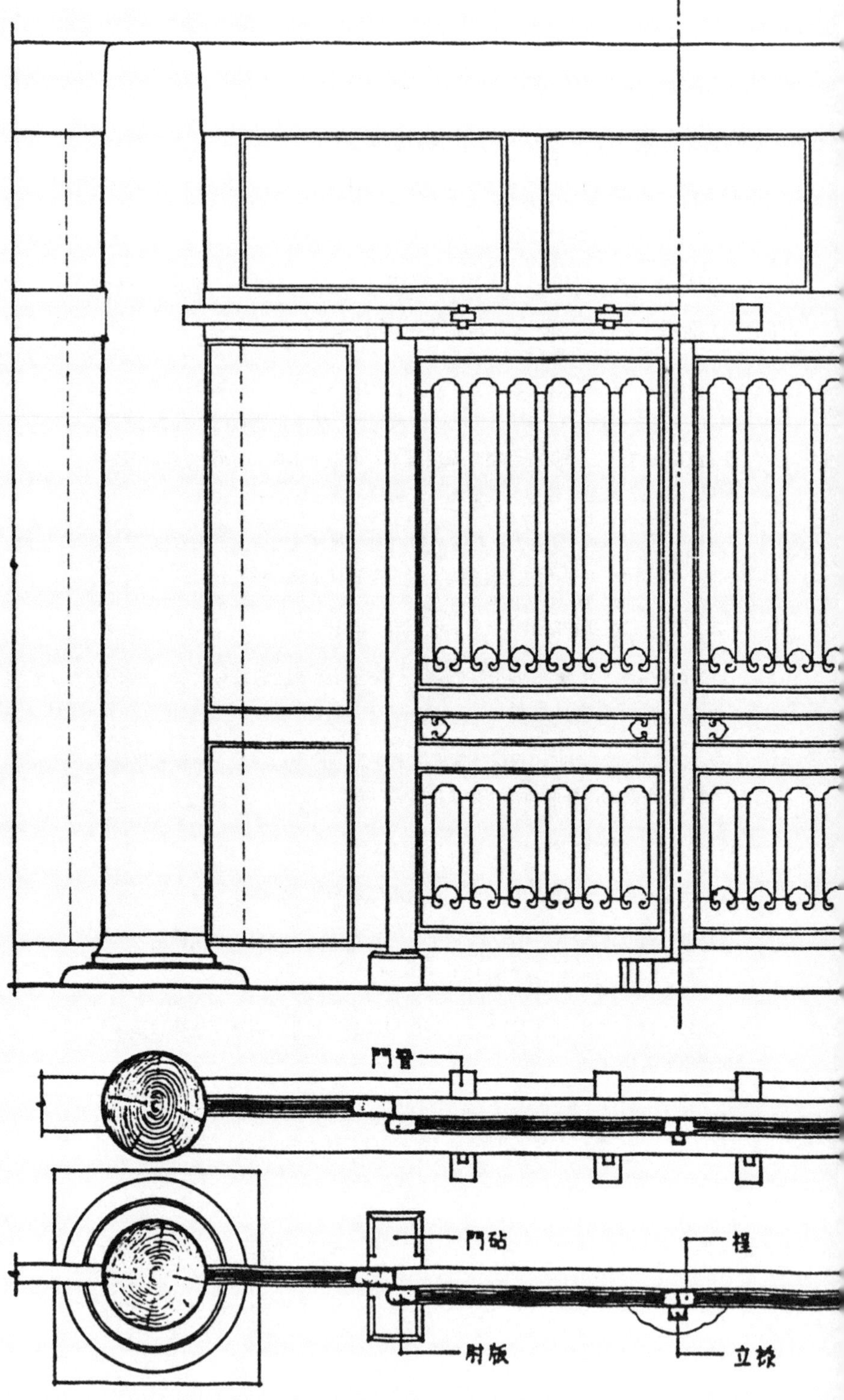
門簪
門砧
桯
肘版
立㮰

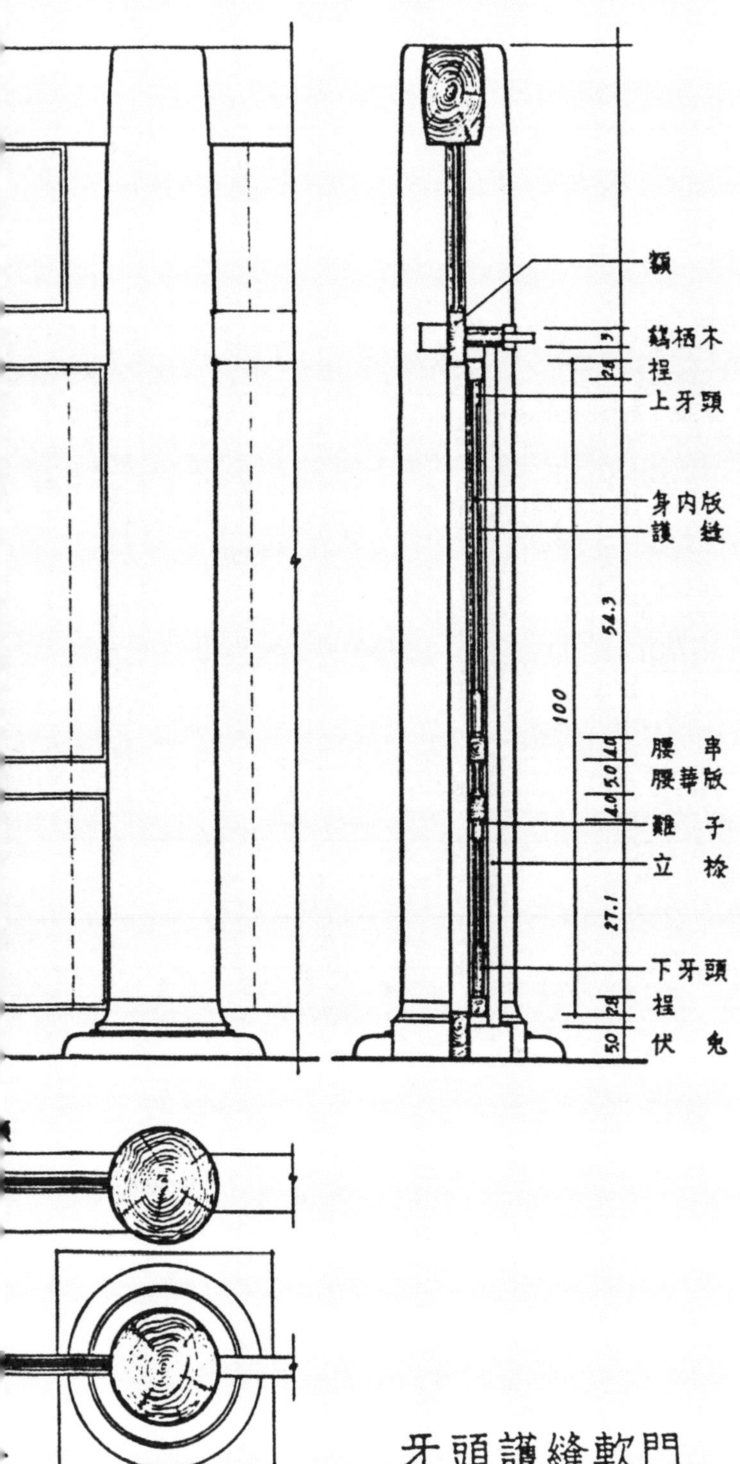

小木作图 3

牙头护缝软门图

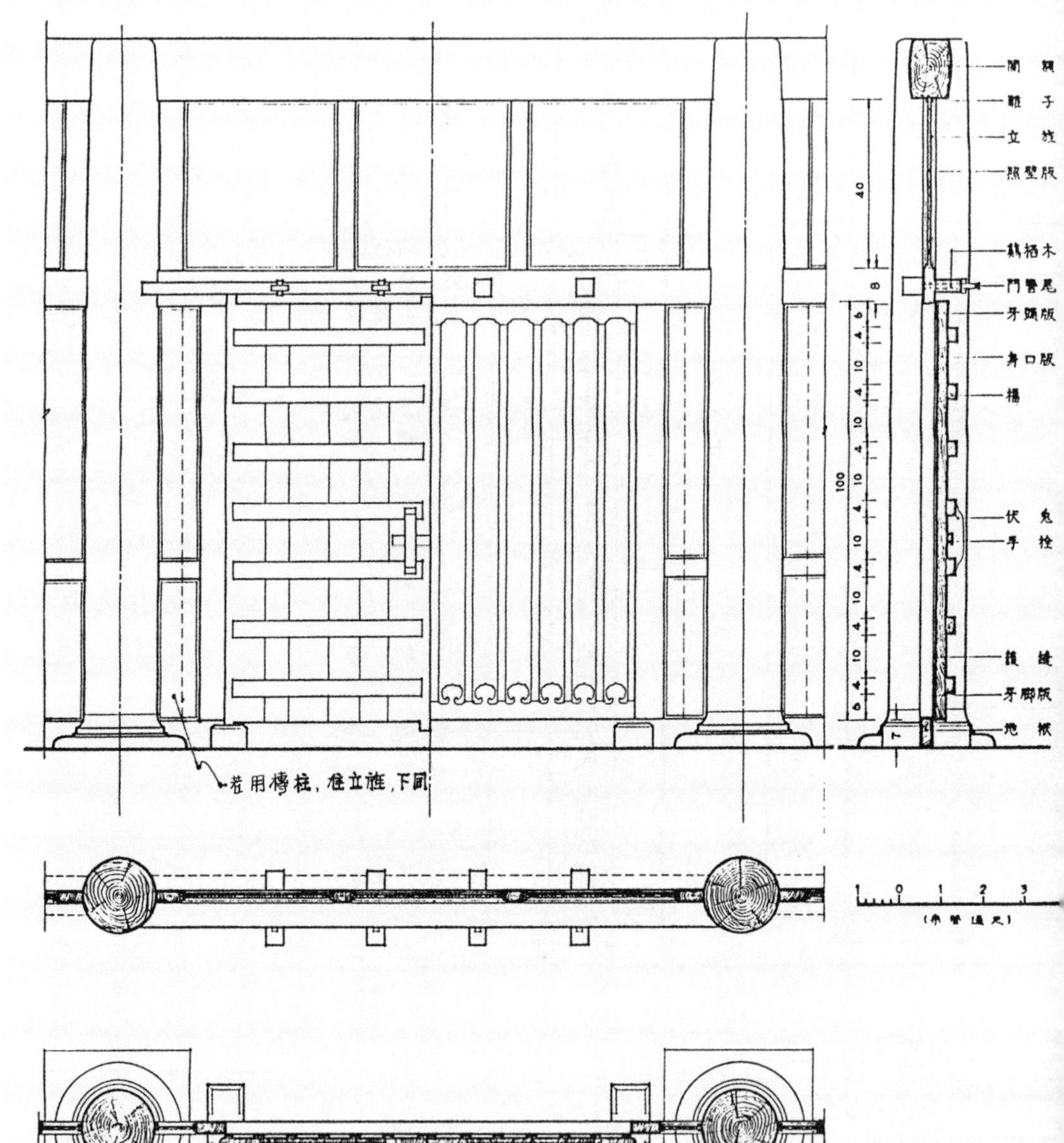
闌額
難子
立旌
照壁版
雞栖木
門簪尾
牙頭版
身口版
楅
伏兔
手栓
護縫
牙脚版
地栿
若用槫柱，准立旌，下同
(宋營造尺)
隔截橫鈐立旌、合版軟門

小木作图 4

合版软门图

破子棂窗[69]

造破子棂窗（小木作图5）之制：高四尺至八尺。如间广一丈，用一十七棂。若广增一尺，即更加二棂。相去空一寸。不以棂之广狭，只以空一寸为定法。其名件广厚，皆以窗每尺之高，积而为法。

破子棂：每窗高一尺，则长九寸八分。令上下入子桯内，深三分之二。广五分六厘，厚二分八厘。每用一条，方四分，结角[70]解作两条，则自得上项广厚也。每间以五棂出卯透子桯。

子桯：长随棂空[71]。上下并合角斜叉立颊。[72]广五分，厚四分。

额及腰串：长随间广，广一寸二分，厚随子桯之广。

立颊：长随窗之高、广厚同额。两壁内隐出子桯。

地栿：长厚同额，广一寸。[73]

凡破子窗，于腰串下、地栿上，安心柱、槫颊[74]。柱内或用障水版、牙脚[75]牙头填心难子造，或用心柱编竹造[76]；或于腰串下用隔减[77]窗坐造。凡安窗，于腰串下高四尺至三尺[78]。仍令窗额与门额齐平。

〔69〕破子棂窗以及下文的睒电窗、版棂窗，其实都是棂窗。它们都是在由额、腰串和立颊所构成的窗框内安上下方向的木条（棂子）做成的。所不同者，破子棂窗的棂子是将断面正方形的木条，斜角破开成两根断面作等腰三角形的棂子，所以叫破子棂窗；睒电窗的棂子是弯来弯去，或做成“水波纹”的形式，版棂窗的棂子就是简单的“广二寸、厚七分”的板条。

在本文中，“破子棂窗”都写成“破子窗”，可能当时匠人口语中已将“棂”字省掉了。

〔70〕“结角”就是“对角”。

〔71〕“长随棂空”可理解为“长广按全部棂子和它们之间的空当的尺寸总和而定”。

〔72〕“合角斜叉立颊”就是水平的子桯和垂直的子桯转角相交处，表面做成45°角，见小木作图样。

〔73〕地栿的广厚，大木作也有规定。如两种规定不一致时，似应以大木作为准。

〔74〕槫颊是靠在大木作的柱身上的短立颊。

〔75〕“牙脚”就是“造乌头门之制”里所提到的“下牙头”。

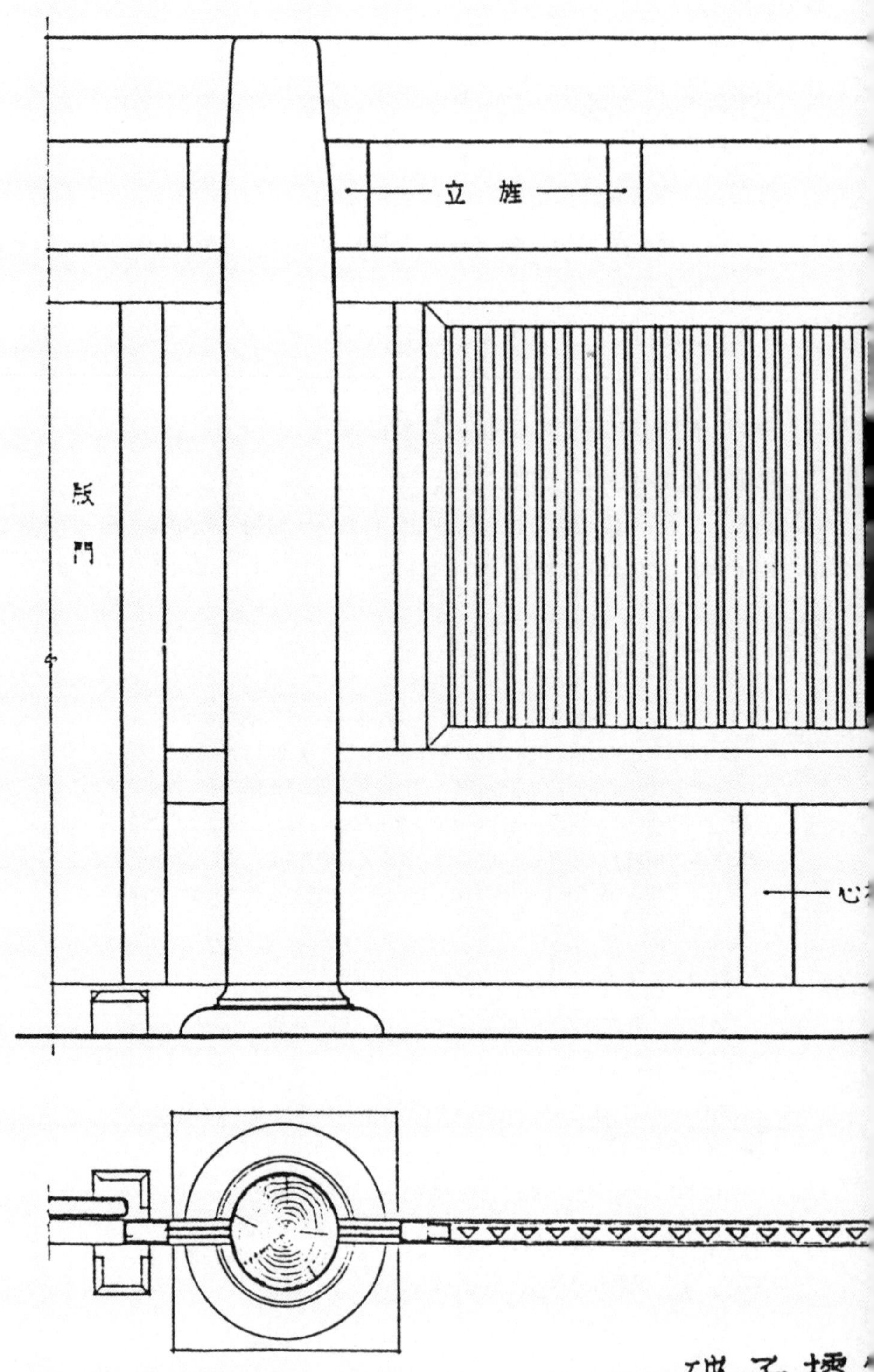

破子櫺

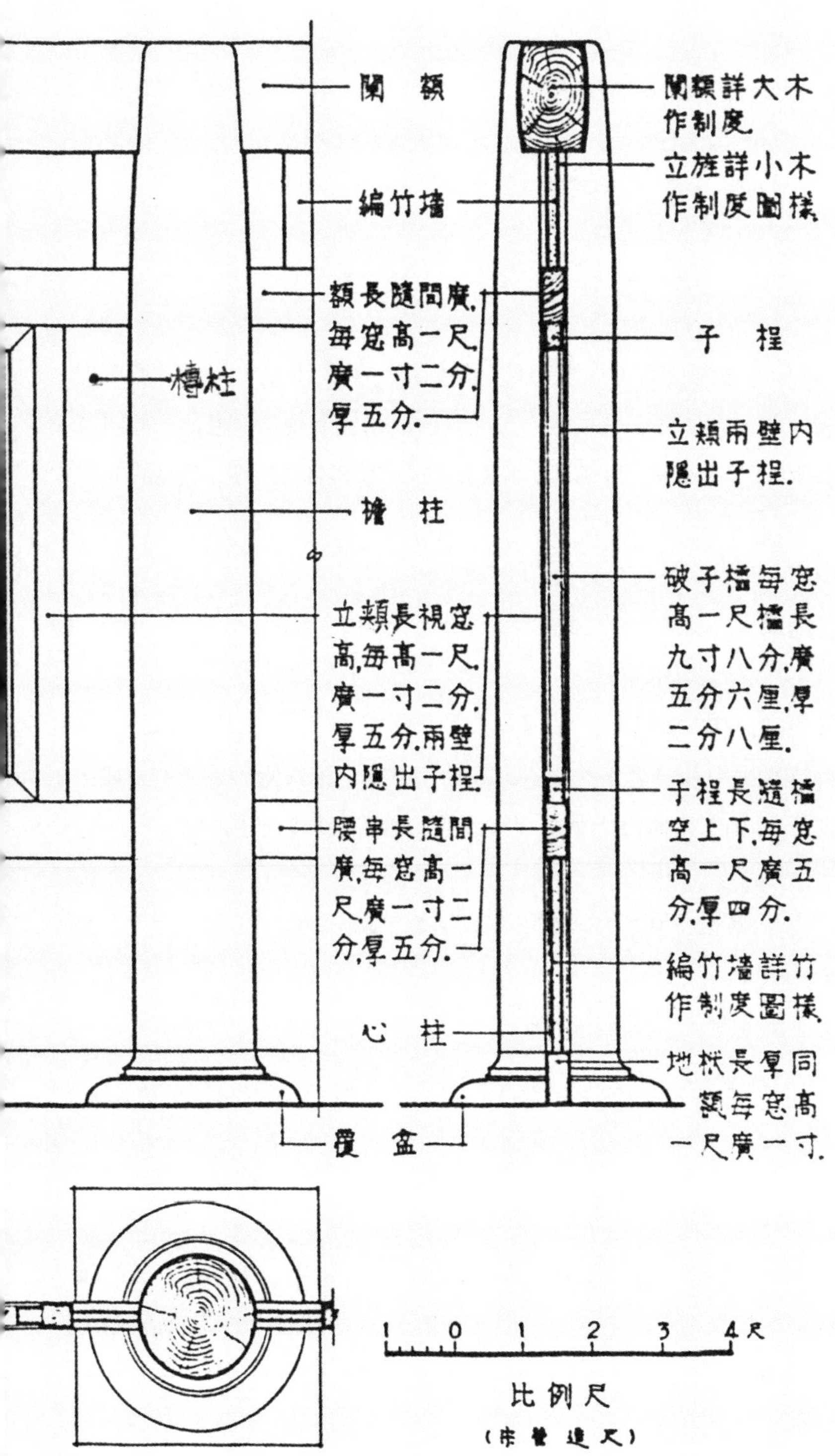

闌額
編竹墻
額長隨間廣,每窗高一尺,廣一寸二分,厚五分.
槫柱
檐柱
立頰長視窗高,每高一尺,廣一寸二分,厚五分,兩壁內隱出子桯.
腰串長隨間廣,每窗高一尺,廣一寸二分,厚五分.
心柱
覆盆
闌額詳大木作制度.
立旌詳小木作制度圖樣
子桯
立頰兩壁內隱出子桯.
破子櫺每窗高一尺櫺長九寸八分,廣五分六厘,厚二分八厘.
子桯長隨櫺空上下,每窗高一尺廣五分,厚四分.
編竹墻詳竹作制度圖樣.
地栿長厚同額每窗高一尺廣一寸.
1 0 1 2 3 4尺
比例尺
(宋營造尺)

小木作图 5

破子棂窗图

〔76〕“编竹造”可能还要内外抹灰。

〔77〕“隔减”可能是腰串（窗槛）以下砌墙，清代称“槛墙”。从文义推测，“隔减”的“减”字可能是“堿”字之讹。

〔78〕这是说：腰串（窗槛）的高度在地面上四尺至三尺；但须注意“窗额与门额齐平”。所以，首先是门的高度决定门额和窗额的高度，然后由窗额向下量出窗本身的高度，才定腰串的位置。

睒电窗〔79〕

造睒电窗（小木作图6）之制：高二尺至三尺。每间广一丈，用二十一棂。若广增一尺，则更加二棂，相去空一寸。其棂实广二寸，曲广二寸七分，厚七分。谓以广二寸七分直棂，左右剜刻取曲势，造成实广二寸也。其广厚皆为定法。〔80〕其名件广厚，皆取窗每尺之高，积而为法。

棂子：每窗高一尺，则长八寸七分。广厚已见上项。

上下串：长随间广，其广一寸。如窗高二尺，厚一寸七分；每增高一尺，加一分五厘；减亦如之。

两立颊：长视高，其广厚同串。

凡睒电窗，刻作四曲或三曲；若水波文造，亦如之。施之于殿堂后壁之上，或山壁高处。如作看窗〔81〕，则下用横钤、立旌〔82〕，其广厚并准版棂窗所用制度。

〔79〕“睒”读如“闪”。“睒电窗”就是“闪电窗”，是开在后墙或山高处的窗。

〔80〕棂子广厚是绝对尺寸。

〔81〕“看窗”大概是开在较低处，可以往外看的窗。

〔82〕横钤是一种由柱到柱的大型“串”，立旌是较大的“心柱”。参阅下文“隔截横钤立旌”篇。

版棂窗〔69〕

造版棂窗（小木作图7）之制：高二尺至六尺。如间广一丈，用二十一棂。若广增一尺，即更加二棂。其棂相去空一寸，广二寸，厚七分。并为定法。其余名件长及广厚，皆以窗每尺之高，积而为法。

版棂：每窗高一尺，则长八寸七分。

上下串：长随间广，其广一寸。如窗高五尺，则厚二寸，若增高一尺，则加一分五厘；减亦如之。

立颊：长视窗之高，广同串。厚亦如之。

地栿：长同串。每间广一尺，则广四分五厘；厚二分。

立旌：长视高。每间广一尺，则广三分五厘，厚同上。

横钤：长随立旌内。广厚同上。

凡版棂窗，于串下地栿上安心柱编竹造，或用隔减窗坐造。若高三尺以下，只安于墙上[83]。令上串与门额齐平。

〔83〕“只安于墙上”如何理解，不很清楚。

截间版帐[84]

造截间版帐（小木作图8）之制：高六尺至一丈，广随间之广。内外并施牙头护缝。如高七尺以上者，用额、栿、槫柱，当中用腰串造。若间远[85]则立榺柱[86]。其名件广厚，皆取版帐每尺之广，积而为法。

榺柱：长视高；每间广一尺，则方四分。

额：长随间广；其广五分，厚二分五厘。

腰串、地栿：长及广厚皆同额。

槫柱：长视额、栿内广，其广厚同额。

版：长同槫柱；其广量宜分布。版及牙头、护缝、难子，皆以厚六分为定法。

牙头：长随槫柱内广；其广五分。

护缝：长视牙头内高；其广二分。

难子：长随四周之广；其广一分。

凡截间版帐，如安于梁外乳栿、劄牵之下，与全间相对者，其名件广厚，亦用全间之法。[87]

〔84〕“截间版帐”，用今天通用的语言来说，就是“木板隔断墙”，一般只用于室内，而且多安在柱与柱之间。

〔85〕“间远”是说“两柱间的距离大”。

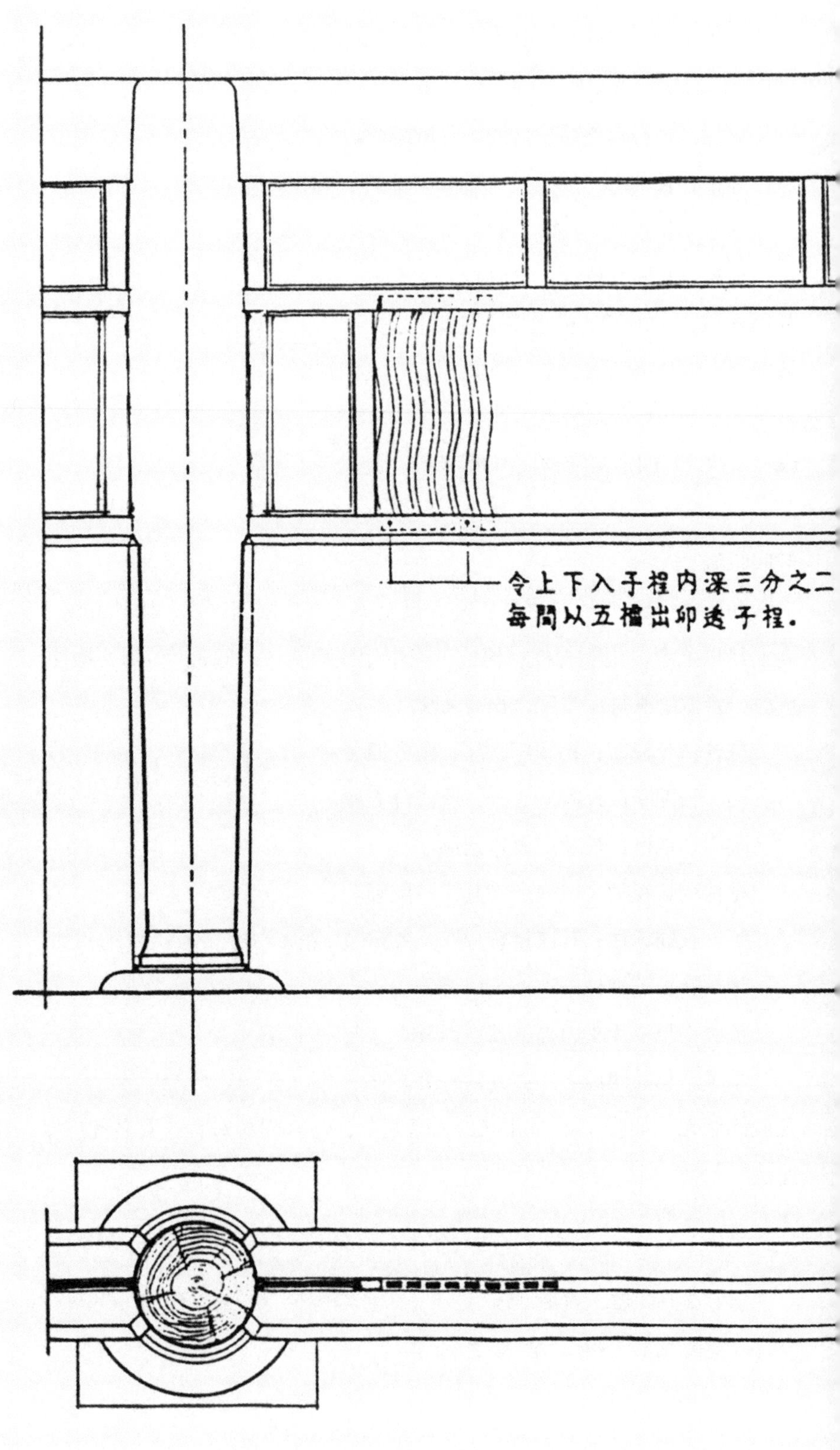
令上下入子桯内深三分之二
每間以五櫺出卯透子桯.

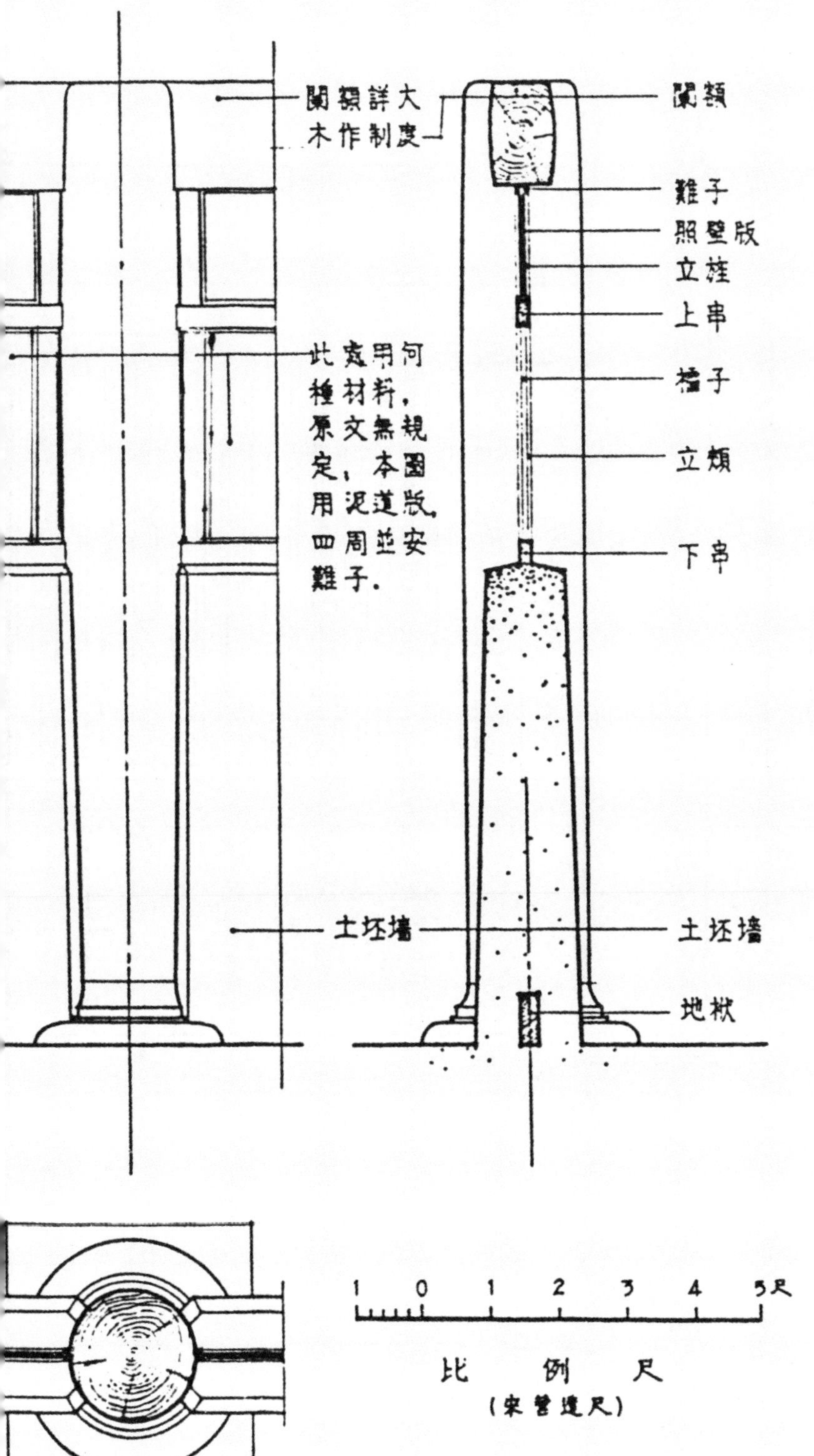
闌額詳大
木作制度
闌額
難子
照壁版
立旌
上串
此處用何
種材料，
原文無規
定，本圖
用泥道版，
四周並安
難子。
櫺子
立頰
下串
土坯墻
土坯墻
地栿
1 0 1 2 3 4 5尺
比 例 尺
（宋營造尺）

小木作图6

睒电窗图

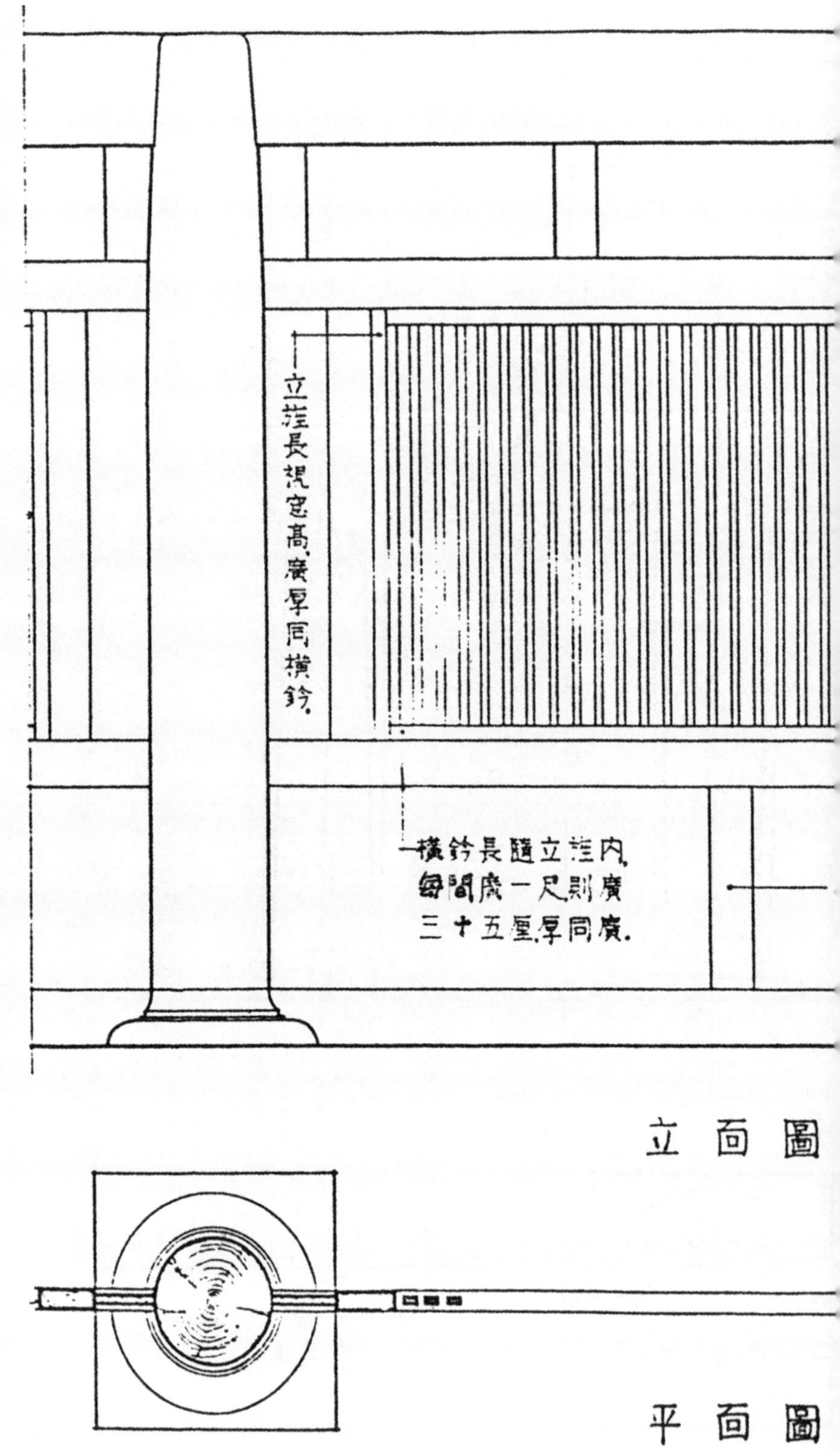

立面圖

平面圖

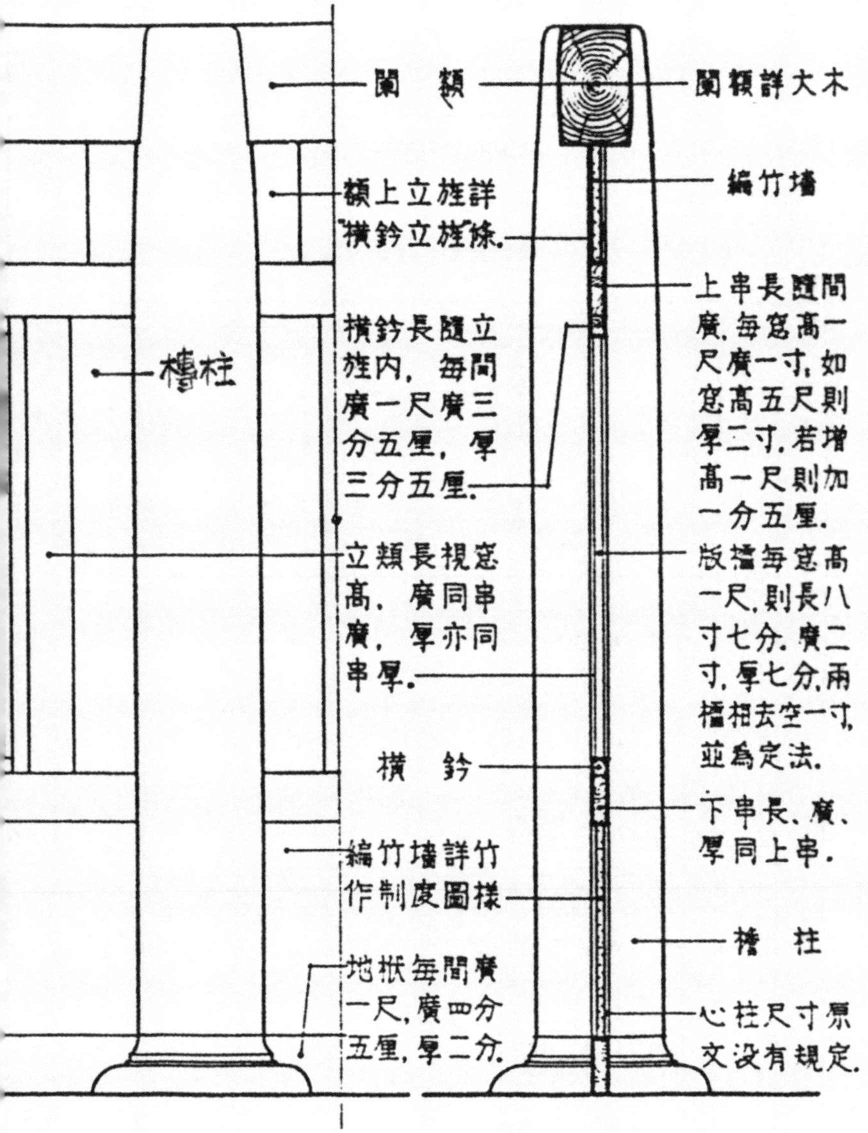

闌額

闌額詳大木

額上立旌詳"横鈐立旌"條.

編竹墻

上串長隨間廣,每窓高一尺廣一寸,如窓高五尺則厚二寸,若增高一尺則加一分五厘.

槏柱

横鈐長隨立旌内,每間廣一尺廣三分五厘,厚三分五厘.

立頰長視窓高,廣同串廣,厚亦同串厚.

版欞每窓高一尺,則長八寸七分,廣二寸,厚七分,兩欞相去空一寸,並爲定法.

横鈐

下串長、廣、厚同上串.

編竹墻詳竹作制度圖様

槏柱

地栿每間廣一尺,廣四分五厘,厚二分.

心柱尺寸原文没有規定.

斷面圖

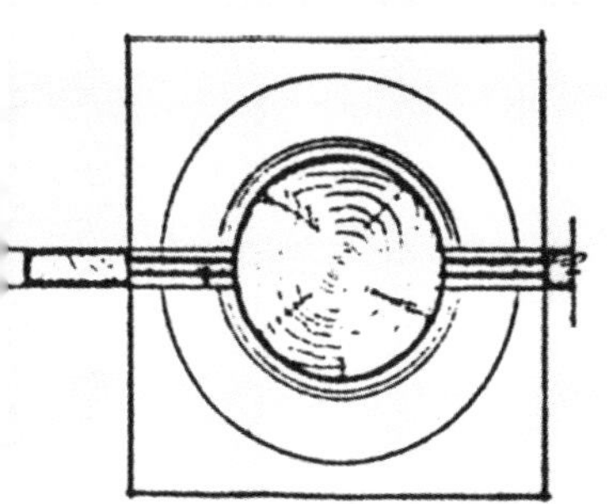

小木作图 7

版棂窗图

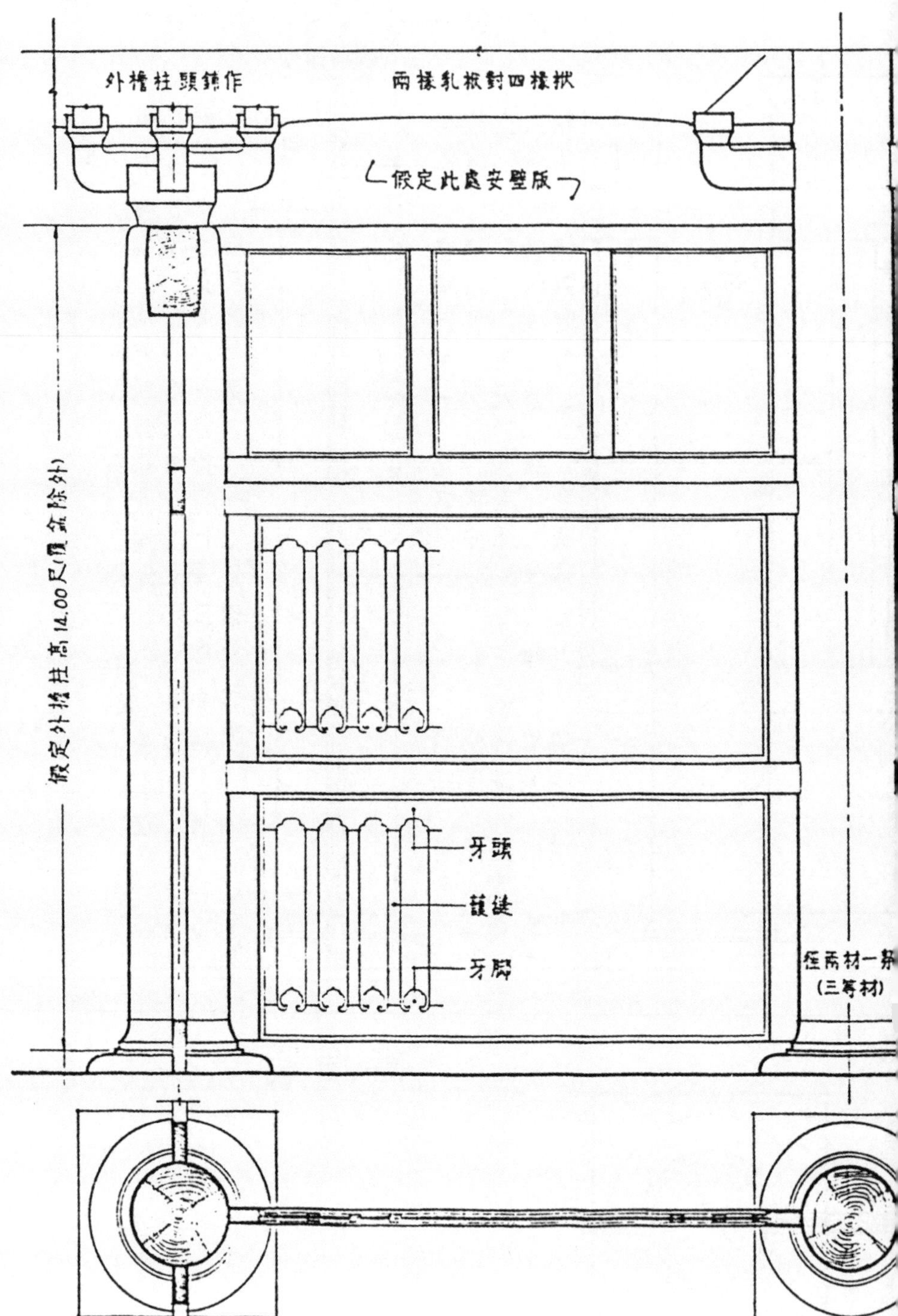

外檐柱頭鋪作
兩椽乳栿對四椽栿
假定此處安壁版
假定外檐柱高14.00尺(櫍盆除外)
牙頭
護縫
牙脚
徑兩材一栔
(三等材)

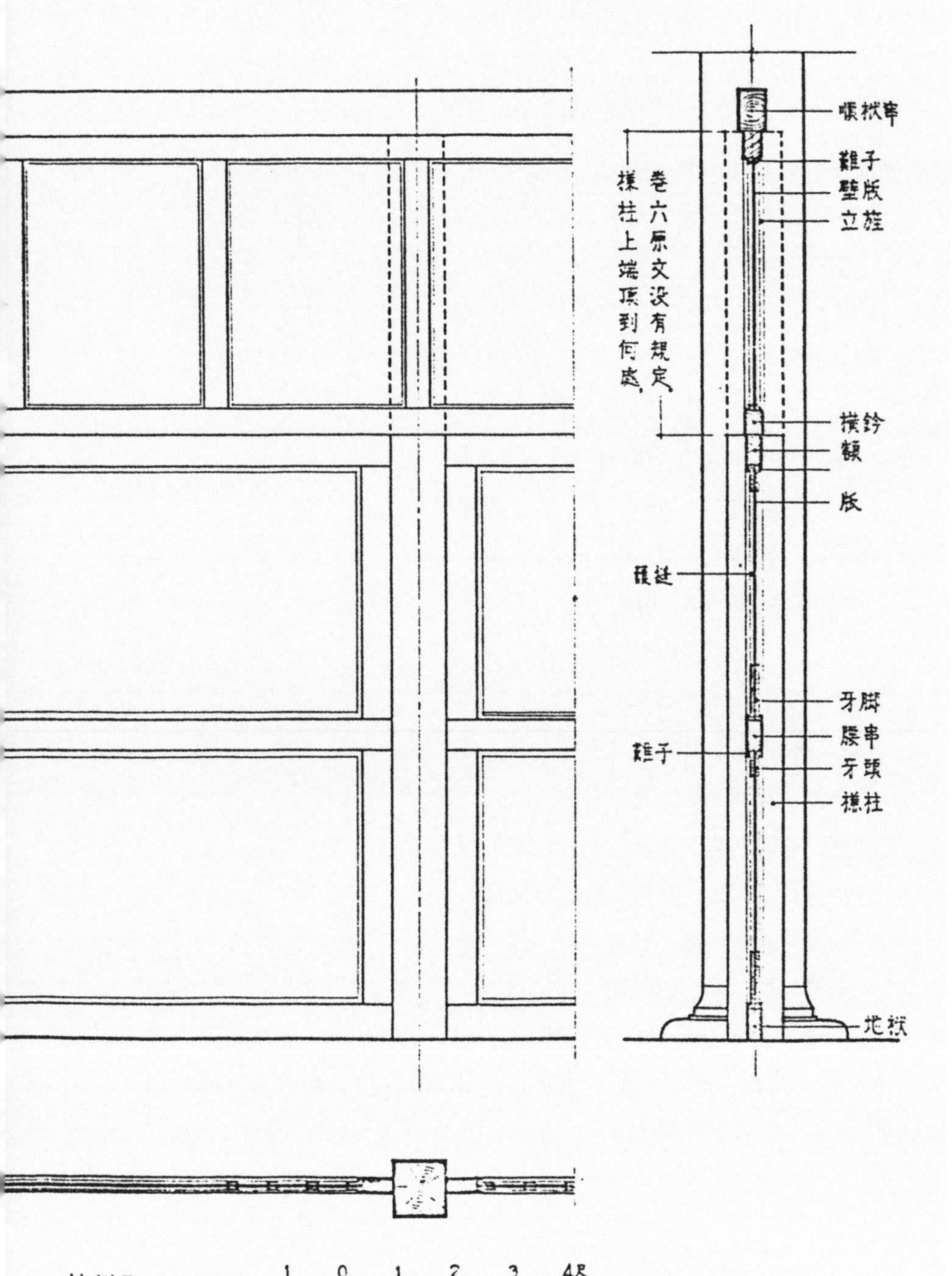

順栿串
難子
壁版
立旌
卷六原文沒有規定
槫柱上端頂到何處
横鈐
額
版
護縫
牙脚
腰串
難子
牙頭
槫柱
地栿
比例尺（宋營造尺）
1 0 1 2 3 4尺

小木作图 8

截间版帐图

〔86〕 槏柱[1]也可以说是一种较长的心柱。

〔87〕 乳栿和劄牵一般用在檐柱和内柱（清代称“金柱”）之间。这两列柱之间的距离（进深）比室内柱（例如前后两金柱）之间的距离要小，有时要小得多。所谓“全间”就是指室内柱之间的“间”。檐柱和内柱之间是不足“全间”的大小的。

照壁屏风骨〔88〕 截间屏风骨、四扇屏风骨。其名有四：一曰皇邸，二曰后版，三曰扆〔89〕，四曰屏风。

造照壁屏风骨之制：用四直大方格眼。〔90〕若每间分作四扇者，高七尺至一丈二尺。如只作一段截间造者，高八尺至一丈二尺。其名件广厚，皆取屏风每尺之高，积而为法。

截间屏风骨（小木作图9）：

桯：长视高，其广四分，厚一分六厘。

条桱〔91〕：长随桯内四周之广，方一分六厘。

额：长随间广，其广一寸，厚三分五厘。

槫柱：长同桯，其广六分，厚同额。

地栿：长厚同额，其广八分。

难子〔92〕：广一分二厘，厚八厘。

四扇屏风骨（小木作图10）：

桯：长视高，其广二分五厘，厚一分二厘。

条桱：长同上法，方一分二厘。

额：长随间之广，其广七分，厚二分五厘。

槫柱：长同桯，其广五分，厚同额。

地栿：长厚同额，其广六分。

难子：广一分，厚八厘。

凡照壁屏风骨，如作四扇开闭者，其所用立㮰、搏肘〔93〕，若屏风高一丈，则搏肘方一寸四分，立㮰广二寸，厚一寸六分；如高增一尺，即方及广厚各加一分；减亦如之。

---

[1] 清式或称“间柱”。——徐伯安注

〔88〕“照壁屏风骨”指的是构成照壁屏风的“骨架子”。“其名有四”是说照壁屏风之名有四，而不是说“骨”的名有四。从“二曰后版”和下文“额，长随间广……”的文义可以看出，照壁屏风是装在室内靠后的两缝内柱（相当清代之金柱）之间的隔断“墙”。照壁屏风是它的总名称；下文解说的有两种：固定的截间屏风和可以开闭的四扇屏风。后者类似后世常见的屏门。从“骨”字可以看出，这种屏风不是用木板做的，而是先用条桱做成大方格眼的“骨”，显然是准备在上面裱糊纸或者绢、绸之类的纺织品的。本篇只讲解了这“骨”的做法。由于后世很少（或者没有）这种做法，更没有宋代原物留存下来，所以做了上面的推测性的注释。

〔89〕扆，音倚。

〔90〕大方格眼的大小尺寸，下文制度中未说明。

〔91〕从这里列举的其他构件——桯、额、槫柱、地栿、难子——以及各构件的尺寸看来，条桱应该是构成方格眼的木条，那么它的长度就不应该是“随桯内四周之广”，而应有两种：竖的应该是“长同桯”，而横的应该是“随桯内之广”。

〔92〕难子在门窗上是桯和版相接处的压缝条；但在屏风骨上，不知应该用在什么位置上。

〔93〕搏肘是安在屏风扇背面的转轴。下面卷七的格子门也用搏肘，相当于版门的肘版的上下鐮。其所以不把桯加长为鐮，是因为版门关闭时，门是贴在额、地栿和立颊的里面的，而承托两鐮的鸡栖木和石砧鹅台也是在额和地栿的里面，位置相适应，而屏风扇（以及格子门）则装在额、地栿和槫柱（或立颊）构成的框框之中，所以有必要在背面另加搏肘。

隔截横钤立旌[94]

造隔截横钤立旌之制：高四尺至八尺，广一丈至一丈二尺。每间随其广，分作三小间，用立旌，上下视其高，量所宜分布，施横钤。其名件广厚，皆取每间一尺之广，积而为法。

额及地栿：长随间广，其广五分，厚三分。

槫柱及立旌：长视高，其广三分五厘，厚二分五厘。

横钤：长同额，广厚并同立旌。

凡隔截所用横钤、立旌，施之于照壁、门、窗或墙之上；及中缝截间[95]者亦用之，或不用额、栿、槫柱。

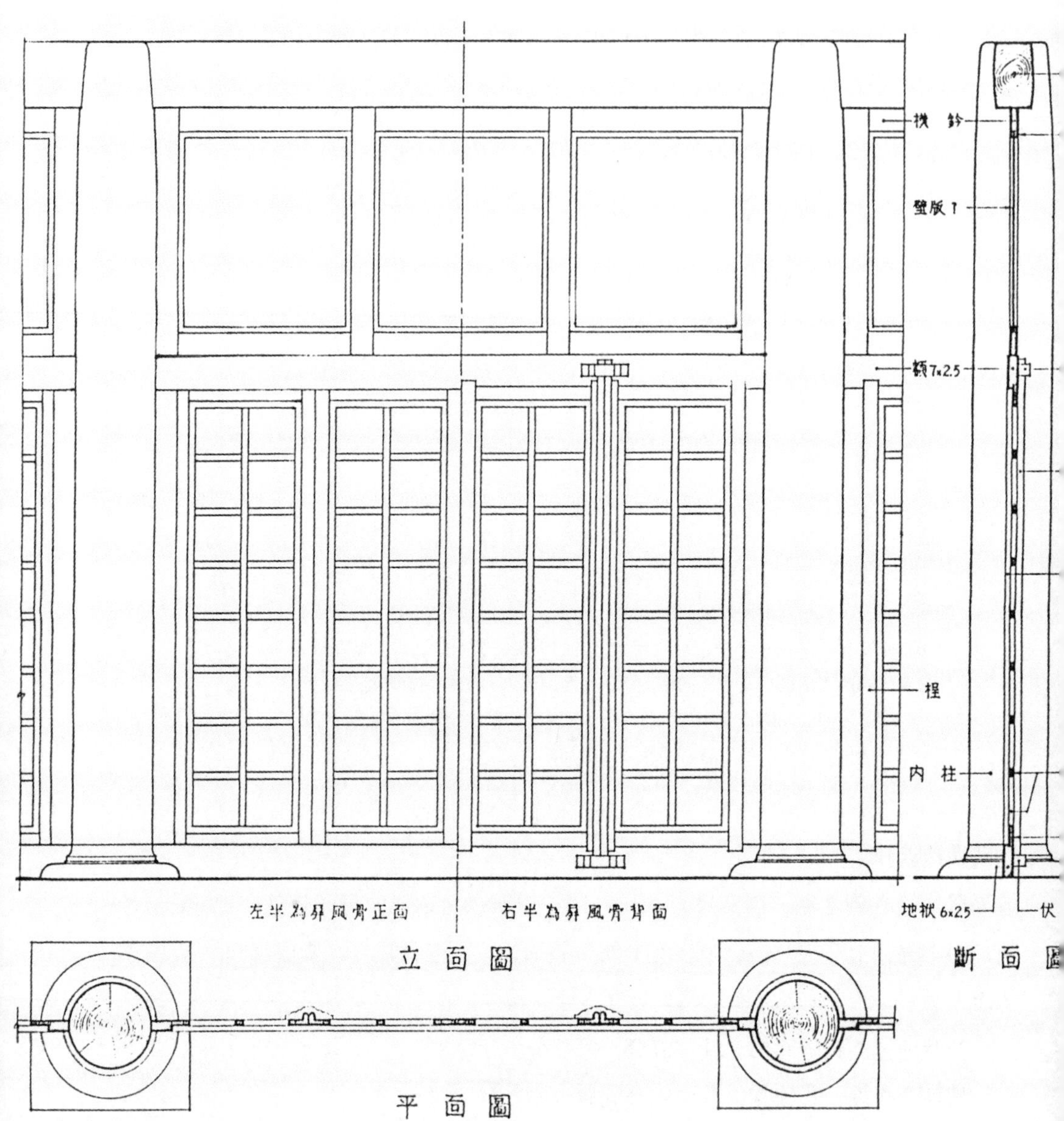

小木作图 9
截间屏风骨图

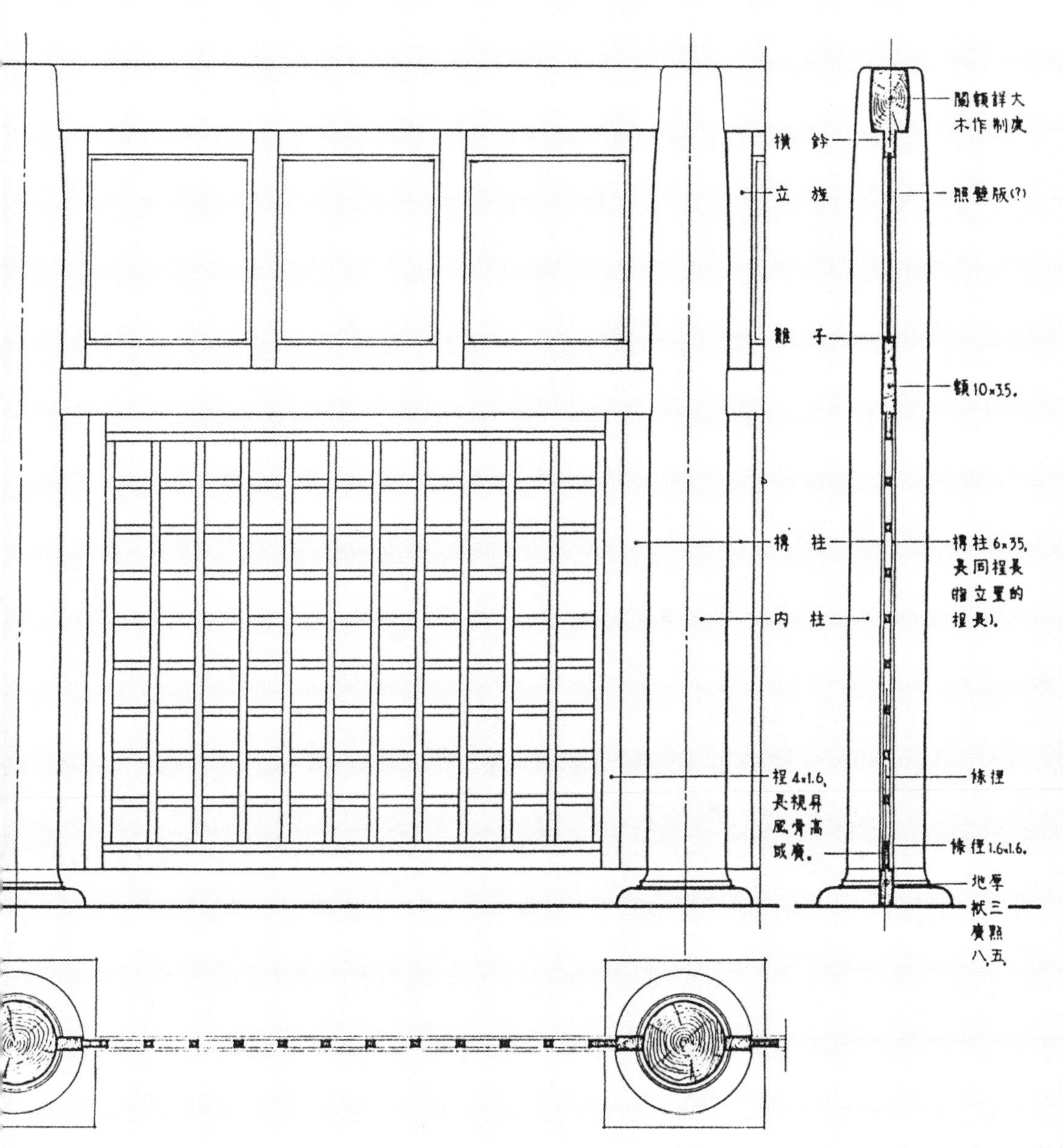

小木作图 10

四扇屏风骨图

〔94〕 这应译作“造隔截所用的横钤和立旌”。主题是横钤和立旌，而不是隔截。隔截就是今天我们所称隔断或隔断墙。本篇只说明用额、地栿、槫柱、横钤、立旌所构成的隔截的框架的做法，而没有说明框架中怎样填塞的做法。关于这一点，“破子棂窗”一篇末段“于腰串下地栿上安心柱、槫颊。柱内或用障水版、牙脚、牙头填心、难子造，或用心柱编竹造”，可供参考。腰串相当于横钤，心柱相当于立旌；槫颊相当于槫柱。编竹造两面显然还要抹灰泥。钤，音钳。

〔95〕“中缝截间”的含义不明。

露篱〔96〕 其名有五：一曰橘，二曰栅，三曰㯫〔97〕，四曰藩，五曰落〔98〕。今谓之露篱。

造露篱（小木作图11）之制：高六尺至一丈，广〔99〕八尺至一丈二尺。下用地栿、横钤、立旌；上用榻头木〔99〕施版屋造。每一间分作三小间。立旌长视高，栽入地；每高一尺，则广四分，厚二分五厘。曲枨〔100〕长一寸五分，曲广三分，厚一分。其余名件广厚，皆取每间一尺之广，积而为法。

地栿、横钤：每间广一尺，则长二寸八分〔101〕，其广厚并同立旌。

榻头木：长随间广，其广五分，厚三分。

山子版：长一寸六分，厚二分。

屋子版：长同榻头木，广一寸二分，厚一分。

沥水版：长同上，广二分五厘，厚六厘。

压脊、垂脊木：长广同上，厚二分。

凡露篱若相连造，则每间减立旌一条。〔102〕谓如五间只用立旌十六条之类。其横钤、地栿之长，各减一分三厘。〔103〕版屋两头施搏风版及垂鱼、惹草〔104〕，并量宜造。

〔96〕 露篱是木构的户外隔墙。

〔97〕 㯫，音渠。

〔98〕 落，音洛。

〔99〕 这个“广”是指一间之广，而不是指整道露篱的总长度。但是露篱的一间不同于房屋的一间。房屋两柱之间称一间。从本篇的制度看来，露篱不用柱而用立旌，四根立旌构成的“三小间”上用一根整的榻头木（类似大木作中的阑额）所构成的一段叫作“一间”。这一间之广为八尺至一丈二尺。超过这一长度就如下文所说“相连造”。因此，与其说“榻头木长随间广”，不如说间广在很大程度上取决于榻头木的长度。

〔100〕 曲枨的具体形状、位置和用法都不明确。小木作制度图样十一中所画是猜测画出来的。山子版和沥水版情形也类似。

〔101〕 这“二寸八分”是两根立旌之间（即“小间”）的净空的长度，是按立旌高一丈、间广一丈的假设求得的。“间广”的定义，一般都指柱中至柱中，但这“二寸八分”，显然是由一尺减去四根立旌之广一寸六分所余的八寸四分，再用三除而求得的。若按立旌中至中计算，则应长二寸九分三厘，但若因篱高有所增减，立旌之广厚随之增减，这“二寸八分”或“二寸九分三厘”就又不对了。若改为“长随立旌间之广”，就比较恰当。

〔102〕 若只做一间则用立旌四条；若相连造，则只须另加三条，所以说“每间减立旌一条”。

〔103〕 为什么要“各减一分三厘”，还无法理解。

〔104〕 垂鱼、惹草见卷七“小木作制度二”及大木作制度图样。

小木作图 11

露篱图

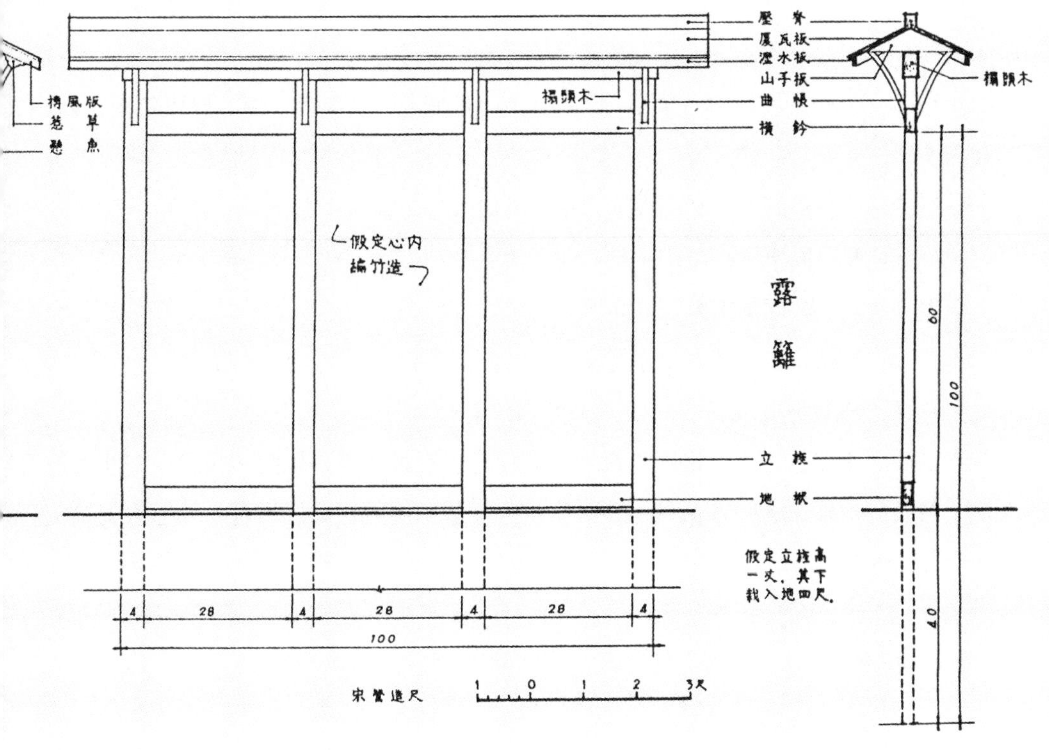

版引檐[105]

造屋垂前版引檐（小木作图12）之制：广一丈至一丈四尺 如间太广者，每间作两段，长三尺至五尺。内外并施护缝。垂前用沥水版。其名件广厚，皆以每尺之广，积而为法。

桯：长随间广，每间广一尺，则广三分，厚二分。

檐版：长随引檐之长，其广量宜分擘。以厚六分为定法。

护缝：长同上，其广二分。厚同上定法。

沥水版：长广随桯。厚同上定法。

跳椽：广厚随桯，其长量宜用之。

凡版引檐施之于屋垂之外。跳椽上安阑头木、挑斡，引檐与小连檐相续。

〔105〕 版引檐是在屋檐（屋垂）之外另加的木板檐。引檐本身的做法虽然比较清楚，但是跳椽、阑头木和挑斡的做法以及引檐怎样“与小连檐相续”都不清楚。

水槽[106]

造水槽（小木作图12）之制：直高一尺，口广一尺四寸。其名件广厚，皆以每尺之高，积而为法。

厢壁版：长随间广，其广视高，每一尺加六分，厚一寸二分。

底版：长厚同上。每口广一尺，则广六寸。

罨头版：长随厢壁版内，厚同上。

口襻：长随口广，其方一寸五分。

跳椽：长随所用，广二寸，厚一寸八分。

凡水槽施之于屋檐之下，以跳椽襻拽。若厅堂前后檐用者，每间相接；令中间者最高，两次间以外，逐间各低一版，两头出水。如廊屋或挟屋偏用者，并一头安罨头版。其槽缝并包底荫牙缝造。

〔106〕 水槽的用途、位置和做法，除怎样“以跳椽襻拽”来“施之于屋檐之下”一项不太清楚外，其余都解说得很清楚，无须赘加注释。

井屋子[107]

造井屋子（小木作图13）之制：自地[108]至脊共高八尺。四柱，其柱外方五尺[109]。垂檐及两际皆在外。柱头高五尺八寸。下施井匮[110]，高一尺二寸。上用厦瓦版，内外护缝；上安压脊、垂脊；两际施垂鱼、惹草。其名件广厚，皆以每尺之高，积而为法。

柱：每高一尺[111]则长七寸五分 鑻、耳在内[112]。方五分。

额：长随柱内，其广五分，厚二分五厘。

栿：长随方 每壁[113]每长一尺加二寸，跳头在内，其广五分，厚四分。

蜀柱：长一寸三分，广厚同上。

叉手：长三寸，广四分，厚二分。

槫：长随方 每壁每长一尺加四寸，出际在内，广厚同蜀柱[114]。

串：长同上 加亦同上，出际在内，广三分，厚二分。

厦瓦版：长随方 每方一尺，则长八寸[115]，斜长、垂檐在内，其广随材合缝。以厚六分为定法。

上下护缝：长厚同上，广二分五厘。

压脊：长及广厚并同槫。其广取槽在内[116]。

垂脊：长三寸八分，广四分，厚三分。

搏风版：长五寸五分，广五分。厚同厦瓦版。

沥水牙子：长同槫，广四分。厚同上。

垂鱼：长二寸，广一寸二分。厚同上。

惹草：长一寸五分，广一寸。厚同上。

井口木：长同额，广五分，厚三分。

地栿：长随柱外，广厚同上。

井匮版：长同井口木，其广九分，厚一分二厘。

井匮内外难子：长同上。以方七分为定法。

凡井屋子，其井匮与柱下齐，安于井阶之上，其举分[117]准大木作之制。

〔107〕明清以后叫作井亭。在井口上建亭以保护井水清洁已有悠久的历史。汉墓出土的明器中就已有井屋子。

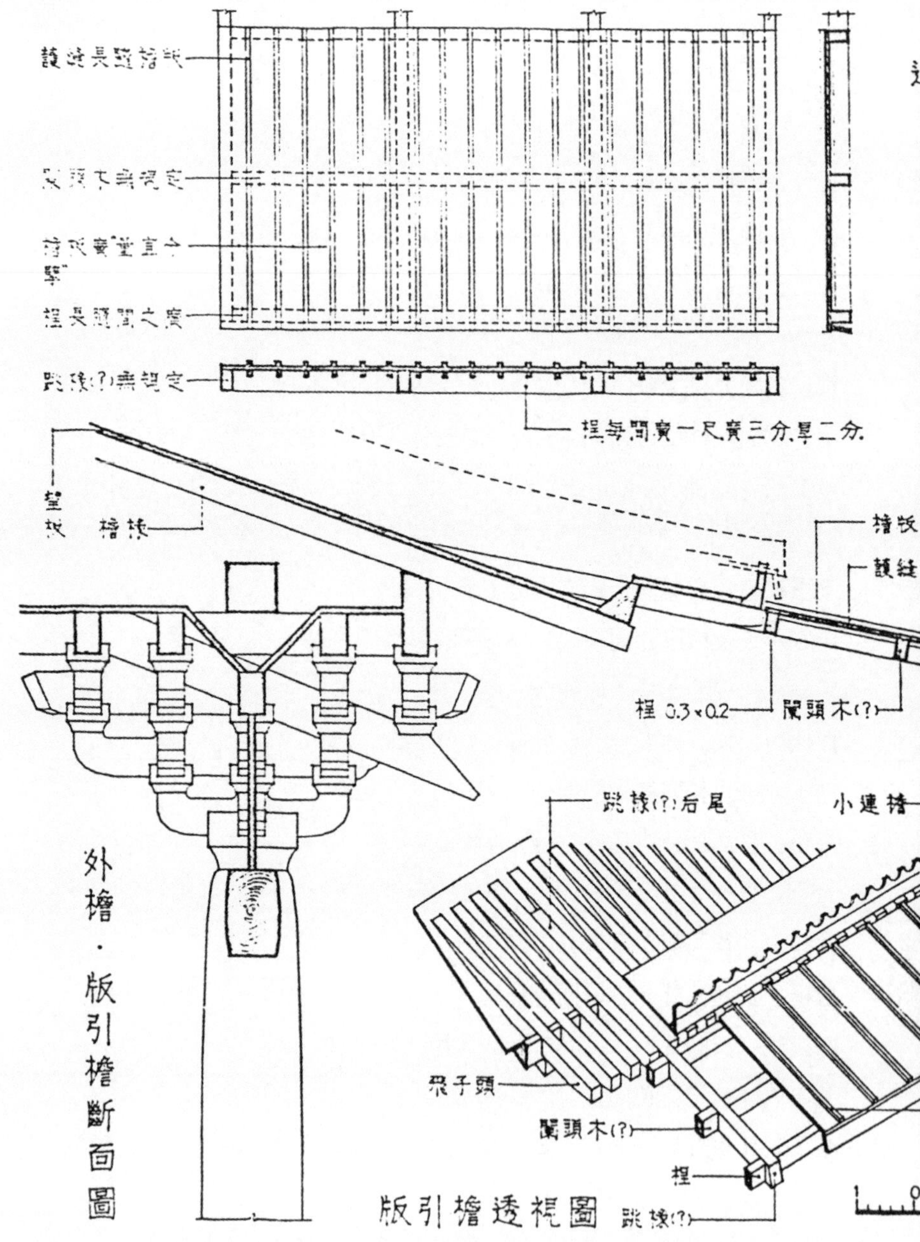

外檐·版引檐斷面圖

版引檐透視圖

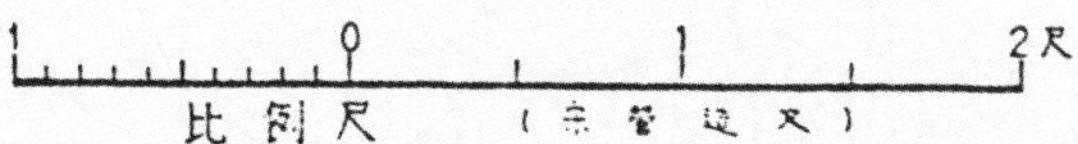

口襻 1.5×1.5

跳椽與屋文代同版引檐?

廂壁版每尺高廣一加六分,厚1.2

罨頭版

底版每口廣一尺,廣六寸

1. 固定木楔

水槽:直高一尺,口廣一尺四寸(即14)

跳椽(?)長短斷面大小,用在何處,與屋檐如何交代,如何襻拽水槽,法式原文均無規定。

造水槽之制:

"直高一尺,口廣一尺四寸。"

凡水槽施之於屋檐之下,以跳椽襻拽。若廳堂前后檐用者,每間相接;令中間者最高,兩次間以外逐間各低一材;兩頭出水。如廊屋或挾屋偏用者,並一頭安罨頭版。其槽縫並包底廕牙縫造。"

其名件廣厚,皆以水槽每尺之高(直高)積而為法。"

造地棚之制:

"長隨間廣,其廣隨間之深。高一尺二寸至一尺五寸。下安敦桥,中施方子,上鋪地面版。"

"凡地棚施之於倉庫屋內。其遮羞版安於門道之外,或露地棚處皆用之。"

"其名件廣厚皆以每尺之高積而為法":

1. 敦桥:長,1.3尺,廣,0.8尺,厚0.47尺。每五尺用一枚。
2. 方子:廣,0.4尺,厚,0.34尺。
3. 地面版:廣隨材,厚,0.13尺。
4. 遮羞版:廣,0.53尺,厚,0.10尺。

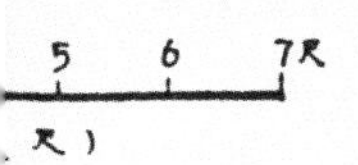

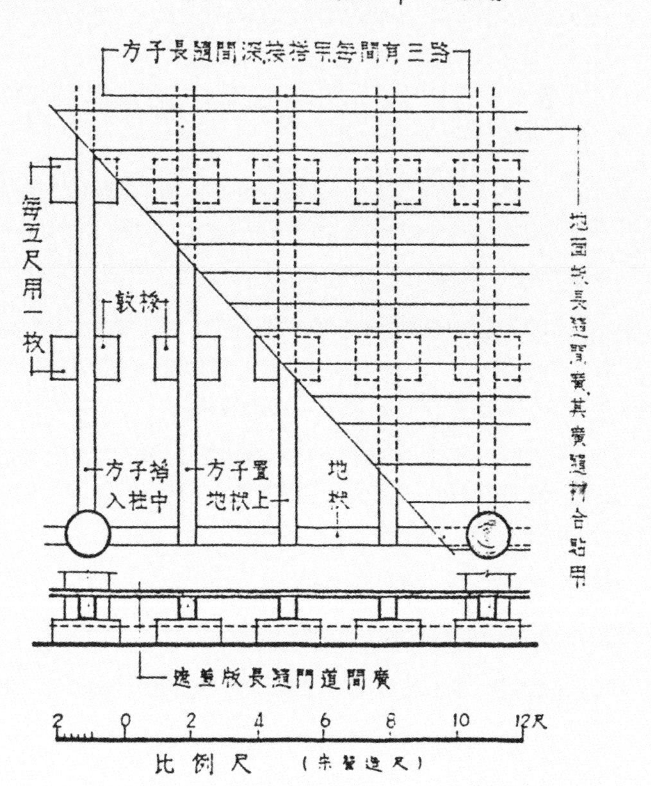

小木作图 12

版引檐、水槽、地棚图

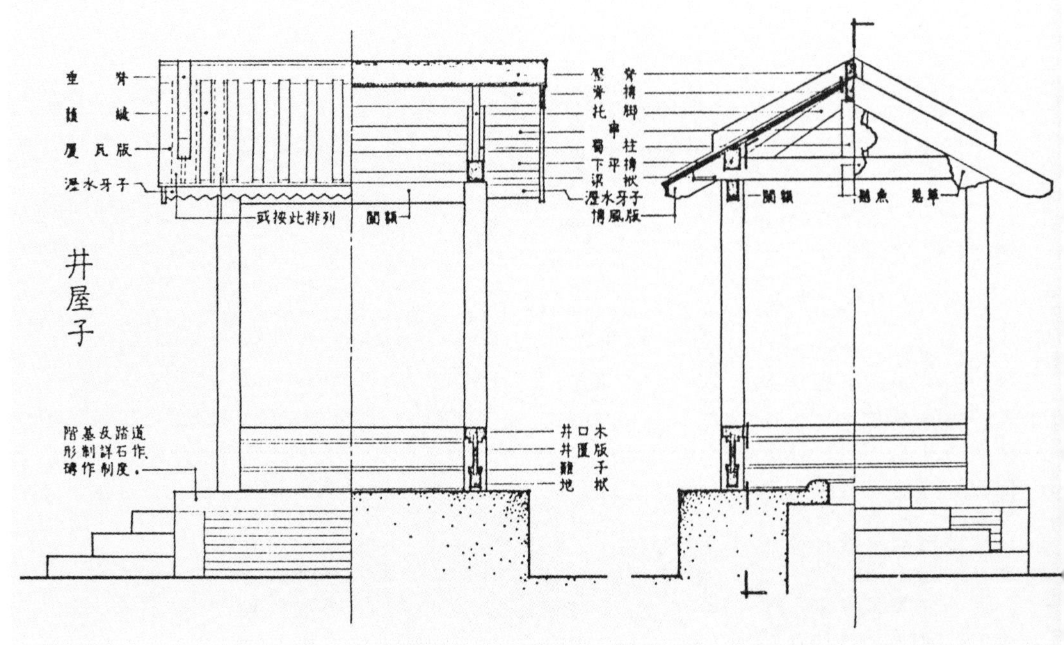

小木作图 13
井屋子图

〔108〕 这“地”是指井口上的石板，即本篇末所称“井阶”的上面。但井阶的高度未有规定。

〔109〕 “外方五尺”不是指柱本身之方，而是指四根柱子所构成的正方形平面的外面长度。

〔110〕 井匮是井的栏杆或栏板。

〔111〕 这个“每高一尺”是指井屋子之高的“每高一尺”，而不是指每柱高一尺。因此，按这规定，井屋子高八尺，则柱高（包括脚下的鑏和头上的耳在内）六尺。上文说“柱头高五尺八寸”没有包括鑏和耳。

〔112〕 鑏和耳在文中没有说明，但按存世无数实例所见，柱脚下出一榫（鑏），放在柱础上凿出的凹池内，以固定柱脚不移动。耳则如大木作中的斗耳，以夹住上面的栿。

〔113〕 井屋子的平面是方形，“每壁”就是每面。

〔114〕 井屋子的槫的断面不是圆的，而是长方形的。

〔115〕 井屋子是两坡顶（悬山）；这“长”是指一面的屋面由脊到檐口的长度。

〔116〕 压脊就是正脊，压在前厦瓦版在脊上相接的缝上，做成┳形，所以下面两侧有槽。这槽是从“广厚并同槫”的压脊下开出来的。

〔117〕 “举分”是指屋脊举高的比例。

地棚[118]

造地棚（小木作图 12）之制：长随间之广，其广随间之深。高一尺二寸至一尺五寸[119]。下安敦桥。中施枋子，上铺地面版。其名件广厚，皆以每尺之高，积而为法。

敦桥：每高一尺，长加三寸[120]。广八寸，厚四寸七分。每枋子长五尺用一枚。

枋子：长随间深 接搭用[121]，广四寸，厚三寸四分。每间用三路。

地面版：长随间广 广随材，合贴用，厚一寸三分。

遮羞版：长随门道间广，其广五寸三分，厚一寸。

凡地棚施之于仓库屋内。其遮羞版安于门道之外，或露地棚处皆用之。

〔118〕 地棚是仓库内架起的，下面不直接接触土地的木地板。它和仓库房屋的构造关系待考。

〔119〕 这个“高”是地棚的地面版离地的高度。

〔120〕 这里可能有脱简，没有说明长多少，而突然说“每高一尺，长加三寸”。这三寸在什么长度的基础上加出来的？至于敦桥是直接放在土地上，抑或下面还有砖石基础，也未说明。均待考。

〔121〕 “接搭用”就是说不一定要用长贯整个间深的整条枋子；如用较短的，可以在敦桥上接搭。

《营造法式》

卷第七

小木作制度二

格子门〔1〕　四斜毬文格子、四斜毬文上出条桱重格眼、四直方格眼、版壁、两明格子

造格子门（小木作图14）之制：有六等（小木作图14）〔2〕：一曰四混〔3〕，中心出双线〔4〕，入混内出单线　或混内不出线；二曰破瓣〔5〕双混，平地出双线　或单混出单线；三曰通混〔6〕出双线　或单线；四曰通混压边线〔7〕；五曰素通混。以上并攛尖〔8〕入卯。六曰方直破瓣〔9〕　或攛尖或叉瓣造〔8〕，高六尺至一丈二尺，每间分作四扇。如梢间狭促者，只分作两扇。如檐额及梁栿下用者，或分作六扇造，用双腰串　或单腰串造。每扇各随其长，除桯及腰串外，分作三分；腰上留二分安格眼　或用四斜毬文格眼，或用四直方格眼，如就毬文者，长短随宜加减〔10〕，腰下留一分安障水版。腰华版及障水版皆厚六分；桯四角外，上下各出卯，长一寸五分〔11〕，并为定法。其名件广厚皆取门桯每尺之高，积而为法。

四斜毬文格眼（小木作图15）〔12〕：其条桱厚一分二厘。毬文径三寸至六寸〔11〕。每毬文圜径一寸，则每瓣长七分，广三分，绞口广一分；四周压边线。其条桱瓣数须双用〔13〕，四角各令一瓣入角〔14〕。

桯：长视高，广三分五厘，厚二分七厘。腰串广厚同桯，横卯随桯三分中存向里二分为广；腰串卯随其广。如门高一丈，桯卯及腰串卯皆厚六分；每高增一尺，即加二厘；减亦如之。后同。

子桯：广一分五厘，厚一分四厘。斜合四角，破瓣单混造。后同。

腰华版：长随扇内之广，厚四分。施之于双腰串之内；版外别安雕华。[15]

障水版：长广各随桯。令四面各入池槽。[16]

额：长随间之广，广八分，厚三分。用双卯。

榑柱、颊：长同桯，广五分 量摊擘扇数，随宜加减，厚同额。二分中取一分为心卯。

地栿：长厚同额，广七分。

四斜毬文上出条桱重格眼[17]（小木作图16）：其条桱之厚，每毬文圜径二寸，则加毬文格眼之厚二分。每毬文圜径加一寸，则厚又加一分；桯及子桯亦如之。其毬文上采[18]出条桱，四撺尖，四混出双线或单线造。如毬文圜径二寸，则采出条桱枋三分，若毬文圜径加一寸，则条桱枋又加一分。其对格眼子桯，则安撺尖，其尖外入子桯，内对格眼，合尖令线混转过。其对毬文子桯，每毬文圜径一寸，则子桯之广五厘；若毬文圜径加一寸，则子桯之[1]广又加五厘。或以毬文随四直格眼（小木作图17）者，则子桯之下采出毬文，其广与身内毬文相应。

四直方格眼（小木作图18）：其制度有七等（小木作图19）[19]：一曰四混绞双线[20]或单线；二曰通混压边线，心内绞双线 或单线；三曰丽口[21]绞瓣双混 或单混出线；四曰丽口素绞瓣；五曰一混四撺尖；六曰平出线[22]；七曰方绞眼[23]。其条桱皆广一分，厚八厘。眼内方三寸至二寸。

桯：长视高，广三分，厚二分五厘。腰串同。

子桯：广一分二厘，厚一分。

腰华版及障水版：并准四斜毬文法。

额：长随间之广，广七分，厚二分八厘。

榑柱、颊：长随门高，广四分 量摊擘扇数，随宜加减，厚同额。

地栿：长厚同额，广六分。

---

[1]“陶本”无“之”字。——徐伯安注

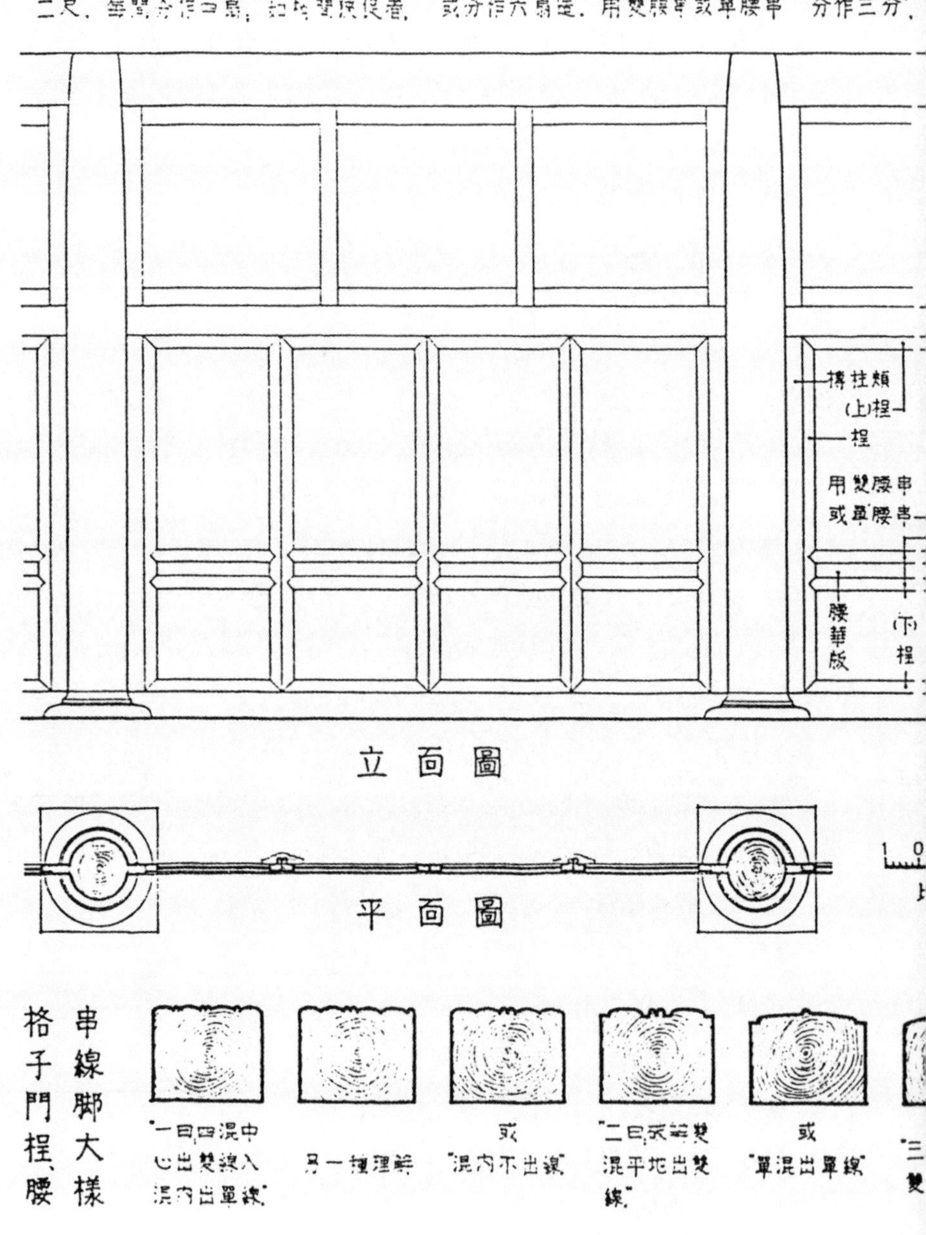

造格子門之制：「高六尺至一丈二尺，每間分作四扇；如梢間狹促者，只分作二扇。如檐額及梁栿下用者，或分作六扇造。用雙腰串或單腰串。造。每扇各分作三分」。
槫柱頰
(上)桯
桯
用雙腰串
或單腰串
腰華版
(下)桯
立面圖
平面圖
格子門桯、腰串線脚大樣
「一曰四混中心出雙線入混內出單線」
另一種理解
或「混內不出線」
「二曰破瓣雙混平地出雙線」
或「單混出單線」

立面圖

'曲尺'叉瓣造

'丁字'叉瓣造

'丁字'撬尖造

'曲尺'撬尖造

造格子門桿卯之制:

"一腰串(橫卯)(長隨桯廣),三分中存向裏二分為廣(即卯廣為腰串廣的三分之一),腰串隨其廣。如門高一丈,桯卯及腰串卯,皆厚六分(分寸之分),每高增一尺即加二釐,減亦如之。"按原文文義所意為樣。

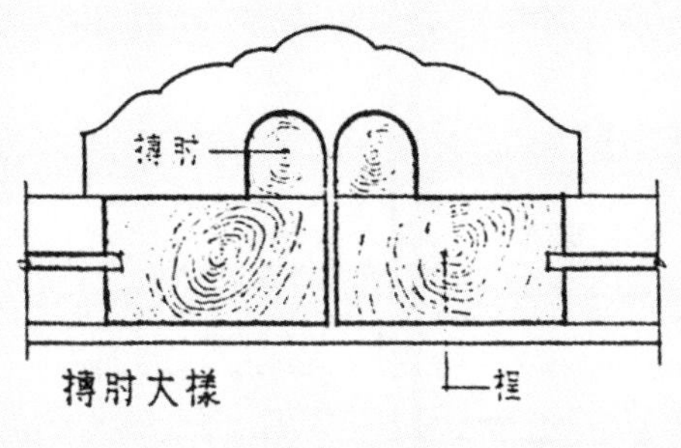

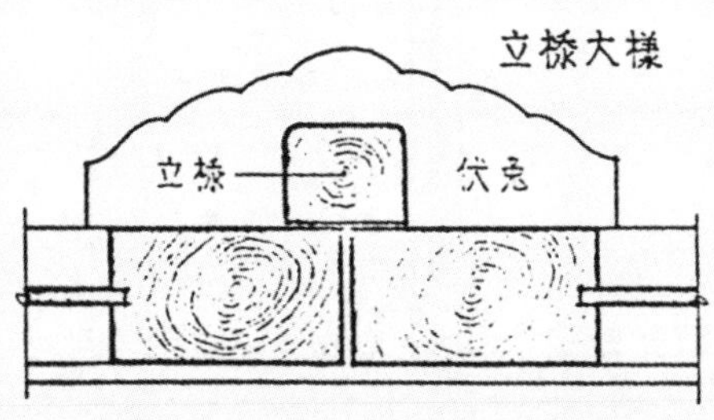

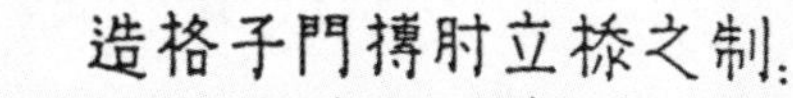

造格子門搏肘立棌之制:

"凡格子門所用搏肘立棌,如門高一丈,即搏肘方一寸四分,立棌廣二寸厚一寸六分。如高增一尺,即方廣厚各加一分,減亦如之。"伏兔、手栓等未作規定

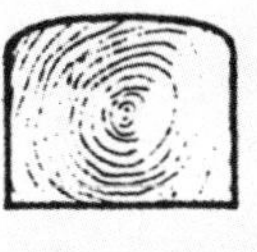

凡格子門的桯和腰串選用以上五種線脚時"並撬尖入卯"

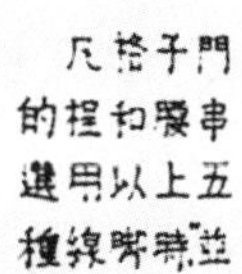

小木作图 14
格子门分割形制,门桯、腰串、线脚及榫卯大样

小木作图 15

四斜毬文格眼图

小木作图 16

四斜毬文上出条桱重格眼图（右页）

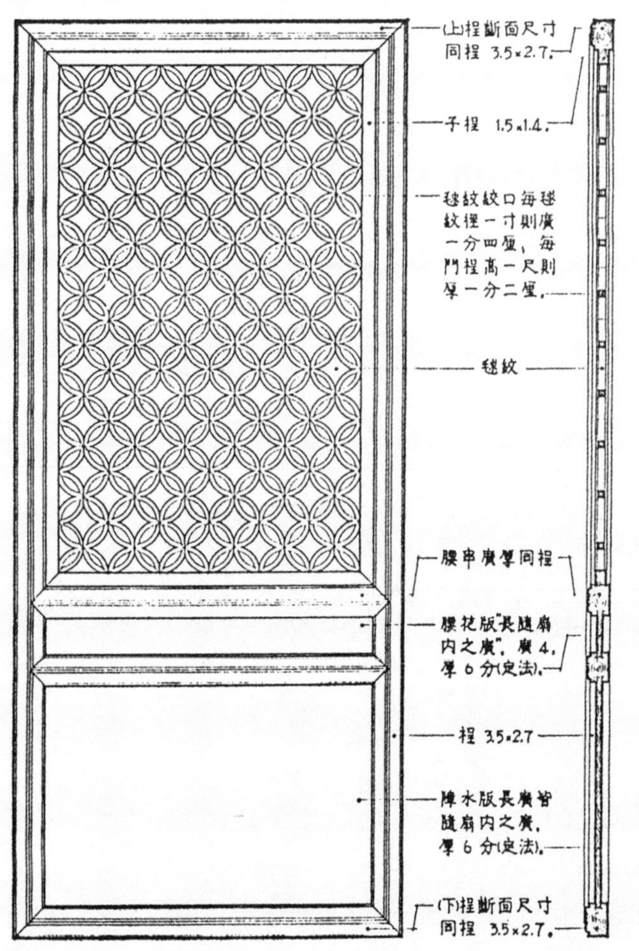

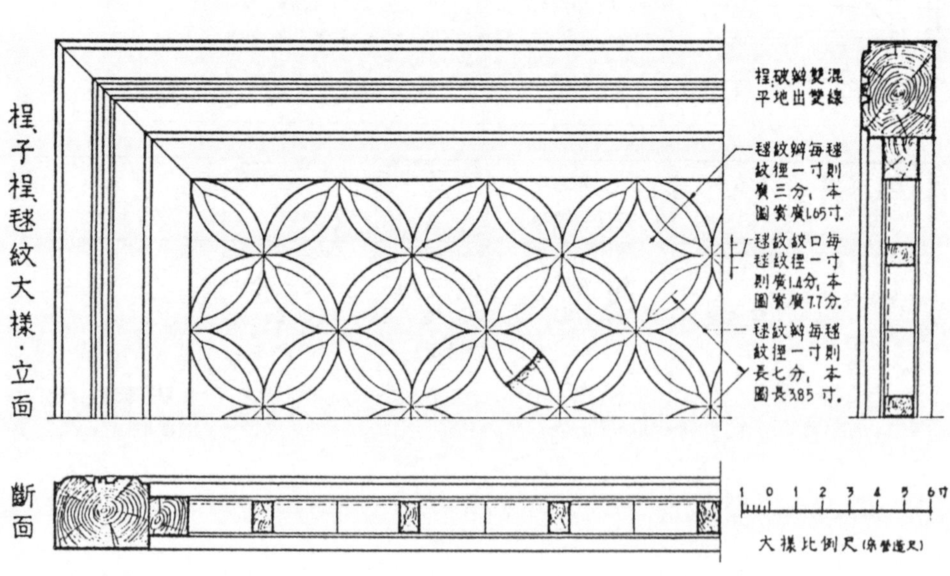

假定桯及腰串線脚爲破瓣雙混平地出雙線並攛尖入卯

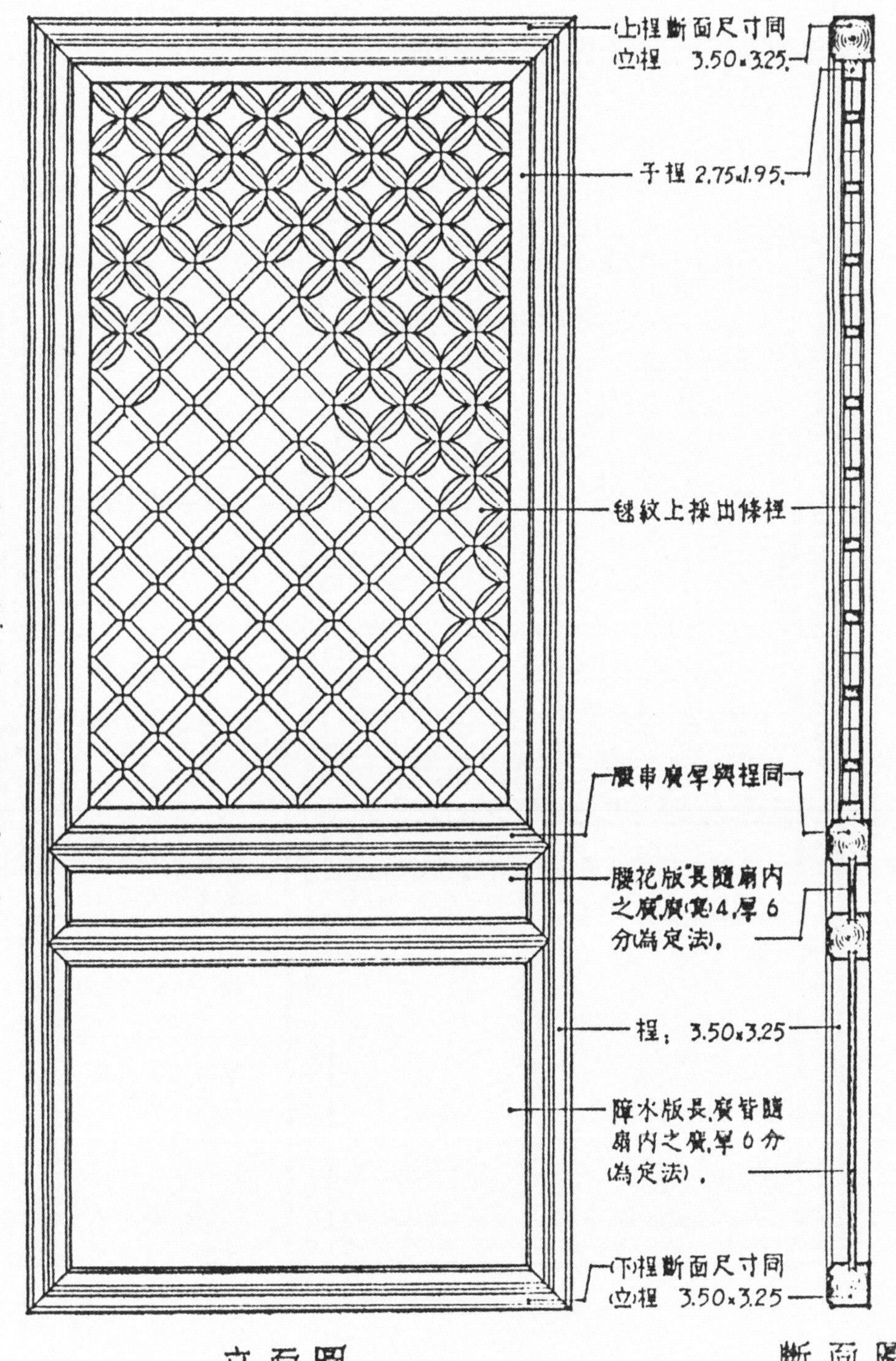

立面圖　　斷面圖

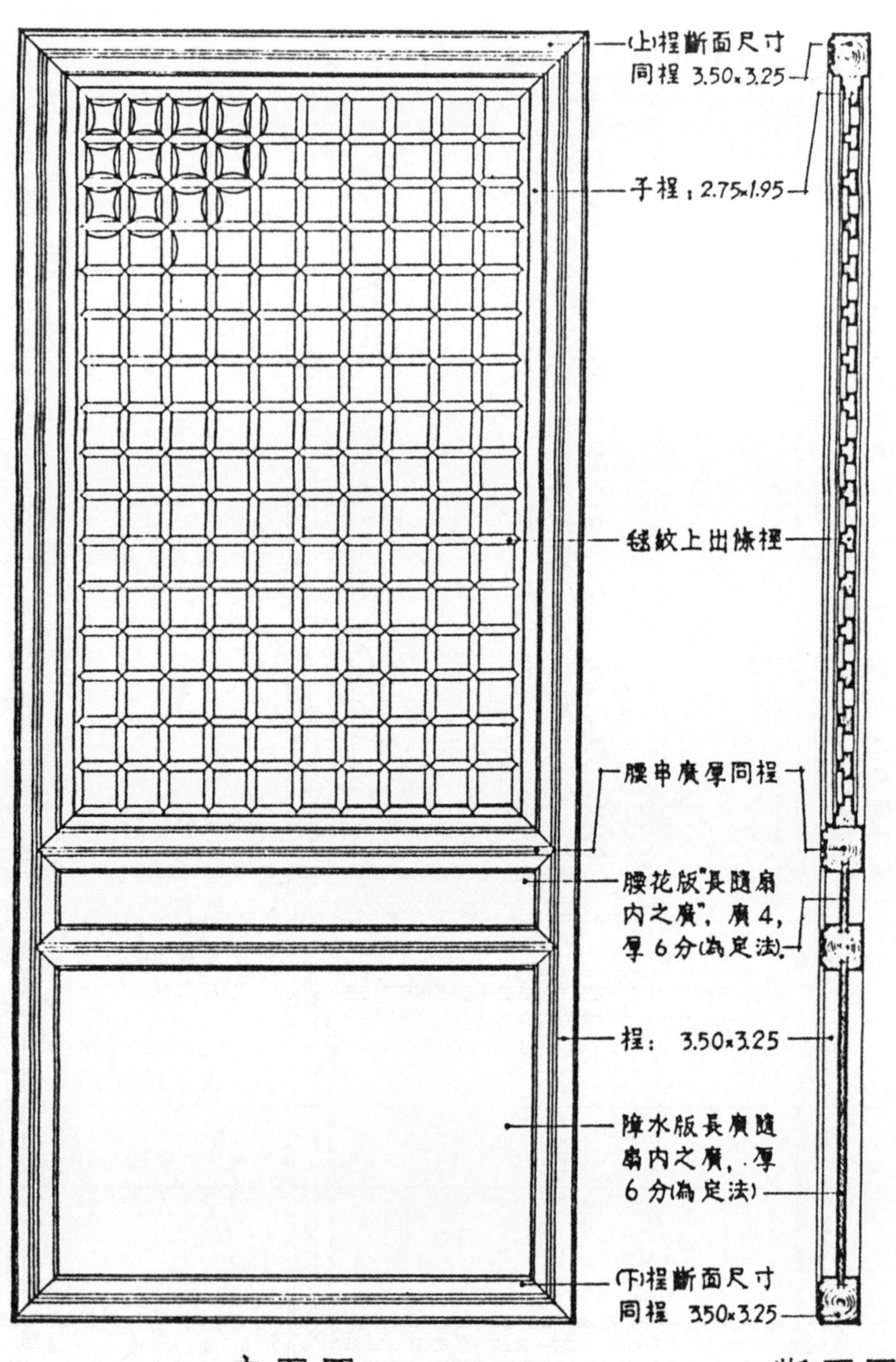

小木作图 17

四直毬文上出条桱

重格眼图

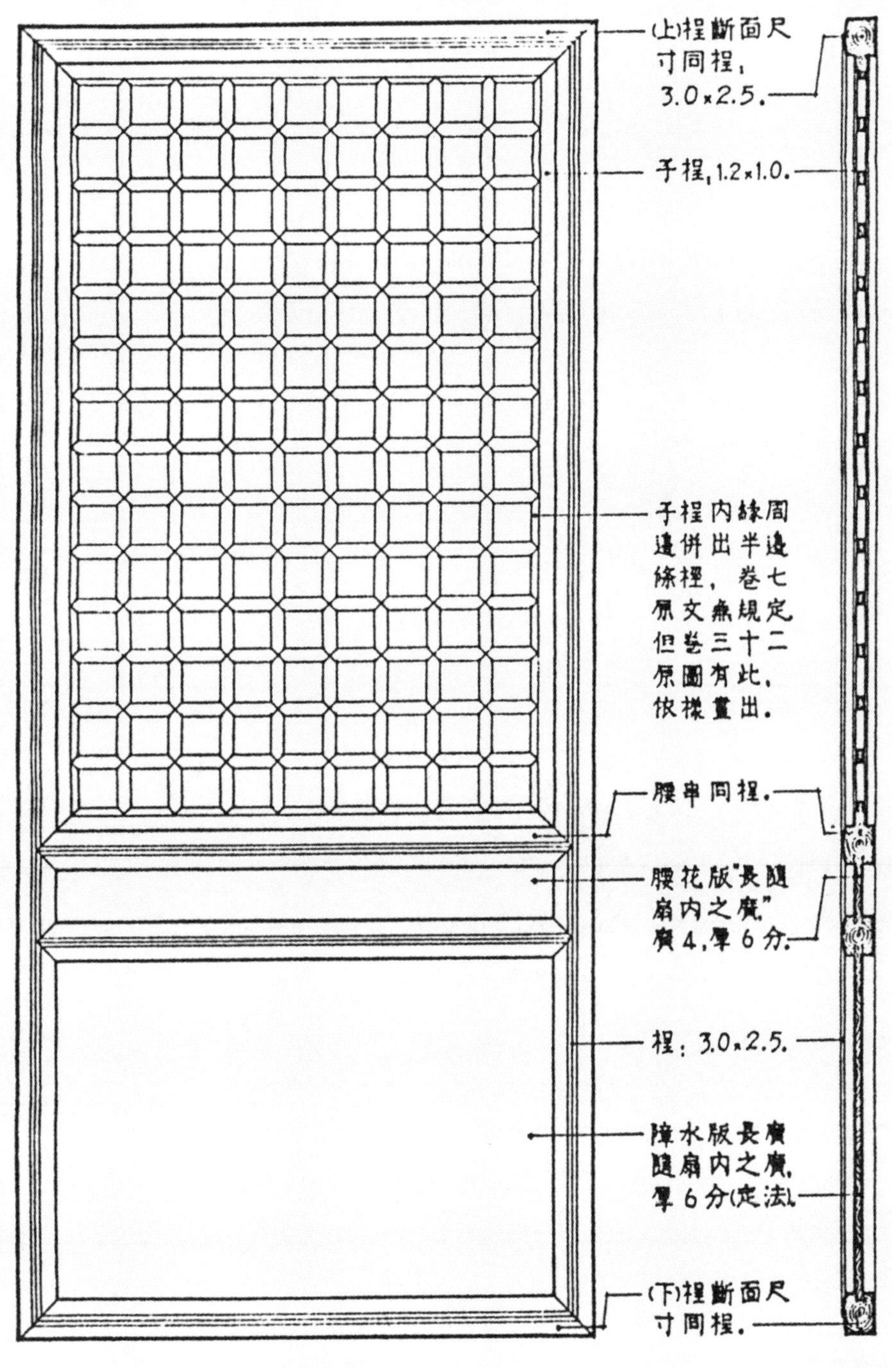

小木作图 18

四直方格眼图

版壁（小木作图20）：上二分不安格眼，亦用障水版者。名件并准前法，唯桯厚减一分。

两明格子门（小木作图20）：其腰华、障水版、格眼皆用两重。桯厚更加二分一厘。子桯及条桱之厚各减二厘。额、颊、地栿之厚各加二分四厘。其格眼两重，外面者安定；其内者，上开池槽深五分，下深二分。[24]

凡格子门所用搏肘、立标（小木作图14），如门高一丈，即搏肘方一寸四分，立标广二寸，厚一寸六分，如高增一尺，即方及广厚各加一分；减亦如之。

〔1〕 格子门在清代装修中称“格扇”。它的主要特征就在门的上半部（即乌头门安装直棂的部分）用条桱（清代称“棂子”）做成格子或格眼以糊纸。这格眼部分清代称“槅心”或“花心”；格眼称“菱花”。

本篇在“格子门”的题目下，又分作五个小题目。其实主要只讲了三种格子的做法。“版壁”在安格子的位置用版，所以不是格子门。“两明格子”是前三种的讲究一些的做法。一般的格子只在向外的一面起线，向里的一面是平的，以便糊纸，两明格子是另外再做一层格子，使起线的一面向里是活动的，可以卸下；在外面一层格子背面糊好纸之后，再装上去。这样，格子里外两面都起线，比较美观。

〔2〕 这“六等”只是指桯、串起线的简繁等第有六等，越繁则等第越高。

〔3〕 在横件边、角的处理上，凡断面做成比较宽而扁，近似半个椭圆形的；或角上做成半径比较大的90°弧的   ，都叫作“混”。

〔4〕 在构件表面鼓出的比较细的   叫作“线”或“出线”。

〔5〕 边或角上向里刻入作“L”形正角凹槽的  叫作“破瓣”。

〔6〕 整个断面成一个混的叫作“通混”。

〔7〕 两侧在混或线之外留下一道细窄平面的，比混或线的表面“压”低一些  ，叫作“压边”。

〔8〕 横直构件相交处，以斜角相交的 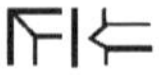 叫作“撺尖”，以正角相交的  叫作“叉瓣”。

〔9〕 断面不起混或线，只在边角破瓣的  叫作“方直破瓣”。

〔10〕 格眼必须成整数，这就不一定刚好与“腰上留二分”的尺寸相符，因此要“随宜加减”。

〔11〕 这个“一寸五分”“三寸”“六寸”都是“并为定法”的绝对尺寸。

〔12〕 从本篇制度看来，格眼基本上只有毬文和方直两种，都用正角相交的条桱组成。方直格眼比较简单，是用简单方直的条桱，以水平方向和垂直方向相交组成的，毬文的条桱则以与水平方向两个相反的45°方向相交组成，而且条桱两侧，各鼓出一个90°的弧，成为一个形；正角相交，四个弧线就组成一个“毬文”，清式称“古钱”。由于这样组成的毬文是以45°角的斜向排列的，所以称四斜毬文。清代装修中所常见的六角形菱纹，在本篇中根本没有提到。

〔13〕 “须双用”就是必须是“双数”。

〔14〕 “令一瓣入角”就是说必须使一瓣正正地对着角线。

〔15〕 障水版的装饰花纹是另安上去的，而不是由版上雕出来的。

〔16〕 即要“入池槽”，则障水版的“毛尺寸”还须比桯、串之间的尺寸大些。

〔17〕 这是本篇制度中等第最高的一种格眼——在毬文原有的条桱上，又“采出”条桱，既是毬文格眼，上面又加一层相交的条桱方格眼，所以叫作重格眼——双重的格眼。

〔18〕 “采”字含义不详——可能是“隐出”（刻出），也可能是另外加上去的。

〔19〕 四直方格眼的等第，也像桯、串的等第那样，以起线简繁而定。

〔20〕 “绞双线”的“绞”是怎样绞法，待考。下面的“绞瓣”一词中也有同样的问题。

〔21〕 什么是“丽口”也不清楚。

〔22〕 “平出线”可能是这样的断面。

〔23〕 “方绞眼”可能就是没有任何混、线的条桱相交组成的最简单的方直格眼。

〔24〕 池槽上面的深，下面的浅，装卸时可能格眼往上一抬就可装可卸。

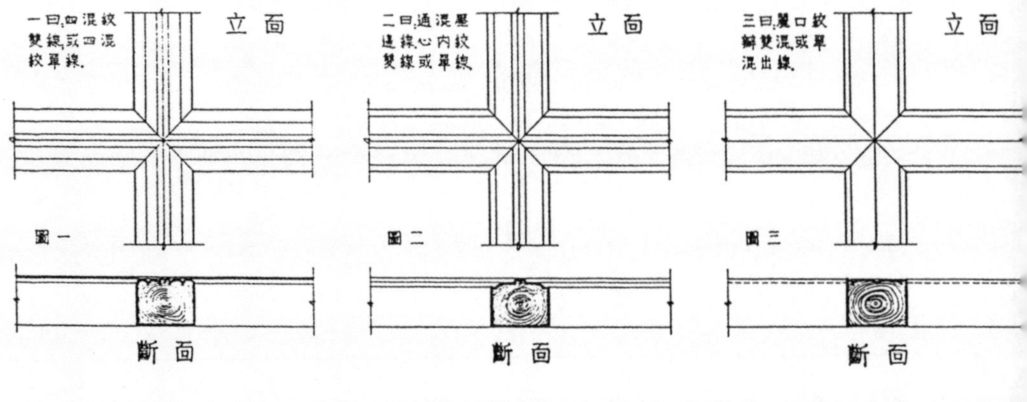

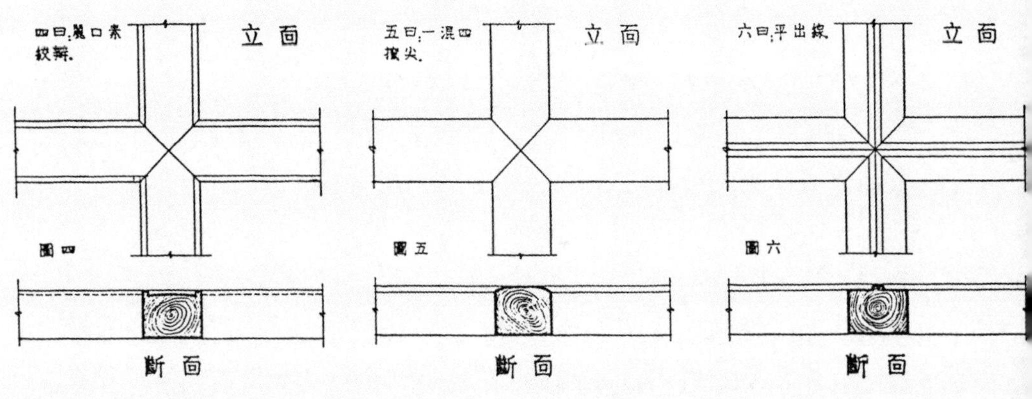

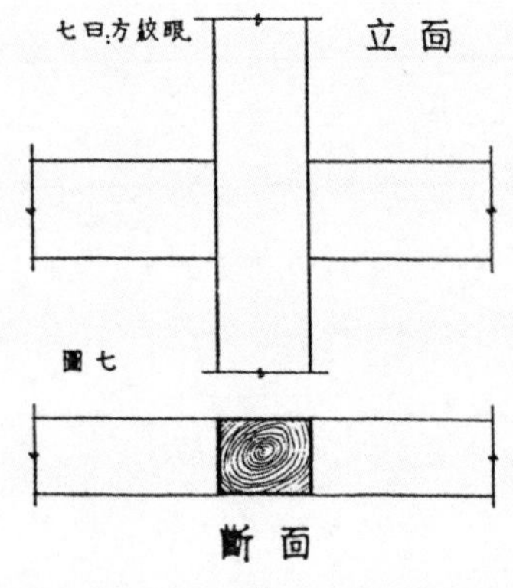

小木作图 19

四直方格眼制度图

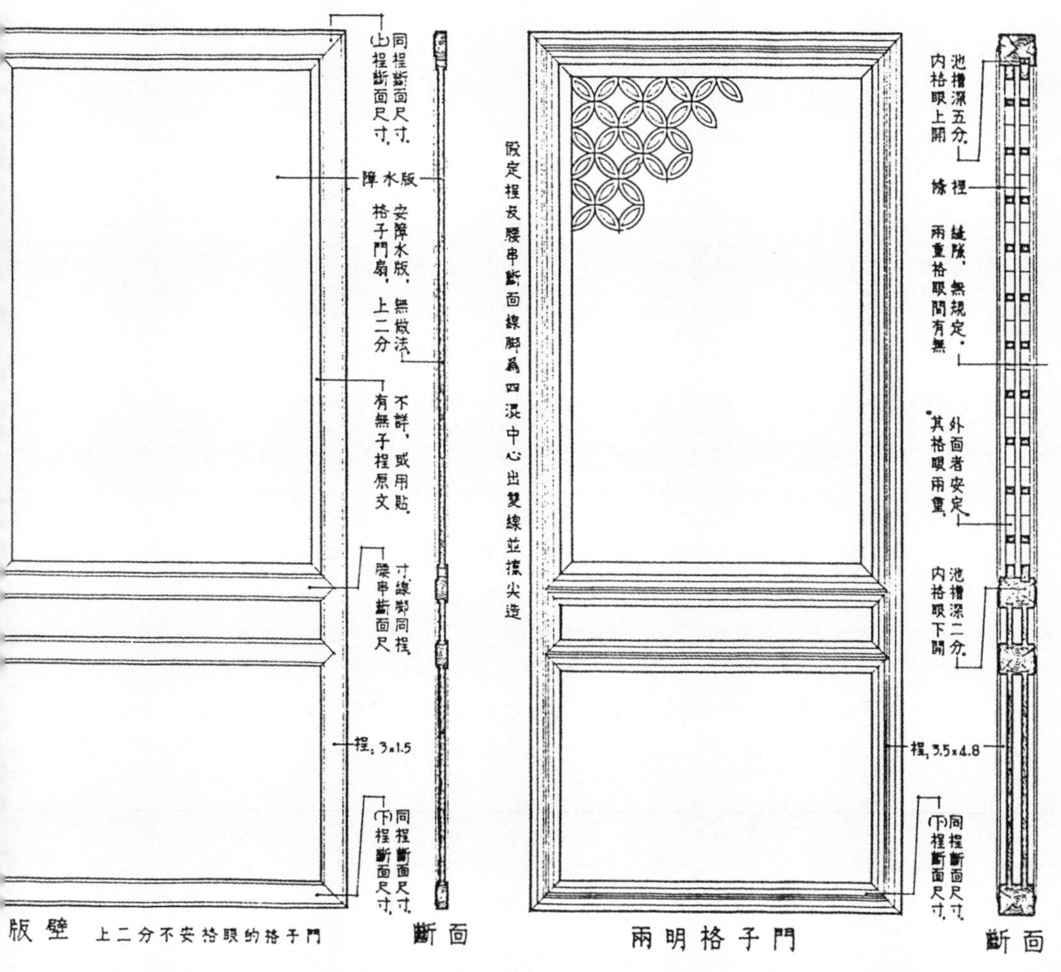

小木作图 20

版壁、两明格子门图

阑槛钩窗[25]

造阑槛钩窗（小木作图21）之制：其高七尺至一丈。每间分作三扇，用四直方格眼。槛面外施云栱鹅项钩阑，内用托柱 各四枚[26]，其名件广厚，各取窗、槛每尺之高，积而为法[27]。其格眼出线，并准格子门四直方格眼制度。

钩窗：高五尺至八尺。

子桯：长视窗高，广随逐扇之广，每窗高一尺，则广三分，厚一分四厘。

条桱：广一分四厘，厚一分二厘。

心柱、榑柱：长视子桯，广四分五厘，厚三分。

额：长随间广，其广一寸一分，厚三分五厘。

槛：面高一尺八寸至二尺。每槛面高一尺，鹅项至寻杖共加九寸。

槛面版：长随间心，每槛面高一尺，则广七寸，厚一寸五分。如柱径或有大小，则量宜加减。

鹅项：长视高，其广四寸二分[28]，厚一寸五分 或加减同上。

云栱：长六寸，广三寸，厚一寸七分。

寻杖：长随槛面，其方一寸七分。

心柱及榑柱：长自槛面版下至地栿上，其广二寸，厚一寸三分。

托柱：长自槛面下至地，其广五寸，厚一寸五分。

地栿：长同窗额，广二寸五分，厚一寸三分。

障水版：广六寸。以厚六分为定法。

凡钩窗所用搏肘，如高五尺，则方一寸；卧关如长一丈，即广二寸，厚一寸六分。每高与长增一尺，则各加一分，减亦如之。

〔25〕阑槛钩窗多用于亭榭，是一种开窗就可以坐下凭栏眺望的特殊装修。现在江南民居中，还有一些楼上窗外设置类似这样的阑槛钩窗的；在园林中一些亭榭、游廊上，也可以看到类似槛面板和鹅项钩阑（但没有钩窗）做成的，可供小坐凭栏眺望的矮槛或栏杆。

〔26〕即：外施云栱鹅项钩阑四枚，内用托柱四枚。

〔27〕即：窗的名件广厚视窗之高，槛的名件广厚视槛（槛面版至地）之高，积而为法。

〔28〕鹅项是弯的，所以这“广”可能是“曲广”。

殿内截间格子[29]

造殿内截间格子（小木作图22）之制：高一丈四尺至一丈七尺。用单腰串，每间各视其长，除桯及腰串外，分作三分。腰上二分安格眼；用心柱、槫柱分作二间。腰下一分为障水版，其版亦用心柱、槫柱分作三间。内一间或作开闭门子。用牙脚、牙头填心，内或合版拢桯。上下四周并缠难子。其名件广厚皆取格子上下每尺之通高，积而为法。

上下桯：长视格眼之高，广三分五厘，厚一分六厘。

条桱：广厚并准格子门法。

障水子桯：长随心柱，槫柱内，其广一分八厘，厚二分。

上下难子：长随子桯，其广一分二厘，厚一分。

搏肘：长视子桯及障水版，方八厘。出鐮在外。

额及腰串：长随间广，其广九分，厚三分二厘。

地栿：长厚同额，其广七分。

上槫柱及心柱：长视搏肘，广六分，厚同额。

下槫柱及心柱：长视障水版，其广五分，厚同上。

凡截间格子，上二分子桯内所用四斜毬文格眼，圜径七寸至九寸。其广厚皆准格子门之制。

〔29〕 就是分隔殿堂内部的隔扇。

堂阁内截间格子[30]

造堂阁内截间格子（小木作图23）之制：皆高一丈，广一丈一尺[31]。其桯制度有三等：一曰面上出心线，两边压线；二曰瓣内双混 或单混；三曰方直破瓣撺尖。其名件广厚皆取每尺之高，积而为法。

截间格子：当心及四周皆用桯，其外上用额，下用地栿；两边安槫柱。格眼毬文径五寸。双腰串造。

桯：长视高。卯在内，广五分，厚三分七厘。上下者，每间广一尺，即长九寸二分。

腰串：每间隔一尺，即长四寸六分。广三分五厘，厚同上。

腰华版：长随两桯内，广同上。以厚六分为定法。

障水版：长视腰串及下桯，广随腰华版之长。厚同腰华版。

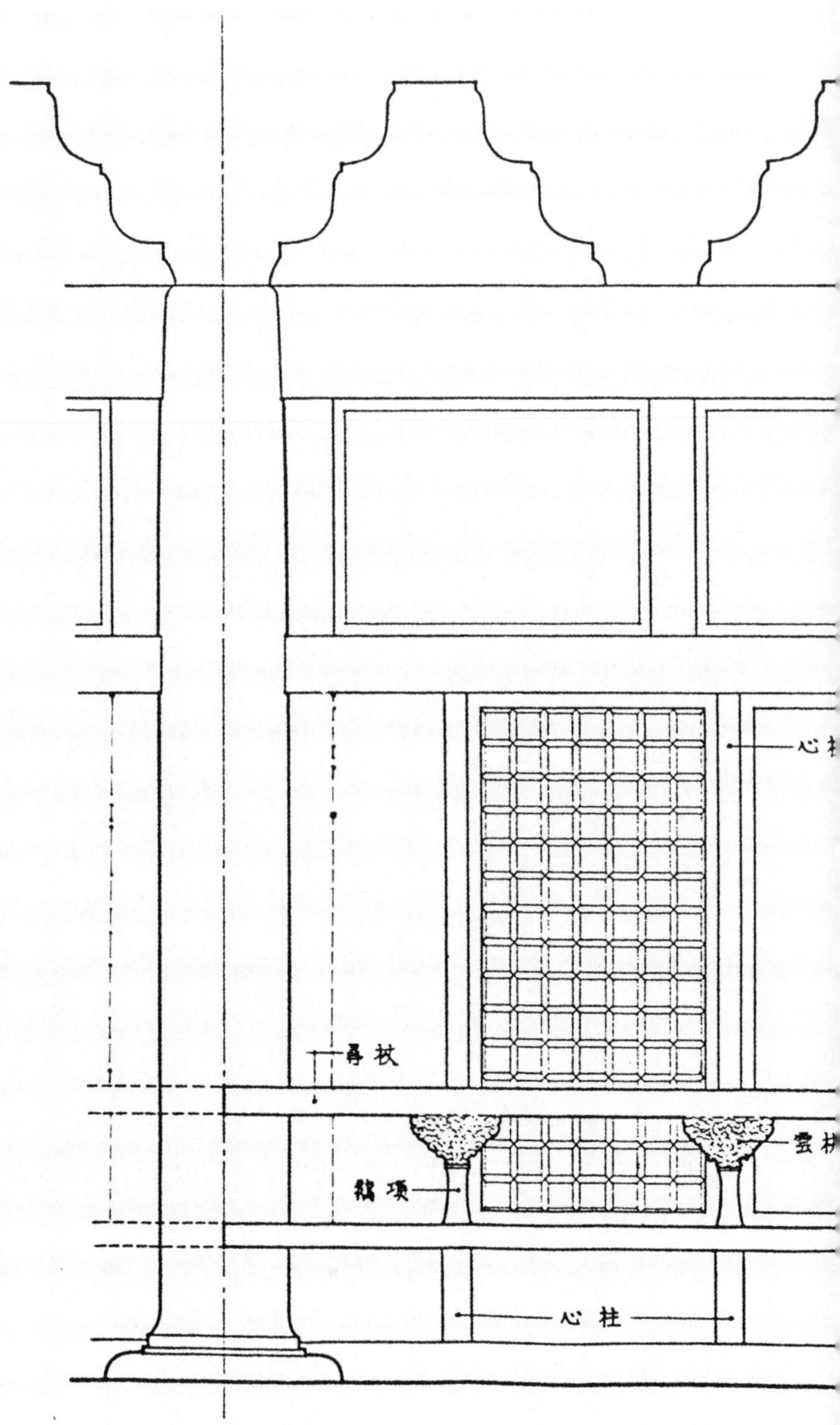

小木作图 21

阑槛钩窗图

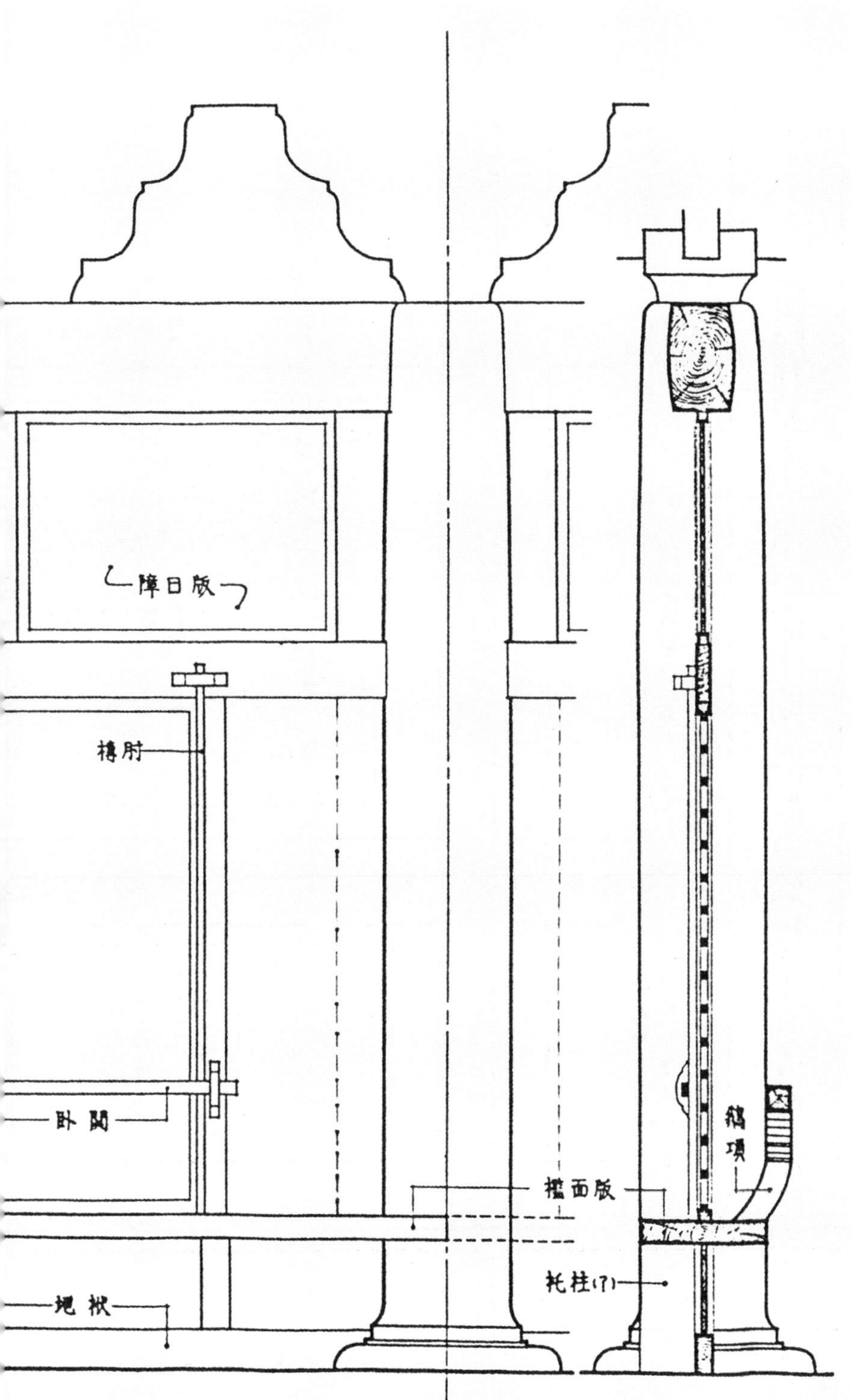

障日版
槫肘
卧関
地栿
檻面版
鵝項
托柱(?)

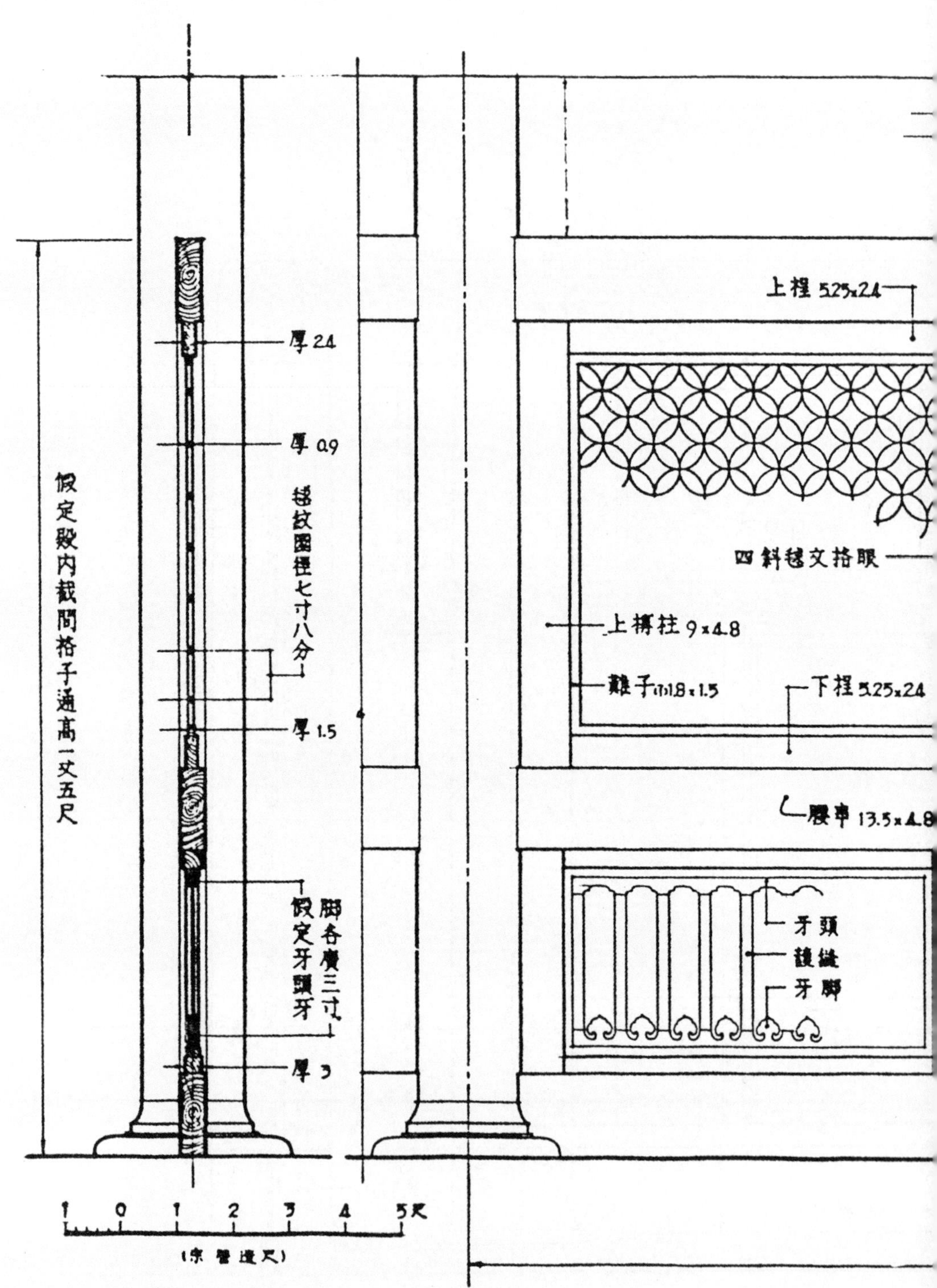

小木作图22

殿内截间格子图

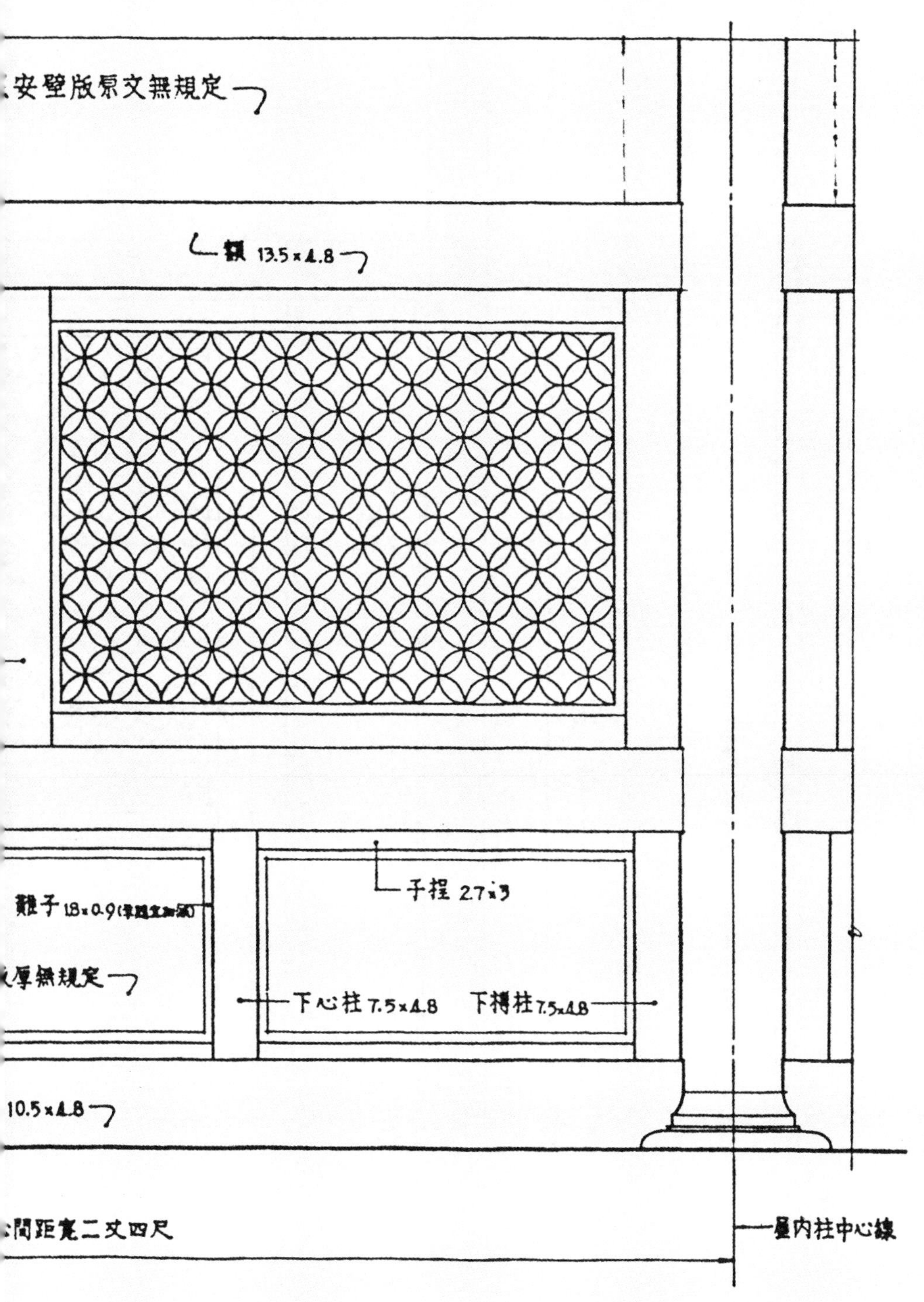

安壁版原文無規定
額 13.5×4.8
手桯 2.7×3
難子 1.8×0.9
厚無規定
下心柱 7.5×4.8
下榑柱 7.5×4.8
10.5×4.8
間距寬二丈四尺
屋内柱中心線

小木作图 23

堂阁内截间格子图

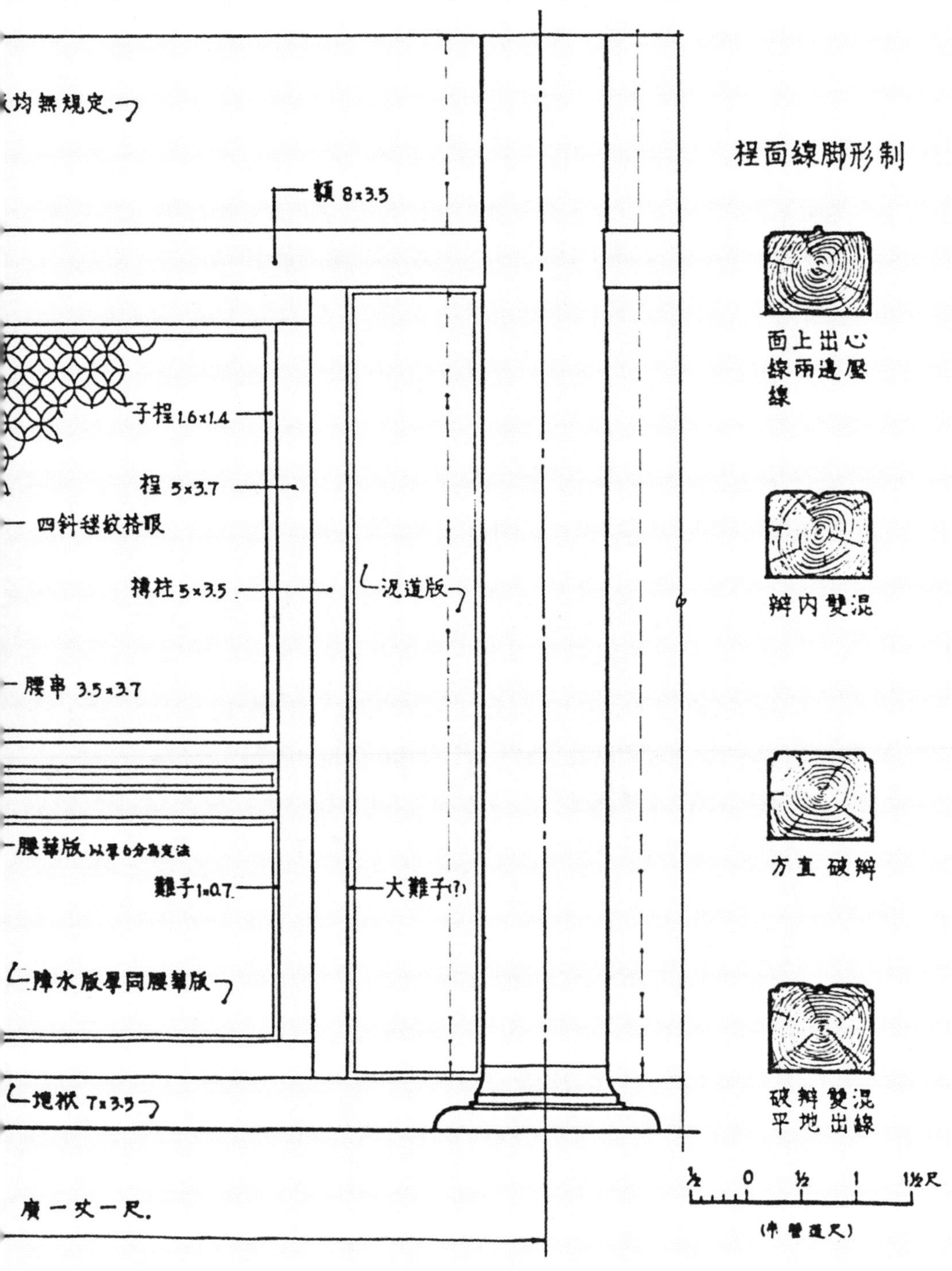

…版均無規定。
額 8×3.5
子桯 1.6×1.4
桯 5×3.7
四斜毬紋格眼
槫柱 5×3.5
泥道版
腰串 3.5×3.7
腰華版 以厚6分為定法
難子 1×0.7
大難子(?)
障水版厚同腰華版
地栿 7×3.5
廣一丈一尺。
桯面線脚形制
面上出心線兩邊壓線
瓣內雙混
方直破瓣
破瓣雙混平地出線
½ 0 ½ 1 1½尺
(營造尺)

子桯：长随格眼四周之广，其广一分六厘，厚一分四厘。

额：长随间广，其广八分，厚三分五厘。

地栿：长厚同额，其广七分。

槫柱：长同桯，其广五分，厚同地栿。

难子：长随桯四周，其广一分，厚七厘。

截间开门格子（小木作图24）：四周用额、栿、槫柱。其内四周用桯，桯内上用门额额上作两间，施毬文，其子桯高一尺六寸；两边留泥道施立颊泥道施毬文，其子桯长〔32〕一尺二寸；中安毬文格子门两扇 格眼毬文径四寸，单腰串造。

桯：长及广厚同前法。上下桯广同。

门额：长随桯内，其广四分，厚二分七厘。

立颊：长视门额下桯内，广厚同上。

门额上心柱：长一寸六分，广厚同上。

泥道内腰串：长随槫柱、立颊内，广厚同上。

障水版：同前法。

门额上子桯：长随额内四周之广，其广二分，厚一分二厘。泥道内所用广厚同。

门肘：长视扇高 鑱在外，方二分五厘。上下桯亦同。

门桯：长同上 出头在外，广二分，厚二分五厘。上下桯亦同。

门障水版：长视腰串及下桯内，其广随扇之广。以广[1]六分为定法。

门桯内子桯：长随四周之广，其广厚同额上子桯。

小难子：长随子桯及障水版四周之广。以方五分为定法。

额：长随间广，其广八分，厚三分五厘。

地栿：长厚同上，其广七分。

槫柱：长视高，其广四分五厘，厚同上。

大难子：长随桯四周，其广一分，厚七厘。

上下伏兔：长一寸，广四分，厚二分。

手拴伏兔：长同上，广三分五厘，厚一分五厘。

手拴：长一寸五分，广一分五厘，厚一分二厘。

---

[1]“陶本”为“厚”字，误。——徐伯安注

凡堂阁内截间格子所用四斜毬文格眼及障水版等分数，其长径并准格子门之制。

〔30〕 本篇内所说的截间格子分作两种："截间格子" 和 "截间开门格子"。文中虽未说明两者的使用条件和两者间的关系，但从功能要求上可以想到，两者很可能是配合使用的。"截间格子" 是固定的；如两间之间需要互通时，就安上 "开门格子"。从清代的隔扇看，"开门格子" 一般都用双扇。

〔31〕 "皆高" 说明无论房屋大小，截间格子一律都用同一尺寸。如房屋大或小于这一尺寸，如何处理，没有说明。

〔32〕 各版原文都作 "子桯广一尺二寸"，"广" 字显然是 "长" 字之误。

殿阁照壁版[33]

造殿阁照壁版（小木作图25）之制：广一丈至一丈四尺，高五尺至一丈一尺。外面缠贴，内外皆施难子，合版造。其名件广厚皆取每尺之高积而为法。

额：长随间广，每高一尺，则广七分，厚四分。

槫柱：长视高，广五分，厚同额。

版：长同槫柱，其广随槫柱之内，厚二分。

贴：长随桯[34]内四周之广，其广三分，厚一分。

难子：长厚同贴，其广二分。

凡殿阁照壁版，施之于殿阁槽内，及照壁门窗之上者皆用之。

〔33〕 照壁版和截间格子不同之处，在于截间格子一般用于同一缝的前后两柱之间，上部用毬文格眼；照壁版则用于左右两缝并列的柱之间，不用格眼而用木板填心。

〔34〕 本篇（以及下面 "障日版" "廊屋照壁版" 两篇）中，名件中并没有 "桯"。这里突然说 "贴，长随桯内四周之广"，是否可以推论额和槫柱之内还应有桯？

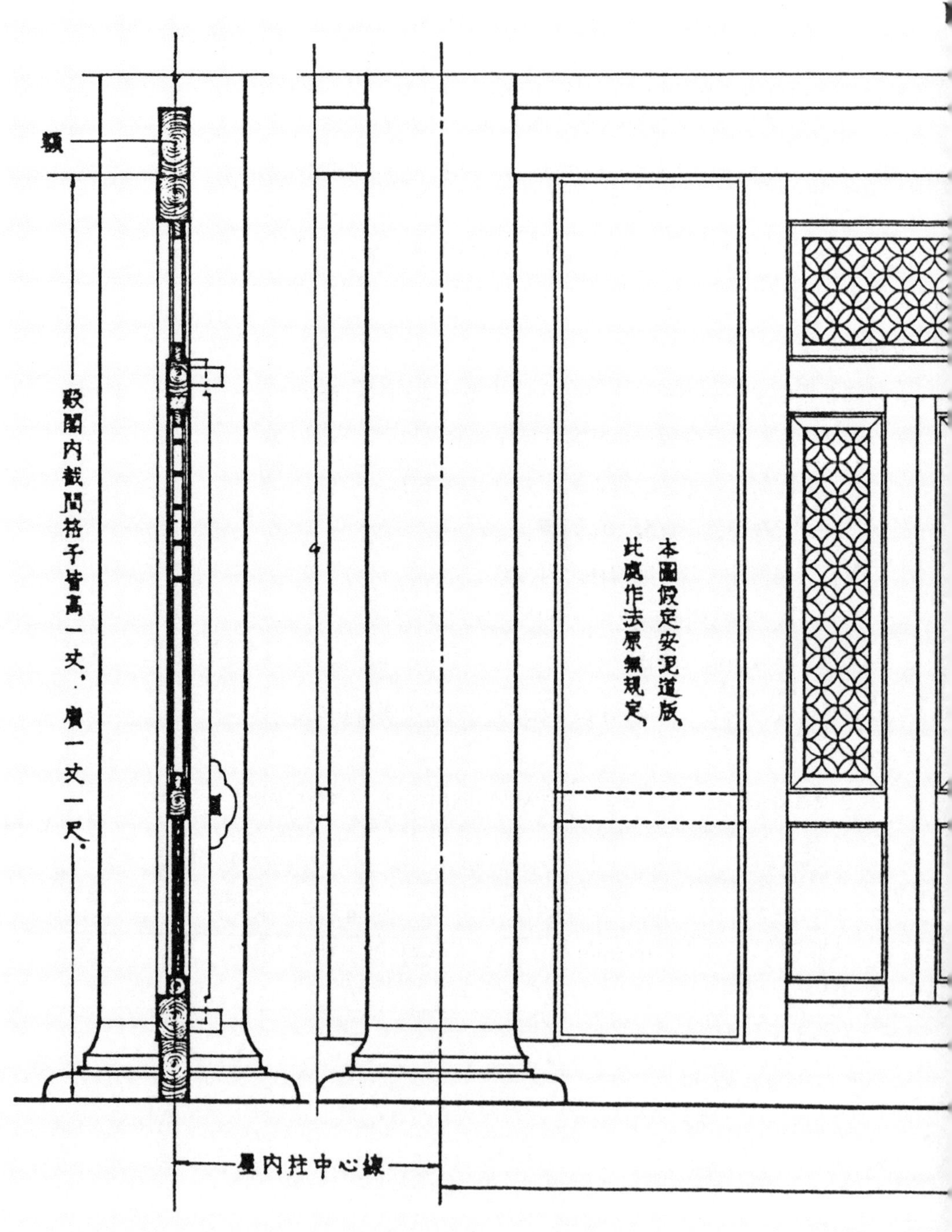

小木作图 24

截间开门格子图

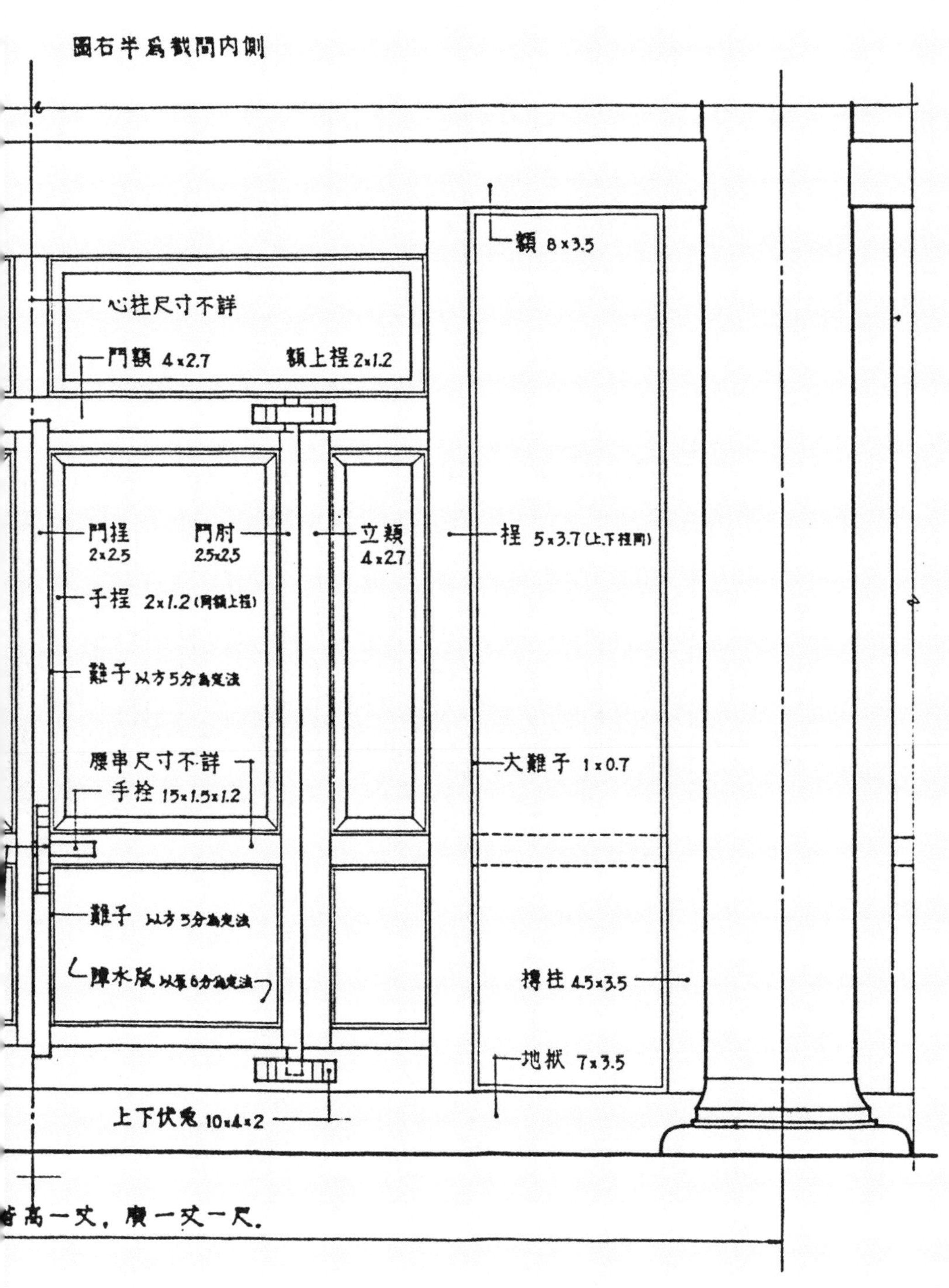
圖右半爲截間内側
心柱尺寸不詳
門額 4×2.7
額上桯 2×1.2
額 8×3.5
門桯 2×2.5
門肘 2.5×2.5
立頰 4×2.7
桯 5×3.7 (上下桯同)
手桯 2×1.2 (同額上桯)
難子 以方5分爲定法
腰串尺寸不詳
手栓 15×1.5×1.2
大難子 1×0.7
難子 以方5分爲定法
障水版 以厚6分爲定法
槫柱 4.5×3.5
地栿 7×3.5
上下伏兔 10×4×2
皆高一丈，廣一丈一尺.

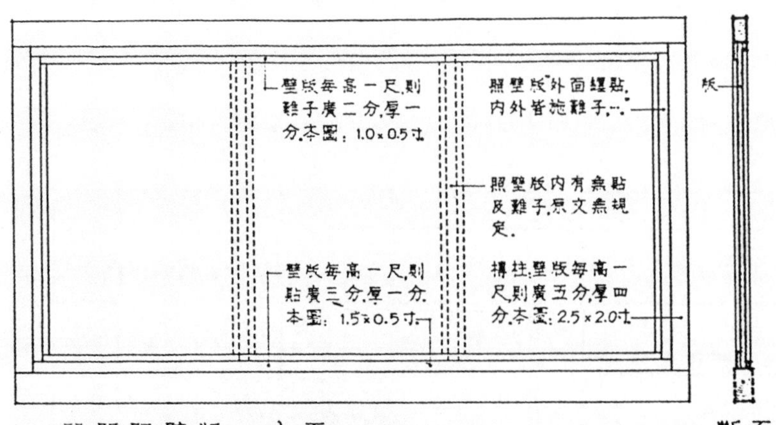

小木作图 25
殿阁照壁版图

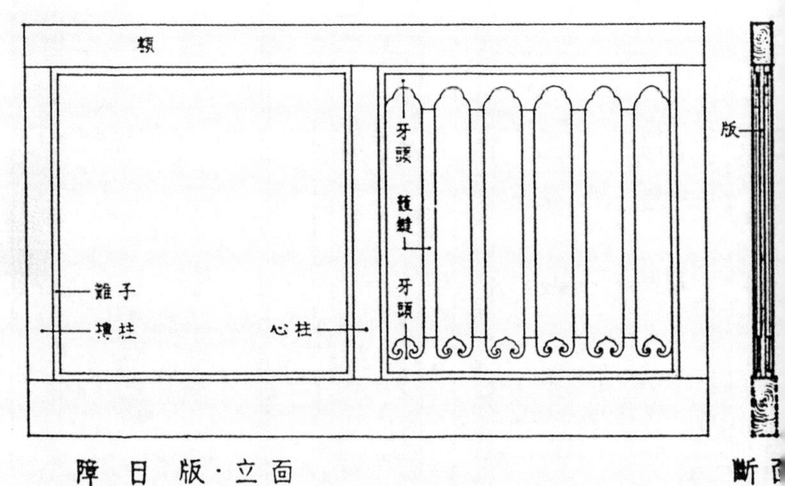

小木作图 26
障日版图

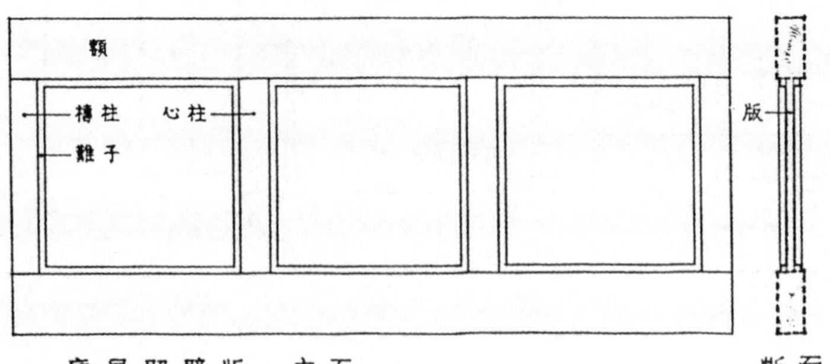

小木作图 27
廊屋照壁版图

障日版

造障日版（小木作图 26）之制：广一丈一尺，高三尺至五尺。用心柱、槫柱，内外皆施难子，合版或用牙头护缝造，其名件广厚，皆以每尺之广，积而为法。

额：长随间之广，其广六分，厚三分。

心柱、槫柱：长视高，其广四分，厚同额。

版：长视高，其广随心柱、槫柱之内。版及牙头、护缝，皆以厚六分为定法。

牙头版：长随广，其广五分。

护缝：长视牙头之内，其广二分。

难子：长随桯内四周之广，其广一分，厚八厘。

凡障日版，施之于格子门及门、窗之上，其上或更不用额。

廊屋照壁版〔35〕

造廊屋照壁版（小木作图 27）之制：广一丈至一丈一尺，高一尺五寸至二尺五寸。每间分作三段，于心柱、槫柱之内，内外皆施难子，合版造。其名件广厚，皆以每尺之广，积而为法。

心柱、槫柱：长视高，其广四分，厚三分。

版：长随心柱、槫柱内之广，其广视高，厚一分。

难子：长随桯内四周之广，方一分。

凡廊屋照壁版，施之于殿廊由额之内。如安于半间之内与全间相对者，其名件广厚亦用全间之法。

〔35〕从本篇的制度看来，廊屋照壁版大概相当于清代的由额垫版，安在阑额与由额之间，但在清代，由额垫版是做法中必须有的东西，而宋代的这种照壁版则似乎可有可无，要看需要而定。

小木作图 28

胡梯图

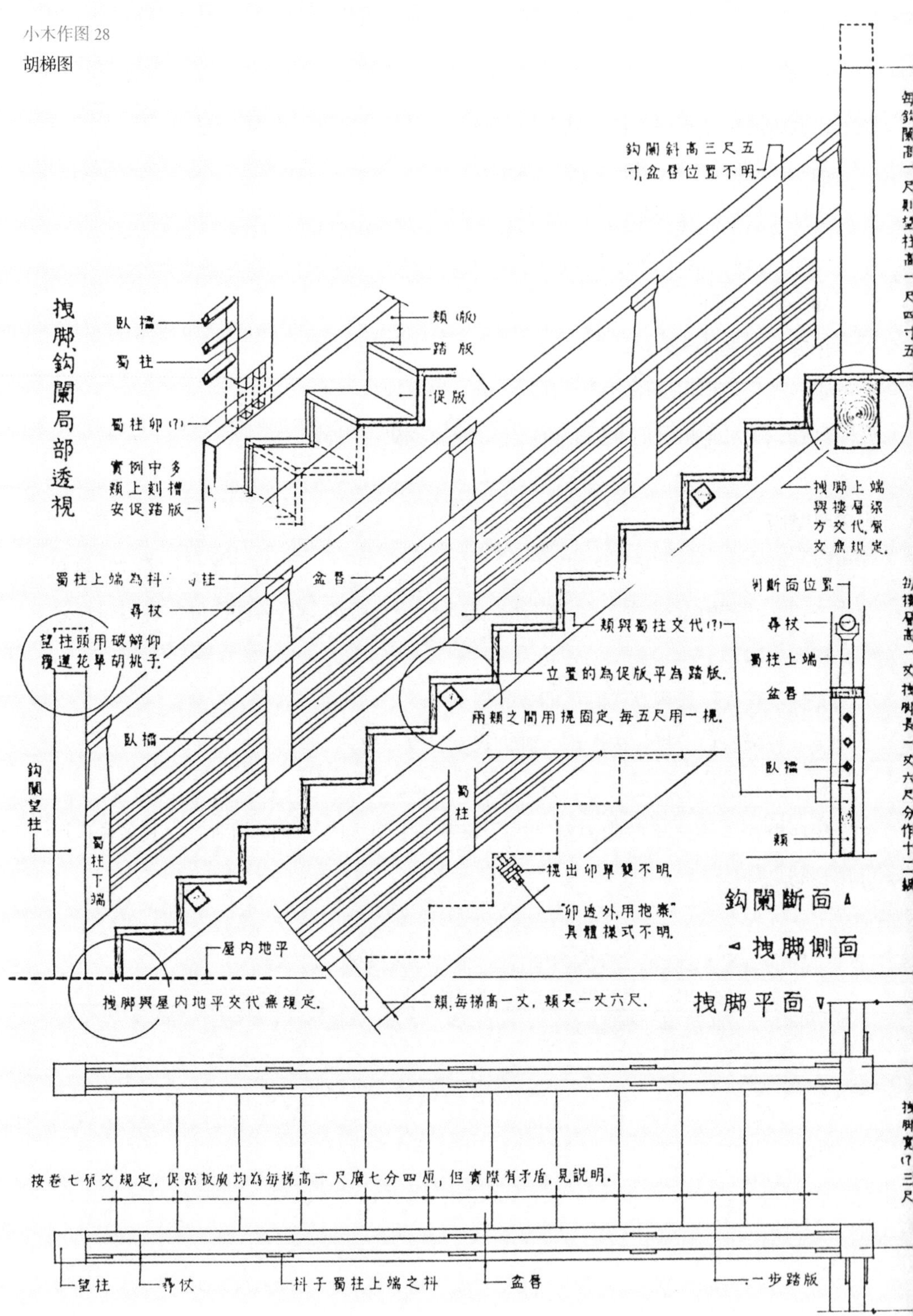

搜脚、鈎闌局部透視
臥櫺
蜀柱
蜀柱卯(?)
實例中多頰上刻槽安促踏版
頰(版)
踏版
促版
鈎闌斜高三尺五寸，盆唇位置不明
每鈎闌高一尺則望柱高一尺四寸五
搜脚上端與樓層梁方交代，無文無規定。
樓層高一丈搜脚長一丈六尺分作十二級
蜀柱上端為枓子蜀柱
盆唇
尋杖
望柱頭用破瓣仰覆蓮花單胡桃子
頰與蜀柱交代(?)
立置的為促版，平為踏版。
兩頰之間用榥固定，每五尺用一榥。
判斷面位置
尋杖
蜀柱上端
盆唇
臥櫺
頰
臥櫺
鈎闌望柱
蜀柱下端
蜀柱
榥出卯單雙不明
"卯透外，用抱寨"具體樣式不明
鈎闌斷面
搜脚側面
屋内地平
搜脚與屋内地平交代無規定。
頰，每梯高一丈，頰長一丈六尺。
搜脚平面
搜脚寬(?)三尺
按卷七原文規定，促踏板廣均為每梯高一尺廣七分四厘，但實際有矛盾，見説明。
望柱
尋仗
枓子蜀柱上端之枓
盆唇
一步踏版

胡梯[36]

造胡梯（小木作图28）之制：高一丈，拽脚长随高，广三尺；分作十二级；拢颊梍[37]施促踏版 侧立者谓之促版，平者谓之踏版；上下并安望柱。两颊随身各用钩阑，斜高三尺五寸，分作四间 每间内安卧棂三条，其名件广厚，皆以每尺之高，积而为法。钩阑名件广厚，皆以钩阑每尺之高，积而为法。

两颊：长视梯，每高一尺，则长加六寸 拽脚蹬口[38]在内，广一寸二分，厚二分一厘。

梍：长视[1]两颊内 卯透外，用抱寨[39]，其方三分。每颊长五尺用梍一条。

促、踏版：长同上，广七分四厘，厚一分。

钩阑望柱：每钩阑高一尺，则长加四寸五分，卯在内。方一寸五分 破瓣、仰覆莲华，单胡桃子造。

蜀柱：长随钩阑之高 卯在内，广一寸二分，厚六分。

寻杖：长随上下望柱内，径七分。

盆唇：长同上，广一寸五分，厚五分。

卧棂：长随两蜀柱内，其方三分。

凡胡梯，施之于楼阁上下道内，其钩阑安于两颊之上 更不用地栿。如楼阁高远者，作两盘至三盘造。[40]

〔36〕胡梯应该就是“扶梯”。很可能在宋代中原地区将“F”音读作“H”音，致使“胡”“扶”同音。至今有些方言仍如此，如福州话就将所有“F”读成“H”；反之，有些方言都将“湖南”读作“扶南”，甚至有“N”“L”不分，读成“扶兰”的。

〔37〕“拢颊梍”三字放在一起，在当时可能是一句常用的术语，但今天读来都难懂。用今天的话解释，应该说成“用梍把两颊拢住”。

〔38〕蹬口是梯脚第一步之前，两颊和地面接触处，两颊形成三角形的部分。

〔39〕抱寨就是一种楔形的木栓。

〔40〕两盘相接处应有“憩脚台”（landing），本篇未提到。

[1]“陶本”为“随”字。——徐伯安注

垂鱼、惹草

造垂鱼、惹草之制：或用华瓣，或用云头造，垂鱼长三尺至一丈；惹草长三尺至七尺，其广厚皆取每尺之长，积而为法。

垂鱼版：每长一尺，则广六寸，厚二分五厘。

惹草版：每长一尺，则广七寸，厚同垂鱼。

凡垂鱼施之于屋山搏风版合尖之下。惹草施之于搏风版之下、搏水〔41〕之外。每长二尺，则于后面施楅一枚。

〔41〕 搏水是什么，还不清楚。

栱眼壁版

造栱眼壁版之制：于材下额上两栱头相对处凿池槽，随其曲直，安版于池槽之内。其长广皆以斗栱材分°为法 斗栱材分°，在大木作制度内。

重栱眼壁版：长随补间铺作，其广五寸四分〔42〕，厚一寸二分。

单栱眼壁版：长同上，其广三寸四分〔42〕，厚同上。

凡栱眼壁版，施之于铺作檐头之上。其版如随材合缝，则缝内用劄造。

〔42〕 这几个尺寸——“五寸四分”“一寸二分”“三寸四分”都成问题。

既然“皆以斗栱材分°为法”，那么就不应该用“× 寸 × 分”而应该写作“× × 分°”。假使以寸代“十”，亦即将“五寸四分”作为“五十四分°”，那就正好是两材两栔（一材为十五分°，一栔为六分°），加上栌斗的平和欹的高度（十二分°）。但是，单栱眼壁版之广“三寸四分”（三十四分°）就不对头了。它应该是一材一栔（二十一分°），如栌斗平和欹的高度（十二分°）——“三寸三分”或三十三分°。至于厚一寸二分更成问题。如果作为一十二分°，那么它就比栱本身的厚度（十分°）还厚，根本不可能“凿池槽”。因此（按《法式》其他各篇的提法），这个“厚一寸二分”也许应该写作“皆以厚一寸二分为定法”才对。但是这个绝对厚度，如用于一等材（版广三尺二寸四分），已嫌太厚，如用于八、九等材，就厚得太不合理了。

这些都是本篇存在的问题。

裹栿版〔43〕

造裹栿版（小木作图 29）之制：于栿两侧各用厢壁版，栿下安底版，其广厚皆以梁栿每尺之广，积而为法。

两侧厢壁版：长广皆随梁栿，每长一尺，则厚二分五厘。

底版：长厚同上；其广随梁之厚，每厚一尺，则广加三寸。

凡裹栿版，施之于殿槽内梁栿；其下底版合缝，令承两厢壁版，其两厢壁版及底版皆雕华造〔43〕。雕华等次序在雕作制度内。

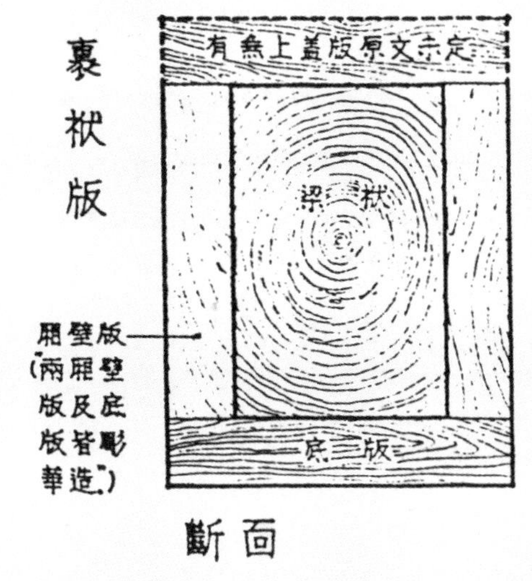

小木作图 29
裹栿版图

〔43〕 从本篇制度看来，裹栿版仅仅是梁栿外表上赘加的一层雕花的纯装饰性的木板。所谓雕梁画栋的雕梁，就是在这样的版上“裹”上去的。

擗帘竿〔44〕

造擗帘竿之制：有三等，一曰八混，二曰破瓣，三曰方直，长一丈至一丈五尺。其广厚皆以每尺之高，积而为法。

擗帘竿：长视高，每高一尺，则方三分。

腰串：长随间广，其广三分，厚二分。只方直造。

凡擗帘竿，施之于殿堂等出跳之下；如无出跳者，则于椽头下安之。

〔44〕 这是一种专供挂竹帘用的特殊装修，事实是在檐柱之外另加一根小柱，腰串是两竿间的联系构件，并作悬挂帘子之用。腰串安在什么高度，未作具体规定。

护殿阁檐竹网木贴〔45〕

造安护殿阁檐斗栱竹雀眼网上下木贴之制：长随所用逐间之广，其广二寸，厚六分为定法，皆方直造地衣簟〔46〕贴同。上于椽头，下于檐头之上，压雀眼网安钉。地衣簟贴，若望柱或碇〔47〕之类，并随四周，或圜或曲，压簟安钉。

〔45〕 为了防止鸟雀在檐下斗栱间搭巢，所以用竹篾编成格网把斗栱防护起来。这种竹网需要用木条——贴——钉牢。本篇制度就是规定这种木条的尺寸——一律为 0.20 尺 ×0.06 尺的木条。晚清末年，故宫殿堂檐已一律改用铁丝网。

〔46〕 地衣簟就是铺地的竹席。

〔47〕 碇，音定，原义是船舶坠在水底以定泊的石头，用途和后世锚一样，这里指的是什么，不清楚。

《营造法式》

卷第八

小木作制度三

平棊[1]　**其名有三：一曰平机，二曰平橑，三曰平棊；俗谓之平起。其以方椽施素版者，谓之平闇。**

造殿内平棊（小木作图30）之制：于背版之上，四边用桯；桯内用贴，贴内留转道，缠难子。分布隔截，或长或方，其中贴络[2]华文有十三品：一曰盘毬；二曰斗八；三曰叠胜；四曰琐子；五曰簇六毬文；六曰罗文；七曰柿蒂；八曰龟背；九曰斗二十四；十曰簇三簇四毬文；十一曰六入圜华；十二曰簇六雪华；十三曰车钏毬文。其华文皆间杂互用。华品或更随宜用之。或于云盘华盘内施明镜，或施隐起龙凤及雕华。[2]每段以长一丈四尺，广五尺五寸为率。其名件广厚，若间架虽长广，更不加减。[3]唯盝顶[4]欹斜处，其桯量所宜减之。

背版：长随间广，其广随材合缝计数，令足一架[5]之广，厚六分。

桯：长[1]随背版四周之广，其广四寸，厚二寸。

贴：长随桯四周之内，其广二寸，厚同背版。

难子并贴华：厚同贴。每方一尺用华子十六枚。[2]华子先用胶贴，候干，刬削令平，乃用钉。

凡平棊，施之于殿内铺作算桯枋之上。其背版后皆施护缝及楅。护缝广二寸，厚六分。楅广三寸五分，厚二寸五分，长皆随其所用。

[1]“陶本”无“长”字。——徐伯安注

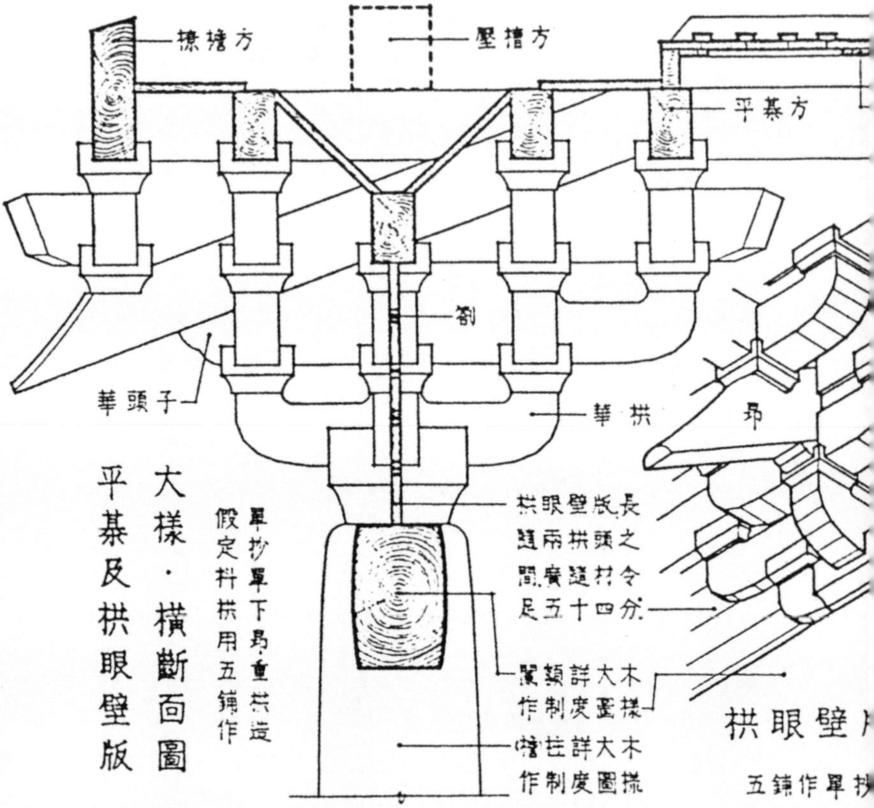

大樣·橫斷面圖

平棊及栱眼壁版

單抄單下昂重栱造

假定枓栱用五鋪作

橑檐方

壓槽方

平棊方

劄

華頭子

華栱

昂

栱眼壁版長隨兩栱頭之間廣隨材令足五十四分

闌額詳大木作制度圖樣

檐柱詳大木作制度圖樣

栱眼壁

五鋪作單抄

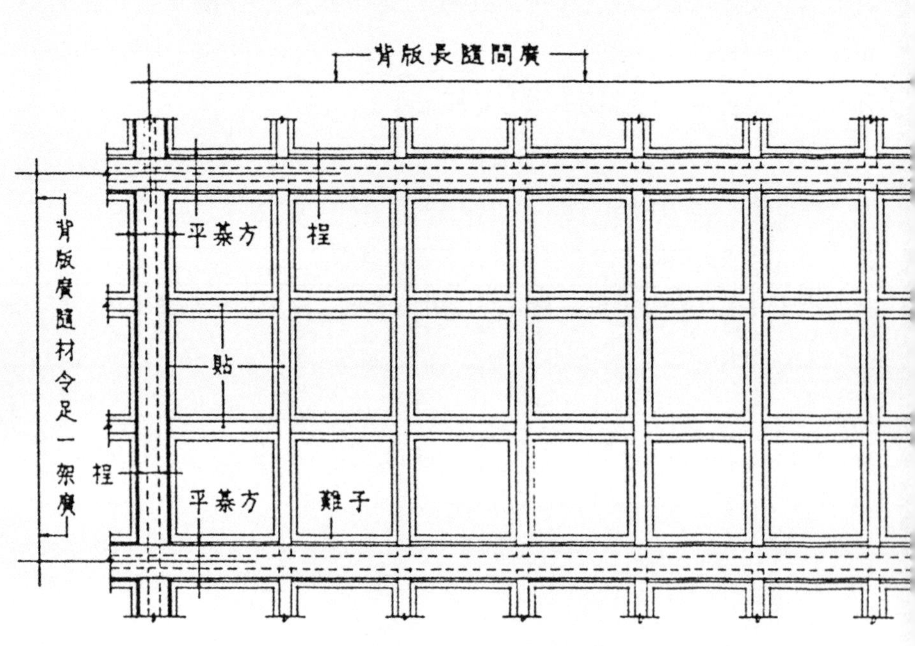

平棊局部仰視圖 ·根据第一

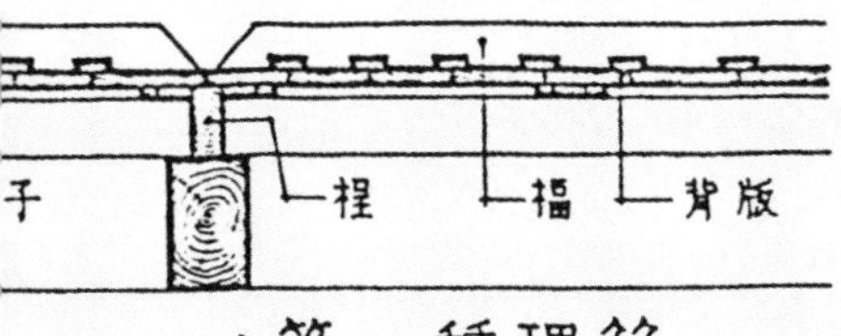

▲第一種理解

羅漢方
素　方

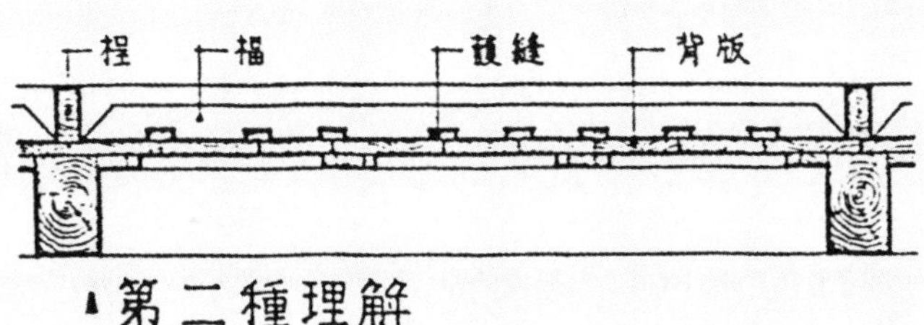

▲第二種理解

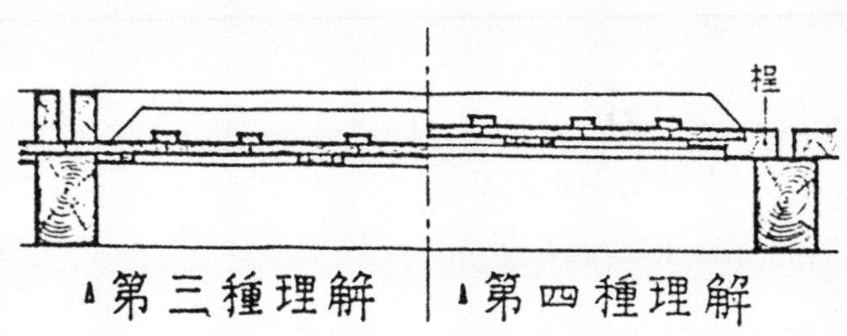

▲第三種理解　▲第四種理解

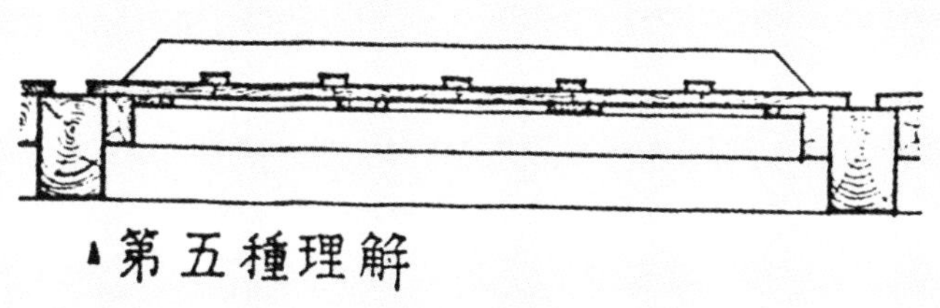
▲第五種理解

小木作图 30

平綦图

〔1〕 平綦就是我们所称的天花板。宋代的天花板有两种格式。长方形的叫平綦，这是比较讲究的一种，板上用“贴络华文”装饰。山西大同华严寺薄伽教藏殿（辽，公元1038年）的平綦属于这一类。用木条做成小方格子，上面铺板，没有什么装饰花纹，亦即“以方椽施素版者”，叫作平闇。山西五台山佛光寺正殿（唐，公元857年）和河北蓟县独乐寺观音阁（辽，公元984年）的平闇就属于这一类。明清以后常用的方格比较大，支条（桯）和背上都加彩画装饰的天花板，可能是平綦和平闇的结合和发展。

〔2〕 这里所谓“贴络”和“华子”，具体是什么，怎样“贴”怎样做，都不清楚。从明清的做法，所谓“贴络”，可能就是“沥粉”，至于“雕华”和“华子”，明清的天花上有些也有将雕刻的花饰附贴上去的。

〔3〕 下文所规定的断面尺寸（广厚）是绝对尺寸，无平綦大小，一律用同一断面的桯、贴和难子，背版的“厚六分”也是绝对尺寸。

〔4〕 覆斗形⌒的屋顶，无论是外面的屋面或者内部的天花，都叫作盝顶。盝音鹿。

〔5〕 这“架”就是大木作由槫到槫的距离。

斗八藻井（小木作图31）〔6〕 其名有三：一曰藻井；二曰圜泉；三曰方井。今谓之斗八藻井。

造斗八藻井之制：共高五尺三寸；其下曰方井，方八尺，高一尺六寸，其中曰八角井，径六尺四寸，高二尺二寸；其上曰斗八，径四尺二寸，高一尺五寸，于顶心之下施垂莲，或雕华云卷，背内安明镜〔7〕。其名件广厚，皆以每尺之径，积而为法。

方井：于算桯枋之上施六铺作下昂重栱 材广一寸八分，厚一寸二分；其斗栱等分数制度，并准大木作法，四入角〔8〕。每面用补间铺作五朵。凡所用斗栱并立旌，斗槽版〔9〕随瓣枋〔12〕[1]斗栱之上，用压厦版。八角井同此。

斗槽版：长随方面之广，每面广一尺，则广一寸七分，厚二分五厘。压厦版长厚同上，其广一寸五分。

八角井：于方井铺作之上施随瓣枋，抹角勒作八角。八角之外，四角谓之角蝉。〔10〕于随瓣枋之上施七铺作上昂重栱 材分等并同方井法，八入角〔8〕，每瓣〔11〕用补间铺作一朵。

[1]“陶本”无此“随瓣枋（方）”三字。——徐伯安注

随瓣枋[12]：每直径一尺，则长四寸，广四分，厚三分。

斗槽版[13]：长随瓣，广二寸，厚二分五厘。

压厦版：长随瓣，斜广二寸五分，厚二分七厘。

斗八：于八角井铺作之上，用随瓣枋；枋上施斗八阳马 阳马今俗谓之梁抹，阳马之内施背版，贴络华文。

阳马[14]：每斗八径一尺，则长七寸，曲广一寸五分，厚五分。

随瓣枋[15]：长随每瓣之广，其广五分，厚二分五厘。

背版：长视瓣高，广随阳马之内。其用贴并难子，并准平棊之法。华子每方一尺用十六枚或二十五枚。

凡藻井，施之于殿内照壁屏风之前，或殿身内前门之前，平棊之内。

〔6〕 藻井是在平棊的主要位置上，将平棊的一部分特别提高，造成更高的空间感以强调其重要性。这种天花上开出来的“井”，一般都采取八角形，上部形状略似扣上一顶八角形的“帽子”。这种八角形“帽子”是用八枨同中心辐射排列的栱起的阳马（角梁）“斗”成的，谓之“斗八”。

〔7〕 这里说的是，斗八的顶心可以有两种做法：一种是枨杆（见大木作“簇角梁”制度）的下端做成垂莲柱；另一种是在枨柱之下（或八根阳马相交点之下）安明镜（明镜是不是铜镜，待考），周圈饰以雕花云卷。

〔8〕 “入角”就是内角或阴角，这里特画“四入角”和“八入角”是要说明在这些角上的斗栱的“后尾”或“里跳”。

〔9〕 这些斗栱是纯装饰性的，只做露明的一面，装在斗槽版上。斗槽版是立放在槽线上的木板，所以需要立旌支撑。

〔10〕 在正方形内抹去四角，做成等边八角形；抹去的四个等腰三角形[1] 角蝉 就叫作“角蝉”。

〔11〕 八角形或等边多角形的一面谓之“瓣”。

〔12〕 这个随瓣枋是八角井下边承托斗槽版的随瓣枋。

〔13〕 这个斗槽版是八角形的斗槽版。

〔14〕 阳马就是角梁的别名。

---

[1] 原注油印稿恐漏刻“三角形”三字，今补。——徐伯安注

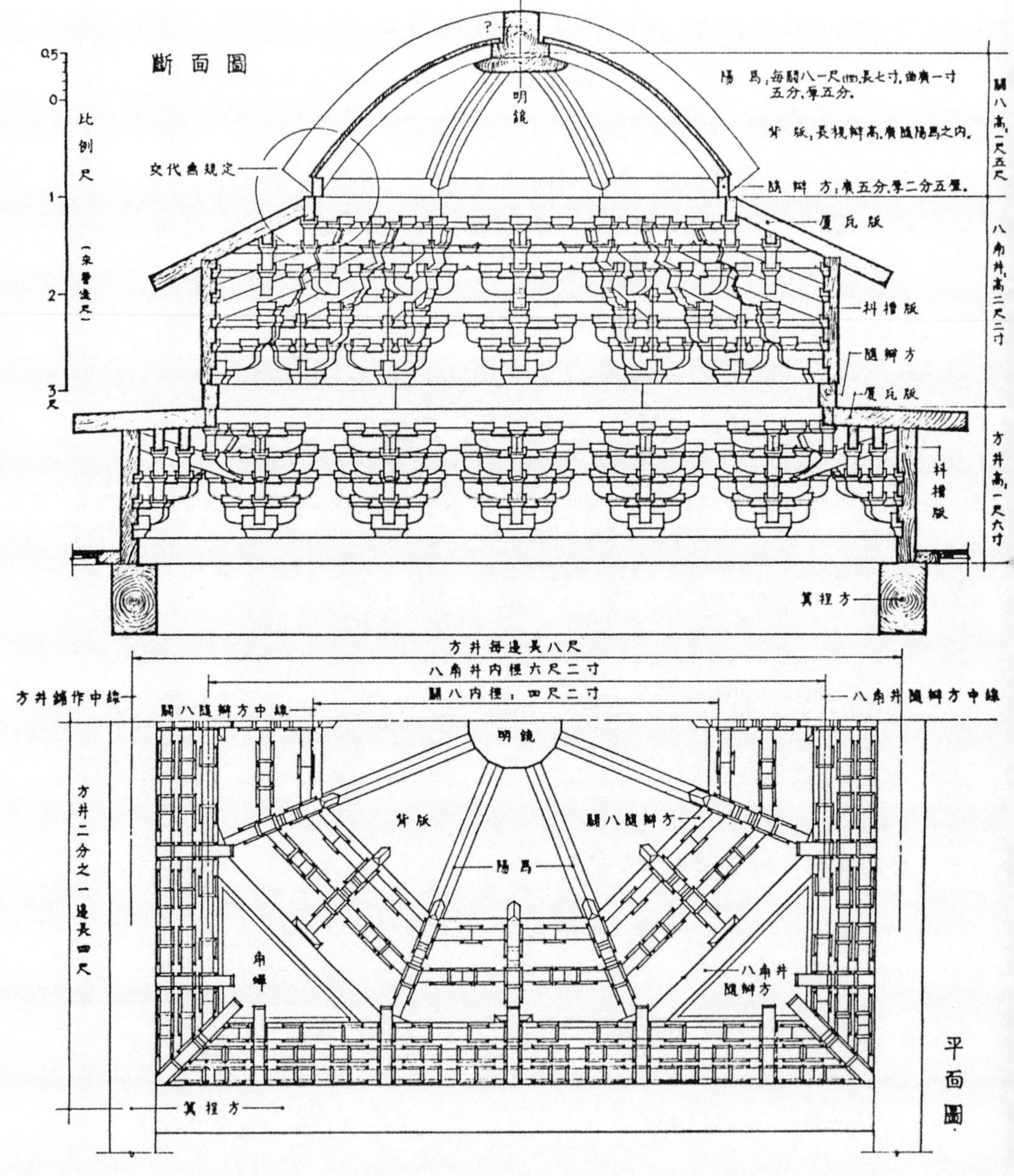

小木作图 31

斗八藻井图

〔15〕 这个随瓣枋是八藻井顶部阳马脚下的随瓣枋。

小斗八藻井

造小藻井（小木作图 32）之制：共高二尺二寸。其下曰八角井，径四尺八寸，其上曰斗八，高八寸。于顶心之下施垂莲或雕华云卷；皆内安明镜，其名件广厚，各以每尺之径及高，积而为法。

八角井[1]：抹角勒算桯枋作八瓣。于算桯枋之上用普拍枋；枋上施五铺作卷头重栱。材广六分，厚四分；其斗栱等分数制度，皆准大木作法。斗栱之内用斗槽版，上用压厦版，上施版壁贴络门窗、钩阑，其上又用普拍枋。〔16〕枋上施五铺作一杪一昂重栱，上下并八入角，每瓣用补间铺作两朵。

斗槽版：每径一尺，则长九寸；高一尺，则广六寸。以厚八分为定法。

普拍枋：长同上，每高一尺，则方三分。

随瓣枋：每径一尺，则长四寸五分；每高一尺，则广八分，厚五分。

阳马：每径一尺，则长五寸；每高一尺，则曲广一寸五分，厚七分。

背版：长视瓣高，广随阳马之内。以厚五分为定法。其用贴并难子，并准殿内斗八藻井之法。贴络华数亦如之。

凡小藻井，施之于殿宇副阶之内〔17〕。其腰内所用贴络门窗、钩阑 钩阑下施雁翅版〔18〕，其大小广厚，并随高下量宜用之。

〔16〕 这句需要注释明确一下。“斗栱之内”的“内”字应理解为“背面”，即斗栱的背面用“斗槽版”；“上用压厦版”是斗栱之上用压厦版；“上施版壁贴络门窗、钩阑”，是在这块压厦版之上安一块版子贴络门窗，在压厦版边缘上安钩阑；“其上又用普拍枋”是在贴络门窗之上安普拍枋。

〔17〕 这就是重檐殿宇的廊内。

〔18〕 原文作“钩阑上施雁翅版”，而实际是在钩阑脚下施雁翅版，所以“上”字改为“下”字。

---

[1] “陶本”作“八角并”。——徐伯安注

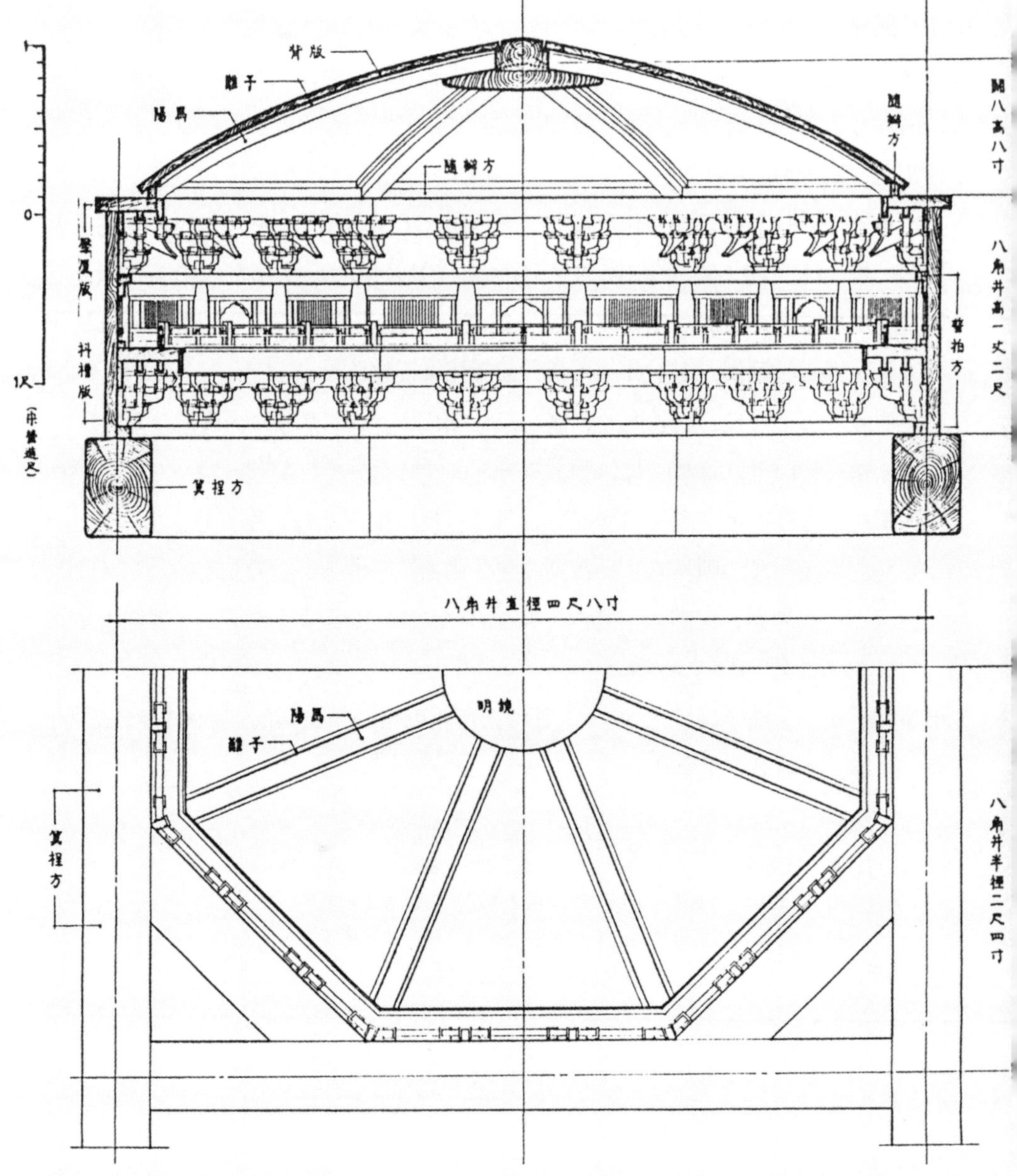

小木作图 32

小斗八藻井图

拒马叉子〔19〕 其名有四：一曰梐枑〔20〕；二曰梐拒；三曰行马；四曰拒马叉子。

造拒马叉子之制：高四尺至六尺。如间广一丈者，用二十一棂；每广增一尺，则加二棂，减亦如之。两边用马衔木，上用穿心串，下用拢桯连梯，广三尺五寸，其卯广减桯之半，厚三分，中留一分，其名件广厚，皆以高五尺为祖，随其大小而加减之。

棂子：其首制度有二：一曰五瓣云头挑瓣；二曰素讹角 叉子首于上串上出者，每高一尺，出二寸四分；挑瓣处下留三分，斜长五尺五寸，广二寸，厚一寸二分，每高增一尺，则长加一尺一寸，广加二分，厚加一分。

马衔木：其首破瓣同棂，减四分。长视高。每叉子高五尺，则广四寸半，厚二寸半。每高增一尺，则广加四分，厚加二分；减亦如之。

上串：长随间广；其广五寸五分，厚四寸。每高增一尺，则广加三分，厚加二分。

连梯：长同上串，广五寸，厚二寸五分。每高增一尺，则广加一寸，厚加五分。两头者广厚同，长随下广。

凡拒马叉子，其棂子自连梯上，皆左右隔间分布于上串内，出首交斜相向。

〔19〕 拒马叉子是衙署府第大门外使用的活动路障。

〔20〕 梐，音陛；枑，音户。

叉子〔21〕

造叉子之制（小木作图33、34）：高二尺至七尺，如广一丈，用二十七棂；若广增一尺，即更加二棂；减亦如之。两壁用马衔木；上下用串；或于下串之下用地栿、地霞造。其名件广厚，皆以高五尺为祖，随其大小而加减之。

望柱：如叉子高五尺，即长五尺六寸，方四寸。每高增一尺，则加一尺一寸，方加四分；减亦如之。

棂子：其首制度有三：一曰海石榴头；二曰挑瓣云头；三曰方直笏头。叉子首于上串上出者，每高一尺，出一寸五分；内挑瓣处下留三分。其身制度有四：一曰一混，心出单线，压边线；二曰瓣内单混，面上出心线；三曰方直，出线，压边线或压白；四曰方直不出线，其长四尺四寸 透下串者长四尺五寸，每间三条，广

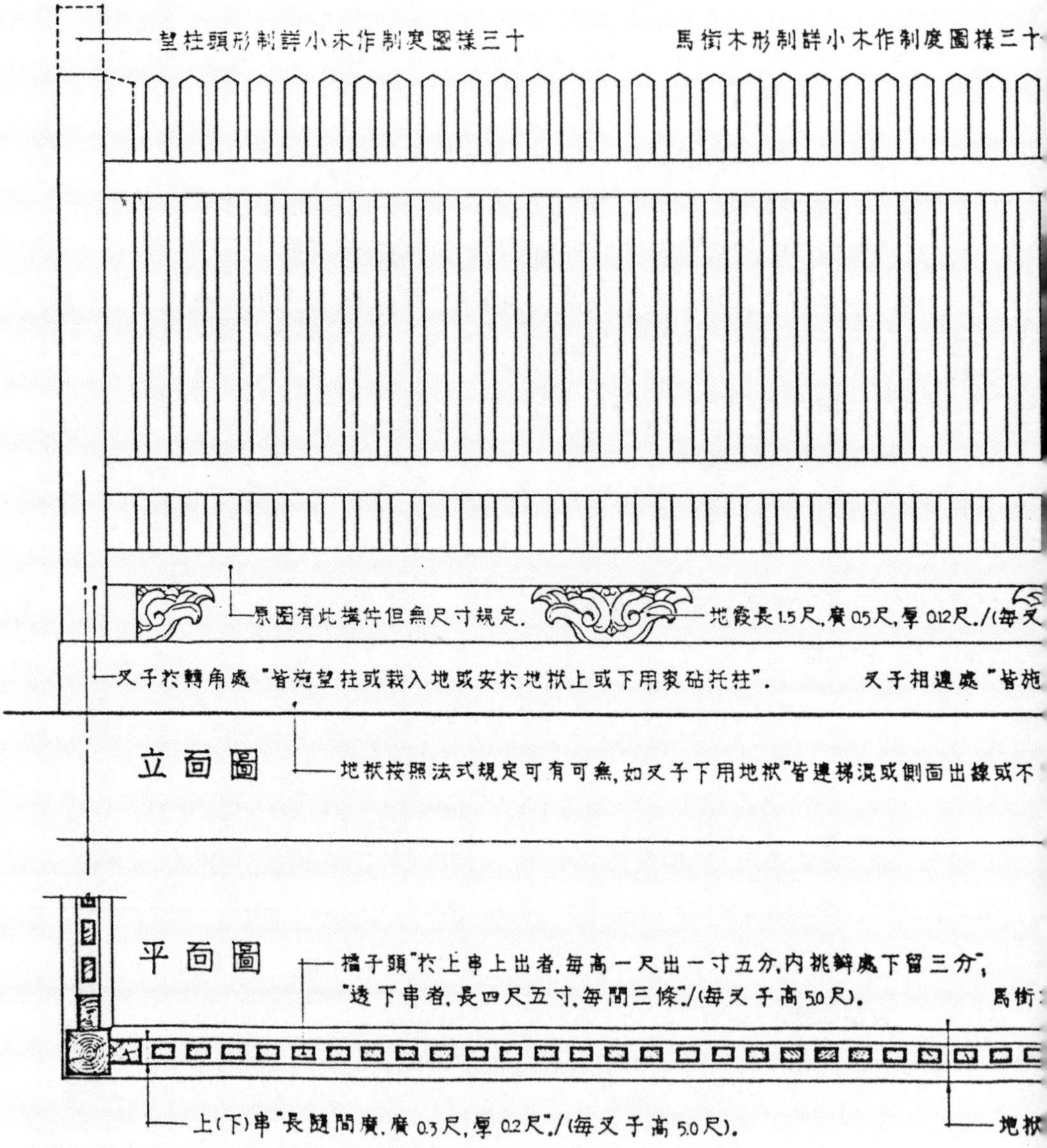

望柱頭形制詳小木作制度圖樣三十

馬銜木形制詳小木作制度圖樣三十

原圖有此構件但無尺寸規定.

地霞長1.5尺,廣0.5尺,厚0.12尺./(每叉

叉子於轉角處"皆施望柱或栽入地或安於地栿上或下用衮砧托柱".

叉子相連處"皆施

立面圖

地栿按照法式規定可有可無,如叉子下用地栿"皆連梯混或側面出線或不

平面圖

櫺子頭"於上串上出者,每高一尺出一寸五分,內挑瓣處下留三分",
"透下串者,長四尺五寸,每間三條"./(每叉子高5.0尺).

馬銜

上(下)串"長隨間廣,廣0.3尺,厚0.2尺"./(每叉子高5.0尺).

地栿

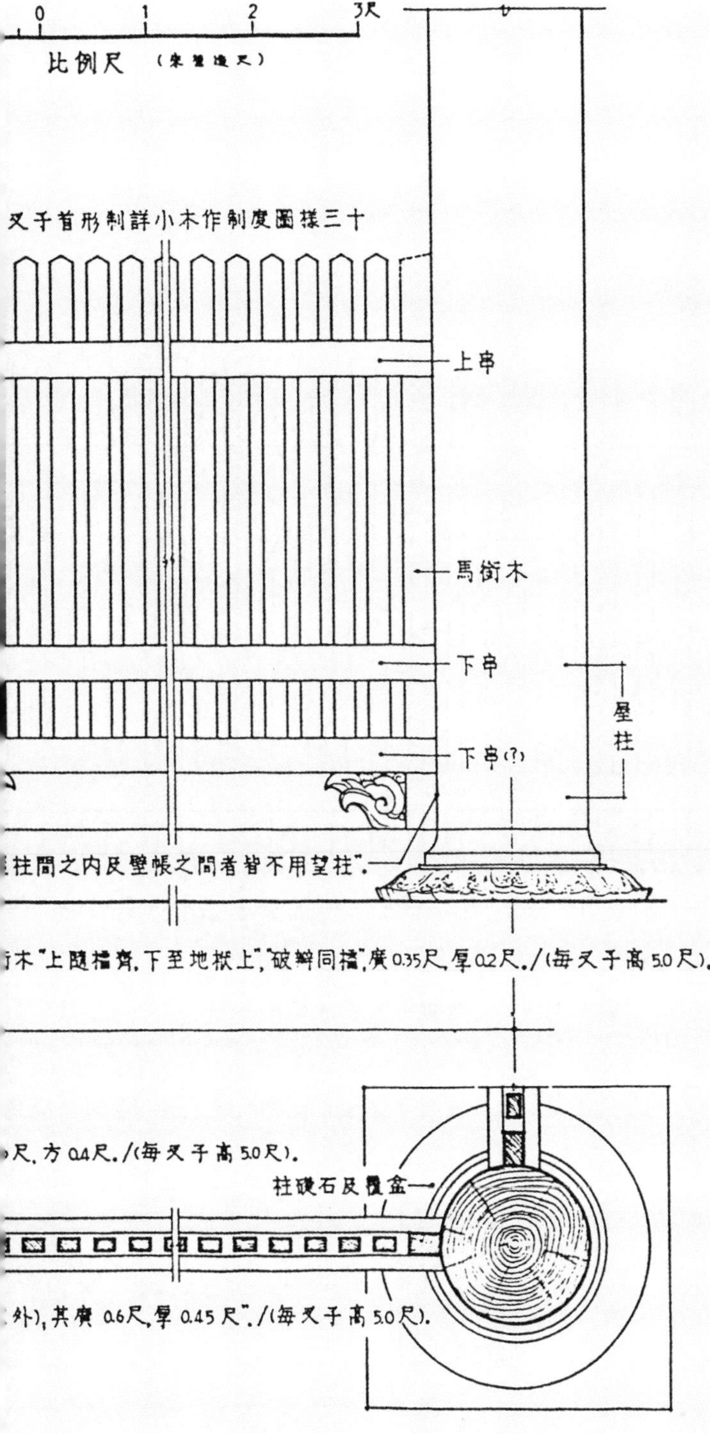

小木作图33

叉子图（相连或转角）

小木作图 34

叉子、棂子首、棂子身、望柱头细部图及串面、地栿侧线脚图

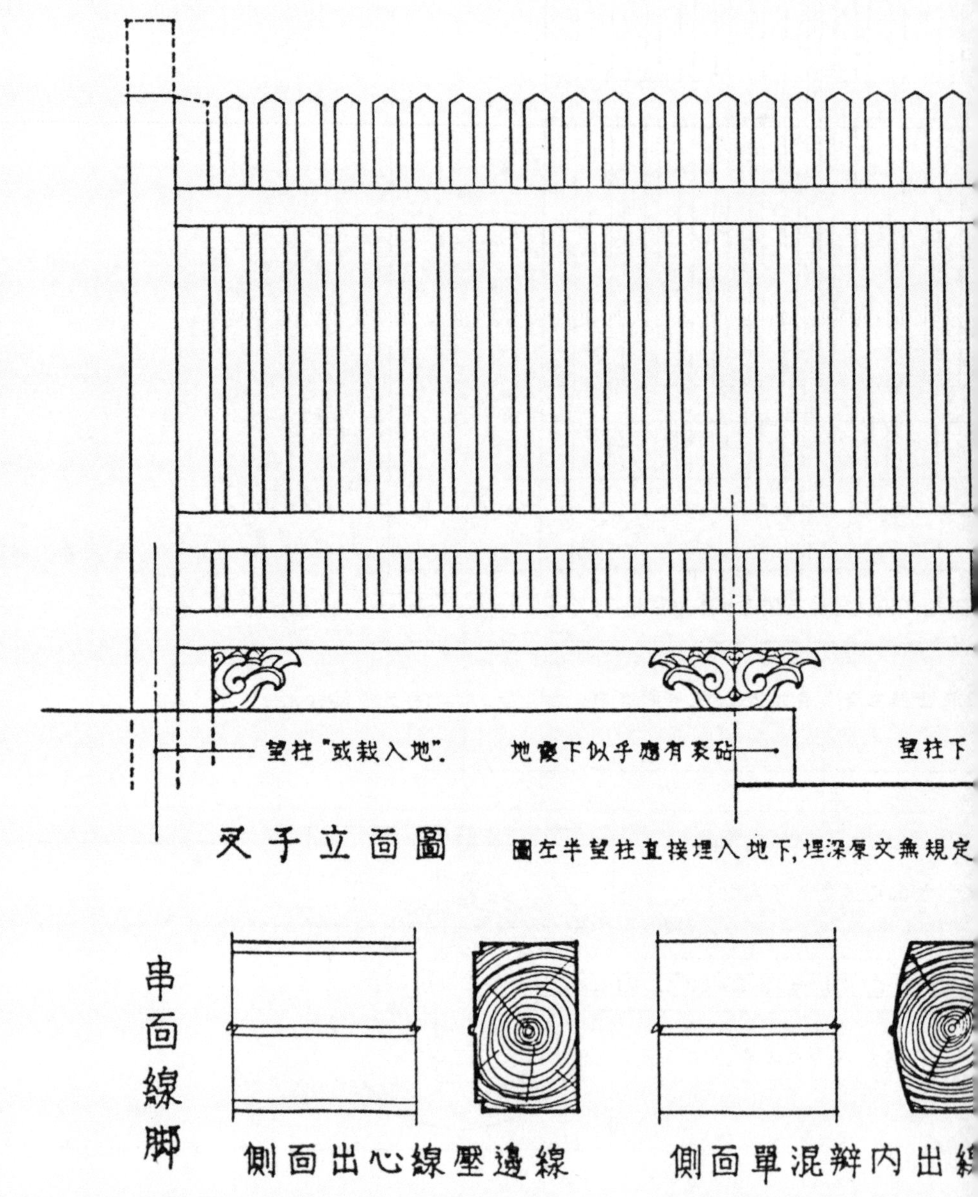

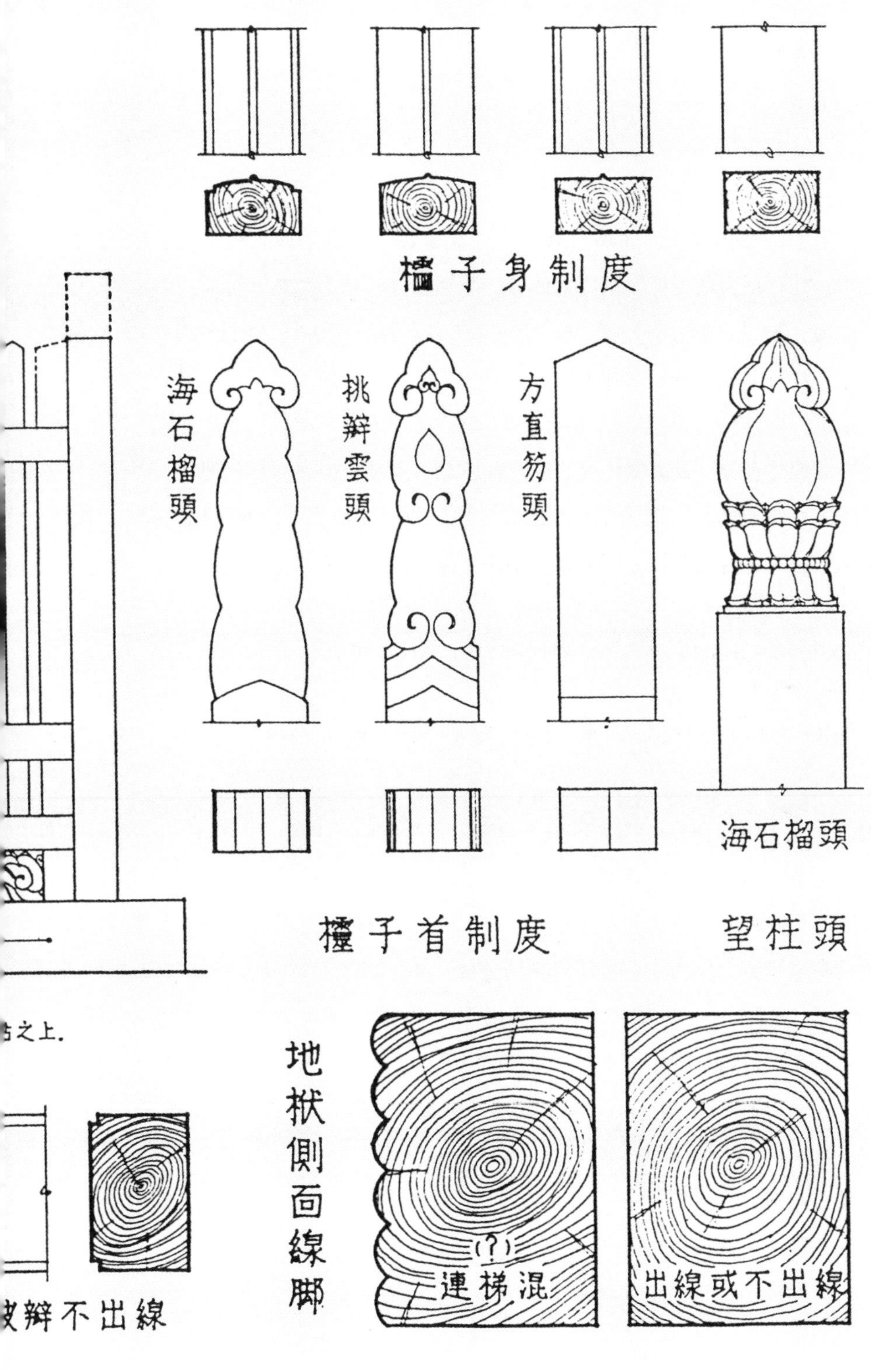

欞子身制度
海石榴頭
挑辮雲頭
方直笏頭
海石榴頭
欞子首制度
望柱頭
口之上.
地栿側面線脚
(?)
連梯混
出線或不出線
披辮不出線

二寸，厚一寸二分。每高增一尺，则长加九寸，广加二分，厚加一分；减亦如之。

上下串：其制度有三：一曰侧面上出心线，压边线或压白；二曰瓣内单混出线；三曰破瓣不出线；长随间广，其广三寸，厚二寸。如高增一尺，则广加三分，厚加二分；减亦如之。

马衔木：破瓣同棂。长随高 上随棂齐，下至地栿上。制度随棂。其广三寸五分，厚二寸。每高增一尺，则广加四分，厚加二分；减亦如之。

地霞：长一尺五寸，广五寸，厚一寸二分。每高增一尺，则长加三寸，广加一寸，厚加二分；减亦如之。

地栿：皆连梯混，或侧面出线。或不出线。长随间广 或出绞头在外，其广六寸，厚四寸五分。每高增一尺，则广加六分，厚加五分；减亦如之。

凡叉子若相连或转角，皆施望柱，或栽入地，或安于地栿上，或下用衮砧[22]托柱。如施于屋柱间之内及壁帐之间者，皆不用望柱。

〔21〕 叉子是用垂直的棂子排列组成的栅栏，棂子的上端伸出上串之上，可以防止从上面爬过。

〔22〕 衮砧是石制的，大体上是方形的，浮放在地面上（可以移动）的“柱础”。

钩阑[23] 重台钩阑、单钩阑。其名有八：一曰棂槛；二曰轩槛；三曰櫳；四曰梐牢；五曰阑楯；六曰柃；七曰阶槛；八曰钩阑。

造楼阁殿亭钩阑（小木作图35）之制有二：一曰重台钩阑，高四尺至四尺五寸；二曰单钩阑，高三尺至三尺六寸。若转角则用望柱。或不用望柱，即以寻杖绞角[24]。如单钩阑斗子蜀柱者，寻杖或合角[25]。其望柱头破瓣仰覆莲。当中用单胡桃子，或作海石榴头。如有慢道，即计阶之高下，随其峻势，令斜高与钩阑身齐。不得令高，其地栿之类，广厚准此。其名件广厚，皆取钩阑每尺之高 谓自寻杖上至地栿下，积而为法。

重台钩阑（小木作图35）：

望柱：长视高，每高一尺，则加二寸，方一寸八分。

蜀柱：长同上 上下出卯在内，广二寸，厚一寸，其上方一寸六分，刻为瘿项。其项下细处比上减半，其下挑心尖，留十分之二；两肩各留十分中四分[1]；其上出卯以穿云栱、寻杖；其下卯穿地栿。

云栱：长二寸七分，广减长之半，荫一分二厘 在寻杖下，厚八分。

地霞：或用华盆亦同。长六寸五分，广一寸五分，荫一分五厘 在束腰下，厚一寸三分。

寻杖：长随间，方八分。或圜混或四混、六混、八混造；下同。

盆唇木：长同上，广一寸八分，厚六分。

束腰：长同上，方一寸。

上华版：长随蜀柱内，其广一寸九分，厚三分。四面各别出卯入池槽，各一寸；下同。

下华版：长厚同上 卯入至蜀柱卯，广一寸三分五厘。

地栿：长同寻杖，广一寸八分，厚一寸六分。

单钩阑（小木作图35）：

望柱：方二寸。长及加同上法。

蜀柱：制度同重台钩阑蜀柱法，自盆唇木之上，云栱之下，或造胡桃子撮项，或作蜻蜓头[26]，或用斗子蜀柱。

云栱：长三寸二分，广一寸六分，厚一寸。

寻杖：长随间之广，其方一寸。

盆唇木：长同上，广二寸，厚六分。

华版：长随蜀柱内，其广三寸四分，厚三分。若万字或钩片造[27]者，每华版广一尺，万字条桱广一寸五分；厚一寸；子桯广一寸二分五厘；钩片条桱广二寸；厚一寸一分；子桯广一寸五分；其间空相去，皆比条桱减半；子桯之厚同条桱。

地栿：长同寻杖，其广一寸七分，厚一寸。

华托柱[28]：长随盆唇木，下至地栿上，其广一寸四分，厚七分。

凡钩阑分间布柱，令与补间铺作相应。角柱外一间与阶齐，其钩阑之外，阶头随屋大小留三寸至五寸为法。如补间铺作太密，或无补间者，量其远近，随宜加减。如殿前中心作折槛者 今俗谓之龙池，每钩阑高一尺，于盆唇内广别加一寸。其蜀柱更不出项，内

[1]“陶本”作“厘”，误。——徐伯安注

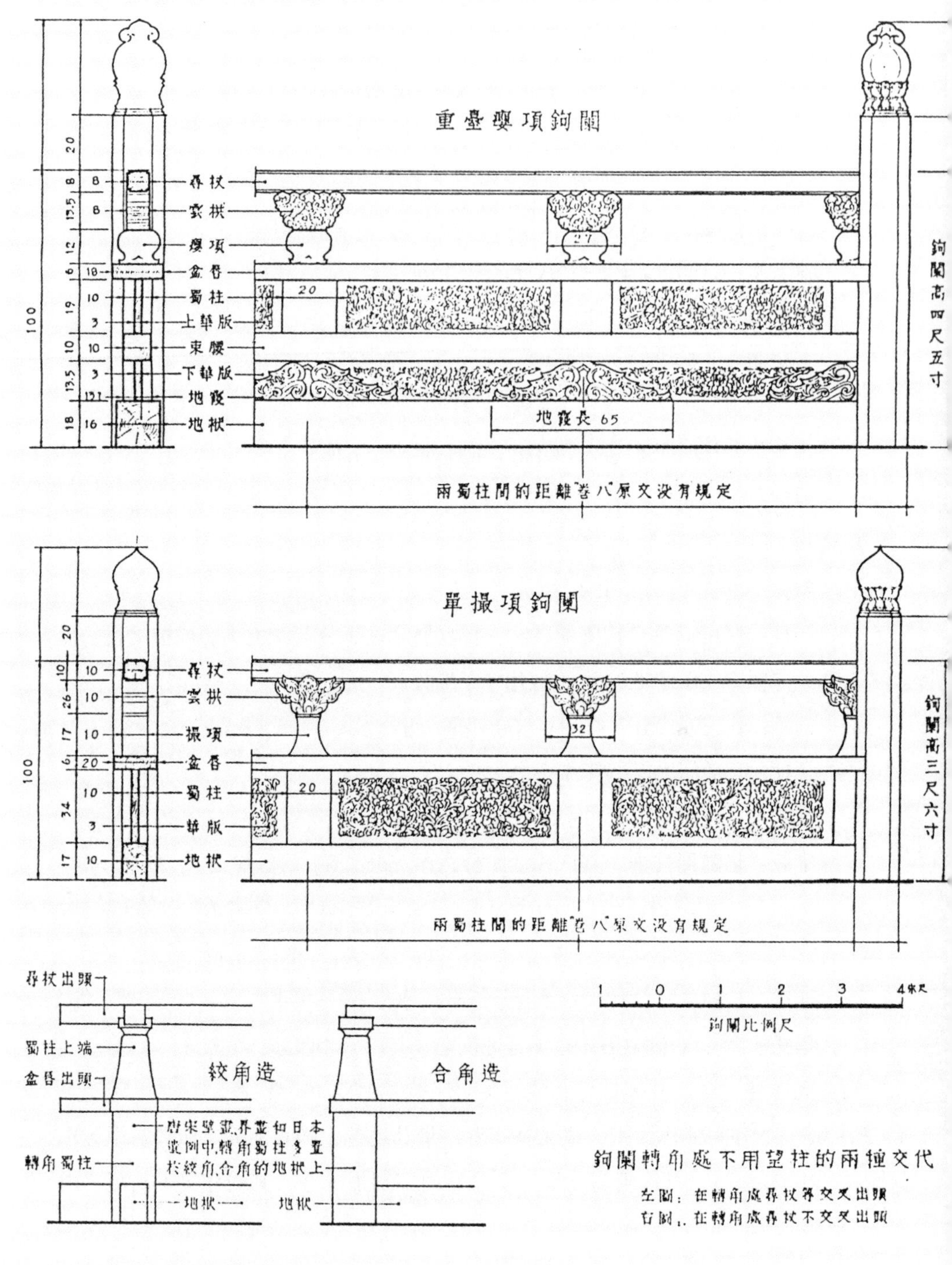

重臺癭項鉤闌
尋杖
雲栱
癭項
盆脣
蜀柱
上華版
束腰
下華版
地霞
地栿
地霞長 65
鉤闌高四尺五寸
兩蜀柱間的距離卷八原文沒有規定
單撮項鉤闌
尋杖
雲栱
撮項
盆脣
蜀柱
華版
地栿
鉤闌高三尺六寸
兩蜀柱間的距離卷八原文沒有規定
1 0 1 2 3 4尺
鉤闌比例尺
尋杖出頭
蜀柱上端
盆脣出頭
轉角蜀柱
絞角造
合角造
唐宋壁畫界畫和日本遺例中轉角蜀柱多置於絞角合角的地栿上
地栿
地栿
鉤闌轉角處不用望柱的兩種交代
左圖：在轉角處尋杖等交叉出頭
右圖：在轉角處尋杖不交叉出頭

小木作图35

钩阑图

加华托柱。[28]

〔23〕 以小木作钩阑与石作钩阑相对照，可以看出它们的比例、尺寸乃至一些构造的做法（如蜀柱下卯穿地栿）基本上是一样的。由于木、石材料性能之不同，无论在构造方法上或比例、尺寸上，木、石两种钩阑本应有显著的差别。在《营造法式》中，显然故意强求一致，因此石作钩阑的名件就过于纤巧单薄，脆弱易破，而小木作钩阑就嫌沉重笨拙了。

〔24〕 这种寻杖绞角的做法，在唐宋绘画中是常见的，在日本也有实例。

〔25〕 这种斗子蜀柱上寻杖合角的做法，无论在绘画还是实物中都没有看到过。

〔26〕 蜻蜓头的样式待考，可能是顶端做成两个圆形的样子。

〔27〕 从南北朝到唐末宋初，钩片都很普遍地使用。云冈石刻和敦煌壁画中所见很多。南京栖霞寺五代末年的舍利塔月台的钩片钩阑是按出土栏版复制的。

〔28〕 华托柱以及本篇末段所说“殿前中心作折槛”等等的做法待考。

棵笼子[29]

造棵笼子之制：高五尺，上广二尺，下广三尺；或用四柱，或用六柱，或用八柱。柱子上下，各用榥子、脚串、版棂。下用牙子，或不用牙子。或双腰串，或下用双子鋜脚版造。柱子每高一尺，即首长一寸，垂脚[30]空五分。柱身四瓣方直。或安子桯，或采[31]子桯，或破瓣造，柱首或作仰覆莲，或单胡桃子，或斗柱挑瓣方直[32]或刻作海石榴。其名件广厚，皆以每尺之高，积而为法。

柱子：长视高，每高一尺，则方四分四厘；如六瓣或八瓣，即广七分，厚五分。

上下榥并腰串：长随两柱内，其广四分，厚三分。

鋜脚版：长同上 下随榥子之长，其广五分。以厚六分为定法。

棂子：长六寸六分 卯在内，广二分四厘。厚同上。

牙子：长同鋜脚版。分作二条。广四分。厚同上。

凡棵笼子，其棂子之首在上榥子内，其棂相去准叉子制度。

〔29〕 棵笼子是保护树的周圈栏杆。

〔30〕 垂脚就是下榥离地面的空当的距离。

〔31〕“安子桯”和“采子桯”有何区别待考，而且也不知子桯用在什么位置上。

〔32〕“斗柱挑瓣方直”的样式待考。

井亭子[33]

造井亭子之制：自下鋜脚至脊，共高一丈一尺鸱尾在外，方七尺。四柱，四椽，五铺作一杪一昂，材广一寸二分，厚八分，重栱造。上用压厦版，出飞檐，作九脊结宽。其名件广厚，皆取每尺之高，积而为法。

柱：长视高，每高一尺，则方四分。

鋜脚：长随深广，其广七分，厚四分。绞头在外。

额：长随柱内，其广四分五厘，厚二分。

串：长与广厚并同上。

普拍枋：长广同上，厚一分五厘。

斗槽版[34]：长同上减二寸[35]，广六分六厘，厚一分四厘。

平棊版：长随斗槽版内，其广合版令足。以厚六分为定法。

平棊贴：长随四周之广，其广二分。厚同上。

福：长随版之广，其广同上，厚同普拍枋。

平棊下难子：长同平棊版，方一分。

压厦版：长同鋜脚每壁加八寸五分[35]，广六分二厘，厚四厘。

栿：长随深加五寸，广三分五厘，厚二分五厘。

大角梁：长二寸四分，广二分四厘，厚一分六厘。

子角梁：长九分，曲广三分五厘，厚同福。

贴生[36]：长同压厦版加六寸，广同大角梁，厚同斗槽版。

脊槫蜀柱[37]：长二寸二分卯在内，广三分六厘，厚同栿。

平屋槫蜀柱：长八分五厘[38]，广厚同上。

脊槫及平屋槫：长随广，其广三分，厚二分二厘。

脊串：长随槫，其广二分五厘，厚一分六厘。

叉手：长一寸六分，广四分，厚二分。[39]

山版[40]：每深一尺，即长八寸，广一寸五分[35]，以厚六分为定法。

上架椽：每深一尺，即长三寸七分。曲广一分六厘，厚九厘[41]。

下架椽：每深一尺，即长四寸五分。曲广一分七厘，厚同上。

厦头下架椽：每广一尺，即长三寸。曲广一分二厘，厚同上。

从角椽：长取宜，匀摊使用。

大连檐：长同压厦版 每面加二尺四寸，广二分，厚一分。

前后厦瓦版：长随槫，其广自脊至大连檐。合贴令数足，以厚五分为定法，每至角，长加一尺五寸。

两头厦瓦版：其长自山版至大连檐。合版令数足，厚同上。至角加一尺一寸五分。

飞子：长九分 尾在内，广八厘，厚六厘。其飞子至角令随势上曲。

白版[42]：长同大连檐 每壁长加三尺，广一寸。以厚五分为定法。

压脊：长随槫，广四分六厘，厚三分。

垂脊：长自脊至压厦外，曲广五分，厚二分五厘。

角脊：长二寸，曲广四分，厚二分五厘。

曲阑槫脊：每面长六尺四寸。广四分，厚二分。

前后瓦陇条：每深一尺，即长八寸五分。方九厘。相去空九厘。

厦头瓦陇条：每广一尺，即长三寸三分。方同上。

搏风版：每深一尺，即长四寸三分。以厚七分为定法。

瓦口子[43]：长随子角梁内，曲广四分，厚亦如之。

垂鱼：长一尺三寸；每长一尺，即广六寸。厚同搏风版。

惹草：长一尺；每长一尺，即广七寸。厚同上。

鸱尾：长一寸一分，身广四分，厚同压脊。

凡井亭子，鋜脚下齐，坐于井阶之上。其斗栱分数及举折等，并准大木作之制。

〔33〕《法式》卷六“小木作制度一”里已有“井屋子”一篇。这里又有“井亭子”。两者实际上是同样的东西，只有大小简繁之别。井屋子比较小，前后两坡顶，不用斗栱，不用椽，厦瓦版上钉护缝。井亭子较大，九脊结宽式顶，用一杪一昂斗栱，用椽，厦瓦版上钉瓦陇条，做成瓦陇形式，脊上用鸱尾，亭内上部还做平棊。

本篇中的制度尽管列举了各名件的比例、尺寸，占去很大篇幅，但是，由于一些关键性的问题没有交代清楚，或者根本没有交代（这在当时可能是没有必要的，但对我们来说都是绝不可少的），所以，尽管我们尽了极大的努力，都还是画不出一张勉强表达出这井亭子的形制的图来。其中最主要的一个环节，就是栿的位置。由于这一点不明确，就使我们无法推算槫的长短、两山的位置、角梁尾的位置和交代的构造。总而言之，我们就怎样也无法把这些名件拼凑成一个大致“过得了关”的“九脊结宼顶”。

除此之外，制度中的尺寸，还有许多严重的错误。例如平屋槫蜀柱，“长八寸五分”，实际上应是“八分五厘”。又如上架椽“曲广一寸六分”，下椽架“曲广一寸七分”，各是“一分六厘”和“一分七厘”之误。又如叉手“广四分，厚二分”，比栿的“广三分五厘”还粗壮，这显然是本末倒置，很不合理。这些都是我们在不成功的制图过程中发现的错误。此外，很可能还有些具体数字上的错误，我们一时就不易核对出来了。

〔34〕井亭子的斗栱是纯装饰性的，安在斗槽版上。

〔35〕这类小注中的尺寸，大多不是“以每尺之高积而为法”的比例尺寸，而是绝对尺寸，或者是用其他方法（例如“每深 × 尺”或“每广 × 尺”，“则长 × 寸 × 分”之类）计算的比例尺寸。但须注意，下文接着又用大字的本文，如这里的“广六分六厘，厚一分四厘”，又立即回到按指定的依据“积而为法”的比例上去了。本篇（以及其他各卷、各篇）中类似这样的小注很多，请读者特加注意。

〔36〕贴生的这个“生”字，可能有“生起”（如角柱生起）的含义，也就是大木作橑檐枋或槫上的生头木。它是贴在斗槽版上的，所以厚同斗槽版。因为它是由斗槽版“生起”到角梁背的高度的，所以“广同大角梁”。因此，它也应该像生头木那样，“斜杀向里，令生势圜和”。

〔37〕脊槫蜀柱和平屋槫蜀柱都是直接立在栿上的蜀柱。

〔38〕这个尺寸，各本原来都作“长八寸五分”。按大木作举折之制绘图证明，应作“长八分五厘”。

〔39〕叉手“广四分，厚二分”，比栿“广三分五厘”还大，很不合理。“长一寸六分”，只适用于平屋槫下。

〔40〕山版是什么？不太清楚。可能相当于清代的歇山顶的山花板，但从这里规定的比例尺寸 8∶1.5 看，又很不像。

〔41〕这里“曲广一分六厘”和下面“曲广一分七厘”的尺寸，各本原来都作“曲广一寸六分”和“曲广一寸七分”。经制图核对，证明是“一分六厘”和“一分七厘”之误。

〔42〕白版可能是用在檐口上的板条，其准确位置和做法待考。

〔43〕瓦口子可能是檐口上按瓦陇条的间距做成的瓦当和滴水瓦形状的木条。是否尚待考。

牌[1]

造殿堂、楼阁、门亭等牌之制：长二尺至八尺。其牌首 牌上横出者、牌带 牌两旁下垂者、牌舌 牌面下两带之内横施者每广一尺，即上边绰四寸向外。牌面每长一尺，则首、带随其长，外各加长四寸二分，舌加长四分。谓牌长五尺，即首长六尺一寸，带长七尺一寸，舌长四尺二寸之类，尺寸不等；依此加减；下同。其广厚皆取牌每尺之长，积而为法。

牌面：每长一尺，则广八寸，其下又加一分。令牌面下广，谓牌长五尺，即上广四尺，下广四尺五分之类，尺寸不等，依此加减；下同。

首：广三寸，厚四分。

带：广二寸八分，厚同上。

舌：广二寸，厚同上。

凡牌面之后，四周皆用楅，其身内七尺以上者用三楅，四尺以上者用二楅，三尺以上者用一楅。其楅之广厚，皆量其所宜而为之。

[1]"牌"即"牌匾"或"匾额"。——徐伯安注

关于《营造法式》卷第九、卷第十、卷第十一
——小木作制度四、五、六

这三卷中，都是关于佛道帐和经藏的制度。佛道帐是供放佛像和天尊像的神龛；经藏是存放经卷的书橱。在文化遗产中，它们应该列为糟粕。对中国的社会主义新建筑的创造，它们更没有什么可资参考或借鉴的。从制图的技术角度来说，这些制度中列举的许多名件（构件），它们的位置和相互关系都不明确，其中有些是在外面可以看见，具有形象上的要求和一定的装饰效果的，有些却是内部支撑构件。它们有许多稀奇怪诞的名称，我们更无从摸清它们是什么，比卷八的“井亭子”更莫名其妙。因此，关于这三卷，我们除予以标点符号并校正少数错字外，不拟作任何注释，也不试为制图。我们只将河北正定隆兴寺的转轮经藏和山西大同华严寺薄伽教藏殿的壁藏的照片刊出，作为卷十一的转轮经藏和壁藏的参考。

《营造法式》

卷第九

小木作制度四

佛道帐

造佛道帐之制：自坐下龟脚至鸱尾，共高二丈九尺；内外拢深一丈二尺五寸。上层施天宫楼阁；次平坐；次腰檐。帐身下安芙蓉瓣、叠涩、门窗、龟脚坐。两面与两侧制度并同。作五间造。其名件广厚，皆取逐层每尺之高积而为法。后钩阑两等，皆以每寸之高，积而为法。

帐坐：高四尺五寸，长随殿身之广，其广随殿身之深。下用龟脚。脚上施车槽。槽之上下，各用涩一重。于上涩之上，又叠子涩三重；于上一重之下施坐腰。上涩之上，用坐面涩；面上安重台钩阑，高一尺。阑内徧用明金版。钩阑之内，施宝柱两重。外留一重为转道。内壁贴络门窗。其上设五铺作卷头平坐。材广一寸八分，腰檐平坐准此。平坐上又安重台钩阑 并瘿项云栱坐。自龟脚上，每涩至上钩阑，逐层并作芙蓉瓣造。

龟脚：每坐高一尺，则长二寸，广七分，厚五分。

车槽上下涩：长随坐长及深 外每面加二寸，广二寸，厚六分五厘。

车槽：长同上 每面减三寸，安华版在外，广一寸，厚八分。

上子涩：两重 在坐腰上下者，各长同上 减二寸，广一寸六分，厚二分五厘。

下子涩：长同坐，广厚并同上。

坐腰：长同上 每面减八寸，方一寸。安华版在外。

坐面涩：长同上，广二寸，厚六分五厘。

猴面版：长同上，广四寸，厚六分七厘。

明金版：长同上 每面减八寸，广二寸五分，厚一分二厘。

斗槽版：长同上每面减三尺，广二寸五分，厚二分二厘。

压厦版：长同上每面减一尺，广二寸四分，厚二分二厘。

门窗背版：长随斗槽版减长三寸，广自普拍枋下至明金版上。以厚六分为定法。

车槽华版：长随车槽，广八分，厚三分。

坐腰华版：长随坐腰，广一寸，厚同上。

坐面版：长广并随猴面版内，其厚二分六厘。

猴面榥：每坐深一尺，则长九寸。方八分。每一瓣用一条。

猴面马头榥：每坐深一尺，则长一寸四分。方同上。每一瓣用一条。

连梯卧榥：每坐深一尺，则长九寸五分。方同上。每一瓣用一条。

连梯马头榥：每坐深一尺，则长一寸。方同上。

长短柱脚枋：长同车槽涩每一面减三尺二寸，方一寸。

长短榻头木：长随柱脚枋内，方八分。

长立榥：长九寸二分，方同上。随柱脚枋、榻头木逐瓣用之。

短立榥：长四寸，方六分。

拽后榥：长五寸，方同上。

穿串透栓：长随榻头木，广五分，厚二分。

罗文榥：每坐高一尺，则加长一寸。方八分。

帐身：高一丈二尺五寸，长与广皆随帐坐，量瓣数随宜取间。其内外皆拢帐柱。柱下用鋜脚隔斗，柱上用内外侧当隔斗。四面外柱并安欢门、帐带前一面里槽柱内亦用。每间用算程枋施平棊、斗八藻井。前一面每间两颊各用毬文格子门。格子桯四混出双线，用双腰串、腰华版造。门之制度，并准本法。两侧及后壁，并用难子安版。

帐内外槽柱：长视帐身之高。每高一尺，则方四分。

虚柱：长三寸二分，方三分四厘。

内外槽上隔斗版：长随间架，广一寸二分，厚一分二厘。

上隔斗仰托榥：长同上，广二分八厘，厚二分。

上隔斗内外上下贴：长同鋜脚贴，广二分，厚八厘。

隔斗内外上柱子：长四分四厘。下柱子：长三分六厘。其广厚并同上。

里槽下鋜脚版：长随每间之深广，其广五分二厘，厚一分二厘。

鋜脚仰托榥：长同上，广二分八厘，厚二分。

鋜脚内外贴：长同上，其广二分，厚八厘。

鋜脚内外柱子：长三分二厘，广厚同上。

内外欢门：长随帐柱之内，其广一寸二分，厚一分二厘。

内外帐带：长二寸八分，广二分六厘，厚亦如之。

两侧及后壁版：长视上下仰托榥内，广随帐柱，心柱内，其厚八厘。

心柱：长同上，其广三分二厘，厚二分八厘。

颊子：长同上，广三分，厚二分八厘。

腰串：长随帐柱内，广厚同上。

难子：长同后壁版，方八厘。

随间栿：长随帐身之深，其方三分六厘。

算桯枋：长随间之广，其广三分二厘，厚二分四厘。

四面搏难子：长随间架，方一分二厘。

平棊：华文制度并准殿内平棊。

背版：长随枋子心[1]内，广随栿心。以厚五分为定法。

桯：长随枋子四周之内，其广二分，厚一分六厘。

贴：长随桯四周之内，其广一分二厘。厚同背版。[2]

难子并贴华：厚同贴。每方一尺，用贴华二十五枚或十六枚。

斗八藻井：径三尺二寸，共高一尺五寸。五铺作重栱卷头造。材广六分。

其名件并准本法，量宜减之。

腰檐：自栌斗至脊，共高三尺。六铺作一杪两昂，重栱造。柱上施斗槽版与山版。版内又施夹槽版，逐缝夹安钥匙头版，其上顺槽安钥匙头榥；又施钥匙头版上通用卧榥，榥上栽柱子；柱上又施卧榥，榥上安上层平坐。铺作之上，平铺压厦版，四角用角梁、子角梁，铺椽安飞子。依副阶举分结宽。

普拍枋：长随四周之广，其广一寸八分，厚六分。绞头在外。

[1]“陶本”无“心”字。——徐伯安注

[2]原“油印本”漏刻“厚同背版”四字，今补上。原“油印本”系指根据梁先生生前手稿刻印的本子。下同。——徐伯安注

角梁：每高一尺，加长四寸，广一寸四分，厚八分。

子角梁：长五寸，其曲广二寸，厚七分。

抹角栿：长七寸，方一寸四分。

槫：长随间广，其广一寸四分，厚一寸。

曲椽：长七寸六分，其曲广一寸，厚四分。每补间铺作一朵用四条。

飞子：长四寸 尾在内，方三分。角内随宜刻曲。

大连檐：长同槫 梢间长至角梁，每壁加三尺六寸，广五分，厚三分。

白版：长随间之广。每梢间加出角一尺五寸。其广三寸五分。以厚五分为定法。

夹斗槽版：长随间之深广，其广四寸四分，厚七分。

山版：长同斗槽版，广四寸二分，厚七分。

斗槽钥匙头版：每深一尺，则长四寸。广厚同斗槽版。逐间段数亦同斗槽版。

斗槽压厦版：长同斗槽 每梢间长加一尺，其广四寸，厚七分。

贴生：长随间之深广，其方七分。

斗槽卧榥：每深一尺，则长九寸六分五厘。方一寸。每铺作一朵用二条。

绞钥匙头上下顺身榥：长随间之广，方一寸。

立榥：长七寸，方一寸。每铺作一朵用二条。

厦瓦版：长随间之广深 每梢间加出角一尺二寸五分，其广九寸。以厚五分为定法。

槫脊：长同上，广一寸五分，厚七分。

角脊：长六寸，其曲广一寸五分，厚七分。

瓦陇条：长九寸 瓦头在内，方三分五厘。

瓦口子：长随间广 每梢间加出角二尺五寸，其广三分。以厚五分为定法。

平坐：高一尺八寸，长与广皆随帐身。六铺作卷头重栱造四出角。于压厦版上施雁翅版 槽内名件并准腰檐法，上施单钩阑，高七寸。撮项云栱造。

普拍枋：长随间之广 合角[1]在外，其广一寸二分，厚一寸。

夹斗槽版：长随间之深广，其广九寸，厚一寸一分。

斗槽钥匙头版：每深一尺，则长四寸。其广厚同斗槽版。逐间段数亦同。

压厦版：长同斗槽版 每梢间加长一尺五寸，广九寸五分，厚一寸一分。

[1]“陶本”为“用”字，误。——徐伯安注

斗槽卧棍：每深一尺，则长九寸六分五厘。方一寸六分。每铺作一朵用二条。

立棍：长九寸，方一寸六分。每铺作一朵用四条。

雁翅版：长随压厦版，其广二寸五分，厚五分。

坐面版：长随斗槽内，其广九寸，厚五分。

天宫楼阁：共高七尺二寸，深一尺一寸至一尺三寸。出跳及檐并在柱外。下层为副阶；中层为平坐；上层为腰檐；檐上为九脊殿结宽。其殿身、茶楼 有挟屋者、角楼，并六铺作单杪重昂。或单栱或重栱。角楼长一瓣半。殿身及茶楼各长三瓣。殿挟及龟头，并五铺作单杪单昂。或单栱或重栱。殿挟长一瓣，龟头长二瓣。行廊四铺作，单杪 或单栱或重栱，长二瓣，分心。材广六分。每瓣用补间铺作两朵。两侧龟头等制度并准此。

中层平坐：用六铺作卷头造。平坐上用单钩阑，高四寸。斗子蜀柱造。

上层殿楼、龟头之内，唯殿身施重檐 重檐谓殿身并副阶，其高五尺者不用外，其余制度并准下层之法。其斗槽版及最上结宽压脊、瓦陇条之类，并量宜用之。

帐上所用钩阑：应用小钩阑者，并通用此制度。

重台钩阑：共高八寸至一尺二寸，其钩阑并准楼阁殿亭钩阑制度。下同。其名件等，以钩阑每尺之高，积而为法。

望柱：长视高 加四寸，每高一尺，则方二寸。通身八瓣。

蜀柱：长同上，广二寸，厚一寸；其上方一寸六分，刻作瘿项。

云栱：长三寸，广一寸五分，厚九分。

地霞：长五寸，广同上，厚一寸三分。

寻杖：长随间广，方九分。

盆唇木：长同上，广一寸六分，厚六分。

束腰：长同上，广一寸，厚八分。

上华版：长随蜀柱内，其广二寸，厚四分。四面各别出卯，合入池槽。下同。

下华版：长厚同上 卯入至蜀柱卯，广一寸五分。

地栿：长随望柱内，广一寸八分，厚一寸一分。上两棱连梯混各四分。

单钩阑：高五寸至一尺者，并用此法。其名件等，以钩阑每寸之高积而为法。

望柱：长视高 加二寸，方一分八厘。

蜀柱：长同上。制度同重台钩阑法。自盆唇木上，云栱下，作撮项胡桃子。

云栱：长四分，广二分，厚一分。

寻杖：长随间之广，方一分。

盆唇木：长同上，广一分八厘，厚八厘。

华版：长随蜀柱内，广三分。以厚四分为定法。

地栿：长随望柱内，其广一分五厘，厚一分二厘。

斗子蜀柱钩阑：高三寸至五寸者，并用此法。其名件等，以钩阑每寸之高，积而为法。

蜀柱：长视高 卯在内，广二分四厘，厚一分二厘。

寻杖：长随间广，方一分三厘。

盆唇木：长同上，广二分，厚一分二厘。

华版：长随蜀柱内，其广三分。以厚三分为定法。

地栿：长随间广，其广一分五厘，厚一分二厘。

踏道圜桥子：高四尺五寸，斜拽长三尺七寸至五尺五寸，面广五尺。下用龟脚，上施连梯、立旌，四周缠难子合版，内用榥。两颊之内，逐层安促踏版；上随圜势，施钩阑、望柱。

龟脚：每桥子高一尺，则长二寸，广六分，厚四分。

连梯桯：其广一寸，厚五分。

连梯榥：长随广，其方五分。

立柱：长视高，方七分。

拢立柱上榥：长与方并同连梯榥。

两颊：每高一尺，则加六寸，曲广四寸，厚五分。

促版、踏版：每广一尺，则长九寸六分。广一寸三分 踏版又加三分，厚二分三厘。

踏版榥：每广一尺，则长加八分。方六分。

背版：长随柱子内，广视连梯与上榥内。以厚六分为定法。

月版：长视两颊及柱子内，广随两颊与连梯内。以厚六分为定法。

上层如用山华蕉叶造者，帐身之上，更不用结宽。其压厦版，于橑檐枋外出四十分，上施混肚枋。枋上用仰阳版，版上安山华蕉叶，共高二尺七寸七分。其名件广厚，皆取自普拍枋至山华每尺之高，积而为法。

顶版：长随间广，其广随深。以厚七分为定法。

混肚枋：广二寸，厚八分。

仰阳版：广二寸八分，厚三分。

山华版：广厚同上。

仰阳上下贴：长同仰阳版，其广六分，厚二分四厘。

合角贴：长五寸六分，广厚同上。

柱子：长一寸六分，广厚同上。

楅：长三寸二分，广同上，厚四分。

凡佛道帐芙蓉瓣，每瓣长一尺二寸，随瓣用龟脚。上对铺作。结宽瓦陇条，每条相去如陇条之广。至角随宜分布。其屋盖举折及斗栱等分数，并准大木作制度随材减之。卷杀瓣柱及飞子亦如之。

《营造法式》

卷第十

小木作制度五

牙脚帐

造牙脚帐之制：共高一丈五尺，广三丈，内外拢共深八尺。以此为率。下段用牙脚坐；坐下施龟脚。中段帐身上用隔斗；下用鋜脚。上段山华仰阳版；六铺作。每段各分作三段造。其名件广厚，皆随逐层每尺之高，积而为法。

牙脚坐：高二尺五寸，长三丈二尺，深一丈坐头在内。下用连梯龟脚。中用束腰压青牙子、牙头、牙脚，背版填心。上用梯盘、面版，安重台钩阑，高一尺。其钩阑并准佛道帐制度。

龟脚：每坐高一尺，则长三寸，广一寸二分，厚一寸四分。

连梯：长随坐深，其广八分，厚一寸二分。

角柱：长六寸二分，方一寸六分。

束腰：长随角柱内，其广一寸，厚七分。

牙头：长三寸二分，广一寸四分，厚四分。

牙脚：长六寸二分，广二寸四分，厚同上。

填心：长三寸六分，广二寸八分，厚同上。

压青牙子：长同束腰，广一寸六分，厚二分六厘。

上梯盘：长同连梯，其广二寸，厚一寸四分。

面版：长广皆随梯盘长深之内，厚同牙头。

背版：长随角柱内，其广六寸二分，厚三分二厘。

束腰上贴络柱子：长一寸两头叉瓣在外，方七分。

束腰上衬版：长三分六厘，广一寸，厚同牙头。

连梯榥：每深一尺，则长八寸六分。方一寸。每面广一尺用一条。

立榥：长九寸，方同上。随连梯榥用五条。

梯盘榥：长同连梯榥，方同上。用同连梯榥。

帐身：高九尺，长三丈，深八尺。内外槽柱上用隔斗，下用锭脚。四面柱内安欢门、帐带。两侧及后壁皆施心柱、腰串、难子安版。前面每间两边，并用立颊泥道版。

内外帐柱：长视帐身之高，每高一尺，则方四分五厘。

虚柱：长三寸，方四分五厘。

内外槽上隔斗版：长随每间之深广，其广一寸二分四厘，厚一分七厘。

上隔斗仰托：长同上，广四分，厚二分。

上隔斗内外上下贴：长同上，广二分，厚一分。

上隔斗内外上柱子：长五分。下柱子：长三分四厘。其广厚并同上。

内外欢门：长同上。其广二分，厚一分五厘。

内外帐带：长三寸四分，方三分六厘。

里槽下锭脚版：长随每间之深广，其广七分，厚一分七厘。

锭脚仰托榥：长同上，广四分，厚二分。

锭脚内外贴：长同上，广二分，厚一分。

锭脚内外柱子：长五分，广二分，厚同上。

两侧及后壁合版：长同立颊，广随帐柱，心柱内，其厚一分。

心柱：长同上，方三分五厘。

腰串：长随帐柱内，方同上。

立颊：长视上下仰托内，其广三分六厘，厚三分。

泥道版：长同上。其广一寸八分，厚一分。

难子：长同立颊，方一分。安平棊亦用此。

平棊：华文等并准殿内平棊制度。

桯：长随斗槽四周之内，其广二分三厘，厚一分六厘。

背版：长广随桯。以厚五分为定法。

贴：长随桯内，其广一分六厘。厚同背版。

难子并贴华：厚同贴。每方一尺，用华子二十五枚或十六枚。

楅：长同桯，其广二分三厘，厚一分六厘。

护缝：长同背版，其广二分。厚同贴。

帐头：共高三尺五寸。斗槽长二丈九尺七寸六分，深七尺七寸六分。六铺作，单杪重昂重栱转角造。其材广一寸五分。柱上安斗槽版。铺作之上用压厦版。版上施混肚枋、仰阳山华版。每间用补间铺作二十八朵。

普拍枋：长随间广，其广一寸二分，厚四分七厘。绞头在外。

内外槽并两侧夹斗槽版：长随帐之深广，其广三寸，厚五分七厘。

压厦版：长同上 至角加一尺三寸，其广三寸二分六厘，厚五分七厘。

混肚枋：长同上 至角加一尺五寸，其广二分，厚七分。

顶版：长随混肚枋内。以厚六分为定法。

仰阳版：长同混肚枋 至角加一尺六寸，其广二寸五分，厚三分。

仰阳上下贴：下贴长同上，上贴随合角贴内，广五分，厚二分五厘。

仰阳合角贴：长随仰阳版之广，其广厚同上。

山华版：长同仰阳版 至角加一尺九寸，其广二寸九分，厚三分。

山华合角贴：广五分，厚二分五厘。

卧棍：长随混肚枋内，其方七分。每长一尺用一条。

马头棍：长四寸，方七分。用同卧棍。

楅：长随仰阳山华版之广，其方四分。每山华用一条。

凡牙脚帐坐，每一尺作一壸门，下施龟脚，合对铺作。其所用斗栱名件分数，并准大木作制度随材减之。

九脊小帐

造九脊小帐之制：自牙脚坐下龟脚至脊，共高一丈二尺 鸱尾在外，广八尺，内外拢共深四尺。下段、中段与牙脚帐同；上段五铺作、九脊殿结窐造。其名件广厚，皆随逐层每尺之高，积而为法。

牙脚坐：高二尺五寸，长九尺六寸 坐头在内，深五尺。自下连梯、龟脚，上至面版安重台钩阑，并准牙脚帐坐制度。

龟脚：每坐高一尺，则长三寸，广一寸二分，厚六分。

连梯：长随坐深，其广二寸，厚一寸二分。

角柱：长六寸二分，方一寸二分。

束腰：长随角柱内，其广一寸，厚六分。

牙头：长二寸八分，广一寸四分，厚三分二厘。

牙脚：长六寸二分，广二寸，厚同上。

填心：长三寸六分，广二寸二分，厚同上。

压青牙子：长同束腰，随深广。减一寸五分；其广一寸六分，厚二分四厘。

上梯盘：长厚同连梯，广一寸六分。

面版：长广皆随梯盘内，厚四分。

背版：长随角柱内，其广六寸二分，厚同压青牙子。

束腰上贴络柱子：长一寸 别出两头叉瓣，方六分。

束腰鋜脚内衬版：长二寸八分，广一寸，厚同填心。

连梯棍：长随连梯内，方一寸。每广一尺用一条。

立棍：长九寸 卯在内，方同上。随连梯棍用三条。

梯盘棍：长同连梯棍，方同上。用同连梯棍。

帐身：一间，高六尺五寸，广八尺，深四尺。其内外槽柱至泥道版，并准牙脚帐制度。唯后壁、两侧并不用腰串。

内外帐柱：长视帐身之高，方五分。

虚柱：长三寸五分，方四分五厘。

内外槽上隔斗版：长随帐柱内，其广一寸四分二厘，厚一分五厘。

上隔斗仰托棍：长同上，广四分三厘，厚二分八厘。

上隔斗内外上下贴：长同上，广二分八厘，厚一分四厘。

上隔斗内外上柱子：长四分八厘；下柱子：长三分八厘；广厚同上。

内欢门：长随立颊内。外欢门：长随帐柱内。其广一寸五分，厚一分五厘。

内外帐带：长三寸二分，方三分四厘。

里槽下鋜脚版：长同上隔斗上下贴，其广七分二厘，厚一分五厘。

鋜脚仰托棍：长同上，广四分三厘，厚二分八厘。

鋜脚内外贴：长同上，广二分八厘，厚一分四厘。

錠脚内外柱子：长四分八厘，广二分八厘，厚一分四厘。

两侧及后壁合版：长视上下仰托榥，广随帐柱、心柱内，其厚一分。

心柱：长同上，方三分六厘。

立颊：长同上，广三分六厘，厚三分。

泥道版：长同上，广随帐柱、立颊内，厚同合版。

难子：长随立颊及帐身版、泥道版之长广，其方一分。

平棊：华文等并准殿内平棊制度。作三段造。

桯：长随斗槽四周之内，其广六分三厘，厚五分。

背版：长广随桯。以厚五分为定法。

贴：长随桯内，其广五分。厚同上。

贴络华文：厚同上。每方一尺，用华子二十五枚或十六枚。

楅：长同背版，其广六分，厚五分。

护缝：长同上，其广五分。厚同贴。

难子：长同上，方二分。

帐头：自普拍枋至脊共高三尺 鸱尾在外，广八尺，深四尺。四柱。五铺作，下出一杪，上施一昂，材广一寸二分，厚八分，重栱造。上用压厦版，出飞檐作九脊结宽。

普拍枋：长随深广 绞头在外，其广一寸，厚三分。

斗槽版：长厚同上 减二寸，其广二寸五分。

压厦版：长厚同上 每壁加五寸，其广二寸五分。

栿：长随深 加五寸，其广一寸，厚八分。

大角梁：长七寸，广八分，厚六分。

子角梁：长四寸，曲广二寸，厚同上。

贴生：长同压厦版 加七寸，其广六分，厚四分。

脊槫：长随广，其广一寸，厚八分。

脊槫下蜀柱：长八寸，广厚同上。

脊串：长随槫，其广六分，厚五分。

叉手：长六寸，广厚皆同角梁。

山版：每深一尺，则长九寸。广四寸五分。以厚六分为定法。

曲椽：每深一尺，则长八寸。曲广同脊串，厚三分。每补间铺作一朵用三条。

厦头椽：每深一尺，则长五寸。广四分，厚同上。角同上。

从角椽：长随宜，匀摊使用。

大连檐：长随深广 每壁加一尺二寸，其广同曲椽，厚同贴生。

前后厦瓦版：长随槫。每至角加一尺五寸。其广自脊至大连檐随材合缝，以厚五分为定法。

两厦头厦瓦版：长随深 加同上，其广自山版至大连檐。合缝同上，厚同上。

飞子：长二寸五分 尾在内，广二分五厘，厚二分三厘。角内随宜取曲。

白版：长随飞檐 每壁加二尺，其广三寸。厚同厦瓦版。

压脊：长随厦瓦版，其广一寸五分，厚一寸。

垂脊：长随脊至压厦版外，其曲广及厚同上。

角脊：长六寸，广厚同上。

曲栏槫脊：共长四尺。广一寸，厚五分。

前后瓦陇条：每深一尺，则长八寸五分，厦头者长五寸五分；若至角，并随角斜长。方三分，相去空分同。

搏风版：每深一尺，则长四寸五分。曲广一寸二分。以厚七分为定法。

瓦口子：长随子角梁内，其曲广六分。

垂鱼：其[1]长一尺二寸；每长一尺，即广六寸；厚同搏风版。

惹草：其[2]长一尺；每长一尺，即广七寸，厚同上。

鸱尾：共高一尺一寸，每高一尺，即广六寸，厚同压脊。

凡九脊小帐，施之于屋一间之内。其补间铺作前后各八朵，两侧各四朵。坐内壸门等，并准牙脚帐制度。

壁帐

造壁帐之制：高一丈三尺至一丈六尺 山华、仰阳在外。其帐柱之上安普拍枋；枋上施隔斗及五铺作下昂重栱，出角入角造。其材广一寸二分，厚八分。每一间用补间铺作一十三朵。铺作上施压厦版、混肚枋 混肚枋上与梁下齐，枋上安仰阳版及山华。仰阳

[1]、[2]“陶本”为“共”字，误。——徐伯安注

版、山华在两梁之间。帐内上施平棊。两柱之内并用叉子栿。其名件广厚，皆取帐身间内每尺之高，积而为法。

帐柱：长视高，每间广一尺，则方三分八厘。

仰托榥：长随间广，其广三分，厚二分。

隔斗版：长同上，其广一寸一分，厚一分。

隔斗贴：长随两柱之内，其广二分，厚八厘。

隔斗柱子：长随贴内，广厚同贴。

斗槽版：长同仰托，其广七分六厘，厚一分。

压厦版：长同上，其广八分，厚一分。斗槽版及压厦版，如减材分°，即广随所用减之。

混肚枋：长同上，其广四分，厚二分。

仰阳版：长同上，其广七分，厚一分。

仰阳贴：长同上，其广二分，厚八厘。

合角贴：长视仰阳版之广，其厚同仰阳贴。

山华版：长随仰阳版之广，其厚同压厦版。

平棊：华文并准殿内平棊制度。长广并随间内。

背版：长随平棊，其广随帐之深。以厚六分为定法。

桯：长[1]随背版四周之广，其广二分，厚一分六厘。

贴：长随桯四周之内，其广一分六厘。厚同上。

难子并贴华：每方一尺，用贴络华二十五枚或十六枚。

护缝：长随平棊，其广同桯。厚同背版。

福：广三分，厚二分。

凡壁帐上山华、仰阳版后，每华尖皆施福一枚。所用飞子、马衔，皆量宜用[2]之。其斗栱等分°数，并准大木作制度。

[1]“陶本”无“长”字，误。——徐伯安注

[2]“陶本”为“造”字，误。——徐伯安注

《营造法式》

卷第十一

转轮经藏

造经藏之制：共高二丈，径一丈六尺，八棱，每棱面广六尺六寸六分。内外槽柱；外槽帐身柱上腰檐平坐，坐上施天宫楼阁。八面制度并同，其名件广厚，皆随逐层每尺之高，积而为法。

外槽帐身：柱上用隔斗、欢门、帐带造，高一丈二尺。

帐身外槽柱：长视高，广四分六厘，厚四分。归瓣造。

隔斗版：长随帐柱内，其广一寸六分，厚一分二厘。

仰托榥：长同上，广三分，厚二分。

隔斗内外贴：长同上，广二分，厚九厘。

内外上下柱子：上柱长四分，下柱长三分，广厚同上。

欢门：长同隔斗版，其广一寸二分，厚一分二厘。

帐带：长二寸五分，方二分六厘。

腰檐并结窊：共高二尺，斗槽径一丈五尺八寸四分。斗槽及出檐在外。内外并六铺作重栱，用一寸材 厚六分六厘，每瓣补间铺作五朵：外跳单杪重昂；里跳并卷头。其柱上先用普拍枋施斗栱；上用压厦版，出椽并飞子、角梁、贴生。依副阶举折结窊。

普拍枋：长随每瓣之广 绞角在外，其广二寸，厚七分五厘。

斗槽版：长同上，广三寸五分，厚一寸。

压厦版：长同上 加长七寸，广七寸五分，厚七分五厘。

山版：长同上，广四寸五分，厚一寸。

贴生：长同山版 加长六寸，方一分。

角梁：长八寸，广一寸五分，厚同上。

子角梁：长六寸，广同上，厚八分。

搏脊槫：长同上 加长一寸，广一寸五分，厚一寸。

曲椽：长八寸，曲广一寸，厚四分。每补间铺作一朵用三条，与从椽取匀分擘。

飞子：长五寸，方三分五厘。

白版：长同山版 加长一尺，广三寸五分。以厚五分为定法。

井口榥：长随径，方二寸。

立榥：长视高，方一寸五分。每瓣用三条。

马头榥：方同上。用数亦同上。

厦瓦版：长同山版 加长一尺；广五寸。以厚五分为定法。

瓦陇条：长九寸，方四分。瓦头在内。

瓦口子：长厚同厦瓦版，曲广三寸。

小山子版：长广各四寸，厚一寸。

搏脊：长同山版 加长二寸，广二寸五分，厚八分。

角脊：长五寸，广二寸，厚一寸。

平坐：高一尺，斗槽径一丈五尺八寸四分。压厦版出头在外。六铺作，卷头重栱，用一寸材。每瓣用补间铺作九朵。上施单钩阑，高六寸。撮项云栱造，其钩阑准佛道帐制度。

普拍枋：长随每瓣之广 绞头在外，方一寸。

斗槽版：长同上，其广九寸，厚二寸。

压厦版：长同上 加长七寸五分，广九寸五分，厚二寸。

雁翅版：长同上 加长八寸，广二寸五分，厚八分。

井口榥：长同上，方三寸。

马头榥：每直径一尺，则长一寸五分。方三分。每瓣用三条。

钿面版：长同井口榥 减长四寸，广一尺二寸，厚七分。

天宫楼阁：三层，共高五尺，深一尺。下层副阶内角楼子，长一瓣，六铺作，单杪重昂。角楼挟屋长一瓣，茶楼子长二瓣，并五铺作，单杪单昂。行廊

长二瓣 分心，四铺作 以上并或单栱或重栱造，材广五分，厚三分三厘，每瓣用补间铺作两朵，其中层平坐上安单钩阑，高四寸。斗子蜀柱造，其钩阑准佛道帐制度。铺作并用卷头，与上层楼阁所用铺作之数，并准下层之制。其结瓷名件，准腰檐制度，量所宜减之。

里槽坐：高三尺五寸。并帐身及上层楼阁，共高一丈三尺；帐身直径一丈。面径一丈一尺四寸四分；斗槽径九尺八寸四分；下用龟脚；脚上施车槽、叠涩等。其制度并准佛道帐坐之法。内门窗上设平坐；坐上施重台钩阑，高九寸。云栱瘿项造，其钩阑准佛道帐制度。用六铺作卷头；其材广一寸，厚六分六厘。每瓣用补间铺作五朵 门窗或用壶门、神龛，并作芙蓉瓣造。

龟脚：长二寸，广八分，厚四分。

车槽上下涩：长随每瓣之广 加长一寸，其广二寸六分，厚六分。

车槽：长同上 减长一寸，广二寸，厚七分。安华版在外。

上子涩：两重 在坐腰上下者，长同上 减长二寸，广二寸，厚三分。

下子涩：长厚同上，广二寸三分。

坐腰：长同上 减长三寸五分，广一寸三分，厚一寸。安华版在外。

坐面涩：长同上，广二寸三分，厚六分。

猴面版：长同上，广三寸，厚六分。

明金版：长同上 减长二寸，广一寸八分，厚一分五厘。

普拍枋：长同上 绞头在外，方三分。

斗槽版：长同上 减长七寸，广二寸，厚三分。

压厦版：长同上 减长一寸，广一寸五分，厚同上。

车槽华版：长随车槽，广七分，厚同上。

坐腰华版：长随坐腰，广一寸，厚同上。

坐面版：长广并随猴面版内，厚二分五厘。

坐内背版：每斗槽径一尺，则长二寸五分；广随坐高。以厚六分为定法。

猴面梯盘棍：每斗槽径一尺，则长八寸。方一寸。

猴面钿版棍：每斗槽径一尺，则长二寸。方八分。每瓣用三条。

坐下榻头木并下卧棍：每斗槽径一尺，则长八寸。方同上。随瓣用。

榻头木立榥：长九寸，方同上。随瓣用。

拽后榥：每斗槽径一尺，则长二寸五分。方同上。每瓣上下用六条。

柱脚枋并下卧榥：每斗槽径一尺，则长五寸。方一寸。随瓣用。

柱脚立榥：长九寸，方同上。每瓣上下用六条。

帐身：高八尺五寸，径一丈，帐柱下用鋜脚，上用隔斗，四面并安欢门、帐带，前后用门。柱内两边皆施立颊、泥道版造。

帐柱：长视高，其广六分，厚五分。

下鋜脚上隔斗版：各长随帐柱内，广八分，厚二分四厘，内上隔斗版广一寸七分。

下鋜脚上隔斗仰托榥：各长同上，广三分六厘，厚二分四厘。

下鋜脚上隔斗内外贴：各长同上，广二分四厘，厚一分一厘。

下鋜脚及上隔斗上内外柱子：各长六分六厘。上隔斗内外下柱子：长五分六厘，广厚同上。

立颊：长视上下仰托榥内，广厚同仰托榥。

泥道版：长同上，广八分，厚一分。

难子：长同上，方一分。

欢门：长随两立颊内，广一寸二分，厚一分。

帐带：长三寸二分，方二分四厘。

门子：长视立颊，广随两立颊内。合版令足两扇之数。以厚八分为定法。

帐身版：长同上，广随帐柱内，厚一分二厘。

帐身版上下及两侧内外难子：长同上，方一分二厘。

柱上帐头：共高一尺，径九尺八寸四分。檐及出跳在外。六铺作，卷头重栱造；其材广一寸，厚六分六厘。每瓣用补间铺作五朵，上施平綦。

普拍枋：长随每瓣之广 绞头在外，广三寸，厚一寸二分。

斗槽版：长同上，广七寸五分，厚二寸。

压厦版：长同上 加长七寸，广九寸，厚一寸五分。

角栿：每径一尺，则长三寸。广四寸，厚三寸。

算桯枋：广四寸，厚二寸五分。长用两等：一、每径一尺，长六寸二分；二、每径一尺，长四寸八分。

小木作图 36
河北正定隆兴寺转轮藏殿转轮藏外观

小木作图 37
隆兴寺转轮藏中部结构

平棊：贴络华文等，并准殿内平棊制度。

桯：长随内外算桯枋及算桯枋心，广二寸，厚一分五厘。

背版：长广随桯四周之内。以厚五分为定法。

楅：每径一尺，则长五寸七分。方二寸。

护缝：长同背版，广二寸。以厚五分为定法。

贴：长随桯内，广一寸二分。厚同上。

难子并贴络华：厚同贴。每方一尺，用华子二十五枚或十六枚。

转轮：高八尺，径九尺，当心用立轴，长一丈八尺，径一尺五寸；上用铁锏钏，下用铁鹅台桶子。如造地藏，其辐量所用增之。其轮七格，上下各劄辐挂辋；每格用八辋，安十六辐，盛经匣十六枚。

辐：每径一尺，则长四寸五分。方三分。

外辋：径九尺 每径一尺，则长四寸八分，曲广七分，厚二分五厘。

内辋：径五尺 每径一尺，则长三寸八分，曲广五分，厚四分。

外柱子：长视高，方二分五厘。

内柱子：长一寸五分，方同上。

立颊：长同外柱子，方一分五厘。

钿面版：长二寸五分，外广二寸二分，内广一寸二分。以厚六分为定法。

格版：长二寸五分，广一寸二分。厚同上。

后壁格版：长广一寸二分。厚同上。

难子：长随格版、后壁版四周，方八厘。

托辐牙子：长二寸，广一寸，厚三分。隔间用。

托枨：每径一尺，则长四寸。方四分。

立绞棍：长视高，方二分五厘。随辐用。

十字套轴版：长随外平坐上外径，广一寸五分，厚五分。

泥道版：长一寸一分，广三分二厘。以厚六分为定法。

泥道难子：长随泥道版四周，方三厘。

经匣：长一尺五寸，广六寸五分，高六寸。盝顶在内。上用趄尘盝顶，陷顶开带，四角打卯，下陷底。每高一寸，以二分为盝顶斜高；以一分三厘为开带。四壁版长随匣之长广，每匣高一寸，则广八分，厚八厘。顶版、底版，每匣长一尺，则长九寸五分；每匣广一寸，则广八分八厘；每匣高一寸，则厚八厘。子口版长随匣四周之内，每高一寸，则广二分，厚五厘。

凡经藏坐芙蓉瓣，长六寸六分，下施龟脚。上对铺作。套轴版安于外槽平坐之上，其结宼、瓦陇条之类，并准佛道帐制度。举折等亦如之。

壁藏

造壁藏之制：共高一丈九尺，身广三丈，两摆子各广六尺，内外槽共深四尺。坐头及出跳皆在柱外。前后与两侧制度并同，其名件广厚，皆取逐层每尺之高积而为法。

坐：高三尺，深五尺二寸，长随藏身之广。下用龟脚，脚上施车槽、叠涩等。其制度并准佛道帐坐之法。唯坐腰之内，造神龛壶门，门外安重台钩阑，高八寸。上设平坐，坐上安重台钩阑。高一尺，用云栱瘿项造。其钩阑准佛道帐制度。用五铺作卷头，其材广一寸，厚六分六厘。每六寸六分施补间铺作一朵，其坐并芙蓉瓣造。

龟脚：每坐高一尺，则长二寸，广八分，厚五分。

车槽上下涩：后壁侧当者，长随坐之深加二寸；内上涩面前长减坐八尺。广二寸五分，厚六分五厘。

车槽：长随坐之深广，广二寸，厚七分。

上子涩：两重，长同上，广一寸七分，厚三分。

下子涩：长同上，广二寸，厚同上。

坐腰：长同上 减五寸，广一寸二分，厚一寸。

坐面涩：长同上，广二寸，厚六分五厘。

猴面版：长同上，广三寸，厚七分。

明金版：长同上 每面减四寸，广一寸四分，厚二分。

斗槽版：长同车槽上下涩 侧当减一尺二寸，面前减八尺，摆手面前广减六寸，广二寸三分，厚三分四厘。

压厦版：长同上 侧当减四寸，面前减八尺，摆手面前减二寸，广一寸六分，厚同上。

神龛、壶门背版：长随斗槽，广一寸七分，厚一分四厘。

壶门牙头：长同上，广五分，厚三分。

柱子：长五分七厘，广三分四厘，厚同上。随瓣用。

面版：长与广皆随猴面版内。以厚八分为定法。

普拍枋：长随斗槽之深广，方三分四厘。

下车槽卧棍：每深一尺，则长九寸，卯在内。方一寸一分。隔瓣用。

柱脚枋：长随斗槽内深广，方一寸二分。绞荫在内。

柱脚枋立棍：长九寸 卯在内，方一寸一分。隔瓣用。

榻头木：长随柱脚枋内，方同上。绞荫在内。

榻头木立棍：长九寸一分 卯在内，方同上。隔瓣用。

拽后棍：长五寸 卯在内，方一寸。

罗文棍：长随高之斜长，方同上。隔瓣用。

猴面卧棍：每深一尺，则长九寸，卯在内。方同榻头木。隔瓣用。

帐身：高八尺，深四尺，帐柱上施隔斗；下用鋜脚；前面及两侧皆安欢门、帐带。帐身施版门子。上下截作七格。每格安经匣四十枚。屋内用平棊等造。

帐内外槽柱：长视帐身之高，方四分。

内外槽上隔斗板：长随帐内，广一寸三分，厚一分八厘。

内外槽上隔斗仰托棍：长同上，广五分，厚二分二厘。

内外槽上隔斗内外上下贴：长同上，广五分二厘，厚一分二厘。

内外槽上隔斗内外上柱子：长五分，广厚同上。

内外槽上隔斗内外下柱子：长三分六厘，广厚同上。

内外欢门：长同仰托棍，广一寸二分，厚一分八厘。

内外帐带：长三寸，方四分。

里槽下鋜脚版：长同上隔斗版，广七分二厘，厚一分八厘。

里槽下鋜脚仰托棍：长同上，广五分，厚二分二厘。

里槽下鋜脚外柱子：长五分，广二分二厘，厚一分二厘。

正后壁及两侧后壁心柱：长视上下仰托棍内，其腰串长随心柱内，各方四分。

帐身版：长视仰托、腰串内，广随帐柱、心柱内。以厚八分为定法。

帐身版内外难子：长随版四之广，方一分。

逐格前后格棍：长随间广，方二分。

钿版棍：每深一尺，则长五寸五分。广一分八厘，厚一分五厘。每广六寸用一条。

逐格钿面版：长同前后两侧格棍，广随前后格棍内。以厚六分为定法。

逐格前后柱子：长八寸，方二分 每匣小间用二条。

格版：长二寸五分，广八分五厘，厚同钿面版。

破间心柱：长视上下仰托棍内，其广五分，厚三分。

折叠门子：长同上，广随心柱、帐柱内。以厚一分[1]为定法。

格版难子：长随隔版之广，其方六厘。

里槽普拍枋：长随间之深广，其广五分，厚二分。

平棊：华文等准佛道帐制度。

经匣：盝顶及大小等，并准转轮藏经匣制度。

腰檐：高一尺，斗槽共长二丈九尺八寸四分，深三尺八寸四分。斗栱用六铺作，单杪双昂；材广一寸，厚六分六厘。上用压厦版出檐结窊。

普拍枋：长随深广 绞头在外，广二寸，厚八分。

斗槽版：长随后壁及两侧摆手深广 前面长减八寸，广三寸五分，厚一寸。

压厦版：长同斗槽版 减六寸，前面长减同上，广四寸，厚一寸。

斗槽钥匙头：长随深广，厚同斗槽版。

山版：长同普拍枋，广四寸五分，厚一寸。

出入角角梁：长视斜高，广一寸五分，厚同上。

出入角子角梁：长六寸 卯在内，曲广一寸五分，厚八分。

抹角枋：长七寸，广一寸五分，厚同角梁。

贴生：长随角梁内，方一寸。折计用。

曲椽：长八寸，曲广一寸，厚四分。每补间铺作一朵用三条，从角均匀摊。

飞子：长五寸 尾在内，方三分五厘。

白版：长随后壁及两侧摆手 到角长加一尺，前面长减九尺，广三寸五分。以厚五分为定法。

厦瓦版：长同白版 加一尺三寸，前面长减八尺，广九寸。厚同上。

瓦陇条：长九寸，方四分。瓦头在内，隔间匀摊。

搏脊：长同山版 加二寸，前面长减八尺，其广二寸五分，厚一寸。

---

[1]“陶本”为“寸”字。——徐伯安注

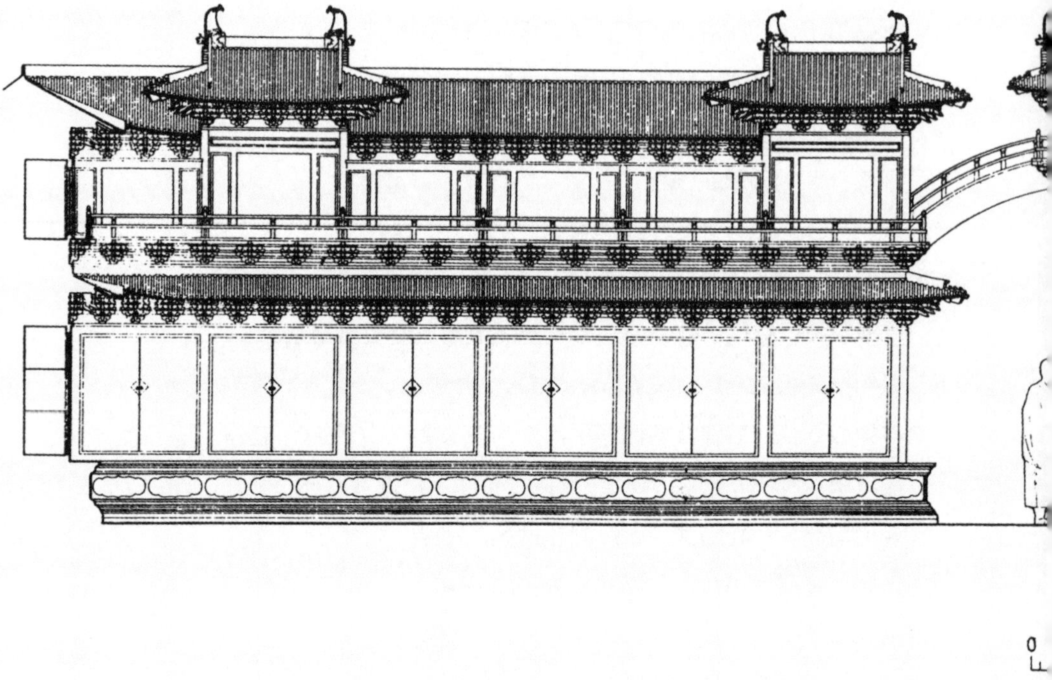

小木作图 38

山西大同华严寺薄伽教藏殿内部壁藏展开图

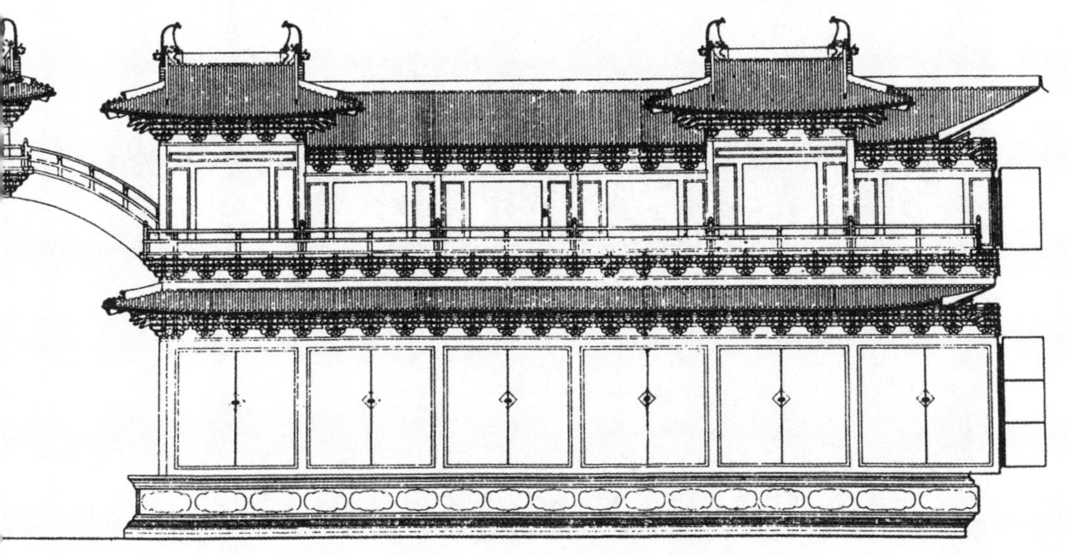
3 M

小木作图 39
华严寺薄伽教藏殿
内部壁藏之一（左页）

小木作图 40
华严寺薄伽教藏殿
内部壁藏之二

小木作图 41
华严寺薄伽教藏殿
内部壁藏之三

小木作图 42

华严寺薄伽教藏殿内部壁藏钩阑

小木作图 43

华严寺薄伽教藏殿内部壁藏天宫楼阁

角脊：长六寸，广二寸，厚同上。

搏脊槫：长随间之深广，其广一寸五分，厚同上。

小山子版：长与广皆二寸五分，厚同上。

山版斗槽卧棍：长随斗槽内，其方一寸五分。隔瓣上下用二枚。

山版斗槽立棍：长八寸，方同上。隔瓣用二枚。

平坐：高一尺，斗槽长随间之广，共长二丈九尺八寸四分，深三尺八寸四分，安单钩阑，高七寸。其钩阑准佛道帐制度。用六铺作卷头，材之广厚及用压厦版，并准腰檐之制。

普拍枋：长随间之深广 合角在外，方一寸。

斗槽版：长随后壁及两侧摆手 前面减八尺，广九寸 子口在内，厚二寸。

压厦版：长同斗槽版 至出角加七寸五分，前面减同上，广九寸五分，厚同上。

雁翅版：长同斗槽版 至出角加九寸，前面减同上，广二寸五分，厚八分。

斗槽内上下卧棍：长随斗槽内，其方三寸。随瓣隔间上下用。

斗槽内上下立棍：长随坐高，其方二寸五分。随卧棍用二条。

钿面版：长同普拍枋。以厚七分为定法。

天宫楼阁：高五尺，深一尺；用殿身、茶楼、角楼、龟头殿、挟屋、行廊等造。

下层副阶：内殿身长三瓣，茶楼子长两瓣，角楼长一瓣，并六铺作单杪双昂造，龟头、殿挟各长一瓣，并五铺作单杪单昂造；行廊长二瓣，分心四铺作造。其材并广五分，厚三分三厘。出入转角，间内并用补间铺作。

中层副阶上平坐：安单钩阑，高四寸。其钩阑准佛道帐制度。其平坐并用卷头铺作等，及上层平坐上天宫楼阁，并准副阶法。

凡壁藏芙蓉瓣，每瓣长六寸六分，其用龟脚至举折等，并准佛道帐之制。

《营造法式》

卷第十二[1]

雕作制度

混作[2]

雕混作之制，有八品：

一曰神仙 真人、女真、金童、玉女之类同，二曰飞仙 嫔伽、共命鸟之类同，三曰化生 以上并手执乐器或芝草、华果、瓶盘、器物之属，四曰拂菻[3] 蕃王、夷人之类同，手内牵拽走兽，或执旌旗、矛、戟之属，五曰凤皇 孔雀、仙鹤、鹦鹉、山鹧、练鹊、锦鸡、鸳鸯、鹅、鸭、凫、雁之类同，六曰师子 狻猊、麒麟、天马、海马、羚羊、仙鹿、熊、象之类同。

以上并施之于钩阑柱头之上或牌带四周 其牌带之内，上施飞仙、下用宝床真人等，如系御书，两颊作升龙，并在起突华地之外，及照壁版之类亦用之。

七曰角神 宝藏神之类同。施之于屋出入转角大角梁之下，及帐坐腰内之类亦用之。

八曰缠柱龙[4] 盘龙、坐龙、牙鱼之类同。施之于帐及经藏柱之上 或缠宝山，或盘于藻井之内。

凡混作雕刻成形之物，令四周皆备，其人物及凤皇之类，或立或坐，并于仰覆莲华或覆瓣莲华坐上用之。

〔1〕 卷十二包括四种工作的制度。其中雕作和混作都是关于装饰花纹和装饰性小"名件"的做法。雕作的名件是雕刻出来的。旋作则是用旋车旋出来的。锯作制度在性质上与前两作极不相同，是关于节约木材，使材尽其用的措施的规定，在《法式》中是值得后世借鉴的东西。至于竹作制度中所说的品种和方法，是我国竹作千百年来一直沿用的做法。

〔2〕 雕作中的混作，按本篇末尾所说，是"雕刻成形之物，令四周皆备"。从这样的定义来说，就是今天我们所称"圆雕"。从雕刻题材来说，混作的题材全是人物鸟兽。八品之中，前四品是人物，第五品是鸟类，第六品是兽类。第七品的角神，事实上也是人物。至于第八品的龙，就自成一类了。

〔3〕 秝，音历。

〔4〕 缠柱龙的实例，山西太原晋祠圣母殿一例最为典型；但是否宋代原物，我们还不能肯定。山东曲阜孔庙大成殿石柱上的缠柱龙，更是杰出的作品。这两例都见于殿屋廊柱，而不是像本篇所说"施之于帐及经藏柱之上"。

雕插写生华[5]

雕插写生华之制，有五品：

一曰牡丹华；二曰芍药华；三曰黄葵华；四曰芙蓉华；五曰莲荷华。

以上并施之于栱眼壁之内。

凡雕插写生华，先约栱眼壁之高广，量宜分布画样，随其舒卷，雕成华叶，于宝山之上，以华盆安插之。

〔5〕 本篇所说的仅仅是栱眼壁上的雕刻装饰花纹。这样的实例，特别是宋代的，

我们还没有看到。其所以称为“插写生华”，可能因为是（如末句所说）“以华盆（花盆）安插之”的缘故。

起突卷叶华[6]

雕剔地起突 或透突[7] 卷叶华之制，有三品：

一曰海石榴华；二曰宝牙华；三曰宝相华。谓皆卷叶者，牡丹华之类同。每一叶之上，三卷者为上，两卷者次之，一卷者又次之。

以上并施之于梁，额 里帖同、格子门腰版、牌带、钩阑版、云栱、寻杖头、椽头盘子 如殿阁椽头盘子，或盘起突龙之类 及华版。凡贴络，如平棊心中角内，若牙子版之类皆用之。或于华内间以龙、凤、化生、飞禽、走兽等物。

凡雕剔地起突华，皆于版上压下四隐起。身内华叶等雕鎪[8]，叶内翻卷，令表里分明[9]。剔削枝条，须圜混相压。其华文皆随版内长广，匀留四边，量宜分布。

〔6〕剔地起突华的做法，是“于版上压下四隐起”的，和混作的“成形之物，四周备”的不同，亦即今天所称浮雕。

〔7〕“透突”可能是指花纹的一些部分是镂透的，比较接近“四周备”。也可以说是突起很高的高浮雕。

〔8〕鎪，音搜，雕也；亦写作锼。

〔9〕“叶内翻卷，令表里分明”，这是雕刻装饰卷叶花纹的重要原则。一般初学的设计人员对这“表里分明”应该特别注意。

剔地洼叶华[10]

雕剔地 或透突 洼叶 或平卷叶[11] 华之制，有七品：

一曰海石榴华；二曰牡丹华 芍药华、宝相华之类，卷叶或写生者并同；三曰莲荷华；四曰万岁藤；五曰卷头蕙草 长生草及蛮云蕙草之类同；六曰蛮云 胡云[12] 及蕙草云之类同。

以上所用，及华内间龙凤之类并同上。

凡雕剔地洼叶华，先于平地隐起华头及枝条 其枝梗并交起相压，减压下四周叶外空地。亦有平雕透突[13] 或压地 诸华者，其所用并同上。若就地随刃雕压出华文者，谓之实雕[14]，施之于云栱、地霞、鹅项或叉子之首 及叉子鋜脚版内，及牙子版，垂鱼、惹草等皆用之。

〔10〕 雕作制度内，按题材之不同，可以分为动物（人物、鸟、兽）和植物（各种花、叶）两大类。按这两大类，也制订了不同的雕法。人物、鸟、兽用混作，即我们所称圆雕；花、叶装饰则用浮雕。花叶装饰中，又分为写生华、卷叶华、洼叶华三类。但是，从"制度"的文字解说中，又很难看出它们之间的显著差别。从使用的位置上看，写生华仅用于栱眼壁；后两类则使用位置相同，区别好像只在卷叶和洼叶上。卷叶和洼叶的区别也很微妙，好像是在雕刻方法上。卷叶是"于版上压下四周隐起。……叶内翻卷，令表里分明。剔削枝条，须圜混相压"。洼叶则"先于平地隐起华头及枝条，其枝梗并交起相压，减压下四周叶外空地"。从这些词句看，只能理解为起突卷叶华是突出于构件的结构面以外，并且比较接近于圆雕的高浮雕，而洼叶华是从构件的结构面（平地）上向里刻入（剔地），因而不能"圜混相压"的浅浮雕。但是，这种雕法还可以有深浅之别：有雕得较深，"压地平雕透突"的，也有"就地随刃雕压出华文者，谓之实雕"。

关于三类不同名称的花饰的区别，我们只能做如上的推测，请读者并参阅"石作制度"。

〔11〕 平卷叶和洼叶的具体样式和它们之间的差别，都不清楚。从字面上推测，洼叶可能是平铺的叶子，叶的阳面（即表面）向外，不卷起，有表无里；而平卷叶则叶是翻卷的，"表里分明"，但是极浅的浮雕，不像起突的卷叶那样突起，所以叫平卷叶。但这也只是推测而已。

〔12〕 胡云，有些抄本作"吴云"，它又是作为蛮云的小注出现的，"胡""吴"在当时可能是同音。"胡""蛮"则亦同义。既然版本不同，未知孰是，指出存疑。

〔13〕 平雕透突的具体做法也只能按文义推测，可能是华纹并不突出到结构面之外，而把"地"压得极深，以取得较大的立体感的手法。

〔14〕 实雕的具体做法，从文义上和举出的例子上看，就比较明确：就是就构件的轮廓形状，不压四周的"地"，以浮雕华纹加工装饰的做法。

旋作制度[1]

殿堂等杂用名件

造殿堂屋宇等杂用名件之制：

椽头盘子：大小随椽之径。若椽径五寸，即厚一寸。如径加一寸，则厚加二分；减亦如之。加至厚一寸二分止；减至厚六分止。

搘[2]角梁宝瓶：每瓶高一尺，即肚径六寸；头长三寸三分，足高二寸 余作瓶身。瓶上施仰莲胡桃子，下坐合莲。若高加一寸，则肚径加六分，减亦如之。或作素宝瓶，即肚径加一寸。

莲华柱顶：每径一寸，其高减径之半。

柱头仰覆莲华胡桃子：二段或三段造。每径广一尺，其高同径之广。

门上木浮沤[3]：每径一寸，即高七分五厘。

钩阑上葱台钉[4]：每高一寸，即径一分。钉头随径，高七分。

盖葱台钉筒子：高视钉加一寸。每高一寸，即径广二分五厘。

照壁版宝床上名件

造殿内照壁版上宝床等所用名件之制：

香炉：径七寸，其高减径之半。

注子：共高七寸。每高一寸，即肚径七分。两段造，其项高取高十分中以三分为之。

注碗：径六寸。每径一寸，则高八分。

酒杯：径三寸。每径一寸，即高七分。足在内。

杯盘：径五寸。每径一寸，即厚一分。足子径二寸五分。每径一寸，即高四分。心子并同。

鼓：高三寸。每高一寸，即肚径七分。两头隐出皮厚及钉子。

鼓坐：径三寸五分。每径一寸，即高八分。两段造。

杖鼓：长三寸。每长一寸，鼓大面径七分，小面径六分，腔口径五分，腔腰径二分。

莲子：径三寸，其高减径之半。

荷叶：径六寸。每径一寸，即厚一分。

卷荷叶：长五寸。其卷径减长之半。

披莲：径二寸八分。每径一寸，即高八分。

莲蓓蕾：高三寸。每高一寸，即径七分。

佛道帐上名件

造佛道等帐上所用名件之制：

火珠：高七寸五分，肚径三寸。每肚径一寸，即尖长七分，每火珠高加一寸，即肚径加四分；减亦如之。

滴当火珠：高二寸五分。每高一寸，即肚径四分。每肚径一寸，即尖长八分。胡桃子下合莲长七分。

瓦头子：每径一寸，其长倍柱之广。若用瓦钱子，每径一寸，即厚三分；减亦如之。加至厚六分止，减至厚二分止。

宝柱子：作仰合莲华、胡桃子、宝瓶相间；通长造，长一尺五寸；每长一寸，即径广八厘。如坐内纱窗旁用者，每长一寸，即径广一分。若腰坐车槽内用者，每长一寸，即径广四分。

贴络门盘：每径一寸，其高减径之半。

贴络浮沤：每径五分，即高三分。

平綦钱子：径一寸。以厚五分为定法。

角铃：每一朵九件：大铃、盖子、簧子各一，角内子角铃共六。

大铃：高二寸。每高一寸，即肚径广八分。

盖子：径同大铃，其高减半。

簧子：径及高皆减大铃之半。

子角铃：径及高皆减簧子之半。

圜栌斗：大小随材分°。高二十分°；径三十二分°。

虚柱莲华钱子：用五段。上段径四寸；下四段各递减二分。以厚三分为定法。

虚柱莲华胎子：径五寸。每径一寸，即高六分。

〔1〕 旋作的名件就是那些平面或断面是圆形的，用脚踏“车床”，用手握的刀具车出来（即旋出来）的小名件。它们全是装饰性的小东西。“制度”中共有三篇，只有“殿堂等杂用名件”一篇是用在殿堂屋宇上的，我们对它做了一些注释。“照壁版宝床上名件”看来像是些布景性质的小“道具”。我们还不清楚这“宝床”是什么，也不清楚它和照壁版的具体关系。从这些名件的名称上，可以看出这“宝床”简直就像小孩子“摆家家”的玩具，明确地反映了当时封建统治阶级生活之庸俗无聊。由于这些东西在《法式》中竟然慎重其事地予以订出“制度”，也反映了它的普遍性。对于研究当时统治阶级的生活，也可以作为一个方面的参考资料。至于“佛道帐上名件”，就连这一小点参考价值也没有了。

〔2〕 搘，音支，支持也。宝瓶是放在角由昂[1]之上以支承大角梁的构件，有时刻作力士形象，称角神。清代亦称“宝瓶”。

〔3〕 沤，音妪，水泡也。浮沤在这里是指门钉，取其形似浮在水面上的半圆球形水泡。

〔4〕 葱台钉是什么，不清楚。

锯作制度〔1〕

用材植

用材植之制：凡材植，须先将大方木可以入长大料者，盘截解割；次将不可以充极长极广用者，量度合用名件，亦先从名件就长或就广解割。

抨墨

抨绳墨之制：凡大材植，须合大面在下，然后垂绳取正抨墨。其材植广而薄者，先自侧面抨墨。务在就材充用，勿令将可以充长大用者截割为细小名件。

若所造之物，或斜，或讹，或尖者，并结角交解。谓如飞子，或颠倒交斜解割，可以两就长用之类。

---

[1] “角由昂”即“转角铺作”上方的由昂。——徐伯安注

就余材

就余材之制：凡用木植内，如有余材，可以别用或作版者，其外面多有璺[2]裂，须审视名件之长广量度，就璺解割。或可以带璺用者，即留余材于心内，就其厚别用或作版，勿令失料。如璺裂深或不可就者，解作臕版[3]。

〔1〕锯作制度虽然很短，仅仅三篇，约二百字，但是它是《营造法式》中关于节约用材的一些原则性的规定。"用材植"一篇讲的是不要大材小用，尽可能用大料做大构件。"抨墨"一篇讲下线、用料的原则和方法，务求使木材得到充分利用，"勿令将可以充长大（构件）用者截割为细小名件"。"就余材"一篇讲的是利用下脚料的方法，要求做到"勿令失料"。这些规定虽然十分简略，但它提出了千方百计充分利用木料以节约木材这样一个重要的原则。在《法式》中，"锯作制度"这样的篇章是可资我们借鉴的。

〔2〕璺，音问，裂纹也。

〔3〕臕，音标，肥也；今写作膘。臕版是什么，不清楚；可能是"打小补丁"用的板子？

竹作制度[1]

造笆

造殿堂等屋宇所用竹笆[2]之制：每间广一尺，用经一道。经，顺椽用。若竹径二寸一分至径一寸七分者，广一尺用经一道；径一寸五分至一寸者，广八寸用经一道，径八分以下者，广六寸用经一道。每经一道，用竹四片，纬亦如之。纬，横铺椽上。殿阁等至散舍，如六椽以上，所用竹并径三寸二分至径二寸三分。若四椽以下者，径一寸二分至径四分。其竹不以大小，并劈作四破用之。如竹径八分至径四分者，并椎破用之[3]。

隔截编道[4]

造隔截壁桯内竹编道之制：每壁高五尺，分作四格。上下各横用经一道。凡上下贴桯者，俗谓之壁齿；不以经数多寡，皆上下贴桯各用一道。下同。格内横用经三道。共五道。至横经纵纬相交织之。或高少而广多者，则纵经横纬织之。每经一道用竹三片 以竹签钉之，纬用竹一片。若栱眼壁高二尺以上，分作三格 共四道，高一尺五寸以下者，分作两格 共三道。其壁高五尺以上者，所用竹径三寸二分至二寸五分；如不及五尺，及栱眼壁、屋山内尖斜壁所用竹，径二寸三分至径一寸；并劈作四破用之。露篱所用同。

竹栅

造竹栅之制：每高一丈，分作四格。制度与编道同。若高一丈以上者，所用竹径八分；如不及一丈者，径四分。并去梢全用之。

护殿檐雀眼网

造护殿阁檐斗栱及托窗棂内竹雀眼网之制：用浑青篾[5]。每竹一条 以径一寸二分为率，劈作篾一十二条；刮去青，广三分。从心斜起，以长篾为经，至四边却折篾入身内；以短篾直行作纬，往复织之。其雀眼径一寸。以篾心为则。如于雀眼内，间织人物及龙、凤、华、云之类，并先于雀眼上描定，随描道织补。施之于殿檐斗栱之外。如六铺作以上，即上下分作两格；随间之广，分作两间或三间，当缝施竹贴钉之。竹贴，每竹径一寸二分，分作四片。其窗棂内用者同。其上下或用木贴钉之。其木贴广二寸，厚六分[6]。

地面棊文簟[7]

造殿阁内地面棊文簟之制：用浑青篾，广一分至一分五厘；刮去青，横以刀刃拖令厚薄匀平；次立两刃，于刃中摘令广狭一等[8]。从心斜起，以纵篾为则，先抬二篾，压三篾，起四篾，又压三篾，然后横下一篾织之。复于起四处抬二篾，循环如此。至四边寻斜取正，抬三篾至七篾织水路。水路外摺边，归篾头于身内。当心织方胜等，或华文、龙、凤。并染红、黄篾用之。其竹用径二寸五分至径一寸。障日篛等簟同。

障日篛等簟

造障日篛[9]等所用簟之制：以青白篾相杂用，广二分至四分。从下直起，以纵篾为则，抬三篾，压三篾，然后横下一篾织之。复自抬三处，从长篾一条内，再起压三；循环如此。若造假棊文，并抬四篾，压四篾，横下两篾织之。复自抬四处，当心再抬；循环如此。

竹笍索[10]

造绾系鹰架竹笍索之制：每竹一条 竹径二寸五分至一寸，劈作一十一片；每片揭作二片，作五股辫之。每股用篾四条或三条 若纯青造，用青白篾各二条，合青篾在外；如青白篾相间，用青篾一条，白篾二条 造成，广一寸五分，厚四分。每条长二百尺，临时量度所用长短截之。

〔1〕 竹，作为一种建筑材料，是中国、日本和东南亚一带所特有的；在一些热带地区，它甚至是主要的建筑材料。但在我国，竹只能算作一种辅助材料。

“竹作制度”中所举的几个品种和制作方法，除“竹笆”一项今天很少见到外，其余各项还一直沿用到今天，做法也基本上没有改变。

〔2〕 竹笆就等于用竹片编成的望版。一直到今天，北方许多低质量的民房中，还多用荆条编的荆笆，铺在椽子上，上面再铺苫背（厚约三四寸的草泥）宽瓦。

〔3〕 “椎破用之”，椎就是锤；这里所说是否不用刀劈而用锤子将竹锤裂，待考。

〔4〕 “隔截编道”就是隔断木框架内竹编（以便抹灰泥）的部分。

〔5〕 “浑青篾”的定义待考。“青”可能是指竹外皮光滑的部分。下文的“白”是指竹内部没有皮的部分。

〔6〕 参阅卷七“小木作制度”末篇。

〔7〕 簟，音店，竹席也。

〔8〕 “一等”即“一致”、“相等”或“相同”。

〔9〕 篛，音榻，窗也。障日篛大概是窗上遮阳的竹席。

〔10〕 笍，音瑞。竹笍索就是竹篾编的绳子。这是“绾系鹰架竹笍索”，“鹰架”就是脚手架。本篇所讲就是绑脚手架用的竹绳的做法。后世绑脚手架多用麻绳，但在古代，我国本无棉花，棉花是从西亚引进来的，麻是织布穿衣的主要原料，所以绑脚手架就用竹绳。

卷第十三

瓦作制度[1]

结瓮[2][1]

结瓮屋宇之制有二等：

一曰瓪瓦[3]：施之于殿、阁、厅、堂、亭、榭等。其结瓮之法：先将瓪瓦齐口斫去下棱，令上齐直；次斫去瓪瓦身内里棱，令四角平稳 角内或有不稳，须斫令平正，谓之解挢[4]。于平版上安一半圈 高广与瓪瓦同，将瓪瓦斫造毕，于圈内试过，谓之擸窠。下铺仰瓪瓦[5]。上压四分，下留六分；散瓪仰合瓦并准此。两瓪瓦相去，随所用瓪瓦之广，匀分陇行，自下而上。其瓪瓦须先就屋上拽勘陇行，修斫口缝令密，再揭起，方用灰结瓮。瓮毕，先用大当沟，次用线道瓦，然后垒脊。

[1]"陶本"为"瓦"，误。——徐伯安注

二曰㼧瓦：施之于厅堂及常行屋舍等。其结宽之法：两合瓦相去，随所用合瓦广之半，先用当沟等垒脊华，乃自上而至下，匀拽陇行。其仰瓦并小头向下，合瓦小头在上。[6]

凡结宽至出檐，仰瓦之下，小连檐之上，用燕颔版，华废[7]之下用狼牙版[8]。若殿宇七间以上，燕颔版广三寸，厚八分，余屋并广二寸，厚五分为率。每长二尺用钉一枚；狼牙版同。其转角合版处，用铁叶裹钉。其当檐所出华头㼜瓦[9]，身内用葱台钉[10]。下入小连檐，勿令透。若六椽以上，屋势紧峻者，于正脊下第四㼜瓦及第八㼜瓦背当中用着盖腰钉[11]。先于栈笆或箔上约度腰钉远近，横安版雨道，以透钉脚。

〔1〕 我国的瓦和瓦作制度有着极其悠久的历史和传统。遗留下来的实物证明，远在周初，亦即在公元前十个世纪以前，我们的祖先已经创造了瓦，用来覆盖屋顶。毫无疑问，瓦的开始制作是从仰韶、龙山等文化的制陶术的基础上发展而来的，在瓦的类型、形式和构造方法上，大约到汉朝就已基本上定型了。汉代石阙和无数的明器上可以看出，今天在北京太和殿屋顶上所看到的，就是汉代屋顶的嫡系子孙。《营造法式》的瓦作制度以及许多宋、辽、金实物都证明，这种“制度”已经沿用了至少二千年。除了一些细节外，明清的瓦作和宋朝的瓦作基本上是一样的。

〔2〕 “结宽”的“宽”字（吾化切，去声）各本原文均作“瓦”。在清代，将瓦施之屋面的工作叫作“宽瓦”。《康熙字典》引《集韵》：“施瓦于屋也。”“瓦”是名词，“宽”是动词。因此《法式》中“瓦”字凡作动词用的，我们把它一律改作“宽”，使词义更明确、准确。

〔3〕 㼜瓦即筒瓦，音同。

〔4〕 解挢（挢，音矫，含义亦同矫正的矫）这道工序是清代瓦作中所没有的。它本身包括“齐口斫去下棱”和“斫去㼜瓦身内里棱”两步。什么是“下棱”？什么是“身内里棱”？我们都不清楚，从文义上推测，可能宋代的瓦，出窑之后，还有许多很不整齐的，但又是烧制过程中不可少的，因而留下来的“棱”。在结宽以前，需要把这些不规则的部分斫掉。这就是“解挢”。斫造完毕，还要经过“撺窠”这一道检验关，以保证所有的瓦都大小一致，下文小注中还说“㼜瓦须……修斫口缝令密”。这在清代瓦作中都是没有的。清代的瓦，一般都是“齐直”“四角平稳”的，尺寸大小也都是一致的。由此可以推测，制陶的工艺技术，在我国虽然已经有了悠久的历史，而且宋朝的陶瓷都达到很高的水平，但还有诸如此类的缺点；同时由此可见，制瓦的技术，从宋到清初的六百余年中，还在继续改进、发展。

〔5〕 㼧瓦即板瓦；㼧，音板。

〔6〕 仰瓦是凹面向上安放的瓦，合瓦则凹面向下，覆盖在左右两陇仰瓦间的缝上。

〔7〕 华废就是两山出际时，在垂脊之外，瓦陇与垂脊成正角的瓦。清代称“排山勾滴”。

〔8〕 燕颔版和狼牙版，在清代称“瓦口”。版的一边按瓦陇距离和仰瓪瓦的弧线斫造，以承檐口的仰瓦。

〔9〕 华头甋瓦就是一端有瓦当的瓦，清代称“勾头”。华头甋瓦背上都有一个洞，以备钉葱台钉，以防止瓦往下溜。葱台钉上还要加盖钉帽，在“制度”中没有提到。

〔10〕 葱台钉在清代没有专名。

〔11〕 清代做法也在同样情况下用腰钉，但也没有腰钉这一专名。

用瓦

用瓦之制：

殿阁厅堂等，五间以上，用甋瓦长一尺四寸，广六寸五分。仰瓪瓦长一尺六寸，广一尺。三间以下，用甋瓦长一尺二寸，广五寸。仰瓪瓦长一尺四寸，广八寸。

散屋用甋瓦，长九寸，广三寸五分。仰瓪瓦长一尺二寸，广六寸五分。

小亭榭之类，柱心相去方一丈以上者，用甋瓦长八寸，广三寸五分。仰瓪瓦长一尺，广六寸。若方一丈者，用甋瓦长六寸，广二寸五分。仰瓪瓦长八寸五分，广五寸五分。如方九尺以下者，用甋瓦长四寸，广二寸三分。仰瓪瓦长六寸，广四寸五分。

厅堂等用散瓪瓦者，五间以上，用瓪瓦长一尺四寸，广八寸。

厅堂三间以下 门楼同，及廊屋六椽以上，用瓪瓦长一尺三寸，广七寸。或廊屋四椽及散屋，用瓪瓦长一尺二寸，广六寸五分。以上仰瓦、合瓦并同。至檐头，并用重唇瓪瓦[12]。其散瓪瓦结瓷者，合瓦仍用垂尖华头瓪瓦[13]。

凡瓦下铺衬，柴栈为上，版栈[14]次之。如用竹笆苇箔，若殿阁七间以上，用竹笆一重，苇箔五重；五间以下，用竹笆一重，苇箔四重；厅堂等五间以上，用竹笆一重，苇箔三重；如三间以下至廊屋，并用竹笆一重，苇箔二重。以上如不用竹笆，更加苇箔两重；若用荻箔[15]，则两重代苇箔三重。散屋用苇箔三重或两重。其柴栈之上，先以胶泥徧泥[16]，次以纯石灰施瓷。若版及笆、箔上用纯灰结瓷者，不用泥抹，并用石灰随抹施瓷。其只用泥结瓷者，亦用泥先抹版及笆、箔，然后结瓷。所用之瓦，须水浸过，然后用之。其用泥以灰点节缝[17]者同。若只用泥或破灰泥[18]，及浇灰下瓦者，其瓦更不用水浸。垒脊亦同。

〔12〕 重唇瓪瓦，各版均作重唇甋瓦，甋瓦显然是瓪瓦之误，这里予以改正。重唇瓪瓦即清代所称“花边瓦”，瓦的一端加一道比较厚的边，并沿凸面折角，用作仰瓦时下垂，用作合瓦时翘起，用于檐口上。清代如意头形的“滴水”瓦，在宋代似还未出现。

〔13〕 合瓦檐口用的垂尖华头瓪，在清代官式中没有这种瓦，但各地有用这种瓦的。

〔14〕 柴栈、版栈，大概就是后世所称“望版”，两者有何区别不详。

〔15〕 荻和苇同属禾本科水生植物，荻箔和苇箔究竟有什么差别，尚待研究。

〔16〕 偏即遍，“偏泥”就是普遍抹泥。

〔17〕 点缝就是今天所称“勾缝”。

〔18〕 破灰泥见本卷“泥作制度”“用泥”篇“合破灰”一条。

垒屋脊[19]

垒屋脊之制：

殿阁[20]：若三间八椽或五间六椽，正脊高三十一层[21]，垂脊低正脊两层。并线道瓦在内。下同。

堂屋：若三间八椽或五间六椽，正脊高二十一层。

厅屋：若间、椽与堂等者，正脊减堂脊两层。余同堂法。

门楼屋：一间四椽，正脊高一十一层或一十三层；若三间六椽，正脊高一十七层。其高不得过厅。如殿门者，依殿制。

廊屋：若四椽，正脊高九层。

常行散屋：若六椽用大当沟瓦者，正脊高七层；用小当沟瓦[22]者，高五层。

营房屋：若两椽，脊高三层。

凡垒屋脊，每增两间或两椽，则正脊加两层。殿阁加至三十七层止；厅堂二十五层止，门楼一十九层止；廊屋一十一层止；常行散屋大当沟者九层止；小当沟者七层止；营屋五层止。正脊于线道瓦上厚一尺至八寸[23]，垂脊减正脊二寸。正脊十分中上收二分；垂脊上收一分。线道瓦在当沟瓦之上，脊之下[24]，殿阁等露三寸五分，堂屋等三寸，廊屋以下并二寸五分。其垒脊瓦并用本等。其本等用长一尺六寸至一尺四寸瓪瓦者，垒脊瓦只用长一尺三寸瓦。合脊瓪瓦亦用本等。其本等用八寸、六寸瓪瓦者，合脊用长九寸瓪瓦。令合垂脊瓪瓦在正脊瓪瓦之下。其线道上及合脊瓪瓦下，并用白石灰各泥一道，谓之白道。若瓪瓪瓦结宽，其当沟瓦所压瓪瓦头，并勘缝刻项子，深三分，令与当沟瓦相衔[25]。

其殿阁于合脊瓪瓦上施走兽者 其走兽有九品，一曰行龙，二曰飞凤，三曰行师，四曰天马，五曰海马，六曰飞鱼，七曰牙鱼，八曰狻狮，九曰獬豸，相间用之，每隔三瓦或五瓦安兽一枚。[26]其兽之长随所用瓪瓦，谓如用一尺六寸瓪瓦，即兽长一尺六寸之类。正脊当沟瓦之下垂铁索，两头各长五尺。以备修缮绾系棚架之用。五间者十条，七间者十二条，九间者十四条，并匀分布用之。若五间以下，九间以上，并约此加减。垂脊之外，横施华头瓪瓦及重唇瓪瓦者，谓之华废。常行屋垂脊之外，顺施瓪瓦相垒者，谓之剪边。[27]

〔19〕 在瓦作中，屋脊这部分的做法，以清代的做法、实例和《法式》中的“制度”相比较，可以看到很大的差别。清代官式建筑的屋脊，比宋代官式建筑的屋脊，在制作和施工方法上都有了巨大的发展。宋代的屋脊，是用瓪瓦垒成的。所用的瓦就是结宽屋顶用的瓦，按屋的大小和等第决定用瓦的尺寸和层数。但在清代，脊已经成了一种预制的构件，并按大小、等第之不同，做成若干型号，而且还做成各式各样的线道、当沟等等“成龙配套”，简化了施工的操作过程，也增强了脊的整体性和坚固性。这是一个不小的改进，但在艺术形象方面，由于烧制脊和线道等，都是各用一个模子，一次成坯，一次烧成，因而增加了许多线道（线脚），使形象趋向烦琐，使宋、清两代屋脊的区别更加显著。至于这种发展和转变，在北宋末到清初这六百年间，是怎样逐渐形成的，还有待进一步研究。

〔20〕 在封建社会的等级制度下，房屋也有它的等第。在前几卷的大木作、小木作制度中，虽然也可以多少看出一些等第次序，但都不如这里以脊瓦层数排列举出的，从殿阁到营房等七个等第明确、清楚；特别是堂屋与厅屋，大木作中一般称“厅堂”，这里却明确了堂屋比厅屋高一等。但是，具体什么样的叫“堂”，什么样的叫“厅”，还是不明确。推测可能是按它们的位置和用途而定的。

〔21〕 这里所谓“层”，是指垒脊所用瓦的层数。但仅仅根据这层数，我们还难以确知脊的高度。这是因为除层数外，还须看所用瓦的大小、厚度。由于一块瓪瓦不是一块平板，而是一个圆筒的四分之一（即 90°）；这样的弧面垒叠起来，高度就不等于各层厚度相加的和。例如（按卷十五“窑作制度”，长一尺六寸的瓪瓦，“大头广九寸五分，厚一寸；小头广八寸五分，厚八分”。若按大头相垒，则每层高度实际约为一寸四分强，三十一层共计约高四尺三

寸七分左右。但是，这些瓪究竟怎样垒砌，大头与小头怎样安排，怎样相互交叠衔接，是否用灰垫砌等等问题，在“制度”中都没有交代。由于屋顶是房屋各部分中必须经常修缮的部分，所以现存宋代建筑实物中，已不可能找到宋代屋顶的原物。因此，对于宋代瓦屋顶，特别是垒脊的做法，我们所知还是很少的。

〔22〕 这里提到“大当沟瓦”和“小当沟瓦”，二者的区别未说明，在“瓦作”和“窑作”的制度中也没有说明。在清代瓦作中，当沟已成为一种定型的标准瓦件，有各种不同的大小型号。在宋代，它是否已经定型预制，抑或需要用瓪瓦临时斫造，不得而知。

〔23〕 最大的瓪瓦大头广，在“用瓦”篇中是一尺，次大的广八寸，因此这就是以一块瓪瓦的宽度（广）作为正脊的厚度。但“窑作制度”中，最大的瓪瓦的大头广仅九寸五分，不知应怎样理解。

〔24〕 这里没有说明线道瓦用几层，可能仅用一层而已。到了清朝，在正脊之下，当沟之上，却已经有了许多“压当条”“群色条”“黄道”等等重叠的线道了。

〔25〕 在最上一节甋瓦上还要这样“刻项子”，是清代瓦作所没有的。

〔26〕 清代角脊（合脊）上用兽是节节紧接使用，而不是这样“每隔三瓦或五瓦”才“安兽”一枚。

〔27〕 这种“剪边”不是清代的剪边瓦。

用鸱尾

用鸱尾之制：

殿屋八椽九间以上，其下有副阶者，鸱尾高九尺至一丈无副阶者高八尺，五间至七间不计椽数，高七尺至七尺五寸，三间高五尺至五尺五寸。

楼阁三层檐者与殿五间同；两层檐者与殿三间同。

殿挟屋，高四尺至四尺五寸。

廊屋之类，并高三尺至三尺五寸。若廊屋转角，即用合角鸱尾。

小亭殿等，高二尺五寸至三尺。

凡用鸱尾，若高三尺以上者，于鸱尾上用铁脚子及铁束子安抢铁〔28〕。其抢铁之上，施五叉拒鹊子三尺以下不用。身两面用铁锔。身内用柏木桩或龙尾；唯不用抢铁。拒鹊加襻脊铁索。

〔28〕 本篇末了这一段是讲固定鸱尾的方法。一种是用抢铁的，一种是用柏木桩或龙尾的。抢铁，铁脚子和铁束子具体做法不详。从字面上看，乌头门柱前用斜柱（称抢柱）扶持。“抢”的含义是“斜”；书法用笔，“由蹲而斜上急出”（如挑）叫作“抢”，“舟迎侧面之风斜行曰抢”。因此抢铁可能是斜撑的铁杆，但怎样与铁脚子、铁束子交接，脚子、束子又怎样用于鸱尾上，都不清楚。拒鹊子是装饰性的东西。铁锔则用以将若干块的鸱尾锔在一起，像我们今天锔破碗那样。柏木桩大概即清代所称“吻桩”。龙尾与柏木桩的区别不详。

用兽头等

用兽头等之制：

殿阁垂脊兽，并以正脊层数为祖。

正脊三十七层者，兽高四尺；三十五层者，兽高三尺五寸；三十三层者，兽高三尺。三十一层者，兽高二尺五寸。

堂屋等正脊兽，亦以正脊层数为祖。其垂脊并降正脊兽一等用之。谓正脊兽高一尺四寸者，垂脊兽高一尺二寸之类。

正脊二十五层者，兽高三尺五寸；二十三层者，兽高三尺；二十一层者，兽高二尺五寸；一十九层者，兽高二尺。

廊屋等正脊及垂脊兽祖并同上。散屋亦同。

正脊九层者，兽高二尺；七层者，兽高一尺八寸。

散屋等。

正脊七层者，兽高一尺六寸；五层者，兽高一尺四寸。

殿阁、厅堂、亭榭转角，上下用套兽、嫔伽、蹲兽、滴当火珠等。

四阿殿九间以上，或九脊殿十一间以上者，套兽径一尺二寸，嫔伽高一尺六寸；蹲兽八枚，各高一尺；滴当火珠高八寸。套兽施之于子角梁首；嫔伽施于角上〔29〕，蹲兽在嫔伽之后。其滴当火珠在檐头华头瓪瓦之上〔30〕。下同。

四阿殿七间或九脊殿九间，套兽径一尺；嫔伽高一尺四寸，蹲兽六枚，各高九寸；滴当火珠高七寸。

四阿殿五间，九脊殿五间至七间，套兽径八寸；嫔伽高一尺二寸；蹲兽四枚，各高八寸；滴当火珠高六寸。厅堂三间至五间以上，如五铺作造厦两头者，亦用此制，唯不用滴当火珠。下同。

九脊殿三间或厅堂五间至三间，斗口跳及四铺作造厦两头者，套兽径六寸，嫔伽高一尺，蹲兽两枚，各高六寸；滴当火珠高五寸。

亭榭厦两头者 四角或八角撮尖亭子同，如用八寸甋瓦，套兽径六寸；嫔伽高八寸；蹲兽四枚，各高六寸；滴当火珠高四寸。若用六寸甋瓦，套兽径四寸；嫔伽高六寸；蹲兽四枚，各高四寸 如斗口跳或四铺作，蹲兽只用两枚，滴当火珠高三寸。

厅堂之类，不厦两头者，每角用嫔伽一枚，高一尺；或只用蹲兽一枚，高六寸。

佛道寺观等殿阁正脊当中用火珠等数：

殿阁三间，火珠径一尺五寸，五间，径二尺；七间以上，并径二尺五寸〔31〕。

火珠并两焰，其夹脊两面造盘龙或兽面。每火珠一枚，内用柏木竿一条，亭榭所用同。

亭榭斗尖用火珠等数：

四角亭子，方一丈至一丈二尺者，火珠径一尺五寸；方一丈五尺至二丈者，径二尺〔32〕。火珠四焰或八焰；其下用圆坐。

八角亭子，方一丈五尺至二丈者，火珠径二尺五寸；方三丈以上者，径三尺五寸。

凡兽头皆顺脊用铁钩一条〔33〕。套兽上以钉安之。嫔伽用葱台钉。滴当火珠坐于华头甋瓦滴当钉之上。

〔29〕 嫔伽在清代称“仙人”，蹲兽在清代称“走兽”。宋代蹲兽都用双数；清代走兽都用单数。

〔30〕 滴当火珠在清代做成光洁的馒头形，叫作“钉帽”。

〔31〕 这里只规定火珠径的尺寸，至于高度，没有说明，可能就是一个圆球，外加火焰形装饰。火珠下面还应该有座。

〔32〕 各版原文都作“径一尺”，对照上下文递增的比例、尺度，一尺显然是二尺之误。就此改正。

〔33〕 铁钩的具体用法待考。

泥作制度

垒墙

垒墙之制：高广随间。每墙高四尺，则厚一尺。每高一尺，其上斜收六分。每面斜收向上各三分。每用坯墼[1]三重，铺襻竹[2]一重。若高增一尺，则厚加二寸五分[3]；减亦如之。

〔1〕 墼，音激，砖未烧者，今天一般叫作土坯。

〔2〕 每隔几层土坯加些竹网，今天还有这种做法，也同我们在结构中加钢筋同一原理。

〔3〕 各版原文都作“厚加二尺五寸”，显然是二寸五分之误。

用泥 其名有四：一曰垷[4]；二曰墐[5]；三曰涂；四曰泥。

用石灰等泥涂之制：先用麤泥搭络不平处，候稍干，次用中泥趁平；又候稍干，次用细泥为衬；上施石灰泥毕，候水脉定[6]，收压五遍，令泥面光泽。干厚一分三厘，其破灰泥不用中泥。

合红灰：每石灰一十五斤，用土朱五斤 非殿阁者用石灰一十七斤，土朱三斤，赤土一十一斤八两。

合青灰：用石灰及软石炭[7]各一半。如无软石炭，每石灰一十斤，用麤墨一斤或墨煤一十一两，胶七钱。

合黄灰：每石灰三斤，用黄土一斤。

合破灰：每石灰一斤，用白蔑土[8]四斤八两。每用石灰十斤，用麦麸[9]九斤。收压两遍，令泥面光泽。

细泥：一重 作灰衬用方一丈，用麦䴬[10]一十五斤。城壁增一倍。麤泥同。

麤泥：一重方一丈，用麦䴬八斤。搭络及中泥作衬减半。

麤细泥：施之城壁[11]及散屋内外。先用麤泥，次用细泥，收压两遍。

凡和石灰泥，每石灰三十斤，用麻捣[12]二斤。其和红、黄、青灰等，即通计所用土朱，赤土、黄土、石灰等斤数在石灰之内。如青灰内，若用墨煤或粗墨者，不计数。若矿石灰[13]，每八斤可以充十斤之用。每矿石灰三十斤，加麻捣一斤。

〔4〕 垷，音现，泥涂也。

〔5〕 墐，音觐，涂也。

〔6〕 水脉大概是指泥中所含水分。"候水脉定"就是等到泥中已经不是湿淋淋的，而是已经定下来，潮而不湿，还有可塑性但不稀而软的状态的时候。

〔7〕 软石炭可能就是泥煤。

〔8〕 白蔑土是什么土？待考。

〔9〕 㲉，音确，壳也。

〔10〕 䅌，音涓，麦茎也。

〔11〕 从这里可以看出，宋代的城墙还是土墙，墙面抹泥。元大都的城墙也是土墙。一直到明朝，全国的城墙才普遍甃砖。

〔12〕 麻捣在清朝北方称"蔴刀"。

〔13〕 矿石灰和石灰的区别待考。

画壁[14]

造画壁之制：先以麤泥搭络毕，候稍干，再用泥横被竹篾一重，以泥盖平，又候稍干，钉麻华，以泥分披令匀，又用泥盖平。以上用麤泥五重，厚一分五厘。若栱眼壁，只用麤细泥各一重，上施沙泥，收压三遍。方用中泥细衬，泥土施沙泥，候水脉定，收压十遍，令泥面光泽。凡和沙泥，每白沙二斤，用胶土一斤，麻捣洗择净者七两。

〔14〕 画壁就是画壁画用的壁。本篇所讲的是抹压墙面的做法。

立灶[15] 转烟、直拔

造立灶之制：并台共高二尺五寸。其门、突[16]之类，皆以锅口径一尺为祖加减之。锅径一尺者一斗；每增一斗，口径加五分，加至一石止。

转烟连二灶：门与突并隔烟后。

门：高七寸，广五寸。每增一斗，高广各加二分五厘。

身：方出锅口径四周各三寸。为定法。

台：长同上，广亦随身，高一尺五寸至一尺二寸。一斗者高一尺五寸；每加一斗者，减二分五厘，减至一尺二寸五分止。

腔内后项子：高同门，其广二寸，高广五分〔17〕。项子内斜高向上入突，谓之抢烟；增减亦同门。

隔烟：长同台，厚二寸，高视身出一尺。为定法。

隔锅项子：广一尺，心内虚，隔作两处，令分烟入突。

直拔立灶：门及台在前，突在烟匮之上。自一锅至连数锅。

门、身、台等：并同前制。唯不用隔烟。[1]

烟匮子：长随身，高出灶身一尺五寸，广六寸。为定法。

山华子：斜高一尺五寸至二尺，长随烟匮子，在烟突两旁匮子之上。

凡灶突，高视屋身，出屋外三尺。如时暂用，不在屋下者〔18〕，高三尺。突上作鞾头出烟。其方六寸。或锅增大者，量宜加之。加至方一尺二寸止。并以石灰泥饰。

〔15〕 这篇"立灶"和下两篇"釜镬灶""茶炉子"，是按照几种不同的盛器而设计的。立灶是对锅加热用的。釜灶和镬灶则专为釜或镬之用。按《辞海》的解释，三者的不同的断面大致可理解如下：锅，釜，镬。为什么不同的盛器需要不同的灶，我们就不得而知了，至于《法式》中的锅、釜、镬，是否就是这几种，也很难回答。例如今天广州方言就把锅叫作镬，根本不用"锅"字。

此外，灶的各部分的专门名称，也是我们弄不清的。因此，除了少数词句稍加注释，对这几篇一些不清楚的地方，我们就"避而不谈"了。

〔16〕 突、烟突就是烟囱。

〔17〕 "高广五分"四字含义不明，可能有错误或遗漏。

〔18〕 即临时或短期间使用，不在室内（即露天）者。

釜镬灶

造釜镬灶之制：釜灶，如蒸作用者，高六寸 余并入地内。其非蒸作用，安铁甑或瓦

〔1〕原"油印本"漏印"唯不用隔烟"五字，今补。——徐伯安注

甑[19]者，量宜加高，加至三尺止。镬灶高一尺五寸。其门、项之类，皆以釜口径每增一寸，镬口径每增一尺为祖加减之。釜口径一尺六寸者一石；每增一石，口径加一寸，加至一十石止。镬口径三尺，增至八尺止。

釜灶：釜口径一尺六寸。

门：高六寸于灶身内高三寸，余入地，广五寸。每径增一寸，高、广各加五分。如用铁甑者，灶门用铁铸造，及门前后各用生铁版。

腔内后项子高、广，抢烟及增加并后突，并同立灶之制。如连二或连三造者，并垒向后，其向后者，每一釜加高五寸。

镬灶：镬口径三尺。用砖垒造。

门：高一尺二寸，广九寸。每径增一尺，高、广各加三寸。用铁灶门，其门前后各用铁版。

腔内后项子：高视身。抢烟同上。若镬口径五尺以上者，底下当心用铁柱子。

后驼项突：方一尺五寸。并二坯垒。斜高二尺五寸，曲长一丈七尺。令出墙外四尺。

凡釜镬灶面并取圜，泥造。其釜镬口径四周各出六寸。外泥饰与立灶同。

〔19〕 甑[1]，音净，底有七孔，相当于今天的笼屉。

茶炉

造茶炉之制：高一尺五寸。其方、广等皆以高一尺为祖加减之。

面：方七寸五分。

口：圜径三寸五分，深四寸。

吵眼：高六寸，广三寸。内抢风斜高向上八寸。

凡茶炉，底方六寸，内用铁燎杖八条。其泥饰同立灶之制。

---

[1] 甑，蒸食炊器，或盛物瓦器，此处所指为前者。——徐伯安注

垒射垛[20]

垒射垛之制：先筑墙，以长五丈，高二丈为率。墙心内长二丈，两边墙各长一丈五尺；两头斜收向里各三尺。上垒作五峰。其峰之高下，皆以墙每一丈之长积而为法。

中峰：每墙长一丈，高二尺。

次中两峰：各高一尺二寸。其心至中峰心各一丈。

两外峰：各高一尺六寸。其心至次中两峰各一丈五尺。

子垛：高同中峰。广减高一尺，厚减高之半。

两边踏道：斜高视子垛，长随垛身。厚减高之半，分作一十二踏；每踏高八寸三分，广一尺二寸五分。

子垛上当心踏台：长一尺二寸，高六寸，面广四寸。厚减面之半，分作三踏，每一尺为一踏。

凡射垛五峰，每中峰高一尺，则其下各厚三寸；上收令方，减下厚之半。上收至方一尺五寸止。其两峰之间，并先约度上收之广。相对垂绳，令纵至墙上，为两峰顱内圆势。其峰上各安莲华坐瓦火珠各一枚。当面以青石灰、白石灰，上以青灰为缘泥饰之。

〔20〕 从本篇“制度”可以看出，这种“射垛”并不是城墙上防御敌箭的射垛，而是宫墙上射垛形的墙头装饰。正是由于这原因，所以属于“泥作”。

《营造法式》

卷第十四

总制度[2]

彩画之制：先徧衬地；次以草色[3]和粉，分衬所画之物。其衬色上，方布细色或叠晕[4]，或分间剔填。应用五彩装及叠晕碾玉装者，并以赭笔描画。浅色之外，并旁[5]描道量留粉晕。其余并以墨笔描画。浅色之外，并用粉笔盖压墨道。

衬地之法：

凡斗、栱、梁、柱及画壁，皆先以胶水徧刷。其贴金地以鳔胶水。

贴真金地：候鳔胶水干，刷白铅粉；候干，又刷；凡五遍。次又刷土朱铅粉 同上，亦五遍。上用熟薄胶水贴金，以绵按，令着寔；候干，以玉或玛瑙或生狗牙斫令光。

五彩地：其碾玉装，若用青绿叠晕者同。候胶水干，先以白土徧刷；候干，又以铅粉刷之。

碾玉装或青绿棱间者：刷雌黄合绿者同。候胶水干，用青淀和茶土[6]刷之。每三分中，一分青淀，二分茶土。

沙泥画壁：亦候胶水干，以好白土纵横刷之。先立刷，候干，次横刷，各一遍。

调色之法：

白土：茶土同。先拣择令净，用薄胶汤 凡下云用汤者同，其称热汤者非[7]，后同 浸少时，候化尽，淘出细华 凡色之极细而淡者皆谓之华，后同，入别器中，澄定，倾去清水，量度再入胶水用之。

铅粉：先研令极细，用稍浓水[8]和成剂 如贴真金地，并以鳔胶水和之，再以热汤浸少时，候稍温，倾去；再用汤研化，令稀稠得所用之。

代赭石：土朱、土黄同。如块小者不捣。先捣令极细，次研；以汤淘取华。次取细者；及澄去，砂石、麤脚不用。

藤黄：量度所用，研细，以热汤化，淘去砂脚，不得用胶 笼罩粉地用之。

紫矿：先擘开，挦去心内绵无色者，次将面上色深者，以热汤捻取汁，入少汤用之。若于华心内斡淡或朱地内压深用者，熬令色深浅得所用之。

朱红：黄丹同。以胶水调令稀稠得所用之。其黄丹用之多涩燥者，调时用生油一点。[1]

螺青：紫粉同。先研令细，以汤调取清用。螺青澄去浅脚，充合碧粉用；紫粉浅脚充合朱用。

雌黄：先捣次研，皆要极细；用热汤淘细笔于别器中，澄去清水，方入胶水用之。其淘澄下麤者，再研再淘细华方可用。忌铅粉黄丹地上用。恶石灰及油不得相近。亦不可施之于缣素。

衬色之法：

青：以螺青合铅粉为地。铅粉二分，螺青一分。

绿：以槐华汁合螺青铅粉为地。粉青同上。用槐华一钱熬汁。

红：以紫粉和黄丹为地。或只用黄丹。[2]

取石色之法：

生青 层青同、石绿、朱砂：并各先捣令略细 若浮淘青，但研令细，用汤淘出向上土、石、恶水，不用；收取近下水内浅色 入别器中，然后研令极细，以汤淘澄，分色轻重，各入别器中。先取水内色淡者谓之青华石绿者谓之绿华，朱砂者谓之朱华；次色稍深者，谓之三青石绿谓之三绿，朱砂谓之三朱；又色渐深者，谓之二青石绿谓之二绿，朱砂谓之二朱；其下色最重者，谓之

[1] 用，“陶本”为“入”字，误。——徐伯安注

[2] 用，“陶本”为“以”字，误。——徐伯安注

大青。石绿谓之大绿，朱砂谓之深朱。澄定，倾去清水，候干收之。如用时，量度入胶水用之[9]。

五色之中，唯青、绿、红三色为主，余色隔间品合而已。其为用亦各不同。且如用青，自大青至青华，外晕用白 朱、绿同；大青之内，用墨或矿汁压深，此只可以施之于装饰等用，但取其轮奂鲜丽，如组绣华锦之文尔。至于穷要妙夺生意，则谓之画，其用色之制，随其所写，或浅或深，或轻或重，千变万化，任其自然，虽不可以立言，其色之所相，亦不出于此。唯不用大青、大绿、深朱、雌黄、白土之类。

〔1〕 在现存宋代建筑实物中，虽然有为数不算少的木构殿堂和石塔，也有少数小木作和瓦件，但彩画实例则可以说没有，这是因为在过去八百年的漫长岁月中，每次重修，总要油饰一新，原有的彩画就被刮去重画，至少也要重新描补一番。即使有极少数未经这样描画的，颜色也全变了，只能大致看出图案花纹而已。但在中国的古代建筑中，色彩是构成它的艺术形象的一个重要因素，由于这方面实物缺少，因此也使我们难以构成一幅完整的宋代建筑形象图。在《营造法式》的研究中，“彩画作制度”及其图样也因此成为我们最薄弱的一个方面，虽然《法式》中还有其他我们不太懂的方面，如各种灶的砌法、砖瓦窑的砌法等，但不直接影响我们对建筑本身的了解。至于彩画作，我们对它没有足够的了解，就不能得出宋代建筑的全貌，“彩画作制度”是我们在全书中感到困难最多最大但同时又不能忽略而不予注释的一卷。

卷十四中所解说的彩画就有五大类，其中三种还附有略加改变的“变”种，再加上几种掺杂的杂间装，可谓品种繁多；比之清代官式只有“和玺”和“旋子”两种，就复杂得多了，在这两者的比较中，我们看到了彩画装饰由繁而简的这一历史事实。遗憾的是除去少数明代彩画实例外，我们没有南宋、金、元的实例来看出它的发展过程。但从大木作结构方面，我们也看到一个相应的由繁而简的发展。因此可以说，这一趋势是一致的，是历代匠师在几百年结构、施工方面积累的经验的基础上，逐步改进的结果。

〔2〕 这里所谓“总制度”主要是说明各种染料的泡制和着色的方法。

〔3〕 这个“草色”的“草”字，应理解如“草稿”“草图”的“草”字，与下文“细色”的“细”字是相对词，并不是一种草绿色。

〔4〕 叠晕是用不同深浅同一颜色由浅到深或由深到浅地排列使用，清代称“退晕”。

〔5〕 “旁”即“傍”，即靠着或沿着之意。

〔6〕 茶土是什么？不很清楚。

〔7〕 简单地称“汤”的，含义略如“汁”；“热汤”是开水、热水，或经过加热的各种“汤”。

〔8〕“稍浓水”怎样“稍浓”？待考。

〔9〕 各版在这下面有小注一百四十九个字，阐述了绘彩画用色的主要原则，并明确了彩画装饰和画的区别。对我们来说，这一段小注的内容比正文所说的各种颜料的具体泡制方法重要得多。因此我们擅自把小注“升级”为正文，并顶格排版[1]，以免被读者忽略。

五彩偏装[10]

五彩偏装之制：梁、栱之类，外棱四周皆留缘道，用青、绿或朱叠晕 梁栿之类缘道，其广二分°[11]；斗栱之类，其广一分°，内施五彩诸华间杂，用朱或青、绿剔地，外留空缘[12]，与外缘道对晕。其空缘之广，减外缘道三分之一。

华文有九品：一曰海石榴华 宝牙华、太平华之类同；二曰宝相华 牡丹华之类同；三曰莲荷华 以上宜于梁、额、橑檐枋、椽、柱、斗、栱、材、昂、栱眼壁及白版内；凡名件之上，皆可通用。其海石榴，若华叶肥大，不见枝条者，谓之铺地卷成，若华叶肥大而微露枝条者，谓之枝条卷成；并亦通用，其牡丹华及莲荷华，或作写生画者，施之于梁、额或栱眼壁内；四曰团窠宝照 团窠柿蒂、方胜合罗之类同；以上宜于枋、桁、斗、栱内，飞子面，相间用之；五曰圈头合子；六曰豹脚合晕 梭身合晕、连珠合晕、偏晕之类同；以上宜于枋、桁内，飞子及大小连檐用之；七曰玛瑙地 玻璃地之类同；以上宜于枋、桁、斗内相间用之；八曰鱼鳞旗脚 宜于梁、栱下相间用之；九曰圈头柿蒂 胡玛瑙之类同；以上宜于斗内相间用之。

琐文有六品：一曰琐子 联环琐、玛瑙琐、叠环之类同；二曰簟文 金铤、文银铤、方环之类同；三曰罗地龟文 六出龟文、交脚龟文之类同；四曰四出 六出之类同；以上宜以橑檐枋、槫、柱头及斗内；其四出、六出，亦宜于栱头、椽头、枋、桁相间用之；五曰剑环 宜于斗内相间用之；六曰曲水 或作“王”字及“万”字，或作斗底及钥匙头，宜于普拍枋内外用之。

凡华文施之于梁、额、柱者，或间以行龙、飞禽、走兽之类于华内，其飞、走

[1] 现为另起一段排版。——编者注

之物，用赭笔描之于白粉地上[13]，或更以浅色拂淡。若五彩及碾玉装华内，宜用白画；其碾玉华内者，亦宜用浅色拂淡，或以五彩装饰。如枋、桁之类全用龙、凤、走、飞者，则徧地以云文补空。

飞仙之类有二品：一曰飞仙；二曰嫔伽。共命鸟之类同。

飞禽之类有三品：一曰凤皇 鸾、鹤、孔雀之类同；二曰鹦鹉 山鹧、练鹊、锦鸡之类同；三曰鸳鸯 谿鶒、鹅、鸭之类同。其骑跨飞禽人物有五品：一曰真人；二曰女真；三曰仙童；四曰玉女；五曰化生。

走兽之类有四品：一曰师子 麒麟、狻猊、獬豸之类同；二曰天马 海马、仙鹿之类同；三曰羜羊 山羊、华羊之类同；四曰白象 驯犀、黑熊之类同。其骑跨、牵拽走兽人物有三品：一曰拂菻[14]；二曰獠蛮；三曰化生。若天马、仙鹿、羚羊，亦可用真人等骑跨。

云文有二品：一曰吴云；二曰曹云。蕙草云、蛮云之类同。

间装之法：青地上华纹，以赤黄、红、绿相间；外棱用红叠晕，红地上，华文青、绿，心内以红相间；外棱用青或绿叠晕。绿地上华文，以赤黄、红、青相间；外棱用青、红、赤黄叠晕。其牙头青绿，地用赤黄；牙朱，地以二绿。若枝条绿，地用藤黄汁，罩以丹华或薄矿水节淡；青红地，如白地上单枝条，用二绿，随墨以绿华合粉，罩以三绿、二绿节淡[15]。

叠晕之法：自浅色起，先以青华 绿以绿华，红以朱华粉，次以三青 绿以三绿，红以三朱，次以二青 绿以二绿，红以二朱，次以大青 绿以大绿，红以深朱；大青之内，以深墨压心 绿以深色草汁罩心；朱以深色紫矿罩心，青华之外，留粉地一晕。红绿准此，其晕内二绿华，或用藤黄汁罩，加华文，缘道等狭小，或在高远处，即不用三青等及深色压罩。凡染赤黄，先布粉地，次以朱华合粉压晕，次用藤黄通罩，次以深朱压心。若合草绿汁，以螺青华汁，用藤黄相和，量宜入好墨数点及胶少许用之。

用叠晕之法，凡斗、栱、昂及梁、额之类，应外棱缘道并令深色在外，其华内剔地色，并浅色在外，与外棱对晕，令浅色相对，其华叶等晕，并浅色在外，以深色压心。凡外缘道用明金者，梁栿、斗栱之类，金缘之广与叠晕同。金缘内用青或绿压之。其青、绿广比外缘五分之一。

凡五彩徧装，柱头 谓额入处作细锦或琐文，柱身自柱櫍上亦作细锦，与柱头相应，锦之上下，作青、红或绿叠晕一道；其身内作海石榴等华 或于华内间以飞凤之类，或于碾玉华内间以五彩飞凤之类，或间四入瓣窠或四出尖窠。窠内开以化生或龙凤之类。櫍作青瓣或红瓣叠晕莲华。檐额或大额及由额两头近柱处，作三瓣或两瓣如意头角叶长加广之半，如身内红地，即以青地作碾玉，或亦用五彩装。或随两边缘道作分脚如意头。椽头面子，随径之圜，作叠晕莲华，青、红相间用之；或作出焰明珠，或作簇七车钏明珠皆浅色在外，或作叠晕宝珠，深色在外，令近上，叠晕向下棱，当中点粉为宝珠心；或作叠晕合螺玛瑙。近头处作青、绿、红晕子三道，每道广不过一寸。身内作通用六等华，外或用青、绿、红地作团窠，或方胜，或两尖，或四入瓣。白地〔16〕外用浅色青以青华、绿以绿华、朱以朱彩圈之，白地内随瓣之方圜或两尖或四入瓣同描华，用五彩浅色间装之。其青、绿、红地作团窠、方胜等，亦施之斗、栱、梁栿之类者，谓之海锦，亦曰净地锦。飞子作青、绿连珠及棱身晕，或作方胜，或两尖，或团窠。两侧壁，如下面用徧地华，即作两晕青绿棱间；若下面素地锦，作三晕或两晕青绿棱间，飞子头作四角柿蒂或作玛瑙。如飞子徧地华，即椽用素地锦。若椽作徧地华，即飞子用素地锦。白版〔17〕或作红、青、绿地内两尖窠素地锦。大连檐立面作三角叠晕柿蒂华。或作霞光。

〔10〕 顾名思义，“五彩偏装”不但是五色缤纷，而且是“遍地开花”的。这是明清彩画中所没有的。从“制度”和“图样”中可以看出，不但在梁栿、阑额上画各种花纹，甚至斗、栱、椽子、飞子上也画五颜六色的彩画。这和明清以后的彩画在风格上、在装饰效果上有极大的不同，在国内已看不见了，但在日本一些平安、镰仓时期的古建筑中，还可以看到。

〔11〕 原文作“其广二分”，按文义，是指材分之分，故写作“分°”。

〔12〕 空缘用什么颜色，未说明。

〔13〕 这里所谓“白粉地”就是上文“衬地之法”中“五彩地”一条下所说的“先以白土徧刷，……又以铅粉刷之”的“白粉地”。我们理解是，彩画全部完成，这一遍“白粉地”就全部被遮盖起来，不露在表面了。

〔14〕 菻，音檩。在我国古史籍中称东罗马帝国为“拂菻”，这里是西方“胡人”的意思。

〔15〕 “节淡”的准确含义待考。

〔16〕〔17〕 这里所称“白地”“白版”的“白”，不是白色之义，而是“不画花纹”之义。

碾玉装[18]

碾玉装之制：梁、栱之类，外棱四周皆留缘道 缘道之广并同五彩之制，用青或绿叠晕，如绿缘内，于淡绿地上描华，用深青剔地，外留空缘，与外缘道对晕。绿缘内者，用绿处以青，用青处以绿。

华文及琐文等，并同五彩所用。华文内唯无写生及豹脚合晕、偏晕、玻璃地、鱼鳞旗脚，外增龙牙蕙草一品；琐文内无琐子。用青、绿二色叠晕亦如之。内有青绿不可隔间处，于绿浅晕中用藤黄汁罩，谓之菉豆褐。

其卷成华叶及琐文，并旁赭笔量留粉道，从浅色起，晕至深色。其地以大青、大绿剔之。亦有华文稍肥者，绿地以二青；其青地以二绿[19]，随华斡淡后，以粉笔傍墨道描者，谓之映粉碾玉，宜小处用。

凡碾玉装，柱碾玉或间白画[20]，或素绿。柱头用五彩锦 或只碾玉。櫍作红晕或青晕莲华，椽头作出焰明珠，或簇七明珠或莲华，身内碾玉或素绿。飞子正面作合晕，两旁并退晕[21]，或素绿。仰版素红 或亦碾玉装。

〔18〕 碾玉装是以青、绿两色为主的彩画装饰。装饰所用的花纹题材，如华文、琐文、云文等等，基本上和五彩徧装所用的一样，但不用五彩，而只用青、绿两色，间以少量的黄色和白色作点缀，明清的旋子彩画就是在色调上继承了碾玉装发展成形的，清式旋子彩画中有“石碾玉”一品，还继承了宋代名称。

〔19〕 这里的“二青”“二绿”是指华文以颜色而言，即：若是绿地、华文即用二青；若是青地、华文即用二绿。

〔20〕 “间白画”具体如何“间”法待考。

〔21〕 “合晕”“退晕”，如何“合”，如何“退”，待考。

青绿叠晕棱间装[22] 三晕带红棱间装附

青绿叠道棱间装之制：凡斗、栱之类，外棱缘广一分°。

外棱用青叠晕者，身内用绿叠晕 外棱用绿者，身内用青，下同。其外棱缘道浅色在内，身内浅色在外，道压粉线，谓之两晕棱间装。外棱用青华，二青、大青，以墨压深；身内用绿华，三绿、二绿、大绿，以草汁压深；若绿在外缘，不用三绿；如青在身内，更加三青。

其外棱缘道用绿叠晕 浅色在内，次以青叠道 浅色在外，当心又用绿叠晕者 深色在内，谓之三晕棱间装。皆不用二绿、三青，其外缘广与五彩同。其内均作两晕。

若外棱缘道用青叠晕，次以红叠晕 浅色在外，先用朱华粉，次用二朱，次用深朱，以紫矿压深，当心用绿叠晕者 若外缘用绿者，当心以青，谓之三晕带红棱间装。

凡青、绿叠晕棱间装，柱身内笋文[23]或素绿或碾玉装；柱头作四合青绿退晕如意头；櫍作青晕莲华，或作五彩锦，或团窠、方胜、素地锦，椽素绿身；其头作明珠莲华。飞子正面，大小连檐，并青绿退晕[24]，两旁素绿。

〔22〕 这些叠晕棱间装的特点就在主要用青、绿两色晕（但也有“三晕带红”一种），除柱头、柱櫍、椽头、飞子头有花纹外，斗栱上就只用叠晕。清代旋子彩画好像就是这种叠晕棱间装的继承和发展。

〔23〕 这一段内所提到的“笋文”、柱身的碾玉装、“四合如意头”等等具体样式和画法均待考。

〔24〕 退晕、叠晕、合晕三者的区别待考。

解绿装饰屋舍[25] 解绿结华装附

解绿刷饰屋舍之制：应材、昂、斗、栱之类，身内通刷土朱，其缘道及燕尾、八白等，并用青、绿叠晕相间。若斗用绿，即栱用青之类。

缘道叠晕，并深色在外，粉线在内 先用青华或绿华在中，次用大青或大绿在外，后用粉线在内，其广狭长短，并同丹粉刷饰之制[26]；唯檐额或梁栿之类，并四周各用缘道，两头相对作如意头。由额及小额并同。若画松文，即身内通刷土黄；先以墨笔界画，次以紫檀间刷 其紫檀用深墨合土朱，令紫色，心内用墨点节。栱、梁等下面用合朱通刷。又有于丹地内用墨或紫檀点簇六毬文与松文名件相杂者，谓之卓柏装。

斗、栱、枋、桁，缘内朱地上间诸华者，谓之解绿结华装。

柱头及脚并刷朱，用雌黄画方胜及团华，或以五彩画四斜或簇六毬文锦。其柱身内通刷合绿，画作笋文。或只用素绿、缘头或作青绿晕明珠。若椽身通刷合绿者，其槫亦作绿地笋文或素绿。

凡额上壁内影作[27]，长广制度与丹粉刷饰同。身内上棱及两头，亦以青绿叠晕道为缘，或作翻卷华叶。身内通刷土朱，其翻卷华叶并以青绿叠晕。斗下莲华并以青晕。

〔25〕 解绿装饰的主要特征是：除柱以外，所有梁、枋、斗、栱等构件，一律刷土朱色，而外棱用青绿叠晕缘道。与此相反，柱则用绿色，而柱头、柱脚用朱。此外，还有在斗、栱、枋、桁等构件的朱地上用青、绿画华的，谓之解绿结华。这种配色的彩画，在清代彩画中是少见的。北京清故宫钦安殿内部彩画，以红色为主，是与此类似的罕见的一例。

从本篇以及下面“丹粉刷饰屋舍”的文义看来，“解绿”的“解”字应理解为“勾”——例如“勾画轮廓”或“勾抹灰缝”的“勾”。

〔26〕 丹粉刷饰见下一篇。

〔27〕 南北朝时期的补间铺作，在额上施叉手，其上安斗以承枋（或桁）。叉手或直或曲，略似“人”字形。云冈、天龙山石窟中都有实例；河南登封会善寺唐中叶（公元745年）的净藏墓塔是现存最晚的实例。以后就没有这种做法了。这里的影作，显然就是把这种补间铺作变成装饰彩画的题材，画在栱眼壁上。它的来源是很明了的。

丹粉刷饰屋舍〔28〕 黄土刷饰附

丹粉刷饰屋舍之制：应材木之类，面上用土朱通刷，下棱用白粉阑界缘道两尽头斜讹向下，下面用黄丹通刷。昂、栱下面及耍头正面同。其白缘道长、广等依下项：

斗、栱之类栿、额、替木、叉手、托脚、驼峰、大连檐、搏风版等同，随材之广，分为八分，以一分为白缘道。其广虽多，不得过一寸；虽狭不得过五分。〔29〕

栱头及替木之类绰幕、仰楷〔30〕、角梁等同，头下面刷丹，于近上棱处刷白。燕尾长五寸至七寸；其广随材之厚，分为四分，两边各以一分为尾。中心空二分。上刷横白，广一分半。其耍头及梁头正面用丹处，刷望山子。〔31〕其上长随高三分之二；其下广随厚四分之二；斜收向上，当中合尖。

檐额或大额刷八白者如里面，随额之广，若广一尺以下者，分为五分；一尺五寸以下者，分为六分；二尺以上者，分为七分，各当中以一分为八白。其八白两头近柱，更不用朱阑断，谓之入柱白。于额身内均之作七隔；其隔之长随白之广俗谓之七朱八白。

柱头刷丹柱脚同，长随额之广，上下并解粉线。柱身、椽、檩及门、窗之类，皆通刷土朱。其破子窗子桯及屏风难子正侧并椽头，并刷丹。平闇或版壁，并用土朱刷版并桯，丹刷子桯及牙头护缝。

额上壁内或有补间铺作远者，亦于栱眼壁内，画影作于当心。其上先画斗，以莲华承之。身内刷朱或丹，隔间用之。若身内刷朱，则莲华用丹刷；若身内刷丹，则莲华用朱刷；皆以粉笔解出华瓣。中作项子，其广随宜。至五寸止。下分两脚，长取壁内五分之三 两头各空一分，身内广随项，两头收斜尖向内五寸。若影作华脚者，身内刷丹，则翻卷叶用土朱；或身内刷土朱，则翻卷叶用丹。皆以粉笔压棱。

若刷土黄者，制度并同。唯以土黄代土朱用之。其影作内莲华用朱或丹，并以粉笔解出华瓣。

若刷土黄解墨缘道者，唯以墨代粉刷缘道。其墨缘道之上，用粉线压棱。亦有栿、栱等下面合用丹处皆用黄土者，亦有只用墨缘更不用粉线压棱者，制度并同。其影作内莲华，并用墨刷，以粉笔解出华瓣；或更不用莲华。

凡丹粉刷饰，其土朱用两遍，用毕并以胶水笼罩，若刷土黄则不用。若刷门、窗，其破子窗子桯及护缝之类用丹刷，余并用土朱。

〔28〕用红土或黄土刷饰，清代也有，只用于仓库之类，但都是单色，没有像这里所规定，在有斗栱的、比较“高级”的房屋上也用红土、黄土的，也没有用土朱、黄土、黑、白等色配合装饰的。

〔29〕即最宽不得超过一寸，最窄面不得小于五分。

〔30〕“仰楷”这一名称在前面“大木作制度”中从来没有提到过，具体是什么？待考。

〔31〕“望山子”具体画法待考。

杂间装〔32〕

杂间装之制：皆随每色制度，相间品配，令华色鲜丽，各以逐等分数为法。

五彩间碾玉装。五彩徧装六分，碾玉装四分。

碾玉间画松文装。碾玉装三分，画松装七分。

青绿三晕棱间及碾玉间画松文装。青绿三晕棱间装三分，碾玉装二分，画松装四分。

画松文间解绿赤白装。画松文装五分，解绿赤白装五分。

画松文卓柏间三晕棱间装。画松文装六分，三晕棱间装一分，卓柏装二分。

凡杂间装以此分数为率，或用间红青绿三晕棱间装与五彩徧装及画松文等相间装者，各约此分数，随宜加减之。

〔32〕 这些用不同华文“相间品配”的杂间装，在本篇中虽然开出它们搭配的比例，但具体做法，我们就很难知道了。

炼桐油

炼桐油之制：用文武火煎桐油令清，先煠〔33〕胶令焦，取出不用，次下松脂搅候化；又次下研细定粉。粉色黄，滴油于水内成珠；以手试之，黏指处有丝缕，然后下黄丹。渐次去火，搅令冷，合金漆用。如施之于彩画之上者，以乱线揩搌用之。

〔33〕 煠，音叶，把物品放在沸油里进行处理。

《营造法式》

卷第十五

砖作制度[1]

用砖[2]

用砖之制：

殿阁等十一间以上，用砖方二尺，厚三寸。

殿阁等七间以上，用砖方一尺七寸，厚二寸八分。

殿阁等五间以上，用砖方一尺五寸，厚二寸七分。

殿阁、厅堂、亭榭等，用砖方一尺三寸，厚二寸五分。以上用条砖，并长一尺三寸，广六寸五分，厚二寸五分。如阶唇用压阑砖，长二尺一寸，广一尺一寸，厚二寸五分。

行廊、小亭榭、散屋等，用砖方一尺二寸，厚二寸。用条砖长一尺二寸，广六寸，厚二寸。

城壁所用走趄[3]砖，长一尺二寸，面广五寸五分，底广六寸，厚二寸。趄条砖面长一尺一寸五分，底长一尺二寸，广六寸，厚二寸，牛头砖长一尺三寸，广六寸五分，一壁厚二寸五分，一壁厚二寸二分。

〔1〕“砖作制度”和“窑作制度”内许多砖、瓦以及一些建筑部分，我们绘了一些图样予以说明，还将各种不同规格、不同尺寸的砖瓦等表列以醒眉目[1]，但由于文字叙述不够准确、全面，其中有许多很不清楚的地方，我们只能提出问题，以请教于高明。

〔2〕本篇“用砖之制”，主要规定方砖尺寸，共五种大小，条砖有两种，是最小两方砖“半砖”。下面各篇，除少数指明用条砖或方砖者外，其余都不明确。至于城壁所用三种不同规格的砖，用在何处，怎么用法，也不清楚。

〔3〕趄，音疽，或音且。

垒阶基 其名有四：一曰阶；二曰陛；三曰陔；四曰墒。

垒砌阶基之制：用条砖。殿堂、亭榭，阶高四尺以下者，用二砖相并；高五尺以上至一丈者，用三砖相并。楼台基高一丈以上至二丈者，用四砖相并；高二丈至三丈者，用五砖相并；高四丈以上者，用六砖相并。普拍枋外阶头，自柱心出三尺至三尺五寸。每阶外细砖高十层，其内相并砖高八层。其殿堂等阶，若平砌每阶高一尺，上收一分五厘；如露龈砌[4]，每砖一层，上收一分。麤垒二分。楼台、亭榭，每砖一层，上收二分。麤垒五分。

〔4〕龈，音垠。

铺地面

铺砌殿堂等地面砖之制：用方砖，先以两砖面相合，磨令平；次斫四边，以曲尺较令方正；其四侧斫令下棱收入一分。殿堂等地面，每柱心内方一丈者，令当心高二分；方三丈者高三分。如厅堂、廊舍等，亦可以两椽为计[5]。柱外阶广五尺以下者[6]，

---

[1] 砖、窑两作制度图释和砖、瓦规格表格没有来得及绘制。——徐伯安注

每一尺令自柱心至阶龈[7]垂二分，广六尺以上者垂三分。其阶龈压阑，用石或亦用砖。其阶外散水，量檐上滴水远近铺砌；向外侧砖砌线道二周。

〔5〕 含义不太明确，可能是说“可以用两椽的长度作一丈计算”。

〔6〕 前一篇“垒阶基”之制中说“自柱心出三尺至三尺五寸”，与这里的“五尺”乃至“六尺以上”有出入。

〔7〕 阶龈与“用砖”一篇中的“阶唇”、“垒阶基”一篇中的“阶头”，像是同物异名。

墙下隔减[8]

垒砌墙隔减之制：殿阁外有副阶者，其内墙下隔减，长随墙广。[9]下同。其广六尺至四尺五寸。[10]自六尺以减五寸为法，减至四尺五寸止。高五尺至三尺四寸。自五尺以减六寸为法，至三尺四寸止。如外无副阶者厅堂同，广四尺至三尺五寸，高三尺至二尺四寸。若廊屋之类，广三尺至二尺五寸，高二尺至一尺六寸。其上收同阶基制度。

〔8〕 隔减是什么？从本篇文字，并联系到卷第六“小木作制度”，“破子棂窗”和“版棂窗”两篇中也提到“隔减窗坐”，可以断定它就是墙壁下从阶基面以上用砖砌的一段，在它上面才是墙身，所以叫作墙下隔，亦即清代所称“裙肩”。从表面上看，很像今天我们建筑中的护墙。不过我们的护墙是抹上去的，而隔减则是整个墙的下部。

由于隔减的位置和用砖砌造的做法，又考虑到华北黄土区墙壁常有盐碱化的现象，我们推测“隔减”的“减”字很可能原来是“碱”字。在一般土墙下，先砌这样一段砖以隔碱，否则“隔减”两个字很难理解。由于“碱”笔画太繁[1]，当时的工匠就借用同音的“减”字把它“简化”了。

〔9〕 这个“长随墙广”就是“长度同墙的长度”。

〔10〕 这个“广六尺至四尺五寸”的“广”就是我们所说的厚——即：厚六尺至四尺五寸。

---

[1] 繁体字为“鹼”。——编者注

踏道

造踏道之制：广随间广，每阶基高一尺，底长二尺五寸，每一踏高四寸[11]，广一尺。两颊各广一尺二寸。两颊内[12]线道各厚二寸。若阶基高八砖，其两颊内地栿、柱子等，平双转[13]一周；以次单转一周，退入一寸；又以次单转一周，当心为象眼。[14]每阶级加三砖，两颊内单转加一周；若阶基高二十砖以上者，两颊内平双转加一周。踏道下线道亦如之。

〔11〕 从本篇所规定的一些尺寸可以看出，这里所用的是最小一号的，即方一尺二寸、厚二寸的砖。“踏高四寸”是两砖，“颊广一尺二寸”是一砖之广，“线道厚二寸”是一砖等。

〔12〕 两颊就是踏道两旁的斜坡面，清代称“垂带”。“两颊内”是指踏道侧面两颊以下、地以上、阶基以前那个正角三角形的垂直面。清代称这整个三角形垂直面部分为“象眼”。

〔13〕 从字面上理解，“平双转”可能是用两层（四寸）沿两颊内的三面砌一周。

〔14〕 与清代“象眼”的定义不同，只指三角形内“退入”最深处的池子为“象眼”。

慢道[15]

垒砌慢道之制：城门慢道，每露台[16]砖基高一尺，拽脚斜长五尺。其广减露台一尺。厅堂等慢道，每阶基高一尺，拽脚斜长四尺[17]；作三瓣蝉翅[18]；当中随间之广。取宜约度。两颊及线道，并同踏道之制。每斜长一尺，加四寸为两侧翅瓣下之广。若作五瓣蝉翅，其两侧翅瓣下取斜长四分之三，凡慢道面砖露龈[19]，皆深三分。如华砖即不露龈。

〔15〕 慢道是不做踏步的斜面坡道，以便车马上下。清代称为“马道”，亦称“礓䃰”。

〔16〕 露台是慢道上端与城墙上面平的台子，慢道和露台一般都作为凸出体靠着城墙内壁面砌造。由于城门楼基座一般都比城墙厚约一倍左右，加厚的部分在城壁内侧，所以这加出来的部分往往就决定城门慢道和露台的宽度。

〔17〕 “拽脚斜长”的准确含义不大明确。根据大木作制度所常用的“斜长”和小木作“胡梯”篇中的“拽脚”，我们认为应理解为慢道斜坡的长度，作为一个不等边直角三角形，垂直的短边（勾）是阶基和露台的高；水平的长边（股）是拽脚，斜角的最长边（弦）就是拽脚斜长。从几何制图的角度来看，

这种以弦的长度来定水平长度的设计方法未免有点故意绕弯路自找麻烦，不如直接定出拽脚的长度更简便些。不知为什么要这样做。

〔18〕 这种三瓣、五瓣的“蝉翅”，只能从文义推测，可能就是三道或五道并列的慢道。其所以称作“蝉翅”，可能是两侧翅瓣是上小下大的，形似蝉翅，但是，虽然两侧翅瓣下之广有这样的规定，但翅瓣上之广都未提到，因此我们只能推测。至于“翅瓣”的“瓣”，按小木作制度中所常见的“瓣”字理解，在一定范围内的一个面常称为“瓣”。所以，这个“翅瓣”可以理解为一道慢道的面。

〔19〕 这种“露龈”就是将慢道面砌成锯齿形，齿尖向上，以防滑步。清代称这种“露龈”也作“礓䃰”。

须弥坐〔20〕

垒砌须弥坐之制：共高一十三砖，以二砖相并，以此为率。自下一层与地平，上施单混肚砖一层，次上牙脚砖一层 比混肚砖下龈收入一寸，次上罨牙砖一层 比牙脚出三分，次上合莲砖一层 比罨牙收入一寸五分，次上束腰砖一层 比合莲下龈收入一寸，次上仰莲砖一层 比束腰出七分，次上壶门、柱子砖三层 柱子比仰莲收入一寸五分，壶门比柱子收入五分，次上罨涩砖一层 比柱子出一分，次上方涩平砖两层 比罨涩出五分。如高下不同，约此率随宜加减之。如殿阶基作须弥坐砌垒者，其出入并依角石柱制度，或约此法加减。

〔20〕 参阅卷三“石作制度”中“角石”“角柱”“殿阶基”三篇及各图。

砖墙

垒砖墙之制：每高一尺，底广五寸，每面斜收一寸，若麤砌，斜收一寸三分，以此为率。

露道

砌露道之制：长广量地取宜，两边各侧砌双线道，其内平铺砌或侧砖虹面〔21〕垒砌，两边各侧砌四砖为线。

〔21〕 指道的断面中间高于两边。

城壁水道[22]

垒城壁水道之制：随城之高，匀分蹬踏。每踏高二尺，广六寸，以三砖相并 用趄条砖。面与城平，广四尺七寸。水道广一尺一寸，深六寸；两边各广一尺八寸。地下砌侧砖散水，方六尺。

〔22〕 这种水道是在土城的墙面上的排水道。砖城只需要在城头女墙下开排水孔，让水顺墙面流下去。但在土墙面上则有必要用砖砌出这种下水道，以保护土城。

卷輂河渠口[23]

垒砌卷輂河渠砖口之制：长广随所用，单眼卷輂者，先于渠底铺地面砖一重。每河渠深一尺，以二砖相并垒两壁砖，高五寸。如深广五尺以上者，心内以三砖相并。其卷輂随圜分侧用砖 覆背砖同。其上缴背顺铺条砖。如双眼卷輂者，两壁砖以三砖相并，心内以六砖相并。余并同单眼卷輂之制。

〔23〕 参阅卷三“石作制度”之“卷輂水窗”篇。

接甑口[24]

垒接甑口之制：口径随釜或锅。先以口径圜样，取逐层砖定样，斫磨口径。内以二砖相并，上铺方砖一重为面。或只用条砖覆面。其高随所用。砖并倍用纯灰下。

〔24〕 本篇实际上应该是卷十三“泥作制度”中“立灶”和“釜双灶”的一部分，灶身是泥或土坯砌的，这接甑口就是今天我们所称锅台和炉膛，是要砖砌的。

甑，见卷十三，注〔19〕。

马台[25]

垒马台之制：高一尺六寸，分作两踏。上踏方二尺四寸，下踏广一尺，以此为率。

〔25〕 参阅卷三“石作制度”之“马台”篇。

马槽

垒马槽之制：高二尺六寸，广三尺，长随间广或随所用之长。其下以五砖相并，垒高六砖。其上四边垒砖一周，高三砖。次于槽内四壁，侧倚方砖一。其方砖后随斜分斫贴，垒三重。方砖之上，铺条砖覆面一重，次于槽底铺方砖一重为槽底面砖并用纯灰下。

井

甃井之制：以水面径四尺为法。

用砖：若长一尺二寸，广六寸，厚二寸条砖，除抹角就圜，实收长一尺，视高计之，每深一丈，以六百口垒五十层。若深广尺寸不定，皆积而计之。

底盘版：随水面径斜，每片广八寸，牙缝搭掌在外。[26]其厚以二寸为定法。

凡甃造井，于所留水面径外，四周各广二尺开掘。其砖瓻[27]用竹并芦蓌[28]编夹。垒及一丈，闪下甃砌。若旧井损脱难于修补者，即于径外各展掘一尺，拢套接垒下甃。

〔26〕 什么是“径斜”？砖作怎样有“牙缝搭掌”？都不清楚。

〔27〕 这个“砖瓻”从本条所说看来，像是砌时用的“模子”。

〔28〕 蓌，音费。粗竹席。

窑作制度

瓦 其名有二：一曰瓦；二曰㼽[1]。

造瓦坯：用细胶土不夹砂者，前一日和泥造坯。鸱、兽事件同。先于轮上安定札圈，次套布筒[2]，以水搭泥拨圈，打搭收光，取札并布筒曒曝[3]。鸱、兽事件捏造，火珠之类用轮床收托。其等第依下项。

瓪瓦：

长一尺四寸，口径六寸，厚八分。仍留曝干并烧变所缩分数，下准此。

长一尺二寸，口径五寸，厚五分。

长一尺，口径四寸，厚四分。

长八寸，口径三寸五分，厚三分五厘。

长六寸，口径三寸，厚三分。

长四寸，口径二寸五分，厚二分五厘。

瓪瓦：

长一尺六寸，大头广九寸五分，厚一寸，小头广八寸五分，厚八分。

长一尺四寸，大头广七寸，厚七分，小头广六寸，厚六分。

长一尺三寸，大头广六寸五分，厚六分，小头广五寸五分，厚五分五厘。

长一尺二寸，大头广六寸，厚六分，小头广五寸，厚五分。

长一尺，大头广五寸，厚五分，小头广四寸，厚四分。

长八寸，大头广四寸五分，厚四分，小头广四寸，厚三分五厘。

长六寸，大头广四寸 厚同上，小头广三寸五分，厚三分。

凡造瓦坯之制：候曝微干，用刀剺画，每桶作四片。瓪瓦作二片；线道瓦于每片中心画一道，条子十字剺画。线道条子瓦，仍以水饰露明处一边。

〔1〕 甓，音斛，坯也。

〔2〕 自周至唐宋二千余年间留下来的瓦，都有布纹，但明清以后，布纹消失了，这说明在宋、明之间，制陶技术有了一个重要的改革，《法式》中仍用布筒，可能是用布筒阶基的末期了。

〔3〕 曒，晒字的“俗字”。《改并四声篇海》引《俗字背篇》：“曒，曝也。俗作。”《正字通·日部》：“曒，俗晒字。”

砖 其名有四：一曰甓；二曰瓴甋；三曰㲉；四曰甗甎〔4〕。

造砖坯：前一日和泥打造。其等第依下项。

方砖：

二尺，厚三寸。

一尺七寸，厚二寸八分。

一尺五寸，厚二寸七分。

一尺三寸，厚二寸五分。

一尺二寸，厚二寸。

条砖：

长一尺三寸，广六寸五分，厚二寸五分。

长一尺二寸，广六寸，厚二寸。

压阑砖[5]：长二尺一寸，广一尺一寸，厚二寸五分。

砖碇：方一尺一寸五分，厚四寸三分。

牛头砖：长一尺三寸，广六寸五分，一壁厚二寸五分，一壁厚二寸二分。

走趄砖：长一尺二寸，面广五寸五分，底广六寸，厚二寸。

趄条砖：面长一尺一寸五分，底长一尺二寸，广六寸，厚二寸。

镇子砖：方六寸五分，厚二寸。

凡造砖坯之制：皆先用灰衬隔模匣，次入泥；以杖剖脱曝令干。

〔4〕 甓，音辟；瓴甋，音陵的；瑴字不见于字典；甗甎，音鹿专。

〔5〕 以下各种特殊规格的砖，除压阑名称本身说明用途外，其他五种用途及用法都不清楚。

琉璃瓦等 炒造黄丹附

凡造琉璃瓦等之制：药以黄丹、洛河石和铜末，用水调匀。冬月用汤。瓪瓦于背面，鸱、兽之类于安卓露明处 青棍同，并徧浇刷。瓪瓦于仰面内中心。重唇瓪瓦仍于背上浇大头；其线道、条子瓦、浇唇一壁。

凡合琉璃药所用黄丹阙炒造之制，以黑锡、盆硝等入镬，煎一日为粗扇[6]，出候冷，捣罗作末；次日再炒，砖盖罨；第三日炒成。

〔6〕 扇，同“釉”。

青棍瓦 滑石棍、茶土棍[7]

青棍瓦等之制：以干坯用瓦石磨擦；瓪瓦于背，瓪瓦于仰面，磨去布文；次用水湿布揩拭，候干；次以洛河石棍研；次掺滑石末令匀。用茶土棍者，准先掺茶土，次以石棍研。

〔7〕 这三种瓦具体有什么区别，不清楚。

烧变次序

凡烧变砖瓦之制：素白窑，前一日装窑，次日下火烧变，又次日上水窨[8]，更三日开窑，候冷透，及七日出窑。青掍窑 装窑、烧变，出窑日分准上法 先烧芟草 茶土掍者，止于曝窑内搭带，烧变不用柴草、羊屎、油籸[9]，次蒿草，松柏柴、羊屎、麻籸，浓油盖罨不令透烟。琉璃窑，前一日装窑，次日下火烧变，三日开窑，候火冷，至第五日出窑。

〔8〕 窨，音荫；封闭使冷却义。

〔9〕 籸，音申；粮食、油料等加工后剩下的渣滓。油籸即油渣。

垒造窑

垒造之制：大窑高二丈二尺四寸，径一丈八尺。外围地在外。曝窑同。[10]

门：高五尺六寸，广二尺六寸。曝窑高一丈五尺四寸，径一丈二尺八寸。门高同大窑，广二尺四寸。

平坐：高五尺六寸，径一丈八尺 曝窑一丈二尺八寸，垒二十八层。曝窑同。其上垒五币，高七尺 曝窑垒三币，高四尺二寸，垒七层。曝窑同。

收顶：七币，高九尺八寸，垒四十九层。曝窑四币，高五尺六寸，垒二十八层；逐层各收入五寸，递减半砖。

龟壳窑眼暗突：底脚长一丈五尺 上留空分，方四尺二寸，盖罨实收长二尺四寸。曝窑同，广五寸，垒二十层 曝窑长一丈八尺，广同大窑，垒一十五层。

床：长一丈五尺，高一尺四寸，垒七层。曝窑长一丈八尺，高一尺六寸，垒八层。

壁：长一丈五尺，高一丈一尺四寸，垒五十七层。下作出烟口子、承重托柱。其曝窑长一丈八尺，高一丈，垒五十层。

门两壁：各广五尺四寸、高五尺六寸，垒二十八层，仍垒脊。子门同。曝窑广四尺八寸，高同大窑。

子门两壁：各广五尺二寸，高八尺，垒四十层。

外围：径二丈九尺，高二丈，垒一百层。曝窑径二丈二寸，高一丈八尺，垒五十四层。

池：径一丈，高二尺，垒一十层。曝窑径八尺，高一尺，垒五层。

踏道：长三丈八尺四寸。曝窑长二丈。

凡垒窑，用长一尺二寸、广六寸、厚二寸条砖。平坐并窑门、子门、窑床，踏外围道，皆并二砌。其窑池下面，作蛾眉〔11〕垒砌承重。上侧使暗突出烟。

〔10〕 窑有火窑及曝窑两种。除尺寸、比例有所不同外，在用途上有何不同，待考。

〔11〕 从字面上理解，蛾眉大概是我们今天所称弓形拱（券）segmental arch，即小于180°弧的拱（券）。

捌

功限

卷第十六

壕寨功限

总杂功

诸土干重六十斤为一担。诸物准此。如麤重物用八人以上、石段用五人以上可举者，或琉璃瓦名件等每重五十斤，为一担。

诸石每方一尺[1]，重一百四十三斤七两五钱。方一寸，二两三钱。砖，八十七斤八两。

方一寸，一两四钱。瓦，九十斤六两二钱五分。方一寸，一两四钱五分。

诸木每方一尺，重依下项：

黄松 寒松、赤甲松同，二十五斤。方一寸，四钱。

白松，二十斤。方一寸，三钱二分。

山杂木 谓海枣、榆、槐木之类，三十斤。方一寸，四钱八分。

诸于三十里外般运物一担，往复一功；若一百二十步以上[1]，约计每往复共一里，六十担亦如之。牵拽舟、车、筏，地里准此。

诸功作般运物，若于六十步外往复者 谓七十步以下者，并只用本作供作功。或无供作功者，每一百八十担一功。或不及六十步者，每短一步加一担。

诸于六十步内掘土般供者，每七十尺一功。如地坚硬或砂礓相杂者，减二十尺。

诸自下就土供坛基墙等，用本功。如加膊版高一丈以上用者，以一百五十担一功。

诸掘土装车及篯篮，每三百三十担一功。如地坚硬或砂礓相杂者，装一百三十担。

诸磨褫石段，每石面二尺一功。

诸磨褫二尺方砖，每六口一功。一尺五寸方砖八口，压门砖一十口，一尺三寸方砖一十八口，一尺二寸方砖二十三口，一尺三寸条砖三十五口同。

诸脱造垒墙条墼，长一尺二寸，广六寸，厚二寸 干重十斤，每一百口一功。和泥起压在内。

〔1〕 这里"方一尺"是指一立方尺，但下文许多地方，"尺"有时是立方尺，有时是平方尺，有时又仅仅是长度，读者须注意，按文义去理解它。

筑基

诸殿、阁、堂、廊等基址开掘 出土在内，若去岸一丈以上，即别计般土功，方八十尺 谓每长、广、深、方各一尺为计，就土铺填打筑六十尺，各一功。若用碎砖瓦、石札者，其功加倍。

[1]"陶本"作"若一百二十步以工纽计每往复共一里"。误。注释本将"工纽"改为"上约"是正确的，但"上约"间逗号应前移到步、以间。——徐伯安注

筑城

诸开掘及填筑城基，每各五十尺一功。削掘旧城及就土修筑女头墙及护崄墙者亦如之。

诸于三十步内供土筑城，自地至高一丈，每一百五十担一功。自一丈以上至二丈每一百担，自二丈以上至三丈每九十担，自三丈以上至四丈每七十五担，自四丈以上至五丈每五十五担。同其地步及城高下不等，准此细计。

诸纽草葽二百条，或斫橛子五百枚，若刬削城壁四十尺 般取膊椽功在内，各一功。

筑墙

诸开掘墙基，每一百二十尺一功。若就土筑墙，其功加倍。诸用葽、橛就土筑墙，每五十尺一功。就土抽纴筑屋下墙同；露墙六十尺亦准此。

穿井

诸穿井开掘，自下出土，每六十尺一功。若深五尺以上，每深一尺，每功减一尺，减至二十尺止。

般运功

诸舟船般载物 装卸在内，依下项：

一去六十步外般物装船，每一百五十担；如麤重物一件及一百五十斤以上者减半；

一去三十步外取掘土兼般运装船者，每一百担 一去一十五步外者加五十担；

溯〔2〕流拽船，每六十担；

顺流驾放，每一百五十担；

右（上）各一功。

诸车般载物 装卸、拽车在内，依下项：

螭车载麤重物，

重一千斤以上者，每五十斤；

重五百斤以上者，每六十斤；

右（上）各一功。

轒辒车〔3〕载麤重物，

重一千斤以下者，每八十斤一功。

驴拽车，

每车装物重八百五十斤为一运。其重物一件重一百五十斤以上者，别破装卸功。

独轮小车子 扶、驾二人，

每车子装物重二百斤。

诸河内系筏驾放，牵拽般运竹、木依下项：

慢水溯流 谓蔡河之类，牵拽每七十三尺 如水浅，每九十八尺；

顺流驾放 谓汴河之类，每二百五十尺 绾系在内；若细碎及三十件以上者，二百尺；

出漉，每一百六十尺 其重物一件长三十尺以上者，八十尺；

右（上）各一功。

〔2〕 溯流即逆流。

〔3〕 轒、辘二字都音鹿。螭车，轒辘车具体形制待考。

供诸作功

诸工作破〔4〕供作〔5〕功依下项：

瓦作结窔；

泥作；

砖作；

铺垒安砌；

砌垒井；

窑作垒窑；

右（上）本作每一功，供作〔5〕各二功。

大木作钉椽，每一功，供作一功。

小木作安卓，每一件及三功以上者，每一功，供作五分功。平綦、藻井、栱眼、照壁、裹栿版，安卓虽不及三功者并计供作功，即每一件供作不及一功者不计。

〔4〕 散耗财物曰"破"；这里是说需要计算这笔开支。

〔5〕 "供作"定义不太清楚。

石作功限

总造作功

平面每广一尺，长一尺五寸；打剥、麤搏、细漉、斫砟在内；

四边褊棱凿搏缝，每长二丈 应有棱者准此；

面上布墨蜡，每广一丈，长二丈[1]。安砌在内。减地平钑者，先布墨蜡而后雕镌；其剔地起突及压地隐起华者，并雕镌毕方布蜡；或亦用墨。

右（上）各一功。如平面柱础在墙头下用者，减本功四分功；若墙内用者，减本功七分功。下同。

凡造作石段、名件等，除造覆盆及镌凿圜混若成形物之类外，其余皆先计平面及褊棱功。如有雕镌者，加雕镌功。

柱础

柱础方二尺五寸，造素覆盆。

造作功：

每方一尺，一功二分。方三尺，方三尺五寸，各加一分功；方四尺，加二分功；方五尺，加三分功；方六尺，加四分功。

雕镌功 其雕镌功并于素覆盆所得功上加之：

方四尺，造剔地起突海石榴华，内间化生 四角水地内间鱼兽之类，或亦用华，下同，八十功。方五尺，加五十功；方六尺，加一百二十功。

方三尺五寸，造剔地起突水地云龙 或牙鱼、飞鱼，宝山，五十功。方四尺，加三十功；方五尺，加七十五功；方六尺，加一百功。

方三尺，造剔地起突诸华，三十五功。方三尺五寸，加五功；方四尺，加一十五功；方五尺，加四十五功；方六尺，加六十五功。

方二尺五寸，造压地隐起诸华，一十四功。方三尺，加一十一功；方三尺五寸，加

[1]“陶本”作“每广一尺长二丈”。——徐伯安注

一十六功；方四尺，加二十六功；方五尺，加四十六功；方六尺，加五十六功。

方二尺五寸，造减地平钑诸华，六功。方三尺，加二功；方三尺五寸，加四功；方四尺，加九功；方五尺，加一十四功；方六尺，加二十四功。

方二尺五寸，造仰覆莲华，一十六功。若造铺地莲华，减八功。

方二尺，造铺地莲华，五功。若造仰覆莲华，加八功。

角石 角柱

角石：

安砌功：

角石一段，方二尺，厚八寸，一功。

雕镌功：

角石两侧造剔地起突龙凤间华或云文，一十六功。若面上镌作师子，加六功；造压地隐起华，减一十功；减地平钑华，减一十二功。

角柱 城门角柱同：

造作剜凿功：

叠涩坐角柱，两面共二十功。

安砌功：

角柱每高一尺，方一尺，二分五厘功。

雕镌功：

方角柱，每长四尺，方一尺，造剔地起突龙凤间华或云文，两面共六十功。若造压地隐起华，减二十五功。

叠涩坐角柱，上下涩造压地隐起华，两面共二十功。

版柱上造剔地起突云地升龙，两面共一十五功。

殿阶基

殿阶基一坐：

雕镌功，每一段[6]：

头子上减地平钑华，二功。

束腰造剔地起突莲华，二功。版柱子上减地平钑华同。

挞涩减地平钑华[7]，二功。

安砌功，每一段：

土衬石，一功。压阑、地面石同。

头子石[8]，二功。束腰石、隔身版柱子、挞涩同。

〔6〕 卷三“石作制度”之“殿阶基”篇：石段长三尺，广二尺，厚六寸。

〔7〕 挞涩是什么样的做法，不详。

〔8〕 头子或头子石，在卷三“石作制度”中未提到过。

地面石 压阑石

地面石、压阑石：

安砌功：

每一段，长三尺，广二尺，厚六寸，一功。

雕镌功：

压阑石一段，阶头广六寸，长三尺，造剔地起突龙凤间华，二十功。若龙凤间云文，减二功；造压地隐起华，减一十六功；造减地平钑华，减一十八功。

殿阶螭首

殿阶螭首，一只，长七尺，

造作镌凿，四十功；

安砌，一十功。

殿内斗八

殿阶心内斗八,一段，共方一丈二尺。

雕镌功：

斗八心内造剔地起突盘龙一条，云卷水地，四十功。

斗八心外诸窠[1]格内，并造压地隐起龙凤、化生诸华，三百功。

安砌功：

每石二段，一功。

踏道

踏道石，每一段长三尺，广二尺，厚六寸。

安砌功：

土衬石，每一段，一功。踏子石同。

象眼石，每一段，二功。踏子石同。

雕镌功：

副子石，一段，造减地平钑华，二功。

单钩阑 重台钩阑、望柱

单钩阑，一段，高三尺五寸，长六尺。

造作功：

剜凿寻杖至地栿等事件 内万字不透，共八十功。

寻杖下若作单托神，一十五功。双托神倍之。

华版内若作压地隐起华、龙或云龙，加四十功。若万字透空亦如之。

重台钩阑：如素造，比单钩阑每一功加五分功；若盆唇、瘿[2]项、地栿、蜀柱并作压地隐起华，大小华版并作剔地起突华造者，一百六十功。

望柱：

六瓣望柱，每一条，长五尺，径一尺，出上下卯，共一功。

造剔地起突缠柱云龙，五十功。

造压地隐起诸华，二十四功。

造减地平钑华，一十一功。

柱下坐造覆盆莲华，每一枚，七功。

---

[1]“陶本”作“斗”，误。——徐伯安注

[2]“陶本”作“樱”，误。——徐伯安注

柱上镌凿像生、狮子，每一枚，二十功。

安卓：六功。

螭子石

安钩阑螭子石一段，

凿劄眼剜口子，共五分功。

门砧限 卧立柣、将军石、止扉石

门砧一段。

雕镌功：

造剔地起突华或盘龙，

长五尺，二十五功；

长四尺，一十九功；

长三尺五寸，一十五功；

长三尺，一十二功。

安砌功：

长五尺，四功；

长四尺，三功；

长三尺五寸，一功五分；

长三尺，七分功。

门限，每一段，长六尺，方八寸。

雕镌功：

面上造剔地起突华或盘龙，二十六功。若外侧造剔地起突行龙间云文，又加四功。

卧、立柣一副。

剜凿功：

卧柣，长二尺，广一尺，厚六寸，每一段三功五分。

立柣，长三尺，广同卧柣，厚六寸 侧面上分心凿金口[1]一道，五功五分。

[1]“陶本”作“金字”，误。——徐伯安注

安砌功：

卧、立柣，各五分功。

将军石一段，长三尺，方一尺。

造作，四功。安立在内。

止扉石，长二尺，方八寸。

造作，七功。剜口子，凿栓寨眼子在内。

地栿石

城门地栿石、土衬石：

造作剜凿功，每一段：

地栿，一十功；

土衬，三功。

安砌功：

地栿，二功；

土衬，二功。

流盃渠

流盃渠一坐 剜凿水渠造，每石一段，方三尺，厚一尺二寸。

造作，一十功。开凿渠道，加二功。

安砌，四功。出水斗子，每一段加一功。

雕镌功：

河道两边面上络周华，各广四寸，造压地隐起宝相华、牡丹华，每一段三功。

流盃渠一坐 砌垒底版造。

造作功：

心内看盘石，一段，长四尺，广三尺五寸；

厢壁石及项子石，每一段；

右（上）各八功。

底版石，每一段，三功。

斗子石，每一段，一十五功。

安砌功：

看盘及厢壁、项子石、斗子石，每一段各五功。地架，每段三功。

底版石，每一段，三功。

雕镌功：

心内看盘石，造剔地起突华，五十功。若间以龙凤，加二十功。

河道两边面上徧造压地隐起华，每一段，二十功。若间以龙凤，加一十功。

坛

坛一坐。

雕镌功：

头子、版柱子、挞涩，造减地平钑华，每一段，各二功。束腰剔地起突造莲华亦如之。

安砌功：

土衬石，每一段，一功。

头子、束腰、隔身版柱子、挞涩石，每一段，各二功。

卷輂水窗

卷輂水窗石河渠同，每一段长三尺，广二尺，厚六寸。

开凿功：

下熟铁鼓卯，每二枚，一功。

安砌：一功。

水槽

水槽，长七尺，高、广各二尺，深一尺八寸。

造作开凿，共六十功。

马台

马台，一坐，高二尺二寸，长三尺八寸，广二尺二寸。

造作功：

剜凿踏道，三十功。叠涩造加二十功。

雕镌功：

造剔地起突华，一百功；

造压地隐起华，五十功；

造减地平钑华，二十功；

台面造压地隐起水波内出没鱼兽，加一十功。

井口石

井口石并盖口拍子，一副。

造作镌凿功：

透井口石，方二尺五寸，井口径一尺，共一十二功。造素覆盆，加二功；若华覆盆，加六功。

安砌：二功。

山棚鋜脚石

山棚鋜脚石，方二尺，厚七寸。

造作开凿：共五功。

安砌：一功。

幡竿颊

幡竿颊，一坐。

造作开凿功：

颊，二条，及开栓眼，共十六功；

鋜脚，六功。

雕镌功：

造剔地起突华，一百五十功；

造压地隐起华，五十功；

造减地平钑华，三十功。

安卓：一十功。

赑屃碑

赑屃鳌坐碑，一坐。

雕镌功：

碑首，造剔地起突盘龙、云盘，共二百五十一功；

鳌坐，写生镌凿，共一百七十六功；

土衬，回造剔地起突宝山、水地等，七十五功；

碑身，两侧造剔地起突海石榴华或云龙，一百二十功；

络周造减地平钑华，二十六功。

安砌功：

土衬石，共四功。

笏头碣

笏头碣，一坐。

雕镌功：

碑身及额，络周造减地平钑华，二十功；

方直坐上造减地平钑华，一十五功；

叠涩坐，剜凿，三十九功；

叠涩坐上造减地平钑华，三十功。

《营造法式》

卷第十七

大木作功限一

栱、斗等造作功

造作功并以第六等材为准。

材长四十尺，一功。材每加一等，递减四尺；材每减一等，递增五尺。

栱：

令栱，一只，二分五厘功。

华栱，一只；

泥道栱，一只；

瓜子栱，一只；

右（上）各二分功。

慢栱，一只，五分功。

若材每加一等，各随逐等加之：华栱、令栱、泥道栱、瓜子栱、慢栱，并各加五厘功。若材每减一等，各随逐等减之：华栱减二厘功；令栱减三厘功；泥道栱、瓜子栱，各减一厘功；慢栱减五厘功。其自第四等加第三等，于递加功内减半加之。加足材及斗、柱、槫之类并准此。

若造足材栱，各于逐等栱上更加功限：华栱、令栱，各加五厘功；泥道栱、瓜子栱，各加四厘功；慢栱加七厘功，其材每加减一等，递加减各一厘功。如角内列栱，各以栱头为计。

斗：

栌斗，一只，五分功。材每增减一等，递加减各一分功。

交互斗，九只 材每增减一等，递加减各一只；

齐心斗，十只 加减同上；

散斗，一十一只 加减同上；

右（上）各一功。

出跳上名件：

昂尖，一十一只，一功。加减同交互斗法。

爵头，一只；

华头子，一只；

右（上）各一分功。材每增减一等，递加减各二厘功，身内并同材法。

殿阁外檐补间铺作用栱、斗等数

殿阁等外檐，自八铺作至四铺作，内外并重栱计心，外跳出下昂，里跳出卷头，每补间铺作一朵用栱、昂等数下项。八铺作里跳用七铺作，若七铺作里跳用六铺作，其六铺作以下，里外跳并同。转角者准此。

自八铺作至四铺作各通用：

单材华栱，一只 若四铺作插昂，不用；

泥道栱，一只；

令栱，二只；

两出耍头，一只 并随昂身上下斜势，分作二只，内四铺作不分；

衬枋头，一条 足材，八铺作、七铺作，各长一百二十分°；六铺作、五铺作，各长九十分°；四铺作，长六十分°；

栌斗，一只；

闇栔，二条 一条长四十六分°，一条长七十六分°；八铺作、七铺作又加二条；各长随补间之广；

昂栓，二条。八铺作，各长一百三十分°；七铺作，各长一百一十五分°；六铺作，各长九十五分°；五铺作，各长八十分°；四铺作，各长五十分°。

八铺作、七铺作各独用：

第二杪华栱，一只 长四跳；

第三杪外华头子、内华栱，一只。长六跳。

六铺作、五铺作各独用：

第二杪外华头子、内华栱，一只。长四跳。

八铺作独用：

第四杪内华栱，一只。外随昂、槫斜，长七十八分°。

四铺作独用：

第一杪外华头子，内华栱，一只。长两跳；若卷头，不用。

自八铺作至四铺作各用：

瓜子栱：

八铺作，七只；

七铺作，五只；

六铺作，四只；

五铺作，二只。四铺作不用。

慢栱：

八铺作，八只；

七铺作，六只；

六铺作，五只；

五铺作，三只；

四铺作，一只。

下昂：

八铺作，三只 一只身长三百分°；一只身长二百七十分°；一只身长一百七十分°；

七铺作，二只 一只身长二百七十分°；一只身长一百七十分°；

六铺作，二只 一只身长二百四十分°；一只身长一百五十分°；

五铺作，一只 身长一百二十分°；

四铺作插昂，一只。身长四十分°。

交互斗：

八铺作，九只；

七铺作，七只；

六铺作，五只；

五铺作，四只；

四铺作，二只。

齐心斗：

八铺作，一十二只；

七铺作，一十只；

六铺作，五只 五铺作同；

四铺作，三只。

散斗：

八铺作，三十六只；

七铺作，二十八只；

六铺作，二十只；

五铺作，一十六只；

四铺作，八只。

殿阁身槽内补间铺作用栱、斗等数

殿阁身槽内里外跳，并重栱计心出卷头。

每补间铺作一朵用栱、斗等数下项：

自七铺作至四铺作各通用：

泥道栱，一只；

令栱，二只；

两出耍头，一只 七铺作，长八跳；六铺作，长六跳；五铺作，长四跳；四铺作，长两跳；

衬枋头，一只 长同上；

栌斗，一只；

闇栔，二条。一条长七十六分°；一条长四十六分°。

自七铺作至五铺作各通用：

瓜子栱：

七铺作，六只；

六铺作，四只；

五铺作，二只。

自七铺作至四铺作各用：

华栱：

七铺作，四只 一只长八跳；一只长六跳；一只长四跳；一只长两跳；

六铺作，三只 一只长六跳；一只长四跳；一只长两跳；

五铺作，二只 一只长四跳；一只长两跳；

四铺作，一只。长两跳。

慢栱：

七铺作，七只；

六铺作，五只；

五铺作，三只；

四铺作，一只。

交互斗：

七铺作，八只；

六铺作，六只；

五铺作，四只；

四铺作，二只。

齐心斗：

七铺作，一十六只；

六铺作，一十二只；

五铺作，八只；

四铺作，四只。

散斗：

七铺作，三十二只；

六铺作，二十四只；

五铺作，一十六只；

四铺作，八只。

楼阁平坐补间铺作用栱、斗等数

楼阁平坐，自七铺作至四铺作，并重栱计心，外跳出卷头，里跳挑斡棚栿及穿串上层柱身，每补间铺作一朵，使栱、斗等数下项：

自七铺作至四铺作各通用：

泥道栱，一只；

令栱，一只；

耍头，一只 七铺作，身长二百七十分°；六铺作，身长二百四十分°；五铺作，身长二百一十分°；四铺作，身长一百八十分°；

衬枋，一只 七铺作，身长三百分°；六铺作，身长二百七十分°；五铺作，身长二百四十分°；四铺作，身长二百一十分°；

栌斗，一只；

闇栔，二条。一条长七十六分°；一条长四十六分°。

自七铺作至五铺作各通用：

瓜子栱：

七铺作，三只；

六铺作，二只；

五铺作，一只。

自七铺作至四铺作各用：

华栱：

七铺作，四只 一只身长一百五十分°；一只身长一百二十分°；一只身长九十分°；一只身长六十分°；

六铺作，三只 一只身长一百二十分°；一只身长九十分°；一只身长六十分°；

五铺作，二只 一只身长九十分°，一只身长六十分°；

四铺作，一只。身长六十分°。

慢栱：

七铺作，四只；

六铺作，三只；

五铺作，二只；

四铺作，一只。

交互斗：

七铺作，四只；

六铺作，三只；

五铺作，二只；

四铺作，一只。

齐心斗：

七铺作，九只；

六铺作，七只；

五铺作，五只；

四铺作，三只。

散斗：

七铺作，一十八只；

六铺作，一十四只；

五铺作，一十只；

四铺作，六只。

斗口跳每缝用栱、斗等数

斗口跳，每柱头外出跳一朵用栱、斗等下项：

泥道栱，一只；

华栱头，一只；

栌斗，一只；

交互斗，一只；

散斗，二只；

闇梨，二条。

把头绞项作每缝用栱、斗等数

把头绞项作，每柱头用栱、斗等下项：

泥道栱，一只；

耍头，一只；

栌斗，一只；

齐心斗，一只；

散斗，二只；

闇栔，二条。

铺作每间用方桁等数

自八铺作至四铺作，每一间一缝内、外用方桁等下项：

方桁：

八铺作，一十一条；

七铺作，八条；

六铺作，六条；

五铺作，四条；

四铺作，二条；

橑檐枋，一条。

遮椽版 难子加版数一倍；方一寸为定：

八铺作，九片；

七铺作，七片；

六铺作，六片；

五铺作，四片；

四铺作，二片。

殿槽内，自八铺作至四铺作，每一间一缝内外用方桁等下项：

方桁：

七铺作，九条；

六铺作，七条；

五铺作，五条；

四铺作，三条。

遮椽版：

七铺作，八片；

六铺作，六片；

五铺作，四片；

四铺作，二片。

平坐，自八铺作至四铺作，每间外出跳用方桁等下项：

方桁：

七铺作，五条；

六铺作，四条；

五铺作，三条；

四铺作，二条。

遮椽版：

七铺作，四片；

六铺作，三片；

五铺作，二片；

四铺作，一片。

雁翅版，一片 广三十分°。

斗口跳，每间内前后檐用方桁等下项：

方桁，二条；

橑檐枋，二条。

把头绞项作，每间内前后檐用方桁下项：

方桁，二条。

凡铺作，如单栱或偷心造，或柱头内骑绞梁栿处，出跳皆随所用铺作除减斗栱。如单栱造者，不用慢栱，其瓜子栱并改作令栱。若里跳别有增减者，各依所出之跳加减。其铺作安勘、绞割、展拽，每一朵 昂栓、闇㮇、闇斗口安劄及行绳墨等功并在内，以上转角者并准此 取所用斗、栱等造作功，十分中加四分。

《营造法式》

卷第十八

大木作功限二

殿阁外檐转角铺作用栱、斗等数

殿阁等自八铺作至四铺作，内外并重栱计心，外跳出下昂，里跳出卷头，每转角铺作一朵用栱、昂等数下项：

自八铺作至四铺作各通用：

华栱列泥道栱，二只 若四铺作插昂，不用；

角内耍头，一只 八铺作至六铺作，身长一百一十七分°；五铺作、四铺作，身长八十四分°；

角内由昂，一只 八铺作，身长四百六十分°；七铺作，身长四百二十分°；六铺作，身长三百七十六分°；五铺作，身长三百三十六分°；四铺作，身长一百四十分°；

栌斗，一只；

闇栔，四条。二条长三十一分°；二条长二十一分°。

自八铺作至五铺作各通用：

慢栱列切几头，二只；

瓜子栱列小栱头分首[1]，二只 身长二十八分°；

角内华栱，一只；

足材耍头，二只 八铺作、七铺作，身长九十分°；六铺作、五铺作，身长六十五分°；

衬枋，二条。八铺作、七铺作，长一百三十分°；六铺作，五铺作，长九十分°。

自八铺作至六铺作各通用：

令栱，二只；

瓜子栱列小栱头分首，二只 身内交隐鸳鸯栱，长五十三分°；

令栱列瓜子栱，二只 外跳用；

慢栱列切几头分首，二只 外跳用，身长二十八分°；

令栱列小栱头，二只 里跳用；

瓜子栱列小栱头分首，四只 里跳用，八铺作添二只；

慢栱列切几头分首，四只。八铺作同上。

八铺作、七铺作各独用：

华头子，二只 身连间内方桁；

瓜子栱列小栱头，二只 外跳用，八铺作添二只；

慢栱列切几头，二只 外跳用，身长五十三分°；

华栱列慢栱，二只 身长二十八分°；

瓜子栱，二只 八铺作添二只；

第二杪华栱，一只 身长七十四分°；

第三杪外华头子、内华栱，一只。身长一百四十七分°。

六铺作、五铺作各独用：

华头子列慢栱，二只。身长二十八分°。

八铺作独用：

慢栱，二只；

慢栱列切几头分首，二只 身内交隐鸳鸯栱，长七十八分°；

第四杪内华栱，一只。外随昂、槫斜，一百一十七分°。

五铺作独用：

令栱列瓜子栱，二只。身内交隐鸳鸯栱，身长五十六分°。

四铺作独用：

令栱列瓜子栱分首，二只 身长三十分°；

华头子列泥道栱，二只；

耍头列慢栱，二只 身长三十分°；

角内外华头子，内华栱，一只。若卷头造，不用。

自八铺作至四铺作各用：

交角昂：

八铺作，六只 二只身长一百六十五分°；二只身长一百四十分°；二只身长一百一十五分°；

七铺作，四只 二只身长一百四十分°；二只身长一百一十五分°；

六铺作，四只 二只身长一百分°；二只身长七十五分°；

五铺作，二只 身长七十五分°；

四铺作，二只。身长三十五分°。

角内昂：

八铺作，三只 一只身长四百二十分°；一只身长三百八十分°；一只身长二百分°；

七铺作，二只 一只身长三百八十分°；一只身长二百四十分°；

六铺作，二只 一只身长三百三十六分°；一只身长一百七十五分°；

五铺作、四铺作，各一只。五铺作，身长一百七十五分°；四铺作身长五十分°。

交互斗：

八铺作，一十只；

七铺作，八只；

六铺作，六只；

五铺作，四只；

四铺作，二只。

齐心斗：

八铺作，八只；

七铺作，六只；

六铺作，二只。五铺作、四铺作同。

平盘斗：

八铺作，一十一只；

七铺作，七只 六铺作同；

五铺作，六只；

四铺作，四只。

散斗：

八铺作，七十四只；

七铺作，五十四只；

六铺作，三十六只；

五铺作，二十六只；

四铺作，一十二只。

〔1〕“分首”不见于“大木作制度”，含义不清楚。

殿阁身内转角铺作用栱、斗等数

殿阁身槽内里外跳，并重栱计心出卷头，每转角铺作一朵用栱、斗等数下项：

自七铺作至四铺作各通用：

华栱列泥道栱，三只 外跳用；

令栱列小栱头分首，二只 里跳用；

角内华栱，一只；

角内两出耍头，一只 七铺作，身长二百八十八分°；六铺作，身长一百四十七分°；五铺作，身长七十七分°；四铺作，身长六十四分°；

栌斗，一只；

闇栔，四条。二条长三十一分°；二条长二十一分°。

自七铺作至五铺作各通用：

瓜子栱列小栱头分首，二只 外跳用，身长二十八分°；

慢栱列切几头分首，二只 外跳用，身长二十八分°；

角内第二杪华栱，一只。身长七十七分°。

七铺作、六铺作各独用：

瓜子栱列小栱头分首，二只 身内交隐鸳鸯栱，身长五十三分°；

慢栱列切几头分首，二只 身长五十三分°；

令栱列瓜子栱，二只；

华栱列慢栱，二只；

骑栿令栱，二只；

角内第三杪华栱，一只。身长一百四十七分°。

七铺作独用：

慢栱列切几头分首，二只 身内交隐鸳鸯栱；身长七十八分°；

瓜子栱列小栱头，二只；

瓜子丁头栱，四只；

角内第四杪华栱，一只。身长二百一十七分°。

五铺作独用：

骑栿令栱分首，二只。身内交隐鸳鸯栱，身长五十三分°。

四铺作独用：

令栱列瓜子栱分首，二只 身长二十分°；

耍头列慢栱，二只。身长三十分°。

自七铺作至五铺作各用：

慢栱列切几头：

七铺作，六只；

六铺作，四只；

五铺作，二只。

瓜子栱列小栱头。数并同上。

自七铺作至四铺作各用：

交互斗：

七铺作，四只 六铺作同；

五铺作，二只 四铺作同。

平盘斗：

七铺作，一十只；

六铺作，八只；

五铺作，六只；

四铺作，四只。

散斗：

七铺作，六十只；

六铺作，四十二只；

五铺作，二十六只；

四铺作，一十二只。

楼阁平坐转角铺作用栱、斗等数

楼阁平坐，自七铺作至四铺作，并重栱计心，外跳出卷头，里跳挑斡棚栿及穿串上层柱身，每转角铺作一朵用栱、斗等数下项：

自七铺作至四铺作各通用：

第一杪角内足材华栱，一只 身长四十二分°；

第一杪入柱华栱，二只 身长三十二分°；

第一杪华栱列泥道栱，二只 身长三十二分°；

角内足材耍头，一只 七铺作，身长二百一十分°；六铺作，身长一百六十八分°；五铺作，身长一百二十六分°；四铺作，身长八十四分°；

耍头列慢栱分首，二只 七铺作，身长一百五十二分°；六铺作，身长一百二十二分°；五铺作，身长九十二分°；四铺作，身长六十二分°；

入柱耍头，二只 长同上；

耍头列令栱分首，二只 长同上；

衬枋，三条 七铺作内，二条单材，长一百八十分°；一条足材，长二百五十二分°；六铺作内，二条单材，长一百五十分°；一条足材，长二百一十分°；五铺作内，二条单材，长一百二十分°；一条足材，长一百六十八分°；四铺作内，二条单材，长九十分°；一条足材，长一百二十六分°；

栌斗，三只；

闇栔，四条。二条长六十八分°；二条长五十三分°。

自七铺作至五铺作各通用：

第二杪角内足材华栱，一只 身长八十四分°；

第二杪入柱华，二只 身长六十三分°；

第三杪华栱列慢栱，二只。身长六十三分°。

七铺作、六铺作、五铺作各用：

耍头列方桁，二只 七铺作，身长一百五十二分°；六铺作，身长一百二十二分°；五铺作，身长九十一分°；

华栱列瓜子栱分首：

七铺作，六只 二只身长一百二十二分°；二只身长九十二分°；二只身长六十二分°；

六铺作，四只 二只身长九十二分°；二只身长六十二分°；

五铺作，二只。身长六十二分°。

七铺作、六铺作各用：

交角耍头：

七铺作，四只 二只身长一百五十二分°；二只身长一百二十二分°；

六铺作，二只。身长一百二十二分°。

华栱列慢栱分首：

七铺作，四只 二只身长一百二十二分°；二只身长九十二分°；

六铺作，二只。身长九十二分°。

七铺作、六铺作各独用：

第三杪角内足材华栱，一只 身长二十六分°；

第三杪入柱华栱，二只 身长九十二分°；

第三杪华栱列柱头枋，二只。身长九十二分°。

七铺作独用：

第四杪入柱华栱，二只 身长一百二十二分°；

第四杪交角华栱，二只 身长九十二分°；

第四杪华栱列柱头枋，二只 身长一百二十二分°；

第四杪角内华栱，一只。身长一百六十八分°。

自七铺作至四铺作各用：

交互斗：

七铺作，二十八只；

六铺作，一十八只；

五铺作，一十只；

四铺作，四只。

齐心斗：

七铺作，五十只；

六铺作，四十一只；

五铺作，一十九只；

四铺作，八只。

平盘斗：

七铺作，五只；

六铺作，四只；

五铺作，三只；

四铺作，二只。

散斗：

七铺作，一十八只；

六铺作，一十四只；

五铺作，一十只；

四铺作，六只。

凡转角铺作，各随所用，每铺作斗栱一朵，如四铺作、五铺作，取所用栱、斗等造作功，于十分中加八分为安勘、绞割、展拽功。若六铺作以上，加造作功一倍。

《营造法式》

卷第十九

大木作功限三

殿堂梁、柱等事件功限

造作功：

月梁 材每增减一等，各递加减八寸。直梁准此[1]：

八椽栿，每长六尺七寸。六椽栿以下至四椽栿，各递加八寸；四椽栿至三椽栿，加一尺六寸；三椽栿至两椽栿及丁栿、乳栿，各加二尺四寸。

直梁：

八椽栿，每长八尺五寸。六椽栿以下至四椽栿，各递加一尺；四椽栿至三椽栿，加二尺；三椽栿至两椽栿及丁栿、乳栿，各加三尺。

右（上）各一功。

柱，第一条长一丈五尺，径一尺一寸，一功。穿凿功在内。若角柱，每一功加一分功。如径增一寸，加一分二厘功。如一尺三寸以上，每径增一寸，又递加三厘功。若长增一尺五寸，加本功一分功。或径一尺一寸以下者，每减一寸，减一分七厘功，减至一分五厘止。或用方柱，每一功减二分功。若壁内闇柱，圜者每一功减三分功，方者减一分功。如只用柱头额者，减本功一分功。

驼峰，每一坐 两瓣或三瓣卷杀，高二尺五寸，长五尺，厚七寸；

绰幕三瓣头，每一只；

柱硕，每一枚；

右（上）各五分功。材每增减一等，绰幕头各加减五厘功；柱硕各加减一分功。其驼峰若高增五寸，长增一尺，加一分功；或作毡笠样造，减二分功。

大角梁，每一条，一功七分。材每增减一等，各加减三分功。

子角梁，每一条，八分五厘功。材每增减一等，各加减一分五厘功。

续角梁，每一条，六分五厘功。材每增减一等，各加减一分功。

襻间、脊串、顺身串，并同材。

替木一枚，卷杀两头，共七厘功。身内同材；楮子同；若作华楮，加功三分之一。

普拍枋，每长一丈四尺 材每增减一等，各加减一尺；

橑檐枋，每长一丈八尺五寸 加减同上；

槫，每长二丈 加减同上；如草架，加一倍；

劄牵，每长一丈六尺 加减同上；

大连檐，每长五丈 材每增减一等，各加减五尺；

小连檐，每长一百尺 材每增减一等，各加减一丈；

椽，缠斫事造者[2]，每长一百三十尺 如斫棱事造者[2]，加三十尺；若事造圜椽者，加六十尺；材每增减一等，加减各十分之一；

飞子，每三十五只 材每增减一等，各加减三只；

大额，每长一丈四尺二寸五分 材每增减一等，各加减五寸；

由额，每长一丈六尺 加减同上，照壁枋、承椽串同；

托脚，每长四丈五尺 材每增减一等，各加减四尺；叉手同；

平闇版，每广一尺，长十丈 遮椽版、白版同；如要用金漆及法油者，长即减三分；

生头，每广一尺，长五丈 搏风版、敦㮇、矮柱同；

楼阁上平坐内地面版，每广一尺，厚二寸，牙缝造 长同上；若直缝造者，长增一倍；

右（上）各一功。

凡安勘、绞割屋内所用名件柱、额等，加造作名件功四分 如有草架，压槽枋、襻间、闇梨、樘柱固济等枋木在内；卓立搭架、钉椽、结裹，又加二分。仓廒、库屋功限及常行散屋功限准此。其卓立、搭架等，若楼阁五间，三层以上者，自第二层平坐以上，又加二分功。

〔1〕这里未先规定以哪一等材“为祖计之”，则“每增减一等”，又从哪一等起增或减呢?

〔2〕“缠斫事造”“斫棱事造”的做法均待考。下面还有“事造圜椽”。从这几处提法看来，“事造”大概是“从事”某种“造作”的意思。作为疑问提出。

城门道功限 楼台铺作准殿阁法

造作功：

排叉柱，长二丈四尺，广一尺四寸，厚九寸，每一条，一功九分二厘。每长增减一尺，各加减八厘功。

洪门栿，长二丈五尺，广一尺五寸，厚一尺，每一条，一功九分二厘五毫。每长增减一尺，各加减七厘七毫功。

狼牙栿，长一丈二尺，广一尺，厚七寸，每一条，八分四厘功。每长增减一尺，各加减七厘功。

托脚，长七尺，广一尺，厚七寸，每一条，四分九厘功。每长增减一尺，各加减七厘功。

蜀柱，长四尺，广一尺，厚七寸，每一条，二分八厘功。每长增减一尺，各加减七厘功。

夜叉木[1]，长二丈四尺，广一尺五寸，厚一尺，每一条，三功八分四厘。每长增减一尺，各加减一分六厘功。

永定柱，事造头口，每一条，五分功。

檐门枋，长二丈八尺，广二尺，厚一尺二寸，每一条，二功八分。每长增减一尺，各加减一厘功。

盝顶版，每七十尺，一功。

散子木，每四百尺，一功。

跳枋 柱脚枋、翅版同，功同平坐。

[1]“陶本”作“涎衣木”。——徐伯安注

凡城门道，取所用名件等造作功，五分中加一分为展拽、安勘、穿拢功。

仓廒、库屋功限 其名件以七寸五分材为祖计之，更不加减。常行散屋同

造作功：

冲脊柱 谓十架椽屋用者，每一条，三功五分。每增减两椽，各加减五分之一。

四椽栿，每一条，二功。壶门柱同。

八椽栿项柱，一条，长一丈五尺，径一尺二寸，一功三分。如转角柱，每一功加一分功。

三椽栿，每一条，一功二分五厘[1]。

角栿，每一条，一功二分。

大角梁，每一条，一功一分。

乳栿，每一条；

椽，共长三百六十尺；

大连檐，共长五十尺；

小连檐，共长二百尺；

飞子，每四十枚；

白版，每广一尺，长一百尺；

横抹，共长三百尺；

搏风版，共长六十尺；

右（上）各一功。

下檐柱，每一条，八分功。

两丁栿[2]，每一条，七分功。

子角梁，每一条，五分功。

槏柱，每一条，四分功。

续角梁，每一条，三分功。

壁版柱，每一条，二分五厘功。

[1]“陶本”作“一功二分”，误。——徐伯安注

[2]“陶本”作“下”，误。——徐伯安注

劄牵，每一条，二分功。

槫，每一条；

矮柱，每一枚；

壁版，每一片；

右（上）各一分五厘功。

斗，每一只，一分二厘功。

脊串，每一条；

蜀柱，每一枚；

生头，每一条；

脚版，每一片；

右（上）各一分功。

护替木楷子，每一只，九厘功。

额，每一片，八厘功。

仰合楷子，每一只，六厘功。

替木，每一枚；

叉手，每一片 托脚同；

右（上）各五厘功。

常行散屋功限 官府廊屋之类同

造作功：

四椽栿，每一条，二功。

三椽栿，每一条，一功二分。

乳栿，每一条；

椽，共长三百六十尺；

连檐，每长二百尺；

搏风版，每长八十尺；

右（上）各一功。

两椽栿，每一条，七分功。

驼峰，每一坐，四分功。

榑，每条，二分功。梢榑，加二厘功。

劄牵，每一条，一分五厘功。

斗，每一只；

生头木，每一条；

脊串，每一条；

蜀柱，每一条；

右（上）各一分功。

额，每一条，九厘功。侧项额同。

替木，每一枚，八厘功。梢榑下用者，加一厘功。

叉手，每一片 托脚同；

楷子，每一只；

右（上）各五厘功。

右（上）若斗口跳以上，其名件各依本法。

跳舍行墙[3]功限

造作功 穿凿、安勘等功在内：

柱，每一条，一分功。榑同。

椽，共长四百尺 杚巴子[3]所用同；

连檐，共长三百五十尺 杚巴子同上；

右（上）各一功。

跳子[3]，每一枚，一分五厘功。角内者，加二厘功。

替木，每一枚，四厘功。

〔3〕 跳舍行墙是一种什么建筑或墙？杚巴子、跳子又是些什么名件？都是还找不到答案的疑问。

望火楼功限

望火楼一坐，四柱，各高三十尺 基高十尺；上方五尺，下方一丈一尺。

造作功：

柱，四条，共一十六功。

棍，三十六条，共二功八分八厘。

梯脚，二条，共六分功。

平栿，二条，共二分功。

蜀柱，二枚；

搏风版，二片；

右（上）各共六厘功。

槫，三条，共三分功。

角柱，四条；

厦瓦版，二十片；

右（上）各共八分功。

护缝，二十二条，共二分二厘功。

压脊，一条，一分二厘功。

坐版，六片，共三分六厘功。

右（上）以上穿凿、安卓，共四功四分八厘。

营屋功限 其名件以五寸材为祖计之

造作功：

栿项柱，每一条；

两椽栿，每一条；

右（上）各二分功。

四椽下檐柱，每一条，一分五厘功。三椽者，一分功；两椽者，七厘五毫功。

斗，每一只；

槫，每一条；

右（上）各一分功。梢槫加二厘功。

搏风版，每共广一尺，长一丈，九厘功。

蜀柱，每一条；

额，每一片；

右（上）各八厘功。

牵，每一条，七厘功。

脊串，每一条，五厘功。

连檐，每长一丈五尺；

替木，每一只；

右（上）各四厘功。

叉手，每一片，二厘五毫功。蛮翅[4]，三分中减二分功。

椽[5]，每一条，一厘功。

右（上）以上钉椽，结裹，每一椽[5]四分功。

〔4〕 蛮翅是什么？待考。

〔5〕 这“椽”是衡量单位，“每一椽”就是每一架椽的幅度。

拆修、挑、拔舍屋功限 飞檐同

拆修铺作舍屋，每一椽[5]：

槫檩衮转、脱落，全拆重修，一功二分。斗口跳之类，八分功；单斗只替[6]以下，六分功。

揭箔翻修，挑拔柱木，修整檐宇，八分功。斗口跳之类，六分功；单栱只替以下，五分功。

连瓦挑拔，推荐柱木，七分功。斗口跳之类以下，五分功；如相连五间以上，各减功五分之一。

重别结裹飞檐，每一丈，四分功。如相连五丈以上，减功五分之一；其转角处加功三分之一。

〔6〕 单斗只替虽不见于“大木作制度”中，但从文义上理解，无疑就是跳头上施一斗，斗上安替木以承橑檐枋（橑檐槫）的做法，如山西大同华严寺海会殿（已毁）所见。

荐拔、抽换柱、栿等功限

荐拔、抽换殿宇楼阁等柱、栿之类，每一条：

殿宇、楼阁：

平柱：

有副阶者 以长二丈五尺为率，一十功。每增减一尺，各加减八分功。其厅堂、三门、亭台栿项柱，减功三分之一。

无副阶者 以长一丈七尺为率，六功。每增减一尺，各加减五分功。其厅堂、三门、亭台下檐柱，减功三分之一。

副阶平柱 以长一丈五尺为率，四功。每增减一尺，各加减三分功。

角柱：比平柱每一功加五分功。厅堂、三门、亭台同。下准此。

明栿：

六架椽，八功 草栿，六功五分；

四架椽，六功 草栿，五功；

三架椽，五功 草栿，四功；

两丁栿[1]乳栿同，四功。草栿，三功；草乳栿同。

牵，六分功。劄牵减功五分之一。

椽，每一十条，一功。如上、中架，加数二分之一。

斗口跳以下，六架椽以上舍屋：

栿，六架椽，四功。四架椽，二功；三架椽，一功八分；两丁栿，一功五分；乳栿，一功五分。

牵，五分功。劄牵减功五分之一。

栿项柱，一功五分。下檐柱，八分功。

单斗只替以下，四架椽以上舍屋 斗口跳之类四椽以下舍屋同：

栿，四架椽，一功五分。三架椽，一功二分；两丁栿并乳栿，各一功。

牵〔7〕，四分功。劄牵减功五分之一。

栿项柱，一功。下檐柱，五分功。

椽，每一十五条，一功。中、下架加数二分之一。

〔7〕 牵与劄牵的具体区别待考。

[1]“陶本”作“下崄”，误。——徐伯安注

《营造法式》

卷第二十

小木作功限一

版门 独扇版门、双扇版门

独扇版门，一坐门额、限，两颊及伏兔、手栓全。

造作功：

高五尺，一功二分。

高五尺五寸，一功四分。

高六尺，一功五分。

高六尺五寸，一功八分。

高七尺，二功。

安卓功：

高五尺，四分功。

高五尺五寸，四分五厘功。

高六尺，五分功。

高六尺五寸，六分功。

高七尺，七分功。

双扇版门，一间，两扇，额、限、两颊、鸡栖木及两砧全。

造作功：

高五尺至六尺五寸，加独扇版门一倍功。

高七尺，四功五分六厘。

高七尺五寸，五功九分二厘。

高八尺，七功二分。

高九尺，一十功。

高一丈，一十三功六分。

高一丈一尺，一十八功八分。

高一丈二尺，二十四功。

高一丈三尺，三十功八分。

高一丈四尺，三十八功四分。

高一丈五尺，四十七功二分。

高一丈六尺，五十三功六分。

高一丈七尺，六十功八分。

高一丈八尺，六十八功。

高一丈九尺，八十功八分。

高二丈，八十九功六分。

高二丈一尺，一百二十三功。

高二丈二尺，一百四十二功。

高二丈三尺，一百四十八功。

高二丈四尺，一百六十九功六分。

双扇版门所用手栓、伏兔、立标、横关等依下项 计所用名件，添入造作功[1]内：

手栓，一条，长一尺五寸、广二寸，厚一寸五分，并伏兔二枚，各长一尺二寸，广三寸，厚二寸，共二分功。

上、下伏兔，各一枚，各长三尺，广六寸，厚二寸，共三分功。

又，长二尺五寸，广六寸，厚二寸五分，共二分四厘功。

又，长二尺，广五寸，厚二寸，共二分功。

[1]“陶本”作“功限”。——徐伯安注

又，长一尺五寸，广四寸，厚二寸，共一分二厘功。

立柲，一条，长一丈五尺，广二寸，厚一寸五分，二分功。

又，长一丈二尺五寸，广二寸五分，厚一寸八分，二分二厘功。

又，长一丈一尺五寸，广二寸二分，厚一寸七分，二分一厘功。

又，长九尺五寸，广二寸，厚一寸五分，一分八厘功。

又，长八尺五寸，广一寸八分，厚一寸四分，一分五厘功。

立柲身内手把，一枚，长一尺，广三寸五分，厚一寸五分，八厘功。若长八寸，广三寸，厚一寸三分，则减二厘功。

立柲上、下伏兔，各一枚，长一尺二寸，广三寸，厚二寸，共五厘功。

搕锁柱，二条，各长五尺五寸，广七寸，厚二寸五分，共六分功。

门横关，一条，长一丈一尺，径四寸，五分功。

立柣、卧柣，一副，四件，共二分四厘功。

地栿版，一片，长九尺，广一尺六寸 福在内，一功五分。

门簪，四枚，各长一尺八寸，方四寸，共一功。每门高增一尺，加二分功。

托关柱，二条，各长二尺，广七寸，厚三寸，共八分功。

安卓功[1]：

高七尺，一功二分；

高七尺五寸，一功四分；

高八尺，一功七分；

高九尺，二功三分；

高一丈，三功；

高一丈一尺，三功八分；

高一丈二尺，四功七分；

高一丈三尺，五功七分；

高一丈四尺，六功八分；

高一丈五尺，八功；

高一丈六尺，九功三分；

高一丈七尺，一十功七分；

高一丈八尺，一十二功二分；

高一丈九尺，一十三功八分；

高二丈，一十五功五分；

高二丈一尺，一十七功三分；

高二丈二尺，一十九功二分；

高二丈三尺，二十一功二分；

高二丈四尺，二十三功三分。

〔1〕在小木作的施工中，一般都分两个步骤：先是造各件部件，如门、窗、格扇等的工作，叫作“造作”；然后是安装这些部件或装配零件的工作。这一步安装工作计分四种：(1)“安卓”——将完成的部件如门、窗等安装到房屋中去的工作；(2)“安搭”——将一些比较纤巧脆弱的、装饰性的部件，如平棊、藻井等安放在预定位置上的工作；(3)“安钉”——主要用钉子钉上去的，如地棚的地板等工作；(4)“拢裹”——将许多小名件装配成一个部件，如将斗、栱、昂等装配成一铺作的工作。

乌头门

乌头门一坐，双扇、双腰串造。

造作功：

方八尺，一十七功六分 若下安鋜脚者，加八分功；每门高增一尺，又加一分功；如单腰串造者，减八分功；下同；

方九尺，二十一功二分四厘；

方一丈，二十五功二分；

方一丈一尺，二十九功四分八厘；

方一丈二尺，三十四功八厘 每扇各加承棂一条，共加一功四分，每门高增一尺，又加一分功；若用双承棂者，准此计功；

方一丈三尺，三十九功；

方一丈四尺，四十四功二分四厘；

方一丈五尺，四十九功八分；

方一丈六尺，五十五功六分八厘；

方一丈七尺，六十一功八分八厘；

方一丈八尺，六十八功四分；

方一丈九尺，七十五功二分四厘；

方二丈，八十二功四分；

方二丈一尺，八十九功八分八厘；

方二丈二尺，九十七功六分。

安卓功：

方八尺，二功八分。

方九尺，三功二分四厘；

方一丈，三功七分；

方一丈一尺，四功一分八厘；

方一丈二尺，四功六分八厘；

方一丈三尺，五功二分；

方一丈四尺，五功七分四厘；

方一丈五尺，六功三分；

方一丈六尺，六功八分八厘；

方一丈七尺，七功四分八厘；

方一丈八尺，八功一分；

方一丈九尺，八功七分四厘；

方二丈，九功四分；

方二丈一尺，一十功八厘；

方二丈二尺，一十功七分八厘。

软门 牙头护缝软门、合版用楅软门

软门一合，上下内外牙头、护缝、拢桯，双腰串造；方六尺至一丈六尺。

造作功：

高六尺，六功一分 如单腰串造，各减一功，用楅软门同；

高七尺，八功三分；

高八尺，一十功八分；

高九尺，一十三功三分；

高一丈，一十七功；

高一丈一尺，二十功五分；

高一丈二尺，二十四功四分；

高一丈三尺，二十八功七分；

高一丈四尺，三十三功三分；

高一丈五尺，三十八功二分；

高一丈六尺，四十三功五分。

安卓功：

高八尺，二功。每高增减一尺，各加减五分功；合版用楅软门同。

软门一合，上下牙头、护缝，合版用楅造；方八尺至一丈三尺。

造作功：

高八尺，一十一功；

高九尺，一十四功；

高一丈，一十七功五分；

高一丈一尺，二十一功七分；

高一丈二尺，二十五功九分；

高一丈三尺，三十功四分。

破子棂窗

破子棂窗一坐，高五尺，子桯长七尺。

造作，三功三分。额、腰串、立颊在内。

窗上横钤、立旌，共二分功。横钤三条，共一分功；立旌二条，共一分功。若用槫柱，准立旌；下同。

窗下障水版、难子，共二功一分。障水版、难子，一功七分；心柱二条，共一分五厘功；槫柱二条，共一分五厘功；地栿一条，一分功。

窗下或用牙头、牙脚、填心，共六分功。牙头三枚，牙脚六枚，共四分功；填心三枚，共二分功。

安卓，一功。

窗上横钤、立旌，共一分六厘功。横钤三条，共八厘功，立旌二条，共八厘功。

窗下障水版、难子，共五分六厘功。障水版、难子，共三分功；心柱、槫柱，各二条，共二分功；地栿一条，六厘功。

窗下或用牙头、牙脚、填心，共一分五厘功。牙头三枚，牙脚六枚，共一分功；填心三枚，共五厘功。

睒电窗

睒电窗，一坐，长一丈，高三尺。

造作，一功五分。

安卓，三分功。

版棂窗

版棂窗，一坐，高五尺，长一丈。

造作，一功八分。

窗上横钤、立旌，准破子棂窗内功限。

窗下地栿、立旌，共二分功。地栿一条，一分功；立旌二条，共一分功；若用槫柱，准立旌；下同。

安卓，五分功。

窗上横钤、立旌，同上。

窗下地栿、立旌，共一分四厘功。地栿一条，六厘功；立旌二条，共八厘功。

截间版帐

截间牙头护缝版帐，高六尺至一丈，每广一丈一尺。若广增减者，以本功分数加减之。

造作功：

高六尺，六功。每高增一尺，则加一功；若添腰串，加一分四厘功；添槏柱[1]，加三分功。

安卓功：

高六尺，二功一分。每高增一尺，则加三分功；若添腰串，加八厘功；添槏柱，加一分五厘功。

---

[1]"陶本"作"槫柱"。——徐伯安注

照壁屏风骨 截间屏风骨、四扇屏风骨

截间屏风，每高广各一丈二尺。

造作，一十二功。如作四扇造者，每一功加二分功。

安卓，二功四分。

隔截横钤、立旌

隔截横钤、立旌，高四尺至八尺，每广一丈一尺。若广增减者，以本功分数加减之。

造作功：

高四尺，五分功。每高增一尺，则加一分功。若不用额，减一分功。

安卓功：

高四尺，三分六厘功。每高增一尺，则加九厘功。若不用额，减六厘功。

露篱

露篱，每高、广各一丈。

造作，四功四分。内版屋二功四分；立旌、横钤等，二功。若高减一尺，即减三分功。版屋减一分，余减二分。若广减一尺，即减四分四厘功。版屋减二分四厘，余减三分。[1]加亦如之。若每出际造垂鱼、惹草、搏风版、垂脊，加五分功。

安卓，一功八分。内版屋八分；立旌、横钤等，一功。若高减一尺，即减一分五厘功。版屋减五厘，余减一分。若广减一尺，即减一分八厘功。版屋减八厘，余减一分。加亦如之。若每出际造垂鱼、惹草、搏风版、垂脊，加二分功。

版引檐

版引檐，广四尺，每长一丈。

造作，三功六分。

安卓，一功四分。

---

[1]“陶本”作“二分”。——徐伯安注

水槽

水槽，高一尺，广一尺四寸，每长一丈。

造作，一功五分。

安卓，五分功。

井屋子

井屋子，自脊至地，共高八尺 井匮子高一尺二寸在内，方五尺。

造作，一十四功。拢裹在内。

地棚

地棚一间，六椽，广一丈一尺，深二丈二尺。

造作，六功。

铺放、安钉，三功。

《营造法式》

卷第二十一

格子门　四斜毬文格子、四斜毬文上出条桱重格眼、四直方格眼、版壁、两明格子

四斜毬文格子门，一间，四扇，双腰串造；高一丈，广一丈二尺。

造作功　额、地栿、槫柱在内。如两明造者，每一功加七分功。其四直方格眼及格子门桯准此：

四混，中心出双线；

破瓣双混，平地出双线；

右（上）各四十功。若毬文上出条桱重格眼造，即加二十功。

四混，中心出单线；

破瓣双混，平地出单线；

右（上）各三十九功。

通混，出双线；

通混，出单线；

通混，压边线；

素通混；

方直破瓣；

右（上）通混出双线者，三十八功。余各递减一功。

安卓，二功五分。若两明造者，每一功加四分功。

四直方格眼格子门，一间，四扇，各高一丈，广一丈一尺，双腰串造。

造作功：

格眼，四扇：

四混，绞双线，二十一功。

四混，出单线；

丽口，绞瓣，双混，出边线；

右（上）各二十功。

丽口，绞瓣，单混，出边线，一十九功。

一混，绞双线，一十五功。

一混，绞单线，一十四功。

一混，不出线；

丽口，素绞瓣；

右（上）各一十三功。

平地出线，一十功。

四直方绞眼，八功。

格子门程 事件在内。如造版壁，更不用格眼功限。于腰串上用障水版，加六功。若单腰串造，如方直破瓣，减一功；混作出线，减二功：

四混，出双线；

破瓣，双混，平地，出双线；

右（上）各一十九功。

四混，出单线；

破瓣，双混，平地，出单线；

右（上）各一十八功。

一混出双线；

一混出单线；

通混压边线；

素通混；

方直破瓣撺尖；

右（上）一混出双线，一十七功；余各递减一功。其方直破瓣，若叉瓣造，又减一功。

安卓功：

四直方格眼格子门一间，高一丈，广一丈一尺 事件在内，共二功五分。

阑槛钩窗

钩窗，一间，高六尺，广一丈二尺；三段造。

造作功 安卓事件在内：

四混，绞双线，一十六功。

四混，绞单线；

丽口，绞瓣 瓣内双混，面上出线；

右（上）各一十五功。

丽口，绞瓣 瓣内单混，面上出线，一十四功。

一混，双线，一十二功五分。

一混，单线，一十一功五分。

丽口，绞素瓣；

一混，绞眼；

右（上）各一十一功。

方绞眼，八功。

安卓，一功三分。

阑槛，一间，高一尺八寸，广一丈二尺。

造作，共一十功五厘。槛面版，一功二分；鹅项，四枚，共二功四分；云栱，四枚，共二功；心柱，二条，共二分功；槫柱，二条，共二分功；地栿，三分功；障水版，三片，共六分功；托柱，四枚，共一功六分；难子，二十四条，共五分功；八混寻杖，一功五厘；其寻杖若六混，减一分五厘功，四混减三分功，一混减四分五厘功。

安卓，二功二分。

殿内截间格子

殿内截间四斜毬文格子，一间，单腰串造，高广各一丈四尺。心柱[1]、槫柱等在内。

造作，五十九功六分。

安卓，七功。

堂阁内截间格子

堂阁内截间四斜毬文格子，一间，高一丈，广一丈一尺 槫柱在内。额子泥道，双扇门造。

造作功：

破瓣撺尖，瓣内双混，面上出心线、压边线，四十六功。

破瓣撺尖，瓣内单混，四十二功。

方直破瓣撺尖，四十功。方直造者减二功。

安卓，二功五分。

殿阁照壁版

殿阁照壁版，一间，高五尺至一丈一尺，广一丈四尺。如广增减者，以本功分数加减之。

造作功：

高五尺，七功。每高增一尺，加一功四分。

安卓功：

高五尺，二功。每高增一尺，加四分功。

障日版

障日版，一间，高三尺至五尺，广一丈一尺。如广增减者，即以本功分数加减之。

造作功：

高三尺，三功。每高增一尺，则加一功。若用心柱、槫柱、难子、合版造，则每功各加

[1]“陶本”作“斗”，误。——徐伯安注

一分功。

安卓功：

高三尺，一功二分。每高增一尺，则加三分功。若用心柱、槫柱、难子、合版造，则每功减二分功。下同。

廊屋照壁版

廊屋照壁版，一间，高一尺五寸至二尺五寸，广一丈一尺。如广增减者，即以本功分数加减之。

造作功：

高一尺五寸，二功一分。每增高五寸，则加七分功。

安卓功：

高一尺五寸，八分功。每增高五寸，则加二分功。

胡梯

胡梯，一坐，高一丈，拽脚长一丈，广三尺，作十三[1]踏，用斗子蜀柱单钩阑造。

造作，一十七功。

安卓，一功五分。

垂鱼、惹草

垂鱼，一枚，长五尺，广三尺。

造作，二功一分。

安卓，四分功。

惹草，一枚，长五尺。

造作，一功五分。

安卓，二分五厘功。

---

[1]"陶本"作"十二"。——徐伯安注

栱眼壁版

栱眼壁版，一片，长五尺，广二尺六寸。于第一等材栱内用。

造作，一功九分五厘。若单栱内用，于三分中减一分功。若长加一尺，增三分五厘功；材加一等，增一分三厘功。

安卓，二分功。

裹栿版

裹栿版，一副，厢壁两段，底版一片。

造作功：

殿槽内裹栿版，长一丈六尺五寸，广二尺五寸，厚一尺四寸，共二十功。

副阶内裹栿版，长一丈二尺，广二尺，厚一尺，共一十四功。

安钉功：

殿槽，二功五厘。副阶减五厘功。

擗帘竿

擗帘竿，一条。并腰串。

造作功：

竿，一条，长一丈五尺，八混造，一功五分。破瓣造，减五分功；方直造，减七分功。

串，一条，长一丈，破瓣造，三分五厘功。方直造减五厘功。

安卓，三分功。

护殿阁檐竹网木贴

护殿阁檐斗栱雀眼网上、下木贴，每长一百尺。地衣簟贴同。

造作，五分功。地衣簟贴，绕碇之类，随曲剜造者，其功加倍。安钉同。

安钉，五分功。

平棊

殿内平棊，一段。

造作功：

每平棊于贴内贴络华文，长二尺，广一尺 背版桯，贴在内，共一功。

安搭，一分功。

斗八藻井

殿内斗八,一坐。

造作功：

下斗四，方井内方八尺，高一尺六寸；下昂、重栱、六铺作斗栱，每一朵共二功二分。或只用卷头造，减二分功。

中腰八角井，高二尺二寸，内径六尺四寸；斗槽、压厦版、随瓣枋等事件，共八功。

上层斗八，高一尺五寸，内径四尺二寸；内贴络龙凤华版并背版、阳马等，共二十二功。其龙凤并雕作计功。如用平棊制度贴络华文，加一十二功。

上昂、重栱、七铺作斗栱，每一朵共三功。如入角，其功加倍；下同。

拢裹功：

上下昂、六铺作斗栱，每一朵，五分功。如卷头者，减一分功。

安搭，共四功。

小斗八藻井

小斗八，一坐，高二尺二寸，径四尺八寸。

造作，共五十二功。

安搭，一功。

拒马叉子

拒马叉子，一间，斜高五尺，间广一丈，下广三尺五寸。

造作，四功。如云头造，加五分功。

安卓，二分功。

叉子

叉子，一间，高五尺，广一丈。

造作功 下并用三瓣霞子：

棂子：

笏头，方直 串，方直，三功。

挑瓣云头，方直 串、破瓣，三功七分。

云头，方直，出心线 串，侧面出心线，四功五分。

云头，方直，出边线，压白 串，侧面出心线，压白，五功五分。

海石榴头，一混，心出单线，两边线 串，破瓣，单混，出线，六功五分。

海石榴头，破瓣，瓣里单混，面上出心线 串，侧面上出心线，压白边线，七功。

望柱：

仰覆莲华，胡桃子，破瓣，混面上出线，一功。

海石榴头，一功二分。

地栿：

连梯混，每长一丈，一功二分。

连梯混，侧面出线，每长一丈，一功五分。

衮砧，每一枚：

云头，五分功。

方直，三分功。

托枨：每一条，四厘功。

曲枨：每一条，五厘功。

安卓：三分功。若用地栿、望柱，其功加倍。

钩阑 重台钩阑、单钩阑

重台钩阑，长一丈为率，高四尺五寸。

造作功：

角柱，每一枚，一功三[1]分。

望柱破瓣，仰覆莲、胡桃子造，每一条，一功五分。

矮柱，每一枚，三分功。

华托柱，每一枚，四分功。

蜀柱，瘿项，每一枚，六分六厘功。

华盆霞子，每一枚，一功。

云栱，每一枚，六分功。

上华版，每一片，二分五厘功。下华版，减五厘功，其华文并雕作计功。

地栿，每一丈，二功。

束腰，长同上，一功二分。盆唇并八混，寻杖同。其寻杖若六混造，减一分五厘功；四混，减三分功；一混，减四分五厘功。

拢裹：共三功五分。

安卓：一功五分。

单钩阑，长一丈为率，高三尺五寸。

造作功：

望柱：

海石榴头，一功一分九厘。

仰覆莲、胡桃子，九分四厘五毫功。

万字，每片四字，二功四分。如减一字，即减六分功，加亦如之。如作钩片，每一功减一分功。若用华版，不计。

托枨，每一条，三厘功。

蜀柱，撮项，每一枚，四分五厘功。蜻蜓头，减一分功；斗子，减二分功。

地栿，每长一丈四尺，七厘功。盆唇加三厘功。

华版，每一片，二分功。其华文并雕作计功。

八混寻杖，每长一丈，一功。六混减二分功；四混，减四分功；一混，减四分七厘功。

云栱，每一枚，五分功。

[1]“陶本”作“二”。——徐伯安注

卧棂子，每一条，五厘功。

拢裹：一功。

安卓：五分功。

棵笼子

棵笼子，一只，高五尺，上广二尺，下广三尺。

造作功：

四瓣，锃脚、单榥、棂子，二功。

四瓣，锃脚、双榥、腰串、棂子、牙子，四功。

六瓣，双榥、单腰串、棂子、子桯、仰覆莲华胡桃子，六功。

八瓣[1]，双榥、锃脚、腰串、棂子、垂脚、牙子、柱子、海石榴头，七功。

安卓功：

四瓣，锃脚、单榥、棂子；

四瓣，锃脚、双榥、腰串、棂子、牙子；

右（上）各三分功。

六瓣，双榥、单腰串、棂子、子桯、仰覆莲华胡桃子；

八瓣，双榥、锃脚、腰串、棂子、垂脚、牙子、柱子、海石榴头；

右（上）各五分功。

〔1〕这里所谓“八瓣”“六瓣”“四瓣”是指棵笼子平面作八角形、六角形或四方形。其余“锃脚”“榥”“棂子”等等是指所用的各种名件。“仰覆莲华胡桃子”和“海石榴头”是指棂子上端出头部分的雕饰样式。

井亭子

井亭子，一坐，锃脚至脊共高一丈一尺 鸱尾在外，方七尺。

造作功：

结窕、柱木、锃脚等，共四十五功。

斗栱，一寸二分材，每一朵，一功四分。

安卓：五功。

牌

殿、堂、楼、阁、门、亭等牌，高二尺至七尺，广一尺六寸至五尺六寸。如官府或仓库等用，其造作功减半；安卓功三分减一分。

造作功 安勘头、带、舌内华版在内：

高二尺，六功。每高增一尺，其功加倍。安挂功同。

安挂功：

高二尺，五分功。

《营造法式》

卷第二十二

小木作功限三

佛道帐

佛道帐，一坐，下自龟脚，上至天宫鸱尾，共高二丈九尺。

坐：高四尺五寸，间广六丈一尺八寸，深一丈五尺。

造作功：

车槽上下涩、坐面猴面涩，芙蓉瓣造，每长四尺五寸；

子涩，芙蓉瓣造，每长九尺；

卧棍，每四条；

立棍，每十一条；

上下马头棍，每一十二条；

车槽涩并芙蓉版，每长四尺；

坐腰并芙蓉华版，每长三尺五寸；

明金版芙蓉华瓣，每长二丈；

拽后棍，每一十五条 罗文棍同；

柱脚枋，每长一丈二尺；

榻头木，每长一丈三尺；

龟脚，每三十枚；

斗槽版并钥匙头，每长一丈二尺 压厦版同；

锢面合版，每长一丈，广一尺；

右（上）各一功。

贴络门窗并背版，每长一丈，共三功。

纱窗上五铺作，重栱、卷头斗栱；每一朵，二功。方桁及普拍枋在内。若出角或入角者，其功加倍。腰檐、平坐同。诸帐及经藏准此。

拢裹：一百功。

安卓：八十功。

帐身：高一丈二尺五寸，广五丈九尺一寸，深一丈二尺三寸；分作五间造。

造作功：

帐柱，每一条；

上内外槽隔斗版 并贴络及仰托榥在内，每长五尺；

欢门，每长一丈；

右（上）各一功五分。

裹槽下鋜脚版 并贴络等，每长一丈，共二功二分。

帐带，每三条；

虚柱，每三条；

两侧及后壁版，每长一丈，广一尺；

心柱，每三条；

难子，每长六丈；

随间栿，每二条；

方子，每长三丈；

前后及两侧安平棊搏难子，每长五尺；

右（上）各一功。

平棊依本功。

斗八一坐，径三尺二寸，并八角，共高一尺五寸；五铺作，重栱、卷头，共三十功。

四斜毬文截间格子，一间，二十八功。

四斜毬文泥道格子门，一扇，八功。

拢裹：七十功。

安卓：四十功。

腰檐：高三尺，间广五丈八尺八寸，深一丈。

造作功：

前后及两侧斗槽版并钥匙头，每长一丈二尺；

压厦版，每长一丈二尺 山版同；

斗槽卧棍，每四条；

上下顺身棍，每长四丈；

立棍，每一十条；

贴身，每长四丈；

曲椽，每二十条；

飞子，每二十五枚；

屋内槫，每长二丈 槫脊同；

大连檐，每长四丈 瓦陇条同；

厦瓦版并白版，每各长四丈，广一尺；

瓦口子 并签切，每长三丈；

右（上）各一功。

抹角栿，每一条，二分功。

角梁，每一条；

角脊，每四条；

右（上）各一功二分。

六铺作，重栱、一杪、两昂斗栱，每一朵，共二功五分。

拢裹：六十功。

安卓：三十五功。

平坐：高一尺八寸，广五丈八尺八寸，深一丈二尺。

造作功：

斗槽版并钥匙头，每一丈二尺；

压厦版，每长一丈；

卧棍，每四条；

立棍，每一十条；

雁翅版，每长四丈；

面版，每长一丈；

右（上）各一功。

六铺作：重栱、卷头斗栱，每一朵，共二功三分。

拢裹：三十功。

安卓：二十五功。

天宫楼阁：

造作功：

殿身，每一坐 广三瓣，重檐，并挟屋及行廊 各广二瓣，诸事件并在内，共一百三十功。

茶楼子，每一坐 广三瓣，殿身、挟屋、行廊同上；

角楼，每一坐 广一瓣半，挟屋、行廊同上；

右（上）各一百一十功。

龟头，每一坐 广二瓣，四十五功。

拢裹：二百功。

安卓：一百功。

圜桥子，一坐，高四尺五寸 拽脚长五尺五寸，广五尺，下用连梯、龟脚，上施钩阑、望柱。

造作功：

连梯桯，每二条；

龟脚，每一十二条；

促踏版榥，每三条；

右（上）各六分功。

连梯当，每二条，五分六厘功。

连梯榥，每二条，二分功。

望柱，每一条，一分三厘功。

背版，每长广各一尺；

月版，长广同上；

右（上）各八厘功。

望柱上榥，每一条，一分二厘功。

难子，每五丈，一功。

类版，每一片，一功二分。

促踏版，每一片，一分五厘功。

随圜势钩阑，共九功。

拢裹：八功。

右（上）佛道帐总计：造作共四千二百九功九分；拢裹共四百六十八功；安卓共二百八十功。

若作山华帐头造者，唯不用腰檐及天宫楼阁 除造作、安卓共一千八百二十功九分，于平坐上作山华帐头，高四尺，广五丈八尺八寸，深一丈二尺。

造作功：

顶版，每长一丈，广一尺；

混肚枋，每长一丈；

楅，每二十条；

右（上）各一功。

仰阳版，每长一丈 贴络在内；

山华版，长同上；

右（上）各一功二分。

合角贴，每一条，五厘功。

以上造作计一百五十三功九分。

拢裹：一十功。

安卓：一十功。

牙脚帐

牙脚帐，一坐，共高一丈五尺，广三丈，内外槽共深八尺；分作三间；帐头及坐各分作三段。帐头斗栱在外。

牙脚坐，高二尺五寸，长三丈二尺。坐头在内。深一丈。

造作功：

连梯，每长一丈；

龟脚，每三十枚；

上梯盘，每长一丈二尺；

束腰，每长三丈；

牙脚，每一十枚；

牙头，每二十片 剜切在内；

填心，每一十五枚；

压青牙子，每长二丈；

背版，每广一尺，长二丈；

梯盘棍，每五条；

立棍，每一十二条；

面版，每广一尺，长一丈；

右（上）各一功。

角柱，每一条；

鋜脚上衬版，每一十片；

右（上）各二分功。

重台小钩阑，共高一尺，每长一丈，七功五分。

拢裹：四十功。

安卓：二十功。

帐身，高九尺，长三丈，深八尺，分作三间。

造作功：

内外槽帐柱，每三条；

里槽下鋜脚，每二条；

右（上）各三功。

内外槽上隔斗版 并贴络仰托棍在内，每长一丈，共二功二分。内外槽欢门同。

颊子，每六条，共一功二分。虚柱同。

帐带，每四条；

帐身版难子，每长六丈 泥道版难子同；

平棊搏难子，每长五丈；

平棊贴内贴络华文[1]，每广一尺，长二尺；

右（上）各一功。

两侧及后壁帐身版，每广一尺，长一丈，八分功。

泥道版，每六片，共六分功。

心柱，每三条，共九分功。

拢裹：四十功。

安卓：二十五功。

帐头，高三尺五寸，斗槽长二丈九尺七寸六分，深七尺七寸六分，分作三段造。

造作功：

内外槽并两侧夹斗槽版，每长一丈四尺 压厦版同；

混肚枋，每长一丈 山华版、仰阳版并同；

卧棍，每四条；

马头棍，每二十条 楅同；

右（上）各一功。

六铺作，重栱、一杪，两下昂斗栱，每一朵，共二功三分。

顶版，每广一尺，长一丈，八分功。

合角贴，每一条，五厘功。

拢裹：二十五功。

安卓：一十五功。

右（上）牙脚帐总计：造作共七百四功三分；拢裹共一百五功；安卓共六十功。

〔1〕各本均作"平棊贴内每广一尺长二尺"，显然有遗漏，按卷二十一"平棊"篇："每平棊内于贴内贴络华文，广一尺，长二尺，共一功"；因此在这里增补"贴络华文"四字。

九脊小帐

九脊小帐，一坐，共高一丈二尺，广八尺，深四尺。

牙脚坐，高二尺五寸，长九尺六寸，深五尺。

造作功：

连梯，每长一丈；

龟脚，每三十枚；

上梯盘，每长一丈二尺；

右（上）各一功。

连梯棍；

梯盘棍；

右（上）各共一功。

面版，共四功五分。

立棍，共三功七分。

背版；

牙脚；

右（上）各共三功。

填心；

束腰鋜脚；

右（上）各共二功。

牙头；

压青牙子；

右（上）各共一功五分。

束腰鋜脚衬版，共一功二分。

角柱，共八分功。

束腰鋜脚内小柱子，共五分功。

重台小钩阑并望柱等，共一十七功。

拢裹：二十功。

安卓：八功。

帐身，高六尺五寸，广八尺，深四尺。

造作功：

内外槽帐柱，每一条，八分功。里槽后壁并两侧下鋜脚版并仰托棍 贴络在内，共三功五厘。

内外槽两侧并后壁上隔斗版并仰托棍 贴络柱子在内，共六功四分。

两颊；

虚柱；

右（上）各共四分功。

心柱，共三分功。

帐身版，共五功。

帐身难子；

内外欢门；

内外帐带；

右（上）各二功。

泥道版，共二分功。

泥道难子，六分功。

拢裹：二十功。

安卓：一十功。

帐头，高三尺 鸱尾在外，广八尺，深四尺。

造作功：

五铺作，重栱、一杪、一下昂斗栱，每一朵，共一功四分。

结瓮事件等，共二十八功。

拢裹：一十二功。

安卓：五功。

帐内平棊：

造作，共一十五功。安难子又加一功。

安挂功：

每平棊一片，一分功。

右（上）九脊小帐总计：造作共一百六十七功八分；拢裹共五十二功；安卓共二十三功三分。

壁帐

壁帐，一间，高一丈一尺[2]，共广一丈五尺。

造作功 拢裹功在内：

斗栱，五铺作，一杪一下昂 普拍枋在内，每一朵，一功四分。

仰阳山华版、帐柱、混肚枋、斗槽版、压厦版等，共七功。

毬文格子、平棊、叉子并各依本法。

安卓：三功。

〔2〕 各本均作“广一丈一尺”，“广”显是“高”之误，予以改正。

《营造法式》

卷第二十三

转轮经藏

转轮经藏，一坐，八瓣，内外槽帐身造。

外槽帐身，腰檐、平坐上施天宫楼阁，共高二丈，径一丈六尺。

帐身，外柱至地，高一丈二尺。

造作功：

帐柱，每一条；

欢门，每长一丈；

右（上）各一功五分。

隔斗版并贴柱子及仰托榥，每长一丈，二功五分。

帐带，每三条，一功。

拢裹：二十五功。

安卓：一十五功。

腰檐，高二尺，斗槽径一丈五尺八寸四分。

造作功：

斗槽版，长一丈五尺 压厦版及山版同，一功。

内外六铺作，外跳一杪、两下昂，里跳卷头斗栱，每一朵，共二功三分。

角梁，每一条 子角梁同，八分功。

贴生，每长四丈；

飞子，每四十枚；

白版，约计每长三丈，广一尺 厦瓦版同；

瓦陇条，每四丈；

槫脊，每长二丈五尺 搏脊槫同；

角脊，每四条；

瓦口子，每长三丈；

小山子版，每三十枚；

井口榥，每三条；

立榥，每一十五条；

马头榥，每八条；

右（上）各一功。

抪裹：三十五功。

安卓：二十功。

平坐，高一尺，径一丈五尺八寸四分。

造作功：

斗槽版，每长一丈五尺 压厦版同；

雁翅版，每长三丈；

井口榥，每三条；

马头榥，每八条；

面版，每长一丈，广一尺；

右（上）各一功。

斗栱，六铺作并卷头 材广、厚同腰檐，每一朵，共一功一分。

单钩阑，高七寸，每长一丈 望柱在内，共五功。

抪裹：二十功。

安卓：一十五功。

天宫楼阁，共高五尺，深一尺。

造作功：

角楼子，每一坐 广二瓣，并挟屋、行廊 各广二瓣，共七十二功。

茶楼子，每一坐 广同上，并挟屋、行廊 各广同上，共四十五功。

拢裹：八十功。

安卓：七十功。

里槽，高一丈三尺，径一丈。

坐，高三尺五寸，坐面径一丈一尺四寸四分，斗槽径九尺八寸四分。

造作功：

龟脚，每二十五枚；

车槽上下涩、坐面涩、猴面涩，每各长五尺；

车槽涩并芙蓉华版，每各长五尺；

坐腰上下子涩、三涩，每各长一丈 壶门、神龛并背版同；

坐腰涩并芙蓉华版，每各长四尺；

明金版，每长一丈五尺；

斗槽版，每长一丈八尺 压厦版同；

坐下榻头木，每长一丈三尺 下卧棍同；

立棍，每一十条；

柱脚枋，每长一丈二尺 枋下卧棍同；

拽后棍，每一十二条 猴面钿面棍同；

猴面梯盘棍，每三条；

面版，每长一丈，广一尺；

右（上）各一功。

六铺作，重栱、卷头斗栱，每一朵，共一功一分。

上下重台钩阑，高一尺，每长一丈，七功五分。

拢裹：三十功。

安卓：二十功。

帐身，高八尺五寸，径一丈。

造作功：

帐柱，每一条，一功一分。

上隔斗版并贴络柱子及仰托棍，每各长一丈，二功五分。

下鋜脚隔斗版并贴络柱子及仰托棍，每各长一丈，二功。

两颊，每一条，三分功。

泥道版，每一片，一分功。

欢门华瓣，每长一丈；

帐带，每三条；

帐身版，约计每长一丈，广一尺；

帐身内外难子及泥道难子，每各长六丈；

右（上）各一功。

门子，合版造，每一合，四功。

拢裹：二十五功。

安卓：一十五功。

柱上帐头，共高一尺，径九尺八寸四分。

造作功：

斗槽版，每长一丈八尺 压厦版同；

角栿，每八条；

搭平棊方子，每长三丈；

右（上）各一功。

平棊，依本功。

六铺作，重栱、卷头斗栱，每一朵，一功一分。

拢裹：二十功。

安卓：一十五功。

转轮，高八尺，径九尺；用立轴长一丈八尺；径一尺五寸。

造作功：

轴，每一条，九功。

辐，每一条；

外辋，每二片；

里辋，每一片；

里柱子，每二十条；

外柱子，每四条；

颊木，每二十条；

面版，每五片；

格版，每一十片；

后壁格版，每二十四片；

难子，每长六丈；

托辐牙子，每一十枚；

托枨，每八条；

立绞榥，每五条；

十字套轴版，每一片；

泥道版，每四十片；

右（上）各一功。

拢裹：五十功。

安卓：五十功。

经匣，每一只，长一尺五寸，高六寸 盝顶在内，广六寸五分。

造作、拢裹：共一功。

右（上）转轮经藏总计：造作共一千九百三十五功二分；拢裹共二百八十五功；安卓共二百二十功。

壁藏

壁藏，一坐，高一丈九尺，广三丈，两摆手各广六尺，内外槽共深四尺。

坐，高三尺，深五尺二寸。

造作功：

车槽上下涩并坐面猴面涩，芙蓉瓣，每各长六尺；

子涩，每长一丈。

卧榥，每一十条；

立榥，每一十二条 拽后榥、罗文榥同；

上下马头榥，每一十五条；

车槽涩并芙蓉华版，每各长五尺；

坐腰并芙蓉华版，每各长四尺；

明金版 并造瓣，每长二丈 斗槽压厦版同；

柱脚枋，每长一丈二尺；

榻头木，每长一丈三尺；

龟脚，每二十五枚；

面版 合缝在内，约计每长一丈，广一尺；

贴络神龛并背版，每各长五尺；

飞子，每五十枚；

五铺作，重栱、卷头斗栱，每一朵；

右（上）各一功。

上下重台钩阑，高一尺，长一丈，七功五分。

拢裹：五十功。

安卓：三十功。

帐身，高八尺，深四尺；作七格，每格内安经匣四十枚。

造作功：

上隔斗并贴络及仰托榥，每各长一丈，共二功五分。

下鋜脚并贴络及仰托榥，每各长一丈，共二功。

帐柱，每一条；

欢门 剜造华瓣在内，每长一丈；

帐带 剜切在内，每三条；

心柱，每四条；

腰串，每六条；

帐身合版，约计每长一丈，广一尺；

格榥，每长三丈 逐格前后柱子同；

钿面版榥，每三十条；

格版，每二十片，各广八寸；

普拍枋，每长二丈五尺；

随格版难子，每长八丈；

帐身版难子，每长六丈；

右（上）各一功。

平綦，依本功。

折叠门子，每一合，共三功。

逐格锢面版，约计每长一丈、广一尺，八分功。

拢裹：五十五功。

安卓：三十五功。

腰檐，高二尺，斗槽共长二丈九尺八寸四分，深三尺八寸四分。

造作功：

斗槽版，每长一丈五尺 钥匙头及压厦版并同；

山版，每长一丈五尺，合广一尺；

贴生，每长四丈 瓦陇条同；

曲椽，每二十条；

飞子，每四十枚；

白版，约计每长三丈，广一尺 厦瓦版同；

搏脊槫，每长二丈五尺；

小山子版，每三十枚；

瓦口子 签切在内，每长三丈；

卧棍，每一十条；

立棍，每一十二条；

右（上）各一功。

六铺作，重栱、一杪、两下昂斗栱，每一朵，一功二分。

角梁，每一条 子角梁同，八分功。

角脊，每一条，二分功。

拢裹：五十功。

安卓：三十功。

平坐，高一尺，斗槽共长二丈九尺八寸四分，深三尺八寸四分。

造作功：

斗槽版，每长一丈五尺 钥匙头及压厦版并同；

雁翅版，每长三丈；

卧棍，每一十条；

立棍，每一十二条；

锢面版，约计每长一丈、广一尺；

右（上）各一功。

六铺作，重栱、卷头斗栱，每一朵，共一功一分。

单钩阑，高七寸，每长一丈，五功。

拢裹：二十功。

安卓：一十五功。

天宫楼阁：

造作功：

殿身，每一坐 广二瓣，并挟屋、行廊 各广二瓣，各三层，共八十四功。

角楼，每一坐 广同上，并挟屋、行廊等并同上；

茶楼子，并同上；

右（上）各七十二功。

龟头，每一坐 广一瓣，并行廊屋 广二瓣，各三层，共三十功。

拢裹：一百功。

安卓：一百功。

经匣：准转轮藏经匣功。

右（上）壁藏一坐总计：造作共三千二百八十五功三分；拢裹共二百七十五功；安卓共二百一十功。

《营造法式》

卷第二十四

诸作功限一

雕木作

每一件：

混作：

照壁内贴络：

宝床，长三尺 每尺高五寸[1]，其床垂牙，豹脚造，上雕香炉、香合、莲华、宝窠、香山、七宝等，共五十七功。每增减一寸，各加减一功九分；仍以宝床长为法。

真人，高二尺，广七寸，厚四分，六功。每高增减一寸，各加减三分功。

仙女，高一尺八寸，广八寸，厚四寸，一十二功。每高增减一寸，各加减六分六厘功。

童子，高一尺五寸，广六寸，厚三寸，三功三分。每高增减一寸，各加减二分二厘功。

角神，高一尺五寸，七功一分四厘。每增减一寸，各加减四分七厘六毫功，宝藏神，每功减三分功。

鹤子，高一尺，广八寸，首尾共长二尺五寸，三功。每高增减一寸，各加减三分功。

云盆或云气，曲长四尺，广一尺五寸，七功五分。每广增减一寸，各加减五分功。

帐上：

缠柱龙，长八尺，径四寸 五段造；并爪甲、脊膊焰、云盆或山子，三十六功。每长增减一尺，各加减三功。若牙鱼并缠写生华，每功减一分功。

虚柱莲华蓬，五层 下层蓬径六寸为率，带莲荷、藕叶、枝梗，六功四分。每增减一层，各加减六分功。如下层莲径增减一寸，各加减三分功。

扛坐神，高七寸，四功。每增减一寸，各加减六分功。力士每功减一分功。

龙尾，高一尺，三功五分。每增减一寸，各加减三分五厘功。鸱尾功减半。

嫔伽，高五寸 连翅并莲华坐，或云子，或山子，一功八分。每增减一寸，各加减四分功。

兽头，高五寸，七分功。每增减一寸，各加减一分四厘功。

套兽，长五寸，功同兽头。

蹲兽，长三寸，四分功。每增减一寸，各加减一分三厘功。

柱头 取径为率：

坐龙，五寸，四功。每增减一寸，各加减八分功。其柱头如带仰覆莲荷台坐，每径一寸，加功一分。下同。

师子，六寸，四功二分。每增减一寸，各加减七分功。

孩儿，五寸，单造，三功。每增减一寸，各加减六分功。双造，每功加五分功。

鸳鸯 鹅、鸭之类同，四寸，一功。每增减一寸，各加减二分五厘功。

莲荷：

莲华，六寸 实雕六层，三功。每增减一寸，各加减五分功。如增减层数，以所计功作六分，每层各加减一分，减至三层止。如蓬叶造，其功加倍。

荷叶，七寸，五分功。每增减一寸，各加减七厘功。

半混：

雕插及贴络写生华 透突造同；如剔地，加工三分之一：

华盆：

牡丹 芍药同，高一尺五寸，六功。每增减一寸，各加减五分功；加至二尺五寸，减至一尺止。

杂华：高一尺二寸 卷搭造，三功。每增减一寸，各加减二分三厘功，平雕减功三分之一。

华枝，长一尺 广五寸至八寸。

牡丹 芍药同，三功五分。每增减一寸，各加减三分五厘功。

杂华，二功五分。每增减一寸，各加减二分五厘功。

贴络事件：

升龙 行龙同，长一尺二寸 下飞凤同，二功。每增减一寸，各加减一分六厘功。牌上贴络者同。下准此。

飞凤 立凤、孔雀、牙鱼同，一功二分。每增减一寸[2]，各加减一分功。内凤如华尾造，平雕每功加三分功；若卷搭，每功加八分功。

飞仙 嫔伽类，长一尺一寸，二功。每增减一寸，各加减一分七厘功。

师子 狻猊、麒麟、海马同，长八寸，八分功。每增减一寸，各加减一分功。

真人，高五寸 下至童子同，七分功。每增减一寸，各加减一分五厘功。

仙女，八分功。每增减一寸，各加减一分六厘功。

菩萨，一功二分。每增减一寸，各加减一分四厘功。

童子 孩儿同，五分功。每增减一寸，各加减一分功。

鸳鸯 鹦鹉、羊、鹿之类同，长一尺 下云子同，八分功。每增减一寸，各加减八厘功。

云子，六分功。每增减一寸，各加减六厘功。

香草，高一尺，三分功。每增减一寸，各加减三厘功。

故实人物 以五件为率，各高八寸，共三功。每增减一件，各加减六分功；即每增减一寸，各加减三分功。

帐上：

带，长二尺五寸 两面结带造，五分功。每增减一寸，各加减二厘功。若雕华者，同华版功。

山华蕉叶版 以长一尺，广八寸为率，宝云头造，三分功。

平棊事件：

盘子，径一尺 划云子间起突盘龙；其牡丹华间起突龙凤之类，平雕者同；卷搭者加功三分之一，三功。每增减一寸，各加减三分功；减至五寸止。下云圈、海眼版同。

云圈，径一尺四寸，二功五分。每增减一寸，各加减二分功。

海眼版 水地间海鱼等，径一尺五寸，二功。每增减一寸，各加减一分四厘功。

杂华，方三寸 透突、平雕，三分功。角华减功之半；角蝉又减三分之一。

华版：

透突[3] 间龙凤之类同，广五寸以下，每广一寸，一功。如两面雕，功加倍。其剔地，减长六分之一；广六寸至九寸者，减长五分之一；广一尺以上者，减长三分之一。华牌带同。

卷搭 雕云龙同。如两卷造，每功加一分功。下海石榴华两卷、三卷造准此，长一尺八寸。广六寸至九寸者，即长三尺五寸；广一尺以上者，即长七尺二寸。

海石榴，长一尺。广六寸至九寸者，即长二尺二寸；广一尺以上者，即长四尺五寸。

牡丹 芍药同，长一尺四寸。广六寸至九寸者，即长二尺八寸；广一尺以上者，即长五尺五寸。

平雕，长一尺五寸。广六寸至九寸者，即长六尺；广一尺以上者，即长一十尺。如长生蕙草间羊、鹿、鸳鸯之类，各加长三分之一。

钩阑、槛面：宝云头两面雕造。如凿扑，每功加一分功。其雕华样者，同华版功。如一面雕者，减功之半。

云栱，长一尺，七分功。每增减一寸，各加减七厘功。

鹅项，长二尺五寸，七分五厘功。每增减一寸，各加减三厘功。

地霞，长二尺，一功三分。每增减一寸，各加减六厘五毫功。如用华盆，即同华版功。

矮柱，长一尺六寸，四分八厘功。每增减一寸，各加减三厘功。

划万字版，每方一尺，二分功。如钩片，减功五分之一。

椽头盘子 钩阑寻杖头同，剔地云凤或杂华，以径三寸为准，七分五厘功。每增减一寸，各加减二分五厘功，如云龙造，功加三分之一。

垂鱼 凿扑宝雕云头造；惹草同，每长五尺，四功。每增减一尺，各加减八分功。如间云鹤之类，加功四分之一。

惹草，每长四尺，二功。每增减一尺，各加减五分功。如间云鹤之类，加功三分之一。

搏斗莲华 带枝梗，长一尺二寸，一功三分。每增减一寸，各加减一分功。如不带枝梗，减功三分之一。

手把飞鱼，长一尺，一功二分。每增减一寸，各加减一分二厘功。

伏兔荷叶，长八寸，四分功。每增减一寸，各加减五厘功。如莲华造，加功三分之一。

叉子：

云头，两面造双云头，每八条，一功。单云头加数二分之一。若雕一面，减功之半。

鋜脚壶门版，实雕结带华 透突华同，每一十一盘，一功。

毬文格子挑白，每长四尺，广二尺五寸，以毬文径五寸为率计，七分功。如毬文径每增减一寸，各加减五厘功。其格子长广不同者，以积尺加减。

〔1〕“每尺高五寸”这五个字含义很不明确；从下文“仍以宝床长为法”推测，可能是说“每长一尺，其高五寸”。

〔2〕这里显然是把长度尺寸遗漏了。从加分数推测，似应也在一尺或一尺一寸左右。

〔3〕“透突”以及下面“卷搭”“海石榴”“牡丹”“平雕”各条，虽经反复推敲，仍未能读懂。“透突”有“广”无“长”而规定“广一寸一功”；小注又说“减长”若干，其“长”从何而来？其余四条虽有“长”，小注虽有假定的“长”“广”比例，但又无“功”。因此感到不知所云。此外，“透突”“卷搭”“平雕”是三种手法，而“海石榴”“牡丹”却是两种题材，又怎能并列排比呢？

旋作

殿堂等杂用名件：

椽头盘子，径五寸，每一十五枚 每增减五分，各加减一枚；

楷角梁宝瓶，每径五寸 每增减五分，各加减一分功；

莲华柱顶，径二寸，每三十二枚 每增减五分，各加减三枚；

木浮沤，径三寸，每二十枚 每增减五分，各加减二枚；

钩阑上葱台钉，高五寸，每一十六枚 每增减五分，各加减二枚；

盖葱台钉筒子，高六寸，每二十二枚 每增减三分，各加减一枚；

右（上）各一功。

柱头仰覆莲胡桃子 二段造，径八寸，七分功。每增一寸，加一分功，若三段造，每一功加二分功。

照壁宝床等所用名件：

注子，高七寸，一功。每增一寸，加二分功。

香炉，径七寸 每增一寸，加一分功；下酒杯盘、荷叶同；

鼓子，高三寸 鼓上钉、镮等在内；每增一寸，加一分功；

注盌，径六寸 每增一寸，加一分五厘功；

右（上）各八分功。

酒杯盘，七分功。

荷叶，径六寸；

鼓坐，径三寸五分 每增一寸，加五厘功；

右（上）各五分功。

酒杯，径三寸 莲子同；

卷荷，长五寸；

杖鼓，长三寸；

右（上）各三分功。如长、径各加一寸，各加五厘功。其莲子外贴子造，若剔空旋靥贴莲子，加二分功。

披莲，径二寸八分，二分五厘功。每增减一寸，各加减三厘功。

莲蓓蕾，高三寸，并同上。

佛道帐等名件：

火珠，径二寸，每一十五枚 每增减二分，各加减一枚；至三寸六分以上，每径增减一分同；

滴当子，径一寸，每四十枚 每增减一分，各加减二枚；至一寸五分以上，每增减一分，各加减一枚；

瓦头子，长二寸，径一寸，每四十枚 每径增减一分，各加减四枚；加至一寸五分止；

瓦钱子，径一寸，每八十枚 每增减一分，各加减五枚；

宝柱子，长一尺五寸，径一寸二分 如长一尺，径二寸者同，每一十五条 每长增减一寸，各加减一条；如长五寸，径二寸，每三十条 每长增减一寸，各加减二条；

贴络门盘浮沤，径五分，每二百枚 每增减一分，各加减一十五枚；

平棊钱子，径一寸，每一百一十枚 每增减一分，各加减八枚；加至一寸二分止；

角铃，以大铃高三寸为率，每一钩 每增减五分，各加减一分功；

栌斗，径二寸，每四十枚 每增减一分，各加减一枚；

右（上）各一功。

虚柱头莲华并头瓣，每一副，胎钱子径五寸，八分功。每增减一寸，各加减一分五厘功。

锯作

解割功：

椆、橝、枥木，每五十尺；

榆、槐木、杂硬材，每五十五尺 杂硬材谓海枣、龙菁之类；

白松木，每七十尺；

柟、柏木、杂软材，每七十五尺 杂软材谓香椿、椴木之类；

榆、黄松、水松、黄心木，每八十尺；

杉、桐木，每一百尺；

右（上）各一功。每二人为一功，或内有盘截，不计。若一条长二丈以上，枝樘高远，或旧材内有夹钉脚者，并加本功一分功。

竹作

织簟，每方一尺：

细棊文素簟，七分功。劈篾，刮削，拖摘，收广一分五厘。如刮篾收广三分者，其功减半。织华加八分功；织龙凤又加二分五厘功。

䶉簟 劈篾青白，收广四分，二分五厘功。假棊文造，减五厘功。如刮篾收广二分，其功加倍。

织雀眼网，每长一丈，广五尺：

间龙、凤、人物、杂华、刮篾造，三功四分五厘六毫。事造、钉贴在内。如系小木钉贴，即减一分功，下同。

浑青刮篾造，一功九分二厘。

青白造，一功六分。

笍索，每一束 长二百尺，广一寸 五分，厚四分：

浑青造，一功一分。

青白造，九分功。

障日篛，每长一丈，六分功。如织簟造，别计织簟功。

每织方一丈：

笆，七分功。楼阁两层以上处，加二分功。

编道，九分功。如缚棚阁两层以上，加二分功。

竹栅，八分功。

夹截，每方一丈，三分功。劈竹篾在内。

搭盖凉棚，每方一丈二尺，三功五分。如打笆造，别计打笆功。

《营造法式》

卷第二十五

诸作功限二

瓦作

斫事甋瓦口 以一尺二寸甋瓦、一尺四寸瓪瓦为准；打造同：

琉璃：

撺窠，每九十口 每增减一等，各加减二十口；至一尺以下，每减一等，各加三十口；

解挢 打造大当沟同，每一百四十口 每增减一等，各加减三十口；至一尺以下，每减一等，各加四十口；

青掍素白：

撺窠，每一百口 每增减一等，各加减二十口；至一尺以下，每减一等，各加三十口；

解挢，每一百七十口 每增减一等，各加减三十五口；至一尺以下，每减一等，各加四十五口；

右（上）各一功。

打造甋瓪瓦口：

琉璃瓪瓦：

线道，每一百二十口 每增减一等，各加减二十五口，加至一尺四寸止；至一尺以下，每减一等，各加三十五口；剺画者加三分之一；青掍素白瓦同；

条子瓦，比线道加一倍 剺画者加四分之一，青掍素白瓦同；

青棍素白：

瓪瓦大当沟，每一百八十口 每增减一等，各加减三十口；至一尺以下，每减一等，各加三十五口；

瓪瓦：

线道，每一百八十口 每增减一等，各加减三十口；加至一尺四寸止；

条子瓦，每三百口 每增减一等；各加减六分之一；加至一尺四寸止；

小当沟，每四百三十枚 每增减一等，各加减三十枚；

右（上）各一功。

结宽，每方一丈 如尖斜高峻，比直行每功加五分功：

瓪瓪瓦：

琉璃 以一尺二寸为准，二功二分。每增减一等，各加减一分功。

青棍素白，比琉璃其功减三分之一。

散瓪，大当沟，四分功。小当沟减功三分之一。

垒脊，每长一丈 曲脊，加长二倍：

琉璃，六层；

青棍素白，用大当沟，一十一层 用小当沟者，加二层；

右（上）各一功。

安卓：

火珠，每坐 以径二尺为准，二功五分。每增减一等，各加减五分功。

琉璃，每一只：

龙尾，每高一尺，八分功。青棍素白者，减二分功。

鸱尾，每高一尺，五分功。青棍素白者，减一分功。

兽头 以高二尺五寸为准，七分五厘功。每增减一等，各加减五厘功；减至一分止。

套兽 以口径一尺为准，二分五厘功。每增减二寸，各加减六厘功。

嫔伽 以高一尺二寸为准，一分五厘功。每增减二寸，各加减三厘功。

阀阅，高五尺，一功。每增减一尺，各加减二分功。

蹲兽 以高六寸为准，每一十五枚 每增减二寸，各加减三枚；

滴当子 以高八寸为准，每三十五枚 每增减二寸，各加减五枚；

右（上）各一功。

系大箔，每三百领 铺箔减三分之一；

抹栈及笆箔，每三百尺；

开燕颔版，每九十尺 安钉在内；

织泥篮子，每一十枚；

右（上）各一功。

泥作

每方一丈 殿宇、楼阁之类，有转角、合角、托匙处，于本作每功上加五分功；高二丈以上，每一丈每一功各加一分二厘功；加至四丈止，供作并不加；即高不满七尺，不须棚阁者，每功减三分功；贴补同：

红石灰 黄、青、白石灰同，五分五厘功。收光五遍，合和、斫事、麻捣在内。如仰泥缚棚阁者，每两椽加七厘五毫功，加至一十椽止。下并同。

破灰；

细泥；

右（上）各三分功。收光在内。如仰泥缚棚阁者，每两椽各加一厘功。其细泥作画壁，并灰衬，二分五厘功。

麤泥，二分五厘功。如仰泥缚棚阁者，每两椽加二厘功。其画壁披盖麻篾，并搭乍中泥，若麻灰细泥下作衬，一分五厘功。如仰泥缚棚阁，每两椽各加五毫功。

沙泥画壁：

劈篾、被篾，共二分功。

披麻，一分功。

下沙收压，一十遍，共一功七分。栱眼壁同。

垒石山 泥假山同，五功。

壁隐假山，一功。

盆山，每方五尺，三功。每增减一尺，各加减六分功。

用坯：

殿宇墙 厅、堂、门、楼墙，并补垒柱窠同，每七百口 廊屋、散舍墙，加一百口；

贴垒脱落墙壁，每四百五十口 创接垒墙头射垛，加五十口；

垒烧钱炉，每四百口；

侧劄照壁 窗坐、门颊之类同，每三百五十口；

垒砌灶 茶炉同，每一百五十口 用砖同，其泥饰各约计积尺别计功；

右（上）各一功。

织泥篮子，每一十枚，一功。

彩画作

五彩间金：

描画、装染，四尺四寸 平棊、华子之类，系雕造者，即各减数之半；

上颜色雕华版，一尺八寸；

五彩徧装亭子、廊屋、散舍之类，五尺五寸 殿宇、楼阁，各减数五分之一；如装画晕锦，即各减数十分之一；若描白地枝条华，即各加数十分之一；或装四出、六出锦者同；

右（上）各一功。

上粉贴金出褫，每一尺，一功五分。

青绿碾玉 红或抢金碾玉同，亭子、廊屋、散舍之类，一十二尺 殿宇、楼阁各项，减数六分之一；

青绿间红、三晕棱间，亭子、廊屋、散舍之类，二十尺 殿宇、楼阁各项，减数四分之一；

青绿二晕棱间，亭子、廊屋、散舍之类 殿宇、楼阁各项，减数五分之一；

解绿画松、青绿缘道，厅堂、亭子、廊屋、散舍之类，四十五尺 殿宇、楼阁，减数九分之一；如间红三晕，即各减十分之二；

解绿赤白，廊屋、散舍、华架之类，一百四十尺 殿宇即减数七分之二；若楼阁、亭子、厅堂、门楼及内中屋各项，减廊屋数七分之一；若间结华或卓柏，各减十分之二；

丹粉赤白，廊屋、散舍、诸营、厅堂及鼓楼、华架之类，一百六十尺 殿宇、楼阁，减数四分之一；即亭子、厅堂、门楼及皇城内屋，各减八分之一；

刷土黄、白缘道，廊屋、散舍之类，一百八十尺 厅堂、门楼、凉棚各项，减数六分之一，若墨缘道，即减十分之一；

土朱刷 间黄丹或土黄刷，带护缝、牙子抹绿同，版壁、平闇、门、窗、叉子、钩阑、棵笼之类，一百八十尺 若护缝、牙子解染青绿者，减数三分之一；

合朱刷：

格子，九十尺 抹合绿方眼同；如合绿刷毬文，即减数六分之一；若合朱画松，难子、壸门解压青绿，即减数之半；如抹合绿于障水版之上，刷青地描染戏兽、云子之类，即减数九分之一；若朱红染，难子、壸门、牙子解染青绿，即减数三分之一，如土朱刷间黄丹，即加数六分之一；

平闇、软门、版壁之类 难子、壸门、牙头、护缝解青绿，一百二十尺 通刷素绿同；若抹绿，牙头、护缝解染青华，即减数四分之一；如朱红染，牙头、护缝等解染青绿，即减数之半；

槛面、钩阑 抹绿同，一百八尺 万字、钩片版、难子上解染青绿，或障水版之上描染戏兽、云子之类，即各减数三分之一，朱红染同；

叉子 云头、望柱头五彩或碾玉装造，五十五尺 抹绿者，加数五分之一；若朱红染者，即减数五分之一；

棵笼子 间刷素绿，牙子、难子等解压青绿，六十五尺；

乌头绰楔门 牙头、护缝、难子压染青绿，棂子抹绿，一百尺 若高广一丈以上，即减数四分之一；如若土刷间黄丹者，加数二分之一；

抹合绿窗 难子刷黄丹，颊、串、地栿刷土朱，一百尺；

华表柱并装染柱头、鹤子、日月版 须缚棚阁者，减数五分之一；

刷土朱通造，一百二十五尺；

绿笋通造，一百尺；

用桐油，每一斤 煎合在内；

右（上）各一功。

砖作

斫事：

方砖：

二尺，一十三口 每减一寸，加二口；

一尺七寸，二十口 每减一寸，加五口；

一尺二寸，五十口；

压阑砖，二十口；

右（上）各一功。铺砌功，并以斫事砖数加之；二尺以下，加五分；一尺七寸，加六分；一尺五寸以下，各倍加；一尺二寸，加八分；压阑砖，加六分。其添补功，即以铺砌之数减半。

条砖，长一尺三寸，四十口 超条砖加一分，一功。垒砌功，即以斫事砖数加一倍；超面砖同，其添补者，即减创垒砖八分之五。若砌高四尺以上者，减砖四分之一。如补换华头，即以斫事之数减半。

麤垒条砖 谓不斫事者，长一尺三寸，二百口 每减一寸加一倍，一功。其添补者，即减创垒砖数：长一尺三寸者，减四分之一；长一尺二寸，各减半；若垒高四尺以上；各减砖五分之一；长一尺二寸者，减四分之一。

事造剜凿 并用一尺三寸砖：

地面斗八 阶基、城门坐砖侧头、须弥台坐之类同，龙、凤、华样人物、壶门、宝瓶之类；

方砖，一口 间窠毬文，加一口半；

条砖，五口；

右（上）各一功。

透空气眼：

方砖，每一口：

神子，一功七分。

龙、凤、华盆，一功三分。

条砖：壶门，三枚半 每一枚用砖百口，一功。

刷染砖甋、基阶之类，每二百五十尺 须缚棚阁者，减五分之一，一功。

甃垒井，每用砖二百口，一功。

淘井，每一眼，径四尺至五尺，二功。每增一尺，加一功；至九尺以上，每增一尺，加二功。

窑作

造坯：

方砖：

二尺，一十口 每减一寸，加二口；

一尺五寸，二十七口 每减一寸，加六口；砖碇与一尺三寸方砖同；

一尺二寸，七十六口 盘龙凤、杂华同；

条砖：

长一尺三寸，八十二口 牛头砖同；其趄面砖加十分之一；

长一尺二寸，一百八十七口 趄条并走趄砖同；

压阑砖，二十七口；

右（上）各一功。般取上末，和泥、事褫、曒曝、排垛在内。

瓪瓦，长一尺四寸，九十五口 每减二寸，加三十口；其长一尺以下者，减一十口；

瓪瓦：

长一尺六寸，九十口 每减二寸，加六十口；其长一尺四寸展样，比长一尺四寸瓦减二十口；

长一尺，一百三十六口 每减二寸，加一十二口；

右（上）各一功。其瓦坯并华头所用胶土；并别计。

黏瓪瓦华头，长一尺四寸，四十五口 每减二寸，加五口；其一尺以下者，即倍加；

拨瓪瓦重唇，长一尺六寸，八十口 每减二寸，加八口；其一尺二寸以下者，即倍加；

黏镇子砖系，五十八口；

右（上）各一功。

造鸱、兽等，每一只：

鸱尾，每高一尺，二功。龙尾，功加三分之一。

兽头：

高三尺五寸，二功八分。每减一寸，减八厘功。

高二尺，八分功。每减一寸，减一分功。

高一尺二寸，一分六厘八毫功。每减一寸，减四毫功。

套兽，口径一尺二寸，七分二厘功。每减二寸，减一分三厘功。

蹲兽，高一尺四寸，二分五厘功。每减二寸，减二厘功。

嫔伽，高一尺四寸，四分六厘功。每减二寸，减六厘功。

角珠，每高一尺，八分功。

火珠，径八寸，二功。每增一寸，加八分功；至一尺以上，更于所加八分功外，递加一分功；谓如径一尺，加九分；径一尺一寸，加一功之类。

阀阅，每高一尺，八分功。

行龙、飞凤、走兽之类，长一尺四寸，五分功。

用茶土掍甋瓦，长一尺四寸，八十口，一功。长一尺六寸瓪瓦同，其华头、重唇在内。余准此。如每减二寸，加四十口。

装素白砖瓦坯青掍瓦同；如滑石掍，其功在内，大窑计烧变所用芟草数，每七百八十束曝窑，三分之一为一窑；以坯十分为率，须于往来一里外至二里，般六分，共三十六功。递转在内。曝窑，三分之一。若般取六分以上，每一分加三功，至四十二功止。曝窑，每一分加一功，至一十五功止。即四分之外及不满一里者，每一分减三功，减至二十四功止。曝窑，每一分减一功，减至七功止。

烧变大窑，每一窑：

烧变，一十八功。曝窑，三分之一。出窑功同。

出窑，一十五功。

烧变琉璃瓦等，每一窑，七功。合和、用药、般装、出窑在内。

捣罗洛河石末，每六斤一十两，一功。

炒黑锡，每一料，一十五功。

垒窑，每一坐：

大窑，三十二功。

曝窑，一十五功三分。

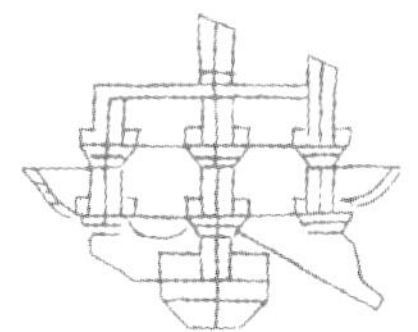

玖 料例

《营造法式》

卷第二十六

诸作料例一

石作

蜡面，每长一丈，广一尺 碑身、鳌坐同：

　　黄蜡，五钱；

　　木炭，三斤 一段通及一丈以上者，减一斤；

　　细墨，五钱。

安砌，每长三尺，广二尺，矿石灰五斤。赑屃碑一坐，三十斤；笏头碣，一十斤。

每段：

　　熟铁鼓卯，二枚 上下大头各广二寸，长一寸；腰长四寸；厚六分；每一枚重一斤；

　　铁叶，每铺石二重，隔一尺用一段。每段广三寸五分，厚三分。如并四造，长七尺；并三造，长五尺。

灌鼓卯缝，每一枚，用白锡三斤。如用黑锡，加一斤。

大木作 小木作附

用方木：

　　大料模方，长八十尺至六十尺，广三尺五寸至二尺五寸，厚二尺五寸至二尺，充十二架椽至八架椽栿。

　　广厚方，长六十尺至五十尺，广三尺至二尺，厚二尺至一尺八寸，充八架椽栿并檐栿、绰幕、大檐头。

长方，长四十尺至三十尺，广二尺至一尺五寸，厚一尺五寸至一尺二寸，充出跳六架椽至四架椽栿。

松方，长二丈八尺至二丈三尺，广二尺至一尺四寸，厚一尺二寸至九寸，充四架椽至三架椽栿、大角梁、檐额、压槽枋、高一丈五尺以上版门及裹栿版、佛道帐所用斗槽、压厦版。其名件广厚非小松以下可充者同。

朴柱，长三十尺，径三尺五寸至二尺五寸，充五间八架椽以上殿柱。

松柱，长二丈八尺至二丈三尺，径二尺至一尺五寸，就料剪截，充七间八架椽以上殿副阶柱或五间、三间八架椽至六架椽殿身柱，或七间至三间八架椽至六架椽厅堂柱。

就全条料又剪截解割用下项：

小松方，长二丈五尺至二丈二尺，广一尺三寸至一尺二寸，厚九寸至八寸；

常使方，长二丈七尺至一丈六尺，广一尺二寸至八寸，厚七寸至四寸；

官样方，长二丈至一丈六尺，广一尺二寸至九寸，厚七寸至四寸；

截头方，长二丈至一丈八尺，广一尺三寸至一尺一寸，厚九寸至七寸五分；

材子方，长一丈八尺至一丈六尺，广一尺二寸至一尺，厚八寸至六寸；

方八方，长一丈五尺至一丈三尺，广一尺一寸至九寸，厚六寸至四寸；

常使方八方，长一丈五尺至一丈三尺，广八寸至六寸，厚五寸至四寸；

方八子方，长一丈五尺至一丈二尺，广七寸至五寸，厚五寸至四寸。

竹作

色额等第：

上等 每一径一寸，分作四片，每片广七分。每径加一分，至一寸以上，准此计之；中等同。其打笆用下等者，只推竹造：

漏三，长二丈，径二寸一分 系除梢实收数，下并同；

漏二，长一丈九尺，径一寸九分；

漏一，长一丈八尺，径一寸七分。

中等：

大竿条，长一丈六尺 织簟，减一尺；次竿头竹同；径一寸五分；

次竿条，长一丈五尺，径一寸三分；

头竹，长丈二尺，径一寸二分；

次头竹，长一丈一尺，径一寸。

下等：

笪竹，长一丈，径八分；

大管，长九尺，径六分；

小管，长八尺，径四分。

织细棊文素簟 织华及龙凤造同，每方一尺，径一寸二分竹一条。衬簟在内。

织龘簟 假棊文簟同，每方二尺，径一寸二分竹一条八分。

织雀眼网 每长一丈，广五尺，以径一寸二分竹：

浑青造，一十一条 内一条作贴；如用木贴，即不用；下同；

青白造，六条。

笍索，每一束 长二百尺，广一寸五分，厚四分，以径一寸三分竹；

浑青叠四造，一十九条；

青白造，一十三条。

障日篛，每三片，各长一丈，广二尺：

径一寸三分竹，二十一条 劈篾在内；

芦蓆，八领。压缝在内。如织簟造，不用。

每方一丈：

打笆，以径一寸三分竹为率，用竹三十条造。一十二条作经，一十八条作纬，钩头、搀压在内。其竹，若甋瓦结宧，六椽以上，用上等；四椽及瓪瓦六椽以上，用中等，甋瓦两椽，瓪瓦四椽以下，用下等。若阙本等，以别等竹比折充。

编道，以径一寸五分竹为率，用二十三条造。榥并竹钉在内。阙，以别色充。若照壁中缝及高不满五尺，或栱壁、山斜、泥道，以次竿或头竹、次竹比折充。

竹栅，以径八分竹一百八十三条造。四十条作经，一百四十三条作纬编造。如高不满一丈，以大管竹或小管竹比折充。

夹截：

中箔，五领 搀压在内；

径一寸二分竹，一十条。劈篾在内。

搭盖凉棚，每方一丈二尺：

中箔，三领半；

径一寸三分竹，四十八条。三十二条作椽，四条走水，四条裹唇，三条压缝，五条劈篾；青白用。

芦蕟，九领。如打笆造，不用。

瓦作

用纯石灰 谓矿灰，下同：

结宽，每一口：

瓪瓦，一尺二寸，二斤。即烧灰结宽用五分之一。每增减一等，各加减八两；至一尺以下，各减所减之半。下至垒脊条子瓦同。其一尺二寸瓪瓦，准一尺瓪瓦法。

仰瓪瓦，一尺四寸，三斤。每增减一等，各加减一斤。

点节瓪瓦，一尺二寸，一两。每增减一等，各加减四钱。

垒脊 以一尺四寸瓪瓦结宽为率：

大当沟 以瓪瓦一口造，每二枚，七斤八两。每增减一等，各加减四分之一。线道同。

线道 以瓪瓦一口造二片，每一尺，两壁共二斤。

条子瓦 瓪瓦一口造四片，每一尺，两壁共一斤。每增减一等，各加减五分之一。

泥脊白道，每长一丈，一斤四两。

用墨煤染脊，每层，长一丈，四钱。

用泥垒脊，九层为率，每长一丈：

麦麸，一十八斤 每增减二层，各加减四斤；

紫土，八担 每一担重六十斤；余应用土并同；每增减二层，各加减一担；

小当沟，每瓪瓦一口造，二枚。仍取条子瓦二片。

燕颔或牙子版，每合角处，用铁叶一段。殿宇，长一尺，广六寸，余长六寸，广四寸。

结宽，以瓪瓦长，每口搀压四分，收长六分。其解挢剪截，不得过三分。合溜处尖斜瓦者，并计整口。

布瓦陇，每一行，依下项：

瓪瓦 以仰瓪瓦为计：

长一尺六寸，每一尺[1]；

长一尺四寸，每八寸；

长一尺二寸，每七寸；

长一尺，每五寸八分；

长八寸，每五寸；

长六寸，每四寸八分。

瓪瓦：

长一尺四寸，每九寸；

长一尺二寸，每七寸五分。

结宽，每方一丈：

中箔，每重，二领半。压占在内。殿宇楼阁，五间以上，用五重；三间，四重；厅堂，三重；余并二重。

土，四十担。系甋、瓪结宽；以一尺四寸瓪瓦为率；下䴬、麸同。每增一等，加一十担；每减一等，减五担；其散瓪瓦，各减半。

麦麸，二十斤。每增一等，加一斤；每减一等，减八两；散瓪瓦，各减半。如纯灰结宽，不用；其麦䴬同。

麦䴬，一十斤。每增一等，加八两；每减一等，减四两；散瓪瓦，不用。

泥篮，二枚。散瓪瓦，一枚。用径一寸三分竹一条，织造二枚。

系箔常使麻，一钱五分。

抹柴栈或版、笆、箔，每方一丈 如纯灰于版并笆、箔上结宽者，不用：

土，二十担；

麦䴬，一十斤。

安卓：

鸱尾，每一只 以高三尺为率，龙尾同：

铁脚子，四枚，各长五寸 每高增一尺，长加一寸；

铁束，一枚，长八寸 每高增一尺，长加二寸。其束子大头广二寸，小头广一寸二分为定法；

抢铁，三十二片，长视身三分之一 每高增一尺，加八片；大头广二寸，小头广一寸为定法；

拒鹊子，二十四枚 上作五叉子，每高增一尺，加三枚，各长五寸。每高增一尺，加六分。

安拒鹊等石灰，八斤 坐鸱尾及龙尾同；每增减一尺，各加减一斤；

墨煤，四两 龙尾，三两；每增减一尺，各加减一两三钱；龙尾，加减一两；其琉璃者，不用；

鞠，六道，各长一尺 曲在内；为定法；龙尾同；每增一尺，添八道；龙尾，添六道；其高不及三尺者，不用；

柏桩，二条 龙尾同；高不及三尺者，减一条，长视高，径三寸五分。三尺以下，径三寸。

龙尾：

铁索，二条 两头各带独脚屈膝；共高不及三尺者，不用；

一条长视高一倍，外加三尺；

一条长四尺。每增一尺，加五寸。

火珠，每一坐 以径二尺为准：

柏桩，一条，长八尺 每增减一等，各加减六寸，其径以三寸五分为定法；

石灰，一十五斤 每增减一等，各加减二斤；

墨煤，三两。每增减一等，各加减五钱。

兽头，每一只：

铁钩，一条 高二尺五寸以上，钩长五尺；高一尺八寸至二尺，钩长三尺；高一尺四寸至一尺六寸，钩长二尺五寸；高一尺二寸以下，钩长二尺；

系顋铁索，一条，长七尺。两头各带直脚屈膝；高一尺八寸以下，并不用。

滴当子，每一枚 以高五寸为率：

石灰，五两。每增减一等，各加减一两。

嫔伽，每一只 以高一尺四寸为率：

石灰，三斤八两。每增减一等，各加减八两；至一尺以下，减四两。

蹲兽，每一只 以高六寸为率：

石灰，二斤。每增减一等，各加减八两。

石灰，每三十斤，用麻捣一斤。

出光琉璃瓦，每方一丈，用常使麻，八两。

〔1〕 即：如用长一尺六寸瓪瓦，即每一尺为一行（一陇）。

《营造法式》

卷第二十七

诸作料例二

泥作

每方一丈：

红石灰 干厚一分三厘；下至破灰同：

石灰，三十斤 非殿阁等，加四斤；若用矿灰，减五分之一；下同；

赤土，二十三斤；

土朱，一十斤。非殿阁等，减四斤。

黄石灰：

石灰，四十七斤四两；

黄土，一十五斤十二两。

青石灰：

石灰，三十二斤四两；

软石炭，三十二斤四两。如无软石炭，即倍石灰之数；每石灰一十斤，用麤墨一斤或墨煤十一两。

白石灰：

石灰，六十三斤。

破灰：

石灰，二十斤；

白蔑土，一担半；

麦麲，一十八斤。

细泥：

麦麲，一十五斤 作灰衬，同；其施之于城壁者，倍用；下麦䴭准此；

土，三担。

麤泥 中泥同：

麦䴭，八斤 搭络及中泥作衬，各减半；

土，七担。

沙泥画壁：

沙土、胶土、白蔑土，各半担。

麻捣，九斤 栱眼壁同；每斤洗净者，收一十二两；

麤麻，一斤；

径一寸三分竹，三条。

垒石山：

石灰，四十五斤；

麤墨，三斤。

泥假山：

长一尺二寸，广六寸，厚二寸砖，三十口；

柴，五十斤 曲堰者；

径一寸七分竹，一条；

常使麻皮，二斤；

中箔，一领；

石灰，九十斤；

麤墨，九斤；

麦麲，四十斤；

麦䴭，二十斤；

胶土，一十担。

壁隐假山：

石灰，三十斤；

麤墨，三斤。

盆山，每方五尺：

石灰，三十斤 每增减一尺，各加减六斤；

麤墨，二斤。

每坐：

立灶 用石灰或泥，并依泥饰料例约计；下至茶炉子准此：

突，每高一丈二尺，方六寸，坯四十口。方加至一尺二寸，倍用。其坯系长一尺二寸，广六寸，厚二寸；下应用砖、坯，并同。

垒灶身，每一斗，坯八十口。每增一斗，加一十口。

釜灶 以一石为率：

突，依立灶法。每增一石，腔口直径加一寸；至十石止。

垒腔口坑子罨烟，砖五十口。每增一石，加一十口。

坐甑：

生铁灶门 依大小用；镬灶同；

生铁版，二片，各长一尺七寸 每增一石，加一寸，广二寸，厚五分。

坯，四十八口。每增一石，加四口。

矿石灰，七斤。每增一口，加一斤。

镬灶 以口径三尺为准：

突，依釜灶法。斜高二尺五寸，曲长一丈七尺，驼势在内。自方一尺五寸，并二垒砌为定法。

砖，一百口。每径加一尺，加三十口。

生铁片，二片，各长二尺 每径长加一尺，加三寸，广二寸五分，厚八分。

生铁柱子，一条，长二尺五寸，径三寸。仰合莲造；若径不满五尺不用。

茶炉子 以高一尺五寸为率：

燎杖 用生铁或熟铁造，八条，各长八寸，方三分。

坯，二十口。每加一寸，加一口。

垒坯墙：

用坯每一千口，径一寸三分竹，三条。造泥篮在内。

闇柱每一条 长一丈一尺，径一尺二寸为准，墙头在外，中箔，一领。

石灰，每一十五斤，用麻捣一斤。若用矿灰，加八两；其和红、黄、青灰，即以所用土朱之类斤数在石灰之内。

泥篮，每六椽屋一间，三枚。以径一寸三分竹一条织造。

彩画作

应刷染木植，每面方一尺，各使下项 栱眼壁各减五分之一，雕木版加五分之一，即描华之类，准折计之：

定粉，五钱三分；

墨煤，二钱二分八厘五毫；

土朱，一钱七分四厘四毫 殿宇、楼阁，加三分；廊屋、散舍，减二分；

白土，八钱 石灰同；

土黄，二钱六分六厘 殿宇、楼阁，加二分；

黄丹，四钱四分 殿宇、楼阁，加二分；廊屋、散舍，减一分；

雌黄，六钱四分 合雌黄、红粉，同；

合青华，四钱四分四厘 合绿华同；

合深青，四钱 合深绿及常使朱红、心子朱红、紫檀并同；

合朱，五钱 生青、绿华、深朱、红，同；

生大青，七钱 生大青、浮淘青、梓州熟大青绿、二青绿，并同；

生二绿，六钱 生二青同；

常使紫粉，五钱四分；

藤黄，三钱；

槐华，二钱六分；

中绵胭脂，四片 若合色，以苏木五钱二分，白矾一钱三分煎合充；

描画细墨，一分；

熟桐油，一钱六分。若在暗处不见风日者，加十分之一。

应合和颜色，每斤，各使下项：

合色：

绿华 青华减定粉一两，仍不用槐华、白矾：

定粉，一十三两；

青黛，三两；

槐华，一两；

白矾，一钱。

朱：

黄丹，一十两；

常使紫粉，六两。

绿：

雌黄，八两；

淀，八两。

红粉：

心子朱红，四两；

定粉，一十二两。

紫檀：

常使紫粉，一十五两五钱；

细墨，五钱。

草色：

绿华 青华减槐华、白矾：

淀，一十二两；

定粉，四两；

槐华，一两；

白矾，一钱。

深绿 深青即减槐华、白矾：

淀，一斤；

槐华，一两；

白矾，一钱。

绿：

淀，一十四两；

石灰，二两；

槐华，二两；

白矾，二钱。

红粉：

黄丹，八两；

定粉，八两。

衬金粉：

定粉，一斤；

土朱，八钱。颗块者。

应使金箔，每面方一尺，使衬粉四两，颗块土朱一钱。每粉三十斤，仍用生白绢一尺滤粉，木炭一十斤熁粉，绵半两。描金。

应煎合桐油，每一斤：

松脂、定粉、黄丹，各四钱；

木扎，二斤。

应使桐油，每一斤，用乱丝四钱。

砖作

应铺垒、安砌，皆随高、广，指定合用砖等第，以积尺计之。若阶基、慢道之类，并二或并三砌，应用尺三条砖，细垒者，外壁斫磨砖每一十行，里壁麤砖八行填后。其隔减、砖甋，及楼阁高穹[1]，或行数不及者，并依此增减计定。

应卷輂河渠，并随圜用砖；每广二寸，计一口；覆背卷准此。其缴背，每广六寸，用一口。

应安砌所需矿灰，以方一尺五寸砖，用一十三两。每增减一寸，各加减三两。其条砖，减方砖之半；压阑，于二尺方砖之数，减十分之四。

应以墨煤刷砖甋、基阶之类，每方一百尺，用八两。

应以灰刷砖墙之类，每方一百尺，用一十五斤。

应以墨煤刷砖、基阶之类，每方一百尺，并灰刷砖墙之类，计灰一百五十斤，各用苕帚一枚。

应甃垒井所用盘版，长随径每片广八寸，厚二寸，每一片：

常使麻皮，一斤；

芦蕟，一领；

径一寸五分竹，二条。

〔1〕 窨，音乌或音吊，深远也。

窑作

烧造用芟草：

砖，每一十口：

方砖：

方二尺，八束。每束重二十斤，余芟草称束者，并同。每减一寸，减六分。

方一尺二寸，二束六分。盘龙、凤、华并砖碇同。

条砖：

长一尺三寸，一束九分。牛头砖同；其趄面即减十分之一。

长一尺二寸，九分。走趄并趄条砖，同。

压阑砖：长二尺一寸，八束。

瓦：

素白，每一百口：

甋瓦：

长一尺四寸，六束七分。每减二寸，减一束四分。

长六寸，一束八分。每减二寸，减七分。

瓪瓦：

长一尺六寸，八束。每减二寸，减二束。

长一尺，三束。每减二寸，减五分。

青掍瓦：以素白所用数加一倍。

诸事件 谓鸱、兽、嫔伽、火珠之类；本作内余称事件者准此，每一功，一束。其龙尾所用芟草，同鸱尾。

琉璃瓦并事件，并随药料，每窑计之。谓曝窑。大料 分三窑，折大料同，一百束，折大料八十五束，中料 分二窑，小料同，一百一十束，小料一百束。

掍造鸱尾 龙尾同，每一只，以高一尺为率，用麻捣，二斤八两。

青棍瓦：

滑石棍：

坯数[2]：

大料，以长一尺四寸甋瓦，一尺六寸瓪瓦，各六百口。华头重唇在内；下同。

中料，以长一尺二寸甋瓦，一尺四寸瓪瓦，各八百口。

小料，以甋瓦一千四百口 长一尺，一千三百口，六寸并四寸，各五千口，瓪瓦一千三百口。长一尺二寸，一千二百口，八寸并六寸，各五千口[3]。

柴药数：

大料：滑石末，三百两；羊粪，三箧 中料，减三分之一，小料，减半；浓油，一十二斤；柏柴，一百二十斤；松柴、麻糁，各四十斤。中料，减四分之一；小料，减半。

茶土棍：长一尺四寸甋瓦，一尺六寸瓪瓦，每一口，一两[4]。每减二寸，减五分。

造琉璃瓦并事件：

药料：每一大料；用黄丹二百四十三斤。折大料，二百二十五斤；中料，二百二十二斤；小料，二百九斤四两。每黄丹三斤，用铜末三两，洛河石末一斤。

用药，每一口 鸱、兽、事件及条子、线道之类，以用药处通计尺寸折大料：

大料，长一尺四寸甋瓦，七两二钱三分六厘。长一尺六寸瓪瓦减五分。

中料，长一尺二寸甋瓦，六两六钱一分六毫六丝六忽。长一尺四寸瓪瓦减五分。

小料，长一尺甋瓦，六两一钱二分四厘三毫三丝二忽。长一尺二寸瓪瓦减五分。

药料所用黄丹阙，用黑锡炒造。其锡，以黄丹十分加一分 即所加之数，斤以下不计，每黑锡一斤，用蜜驼僧二分九厘，硫黄八分八厘，盆硝二钱五分八厘，柴二斤一十一两，炒成收黄丹十分之数。

〔2〕 这里所列坯数，是适用于下文的柴药数的大、中、小料的坯数。

〔3〕“五千口”各本均作“五十口”，按比例，似应为五千口。

〔4〕 一两什么？没有说明。

《营造法式》

卷第二十八

诸作用钉料例

用钉料例

大木作：

椽钉，长加椽径五分[1]。有余者从整寸，谓如五寸椽用七寸钉之类；下同。

角梁钉，长加材厚一倍。柱碛同。

飞子钉，长随材厚。

大、小连檐钉，长随飞子之厚。如不用飞子者，长减椽径之半。

白版钉，长加版厚一倍。平闇遮椽版同。

搏风版钉，长加版厚两倍。

横抹版钉，长加版厚五分。隔减并襻同。

小木作：

凡用钉，并随版木之厚。如厚三寸以上，或用签钉者，其长加厚七分。若厚二寸以下者，长加厚一倍；或缝内用两入钉[2]者，加至二寸止。

雕木作：

凡用钉，并随版木之厚。如厚二寸以上者，长加厚五分，至五寸止。若厚一寸五分以下者，长加厚一倍；或缝内用两入钉者，加至五寸止。

竹作：

压笆钉，长四寸。

雀眼网钉，长二寸。

瓦作：

甋瓦上滴当子钉，如高八寸者，钉长一尺；若高六寸者，钉长八寸 高一尺二寸及一尺四寸嫔伽，并长一尺二寸，甋瓦同；或高三寸及四寸者，钉长六寸。高一尺嫔伽并六寸华头甋瓦同，并用本作葱台长钉。

套兽长一尺者，钉长四寸；如长六寸以上者，钉长三寸 月版及钉箔同；若长四寸以上者，钉长二寸。燕颔版牙子同。

泥作：

沙壁内麻华钉，长五寸。造泥假山钉同。

砖作：

井盘版钉，长三寸。

〔1〕 这"五分"是"十分之五"，"椽径之半"，而不是绝对尺寸。

〔2〕 两入钉就是两头尖的钉子。

用钉数

大木作：

连檐，随飞子椽头，每一条 营房隔间同；

大角梁，每一条 续角梁，二枚；子角梁，三枚；

托槫，每一条；

生头，每长一尺 搏风版同[3]；

搏风版，每长一尺五寸；

横抹，每长二尺；

右（上）各一枚。

飞子，每一枚 襻槫同；

遮椽版，每长三尺，双使 难子，每长五寸，一枚；

白版，每方一尺；

槫、斗，每一只；

隔减，每一出入角 襻，每条同；

右（上）各二枚。

椽，每一条 上架三枚，下架一枚；

平闇版，每一片；

柱础，每一只；

右（上）各四枚。

小木作：

门道立、卧株，每一条 平棊华、露篱、帐、经藏猴面等榥之类同；帐上透栓、卧榥，隔缝用；井亭大连檐，随椽隔间用；

乌头门上如意牙头，每长五寸 难子、贴络牙脚、牌带签面并楅、破子窗填心、水槽底版、胡梯促踏版、帐上山华贴及楅、角脊、瓦口、转轮经藏钿面版之类同；帐及经藏签面版等，隔榥用；帐上合角并山华络牙脚、帐头楅，用二枚；

钩窗槛面搏肘，每长七寸；

乌头门并格子签[4]子桯，每长一尺 格子等搏肘版、引檐，不用；门簪、鸡栖、平棊、梁抹瓣、方井亭等搏风版、地棚地面版、帐、经藏仰托榥、帐上混肚枋、牙脚帐压青牙子、壁藏斗槽版、签面之类同；其裹栿，随水路两边，各用；

破子窗签子桯，每长一尺五寸；

签平棊桯，每长二尺 帐上槫同；

藻井背版，每广二寸，两边各用；

水槽底版罨头，每广三寸；

帐上明金版，每广四寸 帐、经藏厦瓦版，随椽隔间用；

随楅签门板，每广五寸 帐并经藏坐面，随榥背版；井亭厦瓦版，随椽隔间用，其山版，用二枚；

平棊背版，每广六寸 签角蝉版，两边各用；

帐上山华蕉叶，每广八寸 牙脚帐随榥钉，顶版同；

帐上坐面版，随榥每广一尺；

铺作，每斗一只；

帐并经藏车槽等涩、子涩、腰华版，每瓣 壁藏坐壶门、牙头同；车槽坐腰面等涩、背版，隔瓣用；明金版，隔瓣用二枚；

右（上）各一枚。

乌头门抢柱，每一条 独扇门等伏兔、手栓、承拐福同；门簪、鸡栖、立牌牙子、平棊护缝、斗四瓣方、帐上桩子、车槽等处卧棍、方子、壁帐马衔、填心、转轮经藏辋、颊子之类同；

护缝，每长一尺 井亭等脊、角梁、帐上仰阳，隔斗贴之类同；

右（上）各二枚。

七尺以下门楅，每一条 垂鱼、钉榑头板、引檐跳椽、钩阑华托柱、叉子、马衔、井亭子博脊、帐并经藏腰檐抹角栿、曲剜椽子之类同；

露篱上屋版，随山子版，每一缝；

右（上）各二枚。

七尺至一丈九尺门楅，每一条，四枚。平棊楅、小平棊斗槽版，横钤、立旌、版门等伏兔、榑柱、日月版、帐上角梁、随间栿、牙脚帐格棍，经藏井口棍之类同。

二丈以上门楅，每一条，五枚。随圜桥子上促踏版之类同。

斗四并井亭子上斗槽版，每一条 帐带、猴面棍、山华蕉叶钥匙头之类同；

帐上腰檐鼓作、山华蕉叶斗槽版，每一间；

右（上）各六枚。

截间格子榑柱，每一条，一十二枚[5]。上面八枚，下面四枚。

斗八上斗槽版，每片，一十枚。

小斗四、斗八、平棊上并钩阑、门窗、雁翅版、帐并壁藏天宫楼阁之类，随宜计数。

雕木作：

宝床，每长五寸 脚并事件，每件三枚；

云盆，每长五寸；

右（上）各一枚。

角神安脚，每一只 膝窠，四枚；带，五枚；安钉，每身六枚；

扛坐神 力士同，每一身；

华版，每一片 每通长造者，每一尺一枚；其华头系贴钉者，每朵一枚；若一寸以上，加一枚；

虚柱，每一条钉卯；

右（上）各二枚。

混做真人、童子之类，高二尺以上，每一身 二尺以下，二枚；

柱头、人物之类，径四寸上，每一件 如三寸以下，一枚；

宝藏神臂膊，每一只 腿脚，四枚；襜，二枚；带，五枚；每一身安钉，六枚；

鹤子腿，每一只 每翅，四枚；尾，每一段，一枚；如施于华表柱头者，加脚钉，每只四枚；

龙、凤之类，接搭造，每一缝 缠柱者，加一枚；如全身作浮动者，每长一尺又加二枚；每长增五寸，加一枚；

应贴络，每一件 以一尺为率，每增减五寸，各加减一枚，减至二寸止；

椽头盘子，径六寸至一尺，每一个 径五寸以下，三枚；

右（上）各三枚。

竹作：

雀眼网贴，每长二尺，一枚。

压竹笆，每方一丈，三枚。

瓦作：

滴当子嫔伽 甋瓦华头同，每一只；

燕颔或牙子版，每二尺；

右（上）各一枚。

月版，每段，每广八寸，二枚。

套兽，每一只，三枚。

结宽铺作系转角处者，每方一丈，四枚。

泥作：

沙泥画壁披麻，每方一丈，五枚。

造泥假山，每方一丈，三十枚。

砖作：

井盘版，每一片，三枚。

〔3〕 与次行矛盾，指出存疑。

〔4〕 签，在这里是动词。

〔5〕 各本均无“一十二枚”四字，显然遗漏，按小注数补上。

通用钉料例

每一枚：

葱台头钉[6]，长一尺二寸，盖下方五分，重一十一两；长一尺一寸，盖下方四分八厘，重一十两一分；长一尺，盖下方四分六厘，重八两五钱。

猴头钉，长九寸，盖下方四分，重五两三钱；长八寸，盖下方三分八厘，重四两八钱。

卷盖钉，长七寸，盖下方三分五厘，重三两；长六寸，盖下方三分，重二两；长五寸，盖下方二分五厘，重一两四钱；长四寸，盖下方二分，重七钱。

圜盖钉，长五寸，盖下方二分三厘，重一两二钱；长三寸五分，盖下方一分八厘，重六钱五分；长三寸，盖下方一分六厘，重三钱五分。

拐盖钉，长二寸五分，盖下方一分四厘，重二钱二分五厘；长二寸，盖下方一分二厘，重一钱五分，长一寸三分，盖下方一分，重一钱；长一寸，盖下方八厘，重五分。

葱台长钉，长一尺，头长四寸，脚长六寸，重三两六钱；长八寸，头长三寸，脚长五寸，重二两三钱五分；长六寸，头长二寸，脚长四寸，重一两一钱。

两入钉，长五寸，中心方二分二厘，重六钱七分；长四寸，中心方二分，重四钱三分；长三寸，中心方一分八厘，重二钱七分；长二寸，中心方一分五厘，重一钱二分；长一寸五分，中心方一分，重八分。

卷叶钉，长八分，重一分，每一百枚重一两。

〔6〕 各版仅各种钉的名称印作正文，以下的长和方的尺寸和重量都印作小注。由于小注里所说的正是“料例”的具体内容，是主要部分，所以这里一律改作正文排印。

诸作用胶料例

小木作 雕木作同：

每方一尺 入细生活，十分中三分用鳔；每胶一斤，用木札二斤煎；下准此：

缝，二两。

卯，一两五钱。

瓦作：

应使墨煤；每一斤用一两。

泥作：

应使墨煤；每一十一两用七钱。

彩画作：

应使颜色每一斤，用下项 拢閤在内：

土朱，七两；

黄丹，五两；

墨煤，四两；

雌黄，三两 土黄、淀、常使朱红、大青绿、梓州熟大青绿、二青绿、定粉、深朱红、常使紫粉同；

石灰，二两。白土、生二青绿、青绿华同。

合色：

朱；

绿；

右（上）各四两。

绿华 青华同，二两五钱。

红粉；

紫檀；

右（上）各二两。

草色：

绿，四两。

深绿 深青同，三两。

绿华 青华同；

红粉；

右（上）各二两五钱。

衬金粉，三两。用鏢。

煎合桐油，每一斤，用四钱。

砖作：

应用墨煤，每一斤，用八两。

诸作等第

石作：

镌刻混作剔地起突及压地隐起华或平钑华。混作，谓螭头或钩阑之类。

右（上）为上等。

柱础，素覆盆 阶基望柱、门砧、流盃之类，应素造者同；

地面 踏道、地栿同；

碑身 笏头及坐同；

露明斧刃卷輂水窗；

水槽。井口、井盖同。

右（上）为中等。

钩阑下螭子石 闇柱碇同；

卷輂水窗拽后底版。山棚鋜脚同。

右（上）为下等。

大木作：

铺作斗栱 角梁、昂、杪、月梁同；

绞割展拽地架[1]。

右（上）为上等。

铺作所用槫、柱、栿、额之类[2]，并安椽；

斗口跳 绞泥道栱或安侧项枋及用把头栱者，同所用斗栱。华驼峰、楷子、大连檐、飞子之类，同。

右（上）为中等。

斗口跳以下所用槫、柱、栿、额之类，并安椽；

凡平闇内所用草架栿之类。谓不事造者；其斗口跳以下所用素驼峰、楷子、小连檐之类，同。

右（上）为下等。

小木作：

版门、牙、缝、透栓、垒肘造；

格子门 阑槛钩窗同；

毬文格子眼 四直方格眼，出线，自一混，四撺尖以上造者，同；

桯，出线造；

斗八藻井 小八藻井同；

叉子 内霞子、望柱、地栿、衮砧，随本等造；下同；

棂子 马衔同，海石榴头，其身，瓣内单混，面上出心线以上造；

串，瓣内单混，出线以上造；

重台钩阑 井亭子并胡梯，同；

牌带贴络雕华；

佛道帐 牙脚、九脊、壁帐、转轮经藏、壁藏，同。

右（上）为上等。

乌头门 软门及版门、牙、缝，同；

破子窗 井屋子同；

格子门 平棊及阑槛钩窗同：

格子，方绞眼，平出线或不出线造；

桯，方直，破瓣，撺尖 素通混或压边线造同；

栱眼壁版 裹栿版，五尺以上垂鱼、惹草，同；

照壁版，合版造 障日版同；

擗帘竿，六混以上造；

叉子：

棂子，云头，方直出心线或出边线，压白造；

串，侧面出心线或压白造；

单钩阑，撮项蜀柱、云栱造。素牌及棵笼子，六瓣或八瓣造同。

右（上）为中等。

版门，直缝造 版棂窗、睒电窗同；

截间版帐 照壁障日版，牙头、护缝造，并屏风骨子及横钤、立旌之类同；

版引檐 地棚并五尺以下垂鱼、惹草同；

擗帘竿，通混、破瓣造；

叉子 拒马叉子同：

棂子，挑瓣云头或方直笏头造；

串，破瓣造 托枨或曲枨同；

单钩阑，斗子蜀柱、蜻蜓头造。棵笼子，四瓣造同。

右（上）为下等。

凡安卓，上等门、窗之类为中等[3]，中等以下并为下等。其门并版壁、格子，以方一丈为率，于计定造作功限内，以加功二分作下等。每增减一尺，各加减一分功。乌头门比版门合得下等功限加倍。破子窗，以六尺为率，于计定功限内，以五分功作下等功。每增减一尺，各加减五厘功。

雕木作：

混作：

角神 宝藏神同；

华牌，浮动神仙、飞仙、升龙、飞凤之类；

柱头，或带仰覆莲荷，台坐造龙、凤、狮子之类；

帐上缠柱龙 缠宝山或牙鱼，或间华；并扛坐神、力士、龙尾、嫔伽同；

半混：

雕插及贴络写生牡丹华、龙、凤、狮子之类 宝床事件同；

牌头 带，舌同、华版；

椽头盘子，龙、凤或写生华 钩阑寻杖头同；

槛面 钩阑同、云栱 鹅项、矮柱、地霞、华盆之类同；中、下等准此，剔地起突，二卷或一卷造；

平綦内盘子，剔地云子间起突雕华、龙、凤之类 海眼版、水地间海鱼等同；

华版：

海石榴或尖叶牡丹，或写生，或宝相，或莲荷 帐上欢门、车槽、猴面等华版及裹栿、障水、填心版、格子、版壁腰内所用华版之类同；中等准此；

剔地起突，卷搭造 透突起突造同；

透突洼叶间龙、凤、狮子、化生之类；

长生草或双头蕙草，透突龙、凤、狮子、化生之类。

右（上）为上等。

混作帐上鸱尾 兽头、套兽、蹲兽同；

半混：

贴络鸳鸯、羊、鹿之类 平綦内角蝉并华之类同；

槛面 钩阑同、云栱、洼叶平雕；

垂鱼、惹草，间云、鹤之类 立桥手把飞鱼同；

华版，透突洼叶平雕长生草或双头蕙草，透突平雕或剔地间鸳鸯、羊、鹿之类。

右（上）为中等。

半混：

贴络香草、山子、云霞；

槛面 钩阑同：

云栱，宝云头；

万字、勾片，剔地；

叉子，云头或双云头；

鋜脚壶门版 帐带同，造实结带或透突华叶；

垂鱼、惹草，宝云头；

团窠莲华 伏兔莲荷及帐上山华蕉叶版之类同；

毬文格子，挑白。

右（上）为下等。

旋作：

宝床上所用名件 搘角梁、宝瓶、栌铃同。

右（上）为上等。

宝柱 莲华柱顶、虚柱莲华并头瓣同；

火珠 滴当子、椽头盘子、仰覆莲胡桃子、葱台钉并钉盖筒子，同。

右（上）为中等。

栌斗；

门盘浮沤。瓦头子、钱子之类同。

右（上）为下等。

竹作：

织细棊文簟，间龙、凤或华样。

右（上）为上等。

织细棊文素簟；

织雀眼网，间龙、凤、人物或华样。

右（上）为中等。

织麤簟 假棊文簟同；

织素雀眼网；

织笆 编道竹栅，打篛、笍索、夹载盖棚同；

右（上）为下等。

瓦作：

结瓷殿阁、楼台；

安卓鸱、兽事件；

斫事璃瓦口。

右（上）为上等。

甋瓦结瓷厅堂、廊屋 用大当沟、散瓪瓦结瓷、摊钉行垅同；

斫事大当沟。开剜燕颔、牙子版同。

右（上）为中等。

散瓪瓦结瓷；

斫事小当沟并线道、条子瓦；

抹栈、笆、箔。混染黑脊、白道、系箔，并织造泥篮同。

右（上）为下等。

泥作：

用红灰 黄、白灰同；

沙泥画壁 被篾，披麻同；

垒造锅镬灶 烧钱炉、茶炉同；

垒假山。壁隐山子同。

右（上）为上等。

用破灰泥；

垒坯墙。

右（上）为中等。

细泥 麤泥并搭乍中泥作衬同；

织造泥篮。

右（上）为下等。

彩画作：

五彩装饰 间用金同；

青绿碾玉。

右（上）为上等。

青绿棱间；

解绿赤、白及结华 画松文同；

柱头，脚及槫画束锦。

右（上）为中等。

丹粉赤白 刷土黄同；

刷门、窗。版壁、叉子、钩阑之类，同。

右（上）为下等。

砖作：

镌华；

垒砌象眼、踏道。须弥华台坐同。

右（上）为上等。

垒砌平阶、地面之类 谓用斫磨砖者；

斫事方、条砖。

右（上）为中等。

垒砌粗台阶之类 谓用不斫磨砖者；

卷輂、河渠之类。

右（上）为下等。

窑作：

鸱、兽 行龙、飞凤、走兽之类同；

火珠。角珠、滴当子之类同。

右（上）为上等。

瓦坯 粘绞并造华头，拨重唇同；

造璃瓦之类；

烧变砖、瓦之类。

右（上）为中等。

砖坯；

装窑。垒輂窑同。

右（上）为下等。

〔1〕 地架是什么？大木作制度、功限、料例都未提到过。

〔2〕 “铺作所用”四个字过于简略。这里所说的不是铺作本身，而应理解为“有铺作斗栱的殿堂，楼阁等所用的槫、柱、栿、额之类”。

〔3〕 应理解为：门窗之类，造作工作算作上等的，它的安卓工作就按中等计算；造作在中等以下的，安卓一律按下等计。

拾

壕寨制度图样

石作制度图样

大木作制度图样

壕寨制度圖樣 — 宋代測量儀器圖

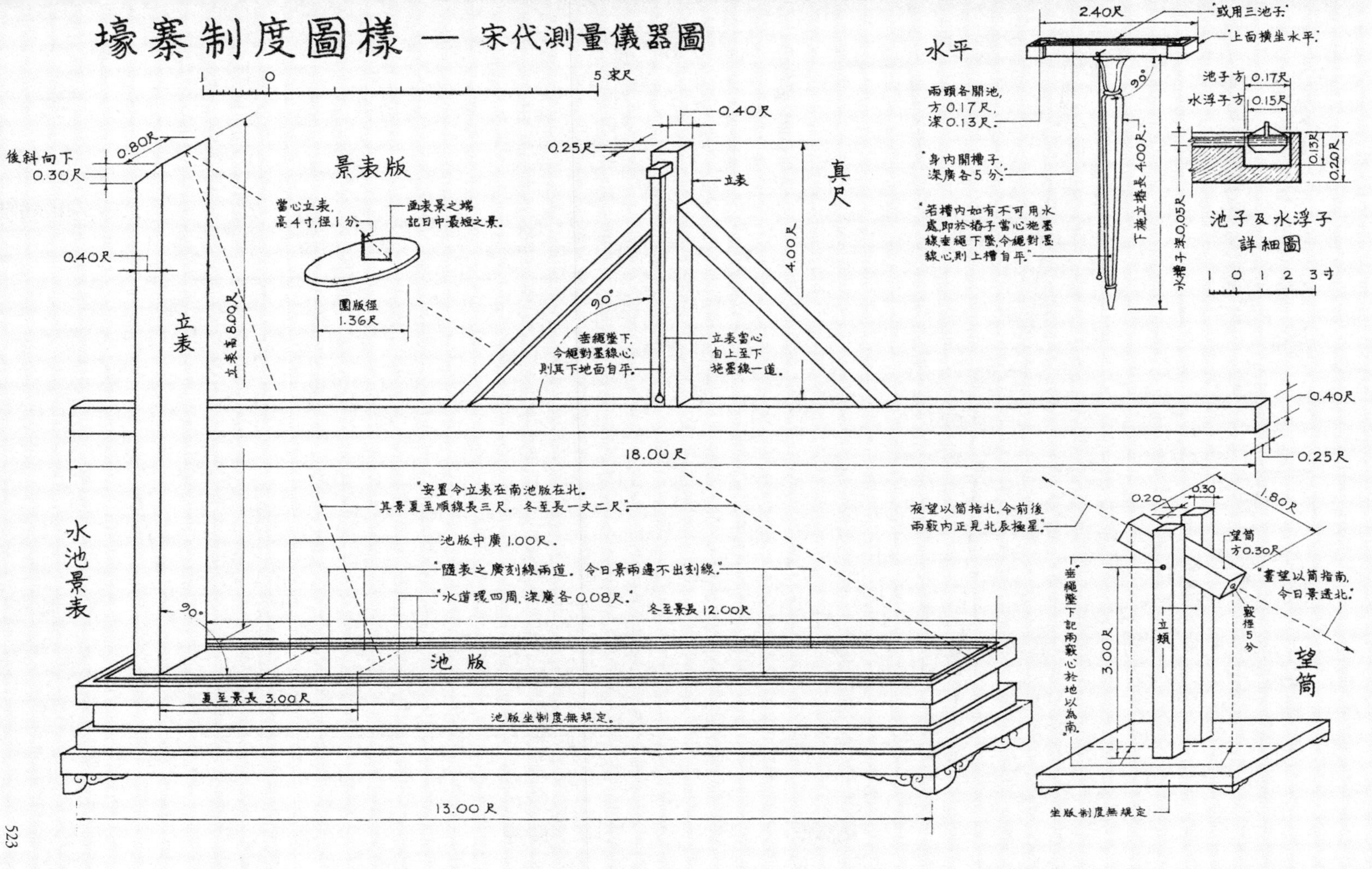

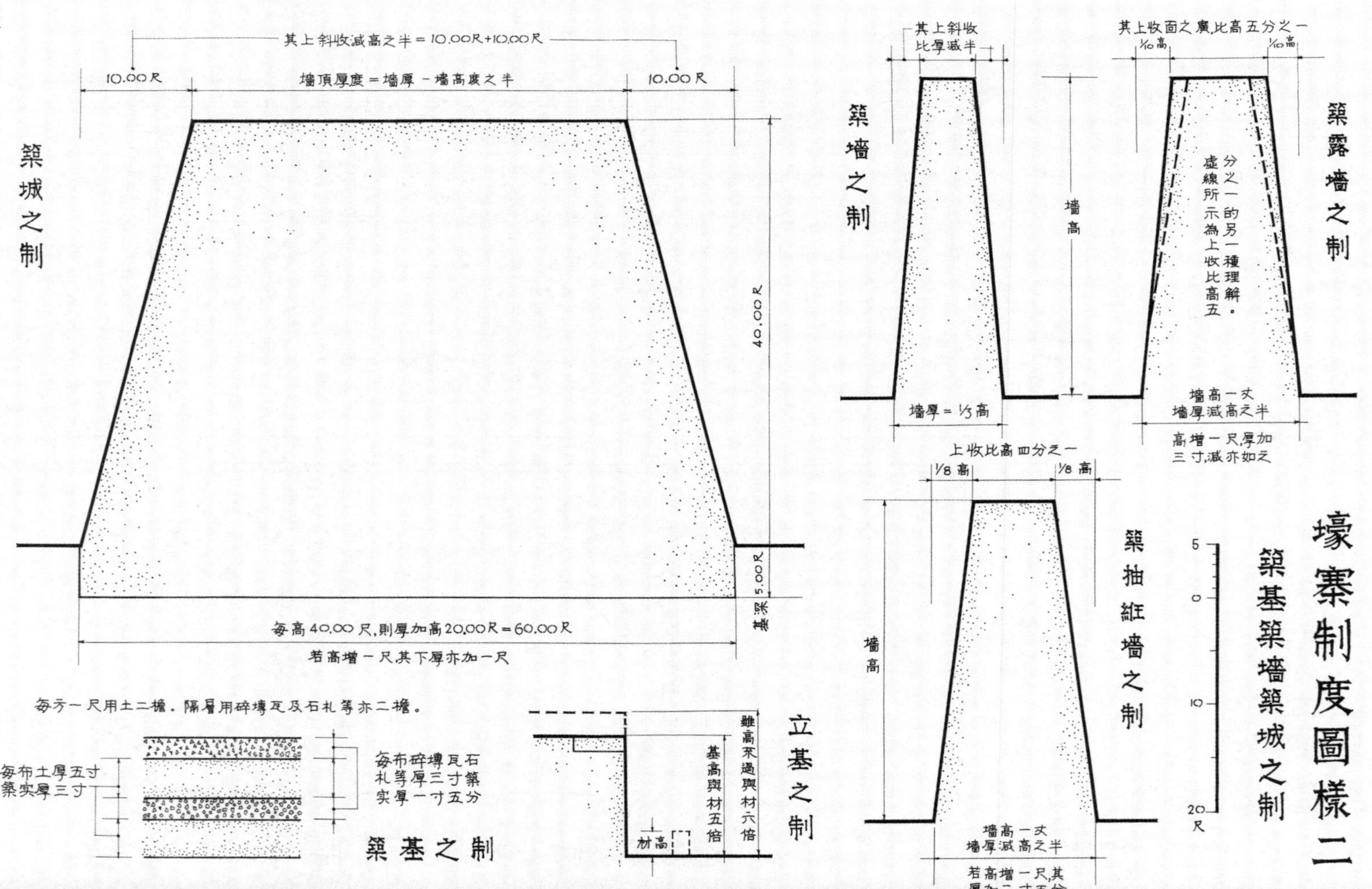
壕寨制度圖樣二
築基築墻築城之制
5 0 10 20尺
築城之制
其上斜收減高之半＝10.00尺+10.00尺
10.00尺
墻頂厚度＝墻厚－墻高度之半
10.00尺
40.00尺
基深5.00尺
每高40.00尺，則厚加高20.00尺＝60.00尺
若高增一尺，其下厚亦加一尺
每方一尺用土二檐。隔層用碎塼瓦及石札等亦二檐。
每布土厚五寸
築实厚三寸
每布碎塼瓦石
札等厚三寸築
实厚一寸五分
築基之制
立基之制
雖高不過與材六倍
基高與材五倍
材高
築墻之制
其上斜收
比厚減半
墻高
墻厚＝⅓高
築露墻之制
其上收面之廣，比高五分之一
⅒高
⅒高
虛線所示為上收比高五分之一的另一種理解。
墻高一丈
墻厚減高之半
高增一尺，厚加三寸，減亦如之
築抽絍墻之制
上收比高四分之一
⅛高
⅛高
墻高
墻高一丈
墻厚減高之半
若高增一尺，其厚加二寸五分

石作制度圖樣一

彫鐫　彫鐫制度有四等:

一　剔地起突　其彫刻母題三面突起,一面與地相聯.

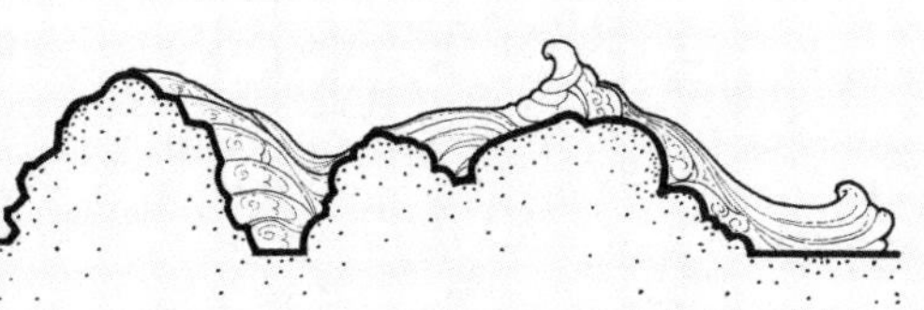

二　壓地隱起　母題突起甚少,按文義,母題最高點似不突出石面以上.

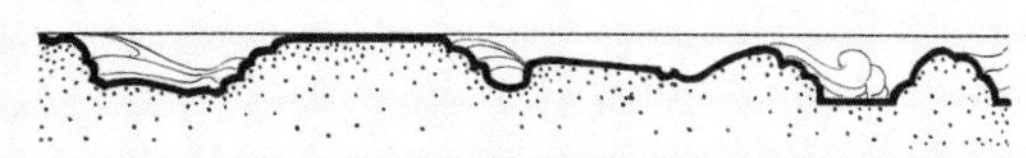

三　減地平鈒　如壓地隱起,母題最高點不突出石面,但最高點與地相差甚微.

四　素平　石面平整無彫飾.

柱礎　造柱礎之制:

其方倍柱之徑,方一尺四寸以下者,每方一尺厚八寸,方三尺以上者,厚減方之半,方四尺以上者,以厚三尺為準. 若造覆盆(柱礎)每方一尺覆盆高一寸,每覆盆高一寸,盆唇厚一分,如仰覆蓮花,其高加覆盆一倍.

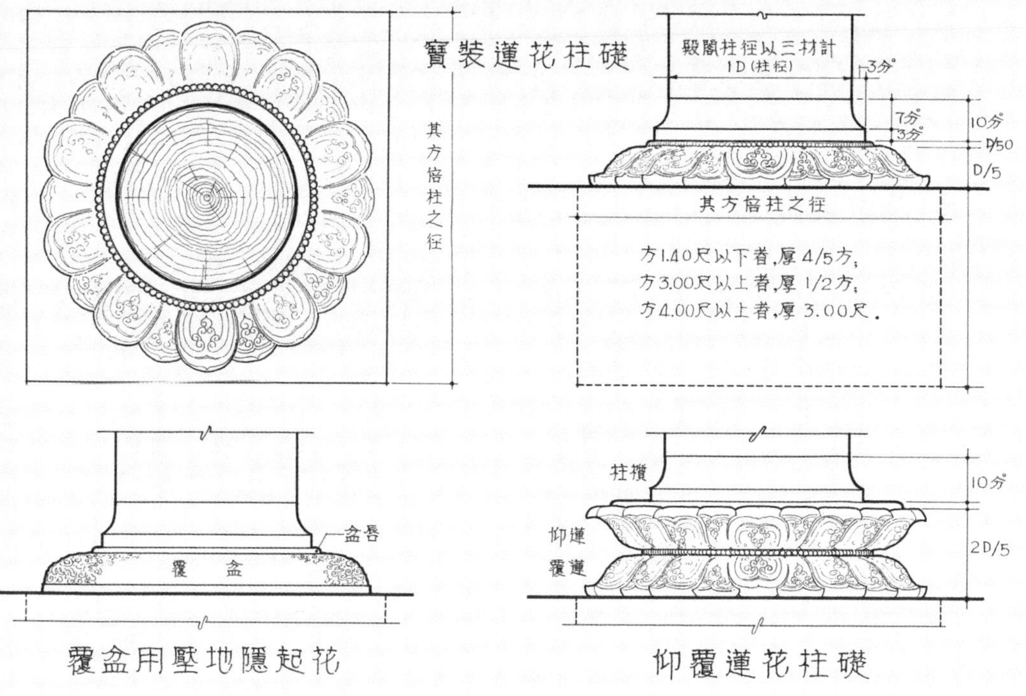

覆盆用壓地隱起花　　仰覆蓮花柱礎

石作制度圖樣二

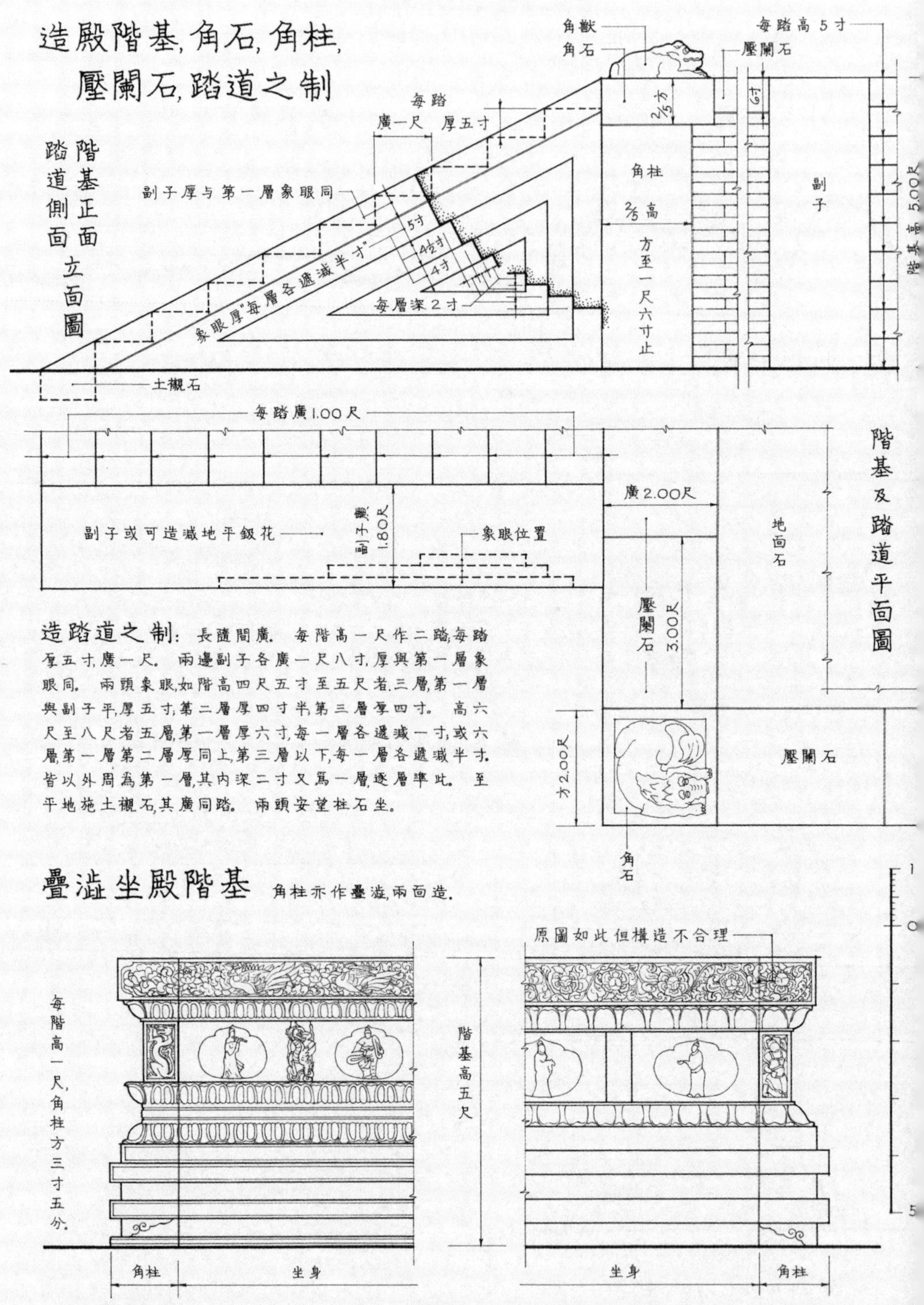

造踏道之制：長隨間廣。每階高一尺作二踏；每踏厚五寸，廣一尺。兩邊副子各廣一尺八寸，厚與第一層象眼同。兩頭象眼，如階高四尺五寸至五尺者，三層，第一層與副子平，厚五寸；第二層厚四寸半；第三層厚四寸。高六尺至八尺者五層，第一層厚六寸，每一層各遞減一寸；或六層，第一層第二層厚同上，第三層以下，每一層各遞減半寸。皆以外周為第一層，其內深二寸又爲一層，逐層準此。至平地施土襯石，其廣同踏。兩頭安望柱石坐。

卷三殿階基條制度不詳，卷廿九有階基疊澁坐圖兩種，兹按原圖，並参照壔作須彌坐之制，擬製圖如上。

石作制度圖樣三

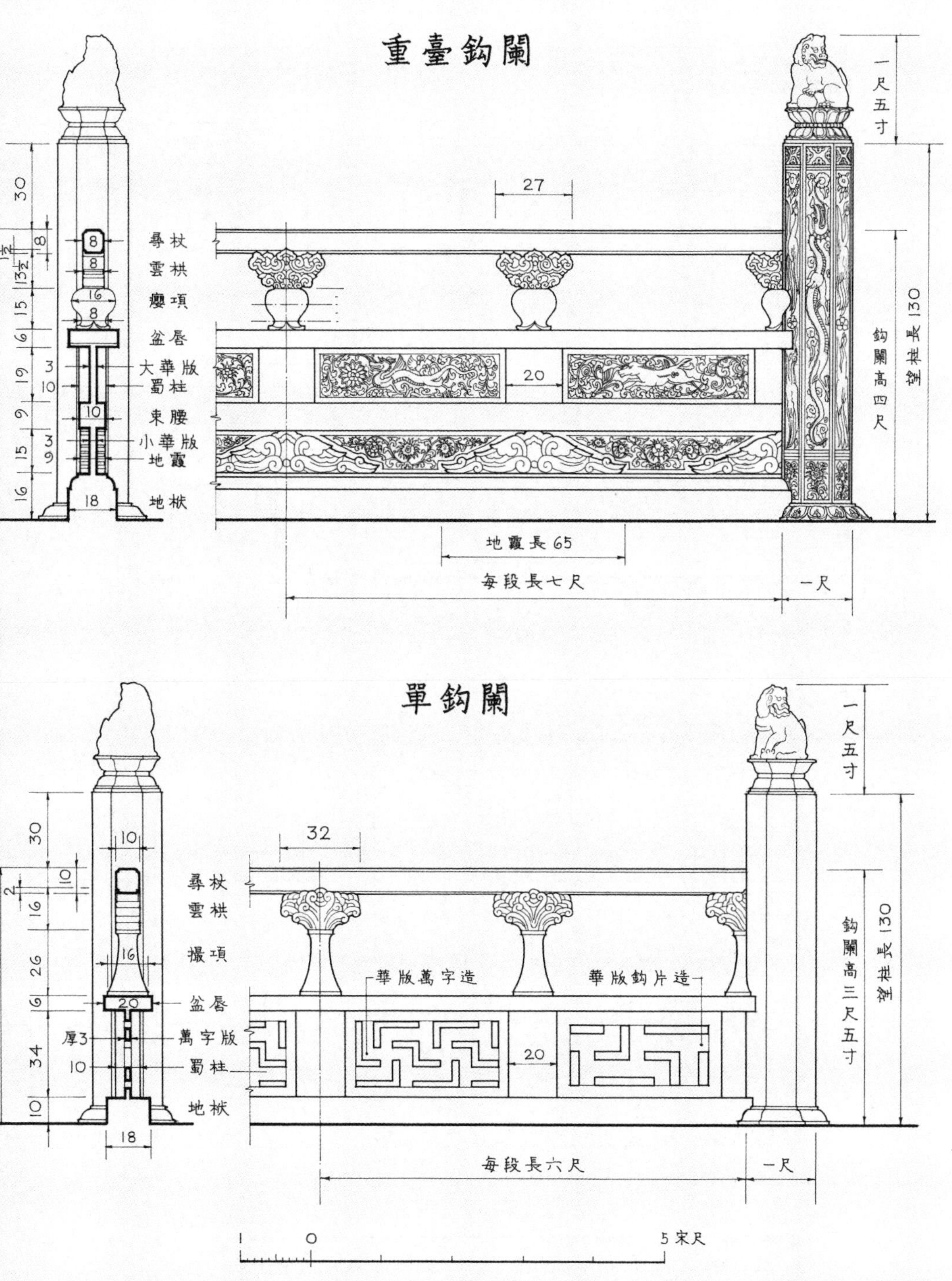

重臺鉤闌
30
8
$1\frac{1}{2}$
$13\frac{1}{2}$
15
6
19
9
15
16
8
8
16
8
3
10
10
3
9
18
尋杖
雲栱
癭項
盆脣
大華版
蜀柱
束腰
小華版
地霞
地栿
27
20
一尺五寸
鉤闌高四尺
望柱長130
地霞長65
每段長七尺
一尺
單鉤闌
30
10
2
16
26
6
34
10
10
16
20
厚3
10
18
尋杖
雲栱
撮項
盆脣
萬字版
蜀柱
地栿
32
華版萬字造
華版鉤片造
20
一尺五寸
鉤闌高三尺五寸
望柱長130
每段長六尺
一尺
1
0
5宋尺

石作制度圖樣四

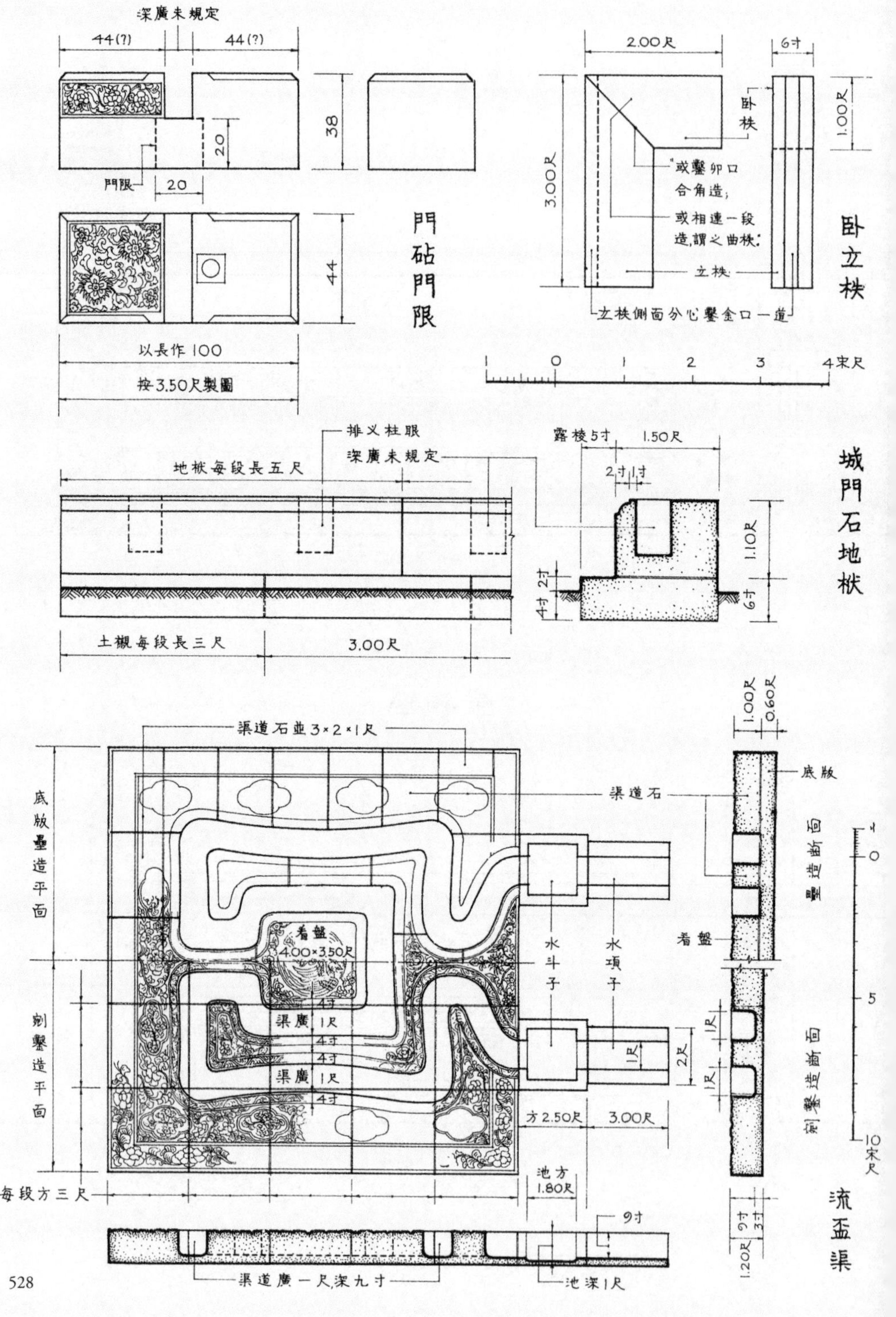

深廣未規定
44(?)
44(?)
38
20
門限
20
44
門砧門限
以長作100
按3.50尺製圖
2.00尺
6寸
1.00尺
卧栿
3.00尺
或鑿卯口合角造;
或相連一段造,謂之曲栿;
立栿
卧立栿
立栿側面分心鑿金口一道
0 1 2 3 4宋尺
排义柱眼
深廣未規定
地栿每段長五尺
露棱5寸
1.50尺
2寸 1寸
1.10尺
城門石地栿
2寸
4寸
6寸
土襯每段長三尺
3.00尺
渠道石並3×2×1尺
1.00尺
0.60尺
底版
渠道石
底版壘造平面
壘造斷面
看盤
4.00×3.50尺
水斗子
水項子
看盤
5
4寸
渠廣 1尺
4寸
渠廣 1尺
4寸
剜鑿造平面
1尺
2尺
1尺
1尺
剜鑿造斷面
方2.50尺
3.00尺
10宋尺
每段方三尺
池方 1.80尺
9寸
9寸
3寸
1.20尺
流盃渠
渠道廣一尺,深九寸
池深1尺

石作制度圖樣五

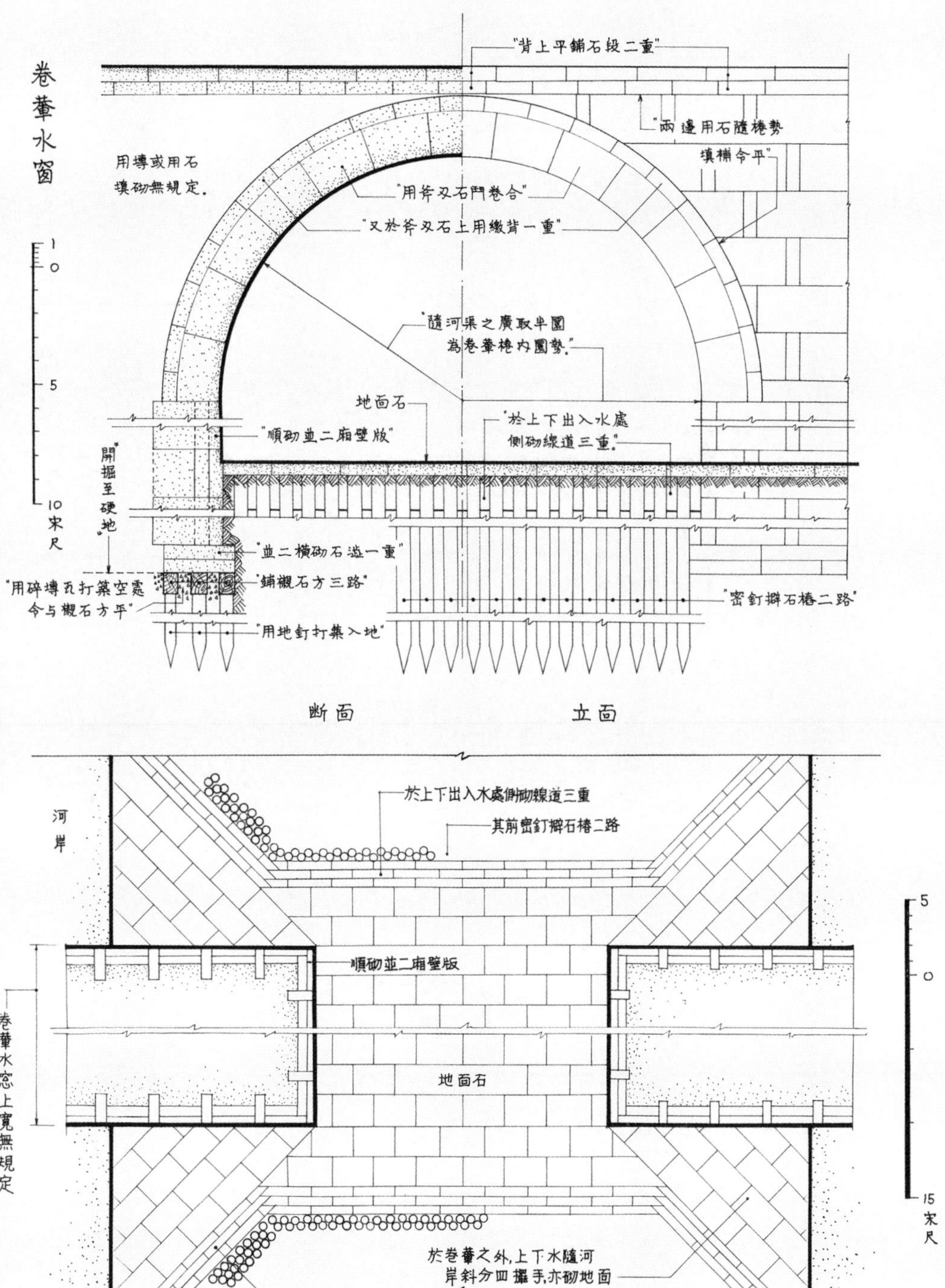

卷輂水窗
"背上平鋪石段二重"
"兩邊用石隨棬勢填補令平"
用塼或用石填砌無規定.
"用斧刄石鬥卷合"
"又於斧刄石上用緻背一重"
"隨河渠之廣取半圜為卷輂棬内圜勢."
地面石
"於上下出入水處側砌線道三重."
"順砌並二廂壁版"
"開掘至硬地"
"並二横砌石涟一重"
"鋪襯石方三路"
"用碎塼瓦打築空處令与襯石方平"
"用地釘打築入地"
"密釘擗石椿二路"
断面
立面
河岸
於上下出入水處側砌線道三重
其前密釘擗石椿二路
順砌並二廂壁版
卷輂水窗上寬無規定
地面石
於卷輂之外,上下水隨河岸斜分四擺手,亦砌地面
地面之外側砌線道石三重,其前密釘擗石樁三路

平面

石作制度圖樣六

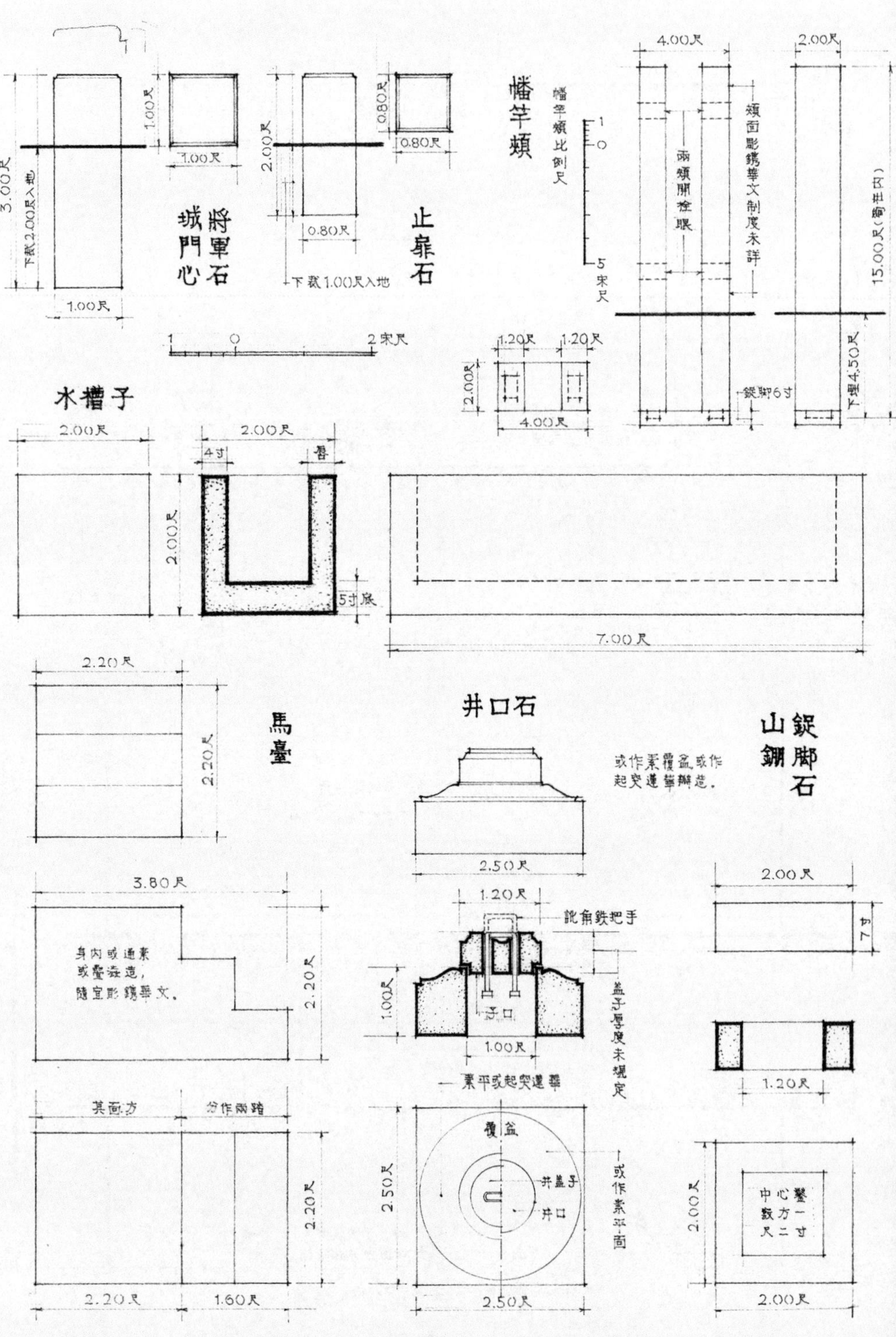

將軍石
城門心
止扉石
幡竿頰
幡竿頰比例尺
兩頰開栓眼
頰面剔鏤華文制度未詳
水槽子
馬臺
井口石
山棚
鋜脚石
身内或通素或疊澁造，隨宜剔鏤華文。
其面方
分作兩踏
或作素覆盆或作起突蓮華瓣造。
訛角鐵把手
子口
盖子厚度未規定
素平或起突蓮華
覆盆
井盖子
井口
或作素平面
中心鑿一方一寸二分
鋜脚6寸
下埋4.50尺
下栽2.00尺入地
下栽1.00尺入地
15.00尺(筍在内)

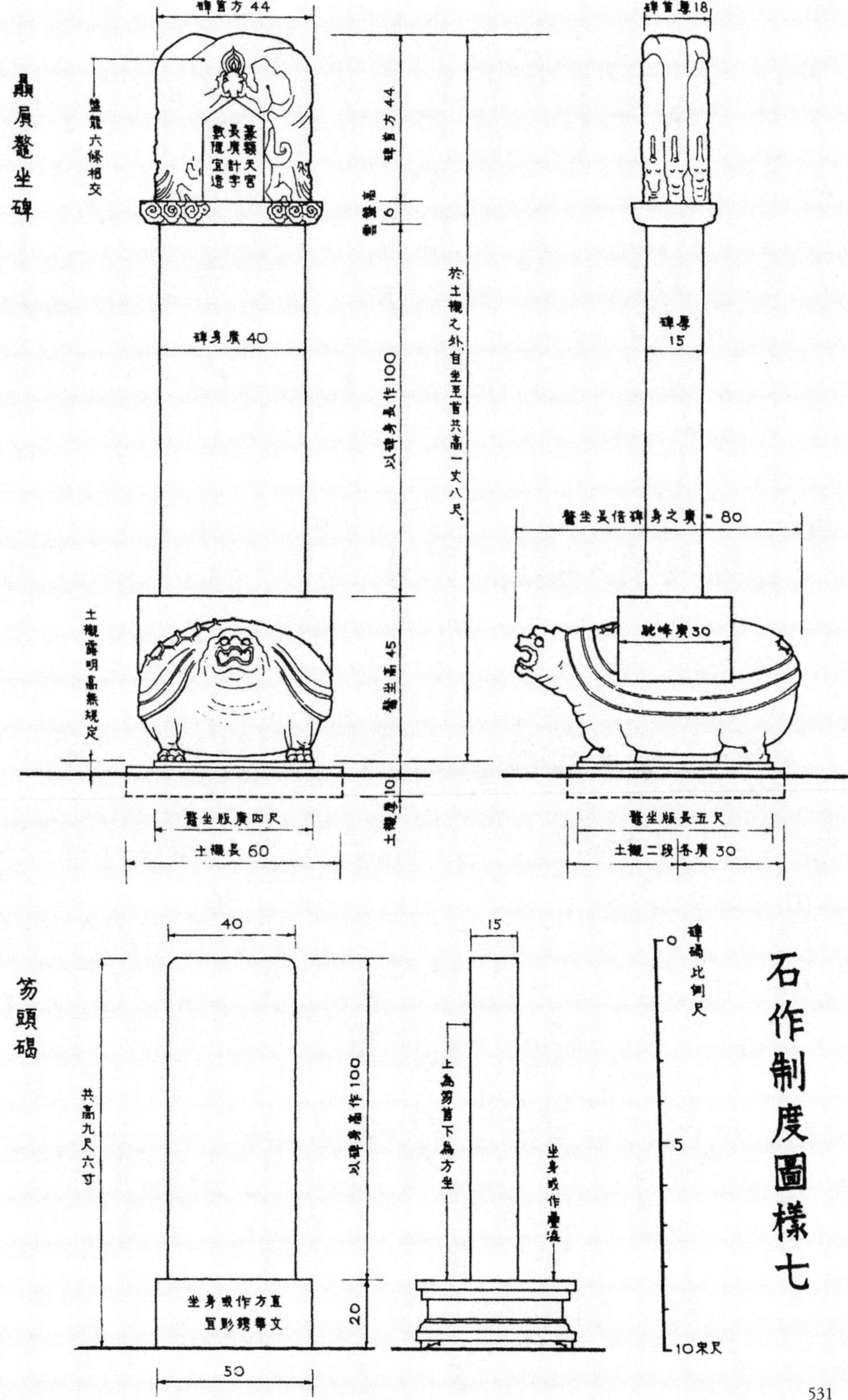

贔屓鼇坐碑
碑首方 44
盤龍六條相交
篆額天宮長廣計字數隨宜造
碑首方 44
雲盤高 6
於土襯之外，自坐至首共高一丈八尺。
碑身廣 40
以碑身長作 100
土襯露明高無規定
鼇坐高 45
土襯厚 10
鼇坐版廣四尺
土襯長 60
碑首厚 18
碑厚 15
鼇坐長倍碑身之廣＝80
駞峰廣 30
鼇坐版長五尺
土襯二段各廣 30
笏頭碣
40
共高九尺六寸
以碑身高作 100
坐身或作方直造剔地起突
20
50
15
上為笏首下為方坐
坐身或作疊澀
碑碣比例尺
0
5
10宋尺
石作制度圖樣七

大木作制度圖樣一

材 凡構屋之制，皆以材為祖；材有八等，度屋之大小，因而用之。各以其材之廣，分為十五分°，以十分為其厚。凡屋宇之高深，名物之短長，曲直舉折之勢，規矩繩墨之宜，皆以所用材之分°，以為制度焉。栔（音"至"）廣六分，厚四分。材上加栔者，謂之足材。

第一等	第二等	第三等	第四等	第五等	第六等	第七等	第八等
廣九寸 厚六寸	廣八寸二分五厘 厚五寸五分	廣七寸五分 厚五寸	廣七寸二分 厚四寸八分	廣六寸六分 厚四寸四分	廣六寸 厚四寸	廣五寸二分五厘 厚三寸五分	廣四寸五分 厚三寸
殿身九間至十一間用之。副階并挾屋材分°，減殿身一等；廊屋減挾屋一等。	殿身五間至七間則用之。	殿身三間至五間，或堂七間則用之。	殿三間，廳堂五間則用之。	殿小三間，廳堂大三間則用之。	亭榭或小廳堂用之。	小殿及亭榭等用之。	殿內藻井，或小亭榭施鋪作多則用之。

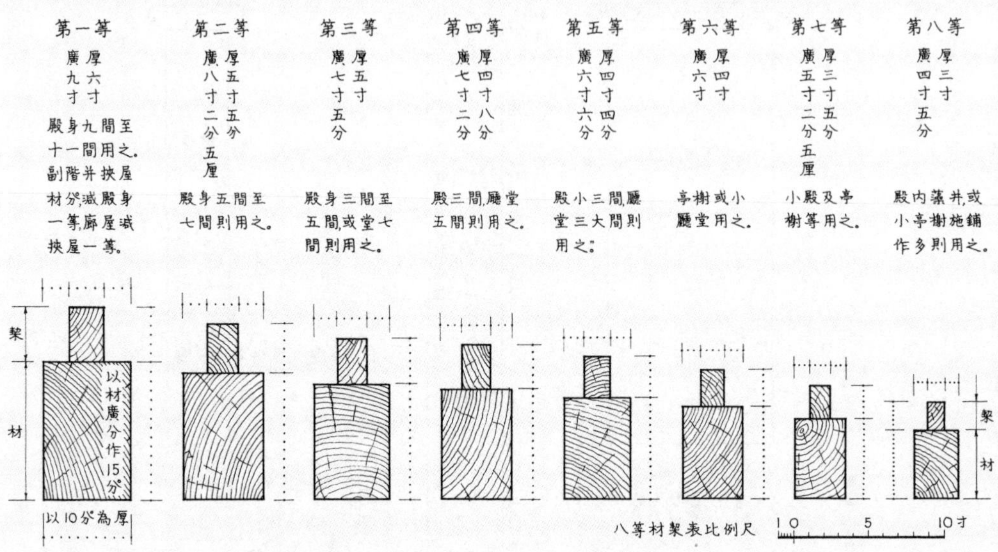

枓栱部分名稱圖（六鋪作重栱出單抄雙下昂，裏轉五鋪作重栱出兩抄，並計心。）

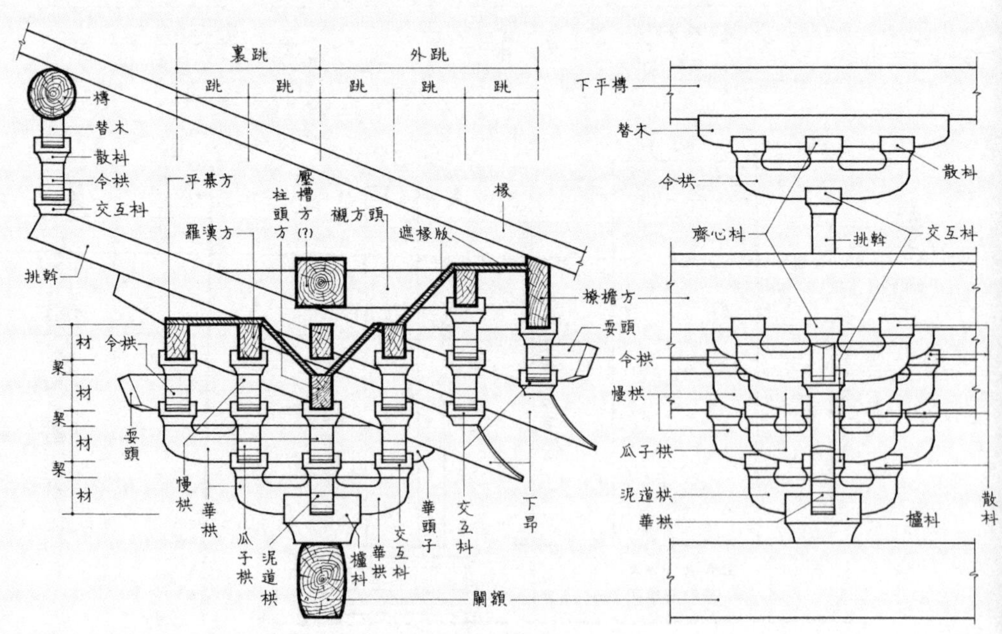

大木作制度圖樣二

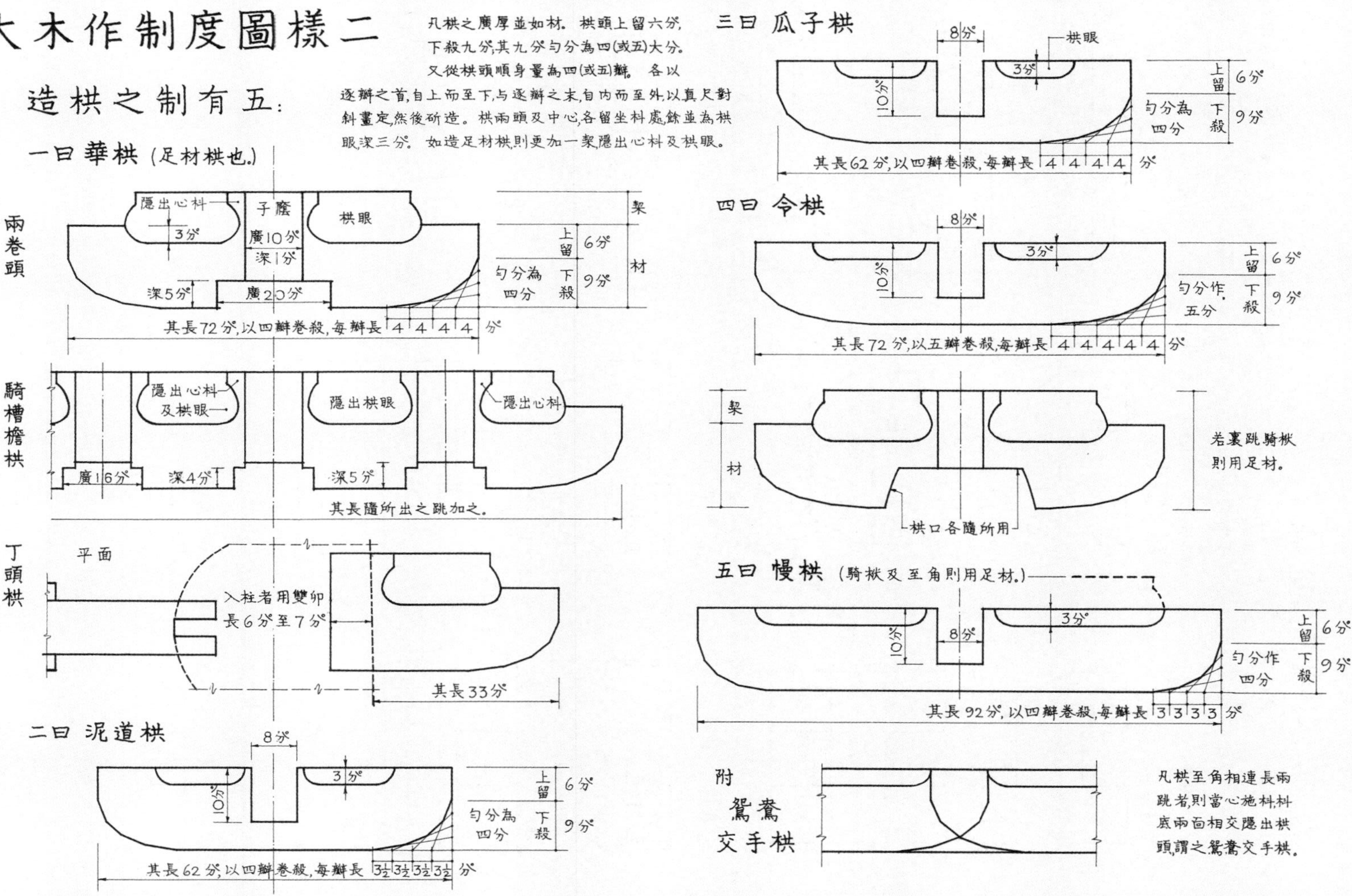

凡栱之廣厚並如材。栱頭上留六分，下殺九分；其九分匀分為四(或五)大分。又從栱頭順身量為四(或五)瓣。各以逐瓣之首，自上而至下，与逐瓣之末，自內而至外，以直尺對斜畫定，然後斫造。栱兩頭及中心，各留坐枓處，餘並為栱眼，深三分。如造足材栱，則更加一栔隱出心枓及栱眼。
造栱之制有五：
一曰 華栱 (足材栱也。)
兩卷頭
隱出心枓
3分
子廕
廣10分
深1分
栱眼
深5分
廣20分
上留 6分
匀分為四分
下殺 9分
栔
材
其長72分，以四瓣卷殺，每瓣長 4 4 4 4 分
騎槽檐栱
隱出心枓及栱眼
隱出栱眼
隱出心枓
廣16分
深4分
深5分
其長隨所出之跳加之。
丁頭栱
平面
入柱者用雙卯長6分至7分
其長33分
二曰 泥道栱
8分
3分
10分
上留 6分
匀分為四分
下殺 9分
其長62分，以四瓣卷殺，每瓣長 3½ 3½ 3½ 3½ 分
三曰 瓜子栱
8分
栱眼
3分
10分
上留 6分
匀分為四分
下殺 9分
其長62分，以四瓣卷殺，每瓣長 4 4 4 4 分
四曰 令栱
8分
3分
10分
上留 6分
匀分作五分
下殺 9分
其長72分，以五瓣卷殺，每瓣長 4 4 4 4 4 分
栔
材
若裏跳騎栿則用足材。
栱口各隨所用
五曰 慢栱 (騎栿及至角則用足材。)
3分
8分
10分
上留 6分
匀分作四分
下殺 9分
其長92分，以四瓣卷殺，每瓣長 3 3 3 3 分
附 鴛鴦交手栱
凡栱至角相連長兩跳者，則當心施枓，枓底兩面相交隱出栱頭，謂之鴛鴦交手栱。

大木作制度圖樣三

造枓之制有四

櫨斗高二十分，上八分為耳，中四分為平，下八分為欹。開口廣十分，深八分。底四面各殺四分。欹䫜一分。

交互枓，齊心枓，散枓，皆高十分，上四分為耳，中二分為平，下四分為欹。開口皆廣十分，深四分。底四面各殺二分。欹䫜半分。

凡四耳枓於順跳口內，前後裏壁各留隔口包耳，高二分，厚一分半。櫨枓則倍之。角內櫨枓，於角栱口內留隔口包耳，其高隨耳，抹角內䫜入半分。

一曰 櫨枓

二曰 交互枓

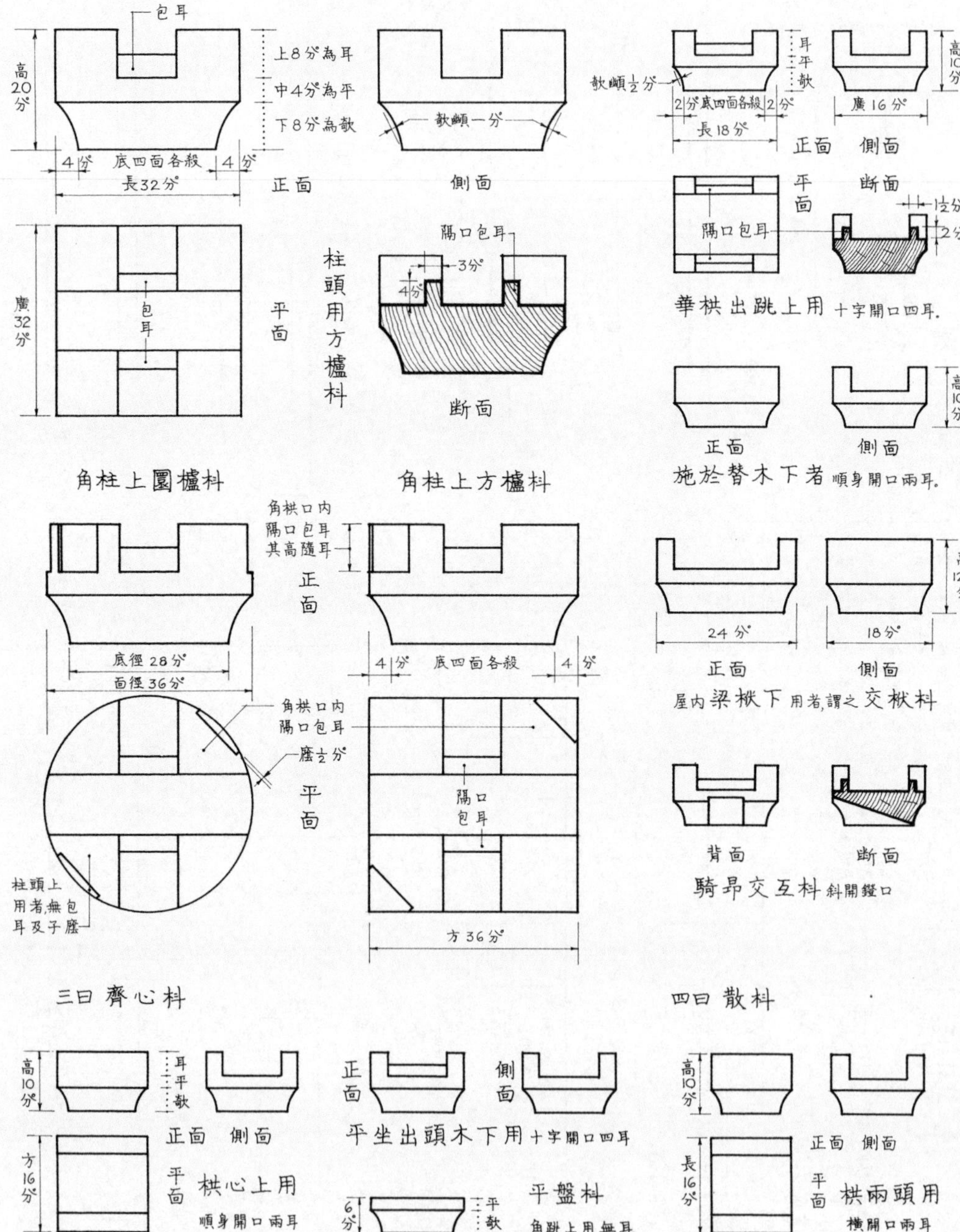

大木作制度圖樣四

下昂尖卷殺之制　造耍頭之制（註：龍牙口未見於實例，位置不詳。）

造耍頭之制　用足材，自枓心出，長二十五分。自上棱斜殺向下六分；自頭上量五分，斜殺向下二分，謂之鵲臺；兩面留心，各斜抹五分；下隨各斜殺向上二分，長五分。下大棱上兩面開龍牙口，廣半分，斜梢向尖。開口與華栱同，與令栱相交，安於齊心枓下。

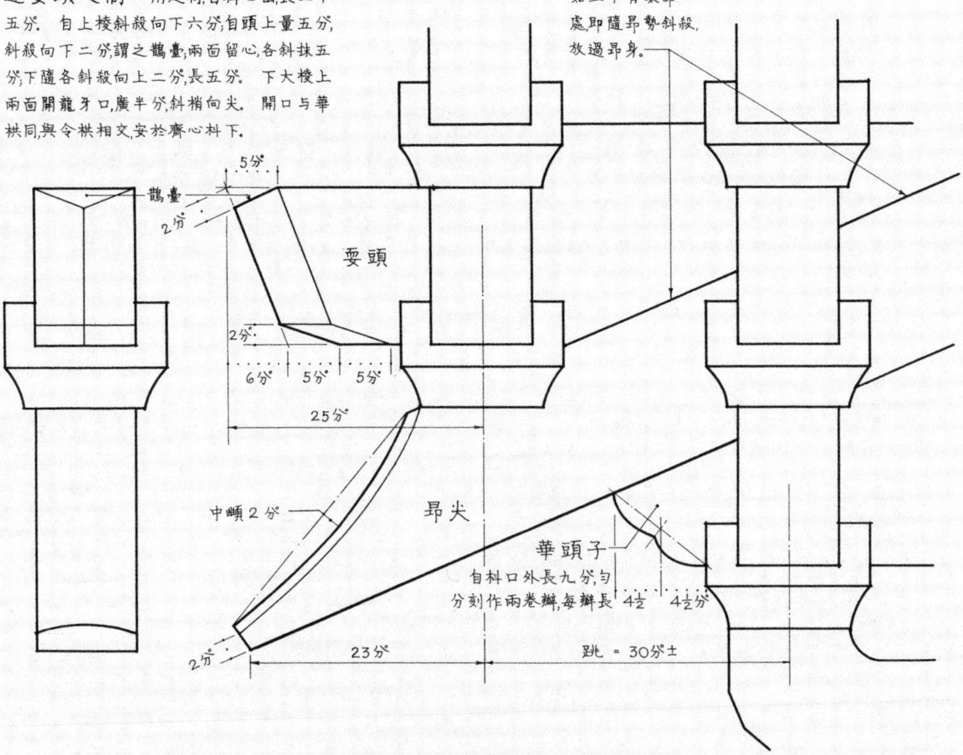

如上下有礙昂處，即隨昂勢斜殺，放過昂身。

5分
鵲臺
2分
耍頭
2分
6分　5分　5分
25分
中顱2分
昂尖
華頭子
自枓口外長九分，分刻作兩卷瓣，每瓣長4½　4½分
2分
23分
跳＝30分±

造下昂之制　自上一材，垂尖向下，從枓底心下取直，其長二十三分。其昂身上徹屋內。自枓外斜殺向下，留二分。昂面中顱二分，令顱勢圜和。

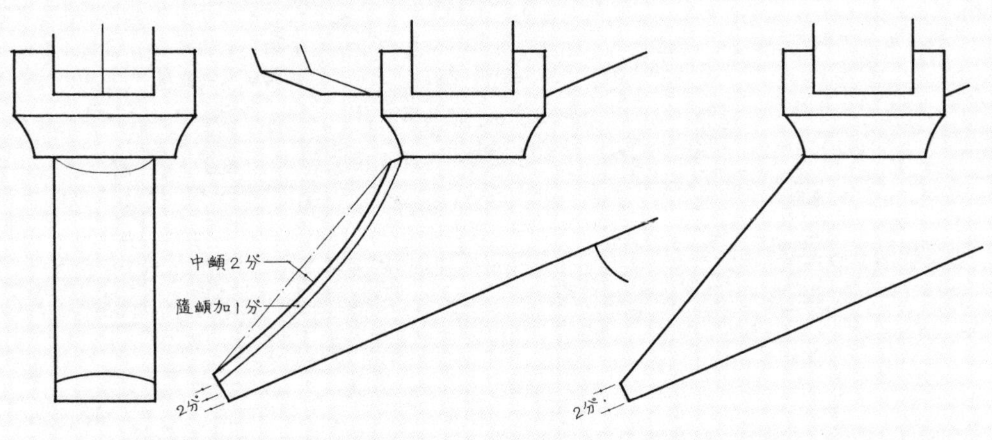

亦有於昂面上隨顱加一分，訛殺至兩棱者，謂之

琴面昂

亦有自枓外斜殺至尖者，其昂面平直，謂之

批竹昂

大木作制度圖樣五

每跳令栱上只用素方一重,謂之**單栱**

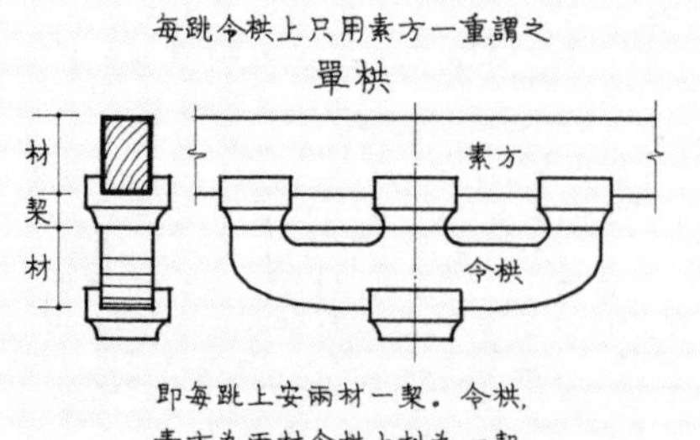

即每跳上安兩材一栔。令栱,素方,為兩材;令栱上枓為一栔。

素方在泥道栱上者謂之柱頭方,在跳上者謂之羅漢方。

每跳瓜子栱上施慢栱,慢栱上用素方,謂之**重栱**

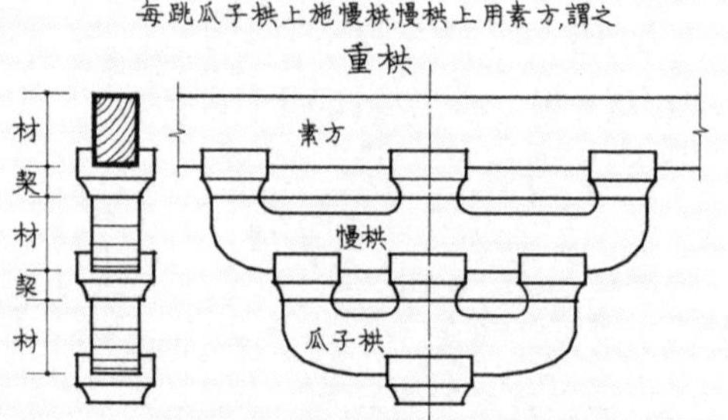

即每跳上安三材兩栔。瓜子栱,慢栱,素方,為三材;瓜子栱上枓,慢栱上枓,為兩栔。

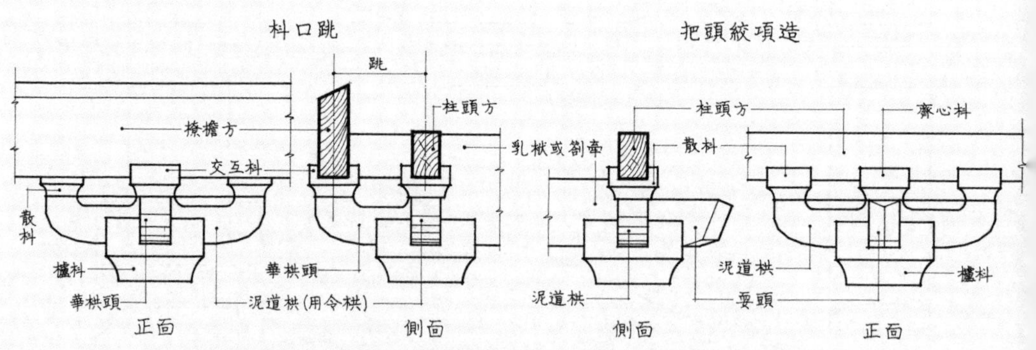

枓口跳及把頭絞項造之制,大木作制度中未詳,謹按大木作功限中所載補圖如上。

下昂出跳分數

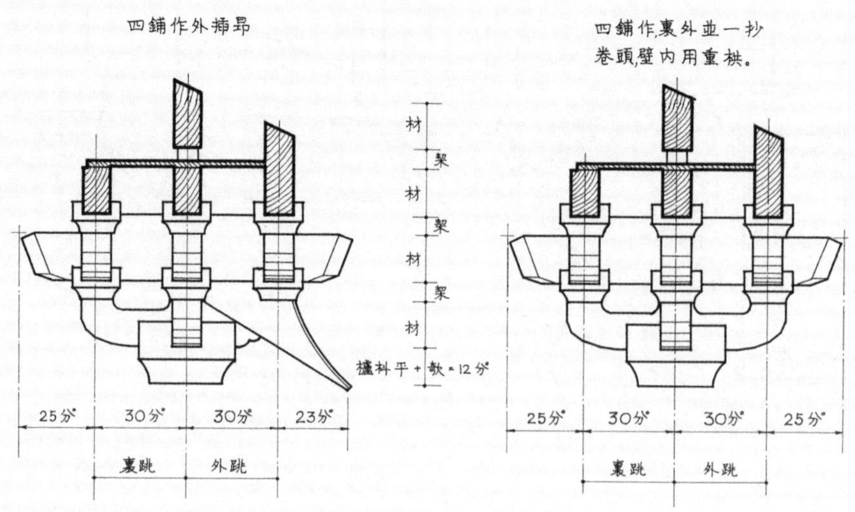

大木作制度圖樣六

下昂出跳分數之二

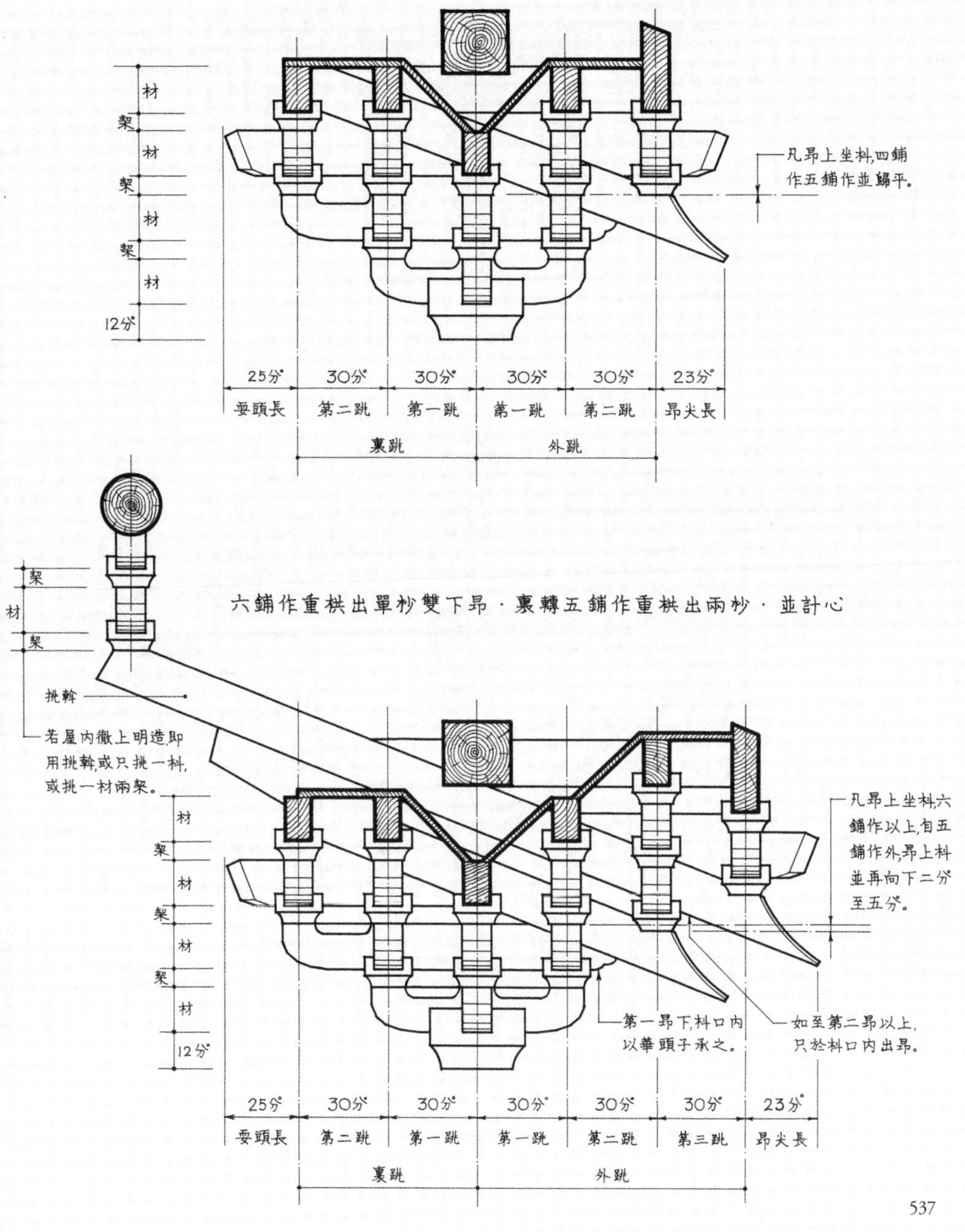

大木作制度圖樣七　下昂出跳分數之三

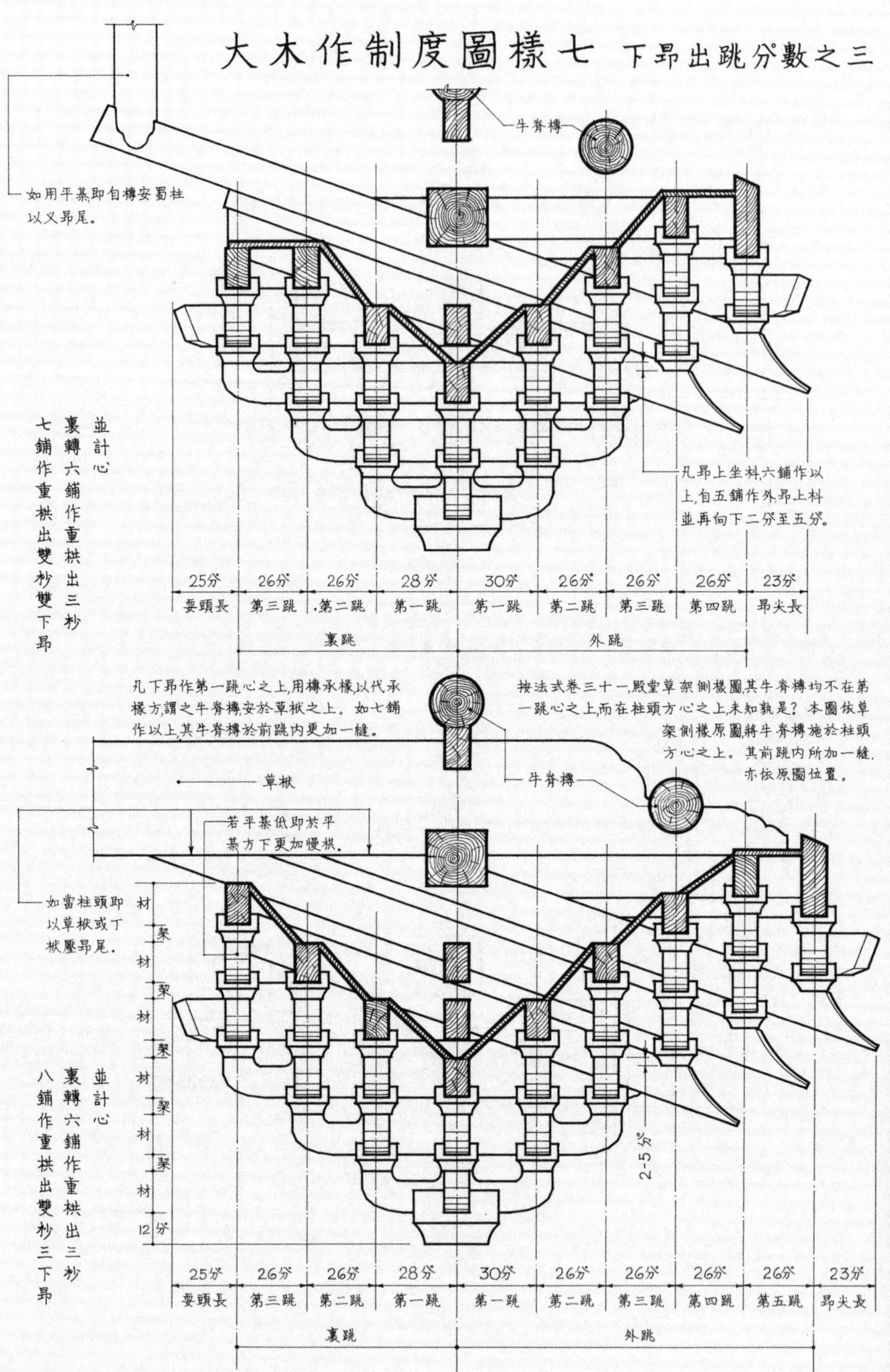

大木作制度圖樣八

上昂出跳分數之一

上昂 廣厚並如材，施之裏跳之上及平坐鋪作之內。頭向外留六分，其昂頭外出，昂身斜收向裏並通過柱心。昂背斜尖皆至下枓底外，昂底於跳頭枓口內出，其枓口外用鞾楔刻作三卷瓣。

五鋪作重栱出上昂並計心

材
栔
材
栔
材
栔
材
栔
材
上昂
6分
鞾楔
25分 耍頭長
26分 第二跳
30分 第一跳
25分 第一跳
22分 第二跳
25分 耍頭長
外跳
裏跳

如五鋪作單杪上用者，自櫨枓心出第一跳心長二十五分，第二跳上昂心長二十二分。其第一跳上枓口內用鞾楔。其平棊方至櫨枓口內，共高五材四栔。其第一跳重栱計心造。

外跳心長無規定，按華栱條分數製圖。

六鋪作重栱出上昂偷心跳內當中施騎枓栱

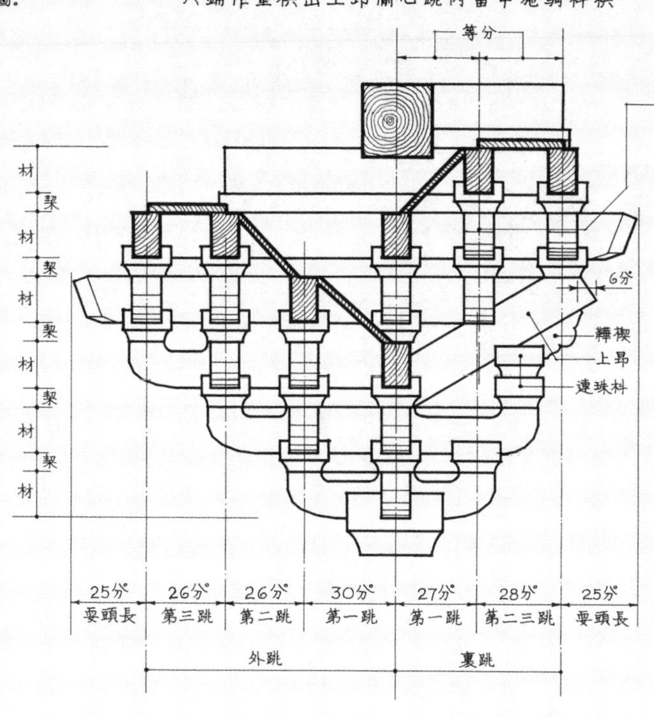

兩跳當中施騎枓栱……宜單用，其下跳並偷心造。但法式卷三十上昂側樣騎枓栱俱用重栱，未知孰是？

如六鋪作重杪上用者，自櫨枓心出，第一跳華栱心長二十七分，第二跳華栱心及上昂心共長二十八分。華栱上用連珠枓，其枓口內用鞾楔。其平棊方至櫨枓口內，共高六材五栔。於兩跳之內，當中施騎枓栱。

大木作制度圖樣九

上昂出跳分數之二

七鋪作重栱出上昂偷心跳内當中施騎枓栱

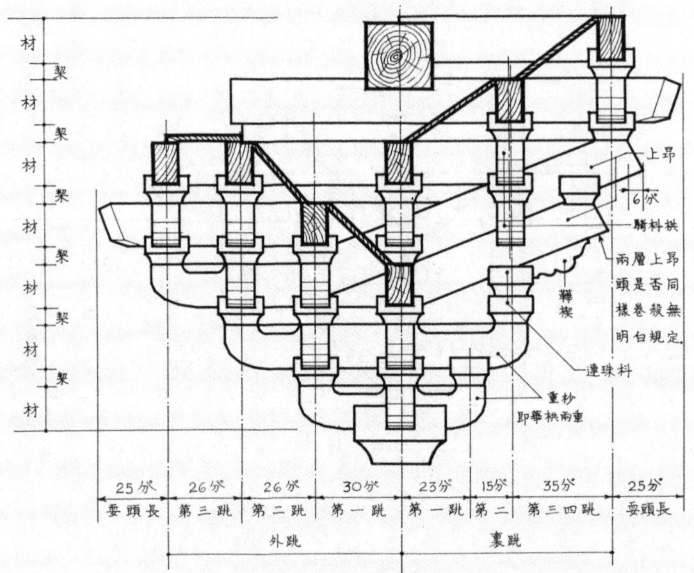

如七鋪作於重抄上用上昂兩重者，自櫨枓心出，第一跳華栱心長二十三分。第二跳華栱心長一十五分，華栱上用連珠枓。第三跳上昂心長三十五分，兩重上昂共此一跳。其平棊方至櫨枓口内，共高七材六栔。其騎枓栱与六鋪作同。

八鋪作重栱出上昂偷心跳内當中施騎枓栱

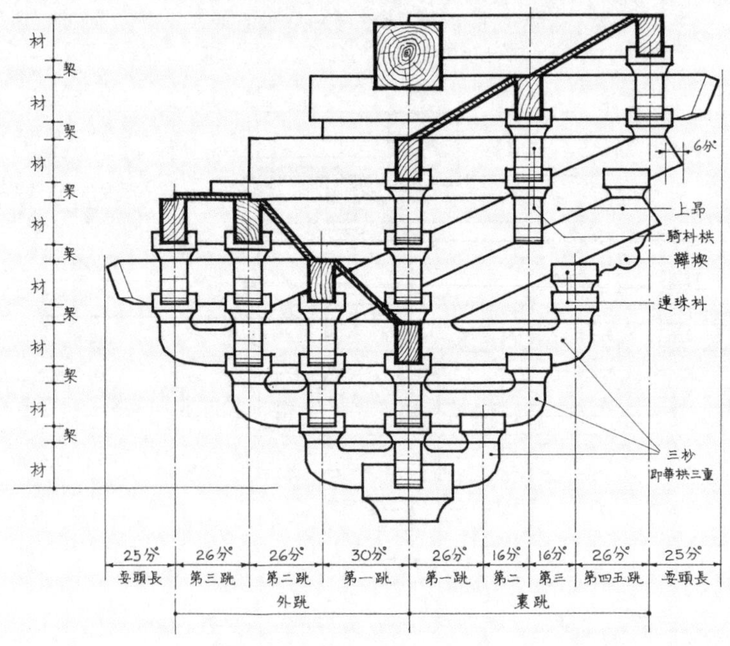

如八鋪作於三抄上用上昂兩重者，自櫨枓心出，第一跳華栱心長二十六分。第二跳第三跳並華栱心各長一十六分，於第三跳華栱上用連珠枓。第四跳上昂心長二十六分，兩重上昂並此一跳。其平棊方至櫨枓口内共高八材七栔。其騎枓栱与七鋪作同。

大木作制度圖樣十　總鋪作次序

凡鋪作當柱頭壁栱，謂之影栱，又謂之扶壁栱。

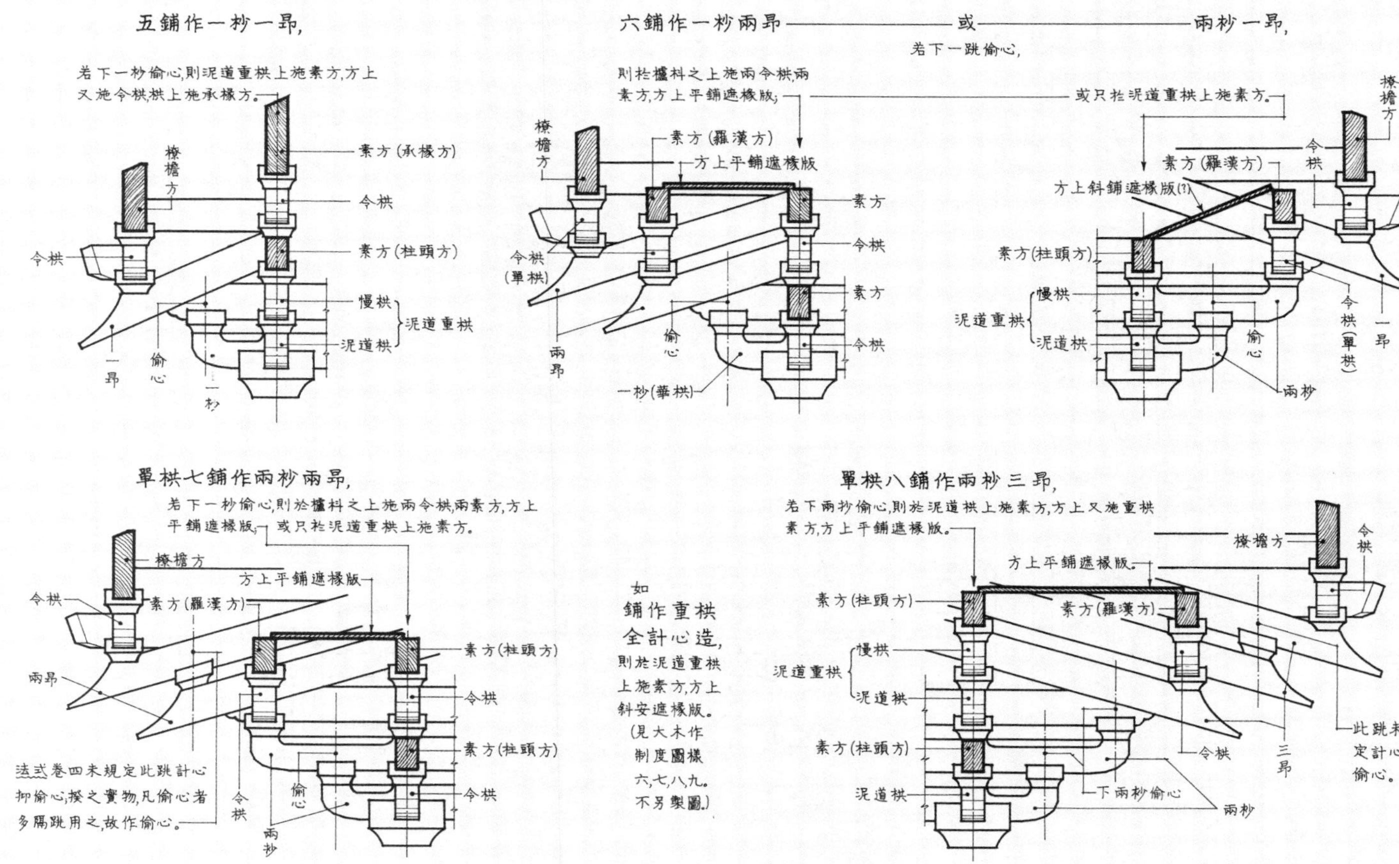

大木作制度圖樣十一 造平坐之制之一叉柱造

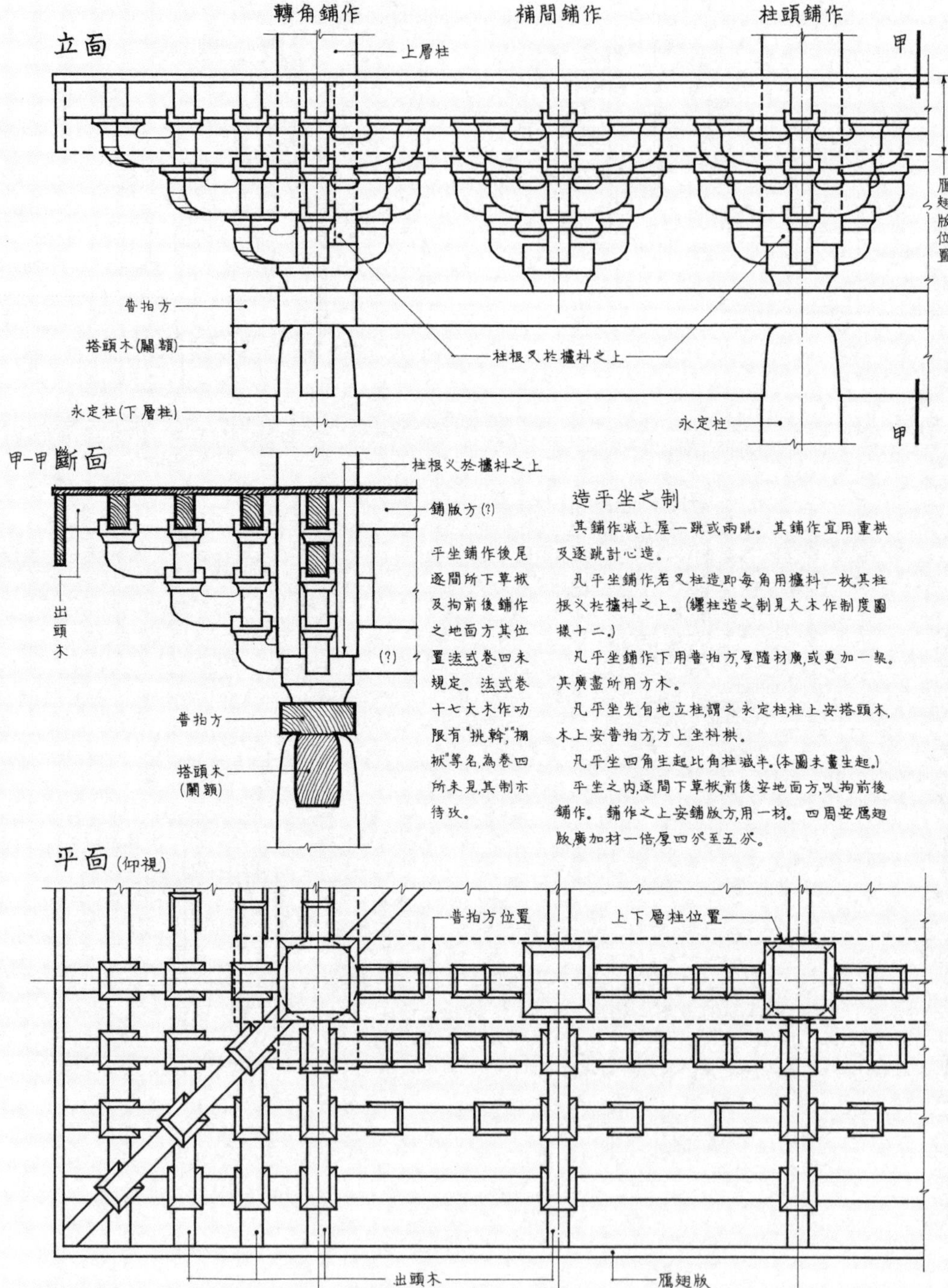

法式卷十七十八大木作功限及卷三十圖樣均無叉柱造之制。宋遼遺構則均為叉柱者。謹補製此圖,錯誤恐難免也。

大木作制度圖樣十二 造平坐之制之二 纏柱造之一

樓閣平坐鋪作轉角正樣 法式卷三十無四鋪作五鋪作平坐圖。謹按卷十七十八大木作功限規定，補繪如下。

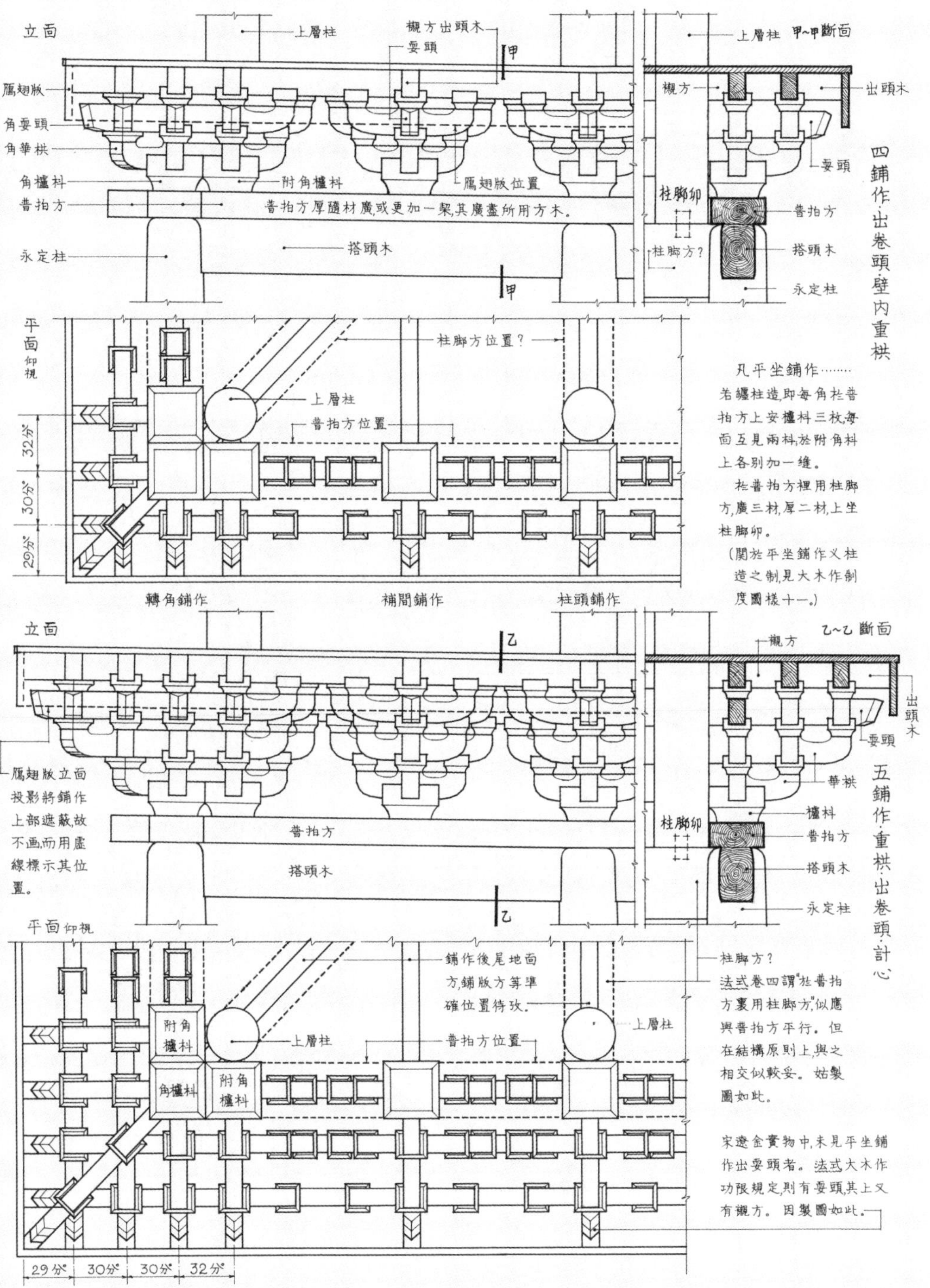

大木作制度圖樣十三 造平坐之制之三纏柱造之二

樓閣平坐鋪作轉角正樣　法式卷三十原圖無側樣(斷面),兹補繪如下。平面圖從略。

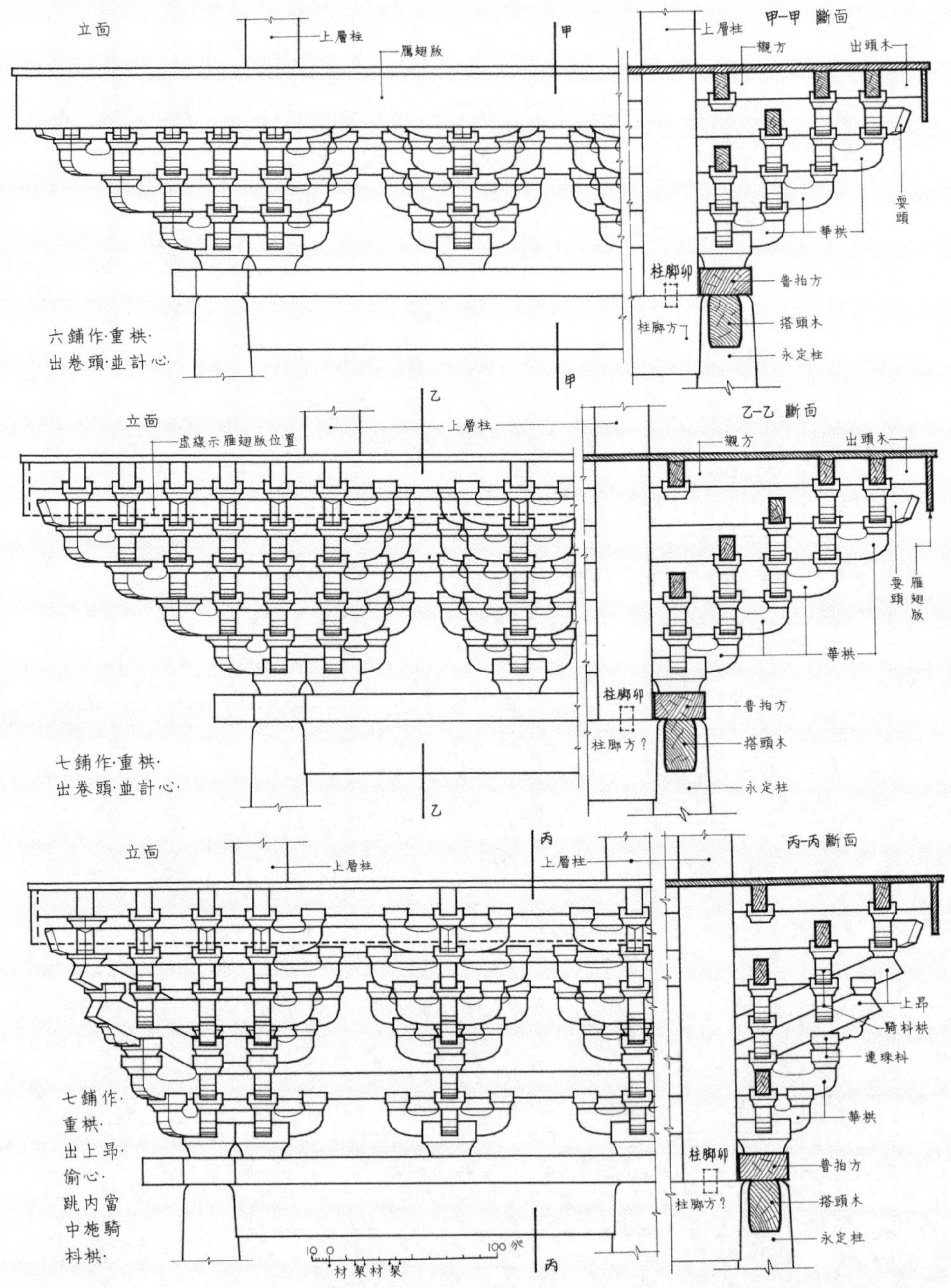

大木作制度圖樣十四　絞割鋪作栱昂枓等所用卯口

以五鋪作名件卯口為法,其六鋪作以上,並隨跳加長。各件位置參閱大木作制度圖樣一,斗栱部分名稱圖。

各枓卯口見大木作制度圖樣三,造枓之制圖。

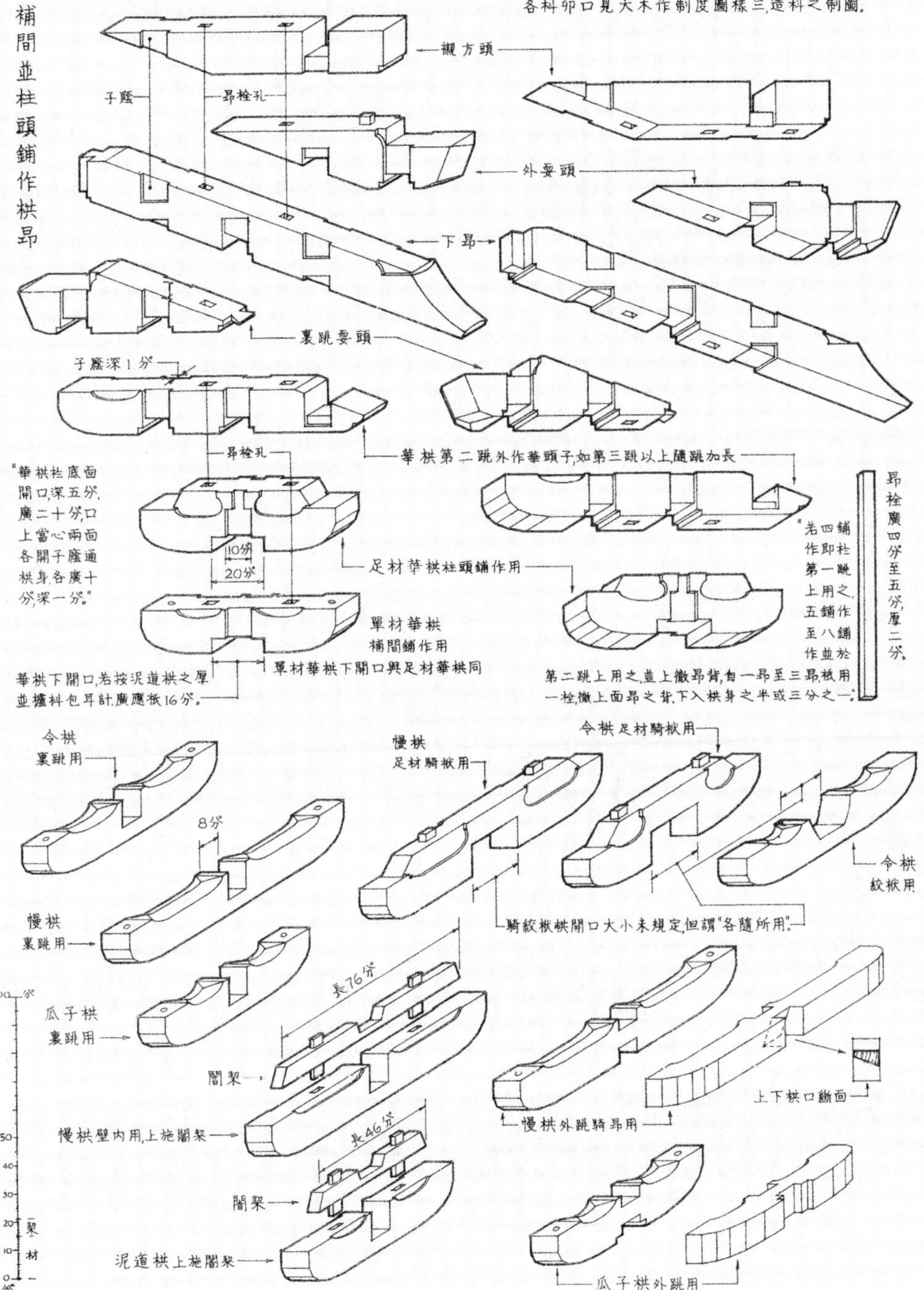

大木作制度圖樣十五　殿閣亭榭等鋪作轉角圖

法式卷三十原图本將檐椽飛子繪出,鋪作上段為檐遮蔽,本图只画橑檐枋及大小角梁並用虚線將生頭木位置點出,檐椽飛子揭去,以求清晰。原图只繪轉角鋪作及補間鋪作,今補繪柱頭鋪作並繪出鋪作平面仰視图,以示全部之联系。各鋪作側樣見大木作制度图樣五,六,七。

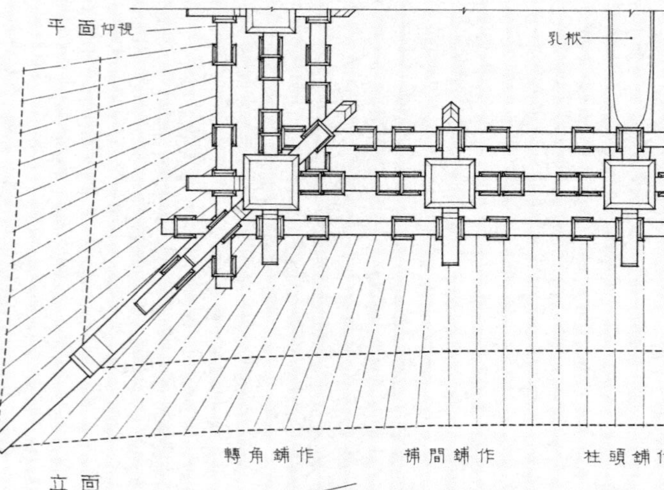

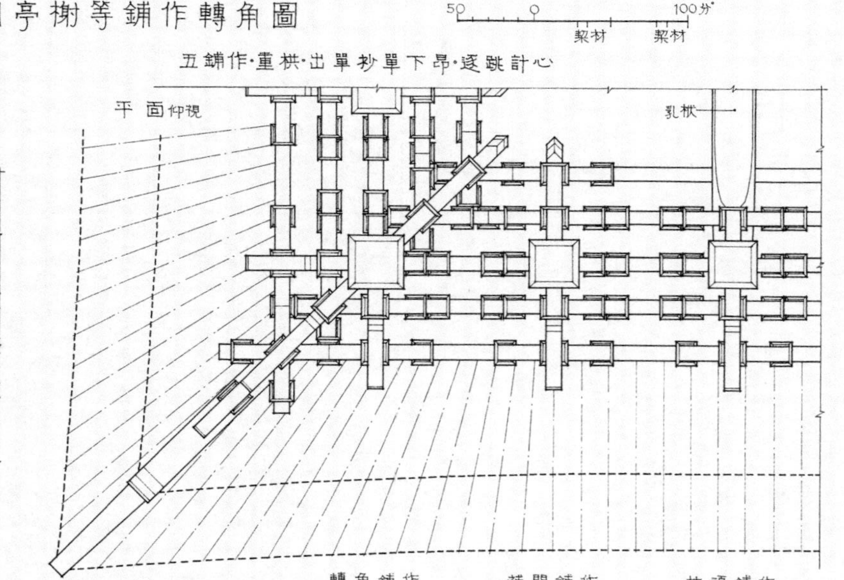

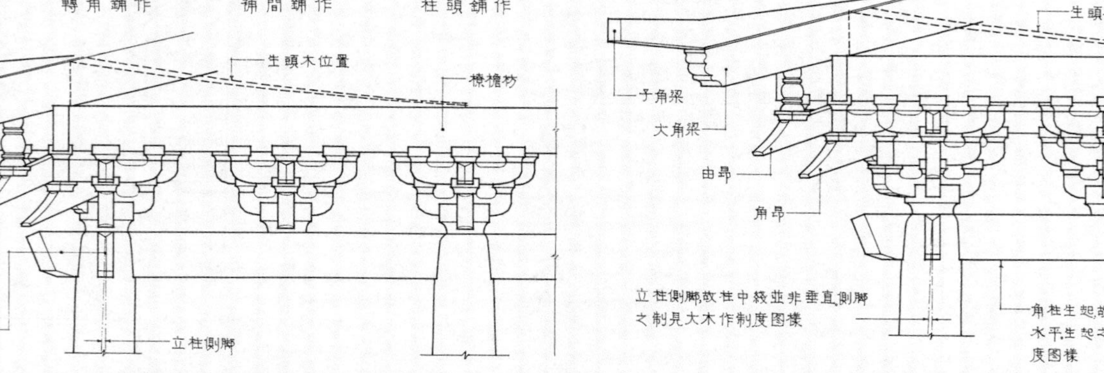

大木作制度圖樣十六

殿閣亭榭等鋪作轉角圖

法式卷三十原图本将檐椽飛子繪出,鋪作上段為擔遮蔽,本图只画橑檐枋及大小角梁,並用虛綫将生頭木位置點出,檐椽飛子揭去,以求清晰。原图只繪轉角鋪作及補間鋪作,今加繪柱頭鋪作,並繪出鋪作平面仰視图,以示全部联系。各鋪作側樣,見大木作制度图樣五,六,七。

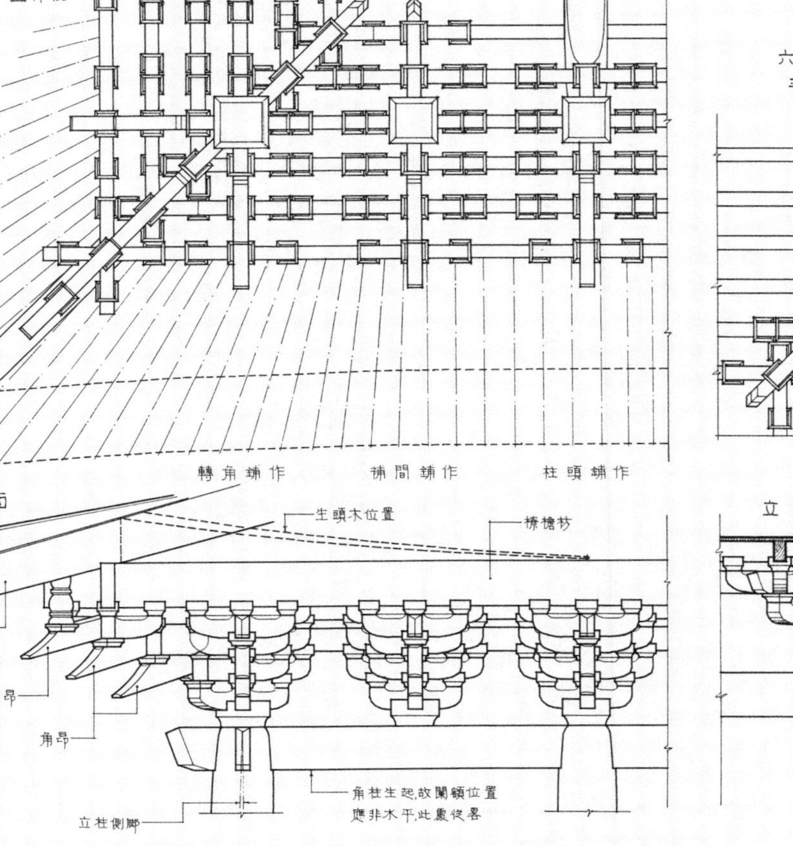

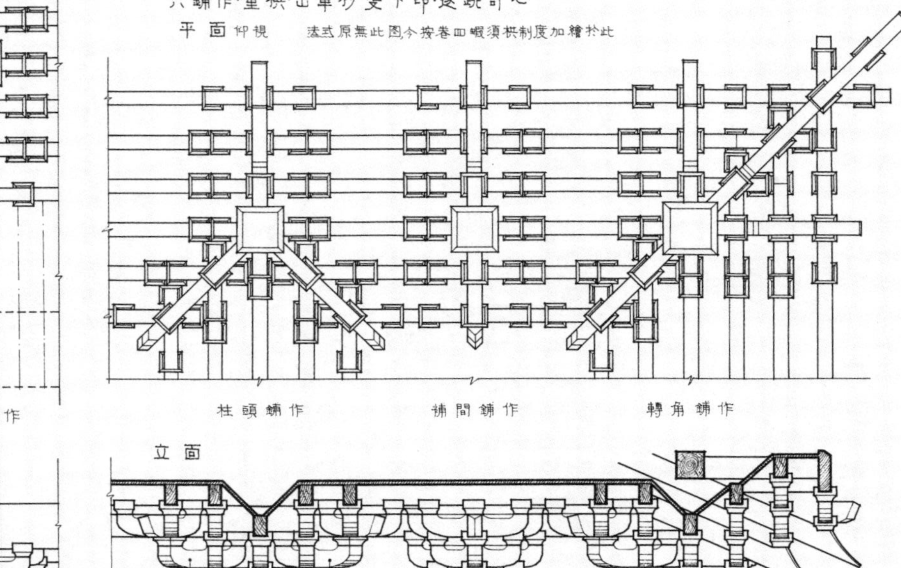

大木作制度圖樣十七　殿閣亭榭等鋪作轉角圖

法式卷三十原图只繪轉角鋪作及補間鋪作,今加繪柱頭鋪作,並繪出鋪作平面仰視图,以示全部联系。各鋪作用栱枓数均按法式卷十七、十八大木作功限中殿閣外檐鋪作用枓栱等数之規定繪制,按此規定應為枓栱之最多用數,故轉角鋪作及補間鋪作之后尾皆不相交重叠,如此,即使鋪作間距加大,柱間距亦相應加寬。鋪作側様見大木作制度图様七。

七鋪作·重栱·出雙抄雙下昂·逐跳計心

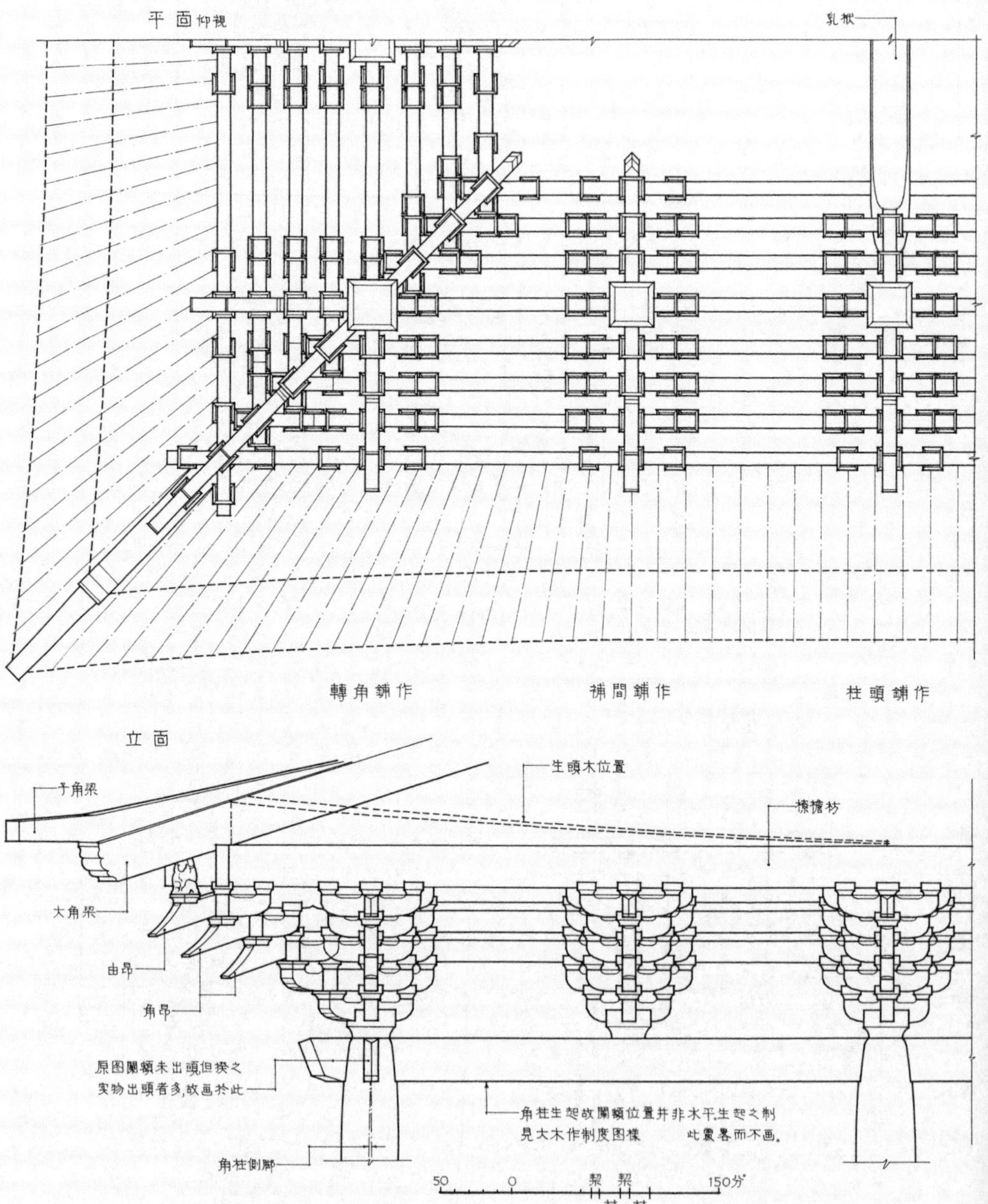

大木作制度圖樣十八 殿閣亭榭等鋪作轉角圖

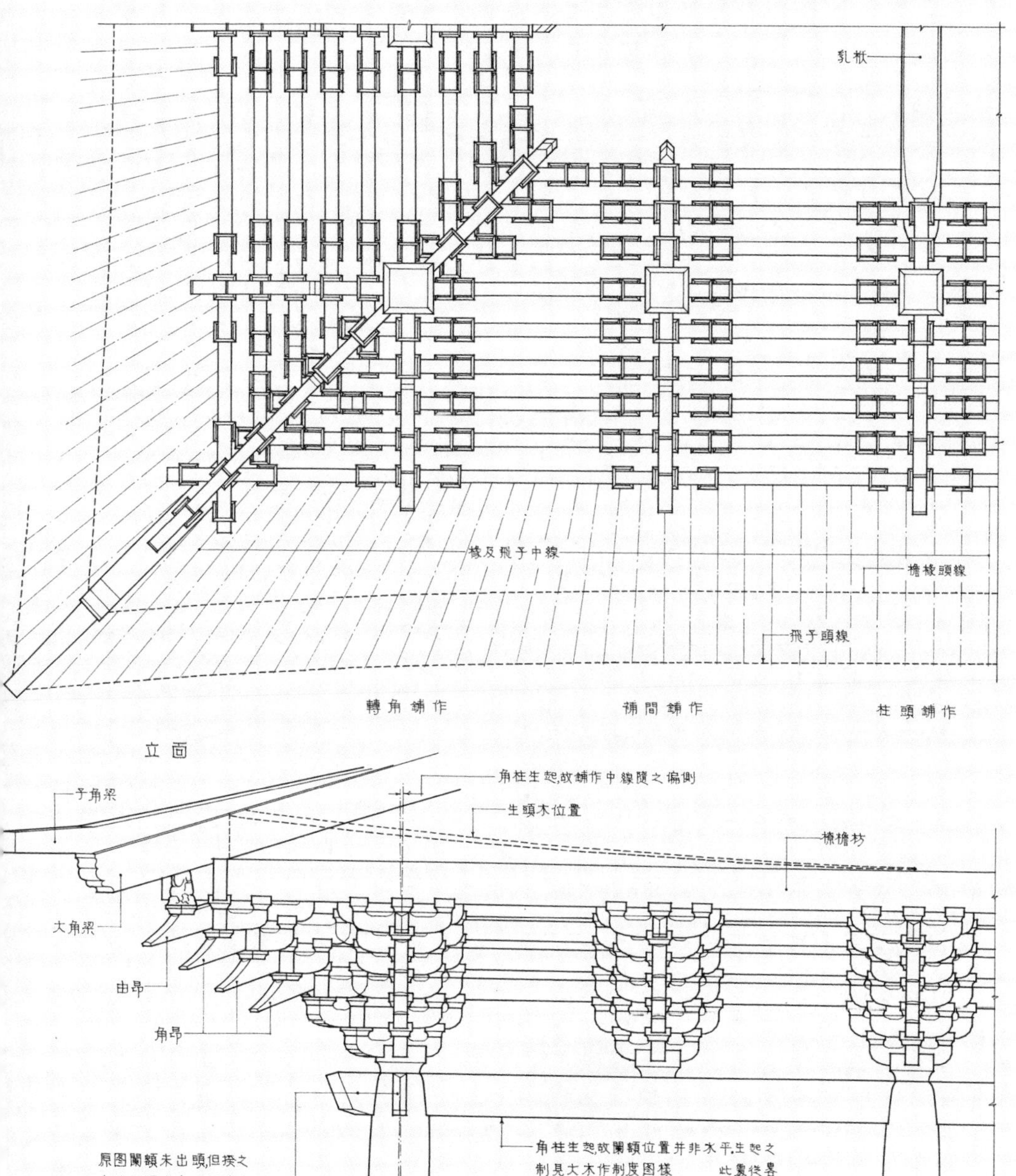

大木作制度圖樣十九　造月梁之制

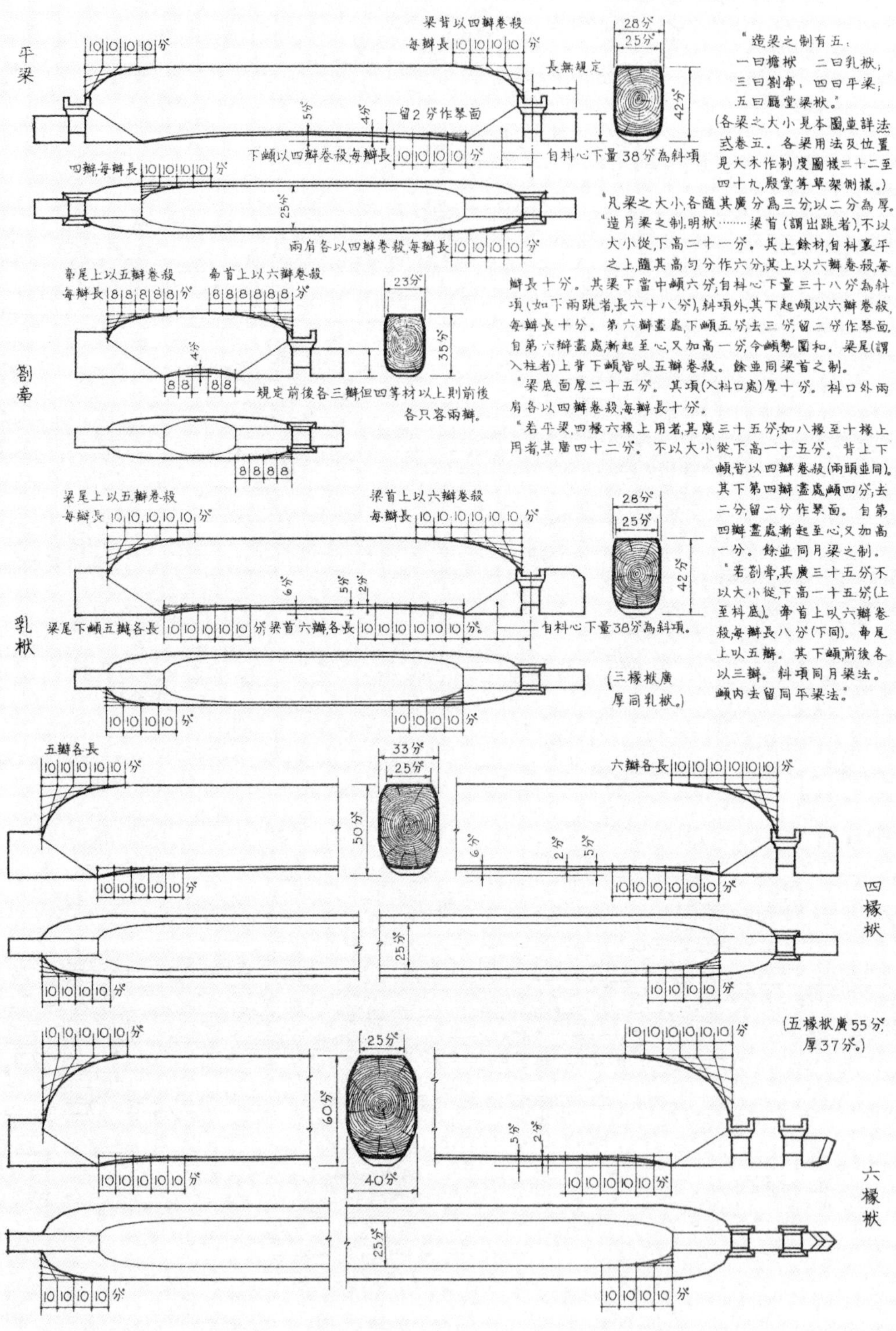

大木作制度圖樣二十

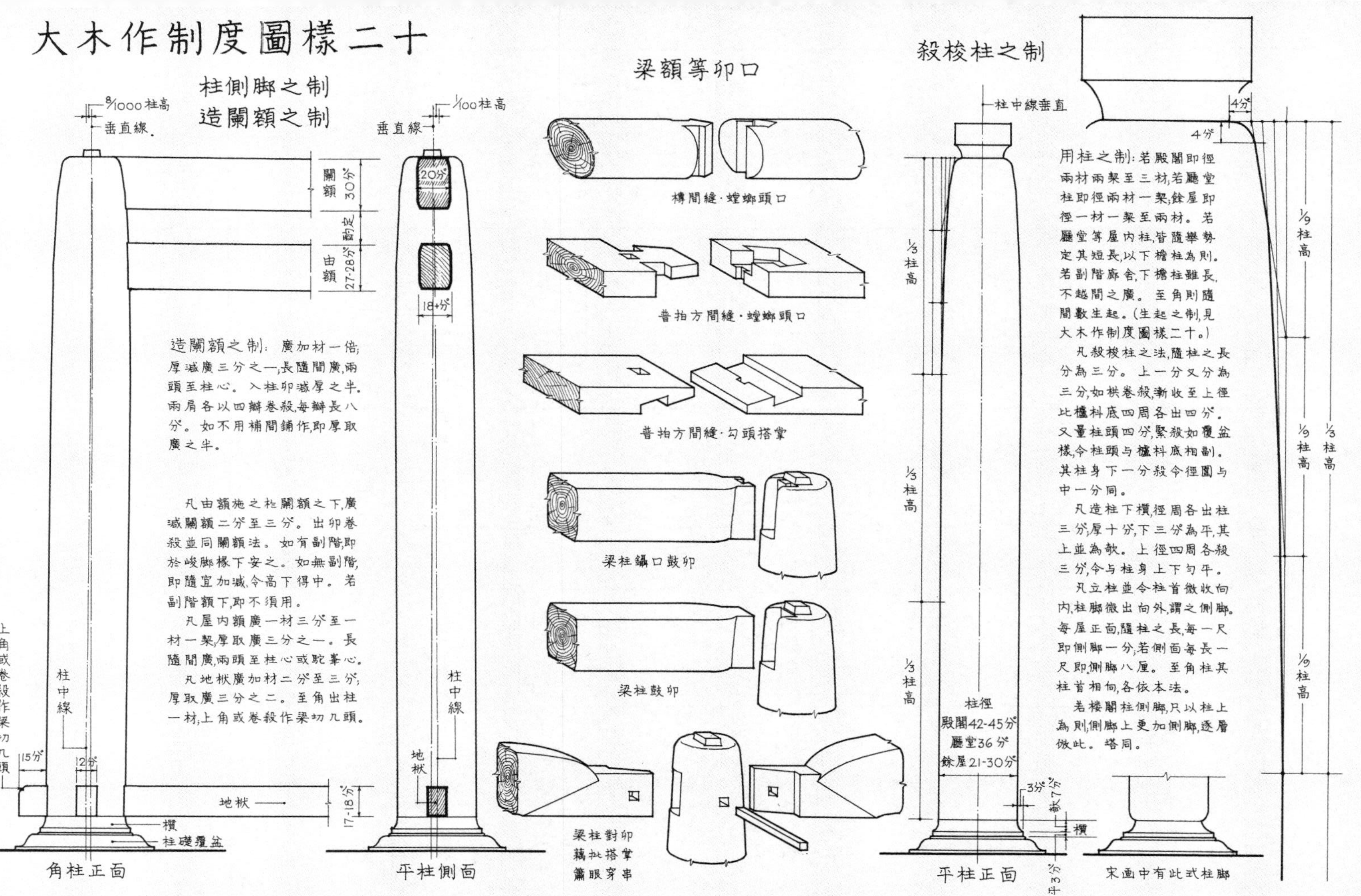

柱側脚之制
造闌額之制
8/1000柱高
垂直線
1/100柱高
垂直線
闌額 30分
足材
由額 27-28分
20分
18+分
造闌額之制：廣加材一倍；厚減廣三分之一；長隨間廣，兩頭至柱心。入柱卯減厚之半。兩肩各以四瓣卷殺，每瓣長八分。如不用補間鋪作，即厚取廣之半。
凡由額施之於闌額之下，廣減闌額二分至三分。出卯卷殺並同闌額法。如有副階，即於峻脚椽下安之。如無副階，即隨宜加減，令高下得中。若副階額下，即不須用。
凡屋内額廣一材三分至一材一栔；厚取廣三分之一。長隨間廣，兩頭至柱心或駝峯心。
凡地栿廣加材二分至三分；厚取廣三分之二。至角出柱一材；上角或卷殺作梁切几頭。
上角或卷殺作梁切几頭
柱中線
15分
12分
地栿
17-18分
櫍
柱礎覆盆
角柱正面
柱中線
地栿
平柱側面
梁額等卯口
樽間縫·螳螂頭口
普拍方間縫·螳螂頭口
普拍方間縫·勾頭搭掌
梁柱鑷口鼓卯
梁柱鼓卯
梁柱對卯
藕批搭掌
簫眼穿串
殺梭柱之制
柱中線垂直
1/3柱高
1/3柱高
1/3柱高
柱徑
殿閣42-45分
廳堂36分
餘屋21-30分
3分
欹7分
櫍
平3分
平柱正面
4分
4分
用柱之制：若殿閣即徑兩材兩栔至三材；若廳堂柱即徑兩材一栔；餘屋即徑一材一栔至兩材。若廳堂等屋内柱，皆隨舉勢定其短長，以下檐柱為則。若副階廊舍，下檐柱雖長，不越間之廣。至角則隨間數生起。（生起之制，見大木作制度圖樣二十。）
凡殺梭柱之法，隨柱之長分為三分。上一分又分為三分，如栱卷殺，漸收至上徑比櫨枓底四周各出四分。又量柱頭四分，緊殺如覆盆樣，令柱頭与櫨枓底相副。其柱身下一分殺令徑圜与中一分同。
凡造柱下櫍徑周各出柱三分，厚十分，下三分為平，其上並為欹。上徑四周各殺三分，令与柱身上下匀平。
凡立柱並令柱首微收向内，柱脚微出向外，謂之側脚。每屋正面，隨柱之長，每一尺即側脚一分；若側面每長一尺即側脚八厘。至角柱其柱首相向，各依本法。
若樓閣柱側脚，只以柱上為則，側脚上更加側脚，逐層倣此。塔同。
1/9柱高
1/9柱高
1/3柱高
1/9柱高
宋画中有此式柱脚

大木作制度圖樣二十一　用柱之制　角柱生起之制

凡用柱之制：若殿閣即徑兩材兩栔至三材，若廳堂柱即徑兩材一栔，餘屋即徑一材一栔至兩材。若廳堂等屋內柱，皆隨舉勢定其短長，以下檐柱爲則。（若副階廊舍，下檐柱雖長，不越間之廣。）至角則隨間數生起角柱：若十三間殿堂，則角柱比平柱生高一尺二寸。（平柱謂當心間兩柱也。自平柱疊進向角，漸次生起，令勢圜和。如逐間大小不同，即隨宜加減，他皆倣此。）十一間生高一尺。九間生高八寸。七間生高六寸。五間生高四寸。三間生高二寸。

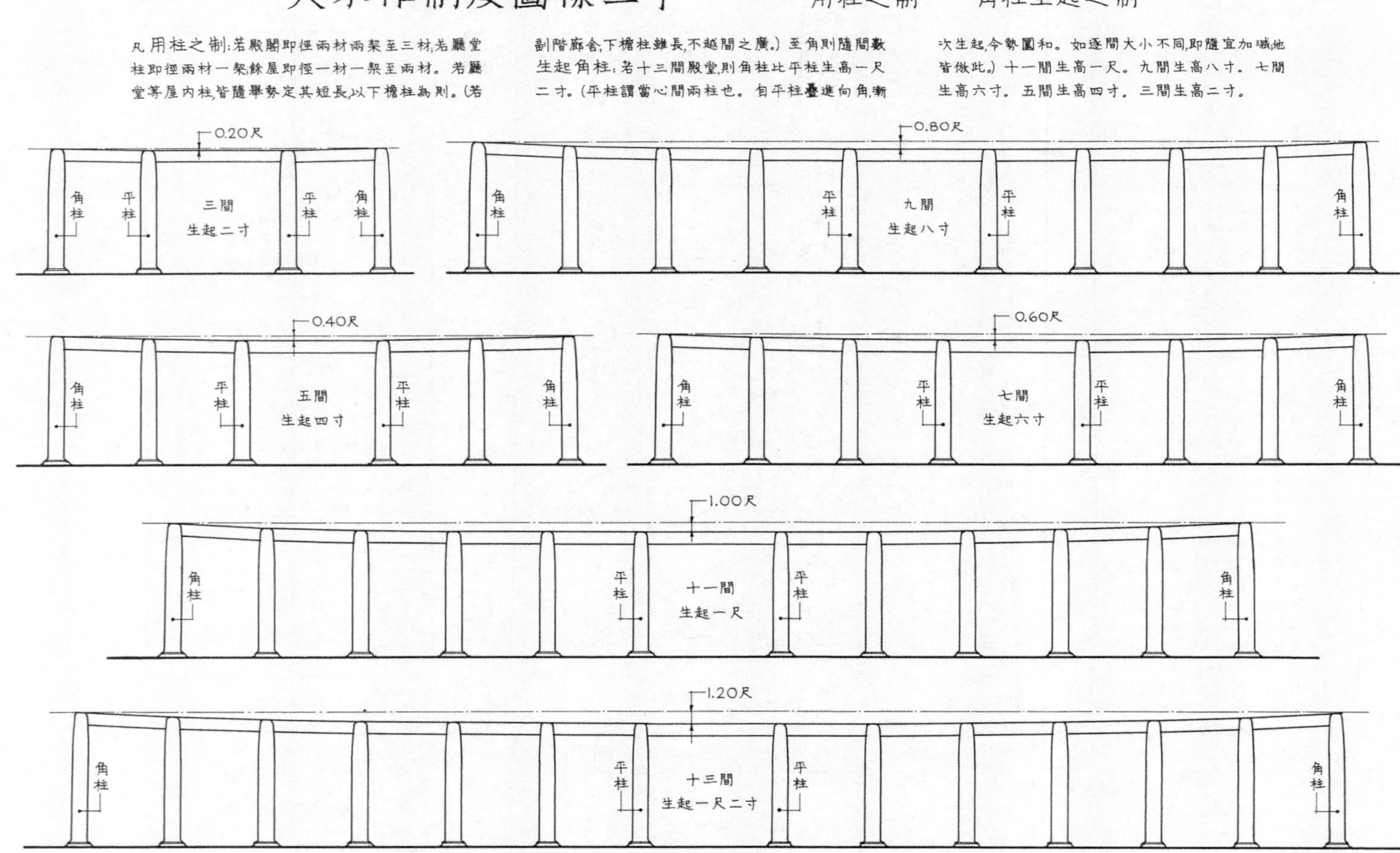

大木作制度圖樣二十二

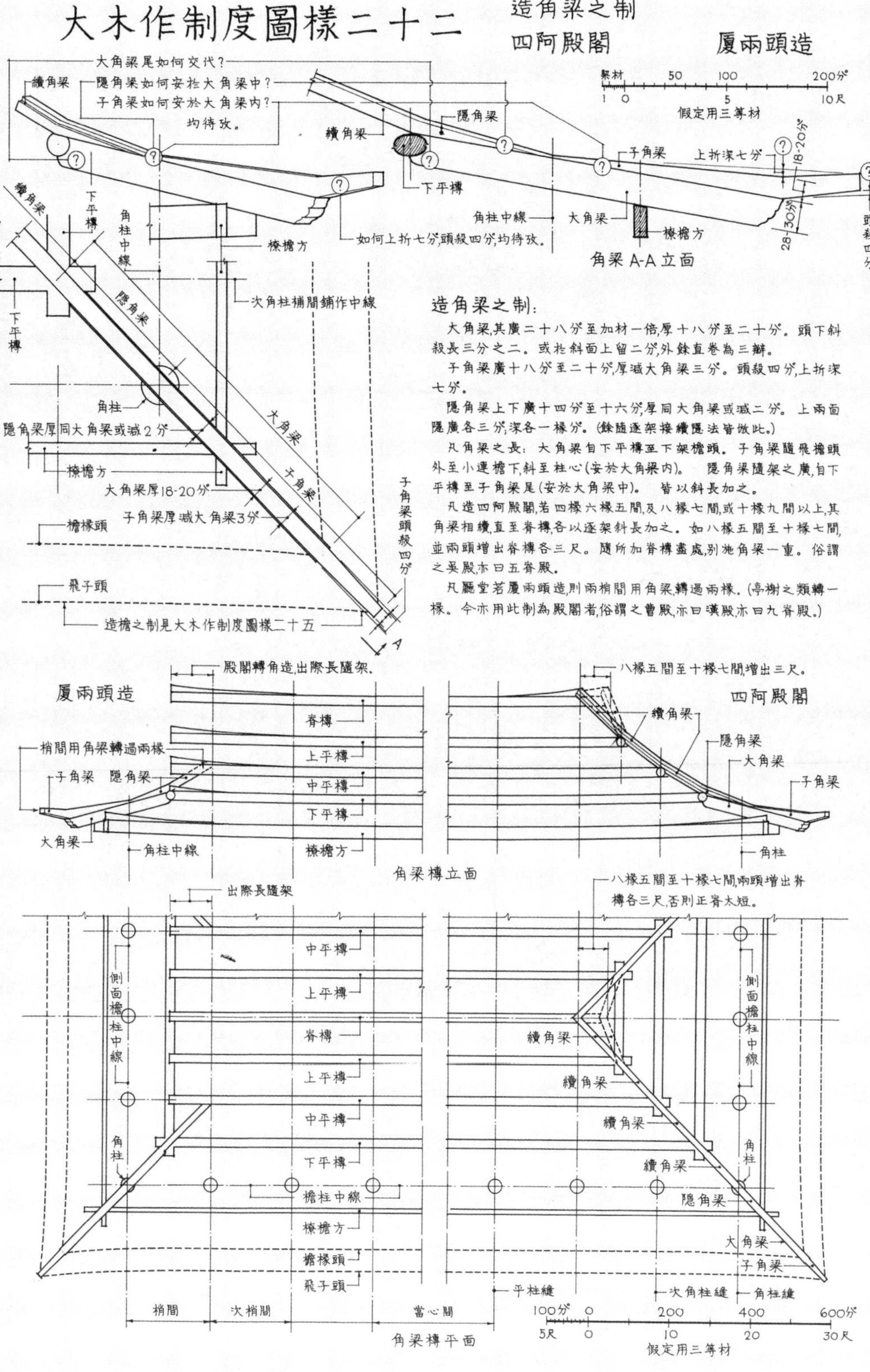

造角梁之制:

大角梁,其廣二十八分至加材一倍,厚十八分至二十分。頭下斜殺長三分之二。或於斜面上留二分,外餘直卷為三瓣。

子角梁廣十八分至二十分,厚減大角梁三分。頭殺四分,上折深七分。

隱角梁上下廣十四分至十六分,厚同大角梁或減二分。上兩面隱廣各三分,深各一椽分。(餘隨逐架接續隱法皆倣此。)

凡角梁之長:大角梁自下平榑至下架檐頭。子角梁隨飛檐頭外至小連檐下,斜至柱心(安於大角梁内)。 隱角梁隨架之廣,自下平榑至子角梁尾(安於大角梁中)。 皆以斜長加之。

凡造四阿殿閣,若四椽六椽五間,及八椽七間,或十椽九間以上,其角梁相續,直至脊榑,各以逐架斜長加之。如八椽五間至十椽七間,並兩頭增出脊榑各三尺。隨所加脊榑盡處,別施角梁一重。俗謂之吴殿,亦曰五脊殿。

凡廳堂若厦兩頭造,則兩梢間用角梁轉過兩椽。(亭榭之類轉一椽。今亦用此制為殿閣者,俗謂之曹殿,亦曰漢殿,亦曰九脊殿。)

大木作制度圖樣二十三　造蜀柱之制　造叉手之制　槫縫襻間之制

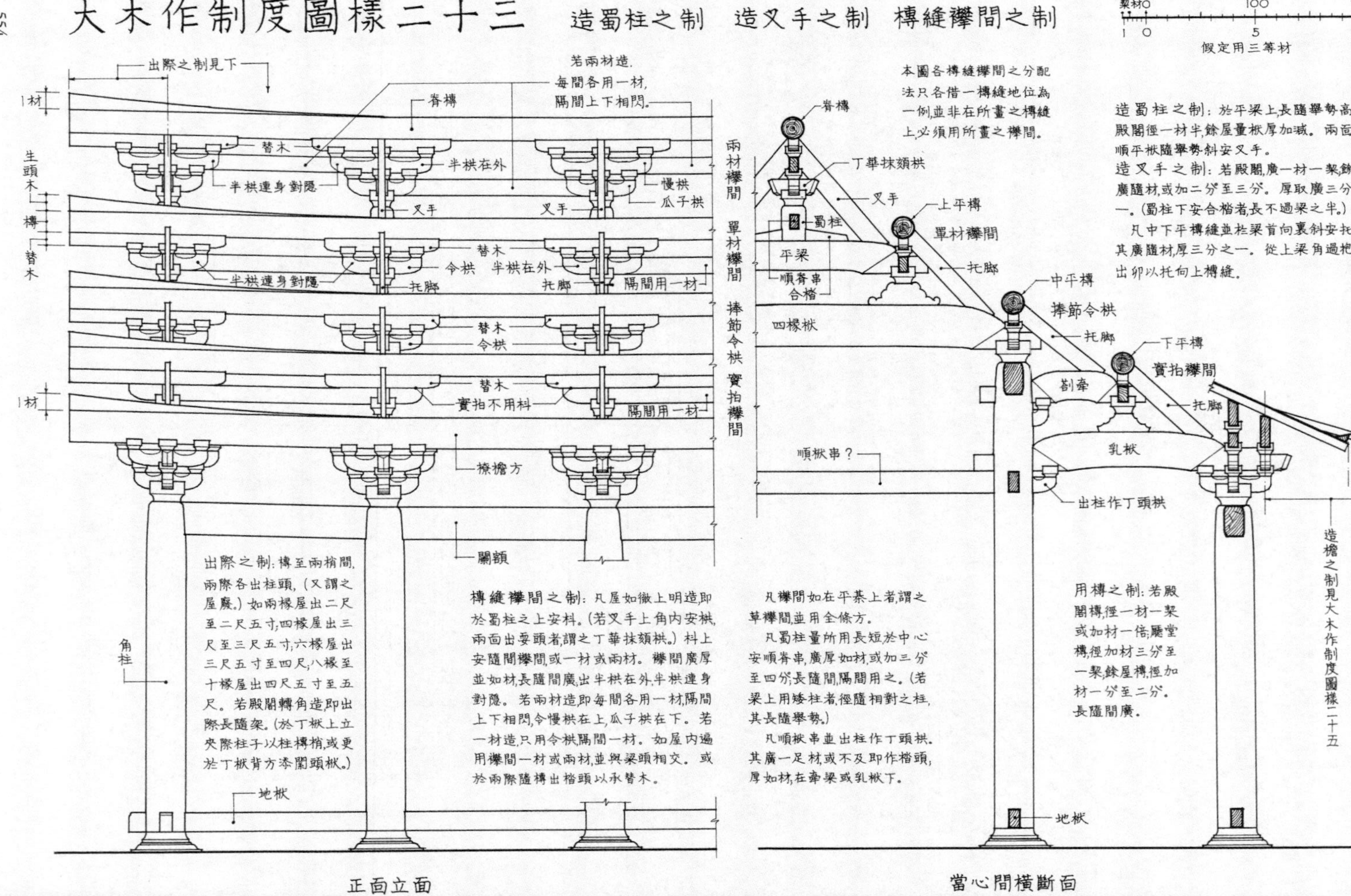

正面立面　　當心間橫斷面

大木作制度圖樣二十四

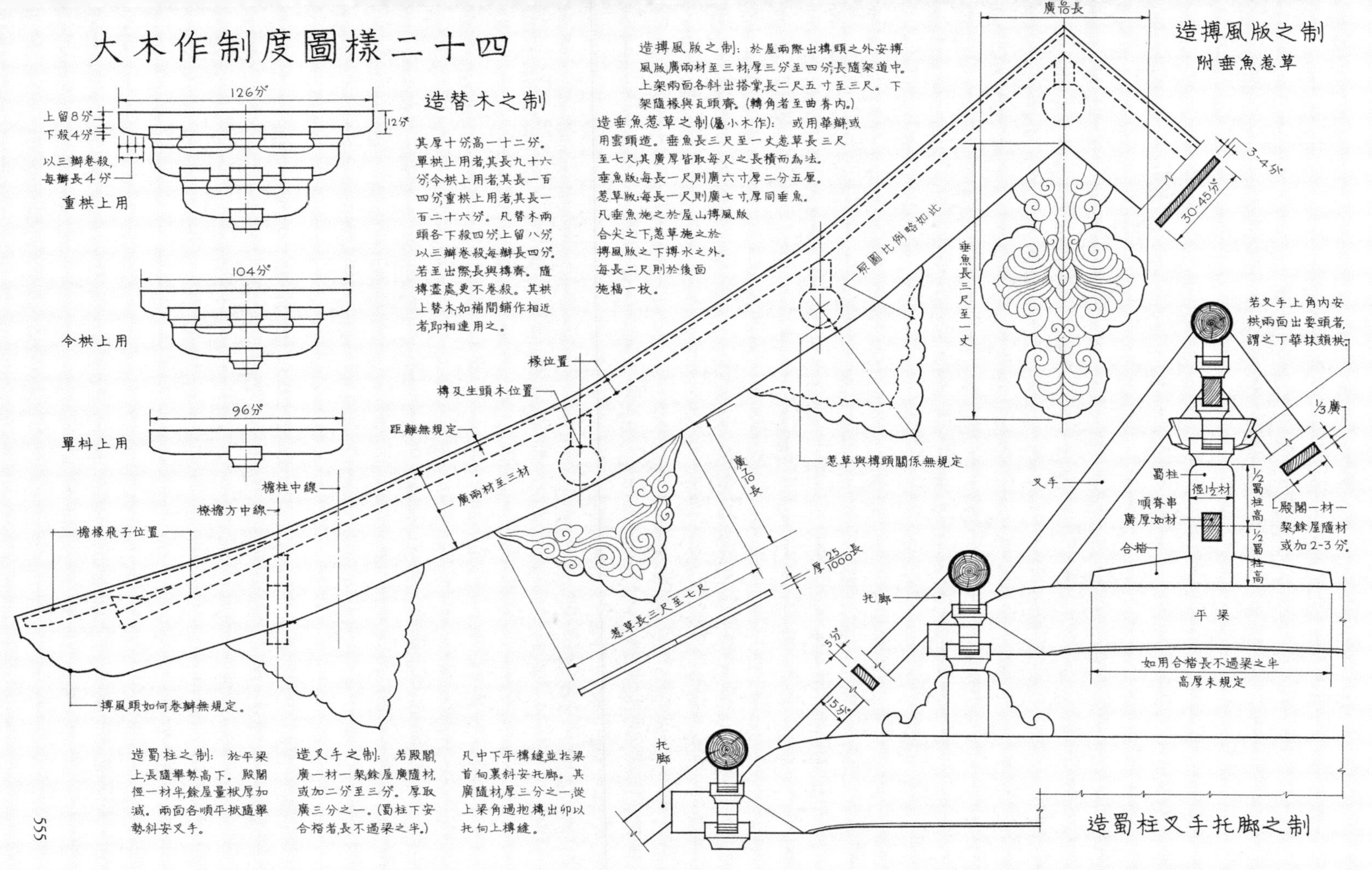

造替木之制
126分
上留8分
下殺4分
12分
以三瓣卷殺，每瓣長4分
重栱上用
104分
令栱上用
96分
單枓上用
其厚十分，高一十二分。單栱上用者，其長九十六分；令栱上用者，其長一百四分；重栱上用者，其長一百二十六分。凡替木兩頭各下殺四分，上留八分，以三瓣卷殺，每瓣長四分。若至出際，長與槫齊。隨槫盡處更不卷殺。其栱上替木，如補間鋪作相近者，即相連用之。
造搏風版之制
附垂魚惹草
造搏風版之制：於屋兩際出槫頭之外安搏風版，廣兩材至三材；厚三分至四分；長隨架道中。上架兩面各斜出搭掌，長二尺五寸至三尺。下架隨椽與瓦頭齊。（轉角者至曲脊內。）
造垂魚惹草之制（屬小木作）：或用華瓣或用雲頭造。垂魚長三尺至一丈；惹草長三尺至七尺，其廣厚皆取每尺之長積而為法。
垂魚版：每長一尺，則廣六寸，厚二分五厘。
惹草版：每長一尺，則廣七寸，厚同垂魚。
凡垂魚施之於屋山搏風版合尖之下；惹草施之於搏風版之下搏水之外。每長二尺，則於後面施楅一枚。
廣$\frac{6}{10}$長
3-4分
30-45分
垂魚長三尺至一丈
示圖比例略如此
椽位置
槫及生頭木位置
距離無規定
廣兩材至三材
橑柱中線
橑檐方中線
檐椽飛子位置
搏風頭如何卷瓣無規定。
廣$\frac{7}{10}$長
厚$\frac{25}{1000}$長
惹草長三尺至七尺
惹草與槫頭關係無規定
造蜀柱叉手托脚之制
若叉手上角內安栱，兩面出耍頭者，謂之丁華抹頦栱。
$\frac{1}{3}$廣
叉手
蜀柱
徑1$\frac{1}{2}$材
順脊串廣厚如材
$\frac{1}{2}$蜀柱高
$\frac{1}{2}$蜀柱高
殿閣一材一栔，餘屋隨材或加2-3分。
合楷
平梁
如用合楷長不過梁之半
高厚未規定
托脚
5分
15分
托脚
造蜀柱之制：於平梁上，長隨舉勢高下。殿閣徑一材半，餘屋量栿厚加減。兩面各順平栿，隨舉勢斜安叉手。
造叉手之制：若殿閣，廣一材一栔；餘屋廣隨材，或加二分至三分。厚取廣三分之一。（蜀柱下安合楷者，長不過梁之半。）
凡中下平槫縫並於梁首向裏斜安托脚。其廣隨材，厚三分之一，從上梁角過抱槫，出卯以托向上槫縫。

大木作制度圖樣二十五　用椽之制　造檐之制

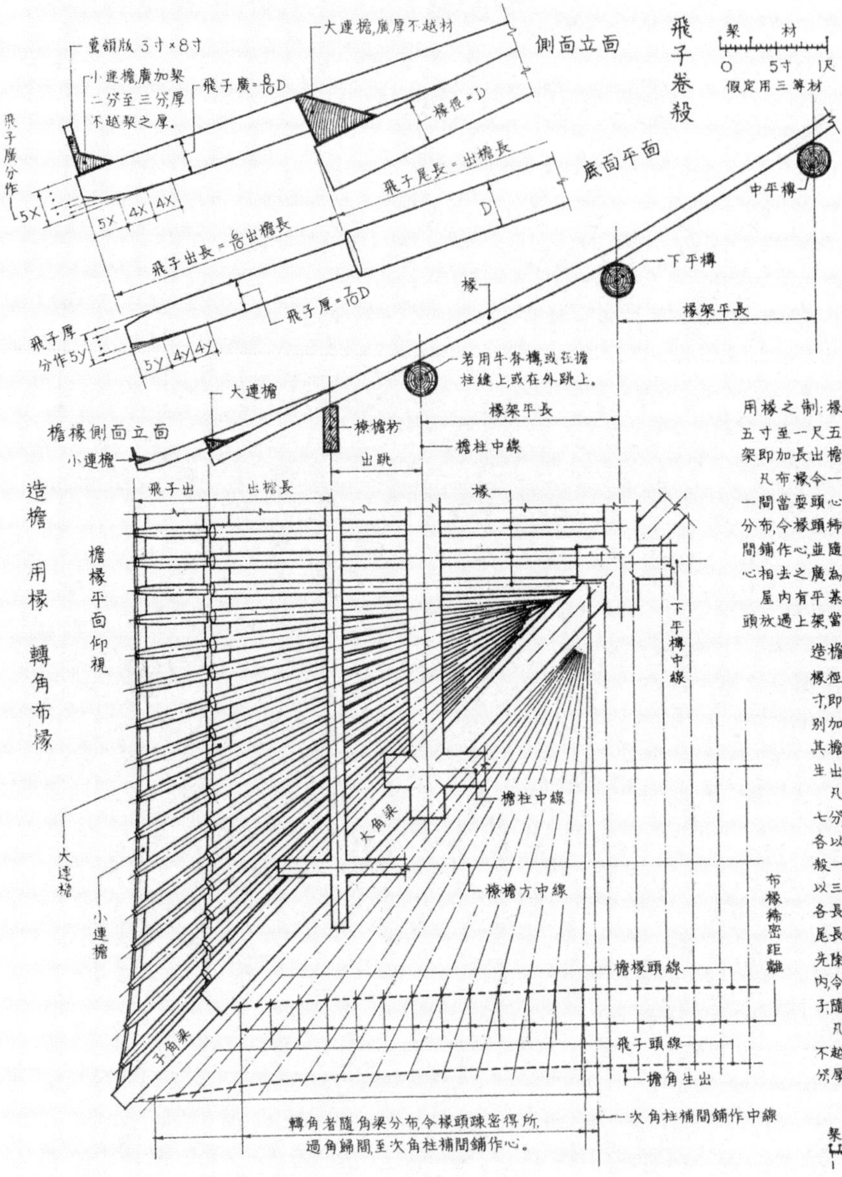

飛子卷殺

栔　材
0　5寸　1尺
假定用三等材

側面立面

底面平面

蕙頜版 3寸×8寸

小連檐,廣加栔二分至三分,厚不越栔之厚。

大連檐,廣厚不越材

飛子廣＝8/10D

椽徑＝D

飛子尾長＝出檐長

飛子廣分作5x

5x　4x　4x

飛子出長＝6/10出檐長

飛子厚＝7/10D

飛子厚分作5y

5y　4y　4y

中平槫

下平槫

椽

椽架平長

若用牛脊槫,或在檐柱縫上,或在外跳上。

大連檐

檐椽側面立面

小連檐

橑檐枋

檐柱中線

出跳

飛子出

出檐長

造檐　用椽　轉角布椽

檐椽平面仰視

大連檐

小連檐

下平槫中線

大角梁

檐柱中線

橑檐方中線

布椽稀密距離

檐椽頭線

飛子頭線

檐角生出

子角梁

轉角者隨角梁分布,令椽頭疎密得所,過角歸間,至次角柱補間鋪作心。

次角柱補間鋪作中線

用槫之制表

屋類	槫徑
殿閣	1材1栔 或 2材
廳堂	1材3分至1材1栔
餘屋	1材1分或1材2分

出際之制表

屋椽數	出際長
兩架	2.00-2.50尺
四架	3.00-3.50尺
六架	3.50-4.00尺
八至十架	4.50-5.00尺
殿閣轉角	長隨架.

用椽之制:椽每架平不過六尺,若殿閣或
五寸至一尺五寸。(徑見表。)長隨架斜,至
架即加長出檐。每槫上為縫,斜批相搭釘

凡布椽,令一間當間心,若有補間鋪作者,
一間當耍頭心。若四裴回轉角者,並隨角
分布,令椽頭稀密得所,過角歸間,至次角柱
間鋪作心,並隨上中架取直。其稀密以兩
心相去之廣為法。(見下表。)

屋內有平棊者,即隨椽長短,令一頭取齊,
頭放過上架,當槫釘之,不用裁截,謂之鴈腳

造檐之制:皆從橑檐枋心出。
椽徑三寸,即檐出三尺五寸,椽徑
寸,即檐出四尺至四尺五寸。檐
別加飛檐,每檐出一尺,出飛子六
其檐自次角柱補間鋪作心,椽頭
生出向外,漸至角梁。(見下表。)

凡飛子,如椽徑十分,則廣八分,
七分,大小不同,約此法量宜加減
各以其廣厚,分為五分。兩邊各
殺一分,底面上留三分,下殺二分,
以三瓣卷殺,上一瓣長五分,次二
各長四分(此瓣分謂廣厚所得之
尾長斜隨檐。凡飛子須兩條通
先除出兩頭於飛魁內出者,後量
內,令隨檐長結角解開。若近角
子,隨勢上曲,令背與小連檐平。

凡飛魁(又謂之大連檐)廣厚
不越材。小連檐廣加栔二分至
分,厚不得越栔之厚。並交斜解

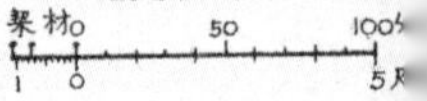

假定用三等材

栔材 0　50　100
1　0　5尺

造檐用椽之制表

屋類	材等	椽長(平長)	椽徑 材分	椽徑 實大	檐出(自橑檐枋心出)	飛子出(按檐出6/10)	布椽稀密(椽中至中)		檐角生出	
九間至十一間殿	一	7.00-7.50尺	10分	0.60尺	約4.60尺	約2.75尺	殿閣	0.90-0.95尺	五間以上	隨宜加減
五間至七間殿	二	6.00-650〃	9-10	0.50-0.55〃	〃4.25〃	〃2.55〃				
三至五間殿,七間堂	三	6.00-6.50〃	8-9	0.40-0.45〃	〃4.10〃	〃2.45〃	副階	0.85-0.90〃	五間	0.70尺
三間殿或五間堂	四	6.00〃	8	0.40〃	〃3.90〃	〃2.35〃				
小三間殿,大三間堂	五	6.00〃	7-8	0.31-0.35〃	〃3.75〃	〃2.25〃	廳堂	0.80-0.85〃	三間	0.50〃
亭榭　小廳堂	六	6.00〃	7	0.28〃	〃3.50〃	〃2.10〃				
小殿　亭榭	七	5.50(?)〃	6-7	0.21-0.25〃	〃3.10〃	〃1.85〃	廊庫屋	0.75-0.80〃	一間	0.40尺
小　亭　榭	八	5.00(?)〃	6分	0.18〃	約3.00尺	約1.80尺				

法式卷五造檐用椽之制均無嚴格規定,故本表尺寸均係約略數目,可以隨宜加減。

大木作制度圖樣二十六　舉折之制

舉屋之法：如殿閣樓臺，先量前後橑檐枋心相去遠近，分為三分，（若餘屋柱梁作，或不出跳者，則量前後檐柱心）。從橑檐枋背至脊槫背舉起一分。（如屋深三丈即舉起一丈之類。）如甋瓦廳堂，即四分中舉起一分，又通以四分所得丈尺，每一尺加八分。若甋瓦廊屋及瓪瓦廳堂，每一尺加五分。瓪瓦廊屋之類，每一尺加三分。若兩椽屋不加。其副階或纏腰，並二分中舉一分。

折屋之法：以舉高尺丈，每尺折一寸。每架自上遞減半為法。如舉高二丈，即先從脊槫背上取平，下至橑檐枋背，其上第一縫折二尺。又從上第一縫槫背取平，下至橑檐枋背，於第二縫折一尺。若椽數多，即逐縫取平，皆下至橑檐枋背，每縫減上縫之半，（如第一縫二尺，第二縫一尺，第三縫五寸，第四縫二寸五分之類。）如取平，皆從槫心抨繩令緊為則。如架道不勻，即約度遠近，隨宜加減，以脊槫及橑檐枋為準。

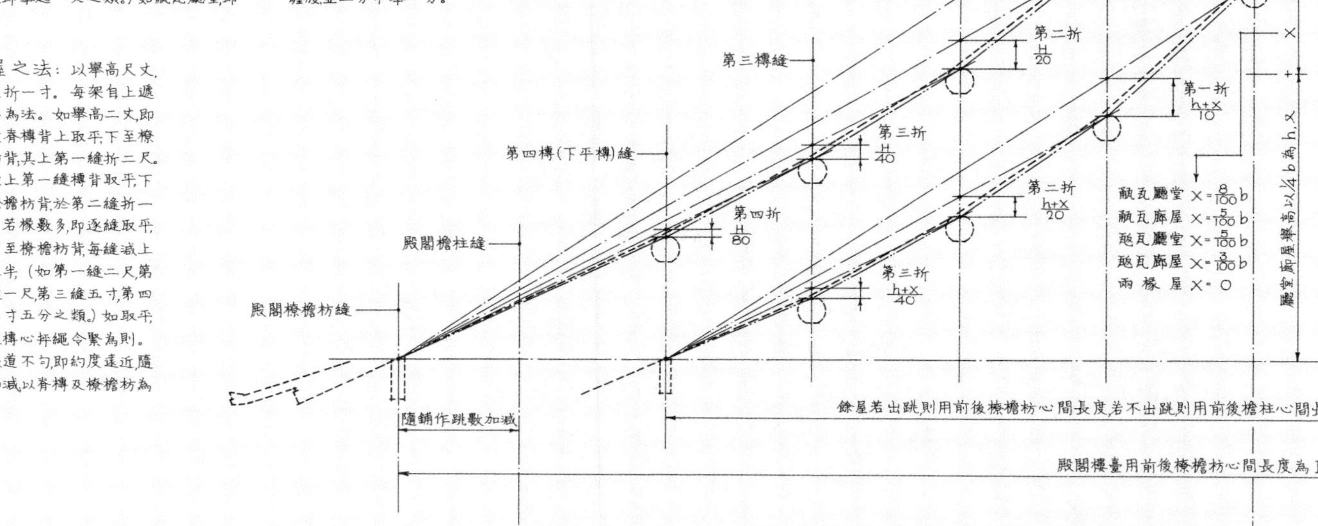

按法式看詳：今來舉屋制度，以前後橑檐枋心相去遠近，分為四分，自橑檐枋背上至脊槫背上，四分中舉起一分。雖殿閣與廳堂及廊屋之類，略有增加，大抵皆以四分舉一為祖。法式卷三十一各殿堂草架側樣（橫斷面圖），亦多近於四分舉一。但看詳脩立舉屋之法，如本圖左上角所錄，則規定殿閣三分舉一，與卷三十一原圖比例不符。茲按規定製成本圖。然當時實物，恐仍以近於四分舉一之比例者為多也。

大木作制度圖樣二十七　亭榭鬭尖舉折之制

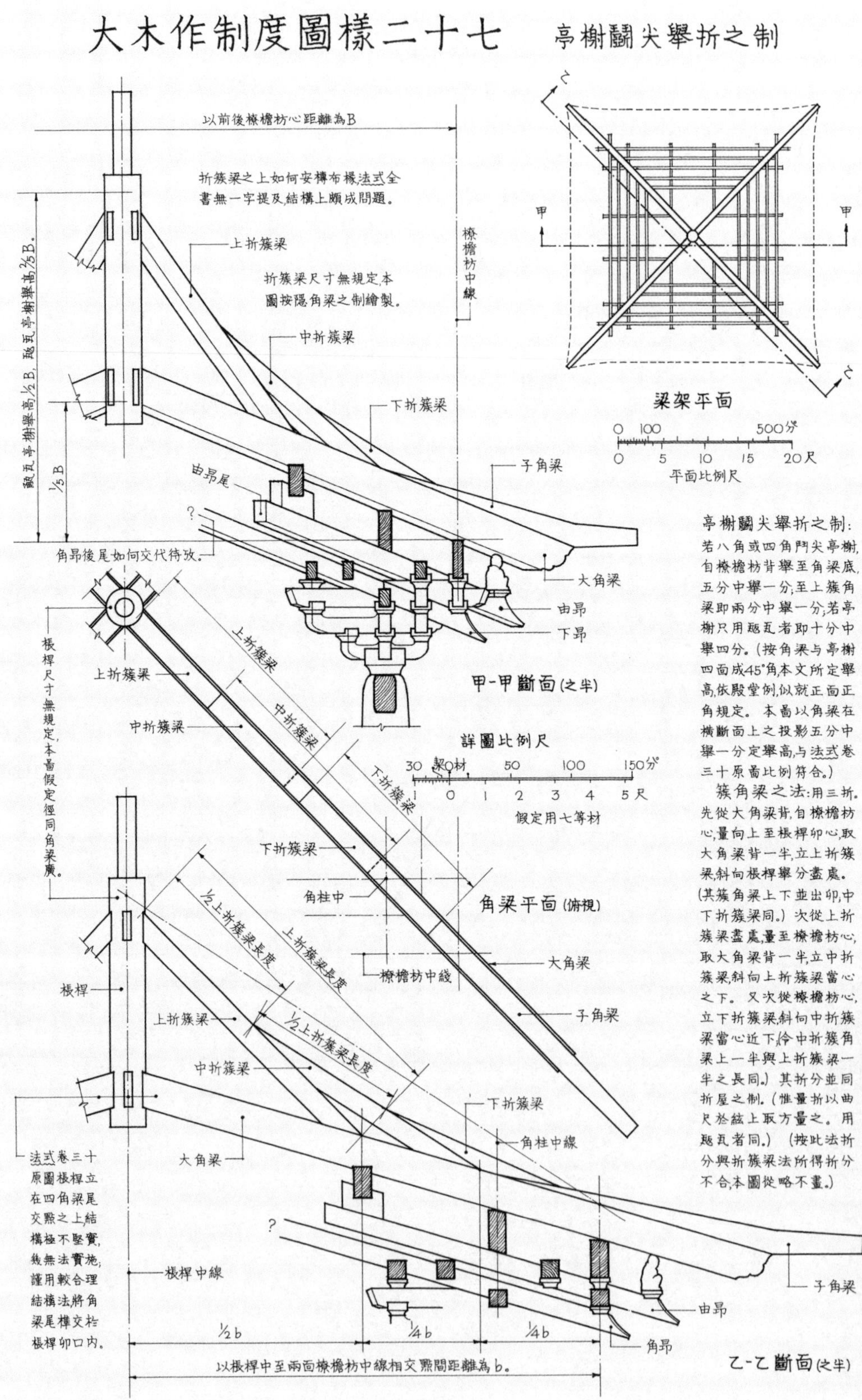

大木作制度圖樣二十八　殿閣分槽圖

法式卷卅一原圖未表明繪制條件本圖按卷三卷四文字中涉及開間進深用椽等問題繪制今説明如下：

1．殿閣開間從五-十一間各種，有無副階未作規定，本圖選擇七間有副階之兩種不同狀況繪制；

2．殿閣開間亜分"若逐間皆用雙補間則每間之廣丈尺皆同，如只心間用雙補間者，假如心間用一丈五尺則次間用一丈之類，或間廣不匀，即每補間鋪作一朵不得過一尺"本圖選擇每間之廣丈尺皆同，及心間用一丈五尺次間用一丈之類兩種情況；

3．殿閣進深隨用椽架數而定(法式規定從六架至十架)殿閣用材自一等至五等，鋪作等級為五至八鋪作，本圖以不越出此規定為原則繪製；

4．本圖僅屬為説明殿閣分槽類型舉例，故所用尺寸均為相對尺寸，建築各部份構件亦僅示意其位置。

殿閣地盤殿身七間副階周帀身内單槽

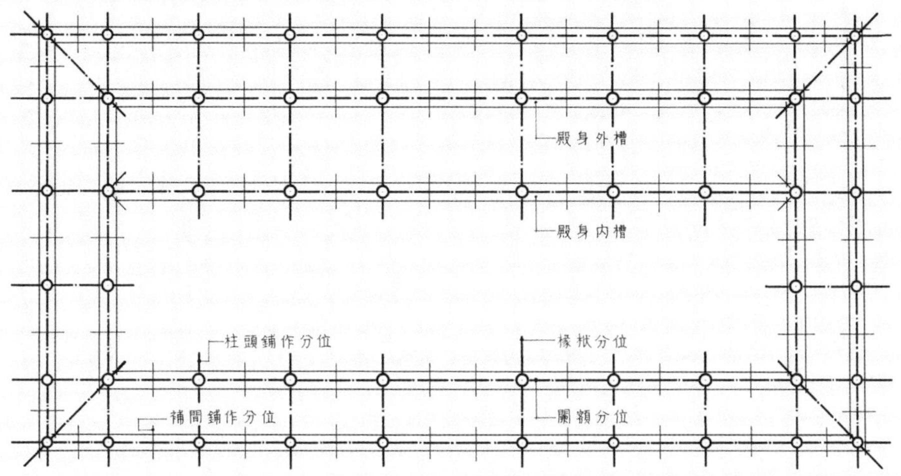

殿閣地盤殿身七間副階周帀身内雙槽

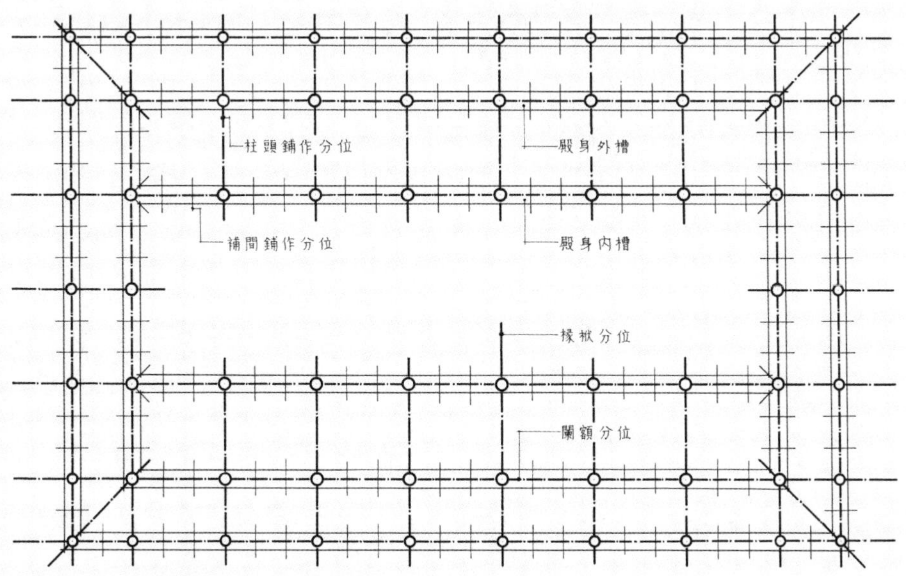

大木作制度圖樣二十九　殿閣分槽圖

法式卷卅一原圖未表明繪制條件本圖按卷三卷四文字中涉及開間、進深、用椽等問題繪制今説明如下：

1．殿閣開間從五—十一間各種，有無副階未作規定，本圖選擇九間無副階及七間有副階兩種狀況繪制，

2．殿閣開間亜分"若逐間皆用雙補間則每間之廣丈尺皆同，如只心間用雙補間者，假如心間用一丈五尺則次間用一丈之類，或間廣不匀，即每補間鋪作一朶不得過一尺"本圖選擇間廣不匀當心間用雙補間，其餘各間用單補間及開間相等逐間皆用雙補間兩種，

3．殿閣進深隨用椽架數而定(法式規定從六架至十架)殿閣用材自一等至五等，鋪作等級為五至八鋪作，本圖以不越出此規定為原則繪制，

4．本圖僅屬為説明殿閣分槽之類型舉例，故所用尺寸均為相對尺寸，建築各部份構件亦僅示意其位置。

殿閣身地盤九間身内分心枓底槽

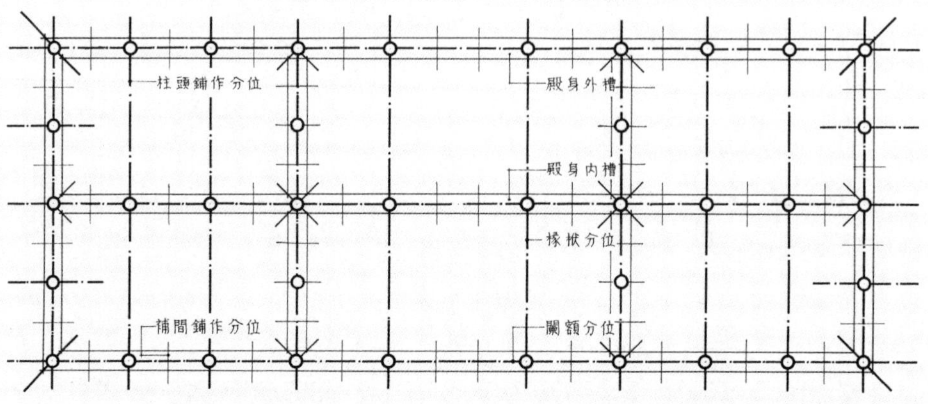

殿閣地盤殿身七間副階周帀各兩架椽身内金箱枓底槽

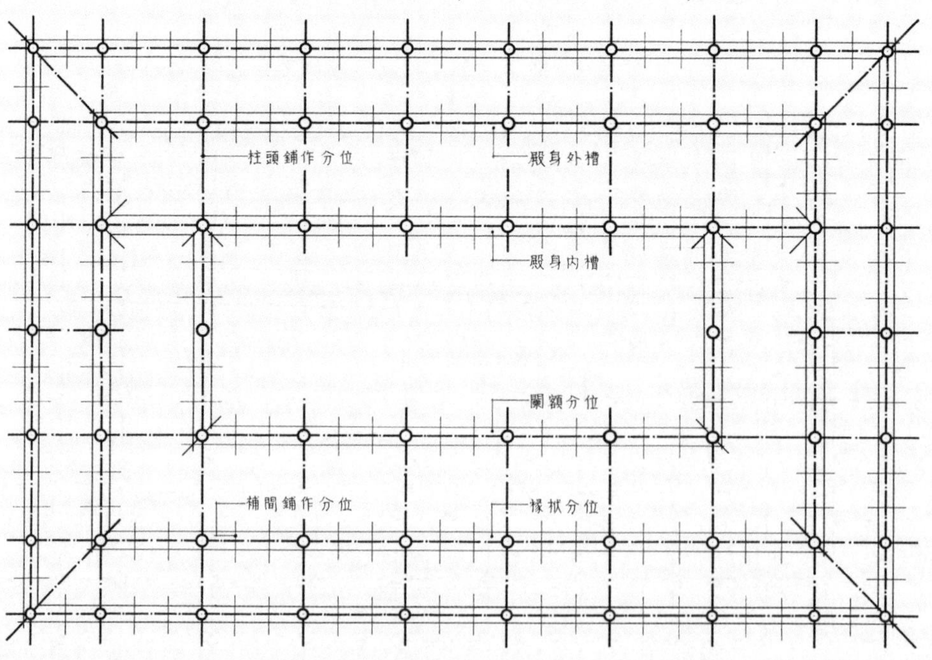

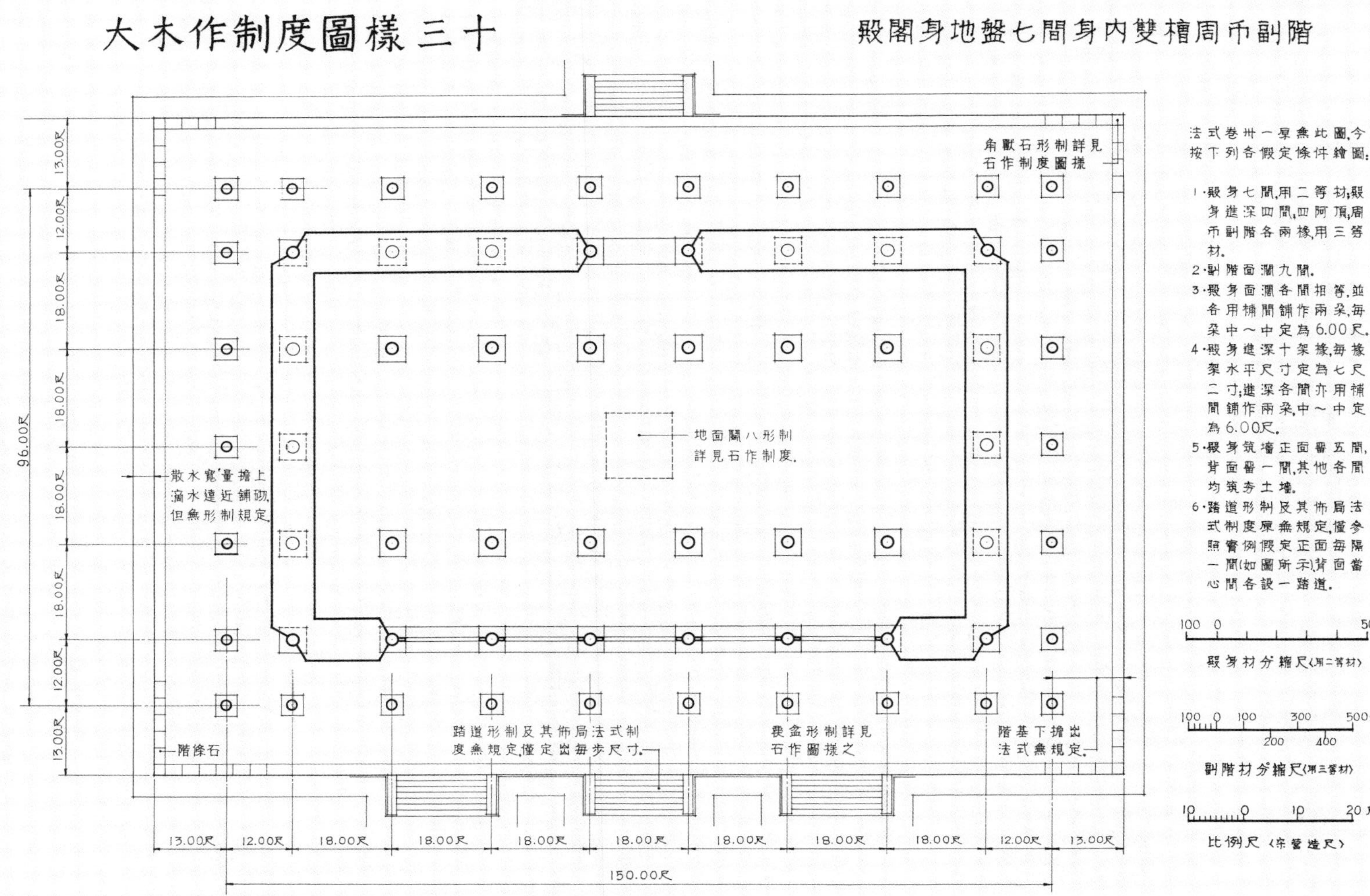
大木作制度圖樣三十
殿閣身地盤七間身内雙槽周帀副階
法式卷卅一原無此圖,今按下列各假定條件繪圖:
1·殿身七間,用二等材;殿身進深四間,四阿頂,周帀副階各兩椽,用三等材。
2·副階面濶九間。
3·殿身面濶各間相等,並各用補間鋪作兩朶,每朶中~中定為6.00尺。
4·殿身進深十架椽,每椽架水平尺寸定為七尺二寸;進深各間亦用補間鋪作兩朶,中~中定為6.00尺。
5·殿身築墻正面留五間,背面留一間,其他各間均築夯土墻。
6·踏道形制及其佈局法式制度原無規定,僅參照實例假定正面每隔一間(如圖所示)背面當心間各設一踏道。
角獸石形制詳見石作制度圖樣
地面闘八形制詳見石作制度。
散水寬量檐上滴水遠近鋪砌,但無形制規定
階條石
踏道形制及其佈局法式制度無規定,僅定岀每步尺寸。
覆盆形制詳見石作圖樣之
階基下檐岀法式無規定。
13.00尺
12.00尺
18.00尺
18.00尺
18.00尺
18.00尺
18.00尺
18.00尺
18.00尺
12.00尺
13.00尺
150.00尺
96.00尺
100 0 500分
殿身材分縮尺(用二等材)
100 0 100 200 300 400 500分
副階材分縮尺(用三等材)
10 0 10 20尺
比例尺(宋營造尺)

大木作制度圖樣三十一　殿閣分槽圖樣·仰視

法式卷卅一原無此圖,本圖繪制之假定條件同大木作制度圖樣之三十,此外,再作如下幾點説明: 1.假定屋頂為四阿屋頂,重擔,副階周帀. 2.角梁后尾交代法式制度中無規定,故略而不畫. 3.平綦方及平棊略而不畫.

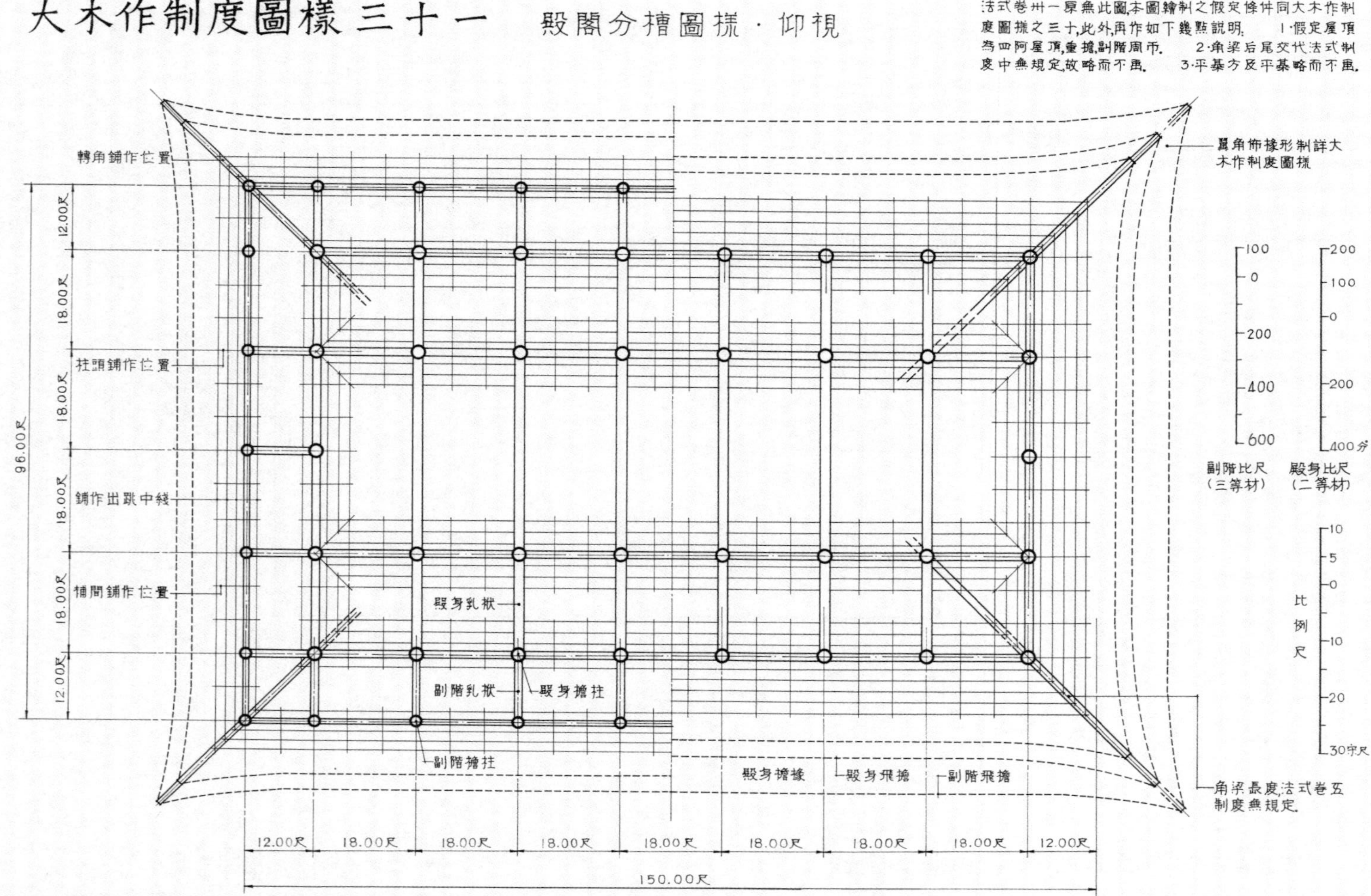

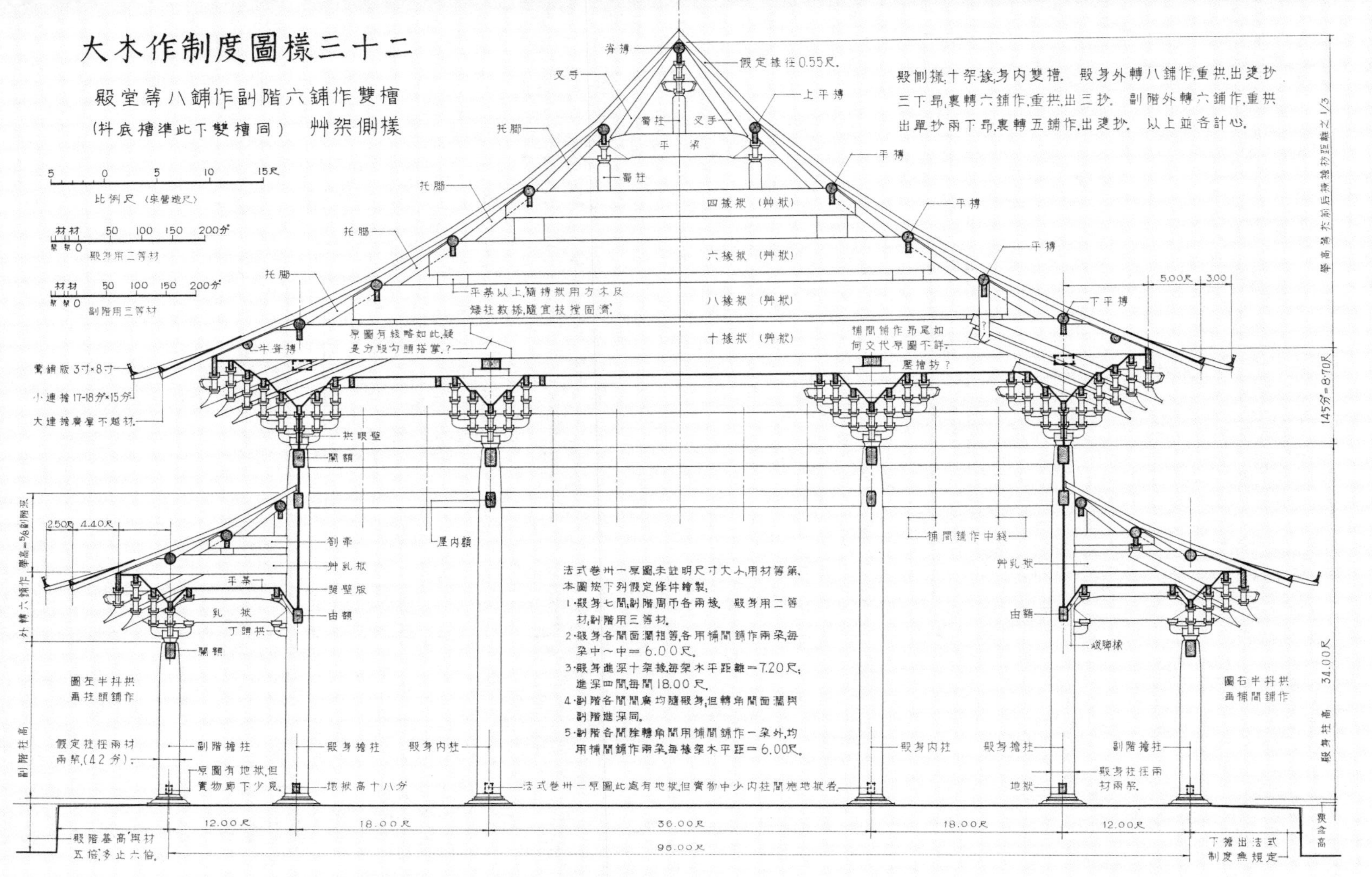
大木作制度圖樣三十二
殿堂等八鋪作副階六鋪作雙槽
(枓底槽準此下雙槽同) 艸架側樣
比例尺(宋營造尺)
5 0 5 10 15尺
材栔 50 100 150 200分
殿身用二等材
材栔 50 100 150 200分
副階用三等材
殿側樣十架椽身内雙槽。殿身外轉八鋪作,重拱,出逮抄三下昂,裏轉六鋪作,重拱,出三抄。副階外轉六鋪作,重拱出單抄兩下昂,裏轉五鋪作,出逮抄。以上並各計心。
脊槫
假定椽徑0.55尺。
叉手
上平槫
蜀柱
平梁
托脚
平槫
四椽栿(艸栿)
六椽栿(艸栿)
八椽栿(艸栿)
十椽栿(艸栿)
平棊以上,隨槫栿用方木及矮柱敦㮇,隨宜枝樘固濟。
原圖有綫略如此,疑是分股勾頭搭掌?
補間鋪作昂尾如何交代原圖不詳。
下平槫
5.00尺 3.00
牛脊槫
壓槽枋?
舉高為前後撩檐枋距離之1/3
145分=8.70尺
飛子
小連檐17-18分×15分
大連檐厚量不越材。
拱眼壁
闌額
屋内額
補間鋪作中綫
劄牽
艸乳栿
照壁版
平棊
乳栿
由額
丁頭拱
闌額
2.50尺 4.40尺
外轉六鋪作 舉高=5/6副階深
法式卷卅一原圖,未註明尺寸大小,用材等第,本圖按下列假定條件繪製:
1·殿身七間,副階周帀各兩椽。殿身用二等材,副階用三等材。
2·殿身各間面濶相等,各用補間鋪作兩朵,每朵中~中=6.00尺。
3·殿身進深十架椽,每架水平距離=7.20尺;進深四間,每間18.00尺。
4·副階各間間廣均隨殿身,但轉角間面濶與副階進深同。
5·副階各間除轉角間用補間鋪作一朵外,均用補間鋪作兩朵,每椽架水平距=6.00尺。
圖左半枓拱畫柱頭鋪作
圖右半枓拱畫補間鋪作
峻脚椽
34.00尺
殿身柱高
副階柱高
假定柱徑兩材兩栔(42分)。
副階檐柱
殿身檐柱
殿身内柱
原圖有地栿,但實物罕下少見。
地栿高十八分
法式卷卅一原圖,此處有地栿,但實物中少内柱間施地栿者。
地栿
殿身柱徑兩材兩栔。
12.00尺 18.00尺 36.00尺 18.00尺 12.00尺
96.00尺
殿階基高與材五倍,多止六倍。
下檐出法式制度無規定
階高

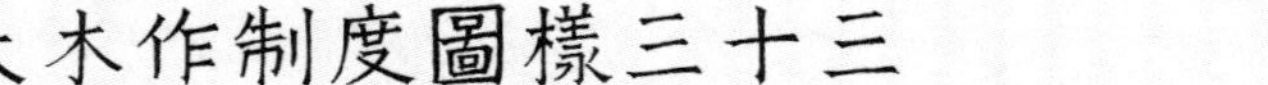

大木作制度圖樣三十三

殿閣地盤殿身七間副階周帀身內金箱枓底槽

散水轉角作法原無規定

側砌磚綫二道

散水寬量上檐滴水遠近鋪砌但其形制未規定

法式僅規定踏道每步尺寸大小

徑兩材兩栔=42分°

柱徑三材=45分°

覆盆形制詳見石作制度圖樣

地面鬬八形制另詳石作制度

地栿按大木作制度規定繪制

壓闌石法式規定長三尺但實例中多為長短不一

角獸石雕刻形制法式未規定

8.60尺　12.00尺　18.00尺　18.00尺　18.00尺　18.00尺　18.00尺　18.00尺　18.00尺　12.00尺　8.60尺

150.00尺

8.60尺　12.00尺　18.00尺　18.00尺　18.00尺　12.00尺　8.60尺

96.00尺

100 0 100 300 500分°

殿身用二等材 8.25×5.5寸

100 0 100 300 500分°

副階用三等材 7.5×5寸

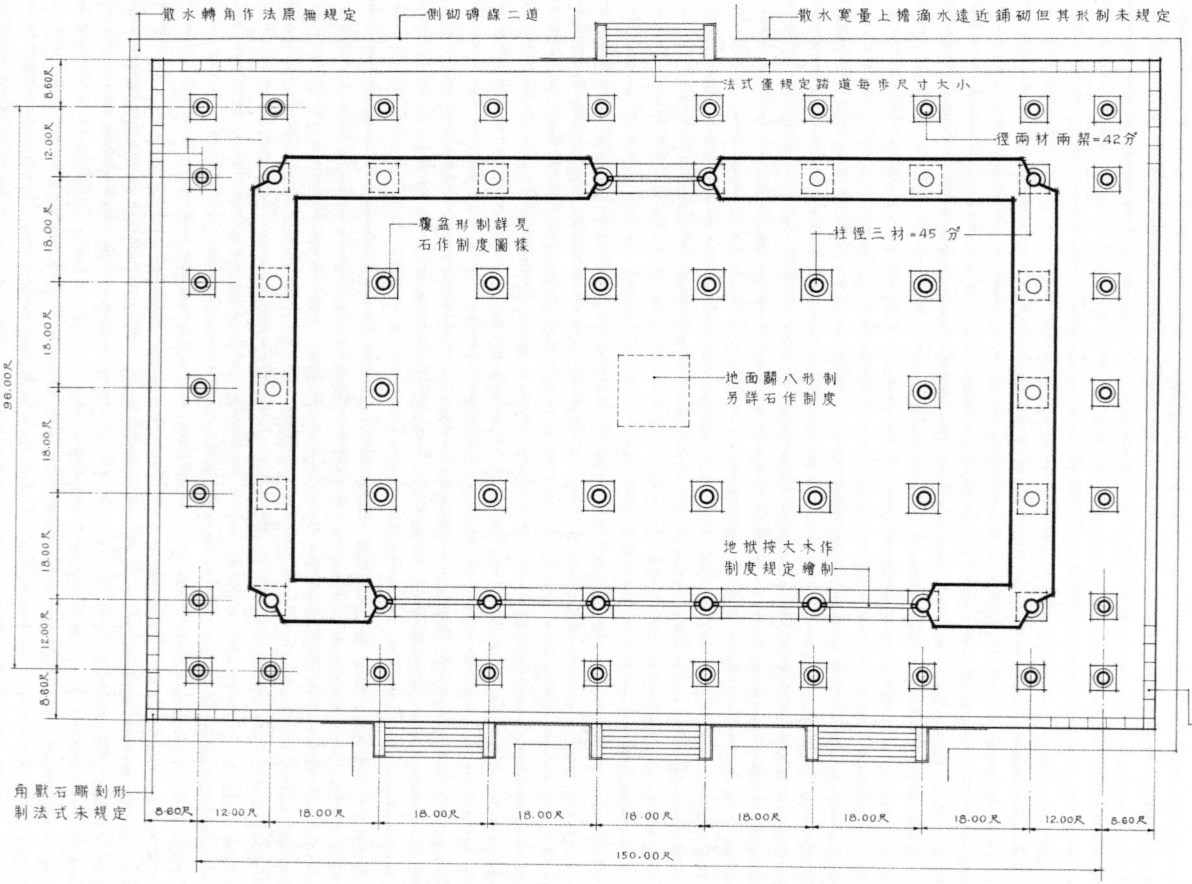

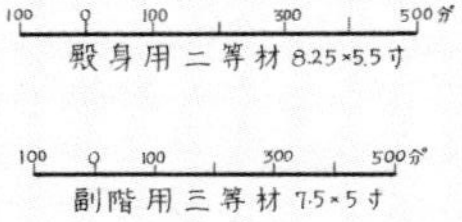

法式卷卅一原無此圖今按下列假定條件繪製。

1．殿身面濶七間進深四間用二等材副階周帀用三等材。

2．殿身每間用補間鋪作兩朶副階僅轉角間用補間鋪作一朶其餘各間皆同殿身，每鋪作中-中=6.00尺

3．殿身進深用十架椽每架水平長7.20尺，副階周帀各兩椽，水平長6.00尺。

4．殿身築墻正面留當中五間背面留當心間作門其餘各間均築夯土墻墻厚為四分之一墻高。

5．殿階基下檐出法式原無規定，今假定其位置在相當檐頭與飛檐頭之間

6．踏道形制及佈局法式無規定，本圖假定正面每隔一間設一踏道，背面僅當心間設一踏道。

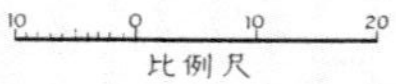

10 0 10 20

比例尺

大木作制度圖樣三十四

殿身七間副階周帀各兩椽身内金箱斗底槽　殿閣分槽圖　仰視

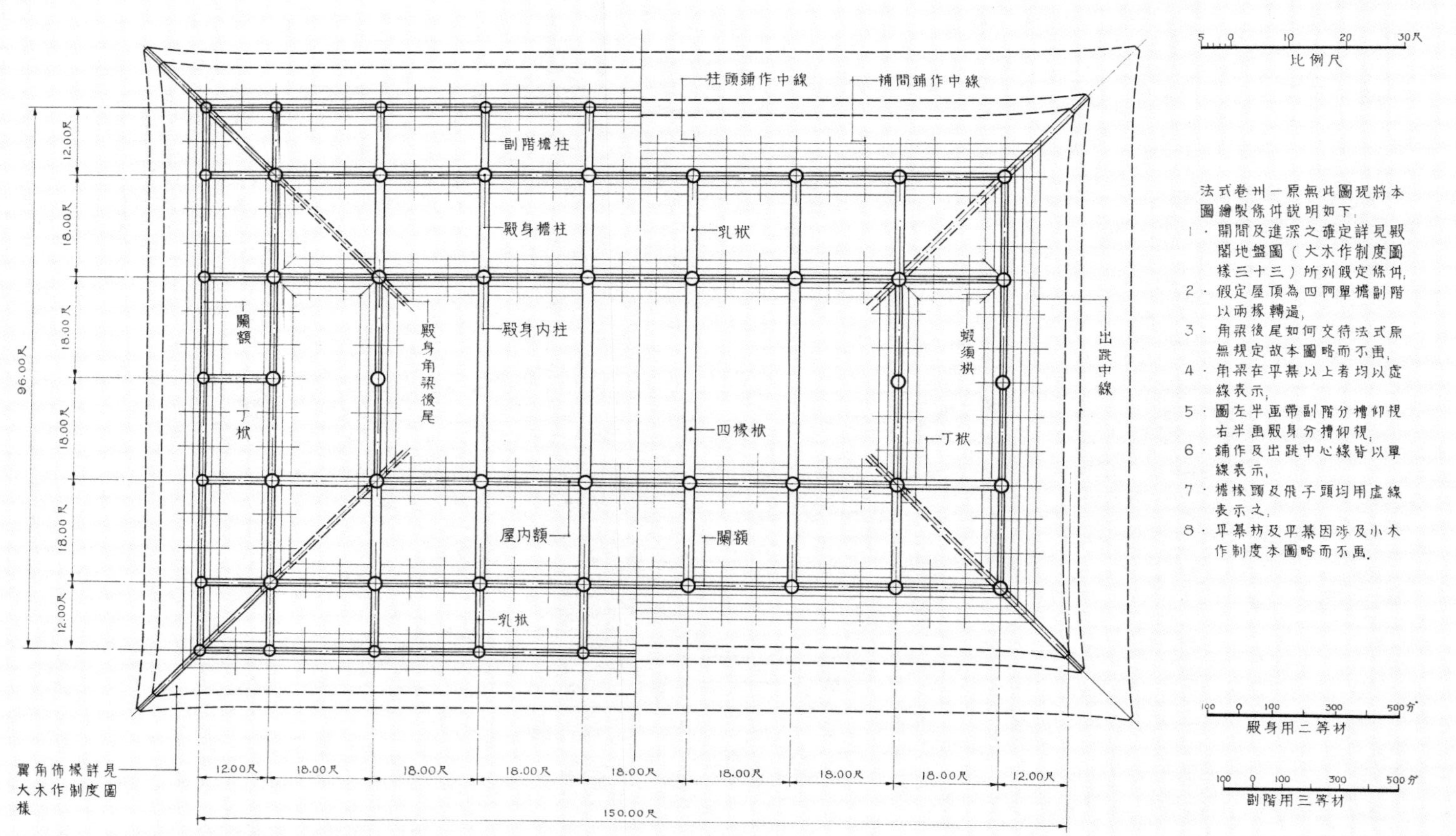

法式卷卅一原無此圖現將本圖繪製條件説明如下，

1．開間及進深之確定詳見殿閣地盤圖（大木作制度圖樣三十三）所列假定條件，
2．假定屋頂為四阿單檐副階以兩椽轉過，
3．角梁後尾如何交待法式原無規定故本圖略而不畫，
4．角梁在平棊以上者均以虛線表示，
5．圖左半畫帶副階分槽仰視右半畫殿身分槽仰視，
6．鋪作及出跳中心線皆以單線表示，
7．檐椽頭及飛子頭均用虛線表示之，
8．平棊枋及平棊因涉及小木作制度本圖略而不畫，

大木作制度圖樣三十五

殿堂等七鋪作(副階五鋪作)雙槽草架側樣

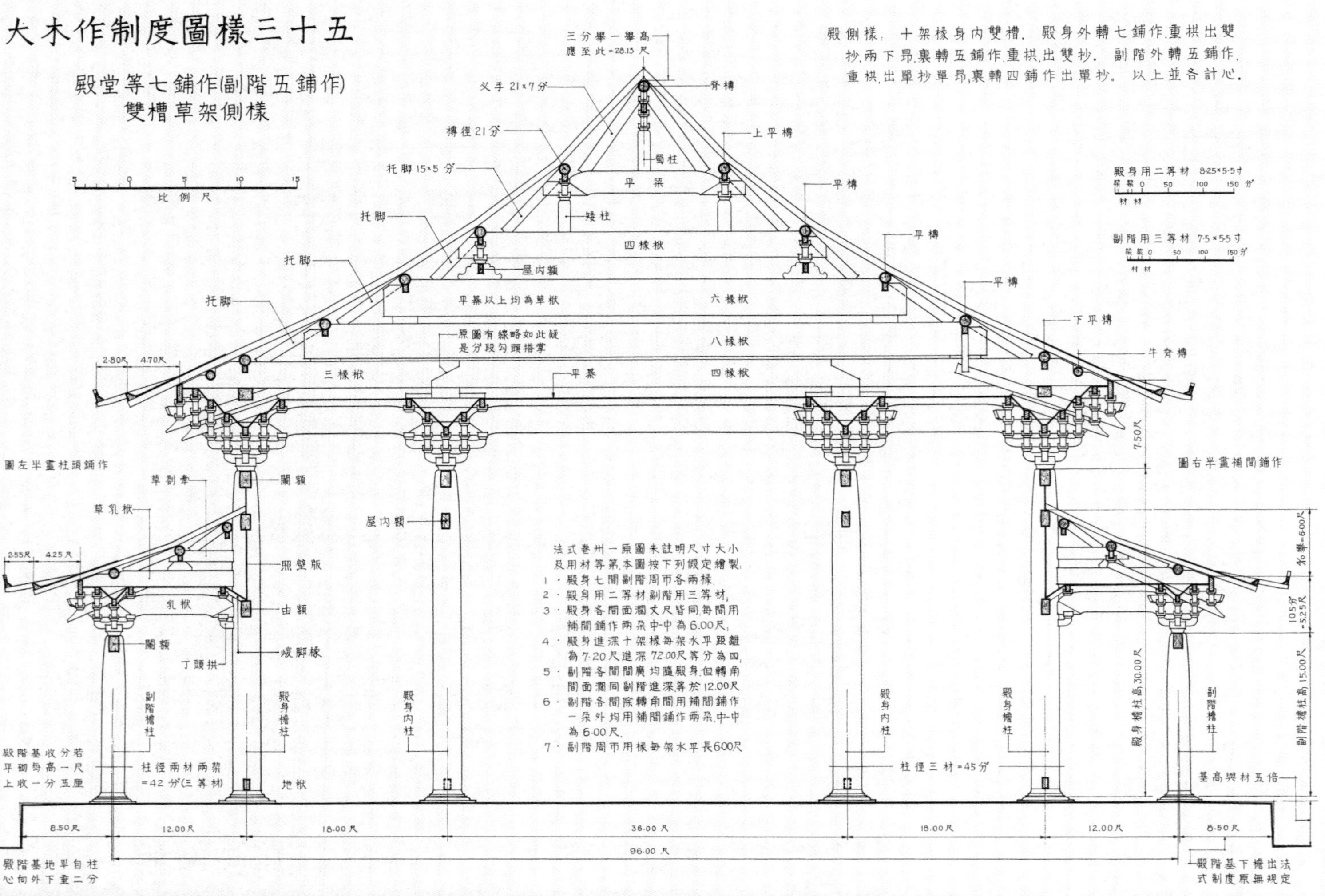

大木作制度圖樣三十六

殿閣地盤殿身七間副階周帀身内單槽

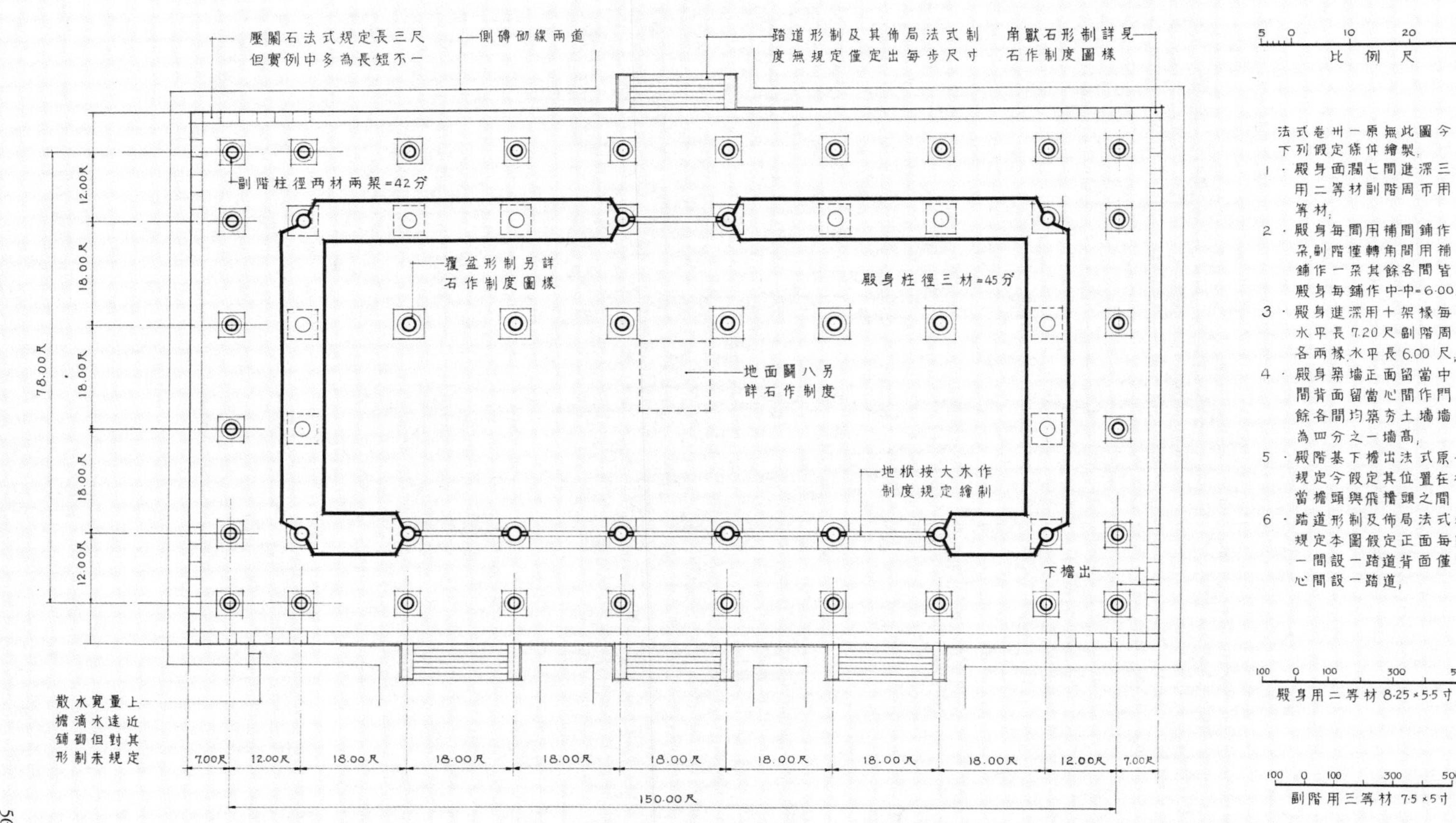

大木作制度圖樣三十七　殿閣分槽圖　仰視

殿身七間副階周帀各兩椽身内單槽

法式卷卅一原無此圖現將本圖繪製條件説明如下：

1. 開間進深之確定詳見殿閣地盤圖（大木作制度圖樣三十六）所列假定條件；
2. 假定屋頂為四阿單檐，副階周帀
3. 角梁後尾如何交待法式原無規定故本圖略而不畫；
4. 角梁在平棊以上部分均用虛線表示；
5. 圖左半畫帶副階分槽仰視右半畫殿身分槽仰視；
6. 鋪作及出跳中線皆以單線表示；
7. 檐椽及飛子之出頭皆以虛線表示；
8. 平棊枋及平棊因涉及小木作制度本圖略而不畫。

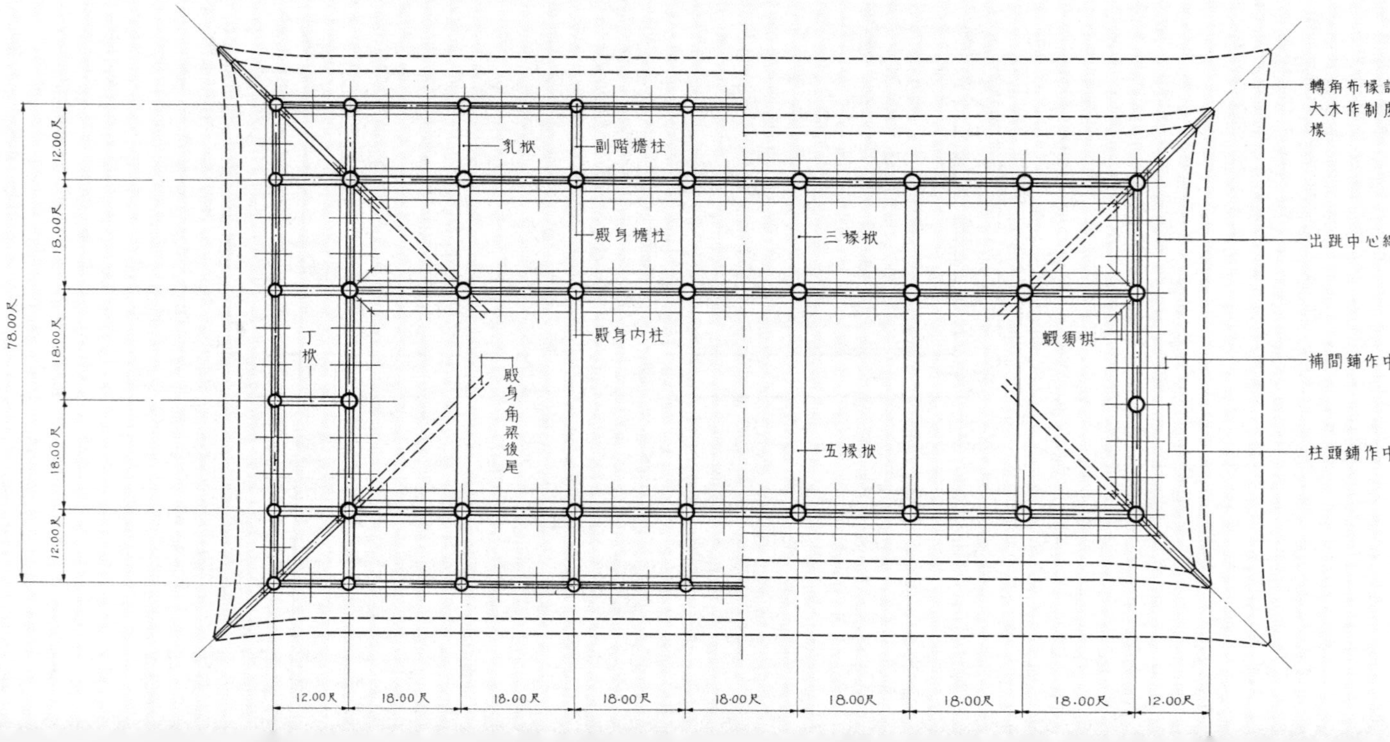

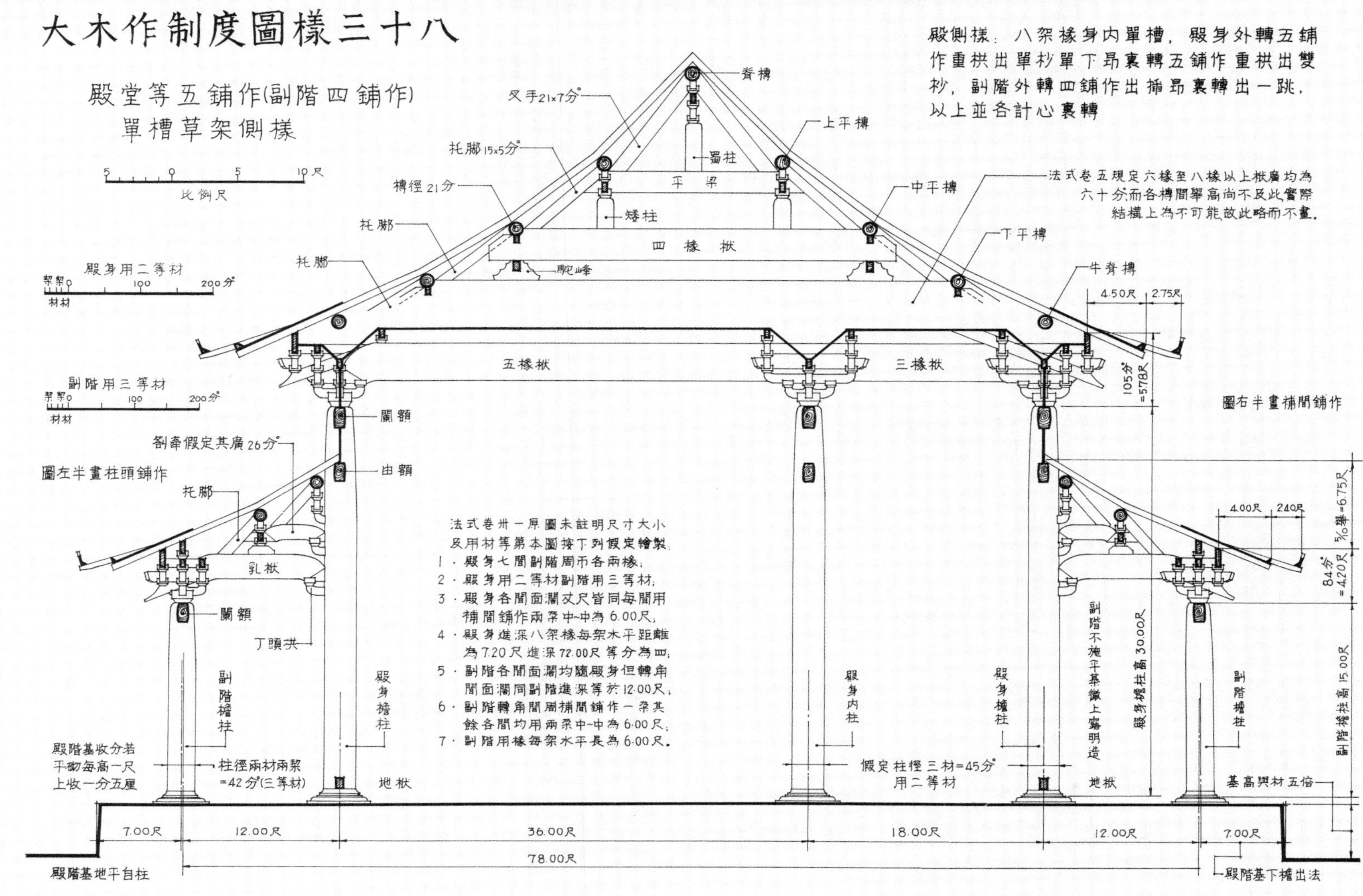
大木作制度圖樣三十八
殿堂等五鋪作(副階四鋪作)
單槽草架側樣
比例尺
殿身用二等材
副階用三等材
圖左半畫柱頭鋪作
圖右半畫補間鋪作
殿側樣：八架椽身内單槽，殿身外轉五鋪作重拱出單杪單下昂裏轉五鋪作重拱出雙杪，副階外轉四鋪作出插昂裏轉出一跳，以上並各計心裏轉
法式卷五規定六椽至八椽以上栿廣均為六十分而各槫間舉高尚不及此實際結構上為不可能故此略而不畫
脊槫
叉手21×7分
托脚15×5分
槫徑21分
托脚
上平槫
中平槫
下平槫
牛脊槫
蜀柱
平梁
矮柱
四椽栿
駝峰
五椽栿
三椽栿
闌額
由額
劄牽假定其廣26分
乳栿
丁頭拱
法式卷卅一原圖未註明尺寸大小及用材等第本圖按下列假定繪製：
1．殿身七間副階周帀各兩椽；
2．殿身用二等材副階用三等材；
3．殿身各間面濶丈尺皆同每間用補間鋪作兩朵中~中為6.00尺；
4．殿身進深八架椽每架水平距離為7.20尺進深72.00尺等分為四；
5．副階各間面濶均隨殿身但轉角間面濶同副階進深等於12.00尺；
6．副階轉角間用補間鋪作一朵其餘各間均用兩朵中~中為6.00尺；
7．副階用椽每架水平長為6.00尺。
副階檐柱
殿身檐柱
殿身内柱
殿身檐柱
副階不施平棊徹上露明造
殿身檐柱高30.00尺
副階檐柱高15.00尺
殿階基收分若干砌每高一尺上收一分五厘
柱徑兩材兩栔=42分(三等材)
假定柱徑三材=45分用二等材
地栿
基高與材五倍
105分=5.78尺
4.50尺
2.75尺
4.00尺
2.40尺
5/6舉=6.75尺
84分=4.20尺
7.00尺
12.00尺
36.00尺
18.00尺
78.00尺
殿階基地平自柱
殿階基下檐出法

大木作制度圖樣三十九

殿閣九間·身內分心槽·周帀無副階

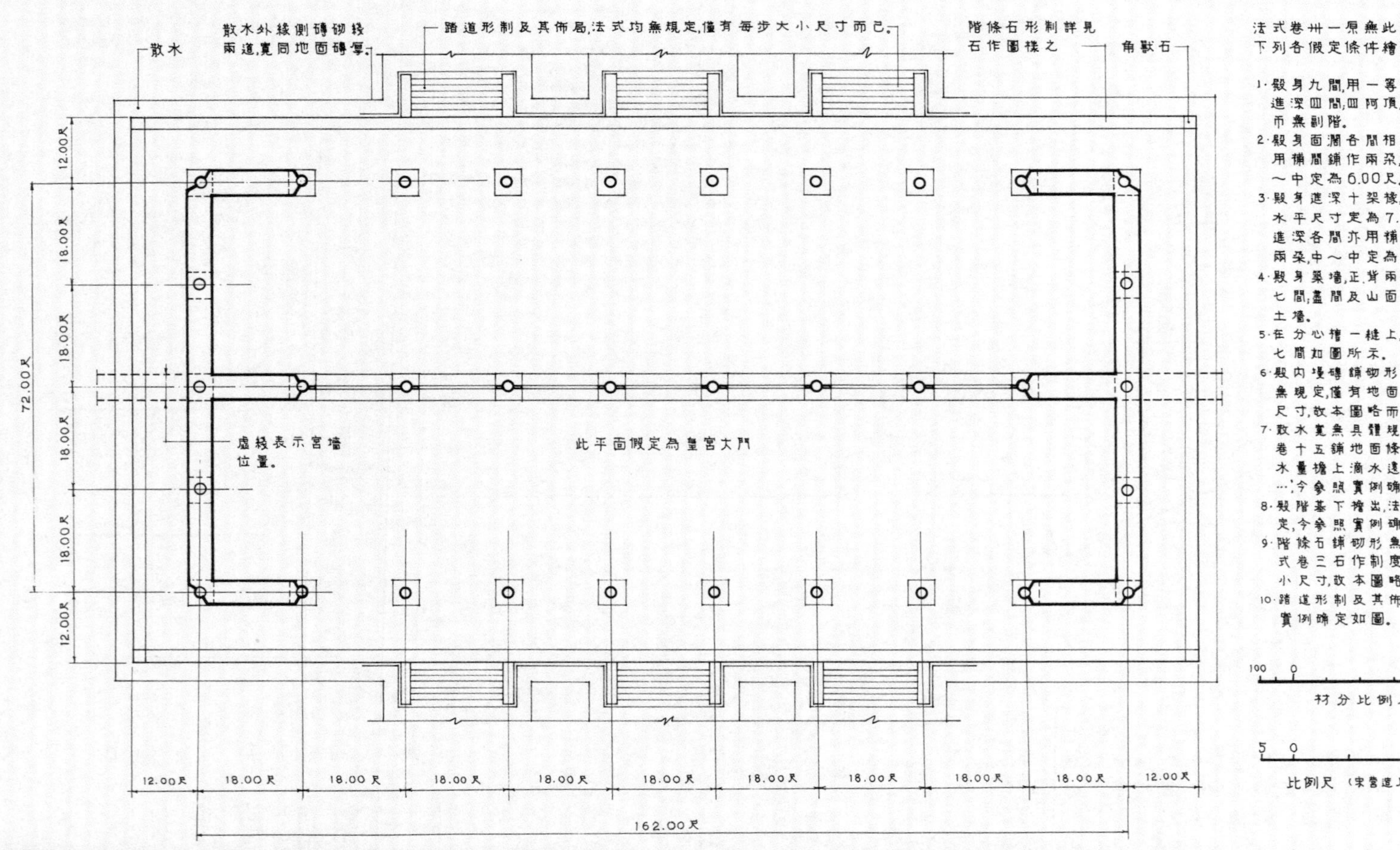

法式卷卅一原無此圖,今按下列各假定條件繪制本圖:

1. 殿身九間,用一等材;殿身進深四間;四阿頂,單檐,周帀無副階。
2. 殿身面闊各間相等,並各用補間鋪作兩朵,每朵中～中定為6.00尺。
3. 殿身進深十架椽,每椽架水平尺寸定為7.20尺;進深各間亦用補間鋪作兩朵,中～中定為6.00尺。
4. 殿身築墻,正,背兩面各留七間;盡間及山面均築夯土墻。
5. 在分心槽一縫上,立版門七間如圖所示。
6. 殿內墁磚鋪砌形制,法式無規定,僅有地面磚大小尺寸,故本圖略而不畫。
7. 散水寬無具體規定,法式卷十五鋪地面條中僅"散水量檐上滴水遠近鋪砌,…",今參照實例確定如圖。
8. 殿階基下檐出,法式無規定,今參照實例確定如圖。
9. 階條石鋪砌形無規定,法式卷三石作制度僅有大小尺寸,故本圖略而不畫。
10. 踏道形制及其佈局,參照實例確定如圖。

大木作制度圖樣四十

殿閣分槽圖樣·仰視·

殿閣身九間．十架椽，身内分心枓底槽．外轉六鋪作，裏轉五鋪作，以上並各計心。

法式卷卅一原無此圖，其假定條件同大木作制度圖樣之外，再作如下幾點説明：1·假定屋頂為四阿屋頂，單檐，無副階。2·角梁后尾交代法式制度中無規定，故略而不畫。3·平棊方及平棊因屬小木作范圍，本圖略而不畫。4·鋪作及出跳中心綫均用單綫表示。5·檐椽頭及飛子頭用虛綫表示。

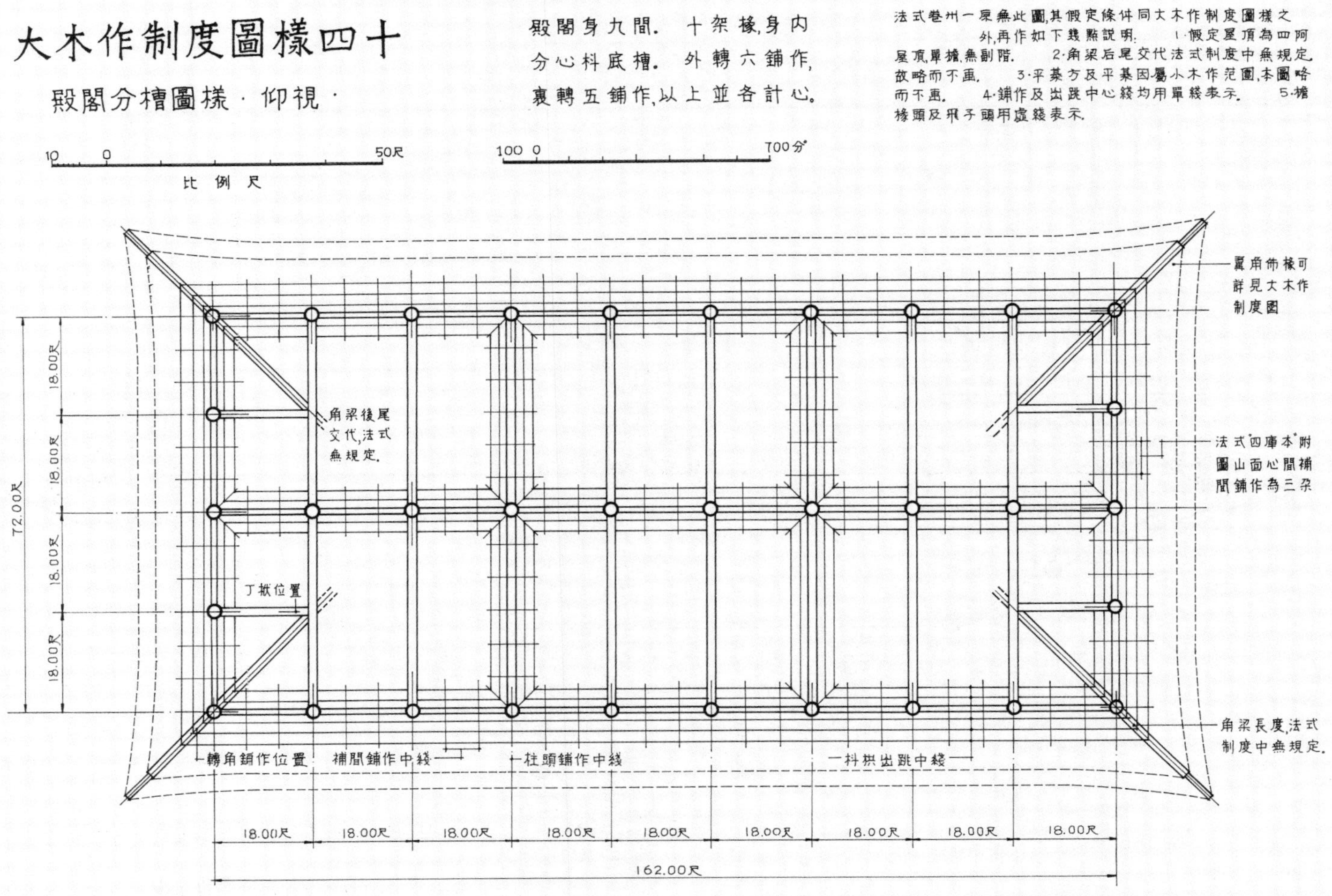

大木作制度圖樣四十一

殿堂等六鋪作分心槽艸架側樣

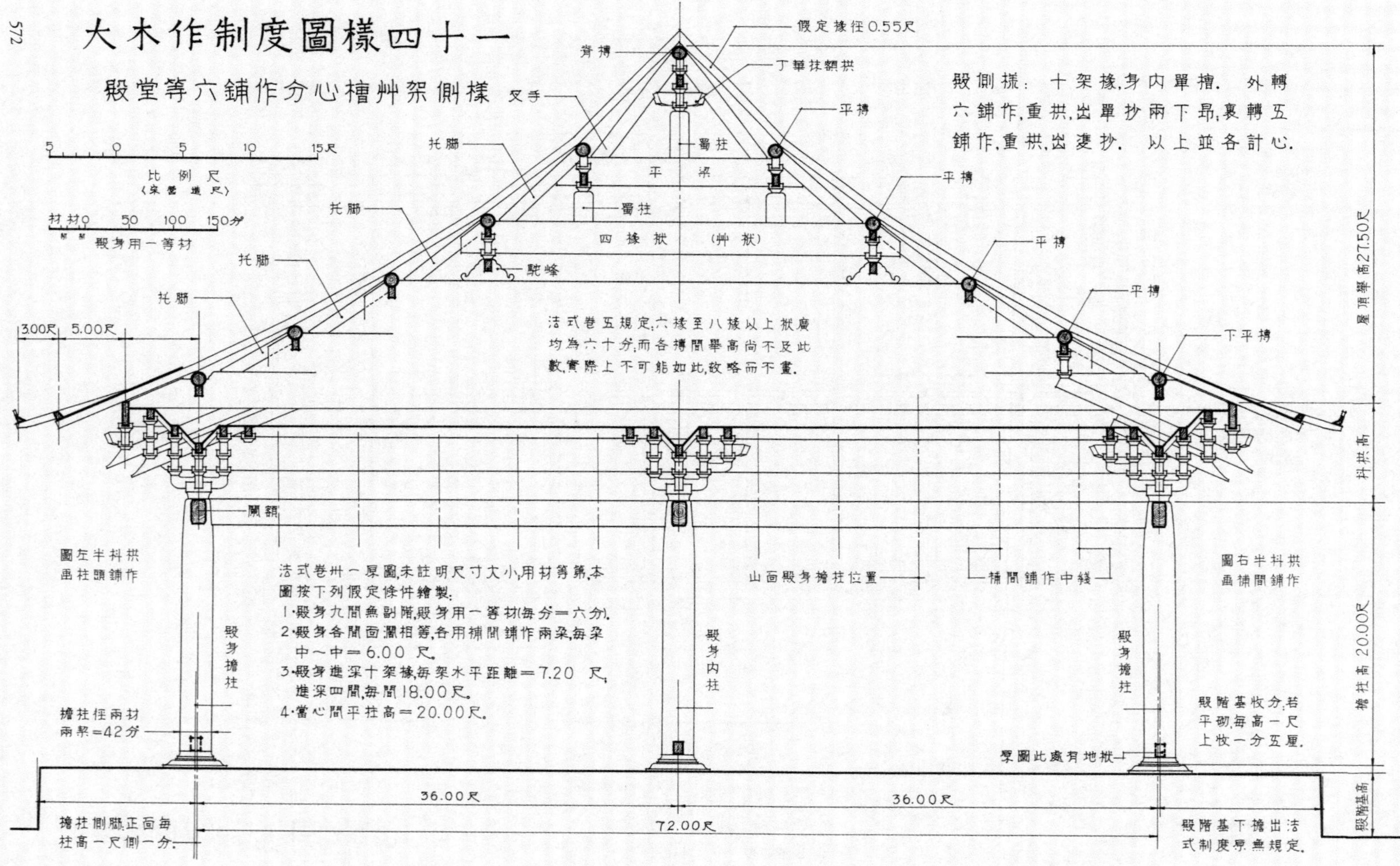

大木作制度圖樣四十二

廳堂等十架椽間縫内用梁柱側樣

十架椽屋分心用三柱

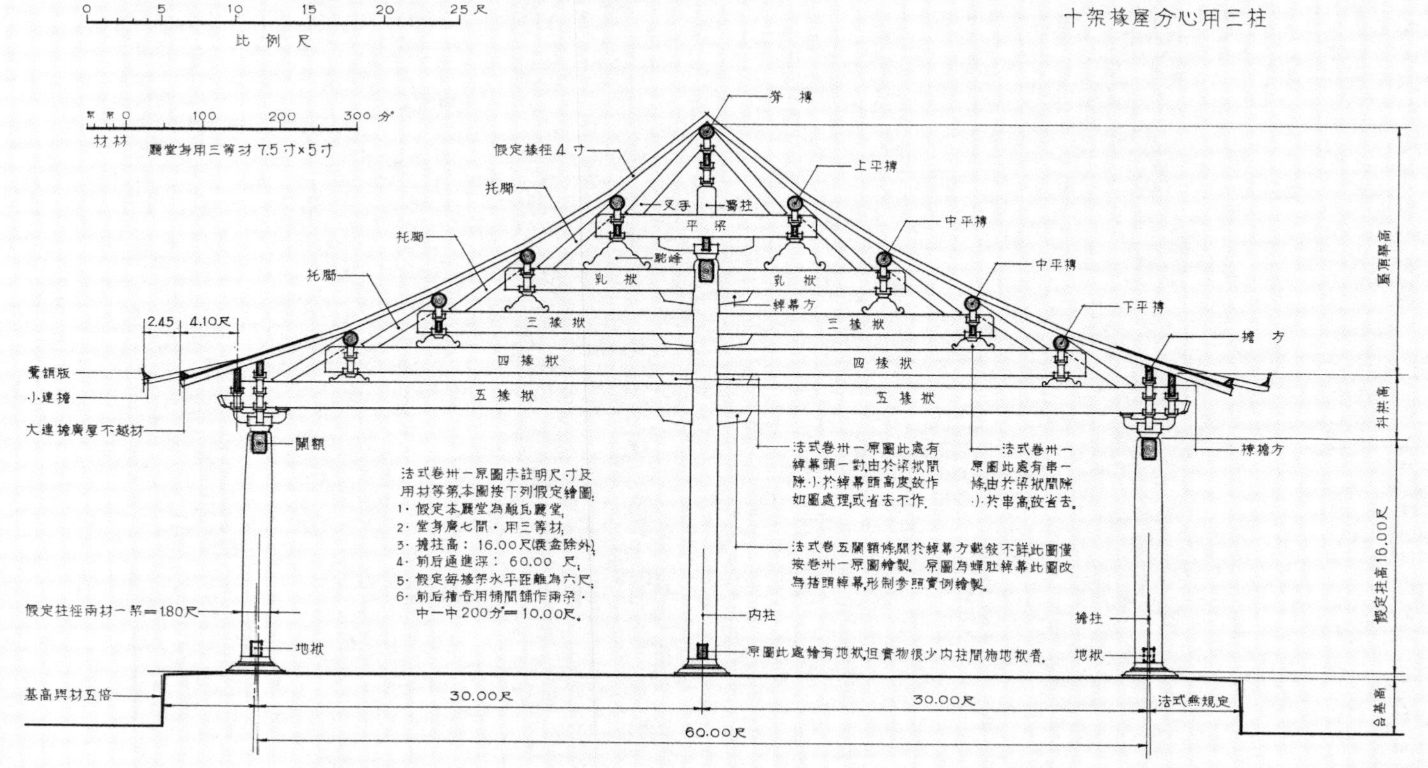

大木作制度圖樣四十三　廳堂等十架椽間縫内用梁柱側樣

十架椽屋前後三椽栿用四柱

5　0　10尺
比例尺

叉手 18×6分°
脊槫
槫徑一材一栔
上平槫
托脚 15×5分°
蜀柱
平梁
合楷
托脚
平槫
椽徑8分°
托脚
平槫
托脚
駝峯
四椽栿廣兩材
劄牽
闌額
下平槫
屋内額
順栿串(?)廣一材一栔
闌額
兩椽栿三椽栿皆廣兩材
蜀柱
駝峯
襻間額
舉高17.01尺
4.10尺　2.45
4.20尺
内柱高23.40尺
檐柱高14.00尺
柱徑兩材一栔
内柱
檐柱
地栿
18.00尺　24.00尺　18.00尺
側脚0.13尺
60.00尺
階基高與材五倍

法式卷卅一原圖未註明尺寸大小及用材等第,本圖按下列假定繪制:

1. 本廳堂爲瓪瓦廳堂;
2. 廳堂身廣七間,堂身用三等材;
3. 檐柱高14.00尺(櫨斗除外);
4. 每架槫水平距離6.00尺,前後通深60.00尺;
5. 舉高=¼(1+0.08)前後橑檐枋間距離=17.01尺。

十架椽屋分心前後乳栿用五柱

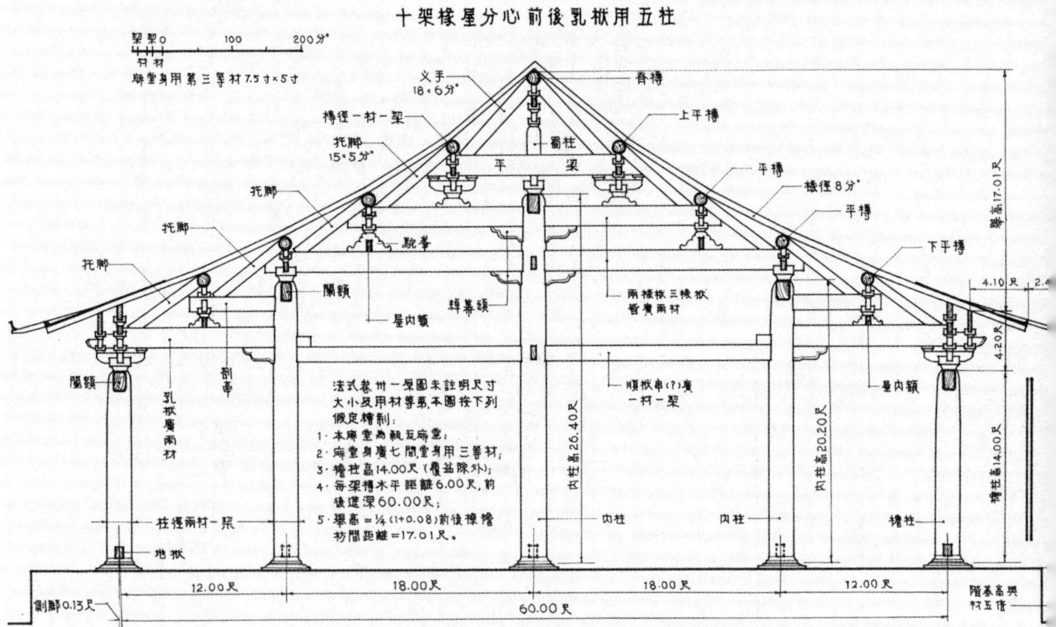

若按法式卷五規定本圖之乳栿、三椽栿應廣兩材一栔,四椽栿應廣兩材兩栔,今按卷卅一原圖約略比例繪制,尺寸如圖所示均比法式規定減小。

大木作制度圖樣四十四·廳堂等十架椽間縫内用梁柱側樣

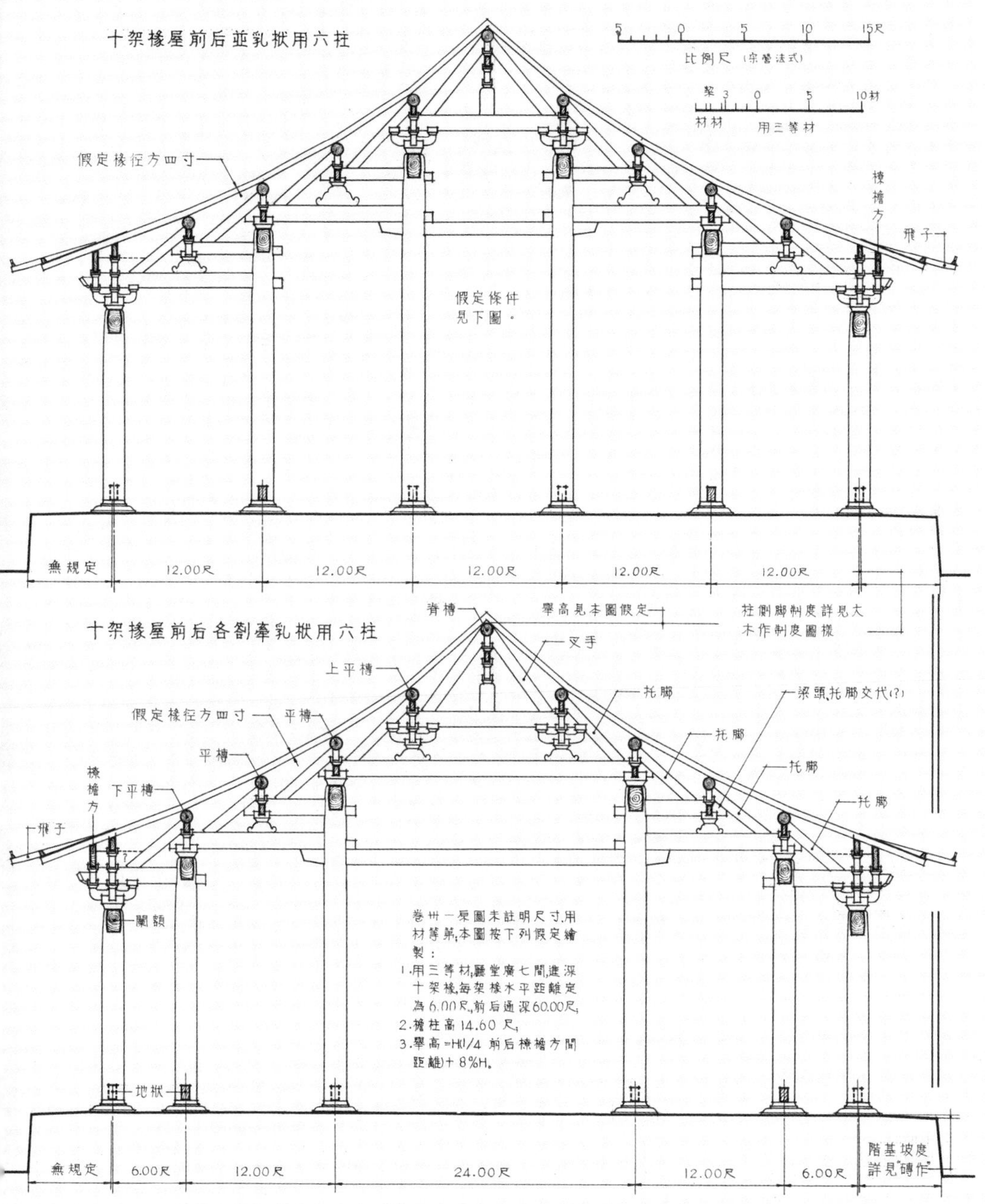

大木作制度圖樣四十五

廳堂等八架椽間縫内用梁柱側樣

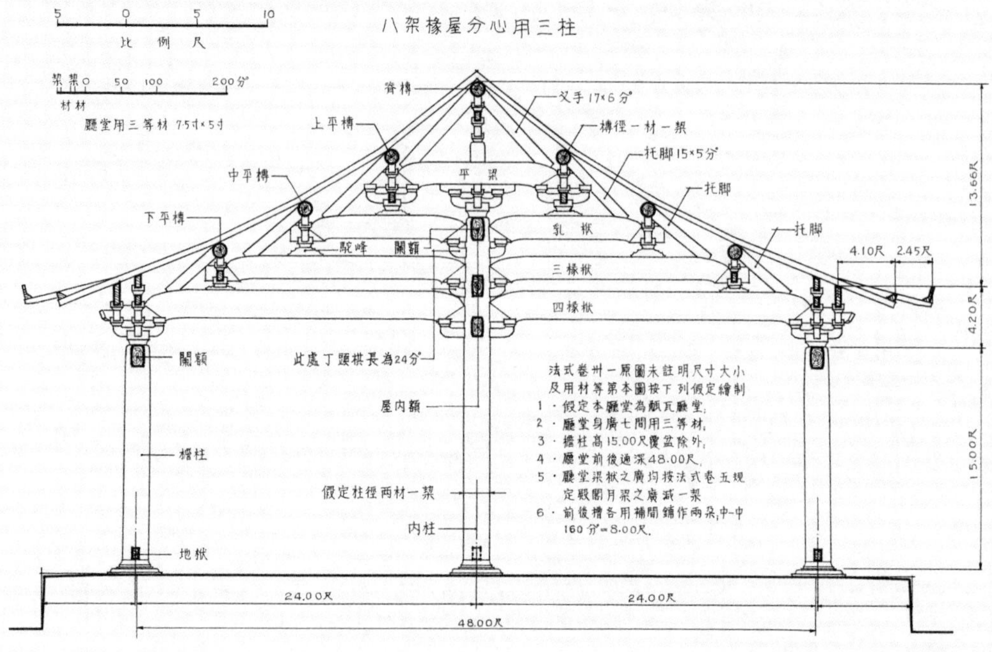

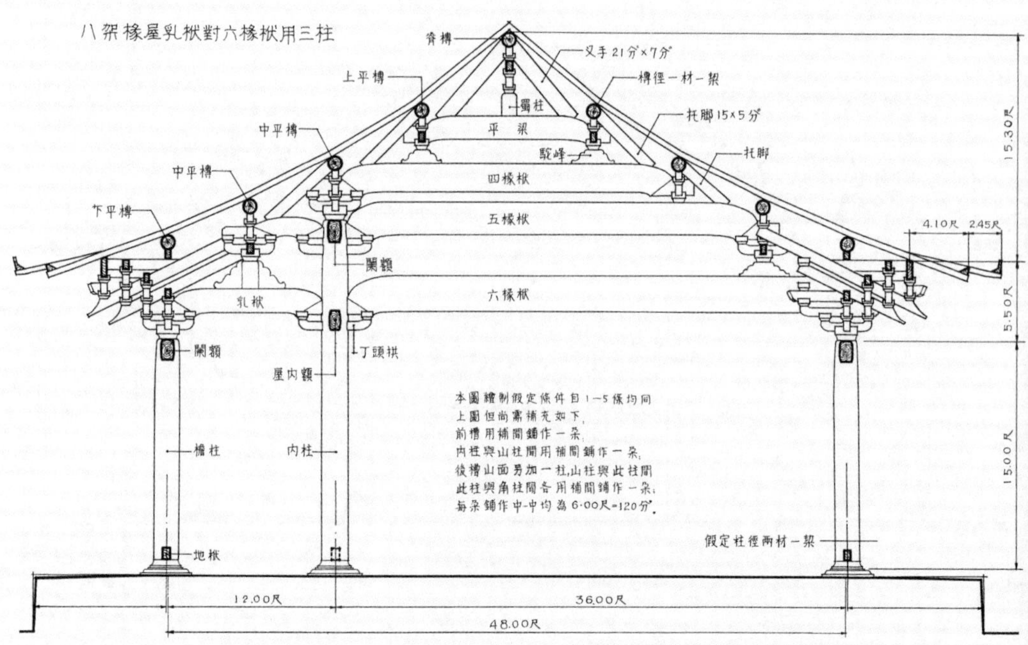

大木作制度圖樣四十六

廳堂等八架椽間縫内用梁柱側樣

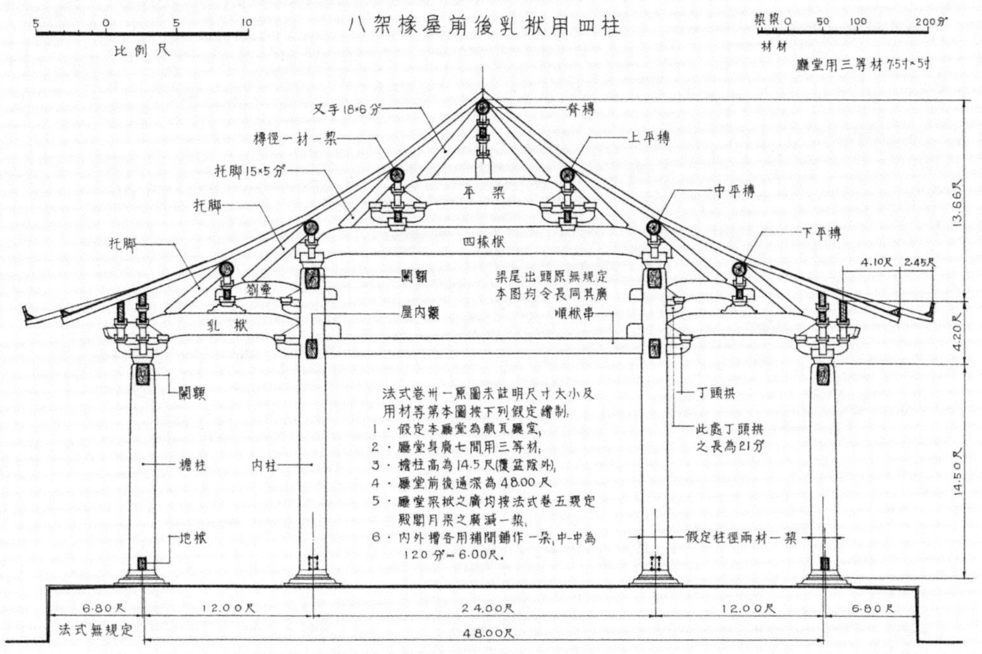

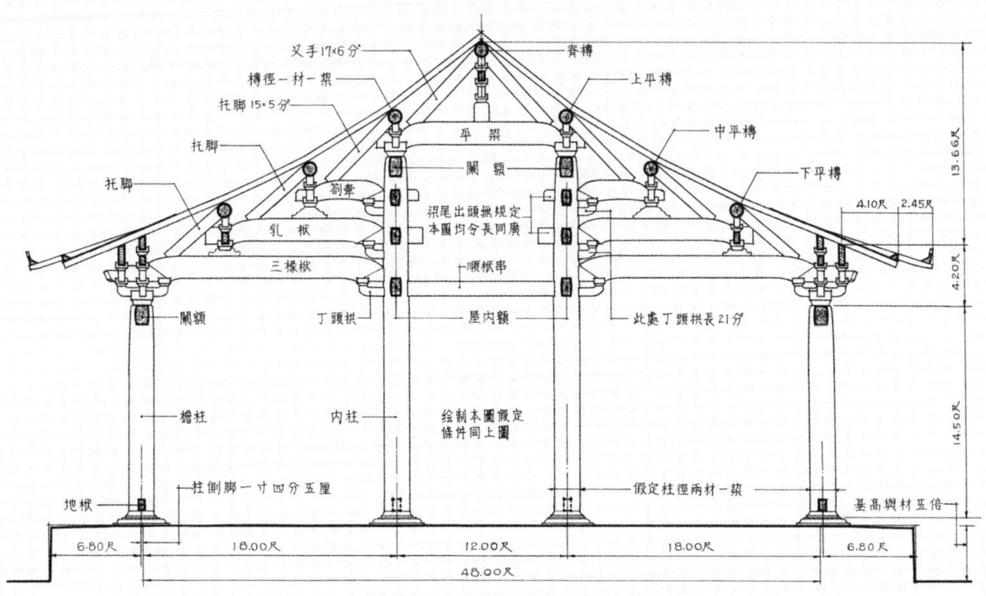

大木作制度圖樣四十七　廳堂等八架椽間縫内用梁柱側樣

法式卷卅一原圖未註明尺寸大小及用材等第本圖按下列假定繪制：

1. 假定本廳堂為瓪瓦廳堂；
2. 廳堂身廣七間用三等材；
3. 檐柱高見下圖所註尺寸；
4. 廳堂前後通深48.00尺；
5. 廳堂梁栿之廣均按法式卷五規定瓪間月梁之廣減一絜；
6. 廳堂各檐補間鋪作分佈詳見圖註.

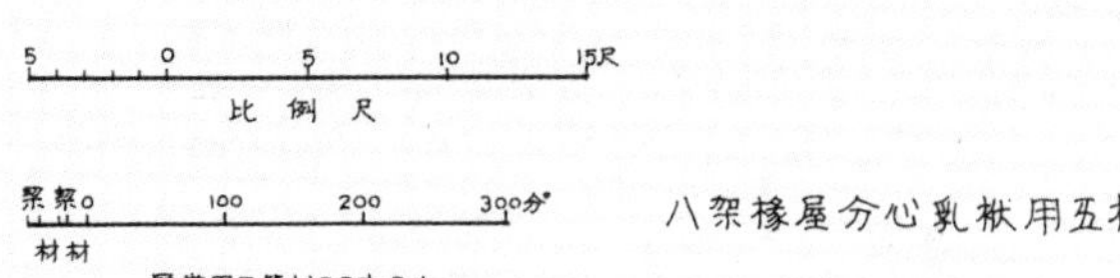

八架椽屋分心乳栿用五柱

叉手18×6分
槫徑一材一栔
托脚15×5分
托脚
托脚
劄牽
乳栿
蟨槫
上平槫
平梁
駝峰
蜀柱
乳栿
中平槫
下平槫
屋内額
順栿串
闌額
丁頭栱
此處丁頭栱長21分
檐柱
内柱
假定柱徑兩材一栔
柱側脚為一寸四分
地栿
4.10尺　2.45尺
13.77尺
4.2尺
14.00尺
6.70尺　12.00尺　12.00尺　12.00尺　12.00尺　6.70尺
法式無規定
48.00尺

八架椽屋前後劄牽用六柱

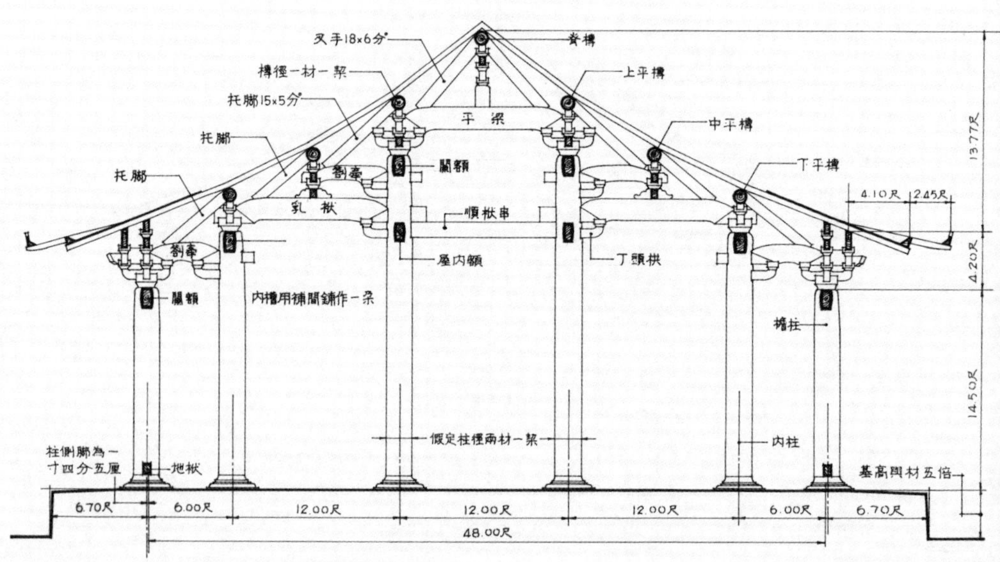

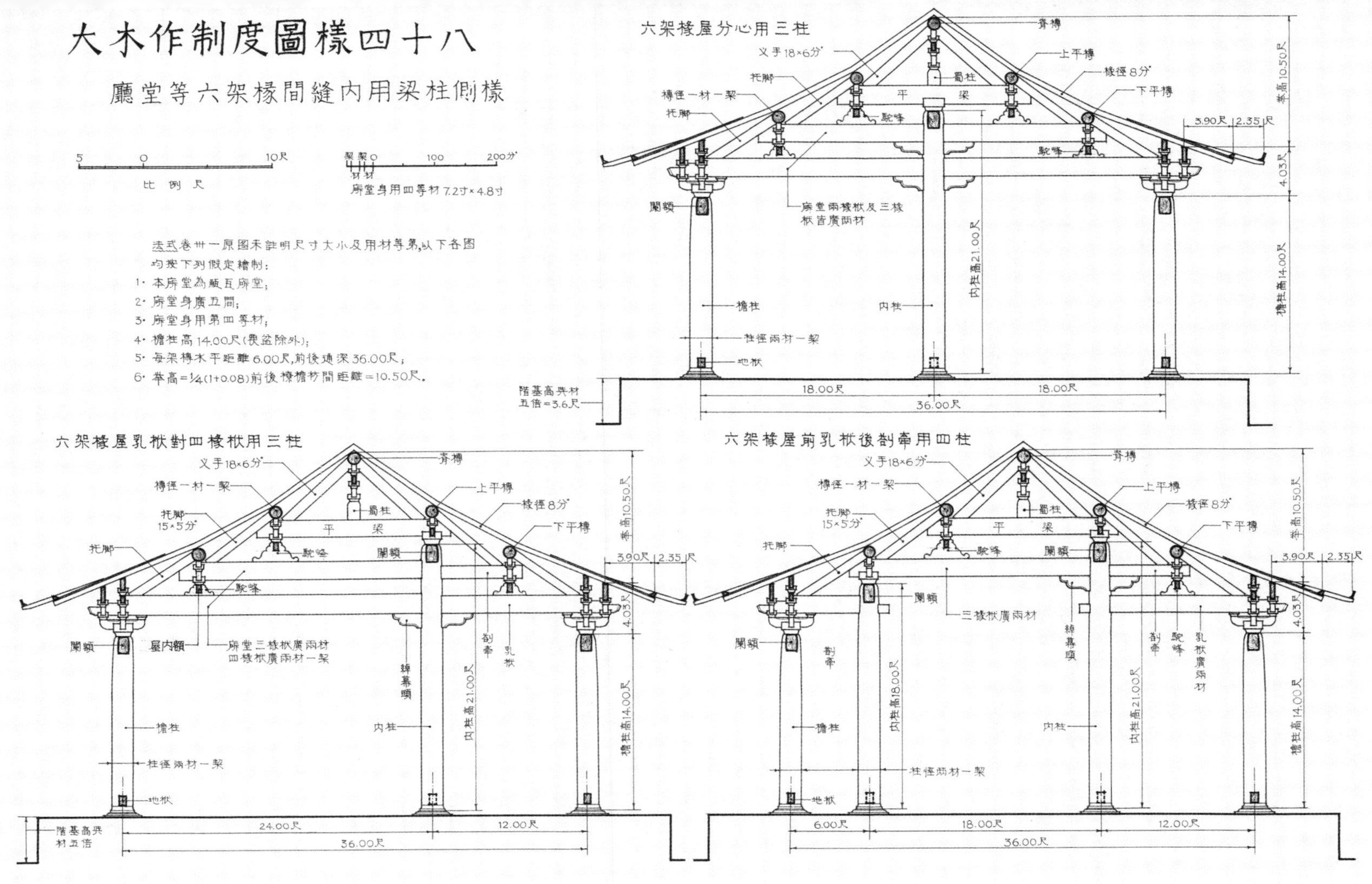
大木作制度圖樣四十八
廳堂等六架椽間縫内用梁柱側樣
5 0 10尺
比例尺
栔 栔 0 100 200分°
材 材
廳堂身用四等材 7.2寸×4.8寸
法式卷卅一原图未註明尺寸大小及用材等第,以下各图
均按下列假定繪制:
1. 本廳堂為厦五廳堂;
2. 廳堂身廣五間;
3. 廳堂身用第四等材;
4. 檐柱高 14.00尺(櫍盆除外);
5. 每架榑水平距離 6.00尺,前後通深 36.00尺;
6. 舉高=¼(1+0.08)前後橑檐枋間距離=10.50尺.
六架椽屋分心用三柱
脊槫
叉手 18×6分°
上平槫
托脚
椽徑 8分°
槫徑一材一架
蜀柱
平梁
下平槫
駝峰
廳堂兩椽栿及三椽栿皆廣兩材
闌額
檐柱
内柱
柱徑兩材一架
地栿
内柱高 21.00尺
檐柱高 14.00尺
舉高 10.50尺
3.90尺 2.35尺
4.03尺
階基高共材五倍=3.6尺
18.00尺 18.00尺
36.00尺
六架椽屋乳栿對四椽栿用三柱
脊槫
叉手 18×6分°
槫徑一材一架
托脚 15×5分°
上平槫
椽徑 8分°
下平槫
蜀柱
平梁
駝峰
闌額
屋内額
廳堂三椽栿廣兩材
四椽栿廣兩材一架
剳牽
乳栿
綽幕頭
檐柱
内柱
柱徑兩材一架
地栿
内柱高 21.00尺
檐柱高 14.00尺
舉高 10.50尺
3.90尺 2.35尺
4.03尺
階基高共材五倍
24.00尺 12.00尺
36.00尺
六架椽屋前乳栿後劄牽用四柱
脊槫
叉手 18×6分°
槫徑一材一架
托脚 15×5分°
上平槫
椽徑 8分°
下平槫
蜀柱
平梁
駝峰
闌額
三椽栿廣兩材
綽幕頭
剳牽
乳栿廣兩材
檐柱
内柱
内柱高 18.00尺
内柱高 21.00尺
檐柱高 14.00尺
舉高 10.50尺
柱徑兩材一架
地栿
3.90尺 2.35尺
4.03尺
6.00尺 18.00尺 12.00尺
36.00尺

大木作制度圖樣四十九

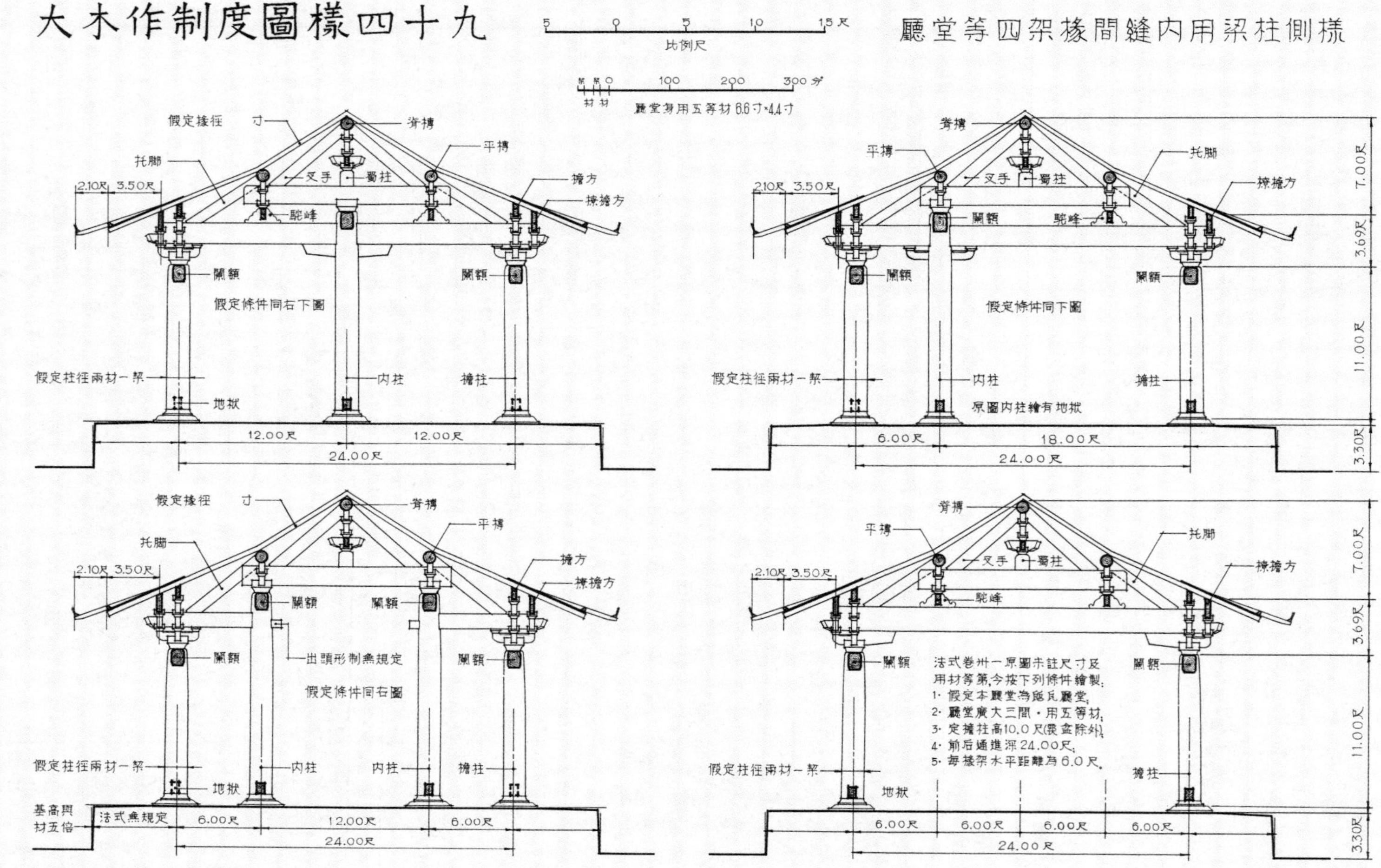
比例尺
廳堂等用五等材 6.6寸×4.4寸
廳堂等四架椽間縫内用梁柱側樣
假定椽徑 寸
脊槫
平槫
托脚
叉手
蜀柱
駝峰
撩檐方
撩撩方
闌額
假定條件同右下圖
假定條件同下圖
假定條件同右圖
假定柱徑兩材一栔
内柱
檐柱
地栿
原圖内柱繪有地栿
出頭形制無規定
基高與材五倍
法式無規定
法式卷卅一原圖未註尺寸及用材等第，今按下列條件繪製：
1. 假定本廳堂為瓦廳堂；
2. 廳堂廣大三間，用五等材；
3. 定檐柱高10.0尺(櫍盒除外)；
4. 前后通進深24.00尺；
5. 每椽架水平距離為6.0尺。
2.10尺
3.50尺
12.00尺
18.00尺
24.00尺
6.00尺
7.00尺
3.69尺
11.00尺
3.30尺

拾壹

《营造法式》原书图样

卷第二十九

營造法式卷第二十九

通直郎管修蓋皇弟外第專一提舉修蓋班直諸軍營房等臣李誡奉

聖旨編修

總例圖樣

圜方方圜圖

壕寨制度圖樣

景表版等第一

水平真尺第二

石作制度圖樣

柱礎角石等第一

踏道螭首第二

殿内鬬八第三

鉤闌門砧第四

流盃渠第五

總例圖樣

圜方方圜圖

圜方圖

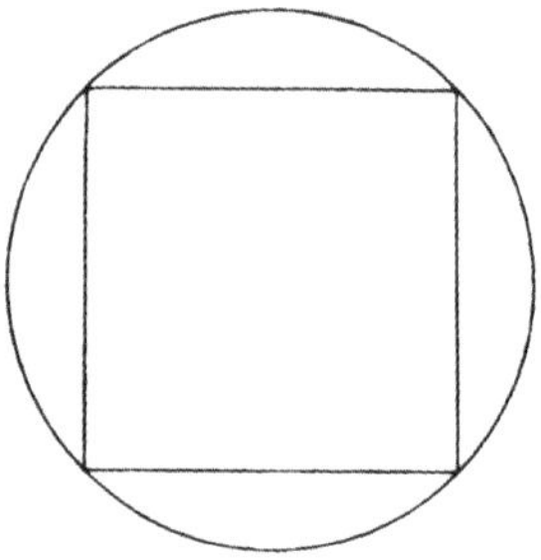

方圜圖

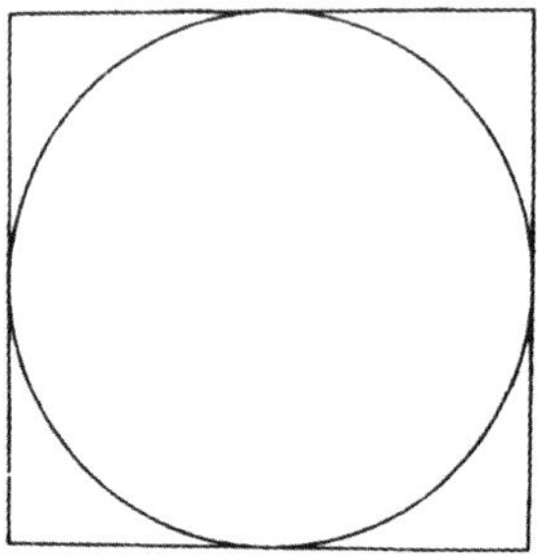

壕寨制度圖樣

景表版等第一

景表版

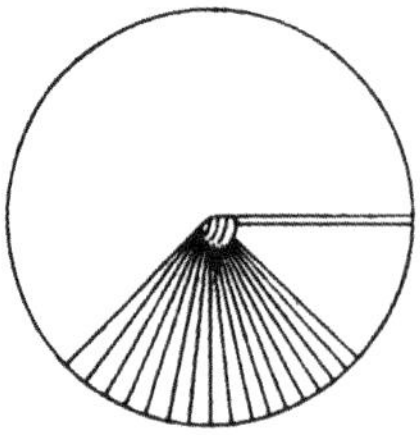

望筒

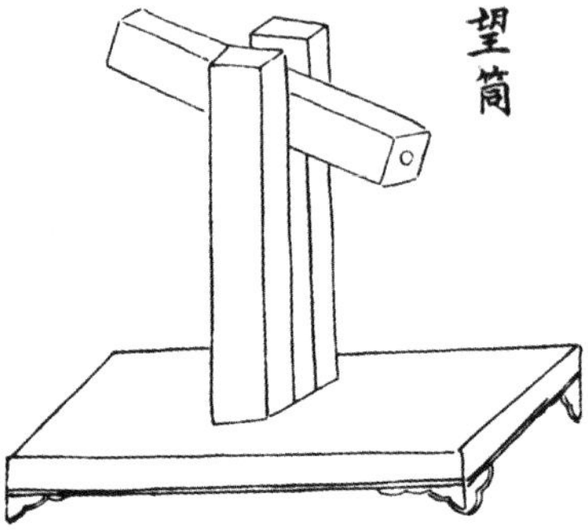

水池景表

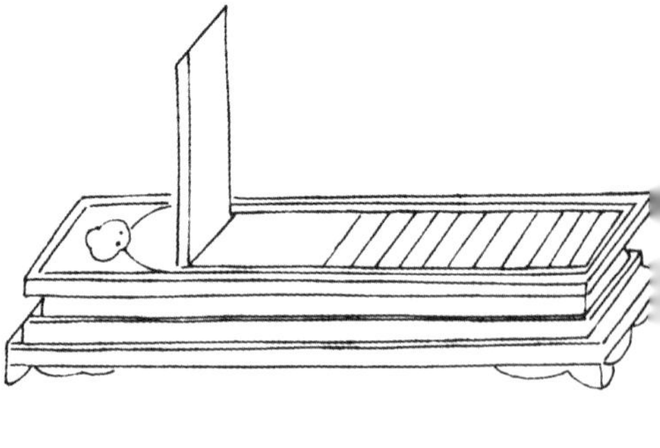

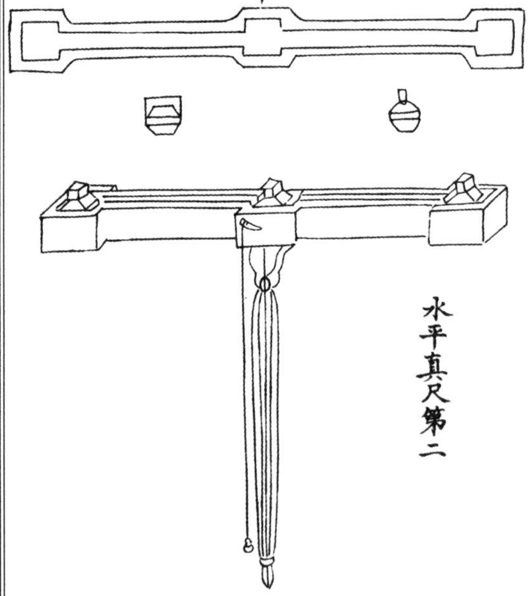

水平真尺第二

水平

真尺

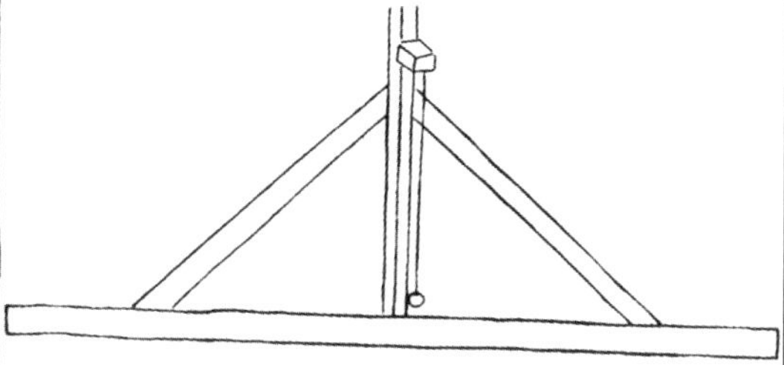

石作制度圖樣

柱礎角石等第一

柱礎

剔地起突海石榴華

龍水

壓地隱起牡丹華

寶相華

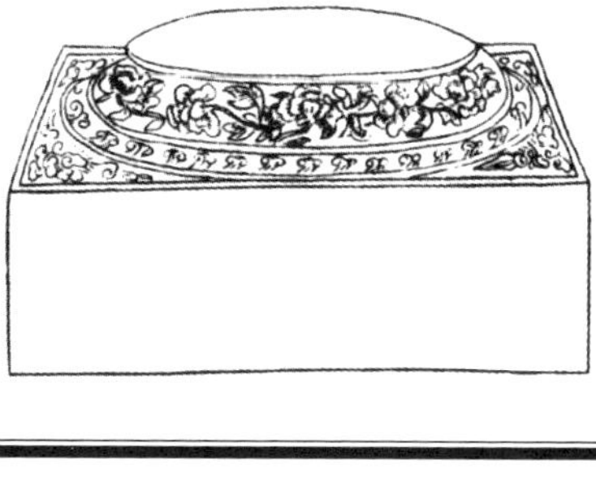

仰覆蓮華

寶裝蓮華

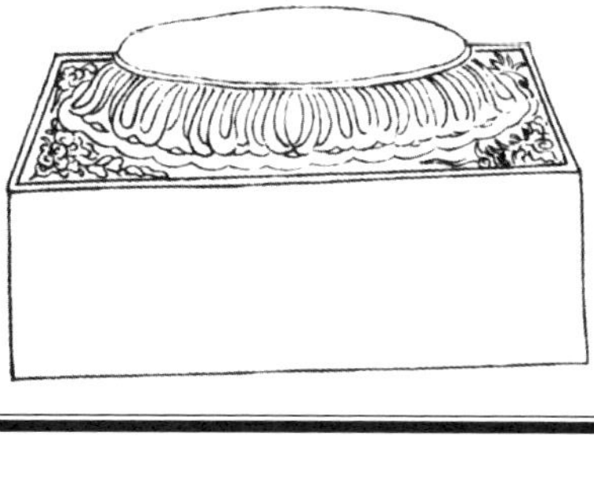

鋪地蓮華

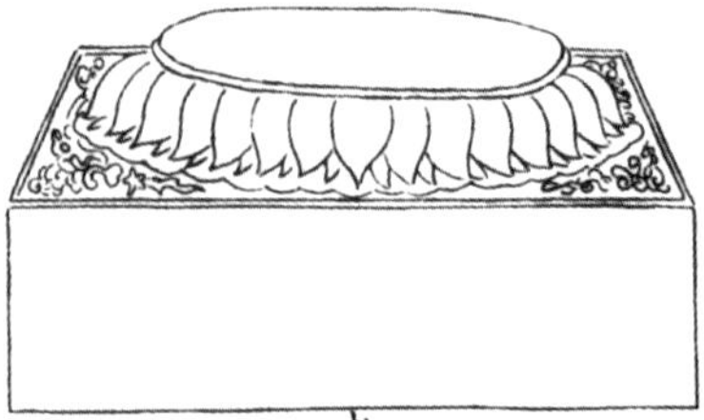

減地平鈒華

角石

剔地起突雲龍

盤鳳

階基疊澁坐角柱

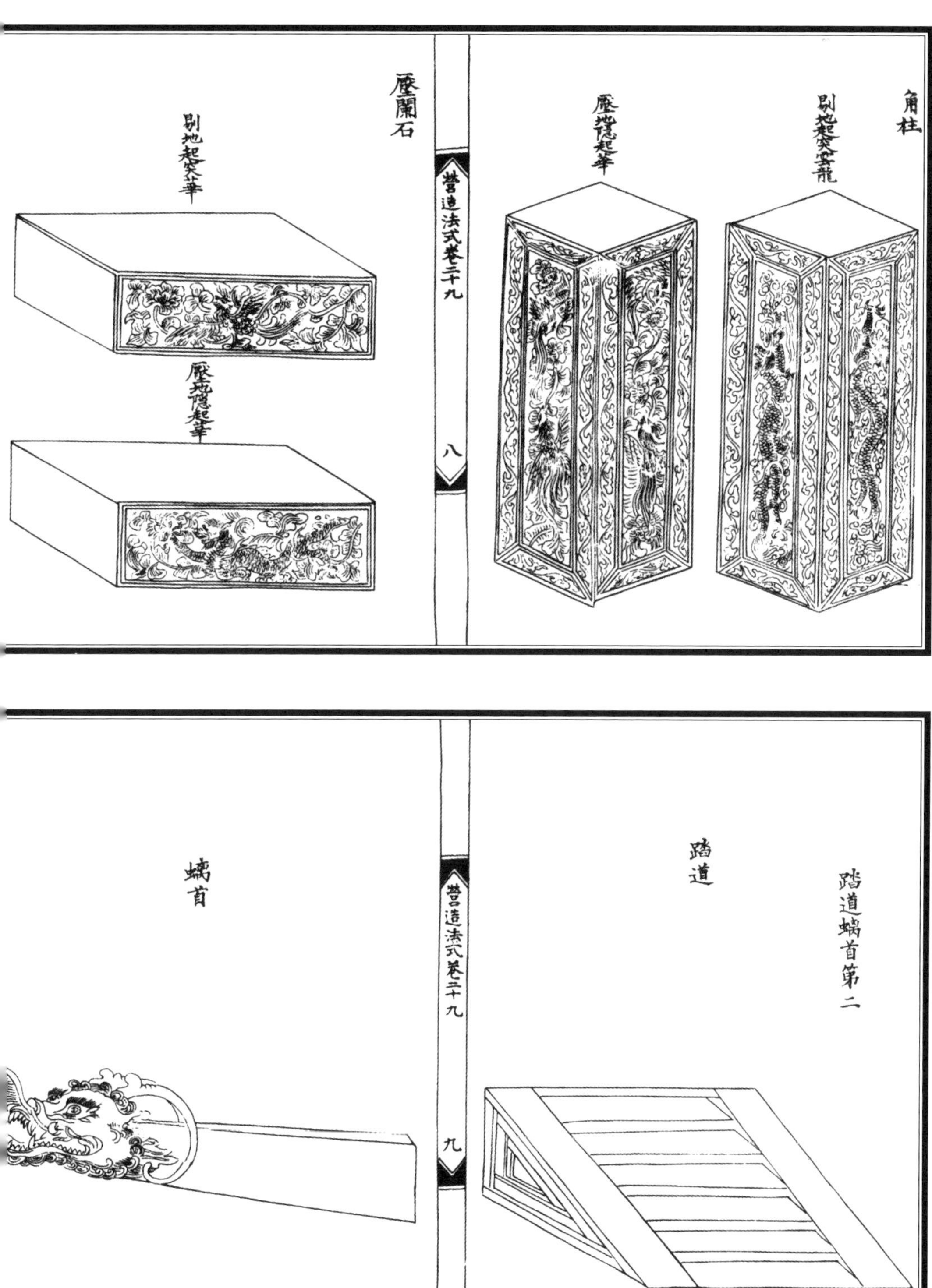
角柱
剔地起突雲龍
壓地隱起華
營造法式卷二十九
八
壓闌石
剔地起突華
壓地隱起華
踏道螭首第二
踏道
營造法式卷二十九
九
螭首

殿內鬭八第三

殿堂內地面心鬭八

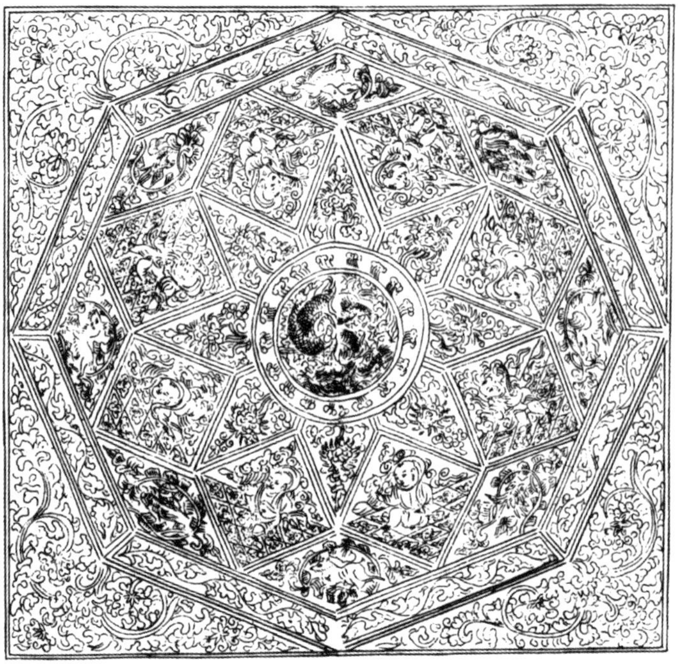

鉤闌門砧第四

重臺鉤闌

單鉤闌

望柱

減地平鈒華

剔地起突纏柱雲龍

壓地隱起華

望柱頭師子

望柱下坐

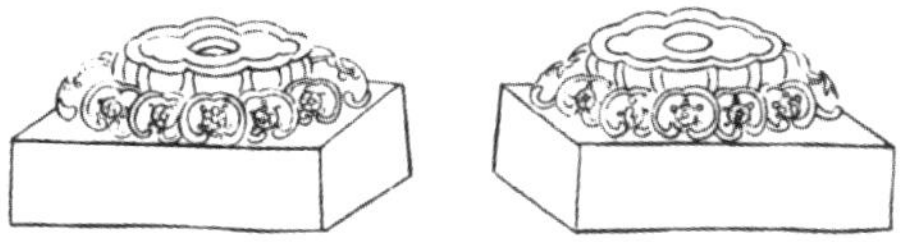

門砧

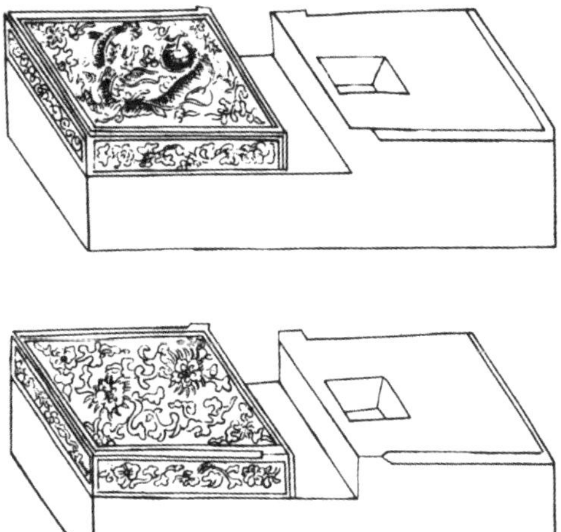

地栿

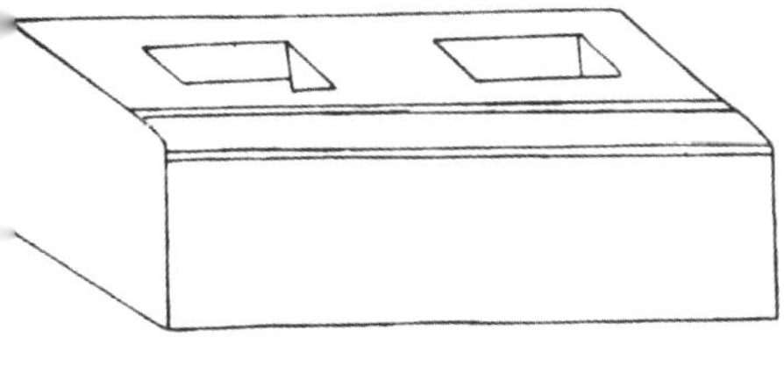

流盃渠第五

國字流盃渠

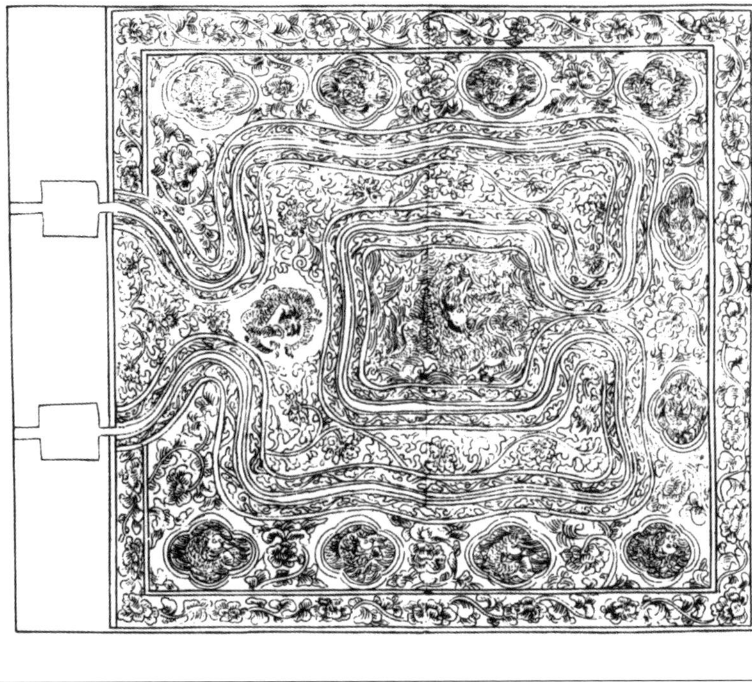

風字流盃渠

《营造法式》

卷第三十

营造法式卷第三十

通直郎管修蓋皇弟外第專一提舉修蓋班直諸軍營房等臣李誡奉

聖旨編修

大木作制度圖樣上

栱枓等卷殺第一

梁柱等卷殺第二

下昂上昂出跳分數第三

舉折屋舍分數第四

絞割鋪作栱昂枓等所用卯口第五

梁額等卯口第六

合柱鼓卯第七

槫縫襻間第八

鋪作轉角正樣第九

栱枓等卷殺第一

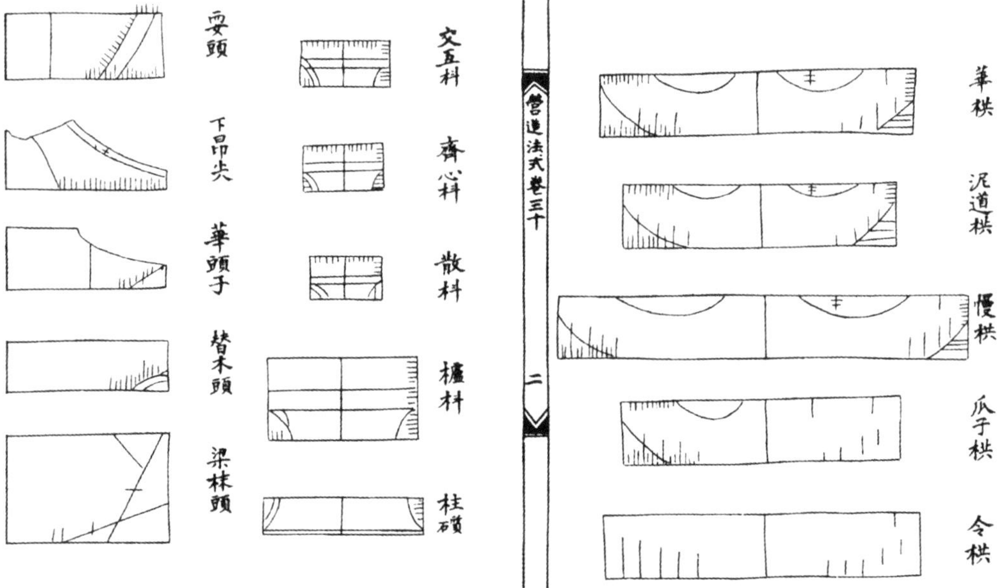

華栱

泥道栱

慢栱

瓜子栱

令栱

交互枓

齊心枓

散枓

櫨枓

柱礩

耍頭

下昂尖

華頭子

替木頭

梁栿頭

梁柱等卷殺第二

月梁

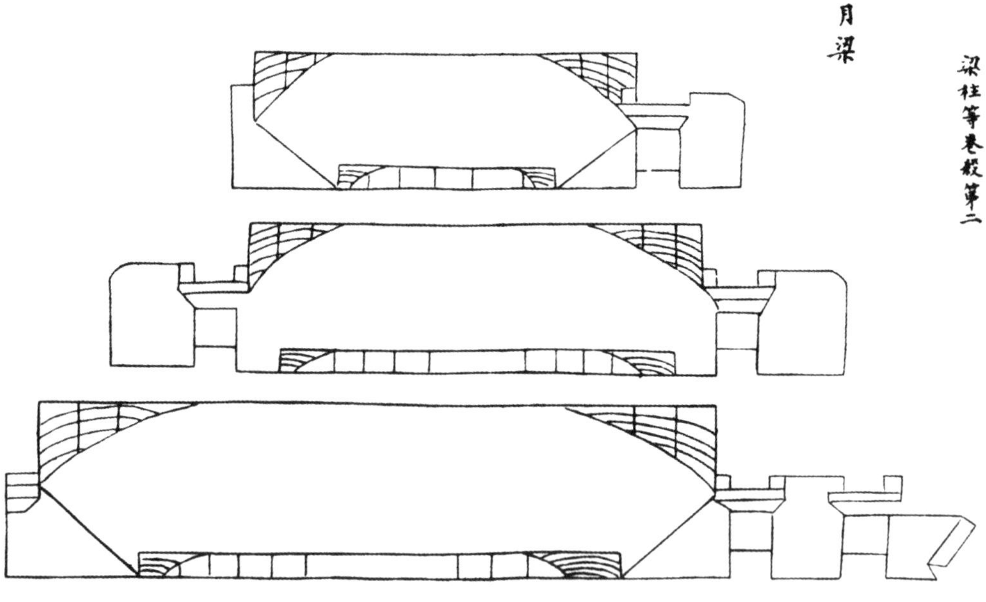

顱肚并柱樣

下檐顱肚

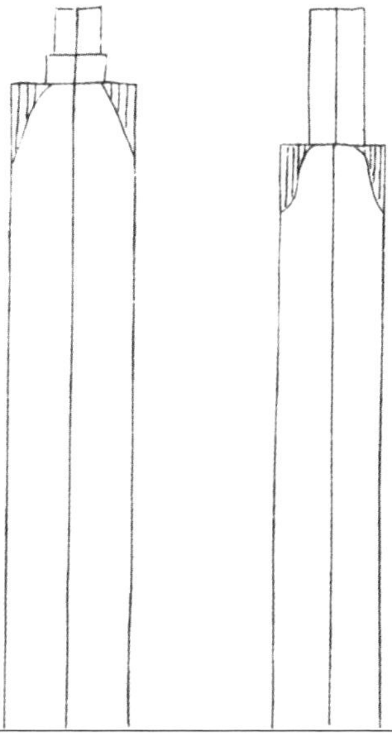

梭柱

直柱

營造法式卷三十 四

子角梁

大角梁 三瓣頭或只作踏頭

楷頭綽幕

蟬肚綽幕

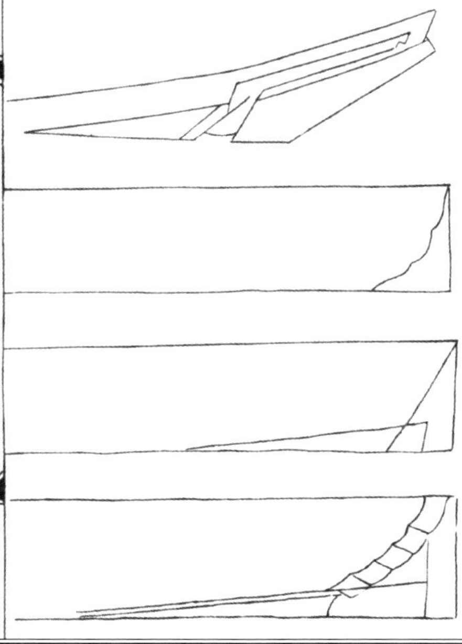

營造法式卷三十 五

鷹觜駝峯三瓣

兩瓣駝峯

掐瓣駝峯

氈笠駝峯

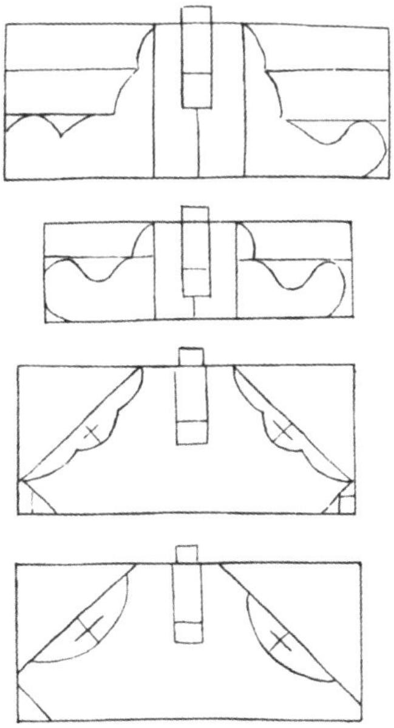

下昂側樣

四鋪作裏外並一杪卷頭壁內用重栱

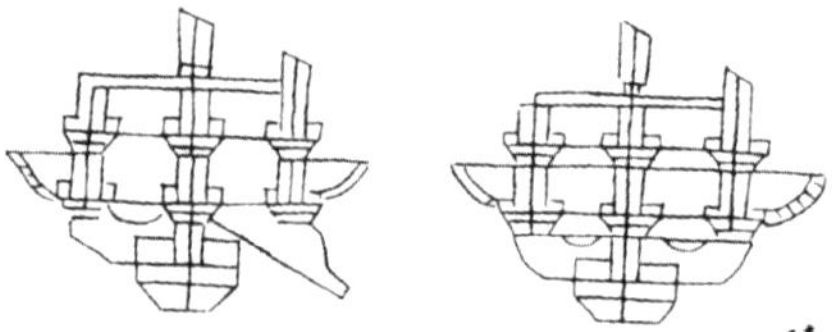

下昂上昂出跳分數第三

五鋪作重栱出單杪單下昂裏轉五鋪作重栱出兩杪並計心

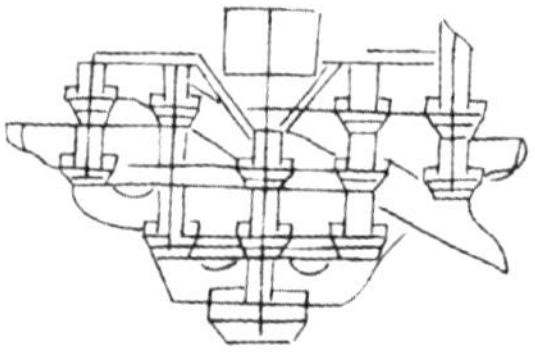

六鋪作重栱出單杪雙下昂裏轉五鋪作重栱出兩杪並計心

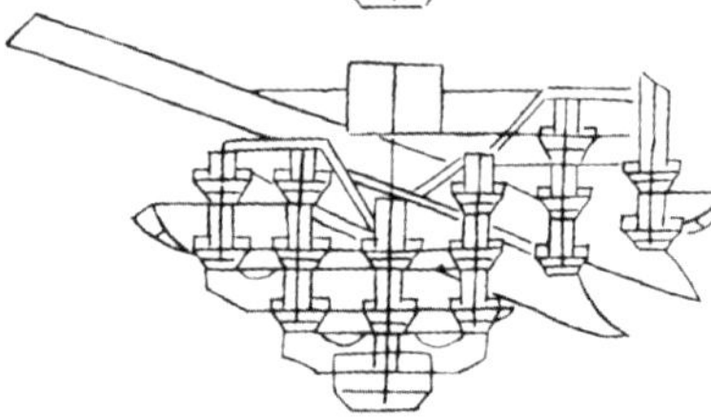

七鋪作重栱出雙杪雙下昂裏轉六鋪作重栱出三杪並計心

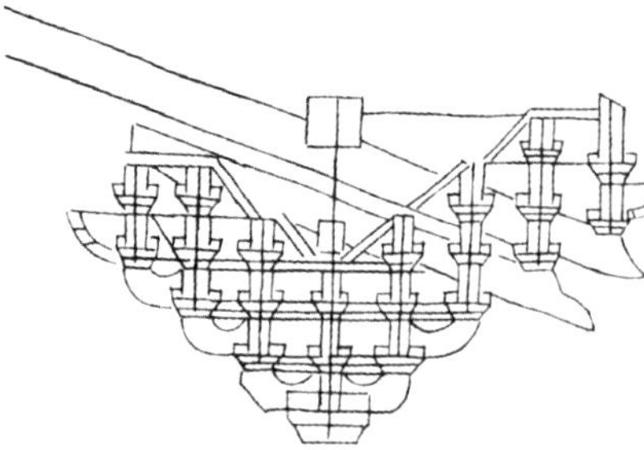

八鋪作重栱出雙杪三下昂裏轉六鋪作重栱出三杪並計心

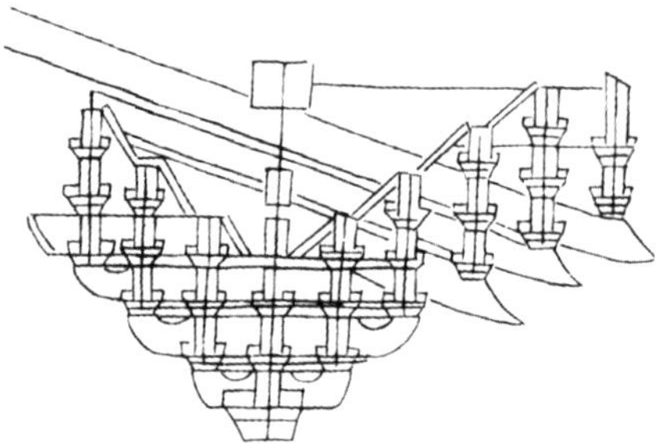

上昂側樣

五鋪作重栱出上昂並計心

第二跳長二十二分
第一跳長二十五分

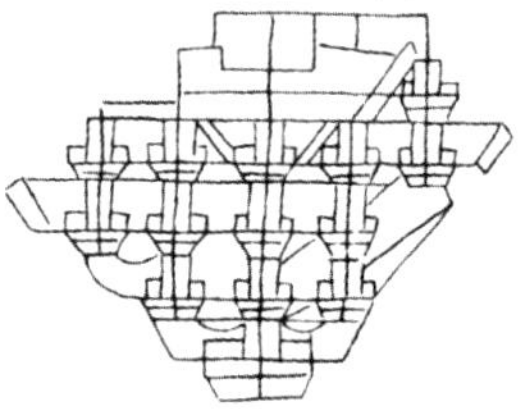

六鋪作重栱出上昂偷心跳內當中施騎枓栱

第二第三跳共長二十八分
第一跳長二十七分

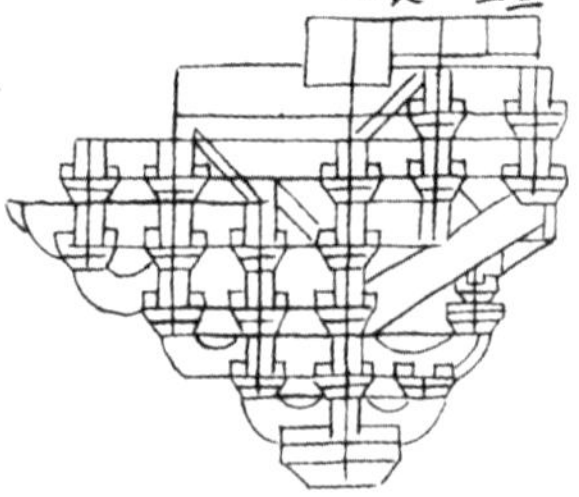

七鋪作重栱出上昂偷心跳內當中施騎枓栱

第三第四跳共長三十五分
第二跳長一十五分
第一跳長二十三分

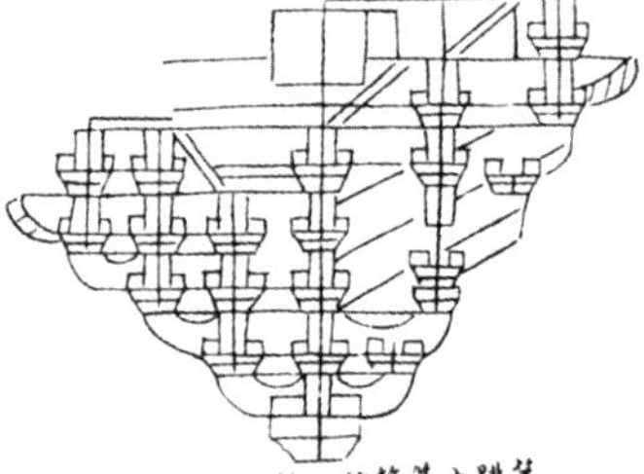

八鋪作重栱出上昂偷心跳內當中施騎枓栱

第四第五跳共長二十六分
第三跳同第二跳
第二跳長一十六分
第一跳長二十六分

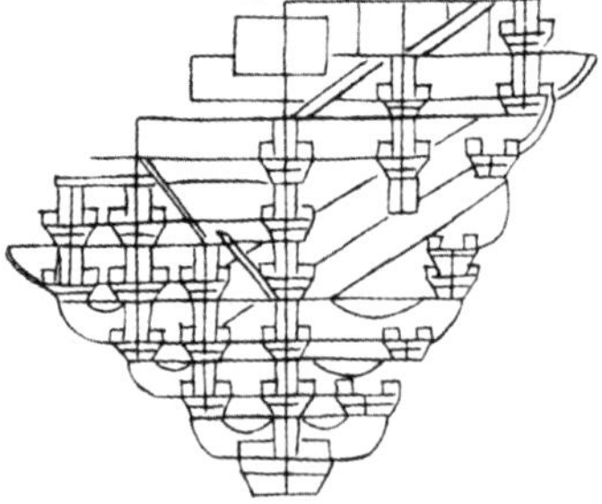

舉折屋舍分數第四

朱絃為第一折
青絃為第二折
黃絃為第三折

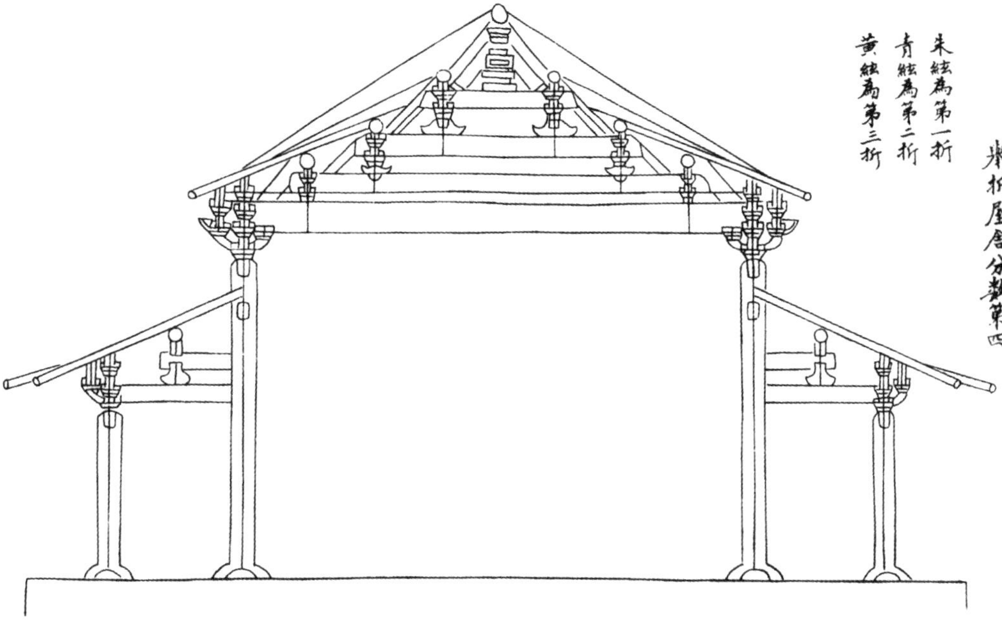

亭榭鬭尖用瓶瓦舉折

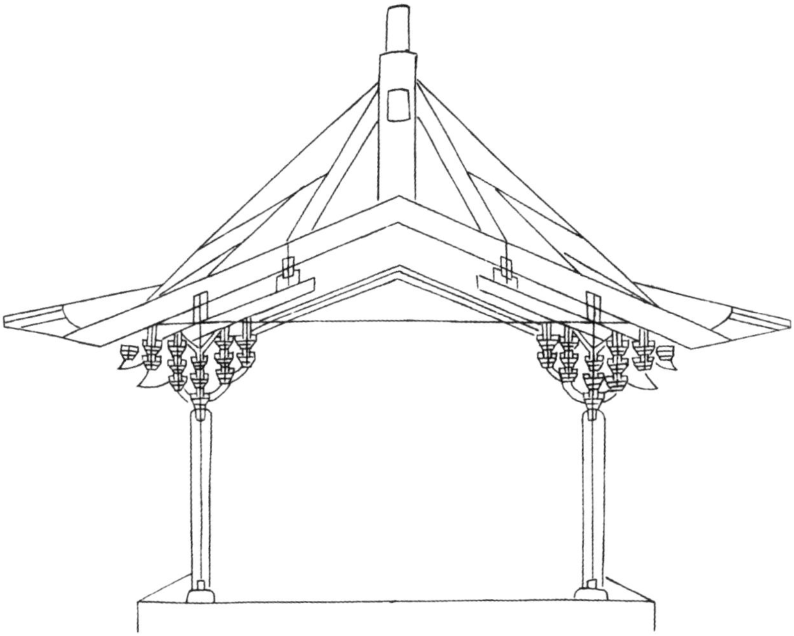

亭榭鬭尖用甋瓦舉折

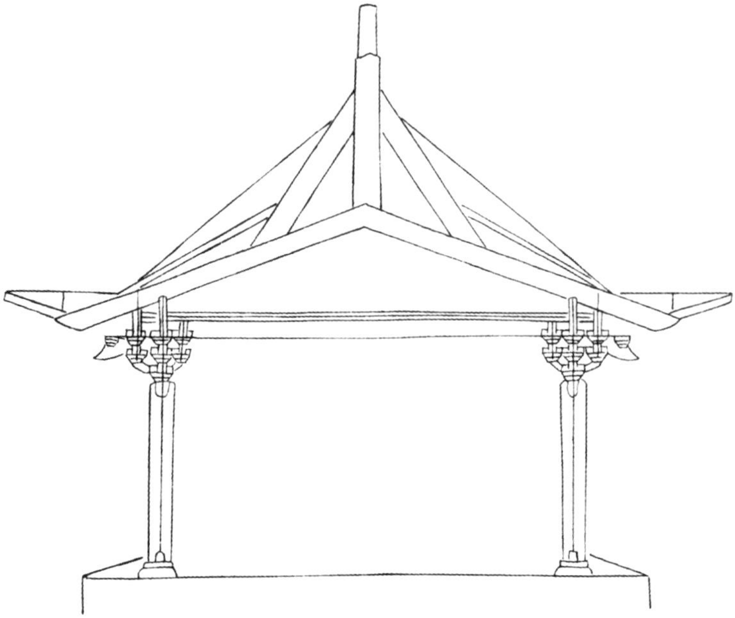

殿閣鋪作栱昂枓等所用卯口第五

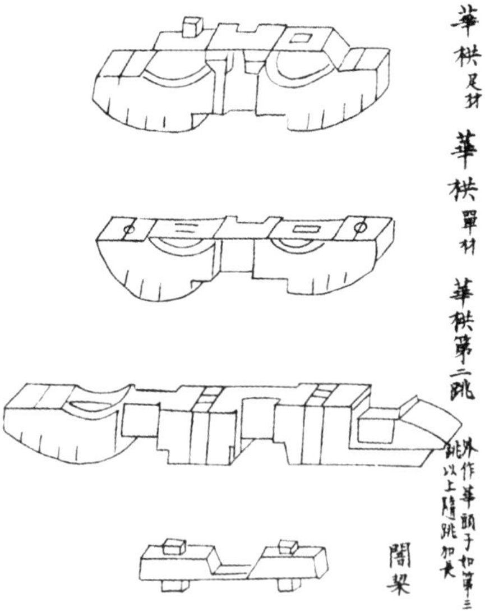

華栱足材

華栱單材

華栱第二跳 [illegible]大鋪作以上並隨跳加長

外作華頭子如第三跳以上隨跳加長

闇栔

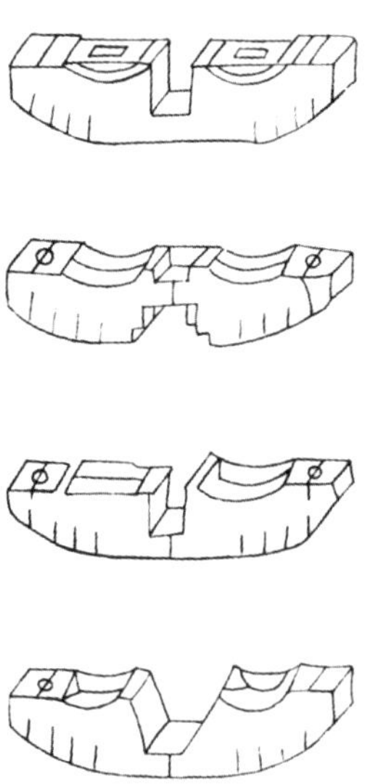

泥道栱上施闇栔

瓜子栱用外跳

瓜子栱用裏跳

瓜子栱用絞栿

慢栱 壁內用上施闌額

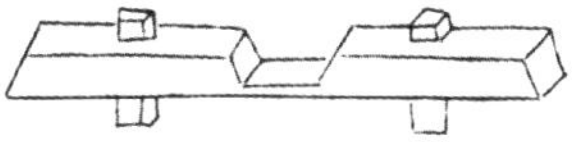

慢栱 外跳騎昂用

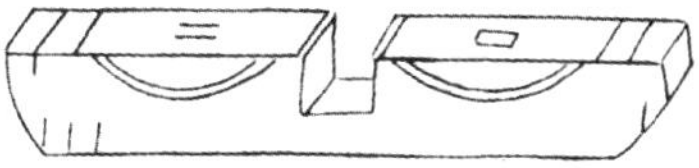

慢栱 裏跳用

營造法式卷三十　十二

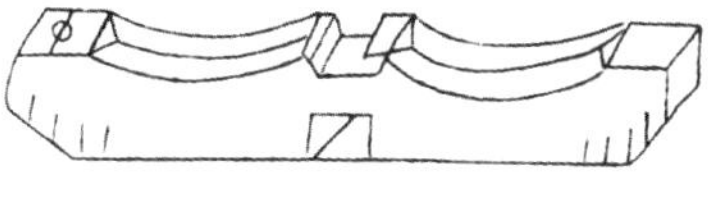

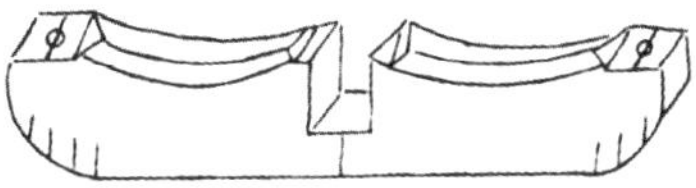

慢栱 足材騎栿用

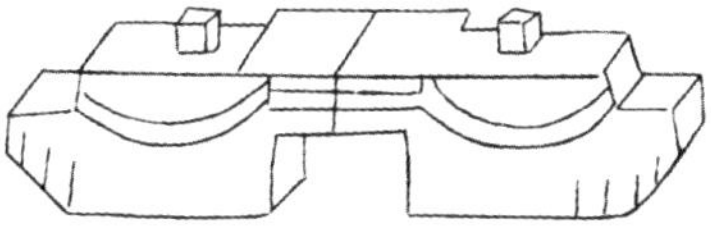

令栱 外跳用

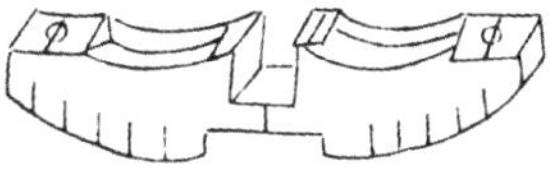

令栱 裏跳用

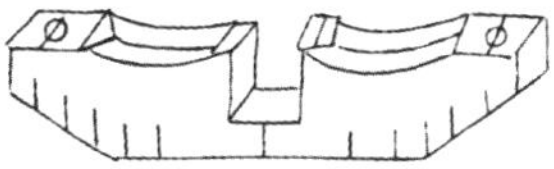

令栱 足材騎栿用

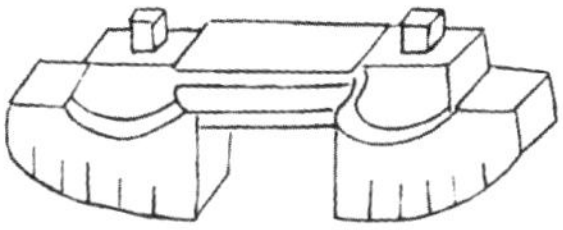

華栱與泥道栱相列 外跳用

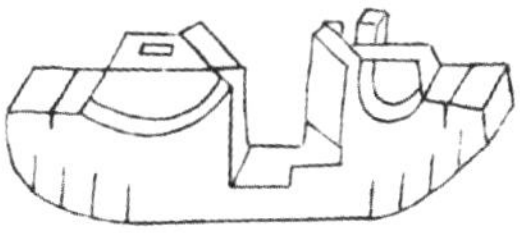

慢栱與華頭子相列 外跳用七鋪作以上隨跳加長

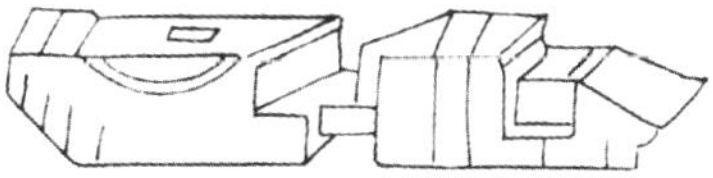

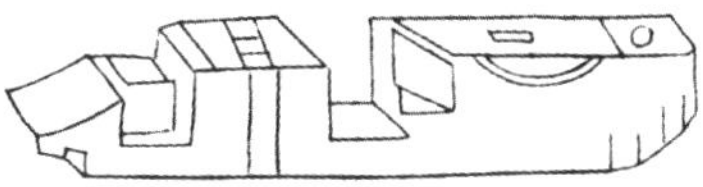

營造法式卷三十　十三

瓜子栱與小栱頭相列 外跳用

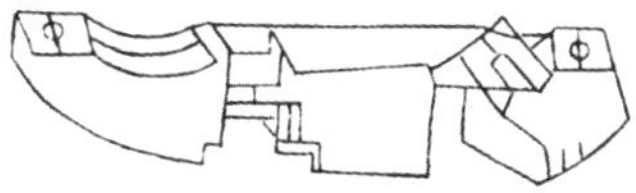

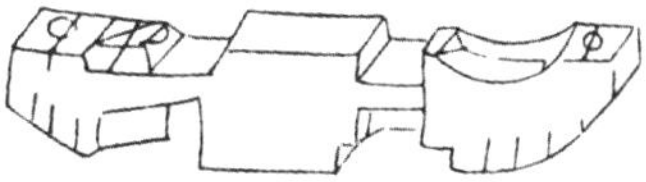

慢栱與切几頭相列 外跳用

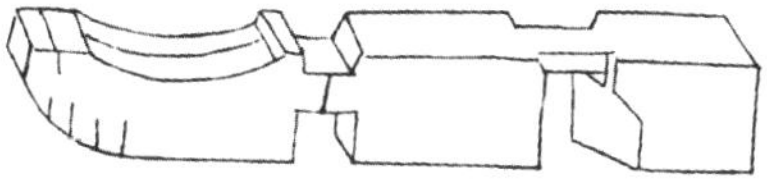

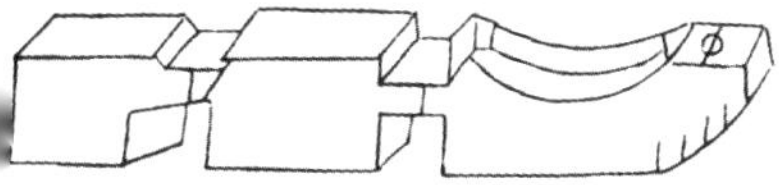

瓜子栱與令栱相列 ……鋪作並用瓜子栱

慢栱與切几頭相列 裏跳用

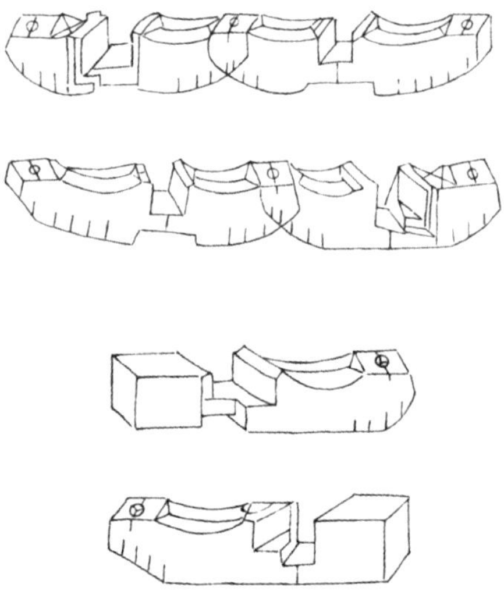

瓜子栱與小栱頭相列用 裏跳

令栱與小栱頭相列用 裏跳

柱頭或補間鋪作內第二跳下昂 第三跳以上隨跳加長

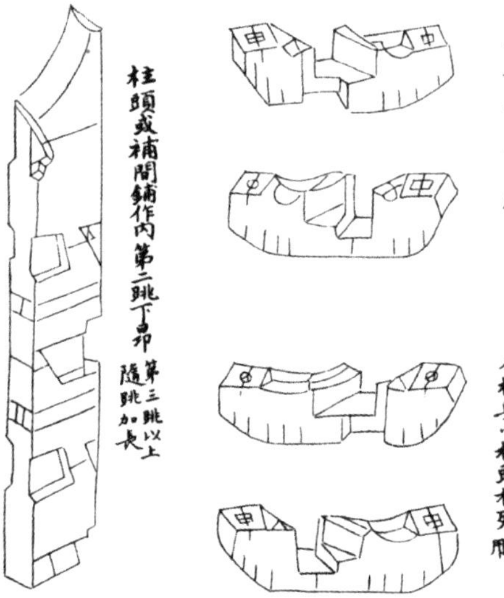

合角下昂 ……以上隨跳加長

耍頭 外跳上用

耍頭 裏跳上用七鋪作以上隨跳加長

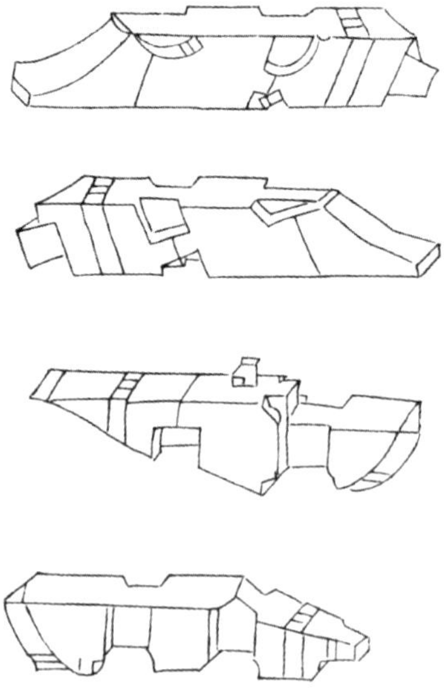

襯方頭

華栱 角內第一跳用

華栱 角內第二跳用七鋪作以上隨跳加長

耍頭 角內用七鋪作以上隨跳加長

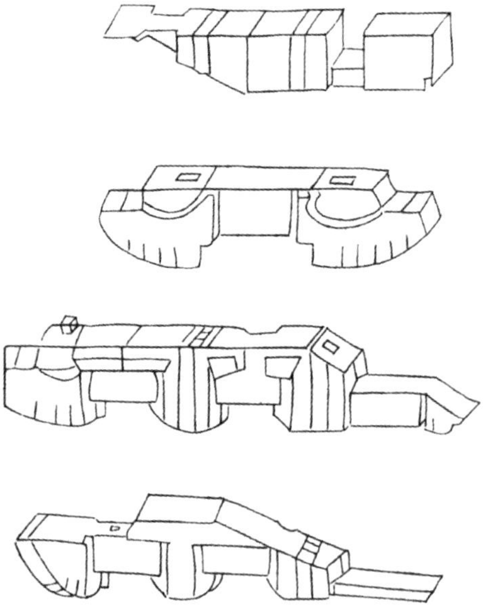

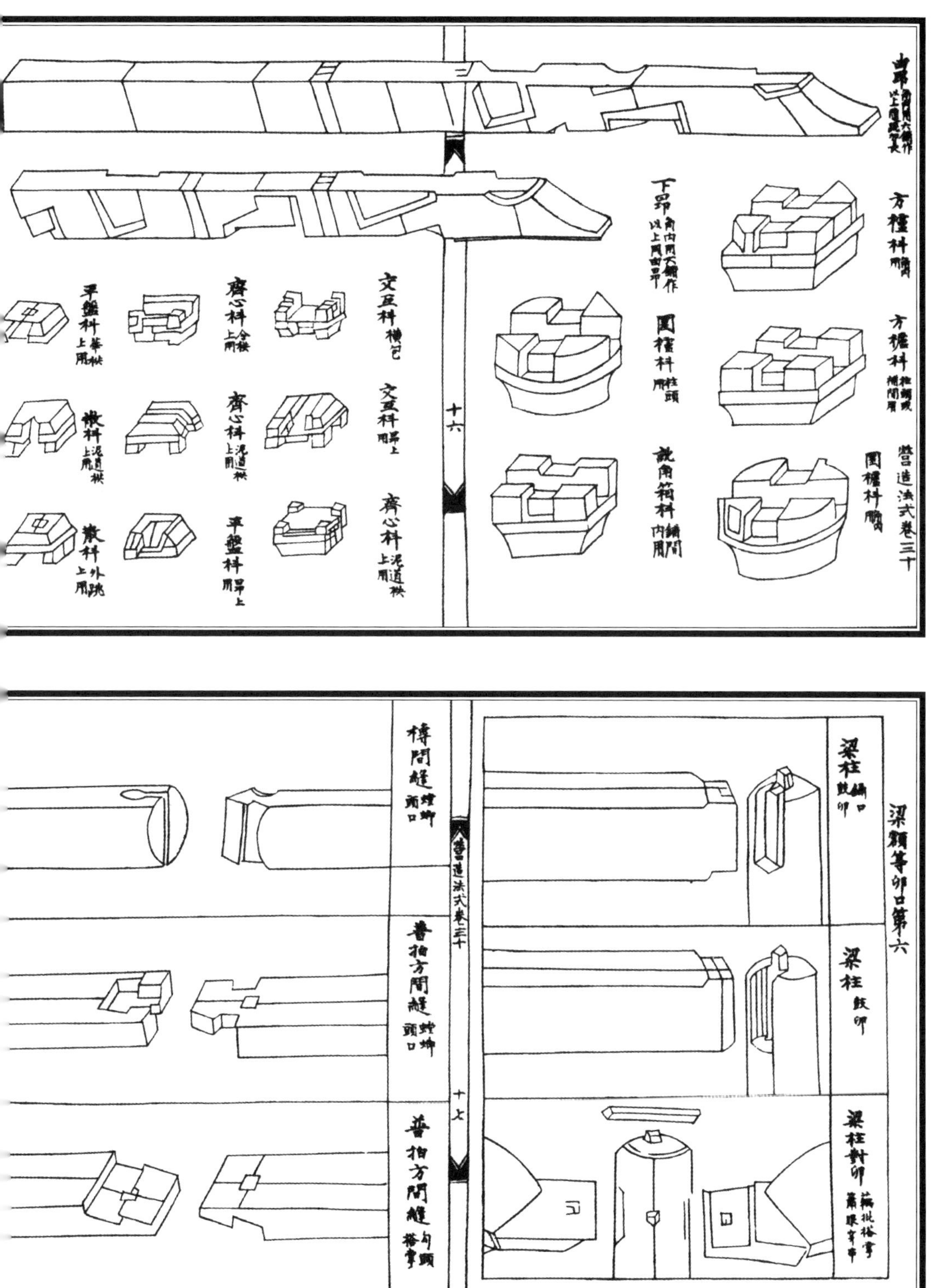

出跳角內用六鋪作以上至屋跳下
方櫨枓用角
下昂角內用六鋪作以上用出跳下昂
方櫨枓柱頭補間用
圜櫨枓柱頭用
圜櫨枓角用
訛角箱枓鋪間內用
營造法式卷三十
文交枓橫栱
文交枓昂上用
齊心枓泥道栱上用
齊心枓令栱上用
齊心枓泥道栱上用
平盤枓昂上用
平盤枓華栱上用
散枓泥道栱上用
散枓外跳上用
十六
梁額等卯口第六
梁柱鼓卯
梁柱鋪口鼓卯
梁柱對卯 藕批搭掌 蕭眼穿串
營造法式卷三十
十七
槫間縫螳螂頭口
普拍方間縫螳螂頭口
普拍方間縫勾頭搭掌

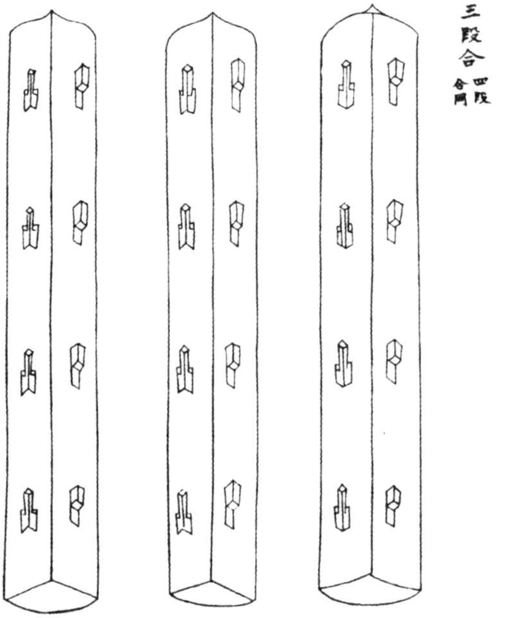

合柱鼓卯第七

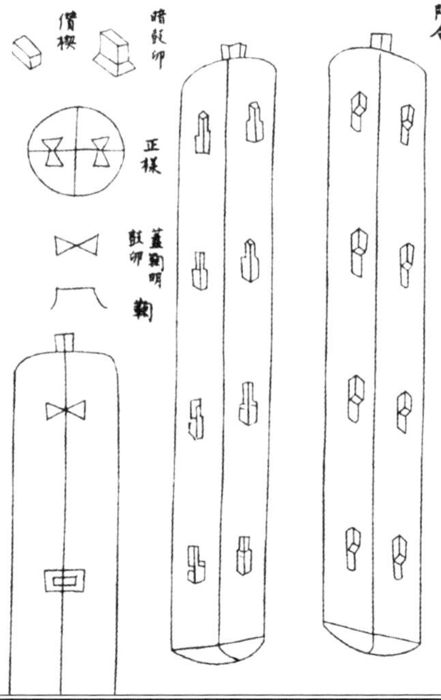

兩段合

暗鼓卯

偕楔

正樣

蓋鞠明鼓卯

鞠

三段合

四段合閘

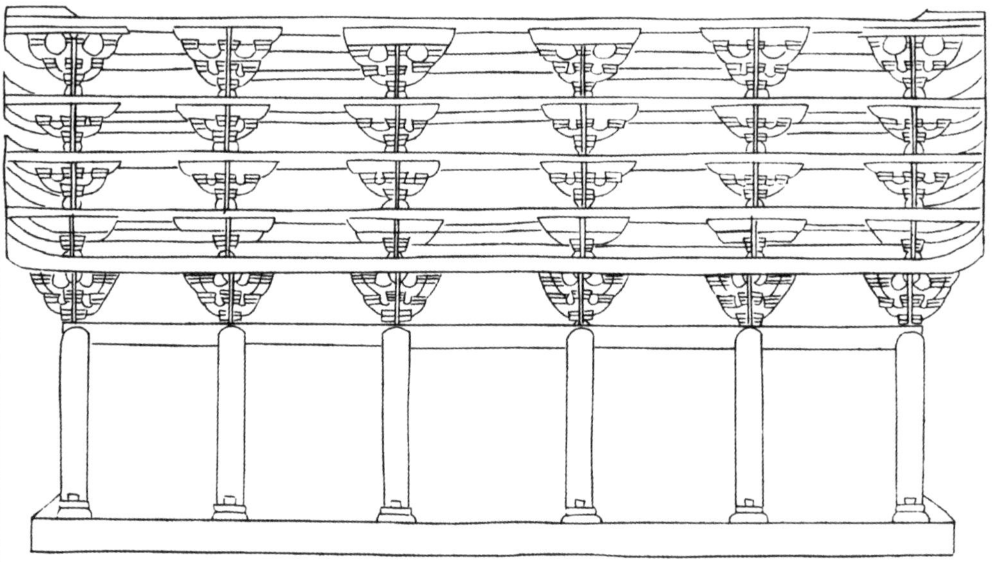

兩材襻間

單材襻間

捧節令栱

實拍襻間

鋪作轉角正樣第九

殿閣亭榭等轉角正樣四鋪作壁內重栱插下昂

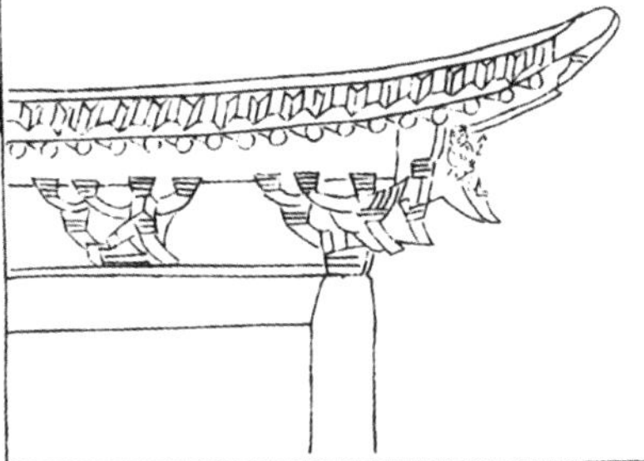

殿閣亭榭等轉角正樣五鋪作重栱出單抄單下昂逐跳

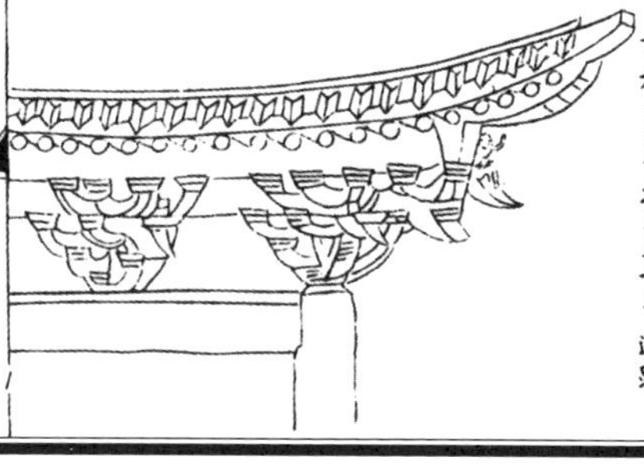

殿閣亭榭等轉角正樣六鋪作重栱出單抄兩下昂逐跳計心

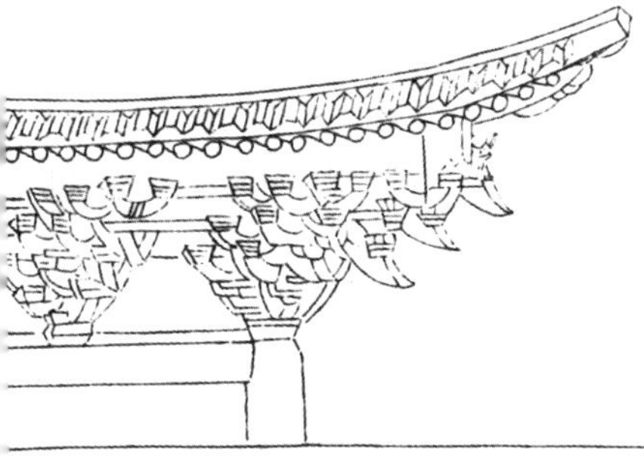

殿閣亭榭等轉角正樣七鋪作重栱出雙抄兩下昂逐跳計心

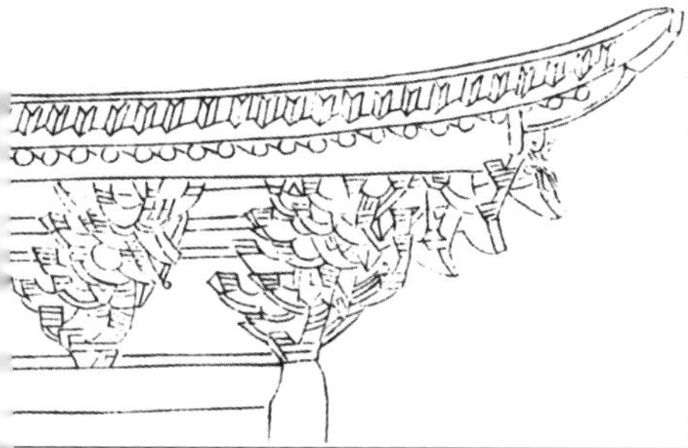

殿閣亭榭等轉角正樣八鋪作重栱出雙抄三下昂逐跳計心

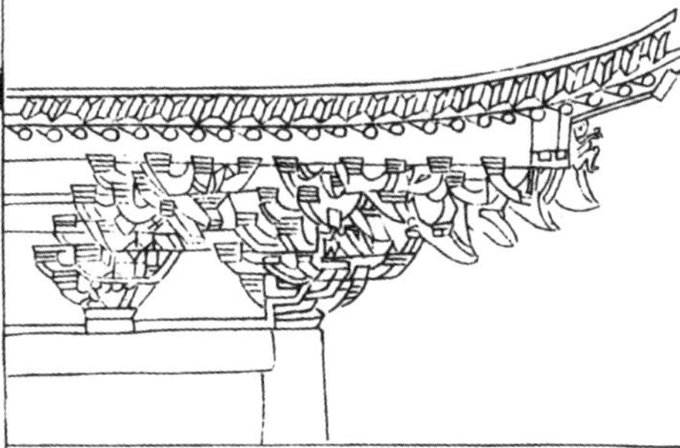

樓閣平坐轉角正樣六鋪作重栱出卷頭並計心

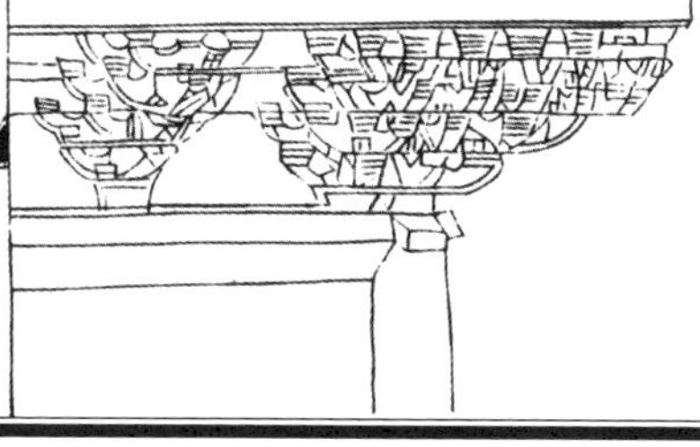

樓閣平坐轉角正樣七鋪作重栱出卷頭並計心

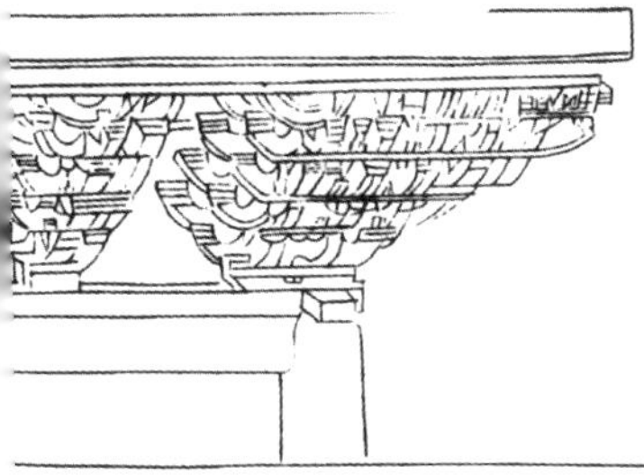

樓閣平坐轉角正樣七鋪作重栱出上昂偷心跳內當中施騎枓栱

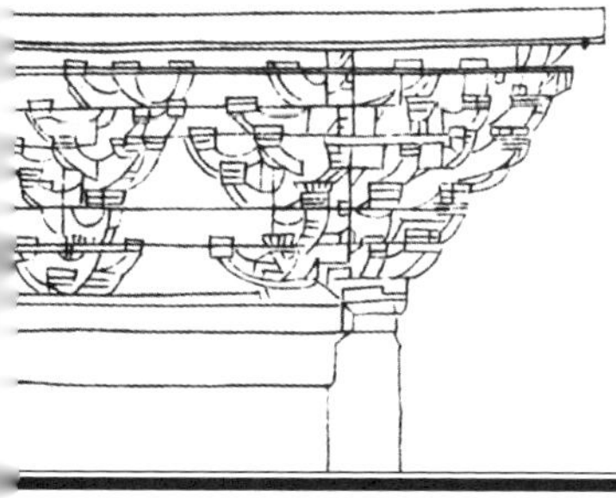

《营造法式》

卷第三十一

營造法式卷第三十一

通直郎管修蓋皇弟外第專一提舉修蓋班直諸軍營房等臣李誡奉

聖旨編修

大木作制度圖樣下

殿閣地盤分槽等第十

殿堂等八鋪作副階六鋪作雙槽斗底槽準此下雙槽同草架側樣第十一

殿堂等七鋪作副階五鋪作雙槽草架側樣第十二

殿堂等五鋪作副階四鋪作單槽草架側樣第十三

殿堂等六鋪作分心槽草架側樣第十四

廳堂等自十架椽至四架椽間縫內用梁柱第十五

殿閣地盤分槽第十

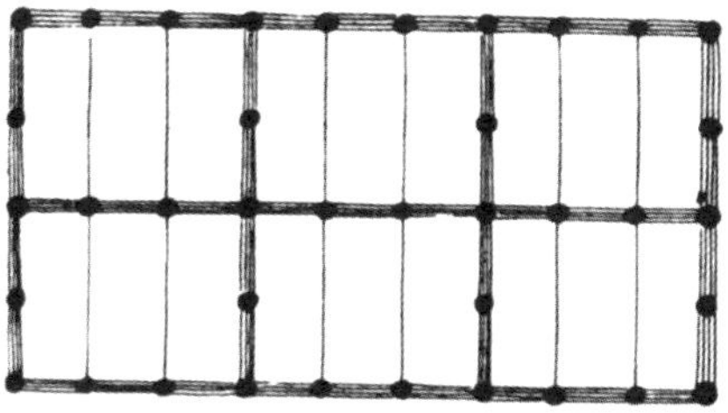

殿閣身地盤九間身内分心斗底槽

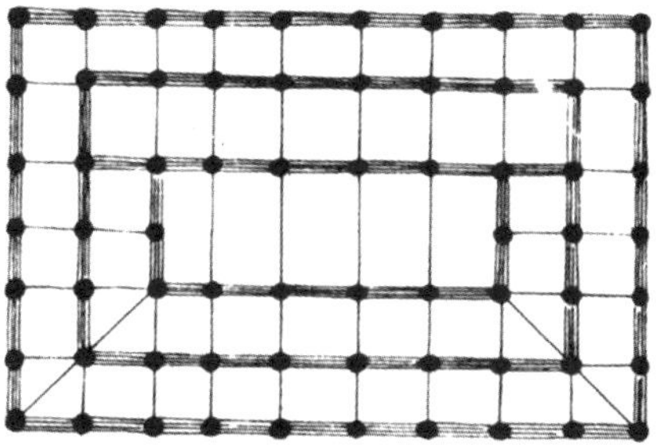

殿閣地盤殿身七間副階周帀各兩架椽身内金箱斗底槽

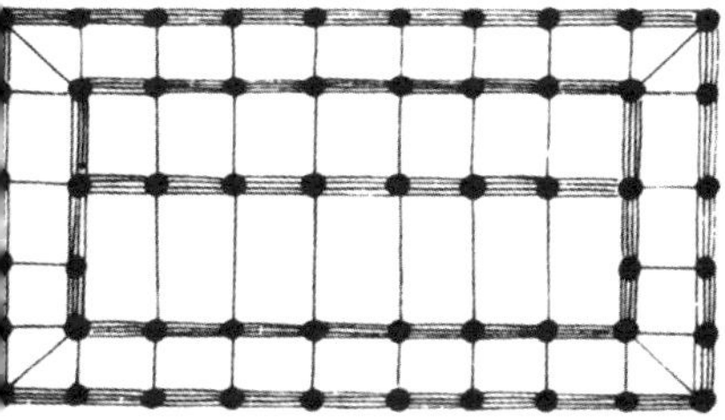

殿閣地盤殿身七間副階周帀各兩架椽身内單槽

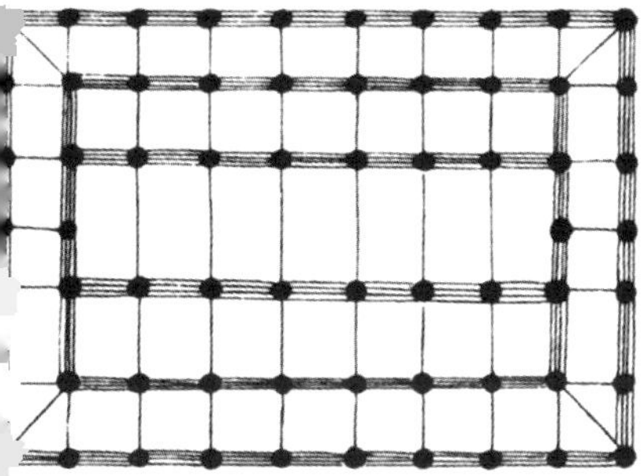

殿閣地盤殿身七間副階周帀各兩椽身内雙槽

殿堂等八鋪作（副階六鋪作）雙槽（斗底槽準此，下雙槽同）草架側樣第十一

殿側樣十架椽身内雙槽殿身外轉八鋪作重栱出雙抄三下昂裏轉六鋪作重栱出三抄副階外轉六鋪作重栱出單抄兩下昂裏轉五鋪作出雙抄以上並各計心

其檐下及槽内朴栱並補間鋪作在右柱頭鋪作在左一準此

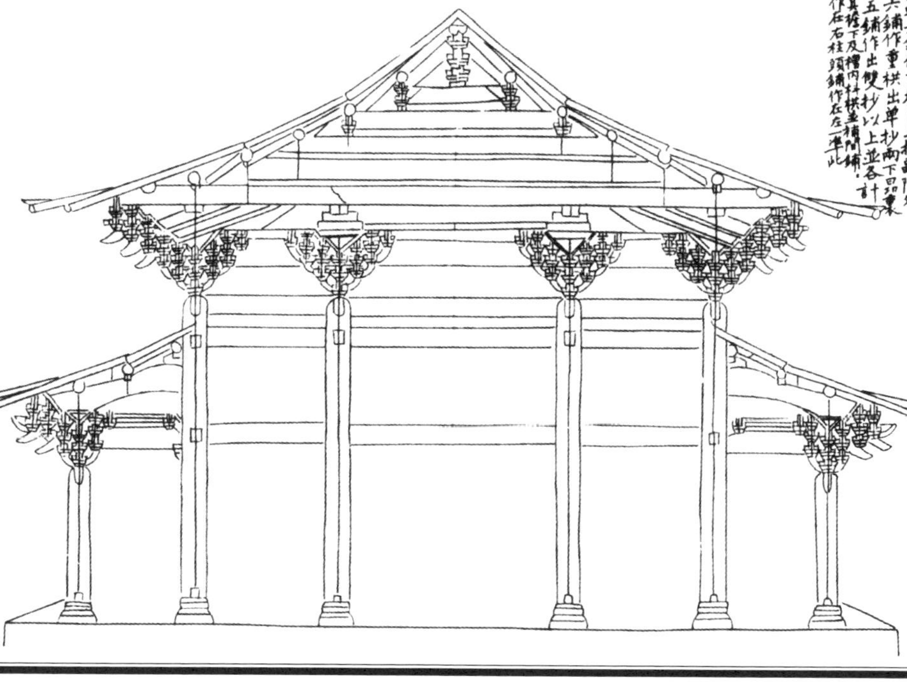

殿堂等七鋪作副階五鋪作雙槽草架側樣第十二

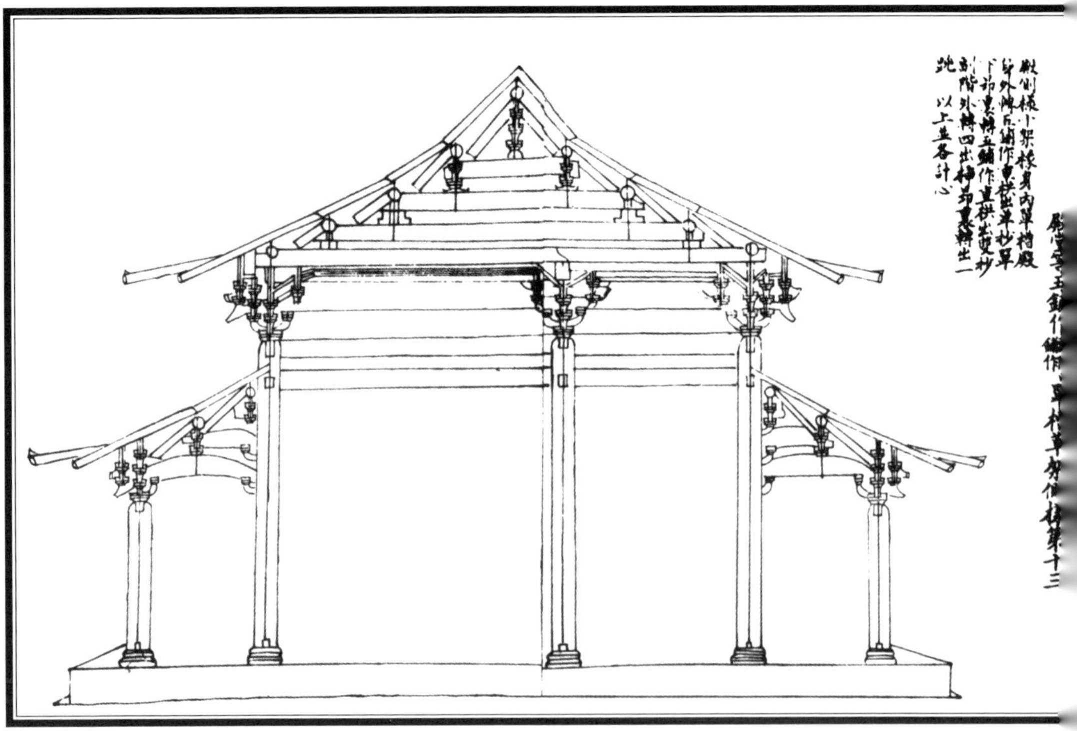

殿側樣十架椽身內雙槽殿身外轉七鋪作重栱出雙杪兩下昂裏轉六鋪作重栱出三杪副階外轉五鋪作重栱出單杪單昂裏轉五鋪作出雙杪 以上並各計心

殿堂等五鋪作副階四鋪作單槽草架側樣第十三

殿側樣八架椽身內單槽殿身外轉五鋪作重栱出單杪單下昂裏轉五鋪作重栱出雙杪副階外轉四鋪作插昂裏轉出一跳 以上並各計心

殿堂等六鋪作分心槽草架側樣第十四

殿側樣十架椽身内單槽外轉六鋪作重栱出單抄兩下昂裏轉五鋪作重栱出兩抄　以上並各計心

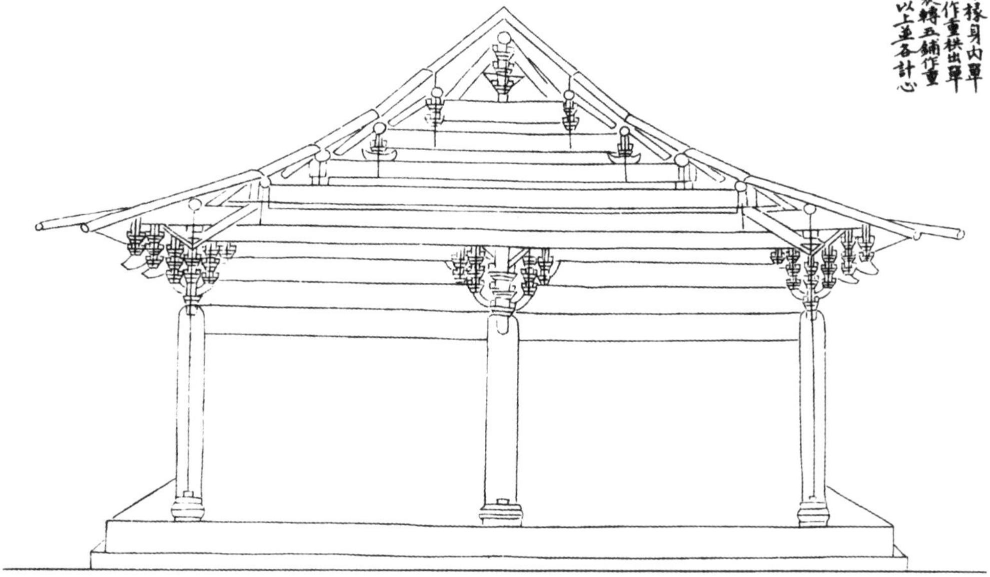

廳堂等自十架椽至四架椽間縫内用梁柱第十五

十架椽屋分心三柱

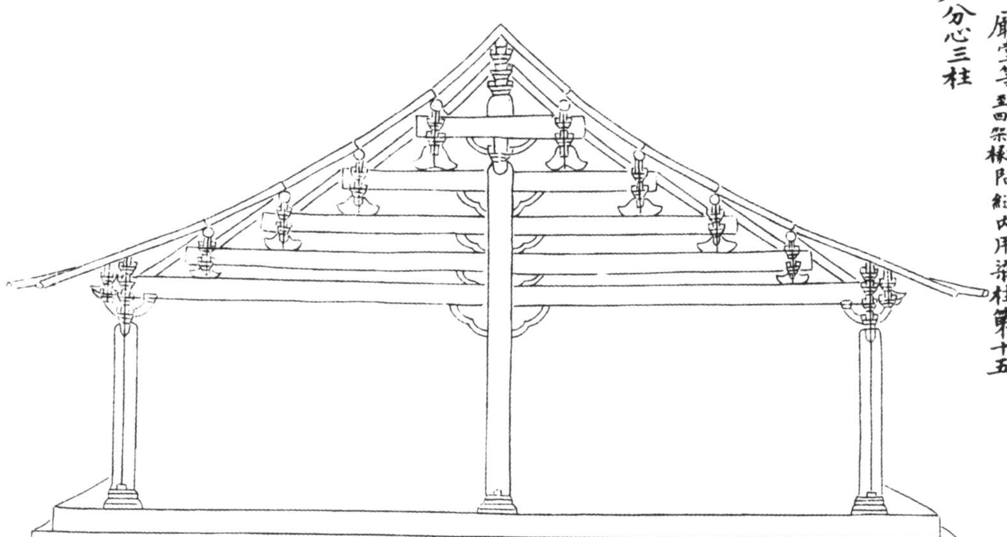

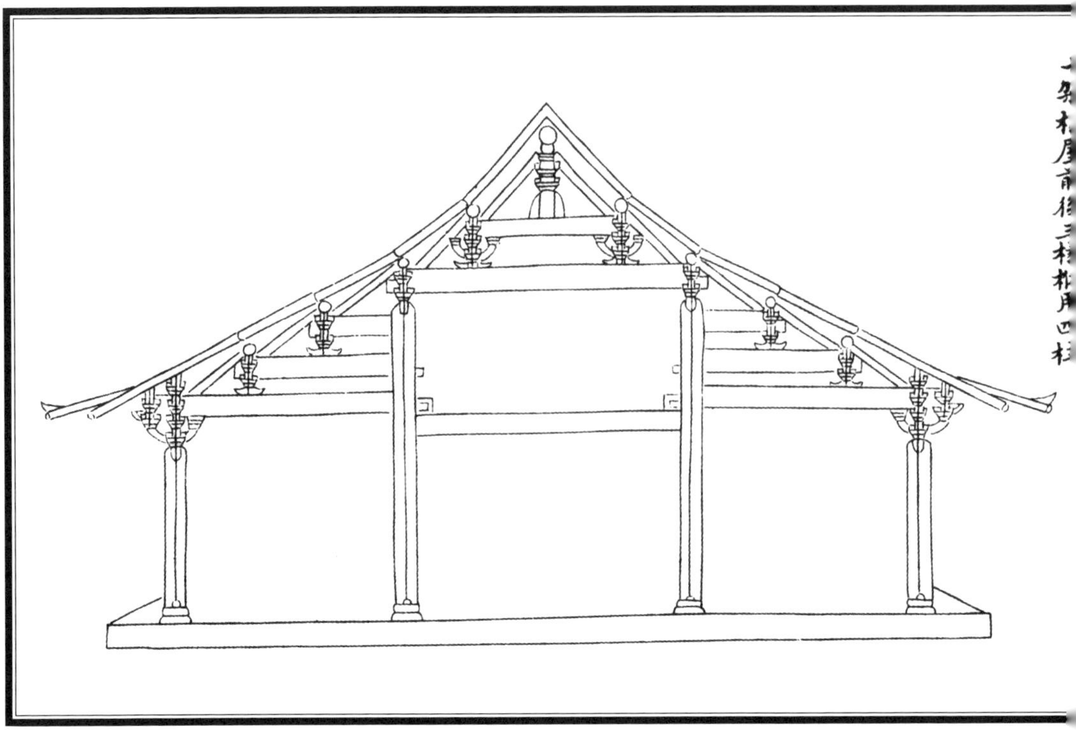

十架椽屋前後三椽栿用四柱

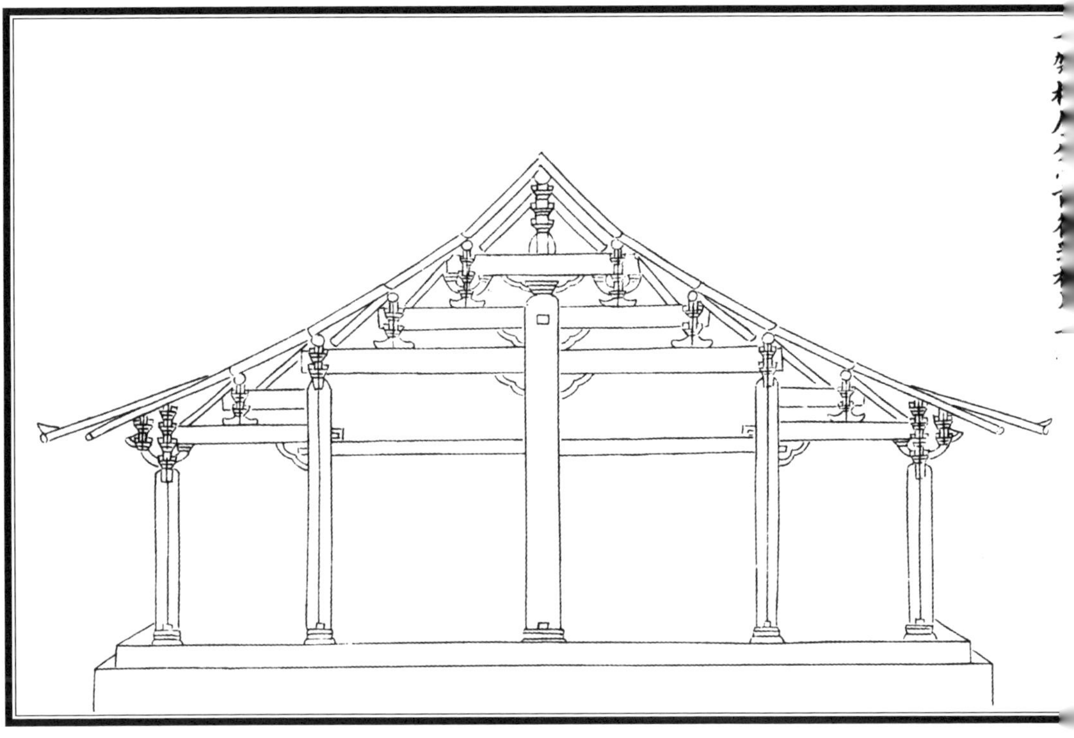

十架椽屋分心前後乳栿用五柱

十架椽屋前後並乳栿用六柱

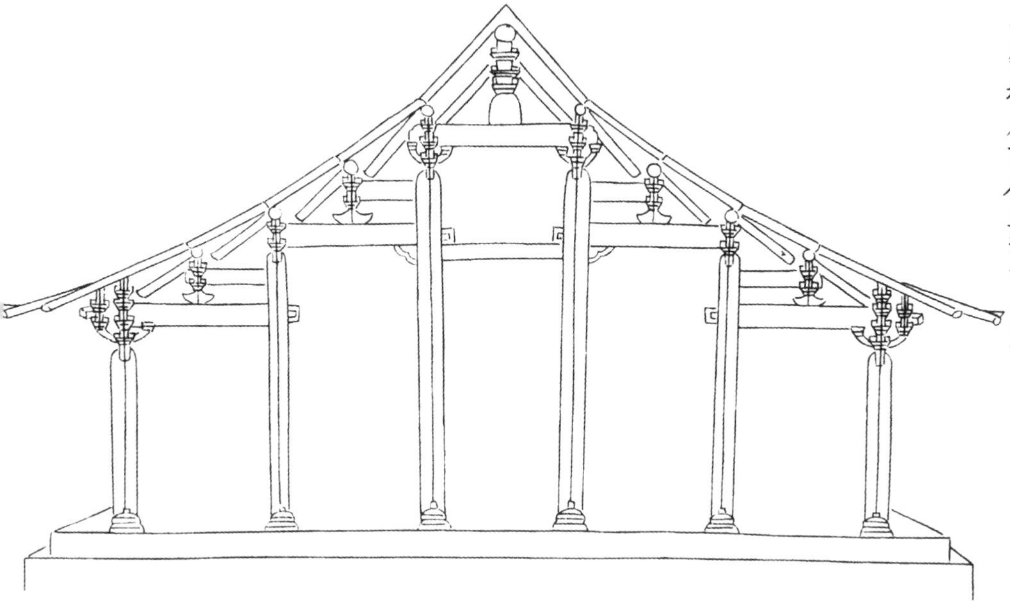

十架椽屋前後各劄牽乳栿用六柱

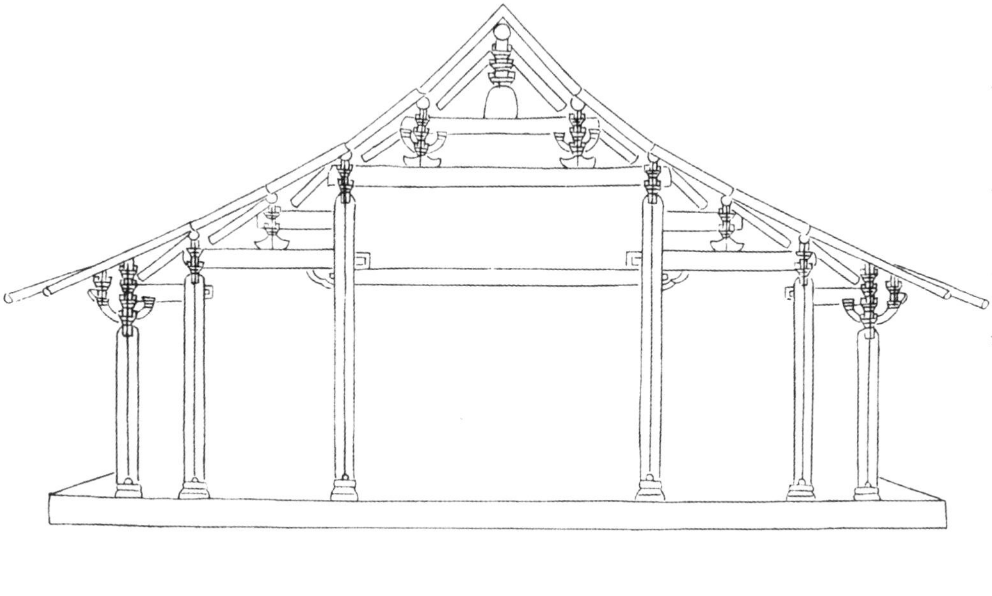

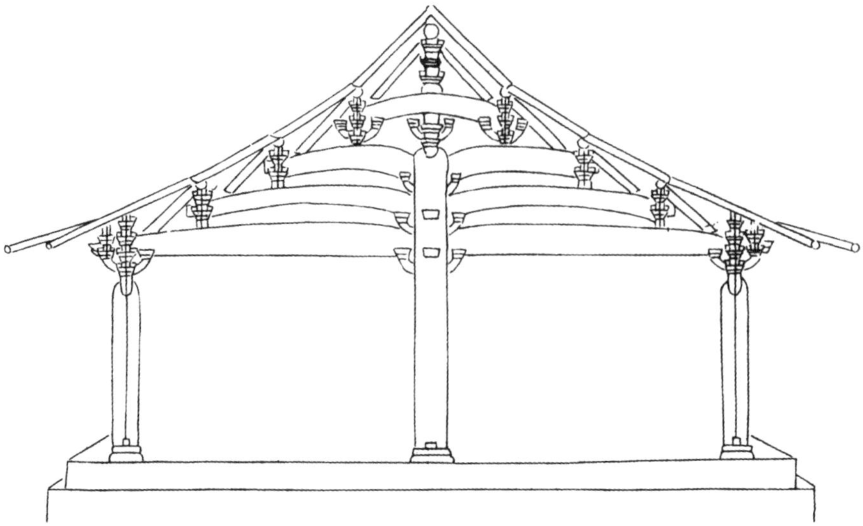

八架椽屋分心用三柱

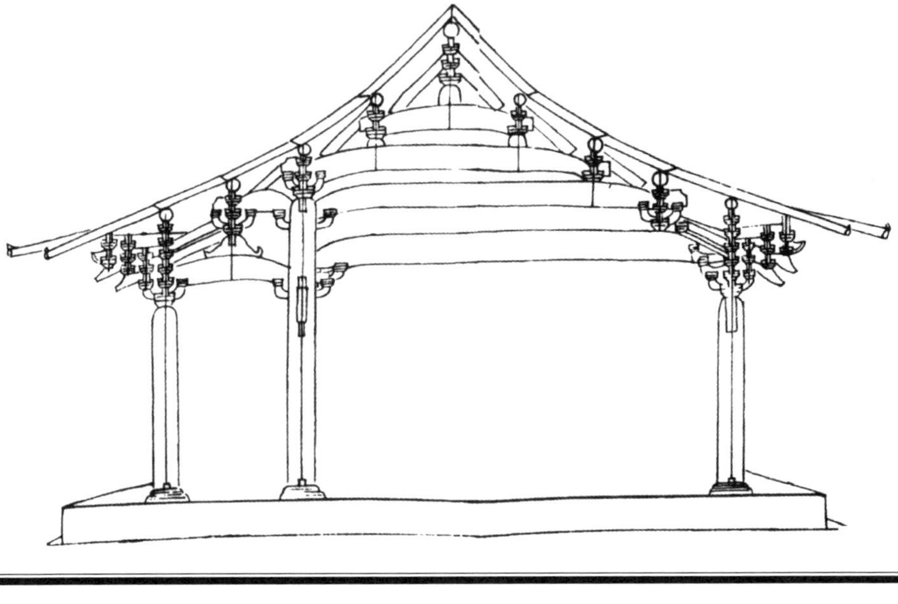

八架椽屋乳栿对六椽栿用三柱

八架椽屋前後乳栿用四柱

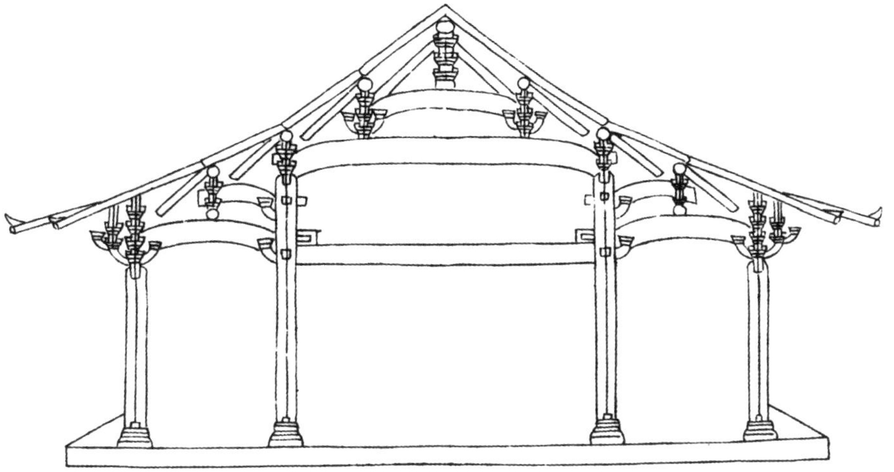

八架椽屋前後三椽栿用四柱

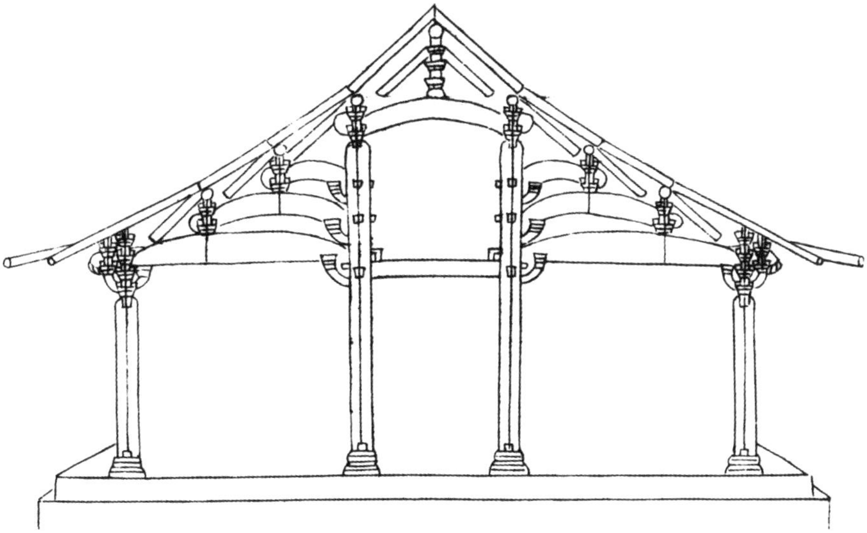

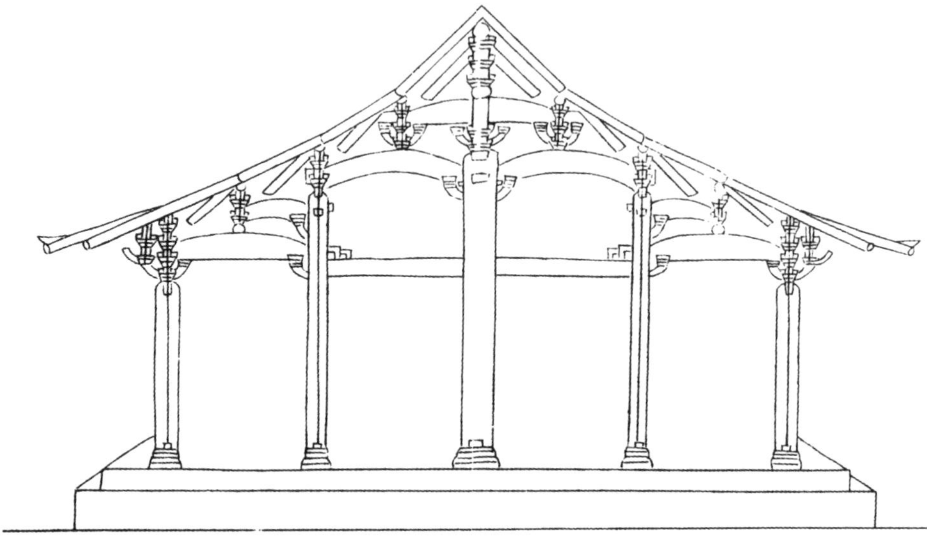

八架椽屋分心乳栿用五柱

八架椽屋前後劄牽用六柱

六架椽屋分心用三柱

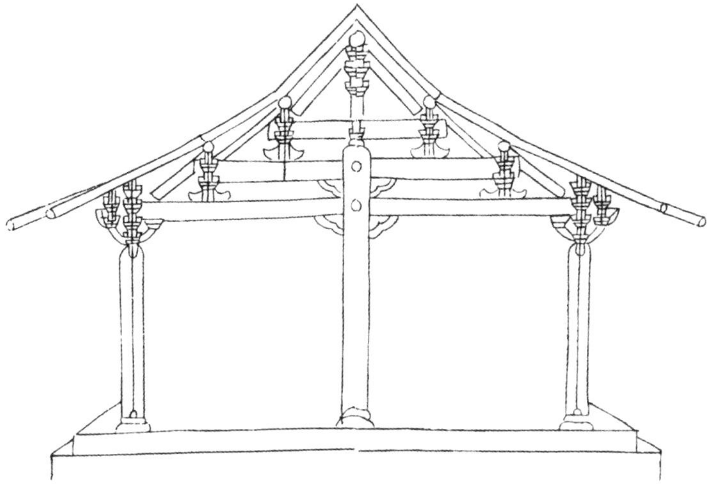

六架椽屋乳栿對四椽栿用三柱

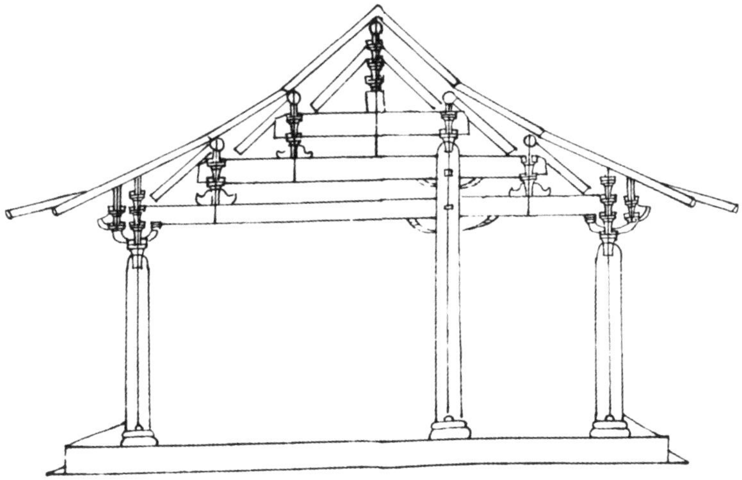

六架椽屋前後乳栿劄牽用四柱

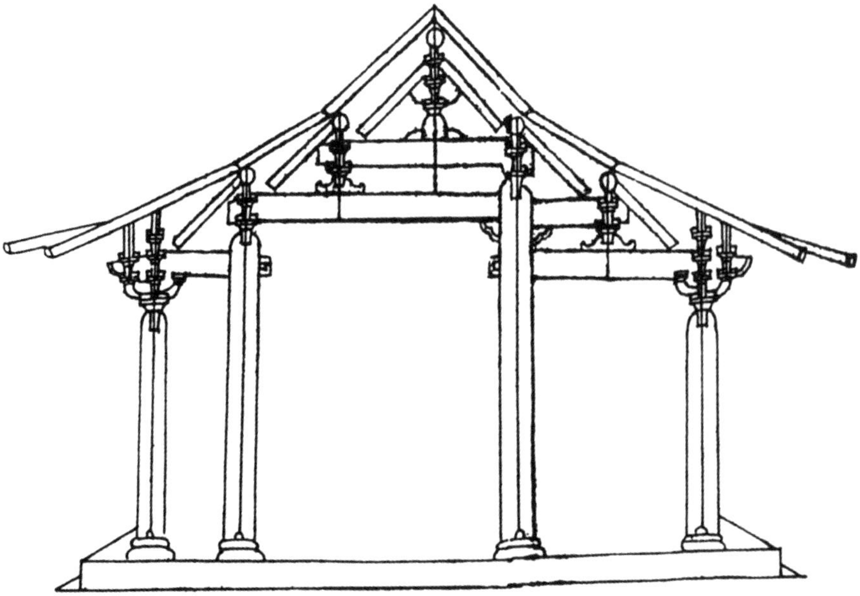

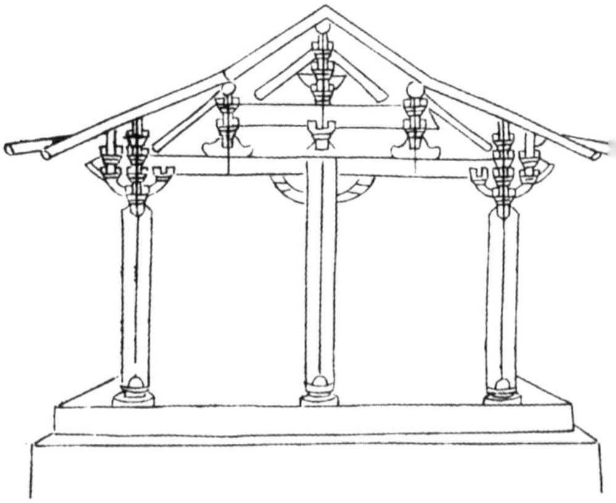

四架椽屋劄牽三椽栿用三柱

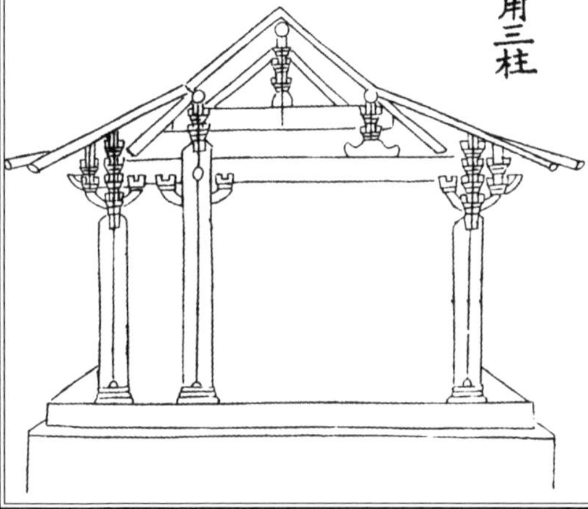

營造法式卷三十一　二十一

四架椽屋分心用三柱

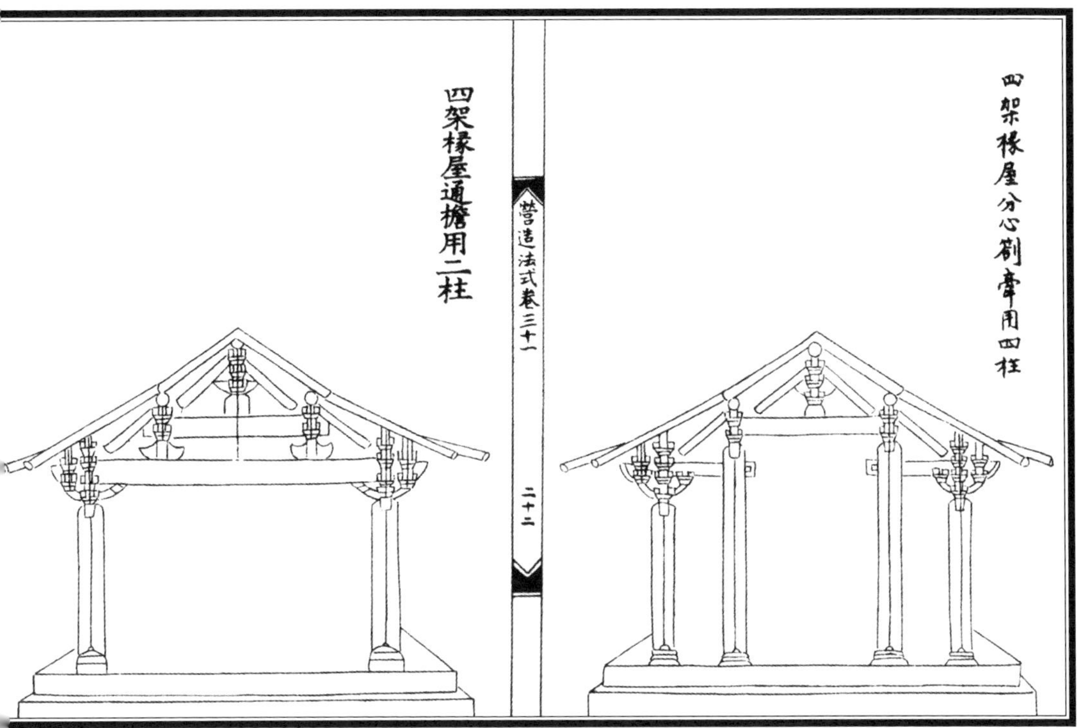
四架椽屋分心刳牽用四柱
營造法式卷三十一
二十二
四架椽屋通檐用二柱

《营造法式》

卷第三十二

營造法式卷第三十二

通直郎管修蓋皇弟外第專一提舉修蓋班直諸軍營房等臣李誡奉

聖旨編修

小木作制度圖樣

門窗格子門等第一 附垂魚

平綦鉤闌等第二

殿閣門亭等牌第三

佛道帳經藏第四

雕木作制度圖樣

混作第一

栱眼内彫插第二

格子門等腰華版第三

平綦華盤第四

雲栱等雜樣第五

烏頭門

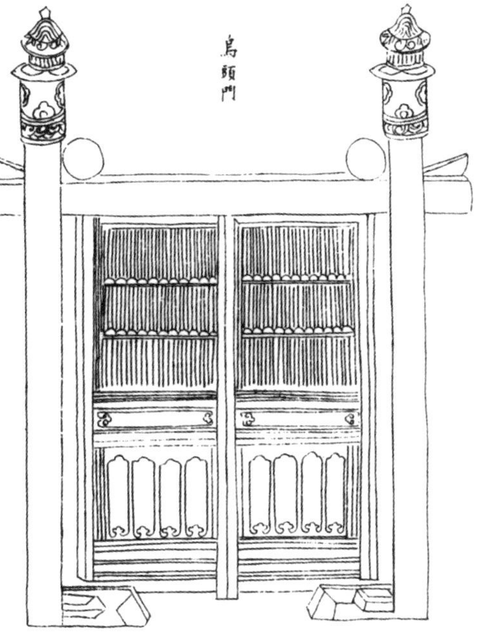

小木作制度圖樣
門窗格子門等第一

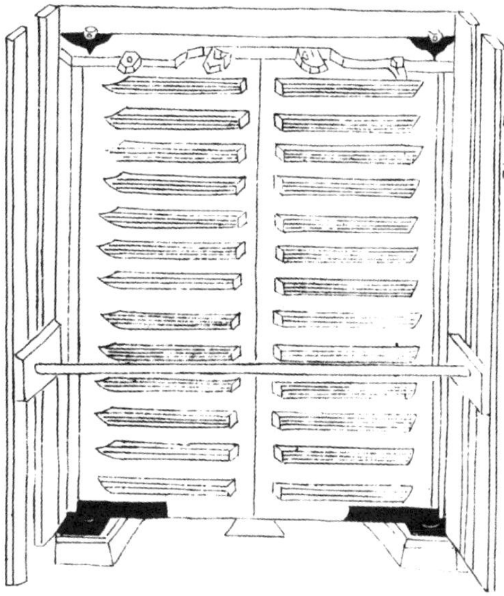

合版軟門

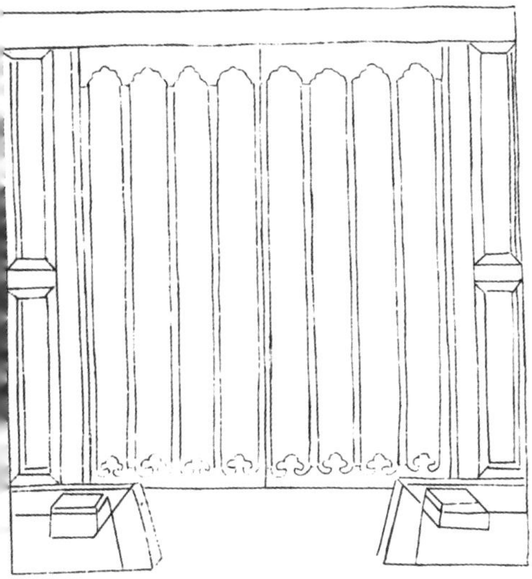

牙頭護縫軟門

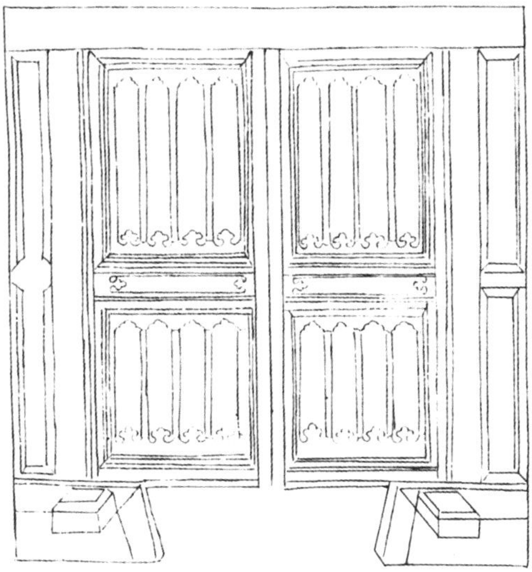

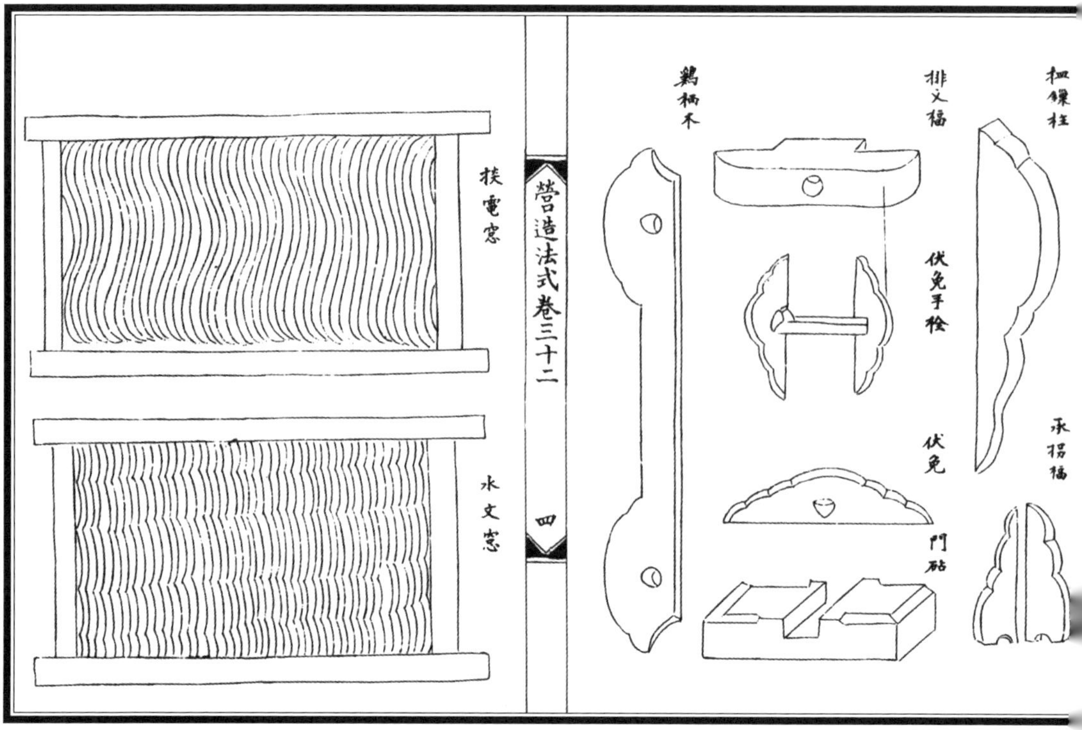

鷄栖木
排叉楅
柧𣗳柱
伏兔手栓
伏兔
承拐楅
門砧

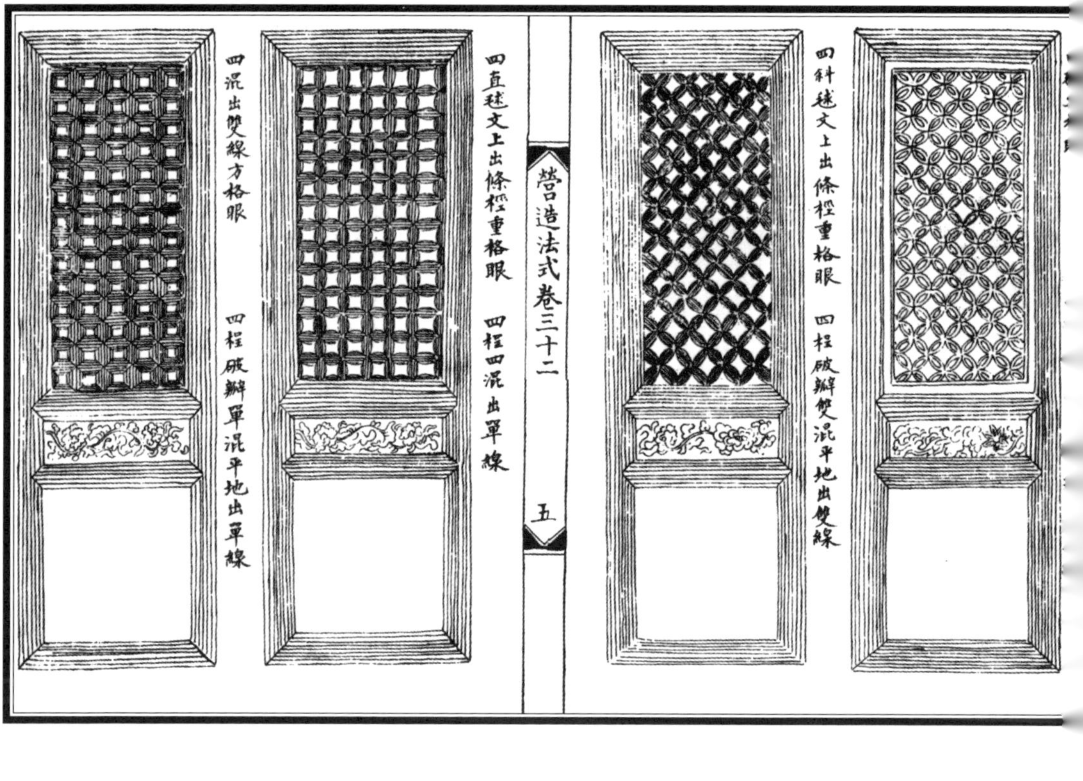

營造法式卷三十二　四

挾電窓
水文窓

四斜毬文上出條桱重格眼
四桯破瓣雙混平地出雙線

四直毬文上出條桱重格眼
四桯四混出單線

營造法式卷三十二　五

四混出雙線方格眼
四桯破瓣單混平地出單線

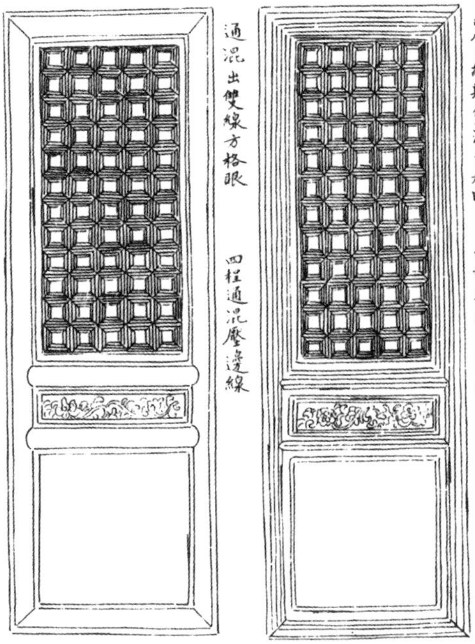

麗口絞瓣雙混方格眼　四桯通混出雙線

通混出雙線方格眼　四桯通混壓邊線

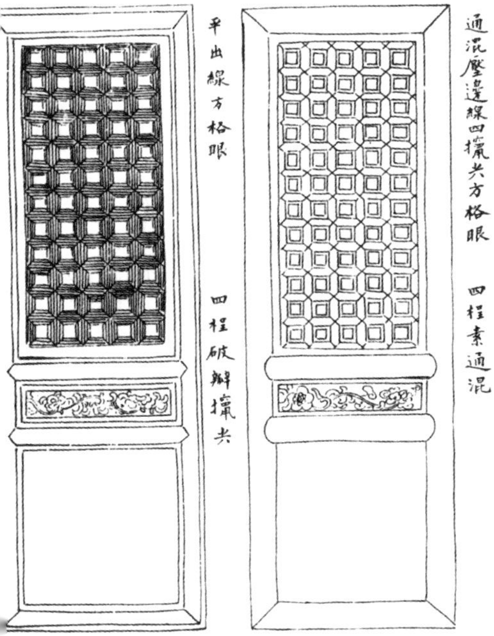

通混壓邊線四攛尖方格眼　四桯素通混

平出線方格眼　四桯破瓣攛尖

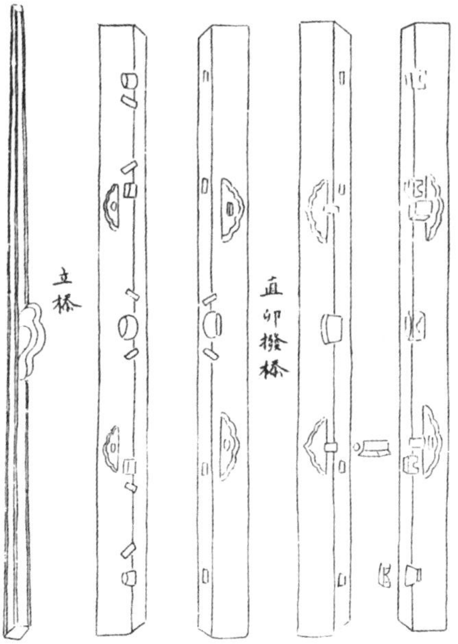

格子門額限

麗卯插栓

直卯撥柣

立柣

闌檻鈎窗

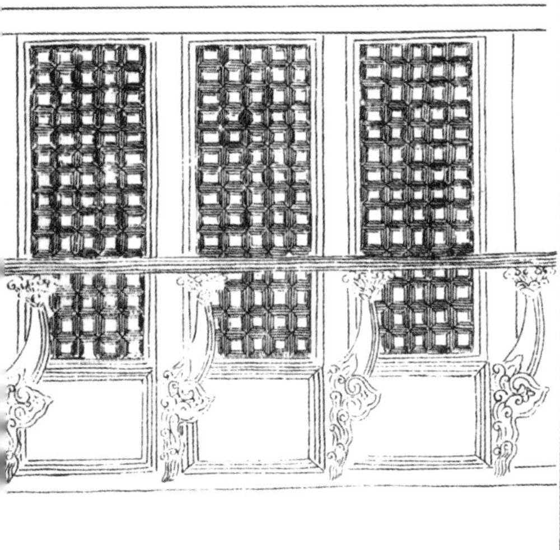

截間格子

四程方直破瓣　又瓣入卯

營造法式卷三十二　八

截間帶門格子

雕雲盃魚

惹草

惹草

營造法式卷三十二　九

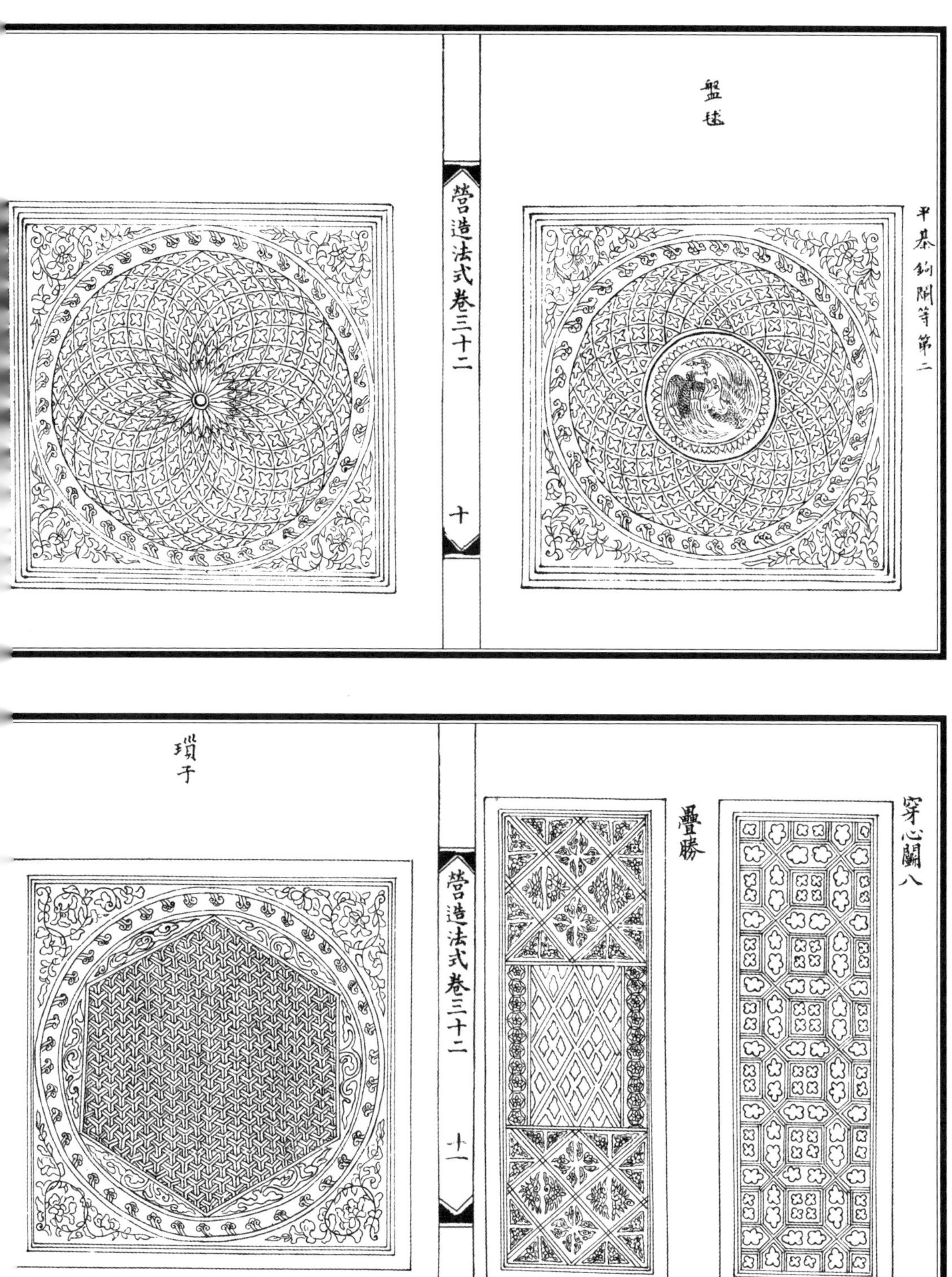
平棊錢鬪等第二
盤毬
營造法式卷三十二
十
穿心鬪八
疊勝
瑣子
營造法式卷三十二
十一

羅文疊勝

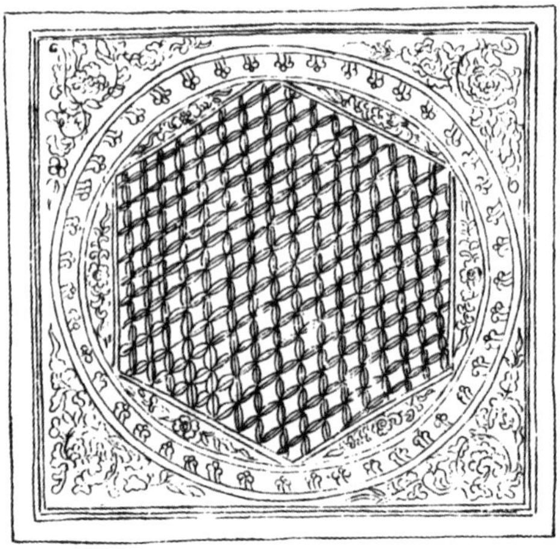

羅文

簇六毬文

簇六填華毬文

鬬二十四

簇六雪毬文

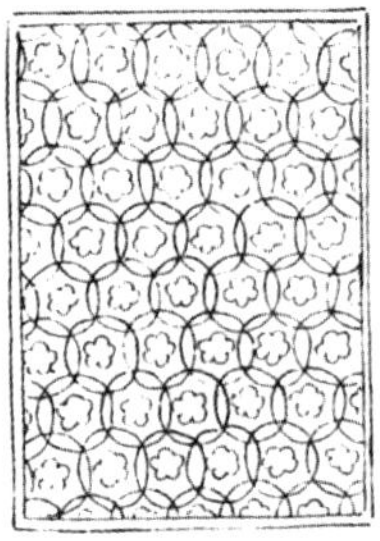

龜背

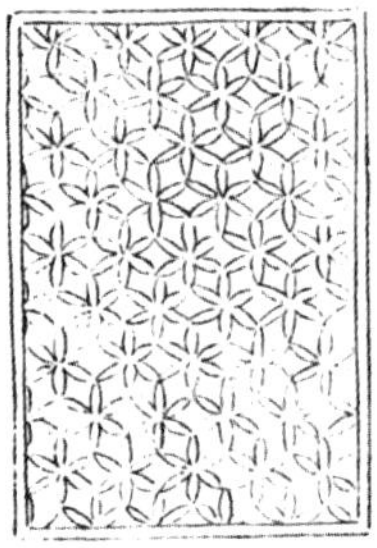

交圜華

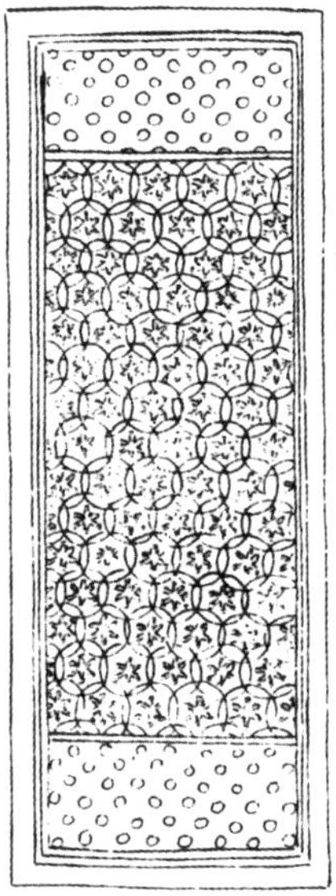

簇六雪華

平鈒毬文

柿蒂方眼

裹槽外轉角平棊

簇四毬文轉道

內方圜柿蒂相間

鬭十八

填辦車釧毬文

鬭十二

重臺癭項鉤闌

單撮項鉤闌

櫺子雲頭身內一混心出單線壓邊線

櫺子海石榴頭身內同上

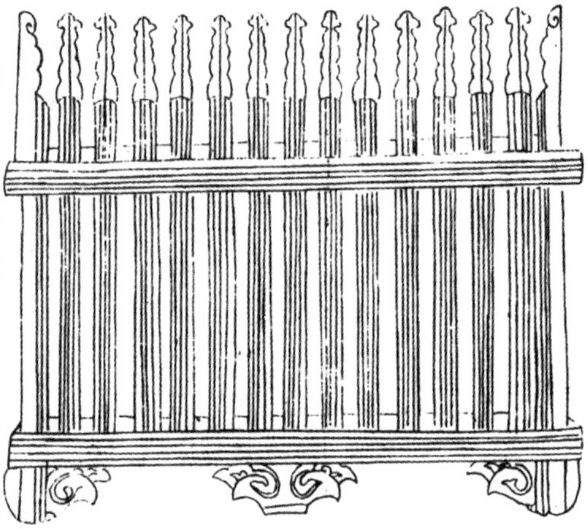

殿閣門亭等牌第三

華帶牌

天宫樓閣佛道帳

佛道帳經藏第四

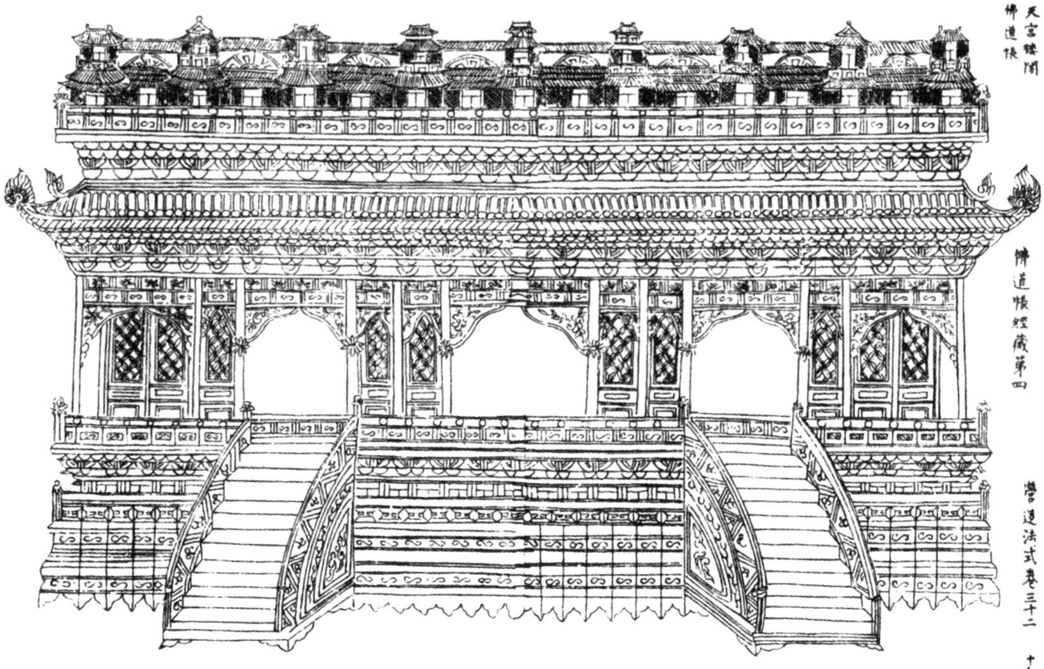

山華蕉葉佛道帳

營造法式卷三十二　二十

轉輪經藏

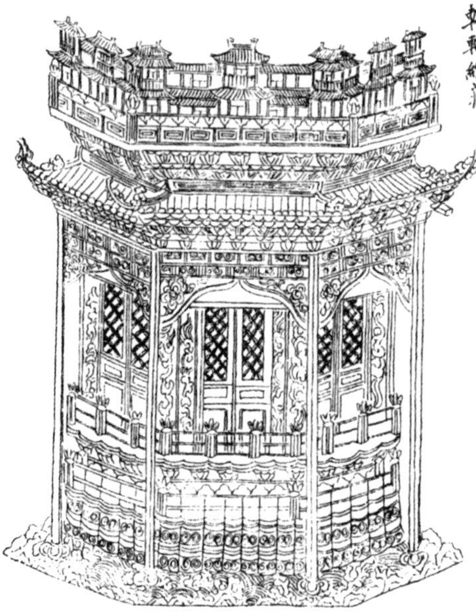

營造法式卷三十二

二十一

九脊牙脚小帳

天宮壁藏

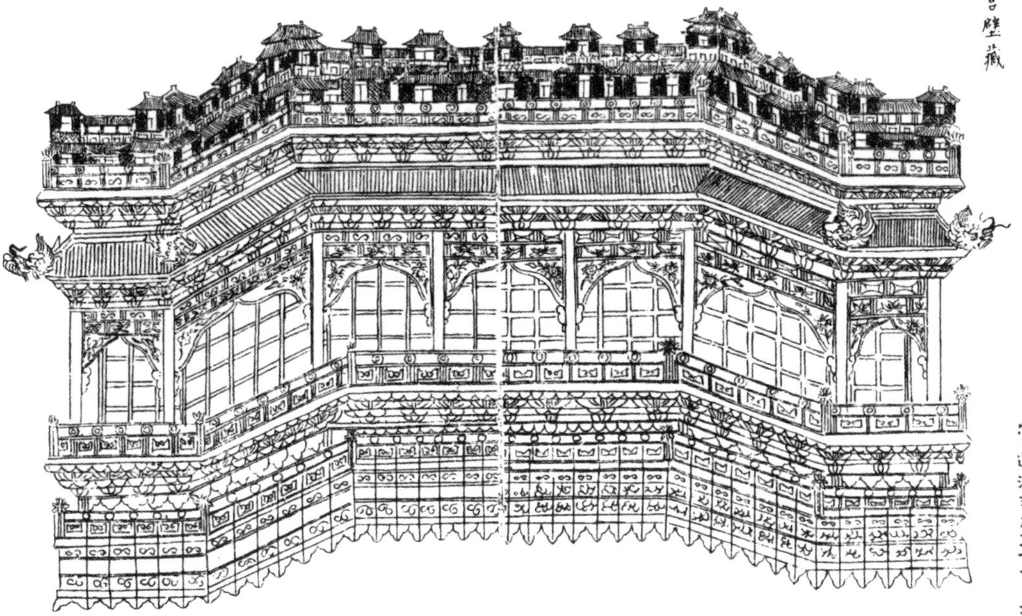

彫木作制度圖樣

混作第一

玉女

化生

菩薩

拂菻

柘支

坐龍

鳳

鴛鴦

師子

栱眼内彫插第二

重栱眼壁内華盆

牡丹

單栱眼壁内華盆

拒霜華等雜華

格子門等腰華版第三

剔地起突三卷葉

兩卷葉

一卷葉

剔地窪葉

剔地平卷葉

透突平卷葉

營造法式卷三十二 二十四

平棊華盤第四

雲栱等雜樣第五

單雲頭栱

雙雲頭栱

像生華雲栱

海石榴華雲栱

重臺地霞

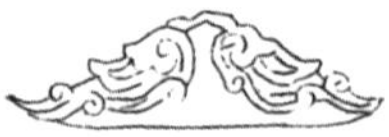

單地霞

像生牡丹華地霞

像生蓮荷華地霞

營造法式卷三十二 二十五

混作纏柱龍

鉤闌華版

椽頭盤子

卷第三十三

营造法式卷第三十三

通直郎管修盖皇弟外第专一提举修盖班直诸军营房等臣李诫奉

聖旨編修

彩畫作制度圖樣上

五彩雜華第一

五彩瑣文第二

飛仙及飛走等第三

騎跨仙真第四

五彩額柱第五

五彩平棊第六

營造法式卷三十三　一

碾玉雜花第七

碾玉瑣文第八

碾玉額柱第九

碾玉平棊第十

五彩雜華第一

海石榴華

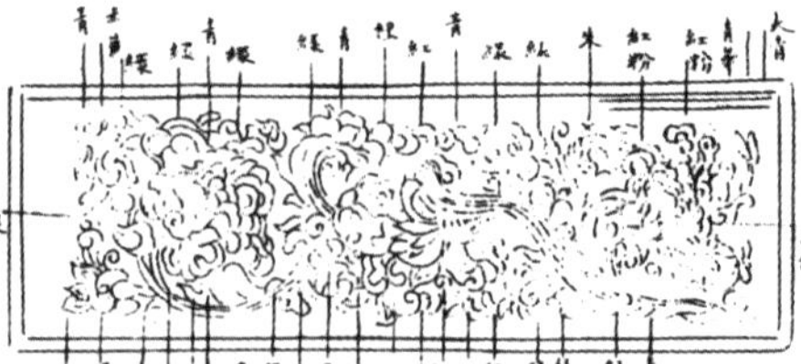

寶牙華

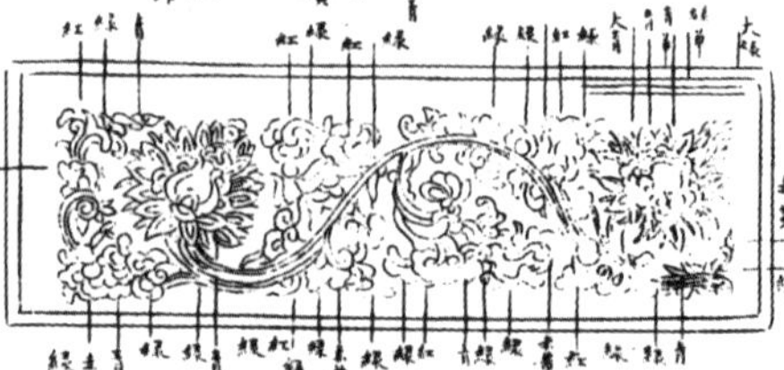

太平華

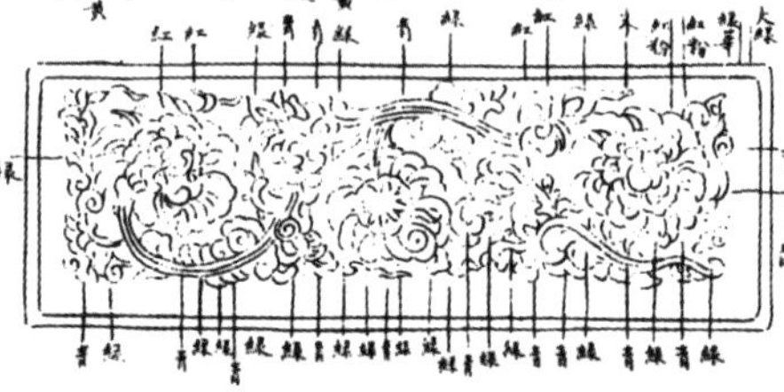

寶相華

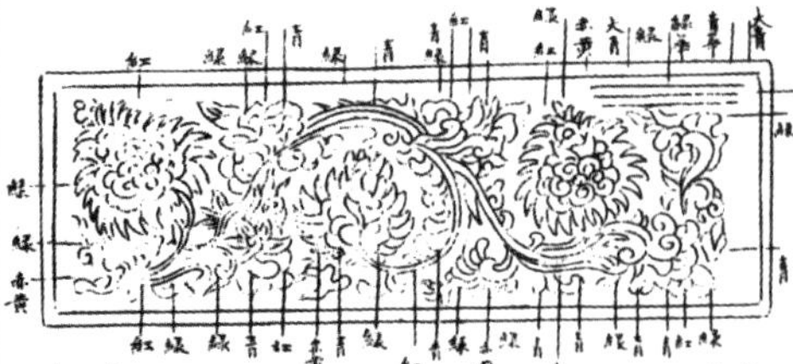

牡丹華

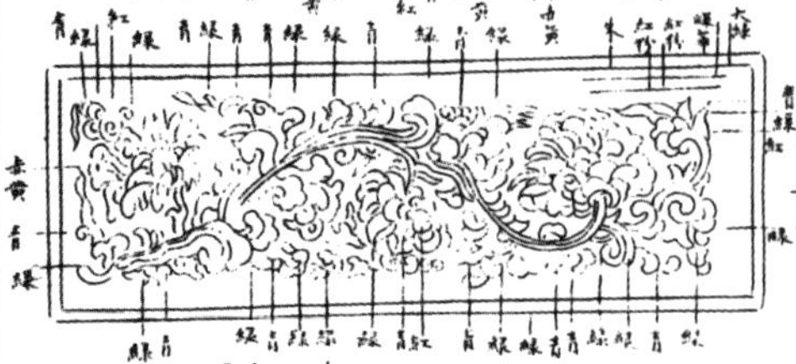

蓮荷華

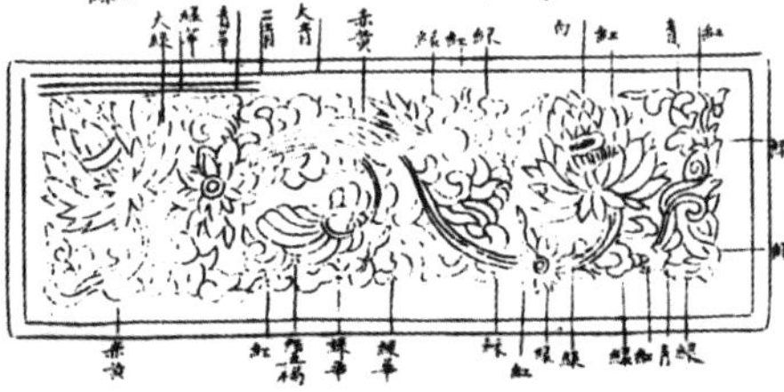

方勝合羅

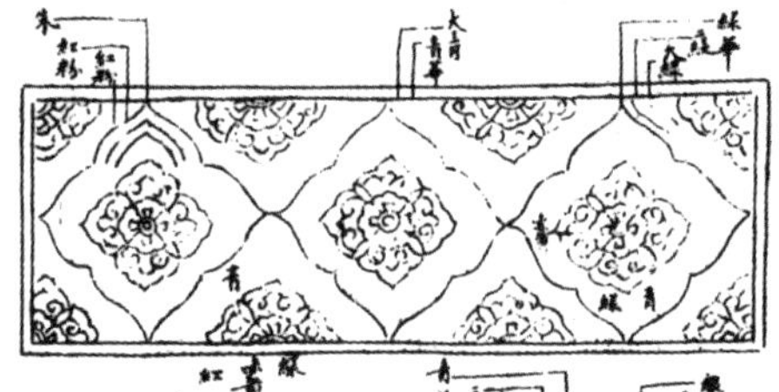

圜頭合子

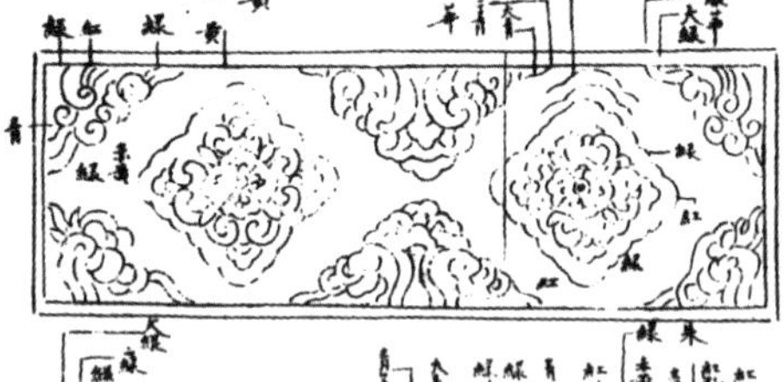

豹脚合暈

梭身合暈

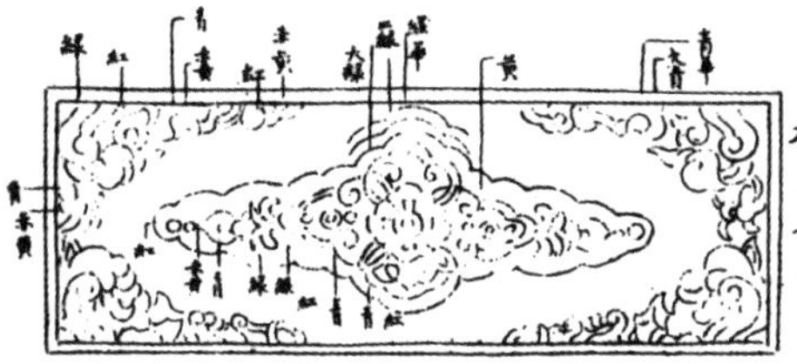

連珠合暈

偏暈

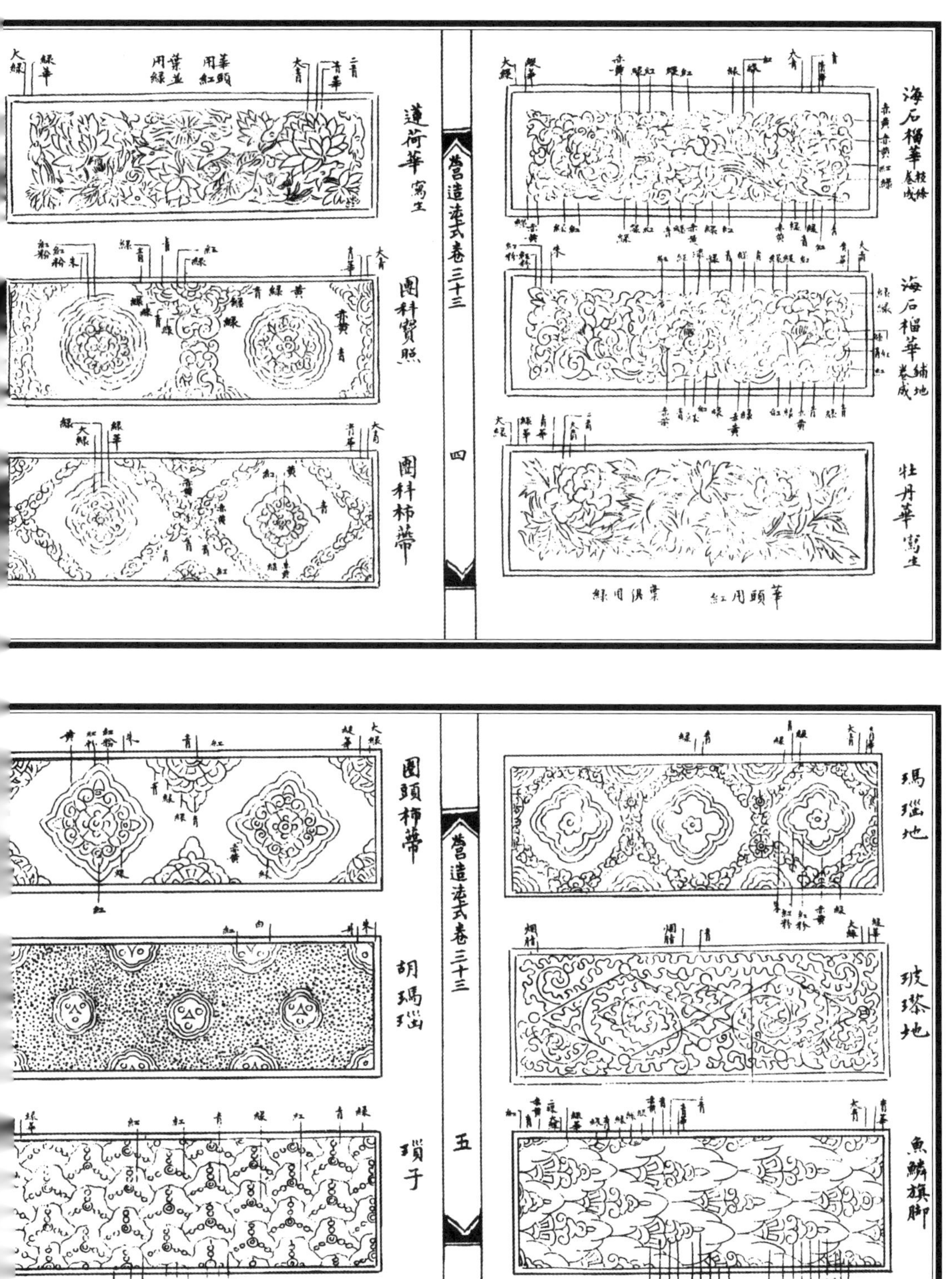
海石榴華 卷成枝條
海石榴華 鋪地卷成
牡丹華 寫生
華頭用紅 葉並用綠
營造法式卷三十三
四
蓮荷華 寫生
華頭用紅 葉並用綠
團科寶照
團科柿蒂
瑪瑙地
玻璃地
魚鱗旗脚
營造法式卷三十三
五
團頭柿蒂
胡瑪瑙
瑣子

聯環

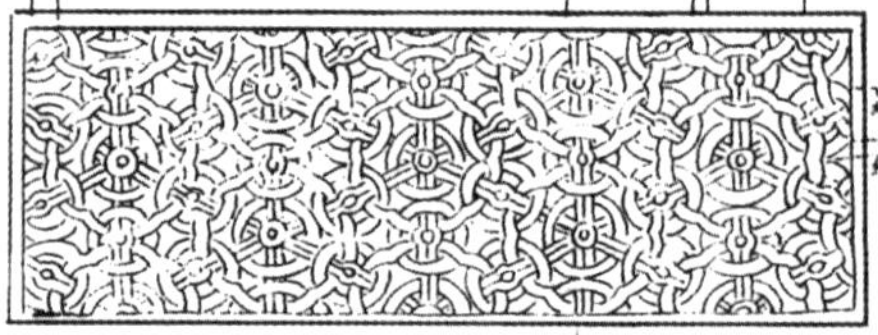

密環

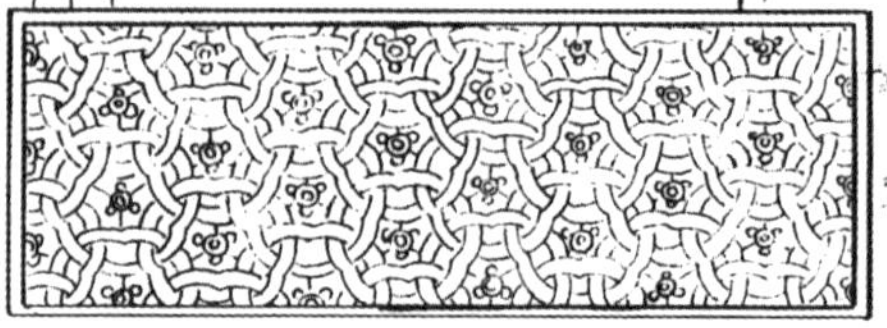

疊環

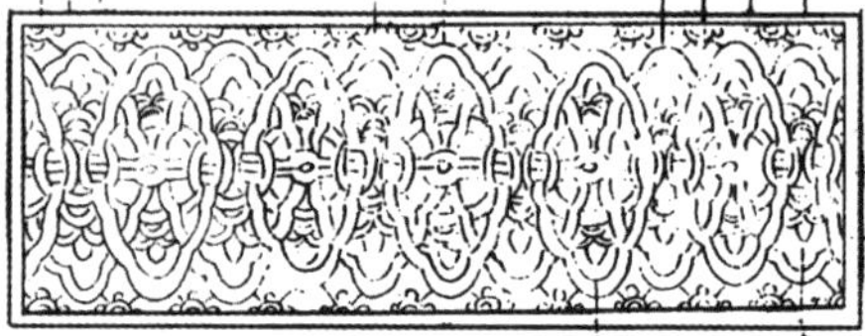

簟文

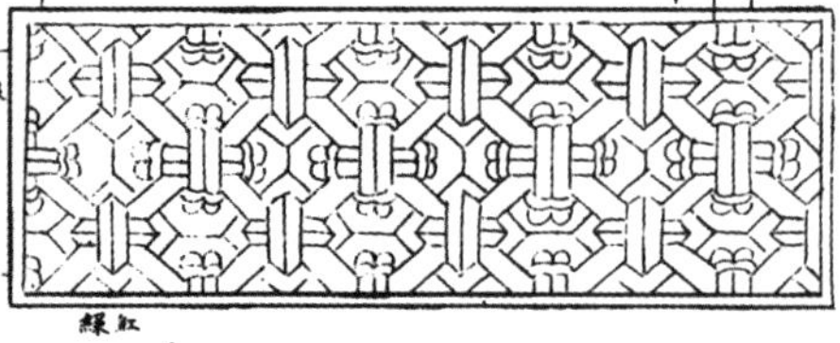

金錠

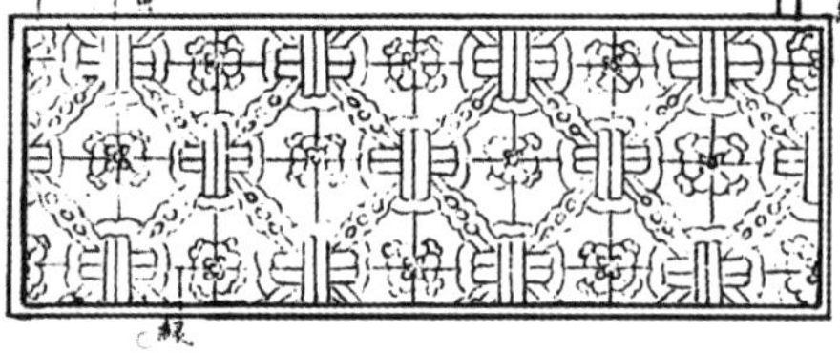

銀錠

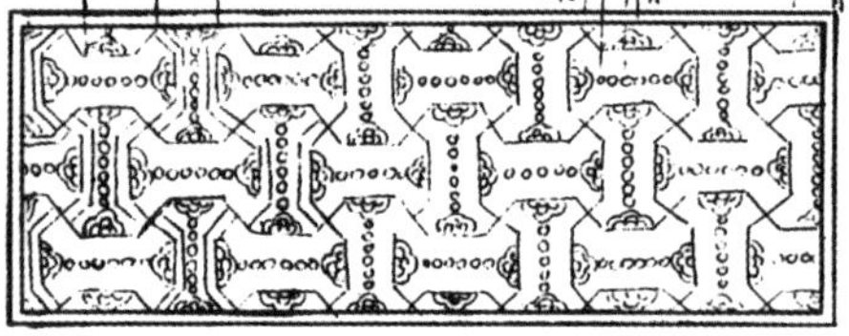

方環

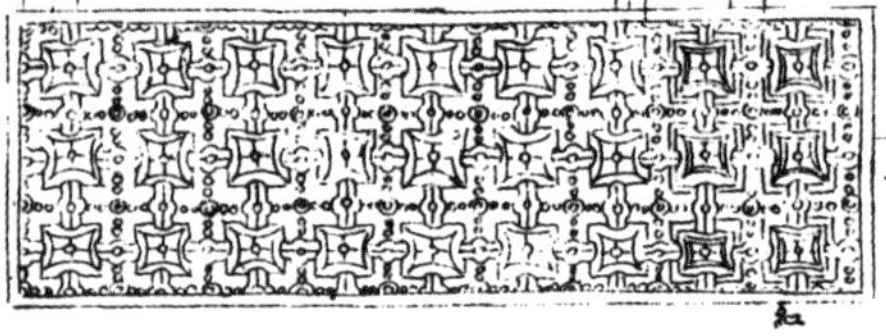

羅地龜文

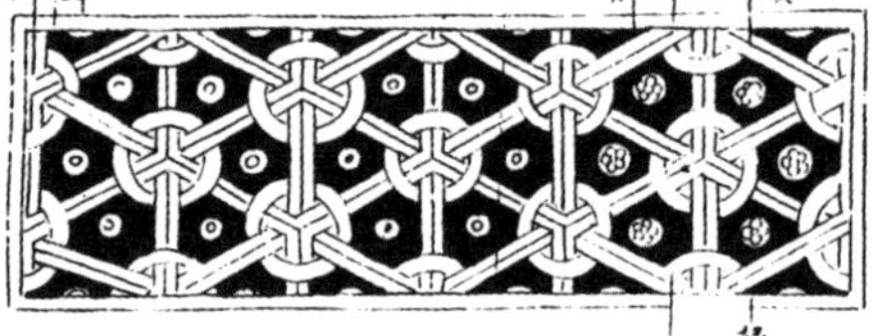

六出龜文

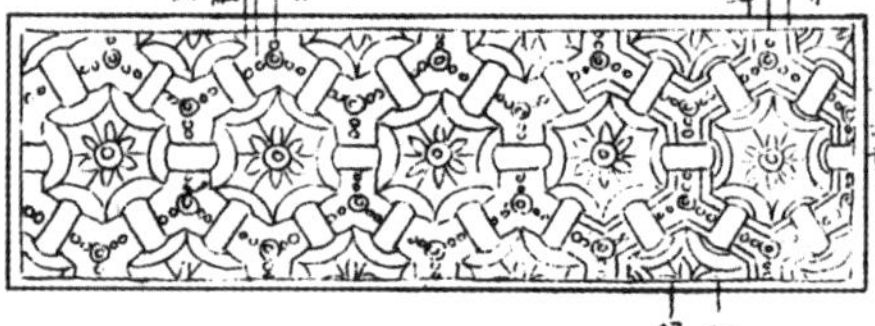

交脚龜文

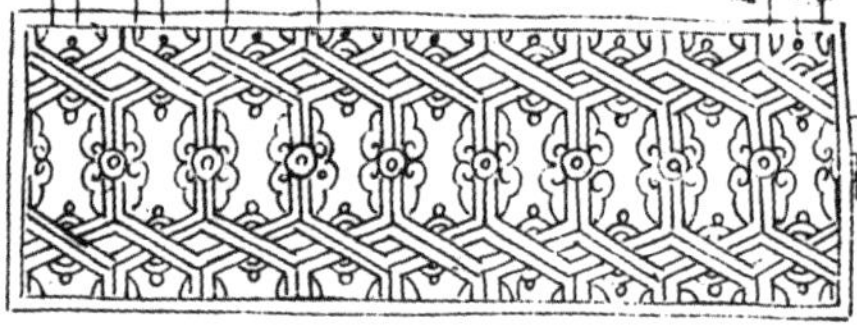

四出

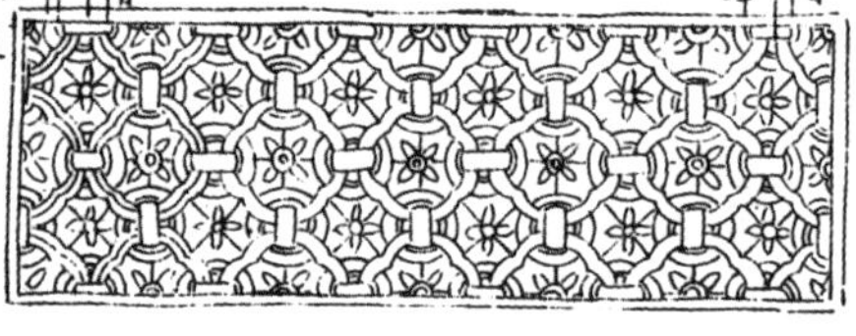

六出

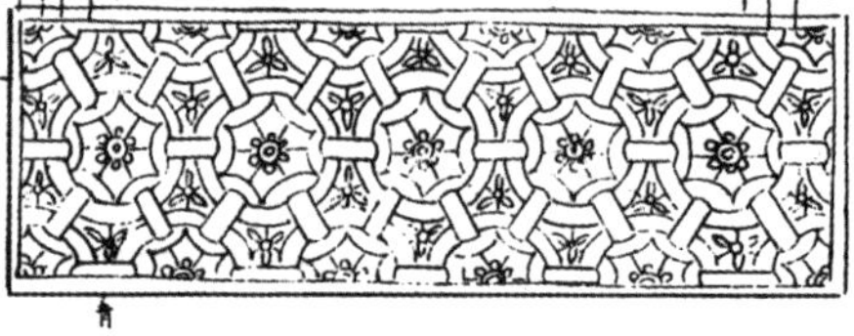

曲水

万字

四斗底

雙鈎匙頭

丁字

单鈎匙頭

营造法式卷三十三 八

工字

同上

同上

天字

香印

飛仙及飛走等第三

飛仙

嬪伽

共命鳥

营造法式卷三十三 九

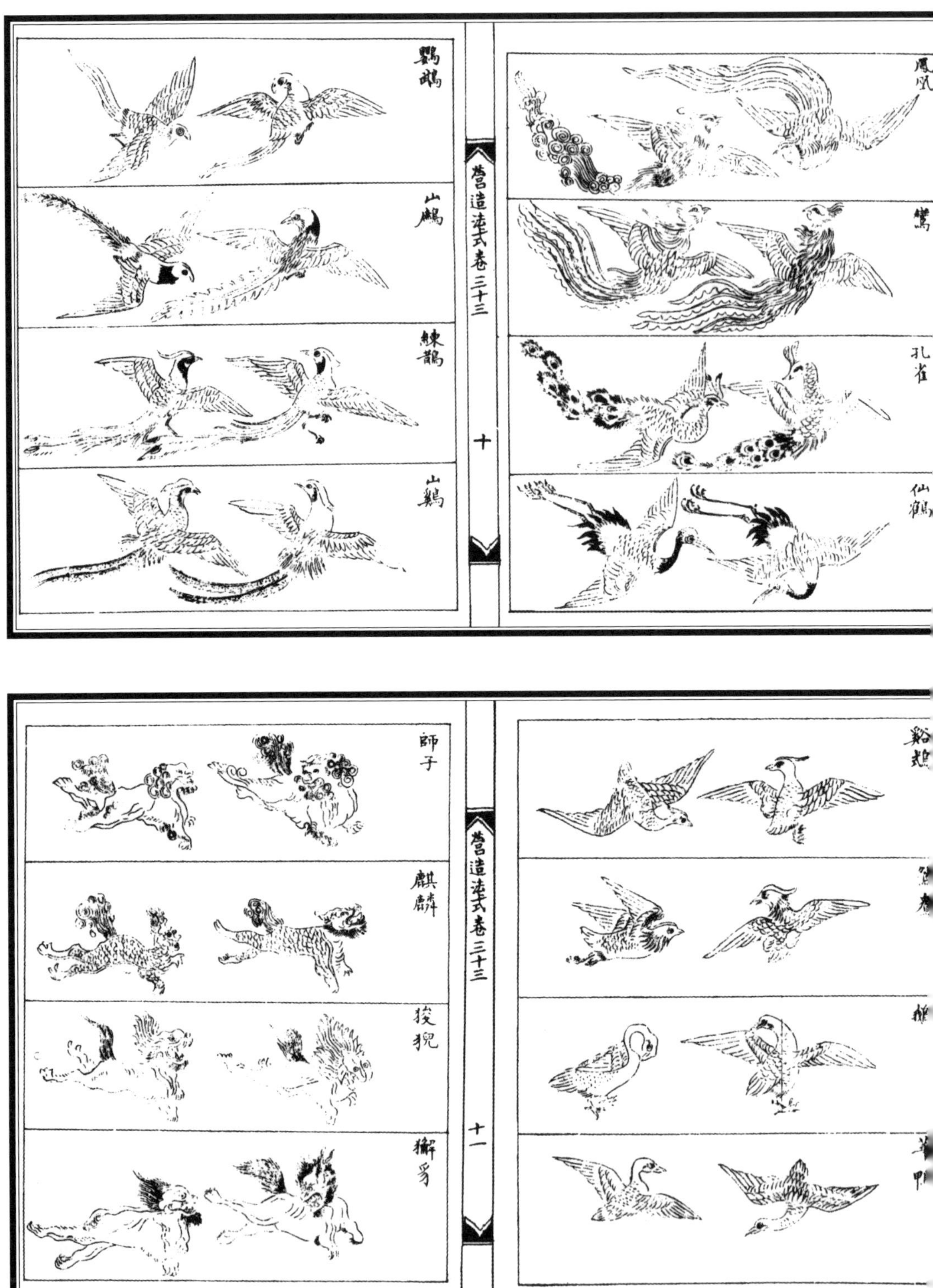
鳳凰
鸞
孔雀
仙鶴
營造法式卷三十三
十
鸚鵡
山鷓
練鵲
山鷄
營造法式卷三十三
十一
師子
麒麟
狻猊
獬豸

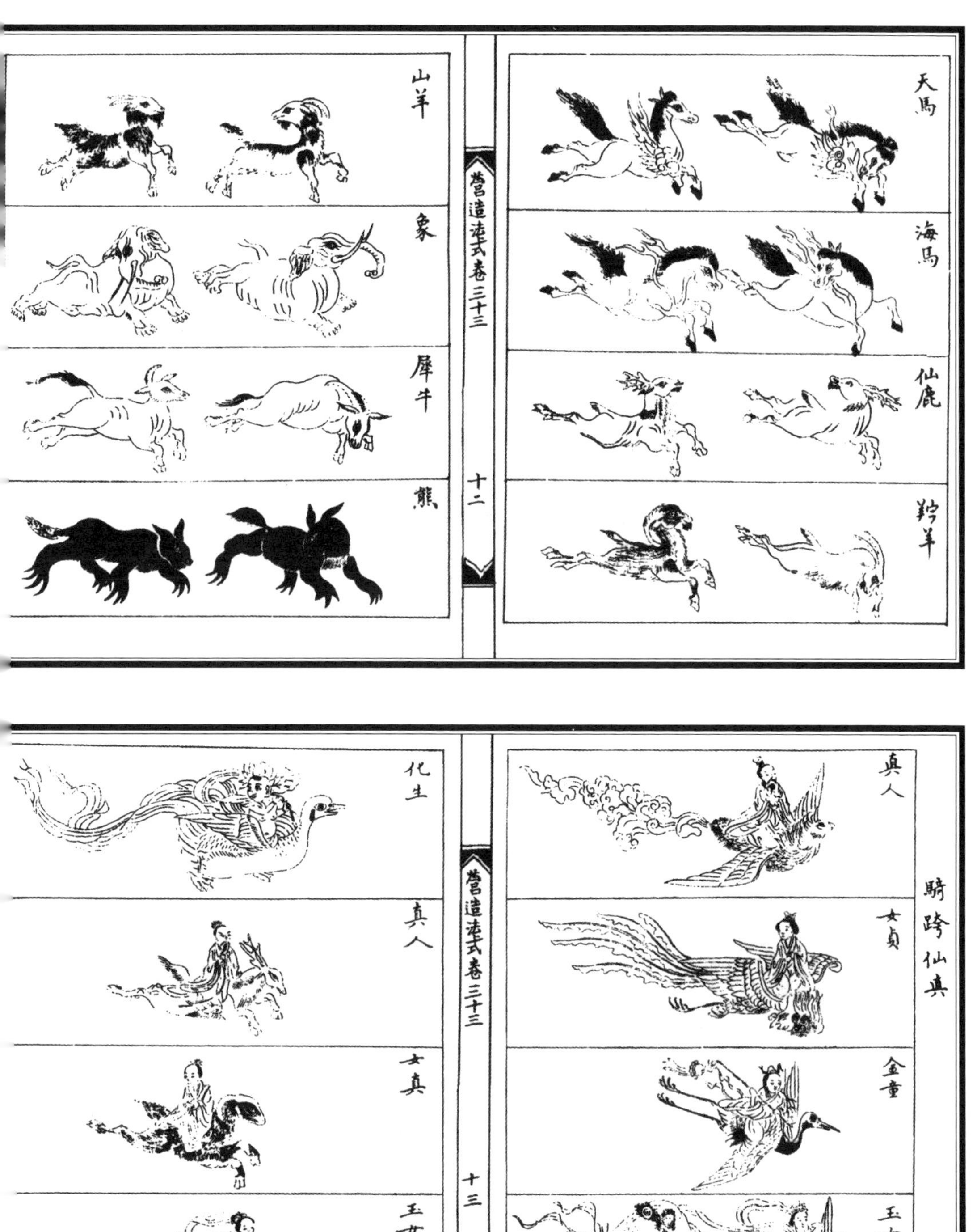
天馬
海馬
仙鹿
羚羊
營造法式卷三十三
十二
山羊
象
犀牛
熊
騎跨仙真
真人
女真
金童
玉女
營造法式卷三十三
十三
化生
真人
女真
玉女

營造法式卷三十三 十四

拂菻

獠蠻

化生

營造法式卷三十三 十五

豹腳

合蟬燕尾

疊暈

單卷如意頭

劍環

雲頭

三卷如意頭

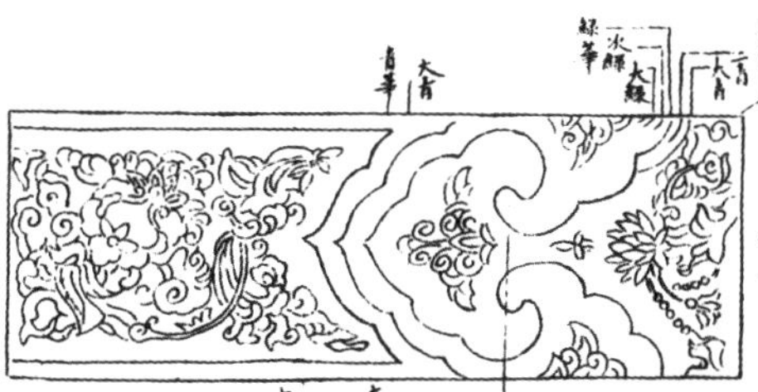

簇三

牙脚

營造法式卷三十三　十六

海石榴華內間六入圜華科

寶牙華內間柿蔕科

枝條卷成海石榴華內間四入圜華科

五彩平棊第六

其華子暈心墨者係青，暈外緣者係緑，渾黑者係紅，並係碾玉裝，不暈墨者係五彩裝造。

青

緑

營造法式卷三十三　十七

營造法式卷三十三 十八

緑

紅

營造法式卷三十三 十九

寳相華

大青 青華 白 緑華 大緑

牡丹華

大緑 緑華 白 青華 大青

蓮荷華

白 大青 大緑 緑華 青華 大青

海石榴華

緑華 大緑 白 青華 大青

寳牙華

青 大緑 緑華 白 青華 大青

太平華

大緑 緑華 白 青華 大青

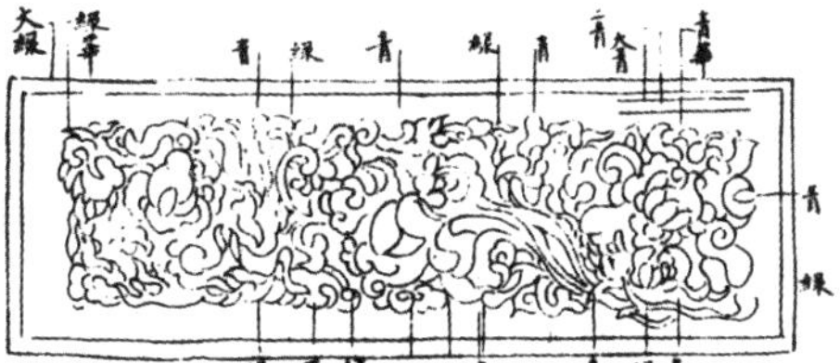

營造法式卷三十三　二十

海石榴華枝條卷成

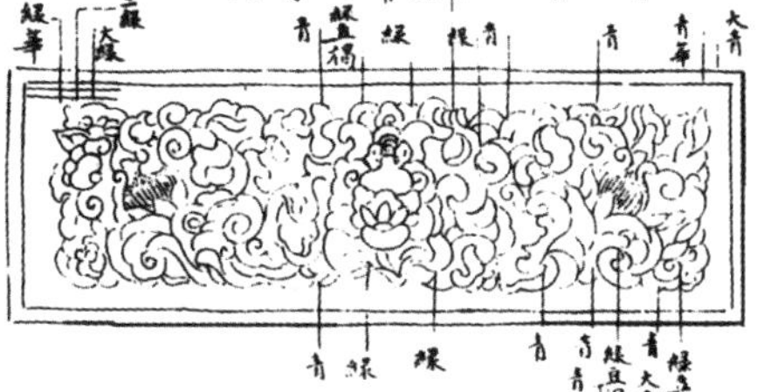

海石榴華鋪地卷成

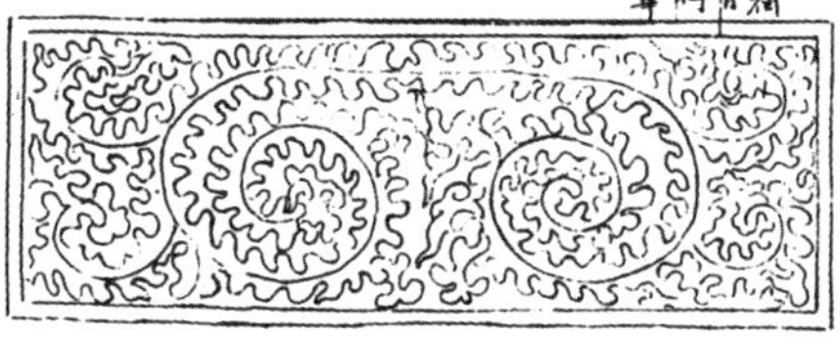

龍牙蕙草

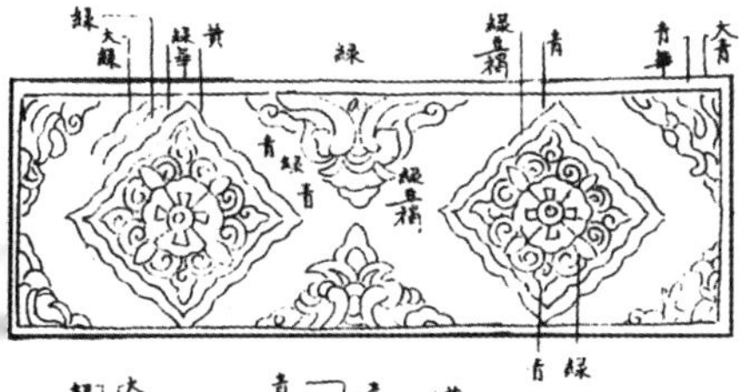

圈頭合子

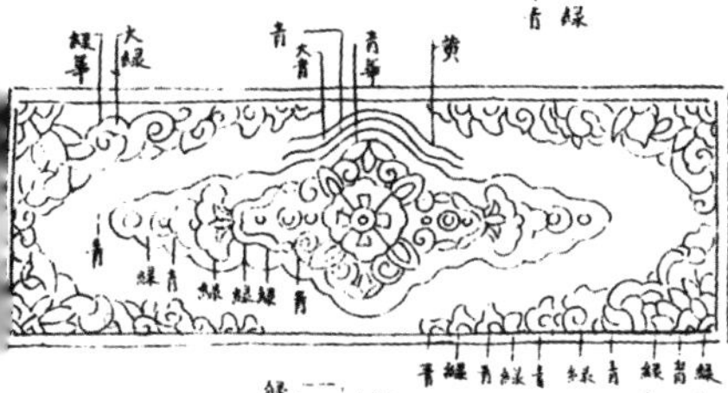

梭身合暈

連珠合暈

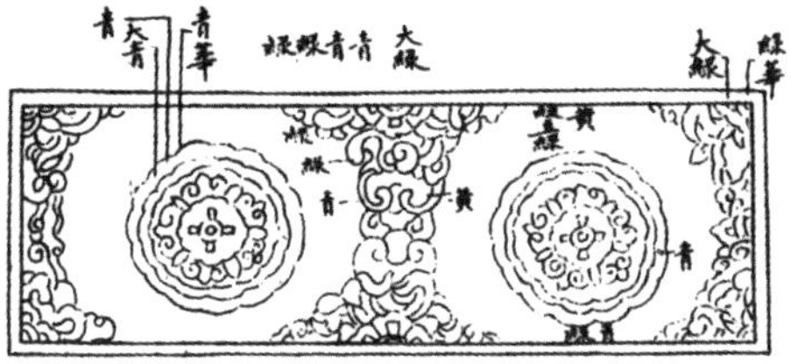

營造法式卷三十三　二十一

團科寶照

團科柿蒂

圈頭柿蒂

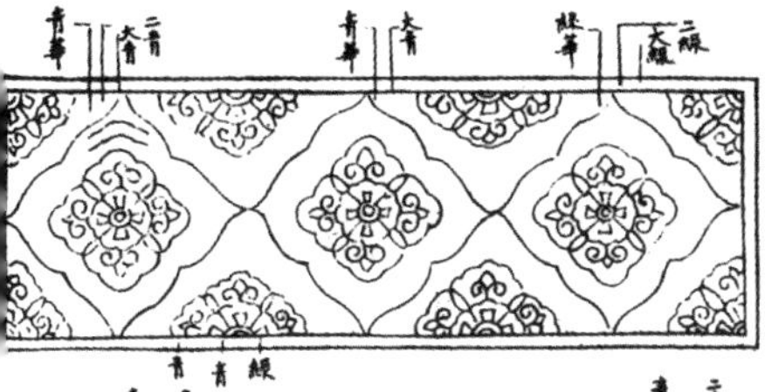

方勝合羅

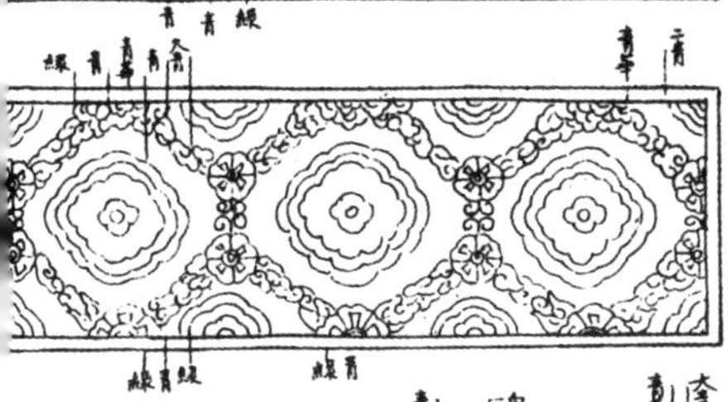

瑪瑙地

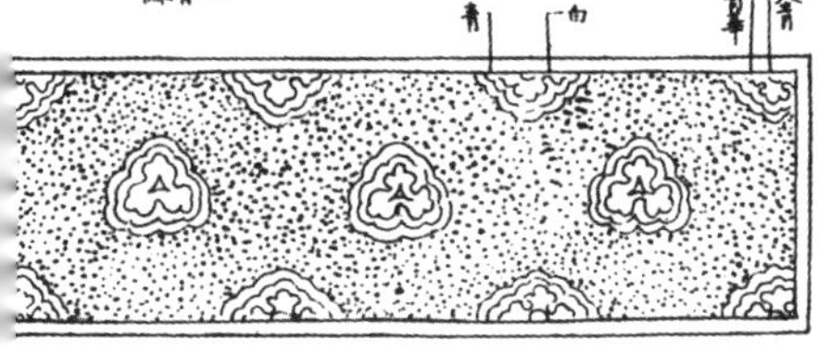

胡瑪瑙

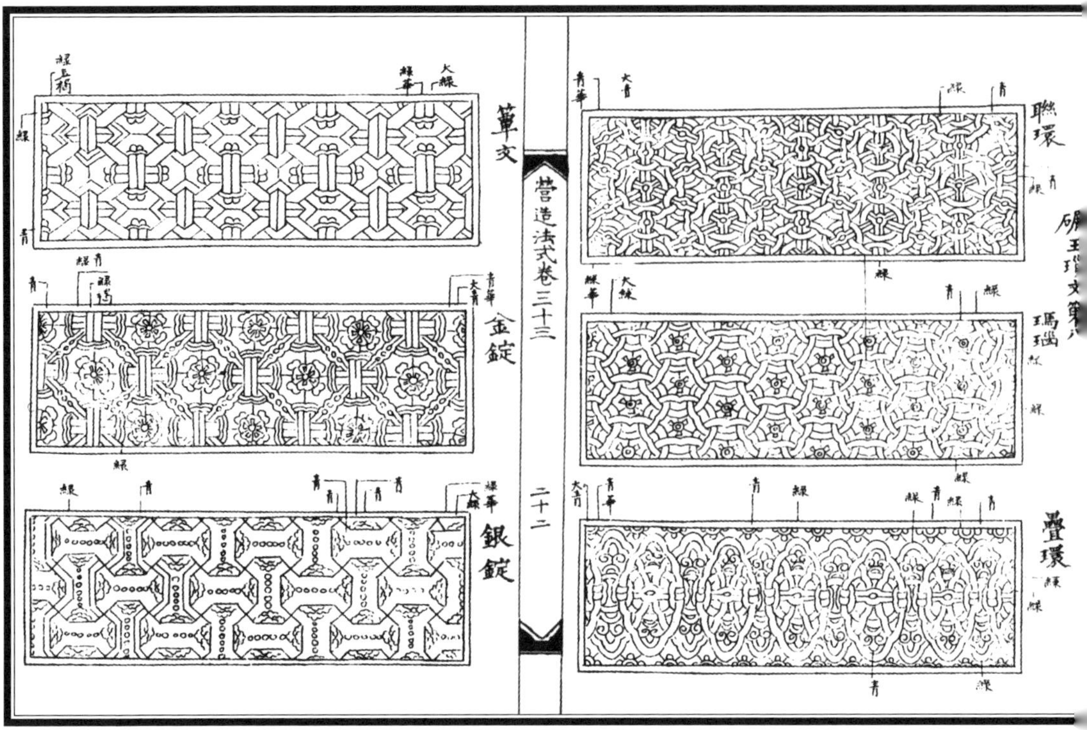

營造法式卷三十三　二十二

聯環

瑪瑙

疊環

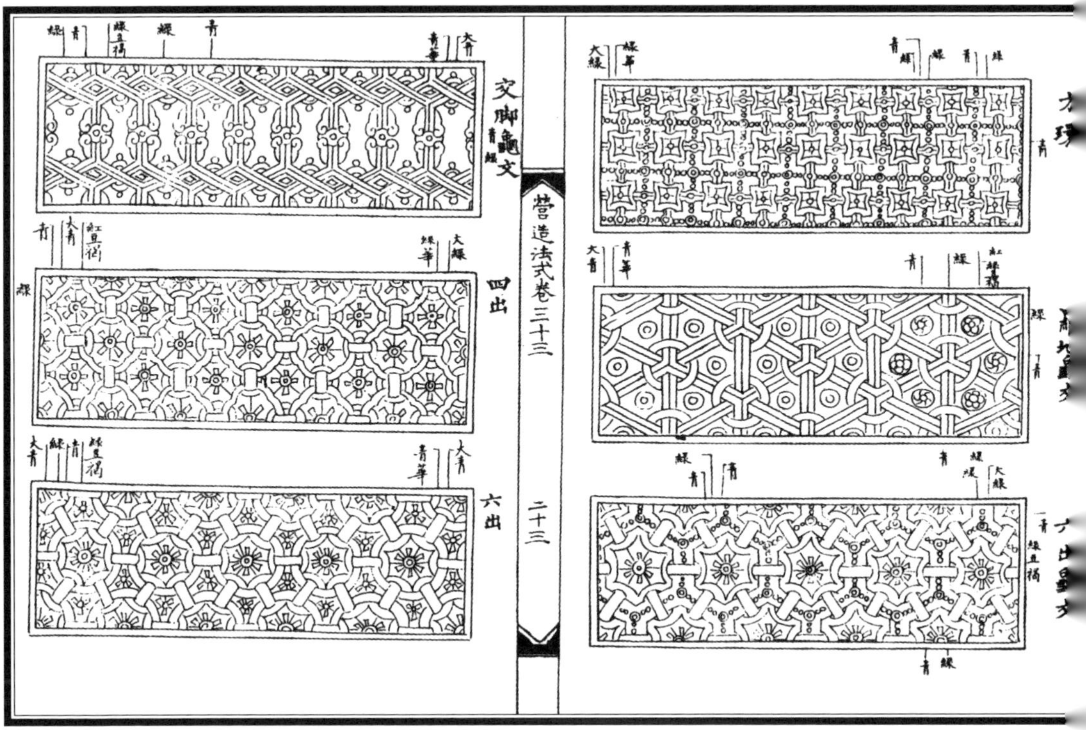

簟文

金鋌

銀鋌

營造法式卷三十三　二十三

文脚龜文

四出

六出

碾玉額柱第九

豹脚

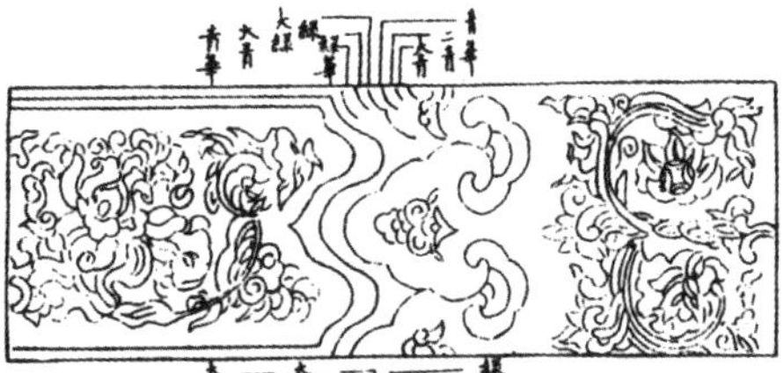

合蟬燕尾

疊暈

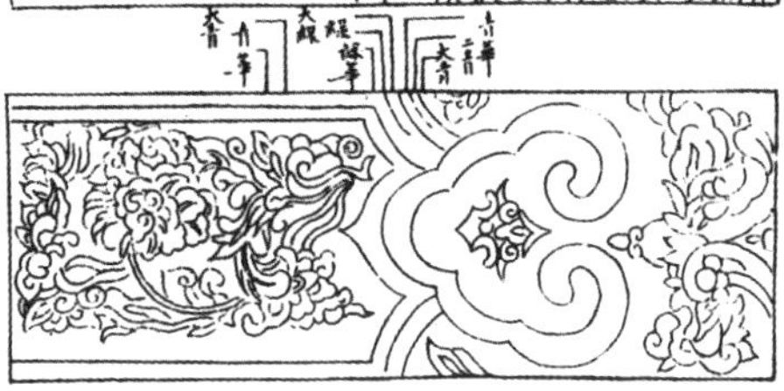

單卷如意頭

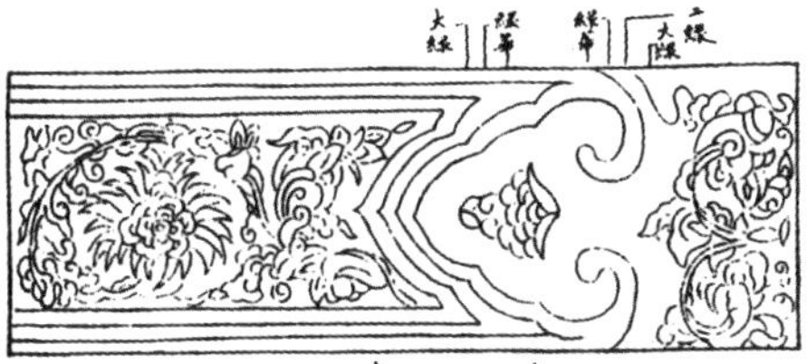

劍環

雲頭

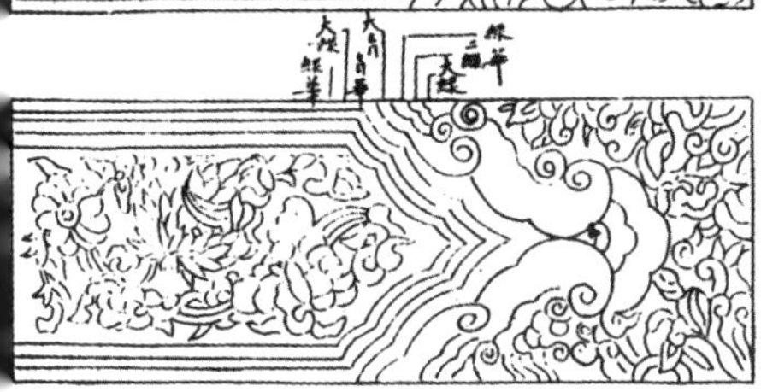

三卷如意頭

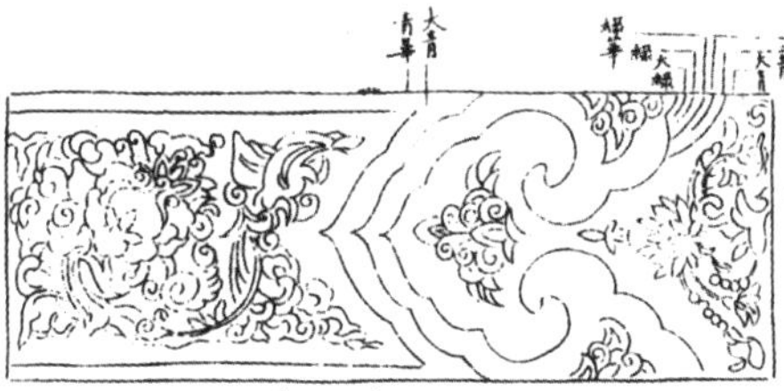

簇三

牙脚

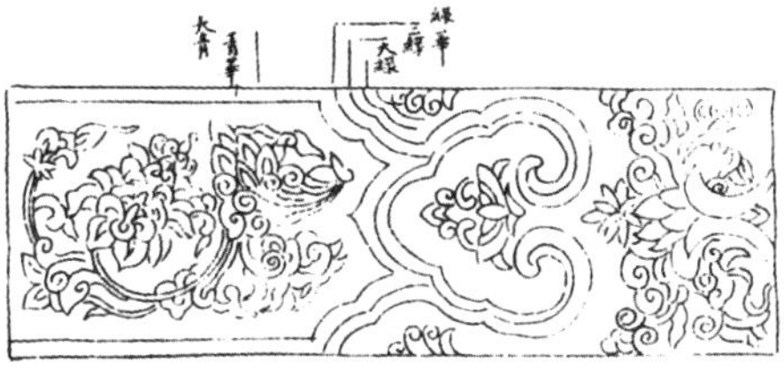

海石榴華内間六入圜華科

寶牙華内間柿蔕科

枝條卷成海石榴華内間四入圜華科

碾玉平棊第十 其華子暈心墨者係青暈外緣者係綠並係碾玉裝其不暈者白上描檀疊青綠

卷第三十四

營造法式卷第三十四

通直郎管修蓋皇弟外第專一提舉修蓋班直諸軍營房等臣李誡奉

聖旨編修

彩畫作制度圖樣下

五彩遍裝名件第十一

碾玉裝名件第十二

青綠疊暈棱間裝名件第十三

三暈帶紅棱間裝名件第十四

兩暈棱間內畫松文裝名件第十五

解綠結華裝名件第十六 解綠裝附

刷飾制度圖樣

丹粉刷飾名件第一

黃土刷飾名件第二

彩畫作制度圖樣下

五彩遍裝名件第十一

五鋪作枓栱

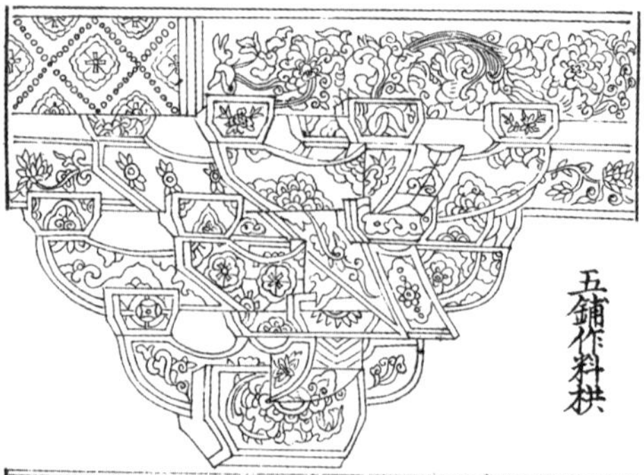

四鋪作枓栱

營造法式卷三十四　二

梁椽　飛子

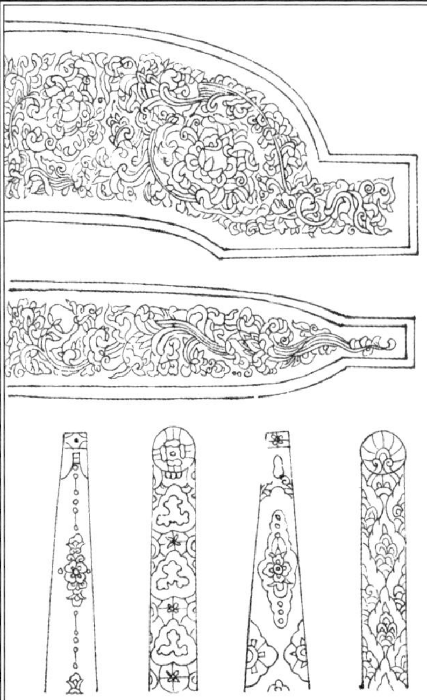

五彩裝淨地錦

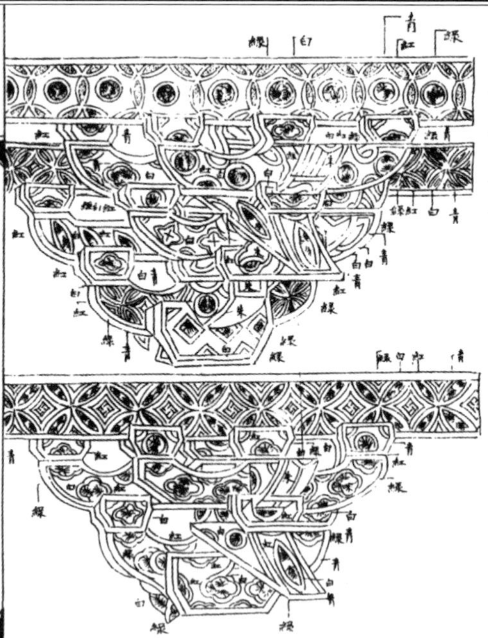

營造法式卷三十四　三

梁椽飛子

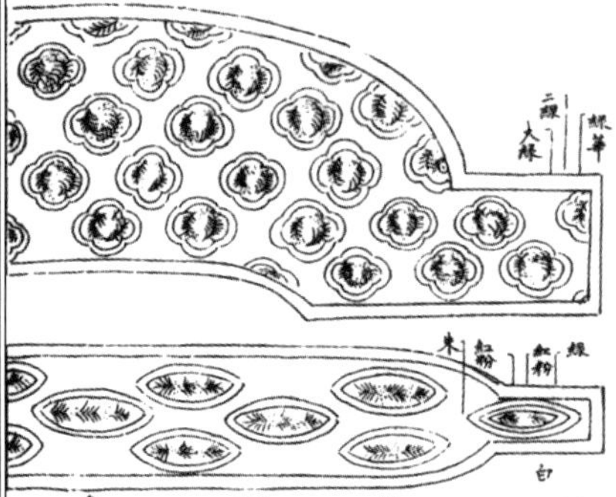

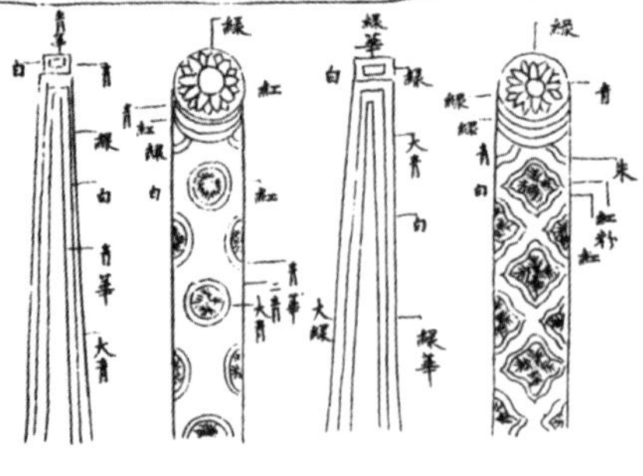

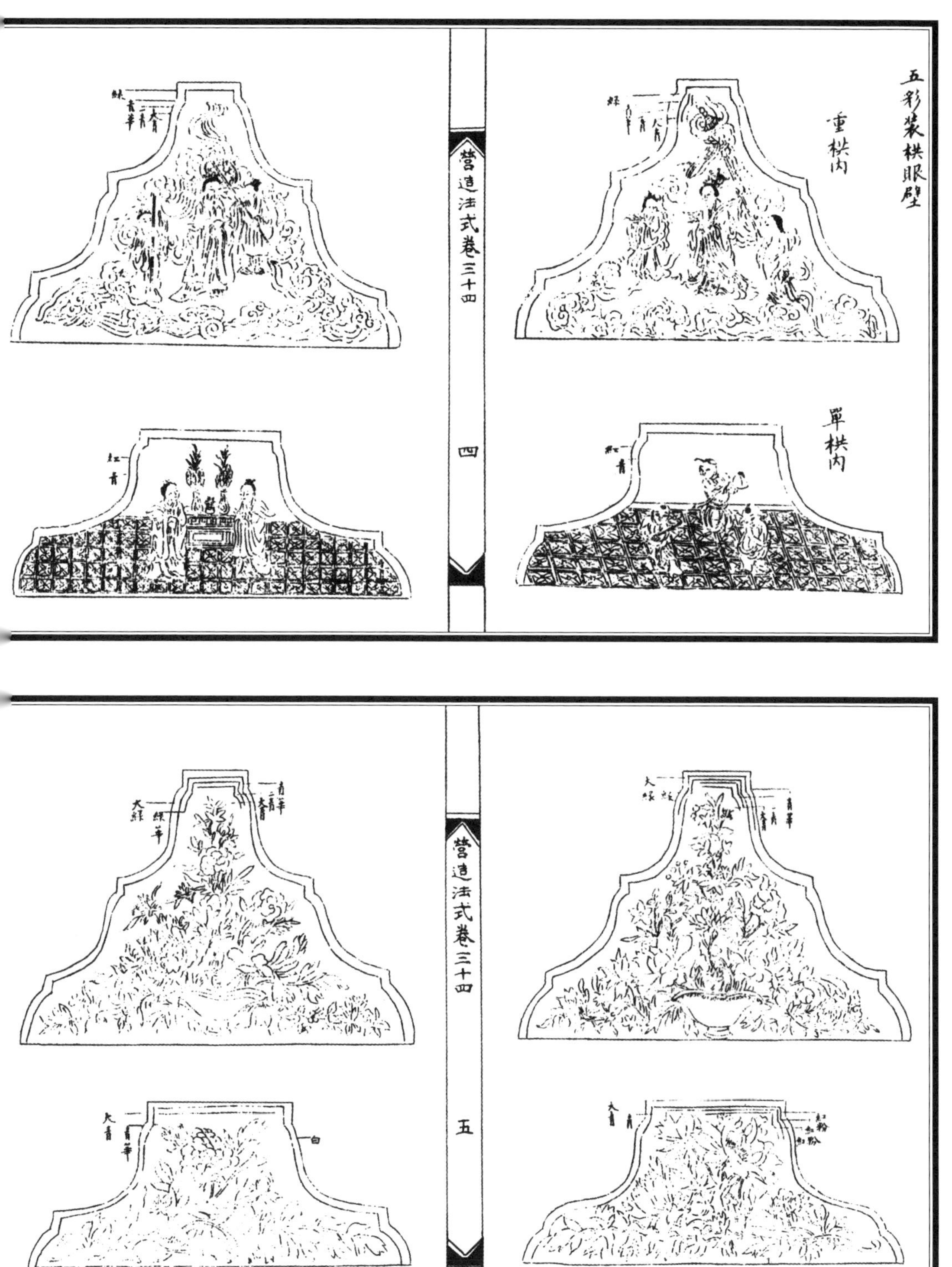
五彩裝栱眼壁
重栱内
單栱内
營造法式卷三十四
四
營造法式卷三十四
五

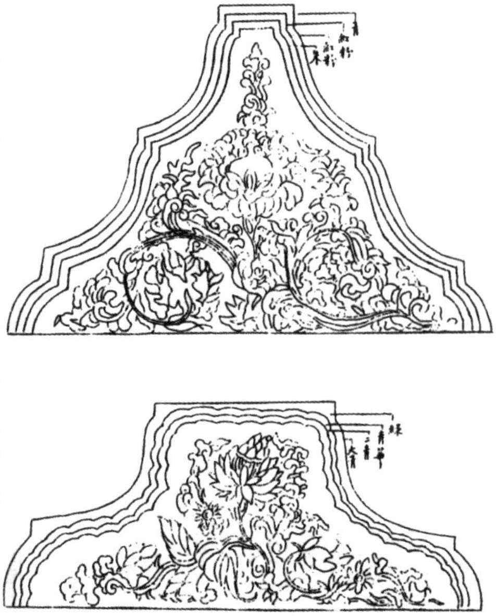

營造法式卷三十四

六

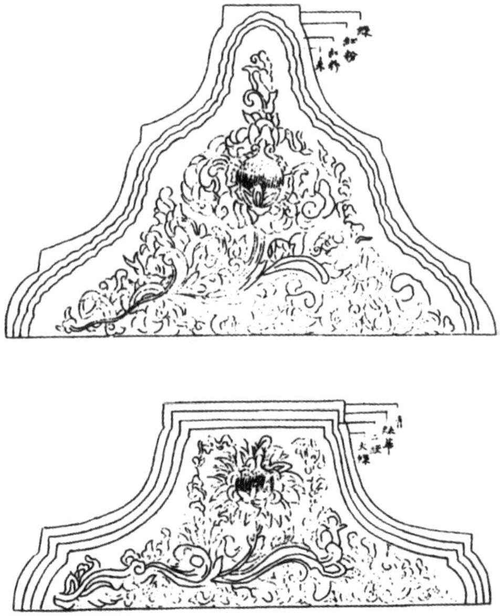

青 紅粉 紅粉 朱

碌 紅粉 紅粉 朱

綠 青華 二青 大青

青 綠華 二綠 大綠

梁椽飛子

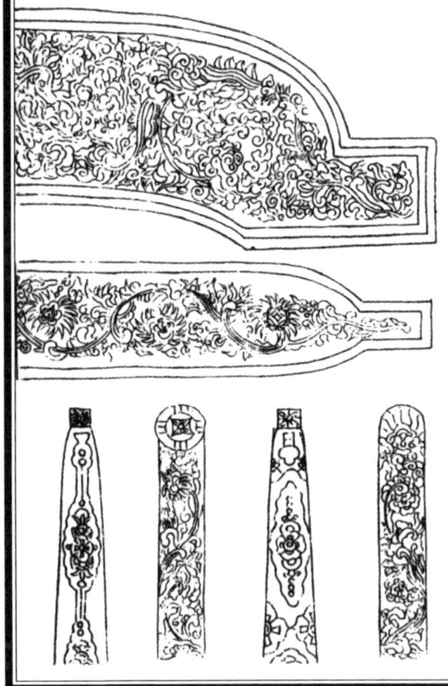

營造法式卷三十四

七

碾玉裝名件

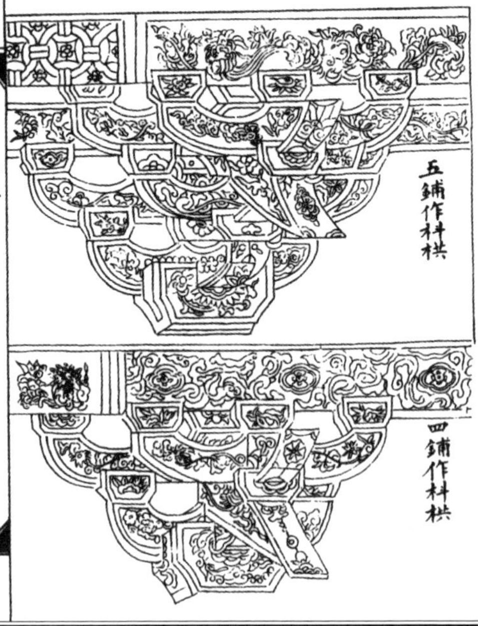

五鋪作枓栱

四鋪作枓栱

碾玉裝栱眼壁

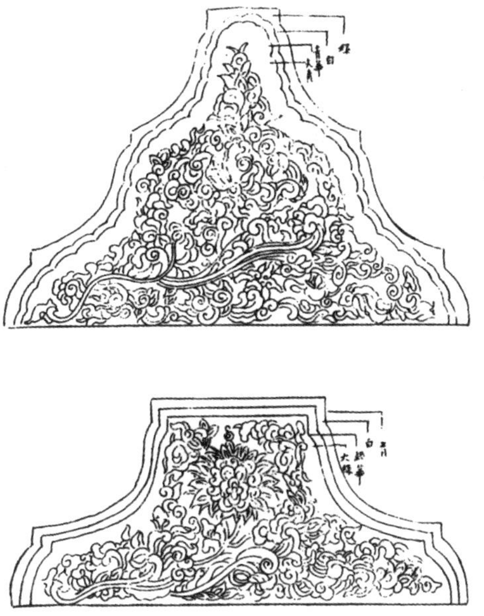

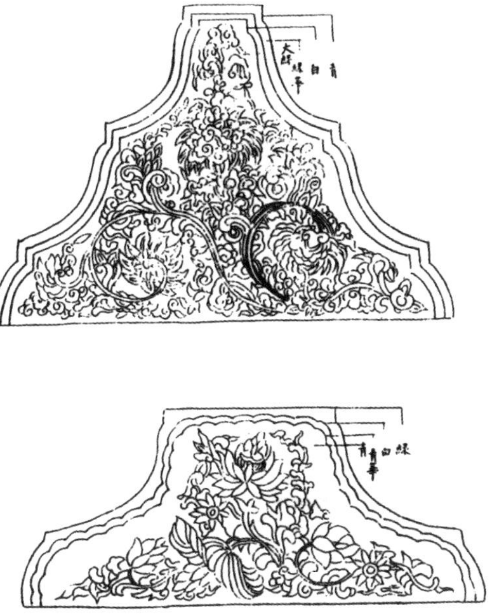

青綠疊暈棱間裝名件第十三

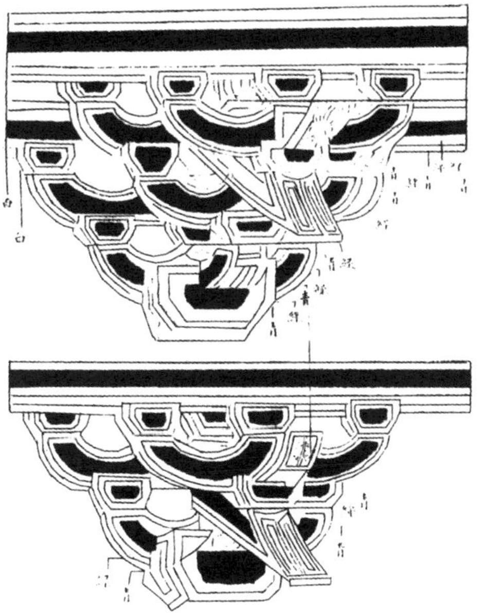

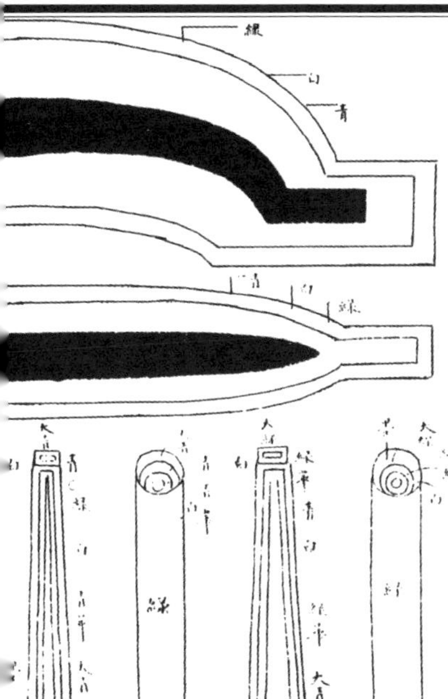

青綠疊暈棱間裝

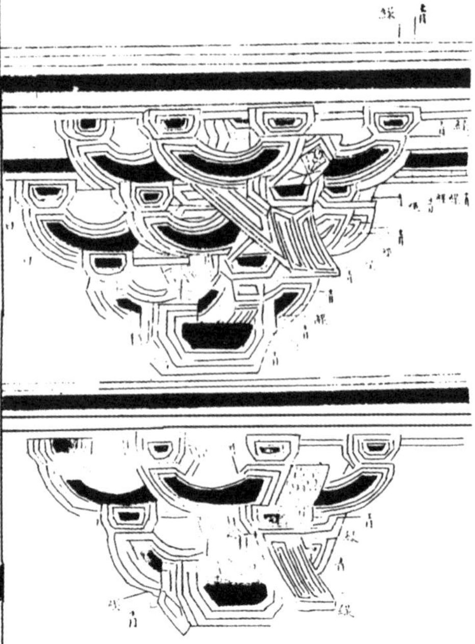

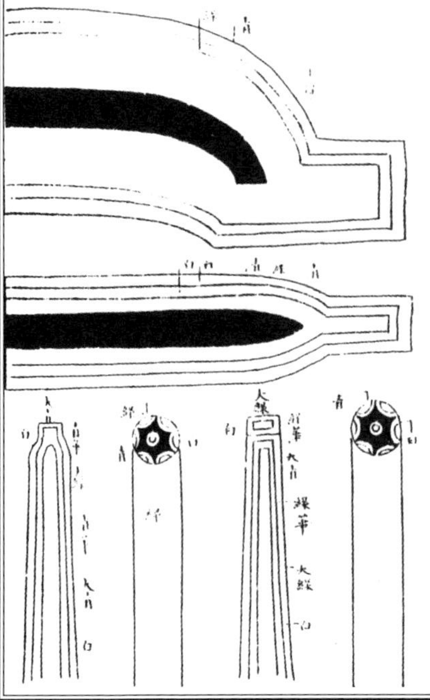

三暈帶紅棱間裝名件第十四

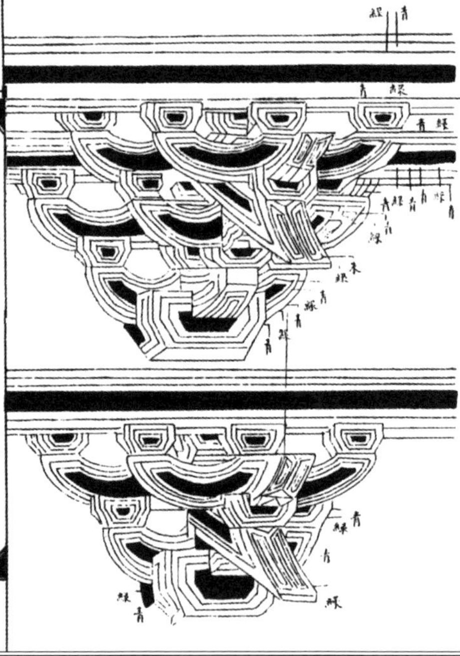

梁椽飛子

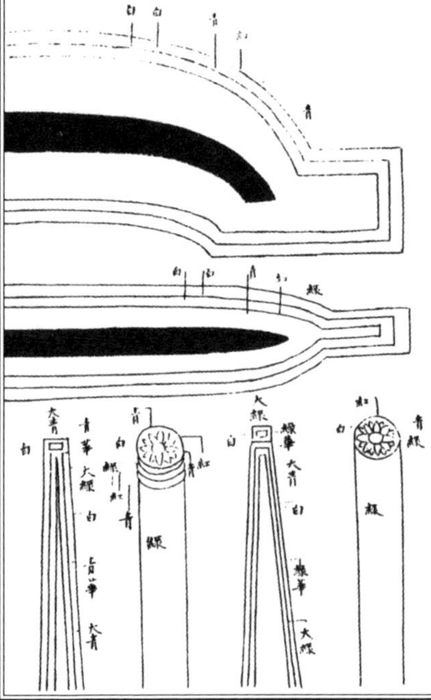

兩暈棱間内畫松文裝名件第十五

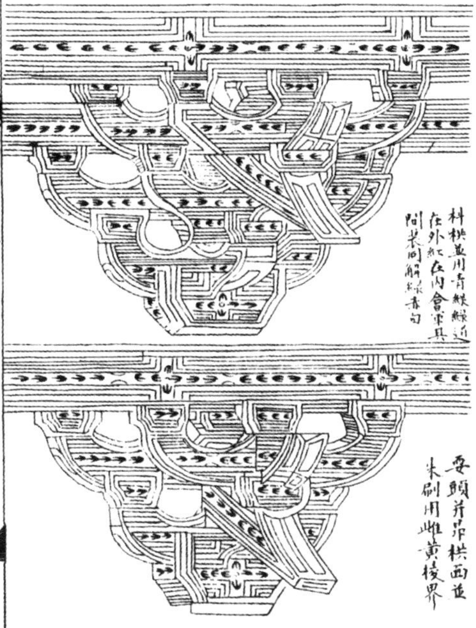

枓栱並用青緑通在外紅在内合暈其間裝間解緑青句

耍頭幷昂栱面並朱刷用雌黄棱界

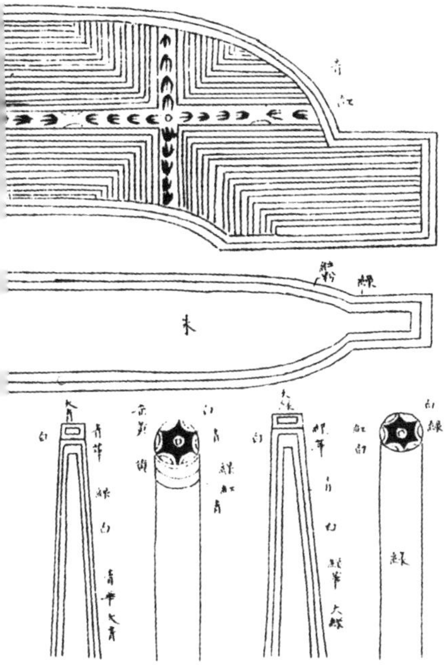

解緑結華裝名件第十六 解緑裝附

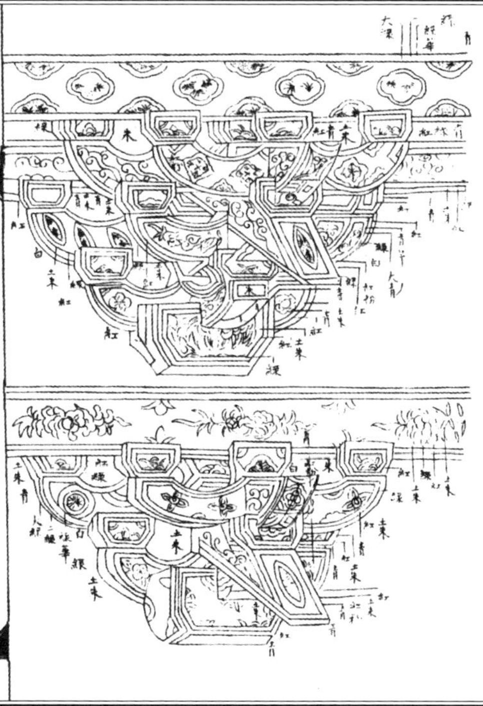

梁椽飛子

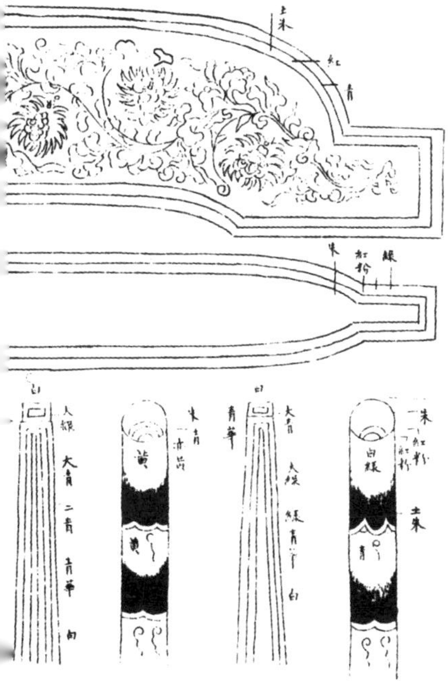

解緑裝名件

凡青緑疊暈並大青在外青華在中粉青在內

凡緑緑並大緑在外緑華在中粉緑在內

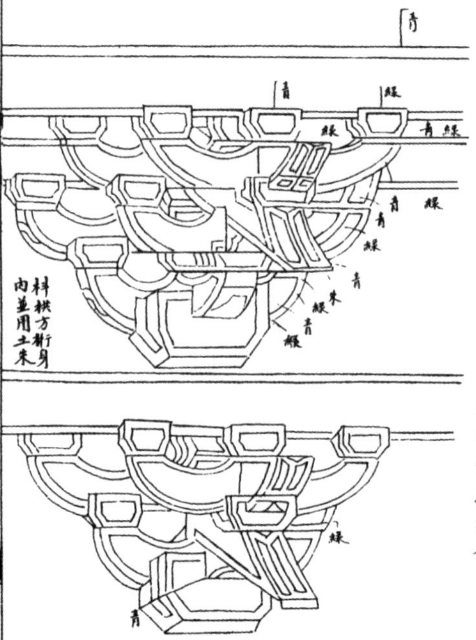

枓栱方桁身內並用土朱

梁椽飛子

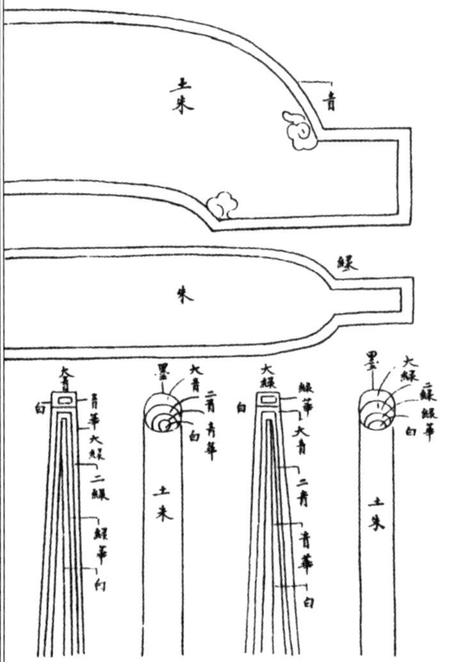

土朱

青

緑

朱

栱眼壁內畫單枝條華

重栱內

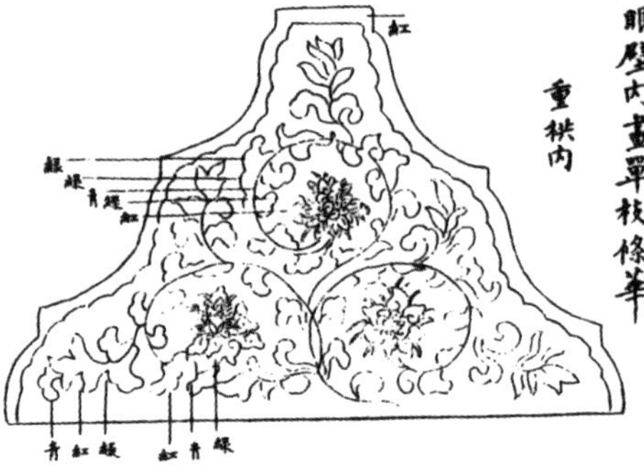

單栱內

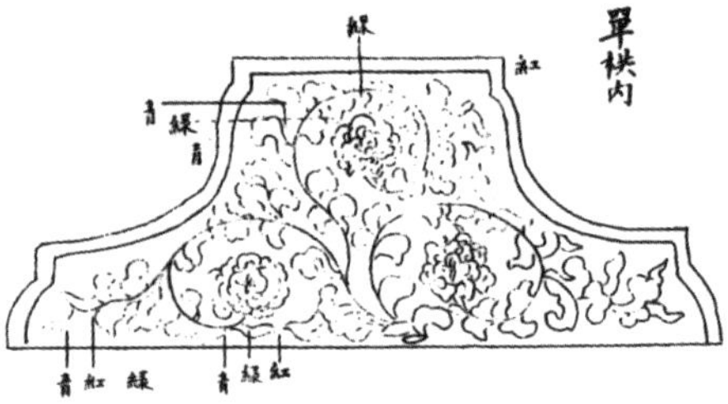

重栱內

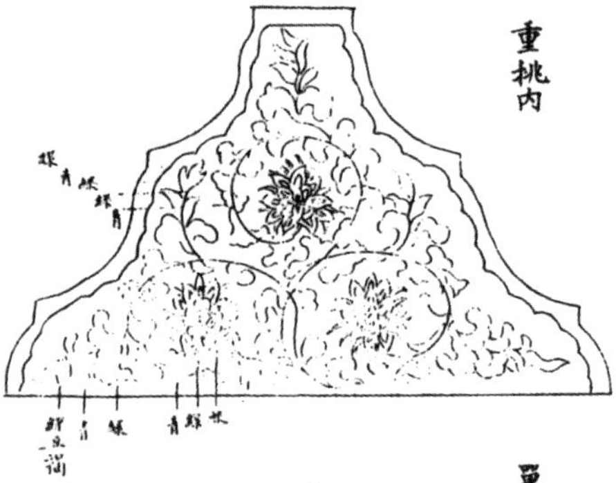

單栱內

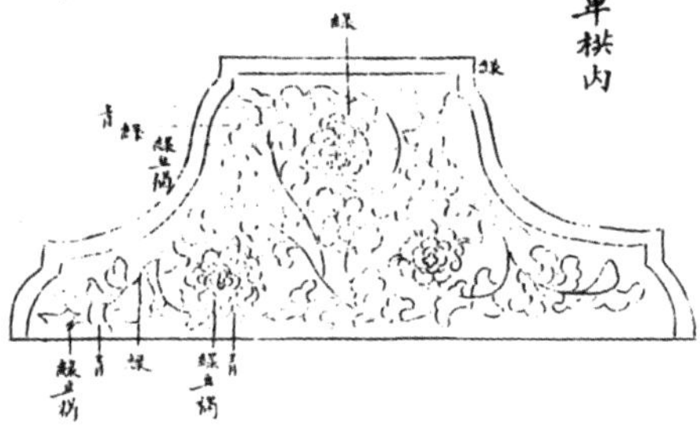

青綠疊暈棱間裝栱眼壁內影作

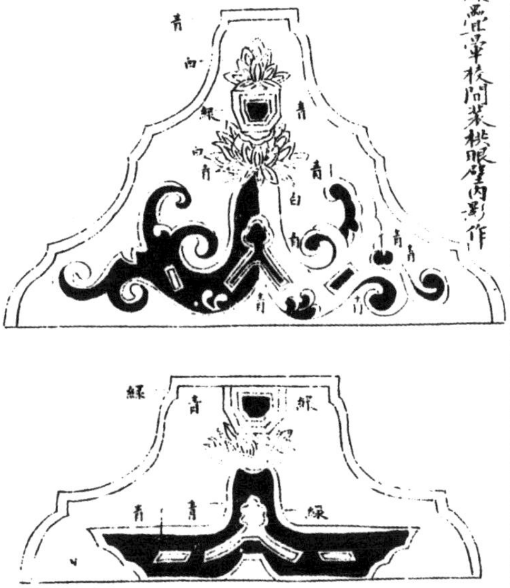

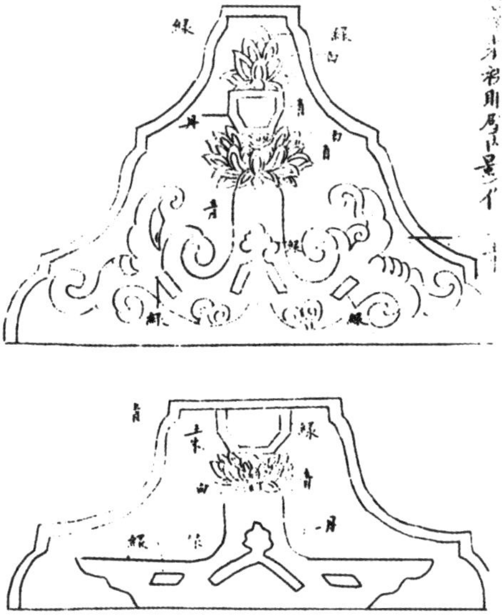

刷飾制度圖樣

丹粉刷飾名件第一

枓栱方桁緣道並用白身內地並用土朱

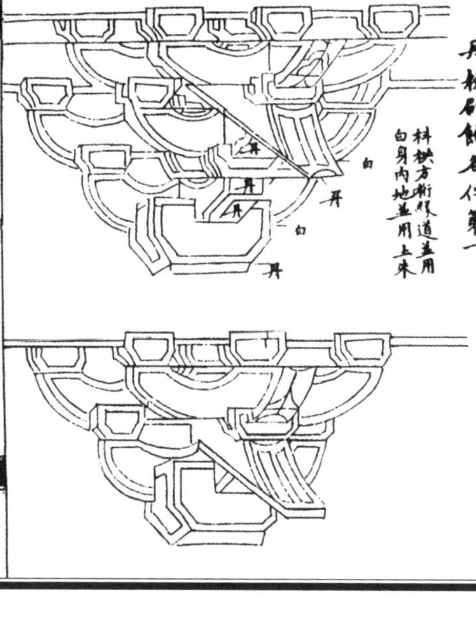

梁椽飛子

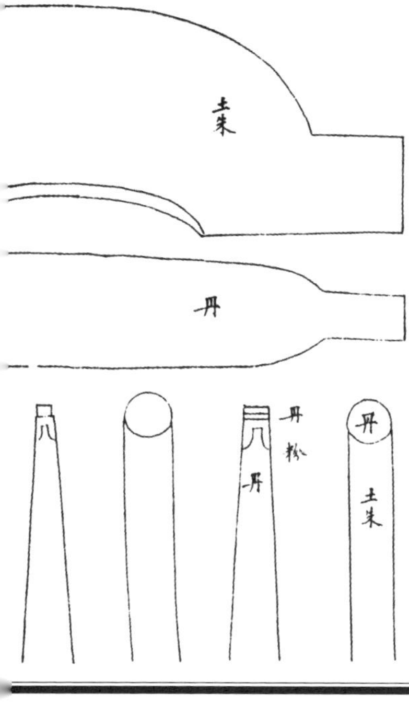

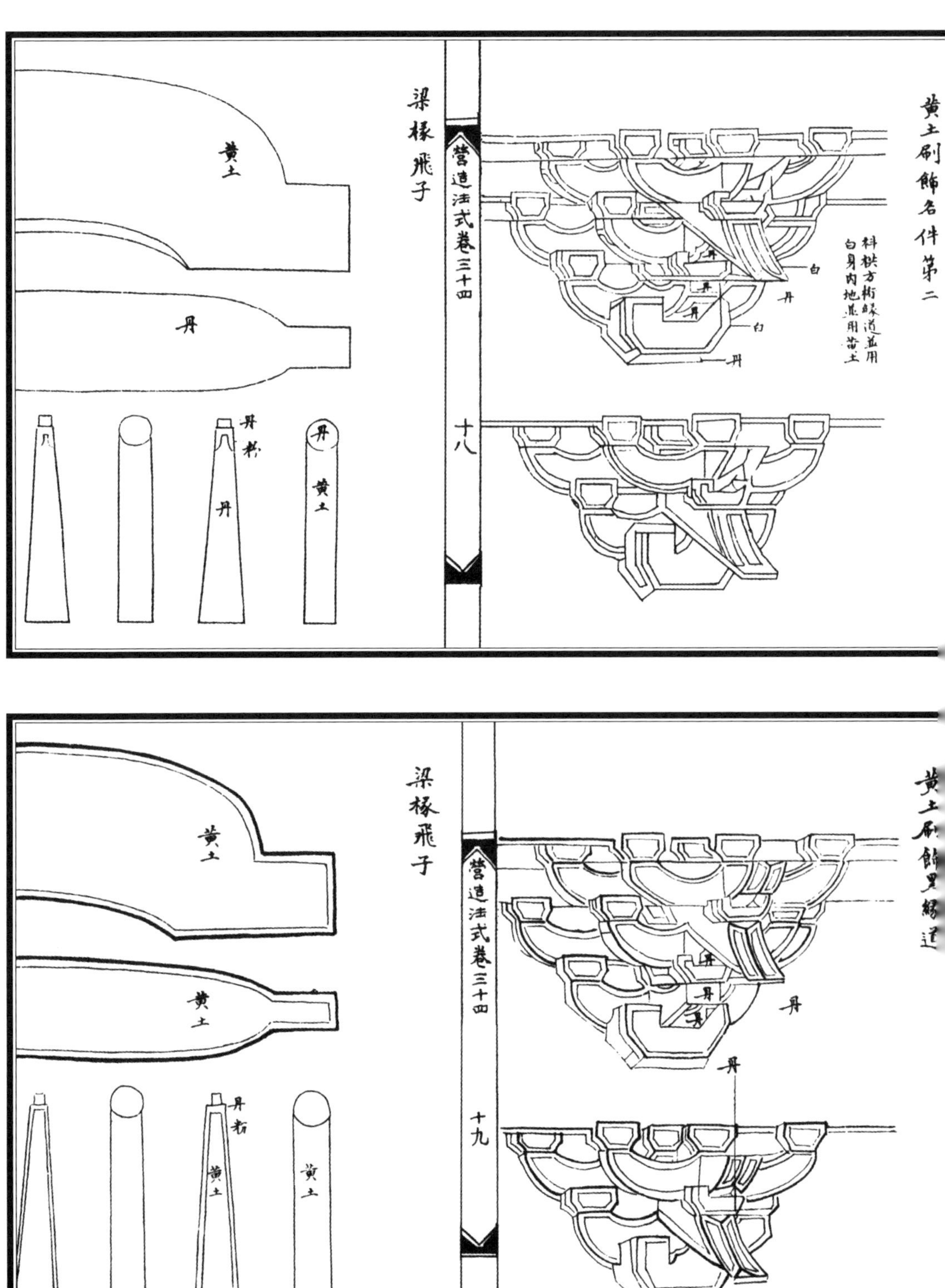
黄土刷飾名件第二
枓栱方桁緣道並用白身内地並用黄土
白
丹
白
丹
丹
丹
營造法式卷三十四
十八
梁椽飛子
黄土
丹
丹粉
丹
丹
黄土
黄土刷飾單緣道
丹
丹
丹
丹
營造法式卷三十四
十九
梁椽飛子
黄土
黄土
丹粉
黄土
黄土

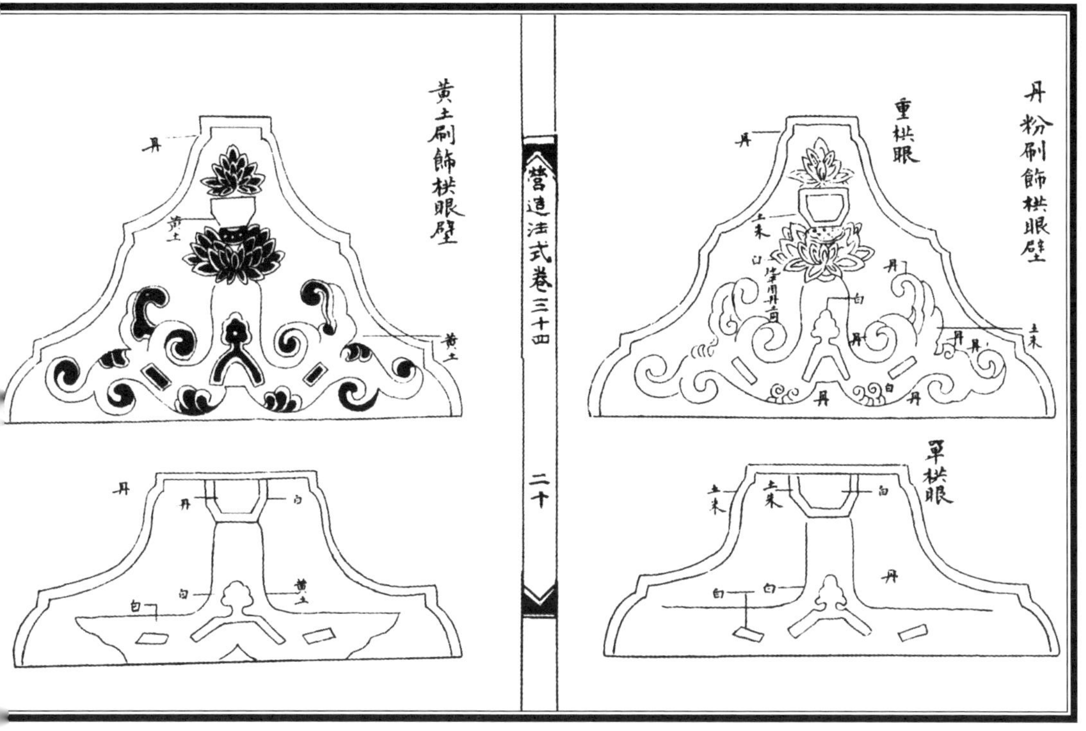
丹粉刷飾栱眼壁
重栱眼
單栱眼
黄土刷飾栱眼壁
營造法式卷三十四
二十
丹
白
土朱
黄土

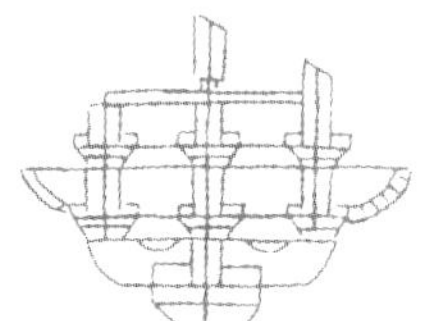

拾贰

权衡尺寸表

石作制度权衡尺寸表

（一）石作重台钩阑权衡尺寸表

件	尺寸（宋营造尺）〈尺〉		比　例	附　注
阑	高	4.00	100	
柱	高 径	5.20 1.00	130	
杖	方	0.32	8	长随片
栱	长 广 厚	1.08 0.54 0.32	27 13.5 8	
项	径 高	0.64	16	
唇	广 厚	0.72 0.24	18 6	长随片
华版	广 厚	0.76 0.12	19 3	长随蜀柱内
柱	长 广 厚	0.76 0.80 0.40	19 20 10	
腰	广 厚	0.40 0.36	10 9	长随片
华版	广 长	0.60 0.54	15 13.5	厚同大华版
霞	长	2.06	65	广、厚同小华版
栿	广 厚	0.72 0.64	18 16	长同寻杖

（二）石作单钩阑权衡尺寸表

名　件	尺寸（宋营造尺）〈尺〉		比　例	附　注
钩　阑	高	3.50	100	
望　柱	高 径	4.55 1.00	130	
寻　杖	广 厚	0.35 0.35	10 10	长随片
云　栱	长 广 厚	1.12 0.56 0.35	32 16 10	
撮　项	高 厚	0.90 0.56	26 16	
盆　唇	广 厚	0.21 0.70	6 20	
万字版	广 厚	1.19 0.105	34 3	
蜀　柱	高 广 厚	1.19 0.70 0.35	34 20 10	
地　栿	广 厚	0.35 0.63	10 18	

大木作制度权衡尺寸表

（一）材栔等第及尺寸表

<table>
<tr><th rowspan="2">等　第</th><th rowspan="2">使用范围</th><th colspan="2">材的尺寸（寸）</th><th rowspan="2">分°的大小〈寸〉</th><th colspan="2">栔的尺寸（寸）</th><th rowspan="2">附　注</th></tr>
<tr><th>高</th><th>宽</th><th>高</th><th>宽</th></tr>
<tr><td>一等材</td><td>殿身九至十一间用之；副阶、挟屋减殿身一等；廊屋减挟屋一等。</td><td>〈15 分°〉
9</td><td>〈10 分°〉
6</td><td>材宽 1/10
0.6</td><td>〈6 分°〉
3.6</td><td>〈4 分°〉
2.4</td><td rowspan="8">1. 材高 15 分°，宽 10 分°；
2. 分°高为材宽 1/10;
3. 材、栔的高度比为 3∶2;
4. 栔，高 6 分°，宽 4 分°；
5. 一般提到 × 材 × 栔，均指高度而言；
6. 表中的寸，均为宋营造寸。</td></tr>
<tr><td>二等材</td><td>殿身五间至七间用之。</td><td>8.25</td><td>5.5</td><td>0.55</td><td>3.3</td><td>2.2</td></tr>
<tr><td>三等材</td><td>殿身三间至五间用之；厅堂七间用之。</td><td>7.5</td><td>5</td><td>0.5</td><td>3.0</td><td>2.0</td></tr>
<tr><td>四等材</td><td>殿身三间，厅堂五间用之。</td><td>7.2</td><td>4.8</td><td>0.48</td><td>2.88</td><td>1.92</td></tr>
<tr><td>五等材</td><td>殿身小三间，厅堂大三间用之。</td><td>6.6</td><td>4.4</td><td>0.44</td><td>2.64</td><td>1.76</td></tr>
<tr><td>六等材</td><td>亭榭或小厅堂用之。</td><td>6</td><td>4</td><td>0.4</td><td>2.4</td><td>1.6</td></tr>
<tr><td>七等材</td><td>小殿及亭榭等用之。</td><td>5.25</td><td>3.5</td><td>0.35</td><td>2.1</td><td>1.4</td></tr>
<tr><td>八等材</td><td>殿内藻井，或小亭榭施铺作多者用之。</td><td>4.5</td><td>3</td><td>0.3</td><td>1.8</td><td>1.2</td></tr>
</table>

（二）各类栱的材分°及尺寸表

等第 名称		材分°	尺寸〈宋营造尺〉								附注
			一等材	二等材	三等材	四等材	五等材	六等材	七等材	八等材	
华栱	长 广（高） 厚（宽）	7~2 分° 21 分° 10 分°	4.32 1.26 〈0.9+ 0.36〉 0.60	3.96 1.16 〈0.83+ 0.33〉 0.50	3.60 1.05 〈0.75+ 0.3〉 0.50	3.46 1.01 〈0.72+ 0.29〉 0.48	3.17 0.92 〈0.66+ 0.26〉 0.44	2.88 0.84 〈0.60+ 0.24〉 0.40	2.52 0.74 〈0.53+ 0.21〉 0.35	2.16 0.63 〈0.45+ 0.18〉 0.30	足材栱
骑槽檐栱											其长随所出之跳加之，广厚同华栱
丁头栱	长	33 分° 卯长： 6~7 分°	1.98 〈卯长除外〉	1.82	1.65	1.58	1.45	1.32	1.16	0.99	广厚同华栱入柱用双卯
泥道栱	长 广（高） 厚（宽）	62 分° 15 分° 10 分°	3.72 0.90 0.60	3.41 0.83 0.55	3.10 0.75 0.50	2.98 0.72 0.48	2.73 0.66 0.44	2.48 0.60 0.40	2.17 0.53 0.35	1.86 0.45 0.30	单材栱
瓜子栱	长 广（高） 厚（宽）	62 分° 15 分° 10 分°	3.72 0.90 0.60	3.41 0.83 0.55	3.10 0.75 0.50	2.98 0.72 0.48	2.73 0.66 0.44	2.48 0.60 0.40	2.17 0.53 0.35	1.86 0.45 0.30	单材栱
令栱	长 广（高） 厚（宽）	72 分° 15 分° 10 分°	4.32 0.90 0.60	3.96 0.83 0.55	3.60 0.75 0.50	3.46 0.72 0.48	3.17 0.66 0.44	2.88 0.60 0.40	2.52 0.53 0.35	2.16 0.45 0.30	单材栱
足材令栱	广（高） 厚（宽）	21 分° 〈15+6〉 10 分°	1.26 0.60	1.16 0.55	1.05 0.50	1.01 0.48	0.92 0.44	0.84 0.40	0.74 0.35	0.63 0.30	长同令栱里跳骑栿用
慢栱	长 广（高） 厚（宽）	92 分° 15 分° 10 分°	5.52 0.90 0.60	5.06 0.83 0.55	4.60 0.75 0.50	4.42 0.72 0.48	4.05 0.66 0.44	3.68 0.60 0.40	3.22 0.53 0.35	2.76 0.45 0.30	单材栱
足材慢栱	广（高） 厚（宽）	21 分° 〈15+6〉 10 分°	1.26 0.60	1.16 0.55	1.05 0.50	1.01 0.48	0.92 0.44	0.84 0.40	0.74 0.35	0.63 0.30	长同慢栱骑栿或转角铺作中用

（三）各类斗的材分°及尺寸表

名称 \ 等第		材分°	尺寸〈宋营造尺〉								附注
			一等材	二等材	三等材	四等材	五等材	六等材	七等材	八等材	
栌斗	长	32分°	1.92	1.76	1.60	1.54	1.41	1.28	1.12	0.96	长：斗的迎面宽度〈立面〉宽：广
	广（宽）	32分°	1.92	1.76	1.60	1.54	1.41	1.28	1.12	0.96	
	高	20分°	1.20	1.10	1.0	0.96	0.88	0.80	0.70	0.60	
角圆栌斗	面径	36分°	2.16	1.98	1.80	1.73	1.58	1.44	1.26	1.08	高同栌斗
	底径	28分°	1.68	1.54	1.40	1.34	1.23	1.12	0.98	0.84	
角方栌斗	长	36分°	2.16	1.98	1.80	1.73	1.58	1.44	1.26	1.08	高同栌斗
	广（宽）	36分°	2.16	1.98	1.80	1.73	1.58	1.44	1.26	1.08	
交互斗	长	18分°	1.08	0.99	0.90	0.86	0.79	0.72	0.63	0.54	
	广（宽）	16分°	0.96	0.88	0.80	0.77	0.70	0.64	0.56	0.48	
	高	10分°	0.60	0.55	0.50	0.48	0.44	0.40	0.35	0.30	
交栿斗	长	24分°	1.44	1.32	1.20	1.15	1.06	0.96	0.84	0.72	屋内梁栿下所用的交互斗
	广（宽）	18分°	1.08	0.99	0.90	0.86	0.79	0.72	0.63	0.54	
	高	$12\frac{1}{2}$分°	0.75	0.69	0.63	0.60	0.55	0.50	0.44	0.37	
齐心斗	长	16分°	0.96	0.88	0.80	0.77	0.70	0.64	0.56	0.48	
	广（高）	16分°	0.96	0.88	0.80	0.77	0.70	0.64	0.56	0.48	
	高	10分°	0.60	0.55	0.50	0.48	0.44	0.40	0.35	0.30	
平盘斗	长	16分°	0.96	0.88	0.80	0.77	0.70	0.64	0.56	0.48	
	广（宽）	16分°	0.96	0.88	0.80	0.77	0.70	0.64	0.56	0.48	
	高	6分°	0.36	0.33	0.30	0.29	0.26	0.24	0.21	0.18	
散斗	长	16分°	0.96	0.88	0.80	0.77	0.70	0.64	0.56	0.48	
	广（宽）	14分°	0.84	0.77	0.70	0.67	0.62	0.56	0.49	0.42	
	高	10分°	0.60	0.55	0.50	0.48	0.44	0.40	0.35	0.30	

（四）斗的各部分材分°表

部位 斗名	耳		平		欹		底四面各杀（分°）	欹䫜（分°）	斗口	
	高（分°）	高／总高	高（分°）	高／总高	高（分°）	高／总高			宽（分°）	深（分°）
栌斗	8	$\frac{2}{5}$	4	$\frac{1}{5}$	8	$\frac{2}{5}$	4	1	10	8
角圆栌斗	8	$\frac{2}{5}$	4	$\frac{1}{5}$	8	$\frac{2}{5}$	4	1	10	8
角方栌斗	8	$\frac{2}{5}$	4	$\frac{1}{5}$	8	$\frac{2}{5}$	4	1	10	8
交互斗	4	$\frac{2}{5}$	2	$\frac{1}{5}$	4	$\frac{2}{5}$	2	$\frac{1}{2}$	10	4
交栿斗	5	$\frac{2}{5}$	2.5	$\frac{1}{5}$	5	$\frac{2}{5}$	2	$\frac{1}{2}$	量栿材而定	5
齐心斗	4	$\frac{2}{5}$	2	$\frac{1}{5}$	4	$\frac{2}{5}$	2	$\frac{1}{2}$	10	4
平盘斗	无耳	无耳	2	$\frac{1}{3}$	4	$\frac{2}{3}$	2	$\frac{1}{2}$	无斗口	无斗口
散斗	4	$\frac{2}{5}$	2	$\frac{1}{5}$	4	$\frac{2}{5}$	2	$\frac{1}{2}$	10	4

（五）栱瓣卷杀形制表

名称 项目	华栱	泥道栱	瓜子栱	令栱	慢栱	骑槽檐栱	丁头栱
瓣数	4	4	4	5	4	4	4
瓣长〈分°〉	4	$3\frac{1}{2}$	4	4	3	4	4

（六）月梁形制表

项目 / 名称	梁背卷杀瓣数		梁背卷杀每瓣大小		两肩卷杀瓣数		梁首尾处理				下顱瓣数		下顱每瓣大小	
	梁首	梁尾	梁首	梁尾	梁首	梁尾	斜项长	下高	下顱	琴面	梁首	梁尾	梁首	梁尾
明栿	6	5	10 分°	10 分°	4	4	38 分°	21 分°	6 分°	2 分°	6	5	10 分°	10 分°
乳栿	6	5	10 分°	10 分°	4	4	38 分°	21 分°	6 分°	2 分°	6	5	10 分°	10 分°
平梁	4	4	10 分°	10 分°	4	4	38 分°	25 分°	4 分°	1 分°	4	4	10 分°	10 分°
劄牵	6	5	8 分°	8 分°	4	4	38 分°	15 分°	4 分°	1 分°	3	3	8 分°	8 分°

（七）月梁材分°及尺寸表

等级			殿阁月梁								厅堂月梁							
名称			梁栿			乳栿	劄牵		平梁		梁栿			乳栿	劄牵		平梁	
铺作等第			未规定	未规定	未规定	未规定	未规定	未规定	未规定	未规定	未规定	未规定	未规定	未规定	未规定	未规定	未规定	未规定
椽架范围			四椽栿	五椽栿	六椽栿	〈或三椽栿〉	出跳	不出跳	用于四至六椽栿上	用于八至十椽栿上	四椽栿	五椽栿	六椽栿	〈或三椽栿〉	出跳	不出跳	用于四至六椽栿上	用于六至八椽栿上
断面材分°	高	明栿草栿	50 分°	55 分°	60 分°	42 分°	35 分°	〈26 分°〉	35 分°	42 分°	44 分°	49 分°	54 分°	36 分°	29 分°	〈20 分°〉	29 分°	36 分°
	宽	明栿草栿	33.3 分°	33.6 分°	40 分°	28 分°	23.3 分°	〈17.3 分°〉	23.3 分°	28 分°	29.3 分°	32.6 分°	36 分°	24 分°	19.3 分°	13.3 分°	19.3 分°	24 分°

等级			殿阁月梁								厅堂月梁							
名称			梁栿		乳栿		劄牵		平梁		梁栿			乳栿	劄牵		平梁	
断面尺寸（宋营造尺）	一等材	广（高）	3.00	3.30	3.60	2.52	2.10	1.56		2.10	2.52							
		厚（宽）	2.00	2.20	2.40	1.68	1.40	1.04		1.40	1.68							
	二等材	广（高）	2.75	3.03	3.30	2.31	1.93	〈1.43〉	1.93	2.31								
		厚（宽）	1.83	2.02	2.20	1.54	1.29	0.95	1.29	1.54								
	三等材	广（高）	2.50	2.75	3.00	2.10	1.75	〈1.30〉	1.75	2.10	2.20	2.45	2.70	1.80	1.45	1.00	1.45	1.80
		厚（宽）	1.67	1.83	2.00	1.40	1.17	0.87	1.17	1.40	1.47	1.63	1.80	1.20	0.97	0.67	0.97	1.20
	四等材	广（高）	2.40	2.64	2.88	2.02	1.68	〈1.25〉	1.68	2.02	2.11	2.35	2.59	1.73	1.39	0.96	1.39	1.73
		厚（宽）	1.60	1.76	1.92	1.35	1.12	0.84	1.12	1.35	1.40	1.57	1.73	1.15	0.93	0.64	0.93	1.15
	五等材	广（高）	2.20	2.42	2.64	1.85	1.54	1.14	1.54	1.85	1.94	2.16	2.38	1.58	1.28	0.88	1.28	1.58
		厚（宽）	1.47	1.61	2.42	1.23	1.03	0.76	1.03	1.23	1.29	1.44	1.59	1.05	0.85	0.59	0.85	1.05
	六等材	广（高）									1.76	1.96	2.16	1.44	1.16	0.80	1.16	1.44
		厚（宽）									1.17	1.31	1.44	0.56	0.78	0.53	0.78	0.56

附注：1. 因实例中无七、八等材之梁栿，故此处略之。

2. 厅堂月梁六寸，为根据殿阁月梁及厅堂直梁之大小推算所得。

3. 殿阁劄牵“不出跳”条之数据为依据直梁“不出跳”条算出。

（八）梁栿（直梁）材分°及尺寸表

使用等级				殿阁直梁梁栿								厅堂直梁梁栿							
梁栿名称				檐栿		乳栿		劄牵		平梁		檐栿		乳栿		劄牵		平梁	
铺作等第				4~8	4~8	4~5	6以上	4~8	4~8	4~5	6以上			4~5	6以上	4~8	4~8	4~5	6以上
椽架范围				4~5	6~8	2~3	2~3	出跳	不出跳	2	2	4~5	3	2	2	出跳	不出跳	2	2
断面材分°	广（高）	明栿 草栿		42分° 45分°	60分° 60分°	36分° 30分°	42分° 42分°	30分° 30分°	21分° 21分°	30分°	36分°	36分°	30分°	30分°	36分°	24分°	15分°	24分°	30分°
	厚（宽）	明栿 草栿		28分° 30分°	40分° 40分°	24分° 20分°	28分° 28分°	20分° 20分°	14分° 14分°	20分°	24分°	24分°	20分°	20分°	24分°	16分°	10分°	16分°	20分°
断面尺寸〈宋营造尺〉	一等材	广	明栿 草栿	2.52 2.70	3.60 3.60	2.16 1.80	2.52 2.52	1.80 1.80	1.26 1.26	1.80	2.16								
		厚	明栿 草栿	1.68 1.80	2.40 2.40	1.44 1.20	1.68 1.68	1.20 1.20	0.84 0.84	1.20	1.44								
	二等材	广	明栿 草栿	2.31 2.48	3.3 3.3	1.98 1.65	2.31 2.31	1.65 1.65	1.16 1.16	1.65	1.98	1.98	1.65	1.65	1.98	1.32	0.83	1.32	1.65
		厚	明栿 草栿	1.54 1.65	2.2 2.2	1.32 1.10	1.54 1.54	1.10 1.10	0.77 0.77	1.10	1.32	1.32	1.10	1.10	1.32	0.88	0.55	0.88	1.10

使用等级				殿阁直梁梁栿								厅堂直梁梁栿							
梁栿名称				檐栿		乳栿		劄牵		平梁		檐栿		乳栿		劄牵		平梁	
断面尺寸〈宋营造尺〉	三等材	广	明栿 草栿	2.10 2.25	3.0 3.0	1.8 1.5	2.1 2.1	1.5 1.5	1.05 1.05	1.50	1.80	1.8	1.5	1.5	1.8	1.2	0.75	1.2	1.5
		厚	明栿 草栿	1.40 1.50	2.0 2.0	1.2 1.0	1.4 1.4	1.0 1.0	0.7 0.7	1.0	1.2	1.2	1.0	1.0	1.2	0.8	0.5	0.8	1.0
	四等材	广	明栿 草栿	2.02 2.16	2.88 2.88	1.73 1.44	2.02 2.02	1.44 1.44	1.01 1.01	1.44	1.73	1.73	1.44	1.44	1.73	1.15	0.72	1.15	1.44
		厚	明栿 草栿	1.34 1.44	1.92 1.92	1.15 0.96	1.34 1.34	0.76 0.96	0.67 0.67	0.96	1.15	1.15	0.96	0.96	1.15	0.77	0.48	0.77	0.96
	五等材	广	明栿 草栿	1.85 1.98	2.64 2.64	1.58 1.32	1.85 1.85	1.32 1.32	0.92 0.92	1.32	1.58	1.58	1.32	1.32	1.58	1.06	0.66	1.06	1.32
		厚	明栿 草栿	1.23 1.32	1.76 1.76	1.06 0.88	1.23 1.23	0.88 0.88	0.62 0.62	0.88	1.06	1.06	0.88	0.88	1.06	0.70	0.44	0.70	0.88
	六等材	广	明栿 草栿	1.68 1.8	2.4 2.4	1.44 1.2	1.68 1.68	1.2 1.2	0.84 0.84	1.2	1.44	1.44	1.2	1.2	1.44	0.96	0.6	0.96	1.2
		厚	明栿 草栿	1.12 1.2	1.6 1.6	0.96 0.8	1.12 1.12	0.8 0.8	0.56 0.56	0.8	0.96	0.96	0.8	0.8	0.96	0.64	0.4	0.64	0.8

附注：1. 因实例中无七、八等材之梁栿，故此略之。

2. 厅堂梁栿之数据为依殿阁梁栿之数据推算出。

（九）大木作构件权衡尺寸表之一

项目		尺寸	材分°〈分°〉	实际尺寸〈宋营造尺〉								附注
				一等材	二等材	三等材	四等材	五等材	六等材	七等材	八等材	
阑额	殿阁与厅堂	广（高）	30	1.80	1.65	1.50	1.44	1.32	1.20	1.05	0.90	长随间广
		厚	20 15	1.20 0.90	1.10 0.82	1.00 0.75	0.96 0.72	0.88 0.66	0.80 0.60	0.70 0.53	0.60 0.45	不用补间铺作时厚 15 分°
由额	殿阁与厅堂	广（高）	27	1.62	1.49	1.35	1.30	1.19	1.08	0.95	0.81	长随间广 厚无规定
檐额	殿阁与厅堂	广（高） 广（高）	36~45 51~63	2.16~2.70 3.06~3.78	1.98~2.48 2.80~3.46	1.80~2.25 2.55~3.15	1.73~2.16 2.44~3.02	1.58~1.98 2.24~2.77	1.44~1.80 2.04~2.52	1.26~1.58 1.79~2.20	1.08~1.35 1.53~1.89	长随间广 厚无规定
内额	殿阁与厅堂	广（高） 厚	18~21 6~7	1.08~1.26 0.36~0.42	0.99~1.16 0.33~0.39	0.9~1.05 0.30~0.35	0.86~1.01 0.29~0.34	0.79~0.92 0.26~0.31	0.72~0.84 0.24~0.28	0.63~0.74 0.21~0.25	0.54~0.63 0.18~0.21	长随间广
大角梁	殿阁与厅堂	广（高） 厚	28~30 18~20	1.68~1.80 1.08~1.20	1.54~1.65 0.99~1.10	1.40~1.50 0.90~1.00	1.35~1.44 0.86~0.96	1.23~1.32 0.79~0.88	1.12~1.20 0.72~0.80	0.98~1.05 0.63~0.70	0.84~0.90 0.54~0.60	长：下平榑至下架檐头
子角梁	殿阁与厅堂	广（高） 厚	18~20 15~17	1.08~1.20 0.9~1.02	0.99~1.10 0.82~0.94	0.90~1.00 0.75~0.85	0.86~0.96 0.72~0.82	0.79~0.88 0.66~0.75	0.72~0.80 0.60~0.68	0.63~0.70 0.53~0.59	0.54~0.60 0.45~0.51	长：角柱心至小连檐

续表

项目		尺寸	材分°〈分°〉	实际尺寸〈宋营造尺〉								附注
				一等材	二等材	三等材	四等材	五等材	六等材	七等材	八等材	
隐角梁	殿阁与厅堂	广（高） 厚	14~16 18~20 或 16	0.84~0.96 1.08~1.20 0.96	0.77~0.88 0.99~1.10 0.88	0.70~0.80 0.90~1.00 0.80	0.67~0.77 0.86~0.96 0.77	0.62~0.70 0.79~0.88 0.70	0.56~0.64 0.72~0.80 0.64	0.49~0.56 0.63~0.70 0.56	0.42~0.48 0.54~0.60 0.48	长随架之广
平棊枋	殿阁与厅堂	广（高） 厚	15 10	0.90 0.60	0.82 0.55	0.75 0.50	0.72 0.48	0.66 0.44	0.60 0.40	0.53 0.35	0.45 0.30	长随间广
绰幕枋	殿阁与厅堂	广（高） 广（高）	24~30 34~42	1.44~1.80 2.04~2.52	1.32~1.65 1.87~2.31	1.20~1.50 1.70~2.10	1.15~1.44 1.63~2.02	1.06~1.32 1.50~1.85	0.96~1.20 1.36~1.68	0.84~1.05 1.19~1.47	0.72~0.90 1.02~1.26	一头出柱一头长至补间
橑檐枋	殿阁与厅堂	广（高） 厚	30 10	1.80 0.60	1.65 0.55	1.50 0.50	1.44 0.48	1.32 0.44	1.20 0.40	1.05 0.35	0.90 0.30	长随间广
襻间	殿阁与厅堂	广（高） 厚	15 10	0.90 0.60	0.82 0.55	0.75 0.50	0.72 0.48	0.66 0.44	0.60 0.40	0.53 0.35	0.45 0.30	长随间广若一材造隔间用之

（十）大木作构件权衡尺寸表之二

项目		尺寸	材分°〈分°〉	一等材	二等材	三等材	四等材	五等材	六等材	七等材	八等材	附注
				实际尺寸〈宋营造尺〉								
顺脊串	殿阁与厅堂	广（高） 厚	15~18 10~13	0.90~1.08 0.60~0.78	0.83~0.99 0.55~0.72	0.75~0.90 0.50~0.65	0.72~0.86 0.48~0.62	0.66~0.79 0.44~0.57	0.60~0.72 0.40~0.52	0.53~0.63 0.35~0.46	0.45~0.54 0.30~0.39	长随间广隔间用之
顺栿串	殿阁与厅堂	广（高） 厚	21 10	1.26 0.60	1.16 0.55	1.05 0.50	1.01 0.48	0.92 0.44	0.84 0.40	0.74 0.35	0.63 0.30	
地栿	殿阁与厅堂	广（高） 厚	15 10	0.90 0.60	0.83 0.55	0.75 0.50	0.72 0.48	0.66 0.44	0.60 0.40	0.53 0.35	0.45 0.30	长随间广
替木	殿阁与厅堂	广（高） 厚	12 10	0.72 0.60	0.66 0.55	0.60 0.50	0.58 0.48	0.53 0.44	0.48 0.40	0.42 0.35	0.36 0.30	
		长	96〈用于单栱上〉 104〈用于令栱上〉 116〈用于重栱上〉	5.76 6.24 6.96	5.28 5.73 6.38	4.80 5.21 5.81	4.61 5.00 5.56	4.22 4.57 5.11	3.84 4.16 4.64	3.36 3.64 4.06	2.88 3.12 3.48	
生头木	殿阁与厅堂	广（高） 厚	15 10	0.90 0.60	0.83 0.55	0.75 0.50	0.72 0.48	0.66 0.44	0.60 0.40	0.53 0.35	0.45 0.30	长随梢间
衬方头	殿阁与厅堂	广（高） 厚	15 10	0.90 0.60	0.83 0.55	0.75 0.50	0.72 0.48	0.66 0.44	0.60 0.40	0.53 0.35	0.45 0.30	
大连檐	殿阁与厅堂	广（高） 厚	15 10	0.90 0.60	0.83 0.55	0.75 0.50	0.72 0.48	0.66 0.44	0.60 0.40	0.53 0.35	0.45 0.30	交斜解造

项目		尺寸	材分°〈分°〉	实际尺寸〈宋营造尺〉								附注
				一等材	二等材	三等材	四等材	五等材	六等材	七等材	八等材	
小连檐	殿阁与厅堂	广（高）	8~9	0.48~0.54	0.44~0.50	0.40~0.45	0.38~0.43	0.34~0.40	0.32~0.36	0.28~0.32	0.24~0.27	交斜解造
		厚	6	0.36	0.33	0.30	0.29	0.26	0.24	0.21	0.18	
槫	殿阁	径	21~30	1.26~1.80	1.16~1.65	1.05~1.50	1.01~1.44	0.92~1.32	0.84~1.20	0.74~1.05	0.63~0.90	长随间广
	厅堂	径	18~21	1.08~1.26	0.99~1.16	0.90~1.05	0.86~1.01	0.79~0.92	0.72~0.84	0.63~0.74	0.54~0.63	
	余屋	径	17	1.02	0.94	0.85	0.82	0.75	0.68	0.59	0.51	

（十一）大木作构件权衡尺寸表之三

项目		尺寸	材分°〈分°〉	实际尺寸〈宋营造尺〉								附注
				一等材	二等材	三等材	四等材	五等材	六等材	七等材	八等材	
叉手	殿阁	广	21	1.26	1.16	1.05	1.01	0.92	0.84	0.74	0.63	
		厚	7	0.42	0.39	0.35	0.34	0.31	0.28	0.25	0.21	
	余屋	广	15~18	0.9~1.08	0.82~0.99	0.75~0.90	0.72~0.86	0.66~0.75	0.60~0.72	0.53~0.63	0.45~0.54	
		厚	5~6	0.30~0.36	0.28~0.33	0.25~0.30	0.24~0.29	0.22~0.26	0.20~0.24	0.18~0.21	0.15~0.18	
托脚		广（高）	15	0.90	0.82	0.75	0.72	0.66	0.60	0.53	0.45	
		厚	5	0.30	0.28	0.25	0.24	0.22	0.20	0.18	0.15	
蜀柱	殿阁 余屋	径 径	22.5 量栿厚加减	1.35	1.24	1.12	1.08	0.99	0.90	0.79	0.68	长随举势高下
柱	殿阁	径	42~45	2.52~2.70	2.32~2.48	2.10~2.25	2.02~2.16	1.84~1.98	1.68~1.80	1.48~1.58	1.26~1.35	
	厅堂	径	36	2.16	1.98	1.80	1.73	1.58	1.44	1.26	1.08	
	余屋	径	21~30	1.26~1.80	1.16~1.65	1.05~1.50	1.01~1.44	0.92~1.32	0.84~1.20	0.74~1.05	0.63~0.90	

附注：椽之尺寸大小详见“大木作制度图样”。

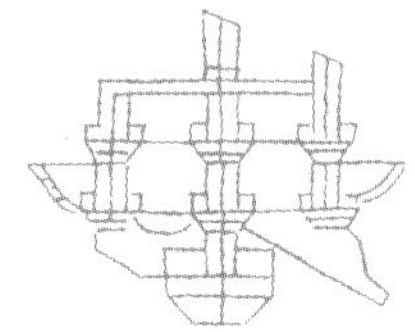

拾叁

版本插页

營造法式卷第八

通直郎管修蓋皇弟外第專一提舉修蓋班直諸軍營房等臣李誡奉

聖旨編修

小木作制度三

平棊　鬬八藻井

小鬬八藻井　拒馬叉子

叉子　鉤闌重臺鉤闌單鉤闌

棵籠子　井亭子

牌

平棊其名有三一曰平機二曰平橑三曰平棊俗謂之平起其以方椽施素版者謂之平闇

造殿內平棊之制於背版之上四邊用桯桯內用貼貼內

南宋绍定间重刊绍兴十五年平江府刊本

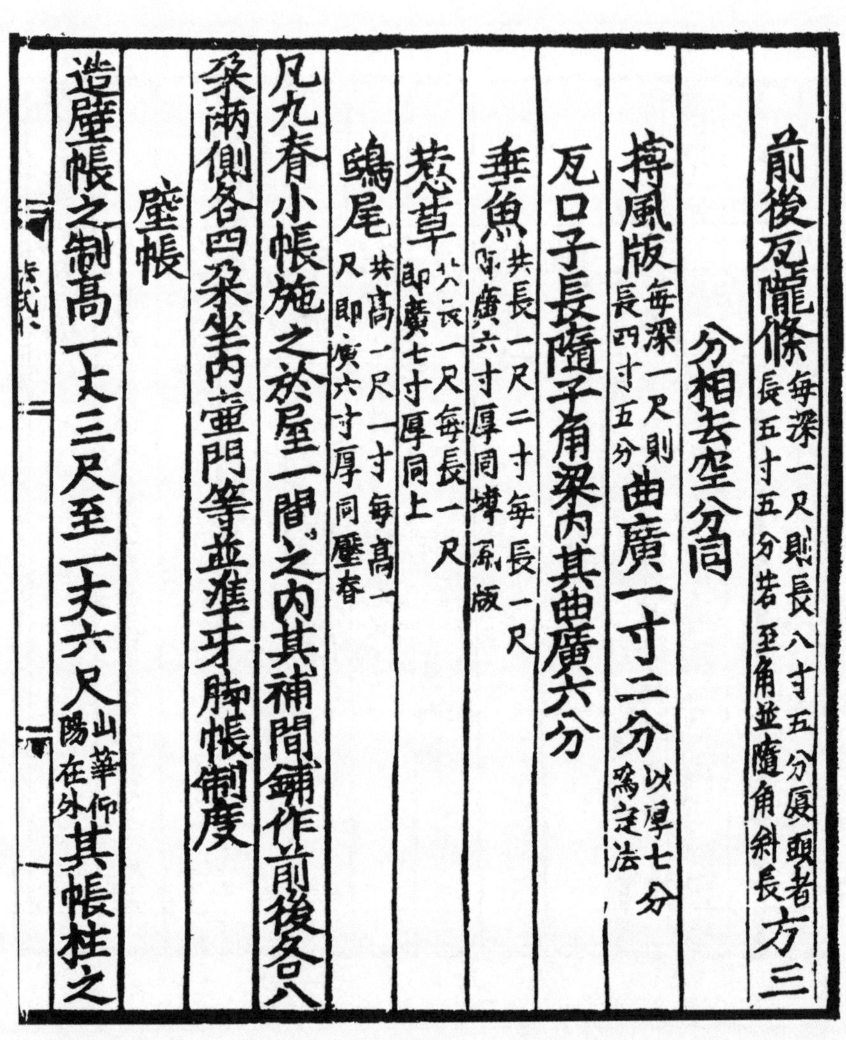
前後瓦隴條每深一尺則長八寸五分厦頭者長五寸五分若至角並隨角斜長方三分相去空分同

搏風版每深一尺則長四寸五分曲廣一寸二分以厚七分為定法

瓦口子長隨子角梁內其曲廣六分

垂魚共長一尺二寸每長一尺即廣六寸厚同搏風版

惹草共長一尺每長一尺即廣七寸厚同上

鴟尾共高一尺一寸每高一尺即廣六寸厚同壓脊

凡九脊小帳施之於屋一間之內其補間鋪作前後各八朵兩側各四朵坐內壼門等並準牙脚帳制度

壁帳

造壁帳之制高一丈三尺至一丈六尺山華仰陽在外其帳柱之

南宋绍定间刊本之明代补版（国家图书馆藏）

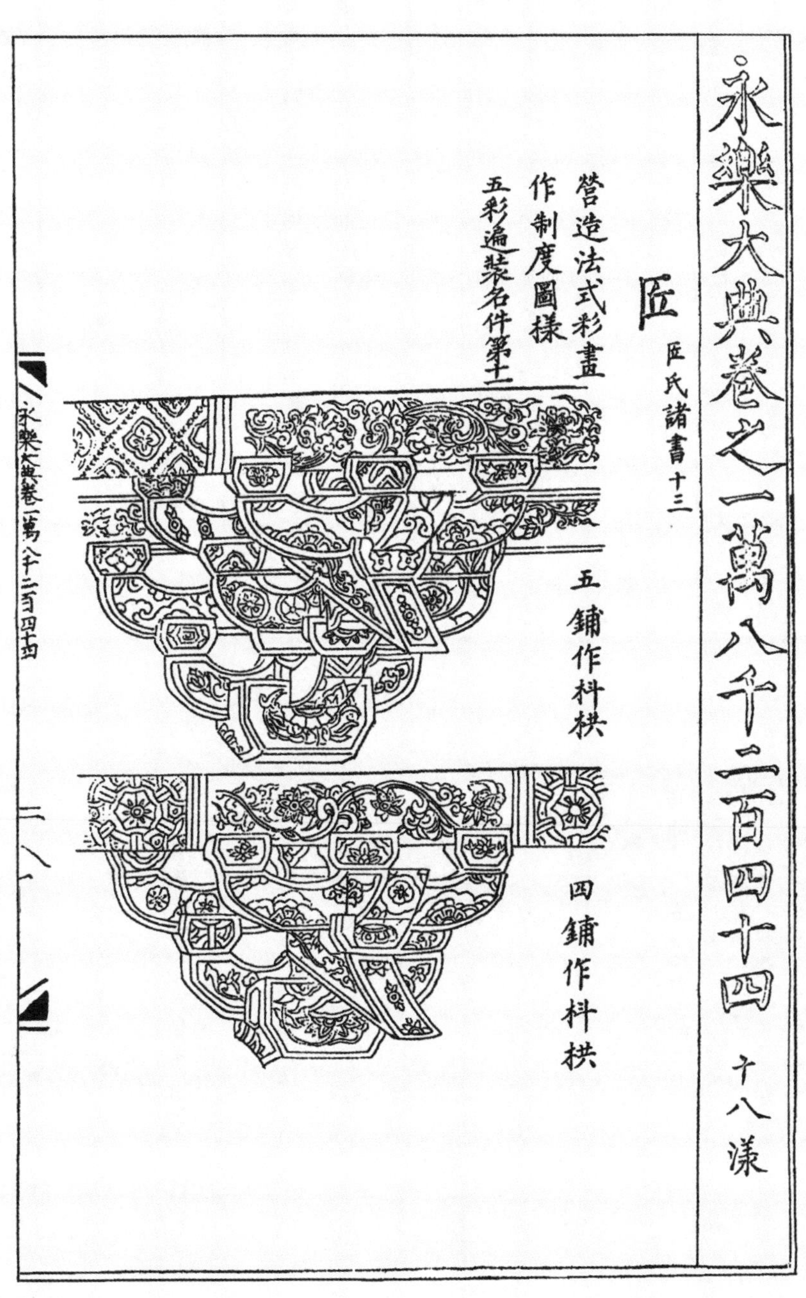

永樂大典卷之一萬八千二百四十四　十八漾

匠

匠氏諸書十三

營造法式彩畫
作制度圖様
五彩遍裝名件第十一

明《永乐大典》本

營造法式看詳

通直郎管修蓋皇弟外第專一提舉修蓋班直諸軍營房等臣李誡奉

聖旨編修

方圜平直　取徑圍

定功　取正

定平　墻

舉折　諸作異名

總諸作看詳

方圜平直

周官考工記圜者中規方者中矩立者中垂衡者中水鄭司農注云治材居材如此乃善也

法式看詳　一

墨子子墨子言曰天下從事者不可以無法儀雖至百工從事者亦皆有法百工為方以矩為圜以規直以繩衡以水正以垂無巧工不巧工皆以此為法巧者能中之不巧者雖不能中依放以從事猶愈於已

周髀算經昔者周公問於商高曰數安從出商高曰數之法出於圓方圓方出於方方出於矩矩出於九九八十一萬物周事而圓方用焉大匠造制而規矩設焉或毀方而為圓或破圓而為方方中為圓者謂之圓方圓中為方者謂之方圓也

韓子曰無規矩之法繩墨之端雖班亦不能成方圓

看詳諸作制度皆以方圓平直為準至如八棱之

清钞本（故宫本）

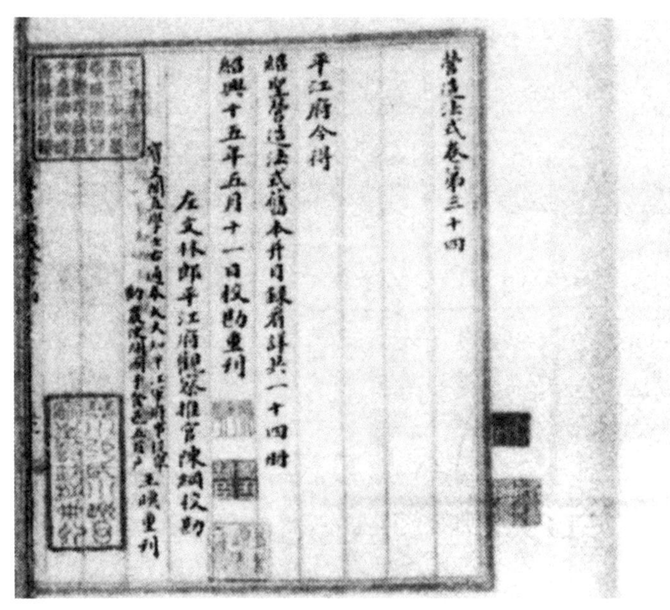

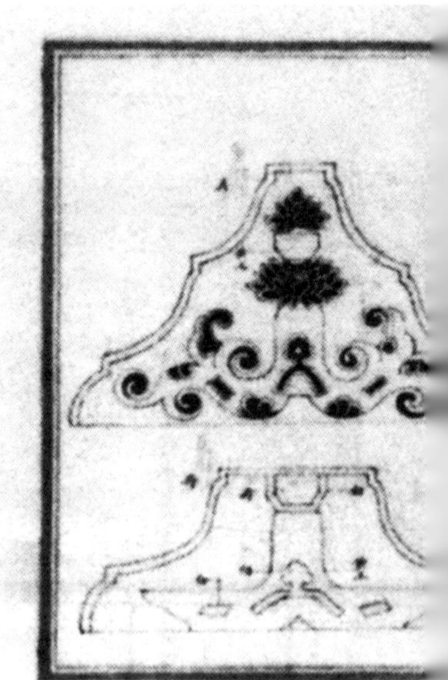

清嘉庆二十五年张蓉镜钞本（即丁本之底本，现藏上海图书馆）

韓子曰：無規矩之法，繩墨之端，雖班亦不能成方圜。

看詳諸作制度，皆以方圜平直爲準；至如八棱之類，及欹斜羨禮圖云羨爲不圜之貌璧羨以爲量物之度也鄭司農云羨猶延也以善切其袤一尺而廣狹焉陊史記索隱云陊謂狹長而方去其角也陊丁果切俗作隨非亦用規矩取法。今謹按周官考工記等修立下條：

諸取圜者以規，方者以矩，直者抨繩取則，立者垂繩取正，横者定水取平。

取徑圍

九章算經李淳風注云：舊術求圜，皆以周三徑一爲準。若用之求圜周之數，則周少而徑多。徑一周三，理非精密。蓋

清道光咸丰间传钞张蓉镜钞本（即朱启钤影印之丁本，南京图书馆藏）

欽定四庫全書

營造法式卷十一

宋 李誡 撰

小木作制度六

轉輪經藏

壁藏

轉輪經藏

造經藏之制共高二丈徑一丈六尺八棱每棱面廣六

欽定四庫全書　營造法式　二

文津阁四库本（国家图书馆藏）

營造法式卷第八

通直郎管修蓋皇弟外第專一提舉修蓋班直諸軍營房等臣李誡奉

聖旨編修

小木作制度三

平棊　　鬬八藻井

小鬬八藻井　　拒馬叉子

叉子　　鉤闌 重臺鉤闌 單鉤闌

棵籠子　　井亭子

牌

平棊 其名有三一曰平機二曰平橑三曰平棊俗謂之平起其以方椽施素版者謂之平闇

造殿內平棊之制於背版之上四邊用桯桯內用貼貼內

1925年陶湘仿宋刊本

编校后记

梁思成先生《〈营造法式〉注释》一书主要是对“制度”文字诠释和图释。其中“小木作”以后各卷属未完稿。

合卷编校的原则——在编校中，对卷上由于印刷错误和卷下油印稿（梁先生原稿已佚）中发现的漏刻、错刻的字句，我们都一一进行了更正。对一些需要加注释的内容，我们都加了必要的注释。关于一些对“注释本”有不同看法的问题，我们严格遵循“上卷一字不减，下卷一字不加”的十二字原则，不对原著做加减和改动。因为梁思成先生本人、他的学术思想和成就都已成为历史研究对象，所以，如果我们现在擅自改动梁先生的观点，无疑是对梁先生的不尊重，也是对历史的不负责。

关于“小木作制度”的图书——“小木作制度”图释是在“文化大革命”前夕由我绘制的，共三十二版。[1]当时，梁先生几乎没有时间顾及图释的绘制情况。梁先生过目的图稿仅四五张，这是相当遗憾的事情。图释图版目前只找到一套 1/4 的复印图，但图中线条有些变形，文字也有些模糊，我们只好将图释图版化解为插图，聊胜于无。由于小木作图释正式图版梁思成先生没有过目，因此，图中的问题由我负全责。

参加编校的人员——《〈营造法式〉注释》卷上和卷下合卷编校由我负责，并由王贵祥、钟晓青和徐怡涛三人协助工作。

〔1〕三十二版图中有一至二张铅笔图稿不是我绘制的。——徐伯安注

这次合卷本编校时，正值我生病住院，为了尽可能好地完成此次编校工作，只得常常躺在病床上坚持校稿。几位编校助手虽是第一次介入《〈营造法式〉注释》一书的编校工作，但他们也和我一样尽心尽力地完成了自己的任务。尽管如此，编校之中难免疏漏，因而，衷心恳请有关专家学者对我们的工作不吝赐教，以便再版时改正。

徐伯安

2000 年 11 月 6 日

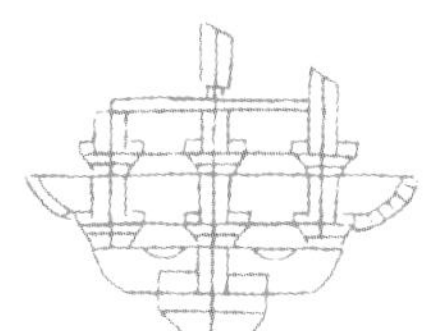